新闻出版总署
"盘配书"项目

深度

2013版

配1张DVD光盘

- 深度探求技术核心 跟进最新技术热点 提升专业实战技能
- 打造更高出版品质 "深度"品牌给您绝对是不一样的知识

AutoCAD 全套建筑图纸绘制项目流程完美表现

张忠将 编著

- 深度探求技术核心：通过全套建筑图纸绘制案例，使读者在制作过程中学会设计并逐渐积累经验
- 紧跟最新技术热点：精心挑选的27个建筑图例和12个专业施工图案例，帮助读者从入门走向精通
- 提升专业实战技能：手把手教授读者获取全套建筑图纸项目设计流程图的金钥匙，激发创意和灵感
- 超值附赠DVD光盘：7GB的光盘内容包括80多个建筑图纸DWG源文件以及近1500分钟的视频文件

内 容 简 介

本书从一个设计师的角度出发，对各类图纸的绘制方法和绘图意义进行全面阐述。

全书共 20 章。第 1~3 章是绘图基础，讲解基本的绘图技巧和简单建筑图例的绘制；第 4~8 章介绍建筑施工图的设计思路和设计过程，以及建筑平面图、立面图、剖面图和详图的绘制方法；第 9~11 章介绍结构施工图的画法规定、规范和图例，桩、柱、梁、板的结构布置图的绘制，以及结构详图的绘制方法等；第 12~14 章介绍给排水施工图的设计思路和设计过程，以及给排水系统图的绘制等；第 15~17 章介绍电气施工图的设计思路和设计过程；第 18~20 章介绍暖通施工图的设计思路和设计过程，具体包含暖气通风的基础知识、各层暖通平面图的绘制，以及暖通系统的绘制等。

本书内容全面、条理清晰、实例丰富，可作为大中专院校的 CAD 课程教材，也可作为广大建筑设计人员和广大在校生的自学参考书。

光盘提供书中建筑图纸的 DWG 源文件和视频教学讲解文件，读者可选用多种方式来学习书中内容。

图书在版编目（CIP）数据

AutoCAD 全套建筑图纸绘制项目流程完美表现 / 张忠将编著. —北京：北京希望电子出版社，2012.11

ISBN 978-7-83002-055-2

Ⅰ. ①A… Ⅱ. ①张… Ⅲ. ①建筑制图－计算机辅助设计－AutoCAD 软件 Ⅳ. ①TU204

中国版本图书馆 CIP 数据核字（2012）第 229436 号

出版：北京希望电子出版社
地址：北京市海淀区上地 3 街 9 号
金隅嘉华大厦 C 座 611
邮编：100085
网址：www.bhp.com.cn
电话：010-62978181（总机）转发行部
010-82702675（邮购）
传真：010-82702698
经销：各地新华书店

封面：深度文化
编辑：韩宜波
校对：小　亚
开本：787mm×1092mm　1/16
印张：22.5
印数：1-3500
字数：507 千字
印刷：北京市四季青双青印刷厂
版次：2012 年 11 月 1 版 1 次印刷

定价：45.00 元（配 1 张 DVD 光盘）

前 言

AutoCAD是重要的绘图工具，被广泛应用于建筑和机械等众多行业。绘图的根本目的，是为了设计、生产、施工出合格的产品或建筑，所以说图纸就是用于描述产品形状和制造要求的“语言”。而我们学习绘制图纸的关键，就是学会如何使用工具软件描述清楚需要制造出来的产品，如一座大楼的楼层高度、墙的厚度、柱子的大小、配筋和墙体材料等。

实际上，如何使用AutoCAD正确描述建筑结构，正确打印出图并装订成册以指导后期的建筑施工，以及帮助读者理解为何需要如此绘制，如此绘制的好处和意义、绘图技巧和绘图理念、如何节省绘图时间等，都是本文的叙述重点，也是大多数建筑设计人员需要了解和掌握的关键内容。

建筑设计需要考虑很多因素，如首先应考虑楼体安全稳固，所以涉及地基、地层问题，建筑结构的选用问题，钢筋的粗细问题等；而且还要考虑居住的方便和舒适度问题，如房间的划分、房间的采光问题、通风问题，等等。因此建筑图纸也被分为很多种类，以对建筑中的不同要求进行描述。

能力重于知识，实践成就人才。与其泛泛谈论“如何使用AutoCAD绘制建筑图纸”，其实不如直接给出整套图纸，让读者带着疑问去学习如何绘制图中的相关图线或如何进行标注来得真切，学得扎实。所以本书充分结合工程实践，从一个设计师的角度出发，讲述自打地基开始，到一层、标准层、阁楼层和屋顶层等各层的绘制方法，以及建筑施工图、结构施工图、给排水施工图、电气施工图和暖通施工图等各类图纸的绘制方法与绘图意义，并对房屋的整个构造、附属配件和施工方法等进行了全面阐述。

本书以此为出发点，将全书内容分划分为20章，基于最新版本AutoCAD 2013，全面介绍AutoCAD建筑设计从基础到实际操作的全部内容，帮助读者从入门走向精通。

- 第1~3章是绘图基础，讲解基本的绘图技巧和简单建筑图例的绘制。
- 第4~8章介绍建筑施工图的设计思路和设计过程，其中包含建筑设计标准、制图规范、设计要求，以及建筑平面图、立面图、剖面图和详图的绘制方法。
- 第9~11章介绍结构施工图的设计思路和设计过程，具体包含结构施工图的画法规定、规范和图例，桩、柱、梁、板的结构布置图的绘制，以及结构详图的绘制方法等。
- 第12~14章介绍给排水施工图的设计思路和设计过程，具体包含给排水方式、给排水系统的组成和画法规定，各层给排水平面图，以及给排水系统图的绘制等。
- 第15~17章介绍电气施工图的设计思路和设计过程，具体包含电气照明常识、绘图规定，各层照明线路、插座线路的布置，以及电气系统图的绘制等。

- 第18~20章介绍暖通施工图的设计思路和设计过程，具体包含暖气通风的基础知识和一般规定，各层暖通平面图的绘制，以及暖通系统的绘制等。

本书的写作目的就是要令广大读者看得懂、学得会，能够“寓学习于娱乐中”，循序渐进地掌握使用AutoCAD设计建筑图纸的方法。

本书光盘中提供有全部图纸的DWG源文件（基于AutoCAD 2013版，为照顾不同版本的用户，AutoCAD 2007以上版均可打开）和AVI多媒体视频讲解。利用光盘中的这些图纸源文件和多媒体文件，读者可以像看电影一样轻松、愉悦地学会各类建筑图纸的绘制。

本书由张忠将编写，参加编写的还有张兵兵、李敏、陈方转、计素改、王菘、王靖凯、贾洪亮和张小英，在此表示衷心感谢。

由于CAD技术发展迅速，建筑标准的地区差异和要求不尽相同，加之编者知识水平有限，书中疏漏之处在所难免，敬请广大专家、读者批评指正或进行设计交流。

E-mail：bhpbangzhu@163.com

编著者

目 录

第1章 掌握AutoCAD 2013的绘图关键点

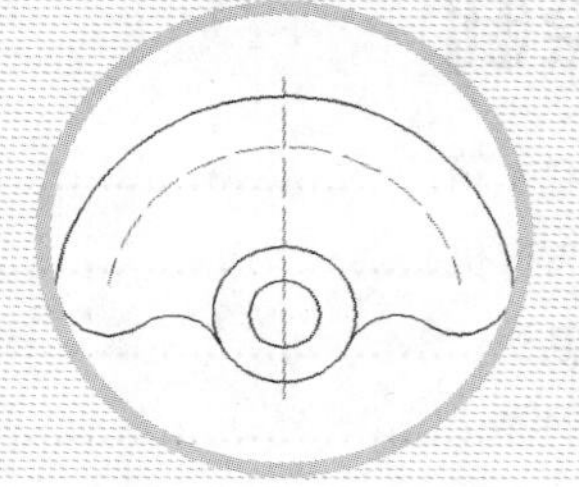

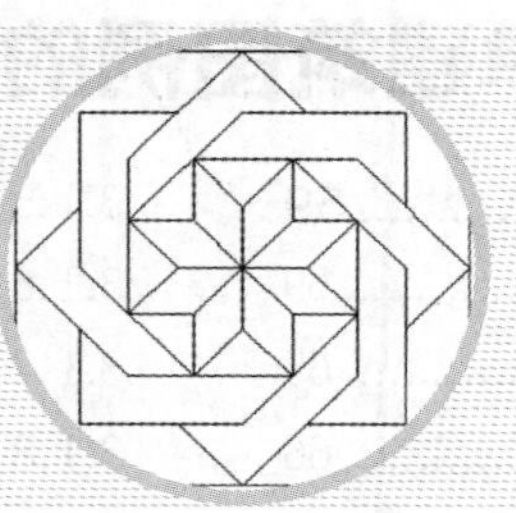

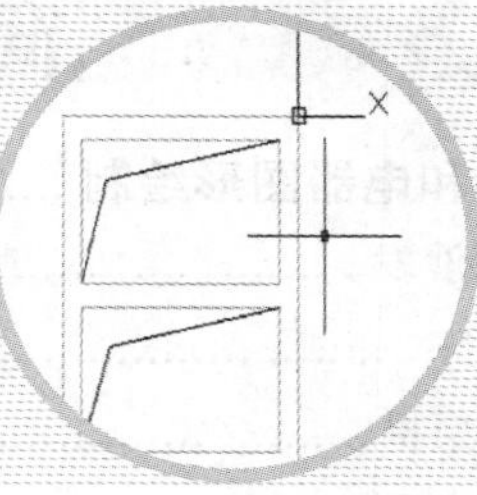

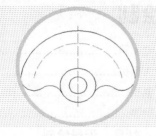

第2章 AutoCAD 2013的主要绘图工具

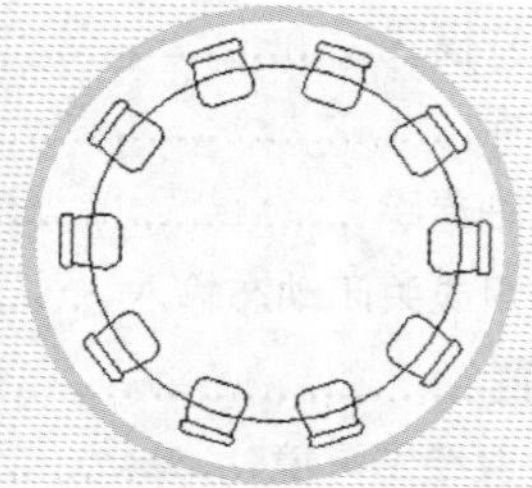

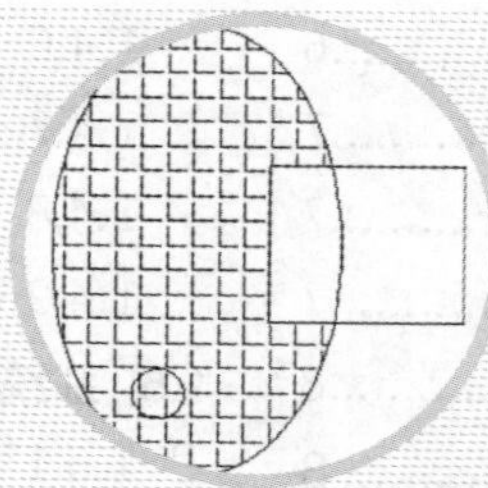

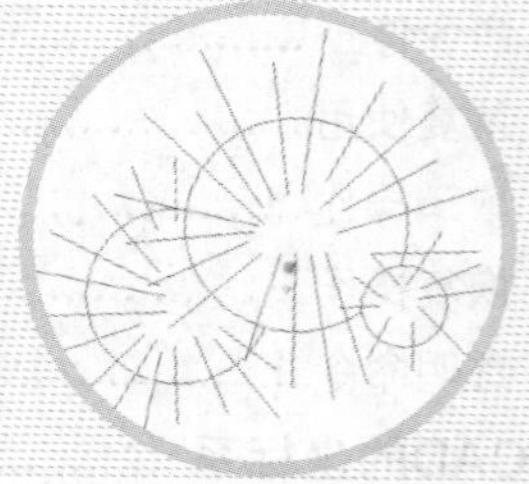

第3章 简单建筑图例的绘制

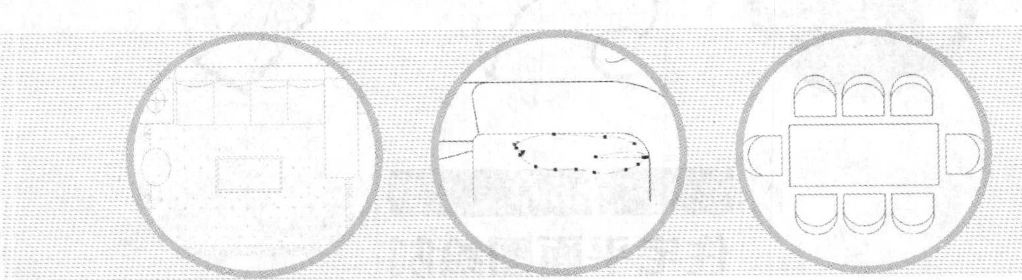

第4章 建筑制图概述

目录 CONTENTS

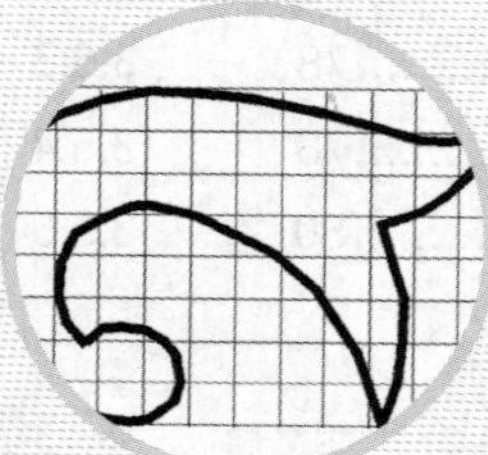
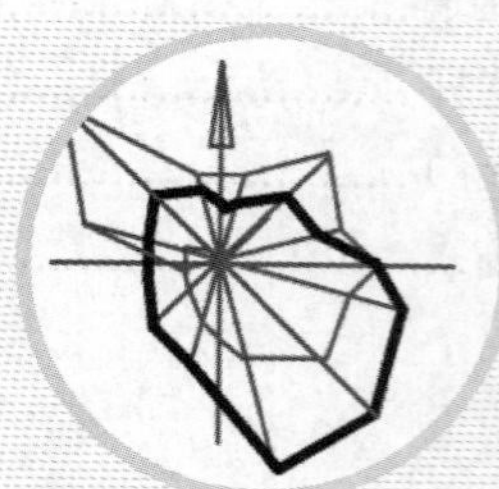

第5章 住宅平面图绘制

第6章 住宅立面图绘制

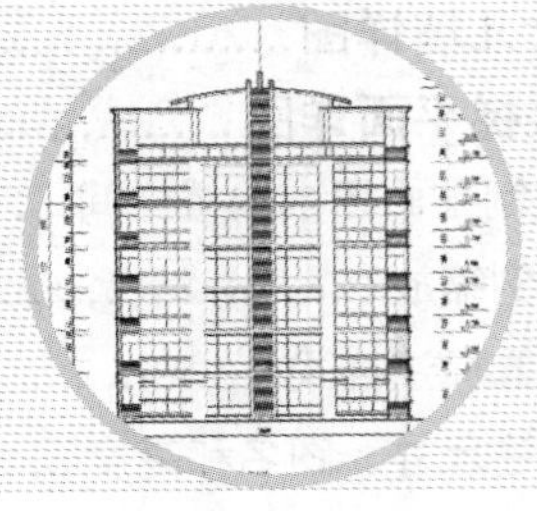
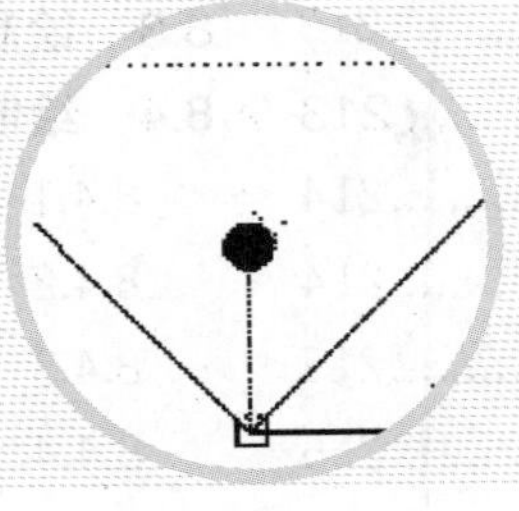
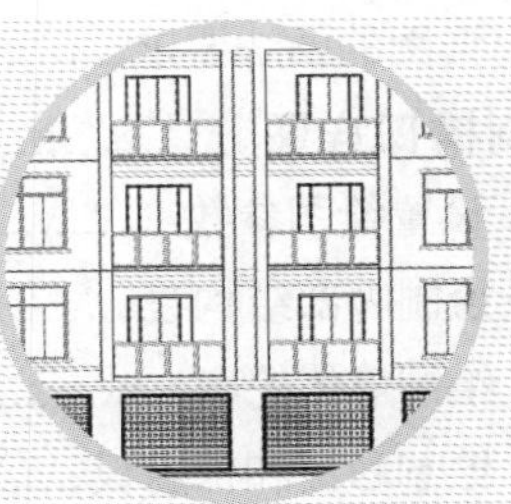

第7章 住宅剖面图绘制

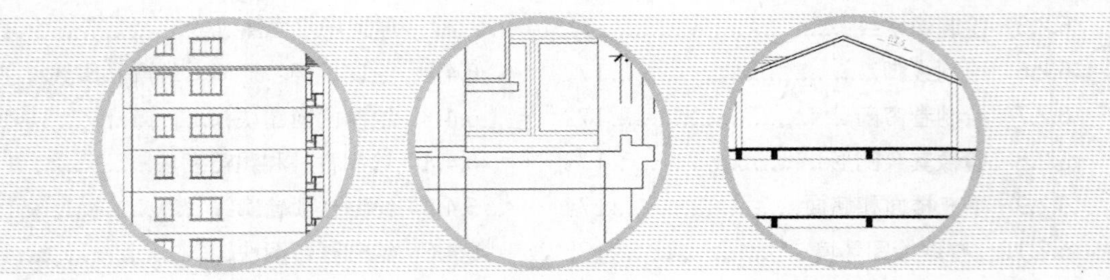

第8章 住宅详图绘制

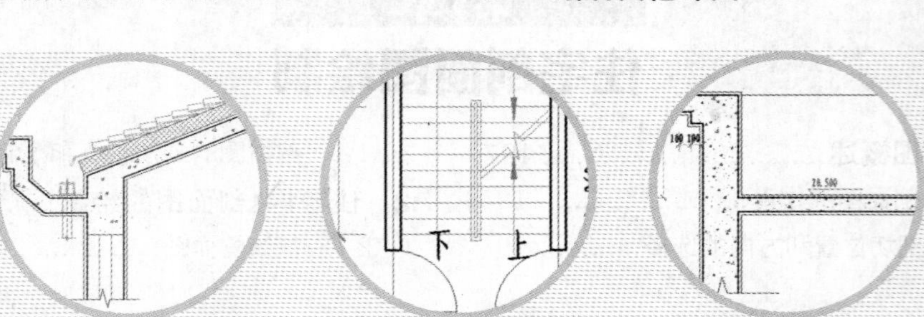

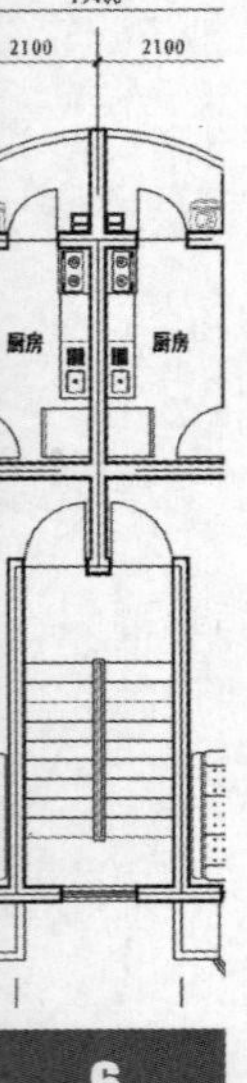

第9章 结构设计基础知识

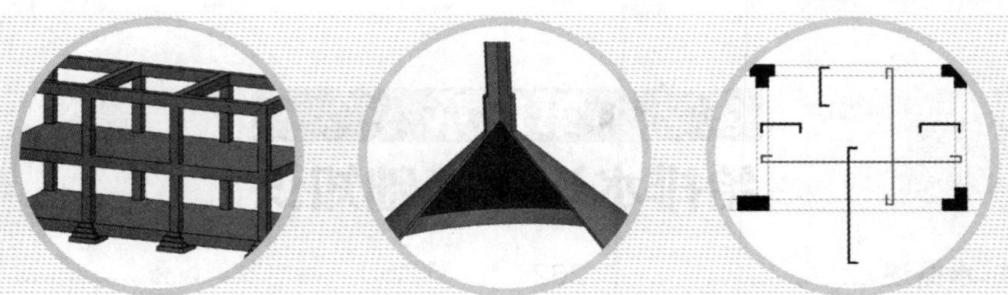

第10章 结构布置图绘制

第11章 结构详图绘制

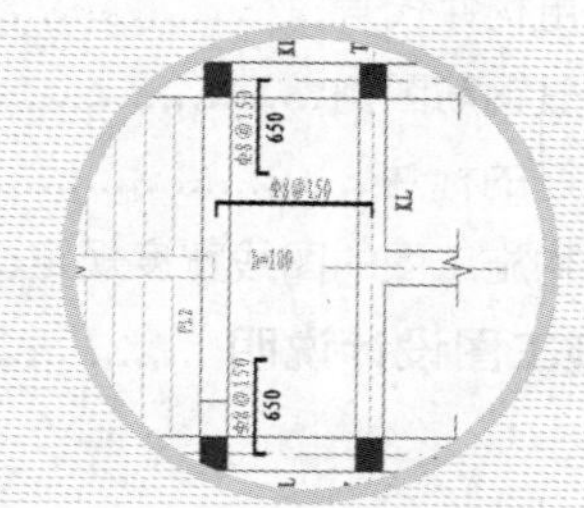
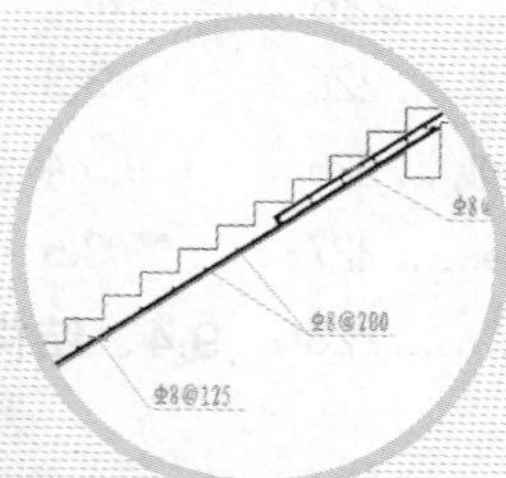
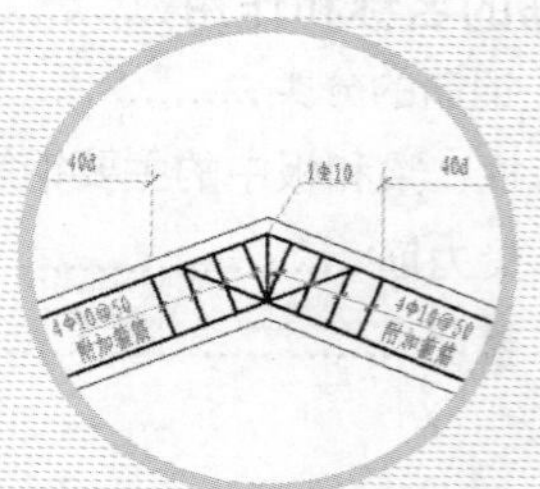

第12章 给排水设计基础知识

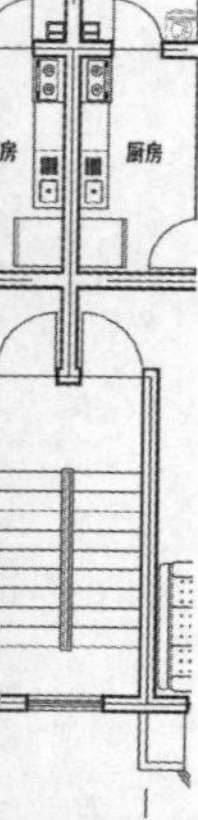

第13章 给排水平面图绘制

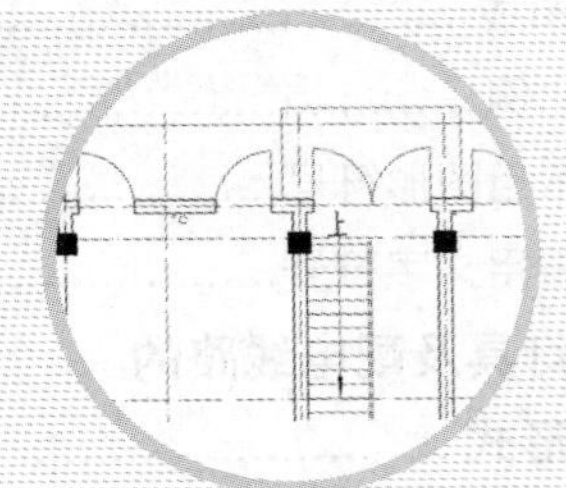
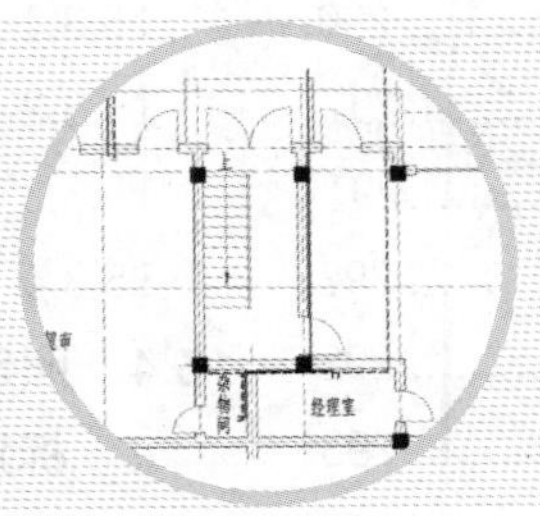
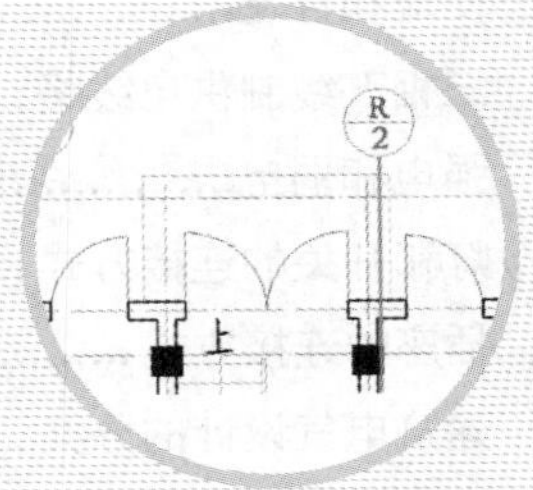

第14章 给排水系统图的绘制

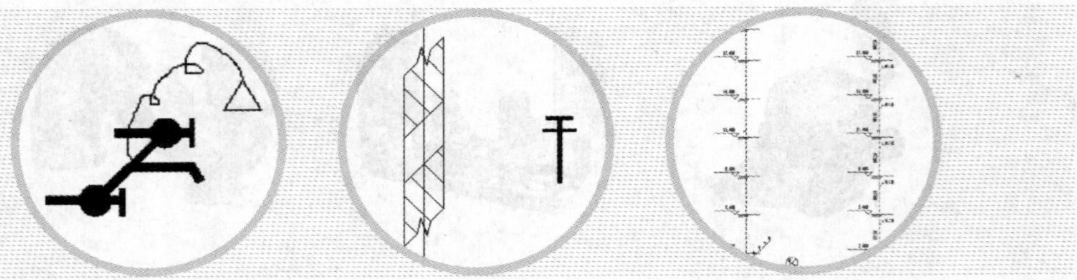

第15章 电气设计基础知识

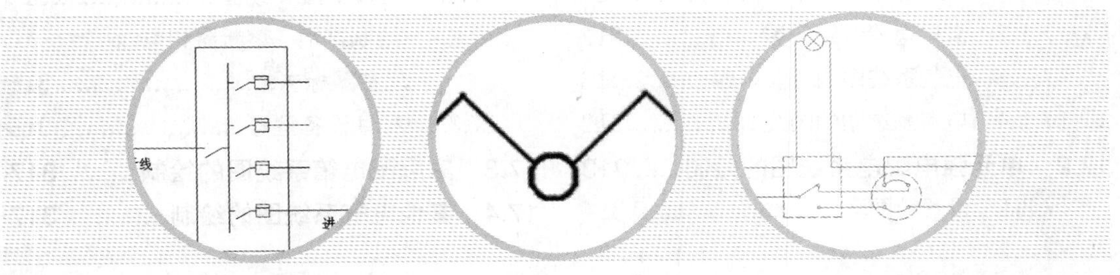

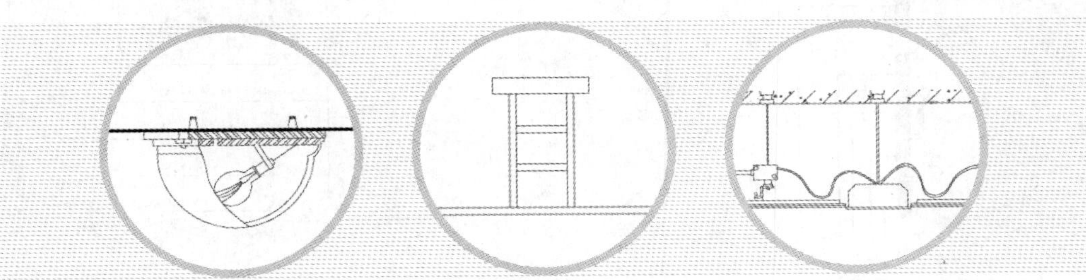

第16章 电气平面图绘制

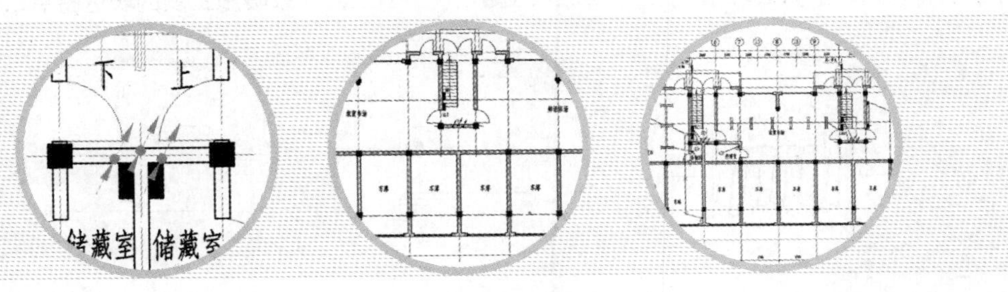

第17章 电气系统图的绘制

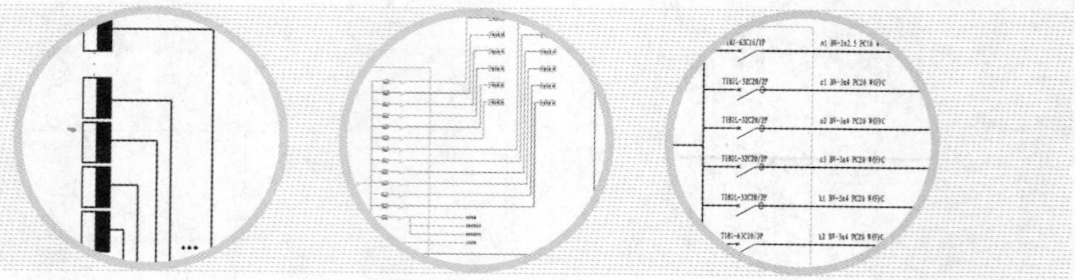

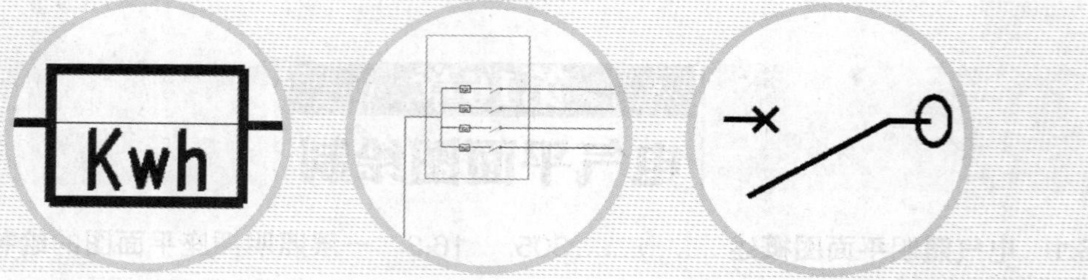

第18章 暖通设计基础知识

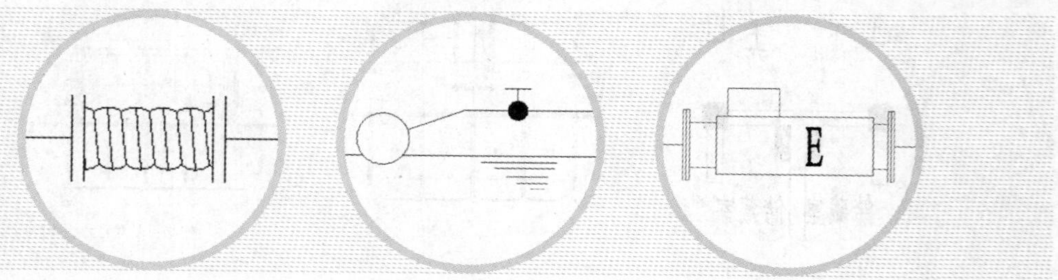

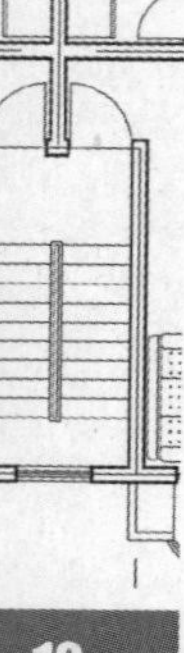

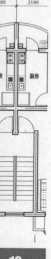

第19章 暖通平面图绘制

第20章 暖通系统图绘制

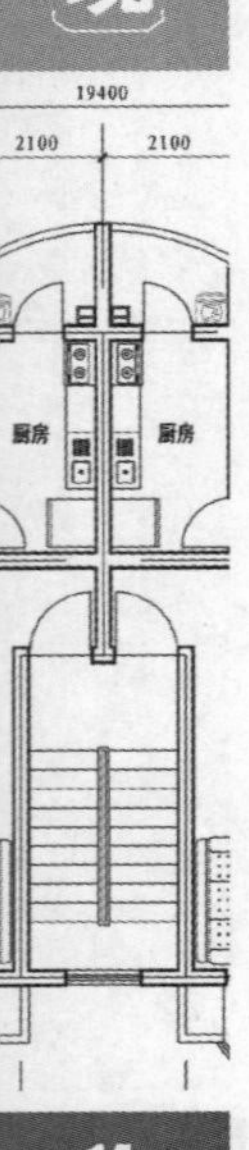

第1章

掌握AutoCAD 2013的绘图关键点

本章内容

- AutoCAD界面简介
- 命令执行方式
- AutoCAD的坐标系
- 对象选择与捕捉
- 系统配置

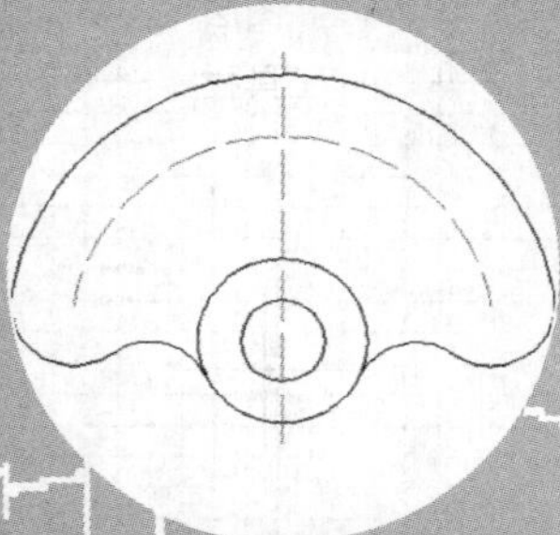

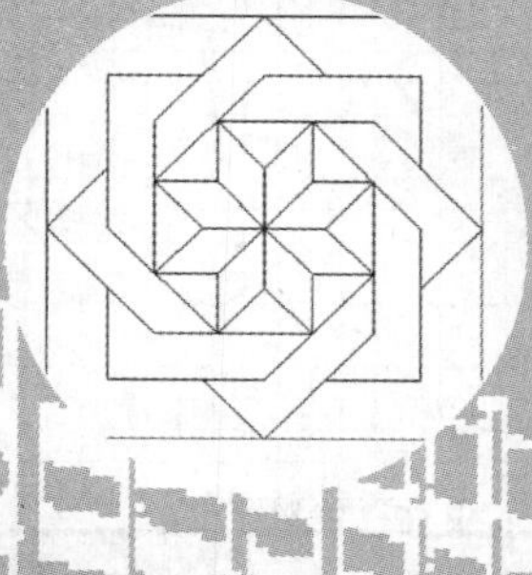

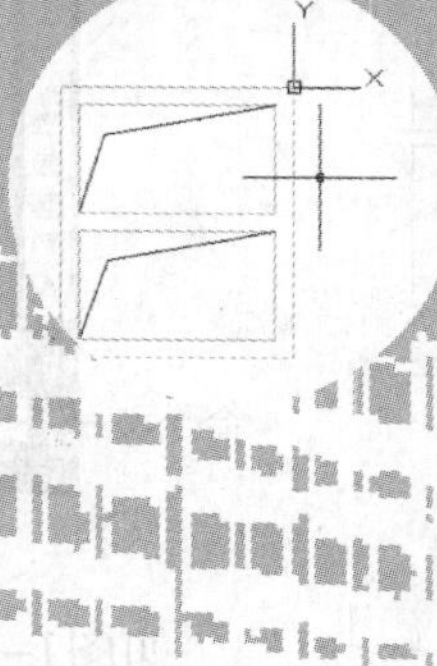

1.1 AutoCAD界面简介

电脑绘图与手工绘图有相通之处，手工绘图是使用笔在纸上绘图，而电脑绘图则是使用软件在屏幕上绘图；这时，软件操作区就是画板，而操作区周围的按钮，就是不同的画笔和尺子，用其可以在操作区中，尽情挥洒我们建筑师的智慧和风采。

下面就先来认识一下AutoCAD的操作界面。

1.1.1 绘图空间体现绘图理念

在AutoCAD 2013版本中，系统默认包括“AutoCAD 经典”、“草图与注释”、“三维基础”和“三维建模”4个空间模式（通过“工作空间”下拉按钮，可切换不同的空间模式）。也可以自定义空间模式。

实际上，在上述任何一个空间模式中，都可以使用AutoCAD的所有功能，来完成任意图形的绘制。之所以要分为不同的工作空间，主要是为了方便用户绘制某方面的模型。如在“三维建模”空间中可方便进行三维模型的绘制。

最常使用的工作空间为“AutoCAD 经典”工作空间，如图1-1所示，这也是AutoCAD传统的工作空间（即传统工作界面）。建筑图纸，由于平面图居多，使用此空间也较为方便，所以建议用户在打开AutoCAD 2013后，首先切换到此工作空间。

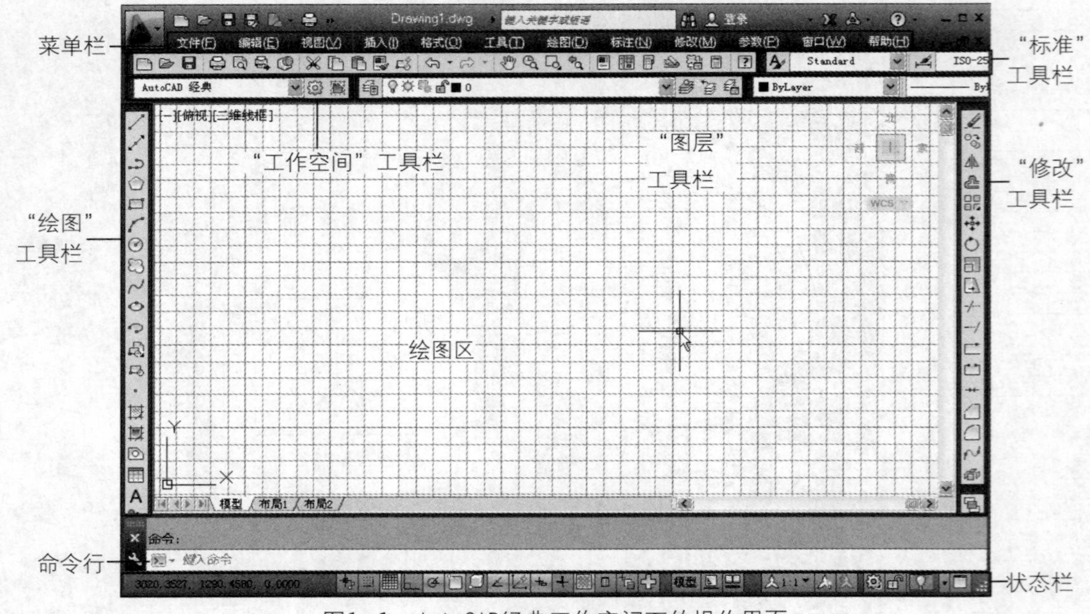

图1-1　AutoCAD经典工作空间下的操作界面

如图1-1所示，在“AutoCAD 经典”工作空间下，其操作界面主要由菜单栏、工具栏、状态栏、命令行和绘图区5部分组成，本节将对其功能分别进行解释。

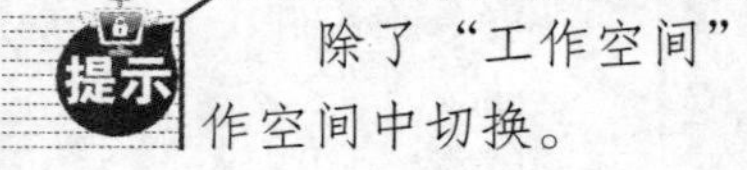

提示 除了“工作空间”下拉按钮，在命令行中执行WSCURRENT命令也可在几种工作空间中切换。

1.1.2 工具栏简介

工具栏中汇集了绘制图形的常用按钮，可用其方便地调用AutoCAD中的命令来绘制图形。在AutoCAD中，系统提供了30多个工具栏，基本上囊括了所有AutoCAD常用功能。

例如，“绘图”工具栏中汇集了绘制图形的基本命令，而“修改”工具栏则汇集了常用的编辑图形的命令，如图1-2所示。

提示 可以通过拖动工具栏一端的控制柄，随意移动位置，此时可将其调整为固定状态，也可将其调整为浮动状态（浮动状态下，工具栏可调整为任意形状）。

此外，右击工具栏空白处，在弹出的快捷菜单中选择工具栏，可将需要使用的工具栏调出或关闭，如图1-3所示。

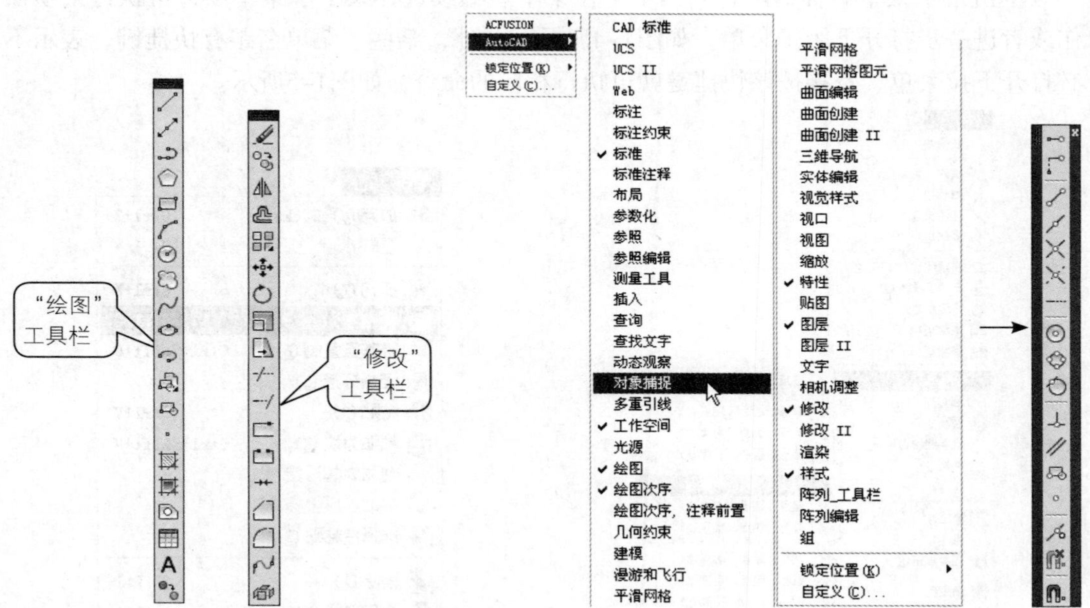

图1-2 “绘图”工具栏和“修改”工具栏

图1-3 调用其他工具栏操作

1.1.3 菜单简介

菜单栏是执行AutoCAD命令的另一种方式，由“文件”、“编辑”、“视图”、“工具”、“帮助”等12个菜单项组成。各菜单项的主要功能如下。

- “文件”菜单：用于管理图形文件，如新建、打开、保存、打印、输入和输出等。
- “编辑”菜单：用于文件常规编辑，如复制、剪切、粘贴和链接等。
- “视图”菜单：用于管理图形和操作界面显示，如图形缩放、图形平移、视图和视口设置、图形着色和渲染，以及显示或隐藏工具栏等。
- “插入”菜单：用来在当前图形中插入图块或其他格式的图形文件。

- “格式”菜单：用来设置与绘图环境有关的参数，包括绘图单位、图形界限、图层、颜色、线型、文字样式、标注样式、点样式等。
- “工具”菜单：用来设置绘图环境和执行一些不太常用的操作，如设置绘图选项，创建UCS坐标系，选择工作空间，打开和关闭各种操作面板，执行拼写检查、快速选择和查询等。
- “绘图”菜单：包含一组绘图命令。
- “标注”菜单：包含一组尺寸标注命令。
- “修改”菜单：包含一组图形编辑命令。
- “参数”菜单：是AutoCAD的一项新功能，用于参数化绘图操作。
- “窗口”菜单：在同时编辑多个图形时，利用该菜单中的子菜单项可切换图形或调整屏幕布局。
- “帮助”菜单：可查看软件帮助或了解软件的新功能。

单击某个菜单名称，可打开一个下拉菜单。继续选择某个子菜单项，可执行某项操作或者进一步打开下级子菜单，如图1–4所示。此外，某些子菜单名跟有快捷键，表示不必打开下拉菜单，直接按该快捷键就可执行相应的命令，如图1–5所示。

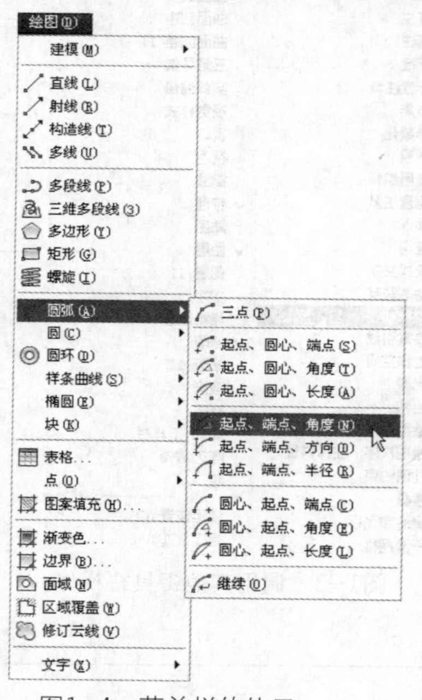

图1–4　菜单栏的使用

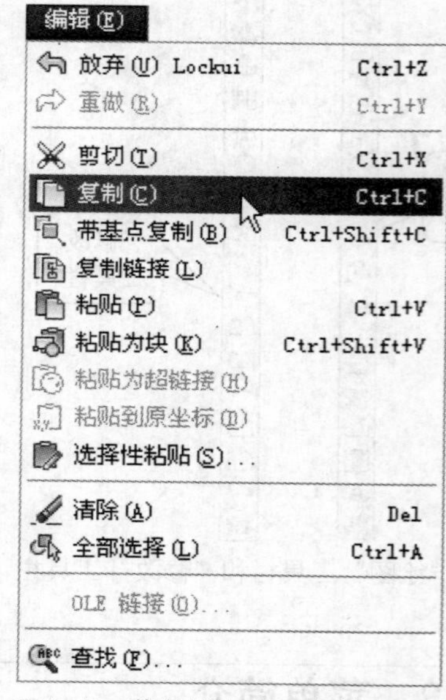

图1–5　菜单栏上显示出的快捷键

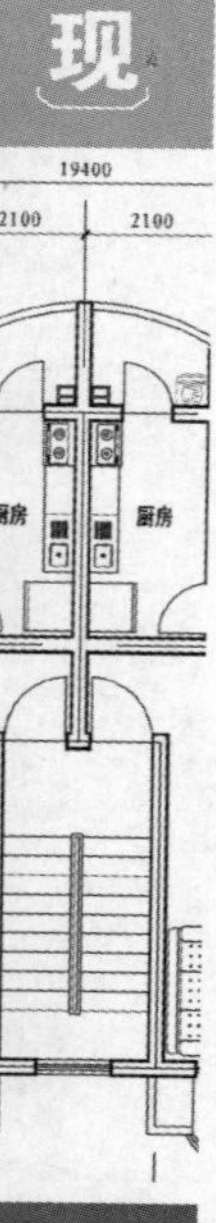

提示　此外，右击绘制的图形，或在其他位置右击，都可根据当时的绘图状况，弹出对应操作的快捷菜单，选用这些快捷菜单项，也可执行相应的命令。

1.1.4　状态栏上的功能按钮

状态栏的左侧区域用于显示当前十字光标的坐标值，其他区域提供了很多按钮（相当于复选框），如图1–6所示，通过控制这些按钮的状态，可以设置当前绘图的状态，如单击“正交”按钮，将只可以绘制水平或竖直的直线。下面解释一下常用按钮的功能。

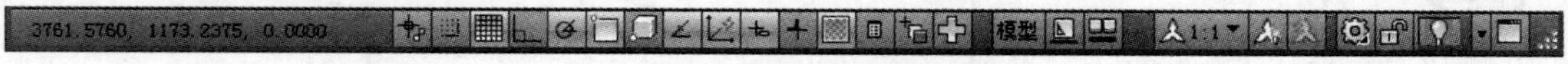

图1-6　AutoCAD的状态栏

- 推断约束：选中后，可以自动判断的模式，为当前绘制的图形添加约束关系。
- 捕捉模式：打开捕捉模式，可以控制光标沿X、Y轴或极轴精确移动，从而方便用户直接通过移动鼠标来画图，而无须再输入具体数值。
- 栅格显示：通过在屏幕上显示一组小点来供用户画图时进行参照。
- 正交模式：控制光标只能沿X、Y轴移动，从而绘制水平或垂直线。
- 极轴追踪：通过定义合适的极轴，可以快速绘制斜线。
- 对象捕捉：通过捕捉已绘图形对象的特征点（如直线的端点和中点，圆的圆心和象限点等），来绘制后续图形。
- 对象捕捉追踪：此功能必须与对象捕捉配合使用。打开此功能后，在画图时，当系统捕捉到特定点后会显示水平或垂直对齐路径，从而便于快速画图。
- 允许/禁止动态UCS：该设置主要用于三维绘图。使用动态UCS功能，可以在创建对象时使UCS的XY平面自动与实体模型上的平面临时对齐。
- 动态输入：控制绘图时是否显示光标所在位置的坐标、尺寸标注和提示信息等。
- 模型：在模型空间和图纸空间之间切换。
- 工具栏、窗口位置锁定：单击该按钮，将打开一个菜单。通过选择不同菜单项，可分别锁定、解锁工具栏和面板。
- 状态行菜单：单击该按钮，将打开一个菜单。通过选择不同菜单项，可控制在状态栏中显示哪些按钮。
- 全屏显示：单击该按钮可以隐藏屏幕上的全部工具栏，从而最大化显示绘图区。再次单击该按钮，可恢复正常显示。按【Ctrl+0】组合键与单击此按钮功能相同。

还有其他一些按钮，如注释比例，主要用于在布局空间中跟随模型切换注释的比例，还有的按钮，则可用于切换工作空间等，此处不再一一解释。

1.1.5　绘图区简介

绘图区，顾名思义是用户绘图的工作区域，类似于手工制图时的图纸，用户所绘制的图形都显示在该区域中。

绘图区中的十字光标用于表明鼠标的当前位置，移动鼠标时十字光标将跟随移动，并在状态栏上显示十字光标所在位置的坐标值。绘图窗口的左下角显示了当前使用的坐标系图标。

单击绘图窗口下方的“模型”或“布局”选项卡，可以在“模型”空间或“图纸”空间之间相互切换。其中，“模型”空间主要用来绘制图形，“图纸”空间主要用来安排图纸的输出（如打印）。

AutoCAD的绘图窗口理论上无限大，所以用户可以随心所欲地在绘图窗口中绘制各种各样实际尺寸的图形。

1.1.6 命令行

命令行用于执行命令。在命令行中输入AutoCAD的各种命令，按【Enter】键可绘制图形，并且在命令行中也会显示出各命令操作的具体过程和信息提示。例如，在命令行中输入LINE并按【Enter】键，命令行窗口就会提示你指定直线的第一点。

按【F2】键或选择“视图”>“显示”>“文本窗口”菜单命令，都能打开AutoCAD的文本窗口。文本窗口是记录AutoCAD所执行过的命令窗口，实际上是放大的命令行窗口。此外，通过按【Ctrl+9】组合键可以控制是否显示命令行。

1.2 命令执行方式

使用命令行直接执行常用的绘图命令，可以达到快速绘制图形的目的。本节将讲解调用、停止和取消等操作命令的方法。

1.2.1 命令调用

在AutoCAD下部的命令行中直接输入命令全名或其缩写，按【Enter】键或【空格】键，即可执行相应的命令。除此之外，还有几种调用命令的方式，用户可根据需要选择使用，具体如下：

- 单击工具按钮。
- 选择主菜单或快捷菜单。
- 按快捷键。

无论使用哪种方式来执行命令，用户都应密切关注命令提示信息，从而确定下面该执行什么操作。对于初学者而言，更应如此。

1.2.2 命令停止

在AutoCAD中执行命令时，有的命令执行完毕后会自动回到无命令状态，而有的命令则要求用户执行终止操作才能结束此命令，否则会一直等待用户响应。比如绘制直线时，如不执行终止操作，将一直等待用户指定直线的下一端点。

通常按【空格】键或【Enter】键可结束命令，有时要按【Esc】键，或单击鼠标右键，在弹出的快捷菜单中选择“确认”命令，都可结束此次执行的命令。

需要注意的是，在命令行输入值或选择命令选项时，按【空格】键或【Enter】键表示“确认”，而不是“终止命令”。

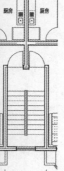

1.2.3 重复使用

通过前面的讲述，我们知道AutoCAD的有些命令在执行完毕后将自动结束，此时如果需要再次使用此命令绘制图形，则需要重复输入此命令，或重复单击相应的按钮，很麻烦。

为避免重复执行命令时的麻烦，可执行Multiple命令，然后输入要重复执行的命令，如输入CIRCLE（绘制圆）命令，即可在绘图区中连续绘制多个圆。

此外，在上一个命令刚执行结束后，直接按【Enter】键或者【空格】键，也可以重复执行上一个命令（或在绘图区单击鼠标右键，在弹出的快捷菜单中选择重复执行某个命令即可）。

1.2.4 取消操作

单击“标准”工具栏中的“放弃”按钮或按【Ctrl+Z】组合键，或者选择“编辑”>“放弃”菜单命令，均可撤消最近执行的一步操作。

如果希望一次撤消多步操作，可单击“放弃”命令按钮右侧的下拉按钮，然后在打开的操作列表中上下移动光标选择多步操作，如图1-7所示。

图1-7 撤销多步操作

也可以执行UNDO命令，然后输入想要撤消的操作步数并按【Enter】键。

输入U并按【Enter】键将只撤销一步操作。此外，UNDO命令功能强大，除了可以撤销多步操作外，使用其子选项还可以实现对命令的编组、合并，以及放弃某些命令，或放弃UNDO命令信息等，用户可灵活使用。

1.2.5 恢复操作

恢复操作是撤消的逆过程，单击“标准”工具栏中的“重做”按钮或按【Ctrl+Y】快捷键，或者选择“编辑”>“重做”菜单命令，均可恢复最近执行的一步撤消操作。

如果希望一次恢复多步撤消操作，可单击“重做”命令按钮右侧的下拉按钮，然后在弹出的操作列表中上下移动光标选择多步撤消操作，如图1-8所示。

也可执行MREDO命令，然后输入想要恢复的操作步数并按【Enter】键，恢复多步操作（不输入撤销步数则将撤销单步操作）。

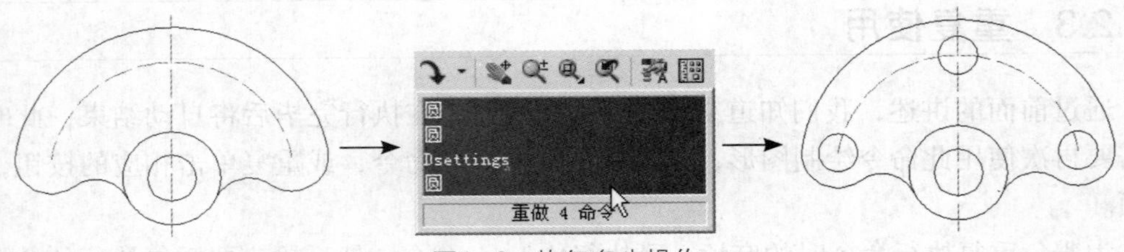

图1-8 恢复多步操作

1.2.6 透明命令

AutoCAD系统中有一部分命令可以在使用其他命令的过程中嵌套执行，这种方式被称为“透明”的执行，而可以透明执行的命令则被称为透明命令。

透明命令通常都是一些查询命令、改变图形设置或绘图辅助工具的命令，如SNAP（捕捉）和ZOOM（缩放）等。

要使用透明命令，需要在命令前面输入单引号“’”。在命令行中，透明命令前有一个双折号“>>”，提示用户AutoCAD正在执行透明命令。完成透明命令后，将恢复执行原命令。例如如下操作：

命令:line↲

指定第一点:0,0↲

指定下一点或[放弃（U）]：'P↲　（P为平移命令，平移到圆点位置）

（完成平移后，按【Esc】键退出）

（恢复执行LINE命令）

指定下一点或[放弃（U）]：500,500↲　（按【Esc】键退出）

此外，在执行透明命令时需要注意如下几点：

①使用透明命令的过程中，不能再嵌套使用其他透明命令。

②在出现命令提示“COMMAND：”时调用透明命令，其结果与执行正常（非透明）命令一样。

③只有在不需重新生成而且快速缩放状态为ON时，才能透明地使用ZOOM、PAN、VIEM命令。

④在执行SKETCH、PLOT和输入文字，以及执行外部命令时不能使用透明命令。

1.3 AutoCAD的坐标系

坐标（x, y）是用户在绘图过程中经常使用的精确定点方法。在AutoCAD中，默认坐标系为世界坐标系（WCS），用户也可以根据需要自定义用户坐标系（UCS）。

1.3.1 笛卡儿坐标系和极坐标系

笛卡儿坐标系又称为直角坐标系，由一个原点和两个通过原点的、相互垂直的坐标轴构成，如图1-9所示。其中，水平方向的坐标轴为X轴，以向右为其正方向；垂直方向的坐标轴为Y轴，以向上为其正方向。平面上任何一点P都可以由X轴和Y轴的坐标来定义，用（1,1）点、（10,11）为其表示方式。

极坐标系是使用距离和角度来表示绘图区域上点的坐标系，其由一个极点和一个极轴构成，如图1-10所示。极轴的方向为水平向右，平面上任何一点P都可以由该点到极点的连线长度L和连线与极轴的交角α（极角）所定义，如点（2<30）。

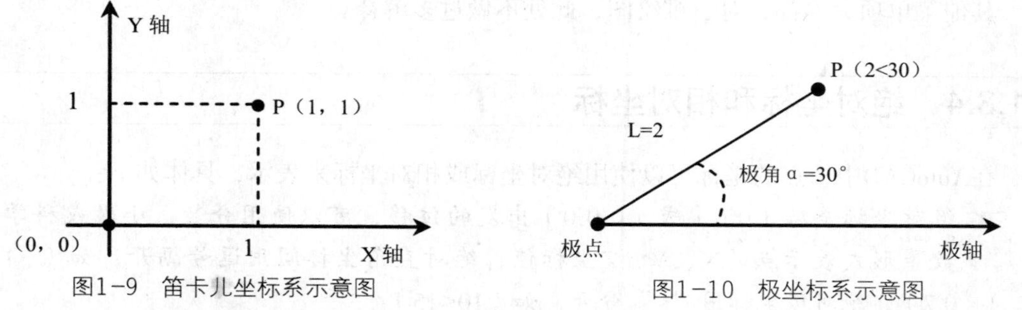

图1-9　笛卡儿坐标系示意图　　图1-10　极坐标系示意图

在AutoCAD中，可以混合使用这两种坐标系。

1.3.2　世界坐标系和用户坐标系

在开始绘制一幅新图时，AutoCAD自动将当前坐标系设置为世界坐标系，即WCS，它包括X轴和Y轴。如果在三维空间工作，还有一个Z轴。

WCS坐标轴的交汇处显示一“口”形标记，其原点位于绘图区的左下角，如图1-11所示。

在AutoCAD中，为了能够更好地辅助绘图，用户经常需要修改坐标系的原点和方向，这时世界坐标系将变为用户坐标系，即UCS。

尽管UCS中3个轴之间仍然互相垂直，但是UCS的原点和X、Y、Z轴的方向都可以移动及旋转，具有更大的灵活性。另外，UCS图标不再有“口”形标记，如图1-12所示。

图1-11　世界坐标系　　图1-12　用户坐标系

1.3.3　自定义用户坐标系

在AutoCAD中，打开“工具”>“新建UCS”菜单（或执行UCS命令），利用它的子菜单项（或子命令项）可以方便地创建UCS，其主要菜单项的意义如下。

- 原点：在绘图区中选择一个点作为坐标原点，按【Enter】键即可创建新的坐标系（也可根据需要定义新坐标轴的方向）。

- 世界：将当前的用户坐标系恢复到世界坐标系。
- 对象：根据用户选取的对象快速创建用户坐标系，新UCS的Z轴方向垂直于选取对象所在的平面，X轴和Y轴方向取决于选取对象的类型（可选择圆弧、圆、尺寸标注等）。
- 原点：在绘图区中选择一个点作为坐标原点，按【Enter】键即可创建新的坐标系（也可根据需要定义新坐标轴的方向）。

其他菜单项大多都针对三维绘图，此处不做过多解释。

1.3.4　绝对坐标和相对坐标

在AutoCAD中，点的坐标可以使用绝对坐标或相对坐标来表示，具体如下：

- 绝对坐标是从（0,0）或（0,0,0）出发的位移，可以使用分数、小数或科学计数等形式表示点的X、Y、Z坐标值，绝对直角坐标间用逗号隔开，如（-1，0.7），绝对极坐标用“<”分开，如（10<15）。
- 相对坐标是指相对于某一点的X轴和Y轴位移。它的表示方法是在绝对坐标表达式前加一“@”符号，如（@10,50）和（@11<60）。其中，相对极坐标中的角度是新点和上一点连线与X轴的夹角。

例如，可通过如下两种方式，分别使用绝对坐标系和相对坐标系，绘制相同的等边三角形（所绘图形如图1-13所示）。

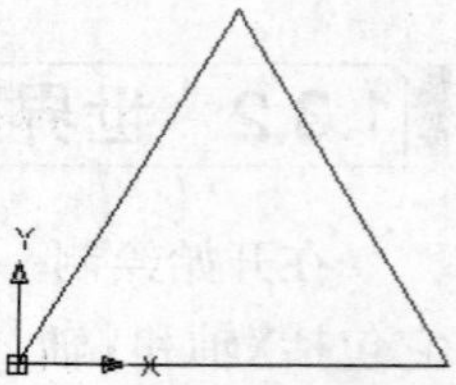

图1-13　所绘三角形

方式1：

命令:line↲

指定第一点:0,0↲

指定下一点或[放弃(U)]:2,0↲

指定下一点或[放弃(U)]:2<60↲

指定下一点或[闭合(C)/放弃(U)]:c↲

方式2：

命令:line↲

指定第一点:0,0↲

指定下一点或[放弃(U)]:2,0↲

指定下一点或[放弃(U)]:@2<120↲

指定下一点或[闭合(C)/放弃(U)]:c↲

提示　相对坐标在实际绘图时，要比绝对坐标更加实用一些，所以应注意掌握其使用方法。

1.3.5　控制坐标系图标的显示

选择“视图”>“显示”>“UCS图标”下的子菜单项，或执行UCSICON命令，通过其子项，可以控制是否显示坐标系图标，并可设置坐标系图标的外观（此命令对UCS和WCS具有相同的控制作用）。

1.4　对象选择与捕捉

在绘制和操作对象的过程中，需要不断地选择和捕捉对象，以及进行捕捉追踪等。下面介绍一下相关操作。

1.4.1 选择对象

使用鼠标左键单击可以选择对象，使用鼠标左键框选可以一次选择多个对象，下面分别介绍其方法。

- 单击选择对象：直接单击对象可选择单个对象，连续多次单击可选择多个对象，如图1-14所示。

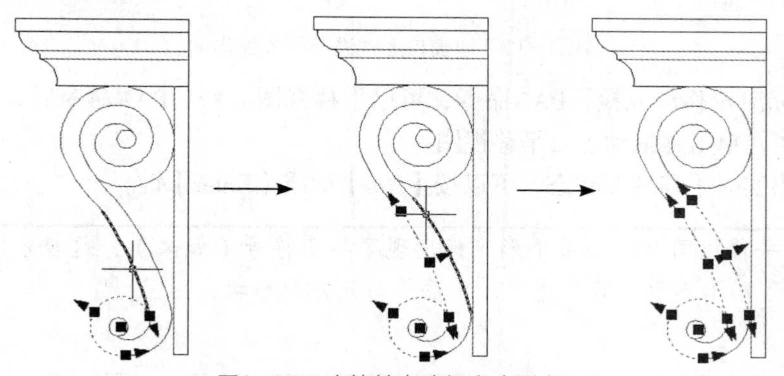

图1-14　连续单击选择多个对象

提示　所有被选中的对象将形成一个选择集，要从选择集中取消选择某个对象，可按住【Shift】键单击该对象；而要取消全部对象的选择，可按【Esc】键。

- 窗选选择对象：自左向右拖出选择窗口，即首先单击一点确定左侧角点，然后向右移动光标，确定右侧对角点，为窗选选择对象。此时所有完全包含在选择窗口中的对象均会被选中，如图1-15所示。

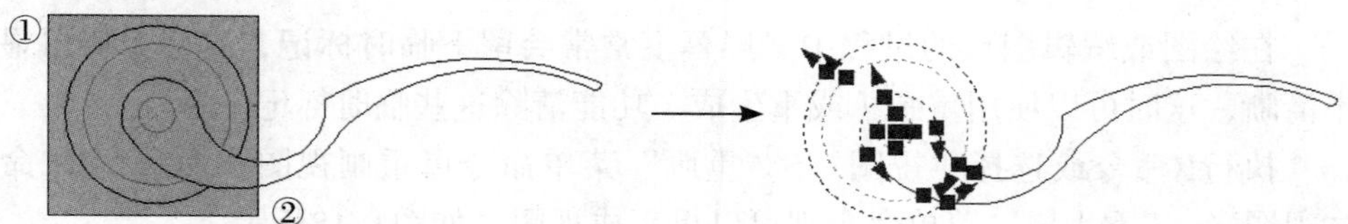

图1-15　窗选选择对象

- 窗交选择对象：自右向左拖出选择窗口，即先确定选择窗口右侧角点，然后向左移动光标，确定其左侧对角点，为窗交选择对象。此时所有完全包含在选择窗口中，以及所有与选择窗口相交的对象均会被选中，如图1-16所示。

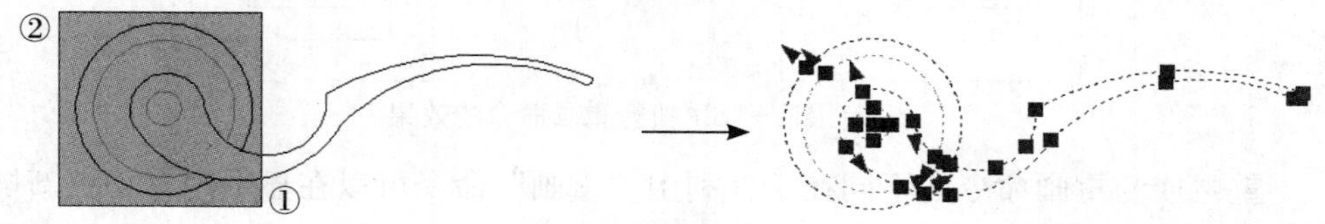

图1-16　窗交选择对象

1.4.2 缩放或平移

旋转鼠标滚轮或执行ZOOM命令，可以缩放对象。在执行ZOOM命令缩放对象的过程中，框选图形可在当前窗口中最大化框选的图形区域，如图1-17所示。

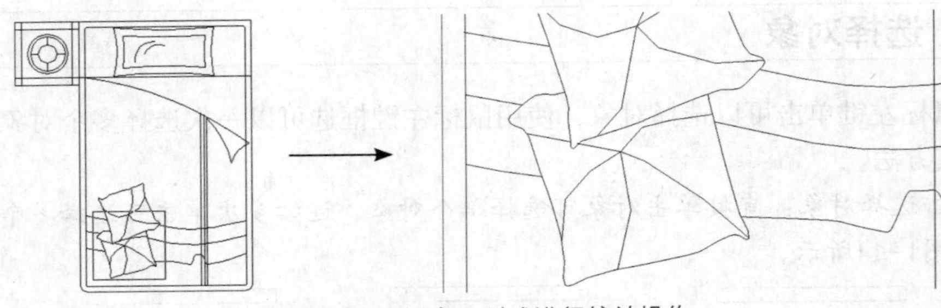

图1-17　以窗口形式进行缩放操作

按住鼠标滚轮移动或执行PAN命令，可以平移视图。启动PAN命令后，视图中会出现手形光标，单击并拖动也可平移视图。

要想退出实时平移视图状态，可以按【Esc】键或【Enter】键。

提示　平移视图时，如果手形光标出现了尖角符号（如），这表示图形已经移动到了图形界限的某个边缘，无法再向此方向移动。

1.4.3　旋转视图

按住【Shift】键并同时按住鼠标滚轮拖动，可将二维空间调整为三维空间，并可在三维空间中任意旋转视图。

1.4.4　视图重画和重生成

在绘图或编辑图形的过程中，屏幕上常常会留下临时标记，这会令屏幕显得混乱、不清晰，这时可以使用重画（或重生成）功能清除这些临时标记。

执行R命令或选择“视图”>“重画”菜单命令可重画视图；而执行RE命令或选择“视图”>“重生成”菜单命令则可以重生成视图，如图1-18所示。

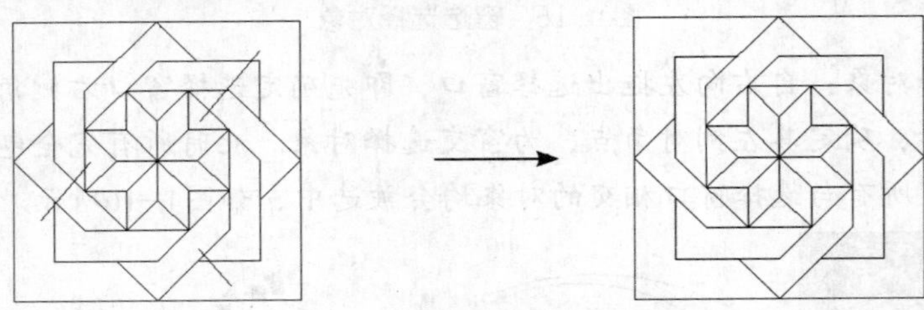

图1-18　执行重画命令的效果

重生成与重画命令的不同在于：利用“重画”命令可以在显示内存中更新屏幕，而利用“重生成”命令可以重生成整个图形并重新计算所有对象的屏幕坐标，所以比“重画”命令执行的速度慢。

1.4.5　使用栅格

栅格是一些标定位置的小点，如图1-19所示，使用它可以提供直观的距离和位置参

照。按【F7】键，或单击状态栏中的“栅格”按钮▦，可打开或关闭栅格的显示。

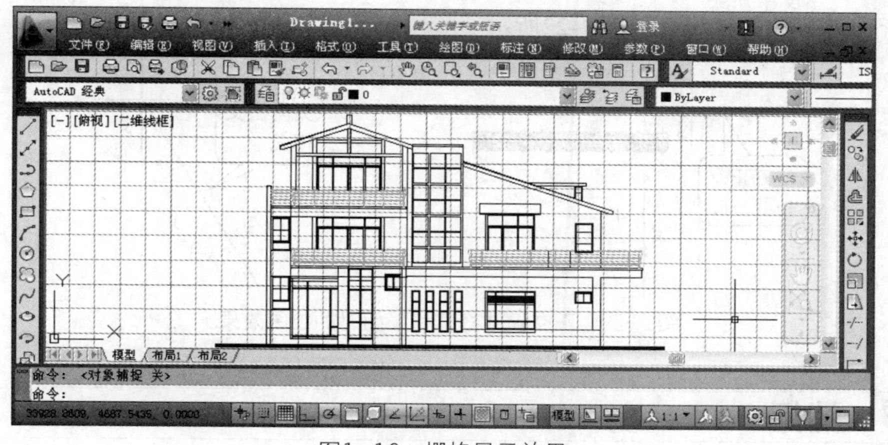

图1-19　栅格显示效果

右键单击状态栏中的“栅格”按钮▦，在弹出的菜单中选择“设置”命令，打开“草图设置”对话框的“捕捉和栅格”选项卡，如图1-20所示，可在此选项卡中对“栅格”进行设置。

- 栅格样式：在此栏中，可选择设置在哪个模型空间中显示点栅格。
- 栅格间距：用于设置栅格在水平和竖直方向的间距。“每条主线之间的栅格数”用于指定主栅格线相对于次栅格线的频率（适用于除二维线框之外的任何视觉样式），如图1-21所示。
- 栅格行为：“自适应栅格”用于设置视图缩小时自动调整栅格密度；“允许以小于栅格间距的间距再拆分”用于设置当视图放大时，生成更多间距更小的栅格线；“显示超出界线的栅格”用于设置在绘图界限之外显示栅格；“跟随动态UCS”是指在绘制三维图形时，令栅格平面自动与UCS的XY平面对齐。

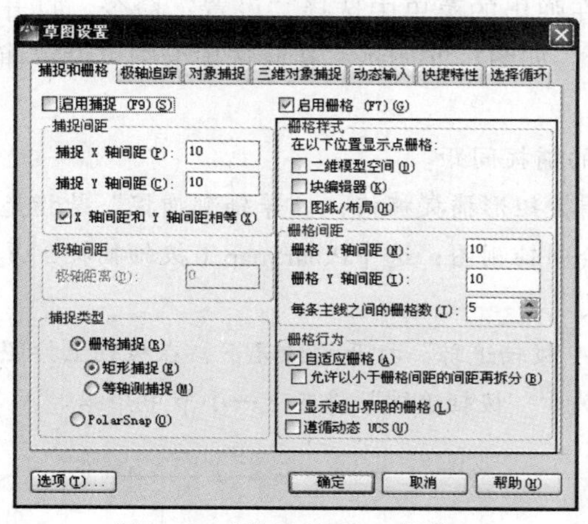

图1-20　“草图设置”对话框

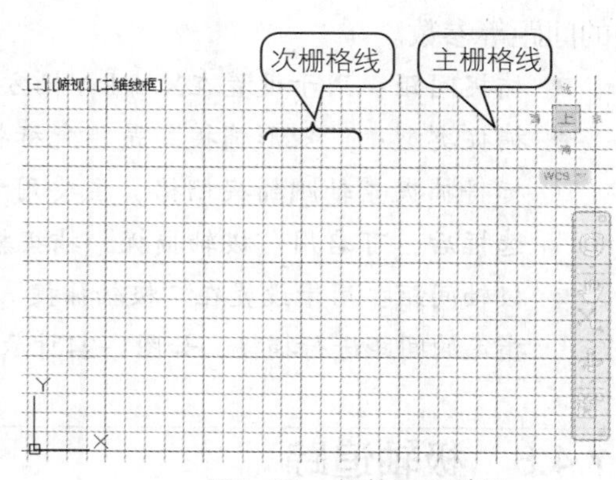

图1-21　栅格显示效果

1.4.6　正交模式

按【F8】键或单击状态栏中的“正交”按钮▭，可打开或关闭正交模式。启用

AutoCAD的正交模式，可以绘制平行于当前坐标轴的直线。且打开正交模式后，无法绘制不平行于坐标轴的直线，如图1–22所示。

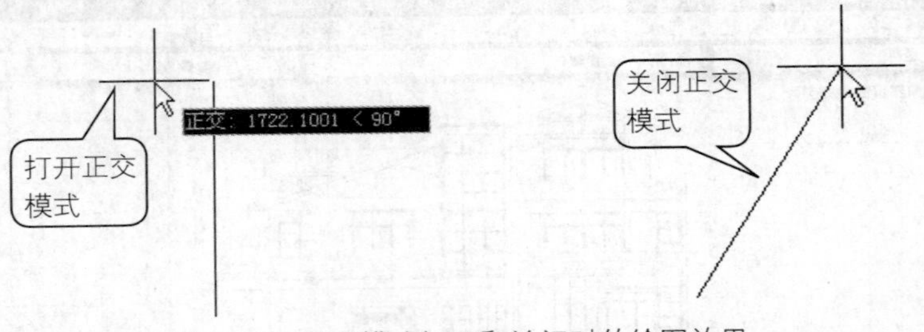

图1–22　正交模式打开和关闭时的绘图效果

1.4.7　捕捉

按【F9】键或单击状态栏中的"捕捉"按钮，可打开或关闭捕捉。打开捕捉后，可使光标只能在栅格点上单击（或只能按指定的间距单击），而不能在随意位置处单击，从而来精确定位点，如图1–23所示。

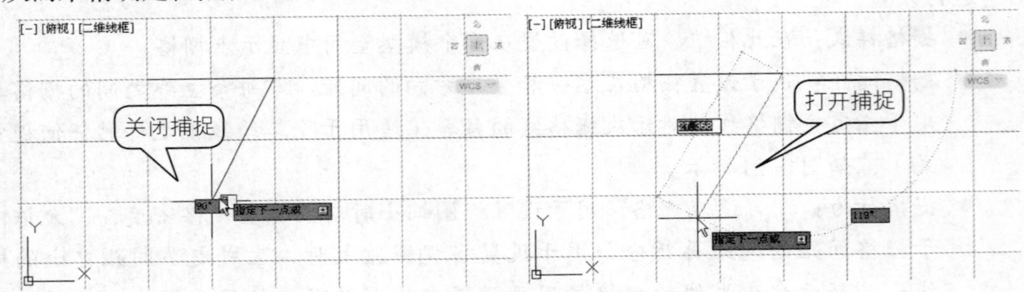

图1–23　关闭和打开捕捉的不同绘图效果

右键单击状态栏中的"捕捉"按钮，在弹出的菜单中选择"设置"命令，打开"草图设置"对话框的"捕捉和栅格"选项卡，如图1–20所示，在此选项卡中可设置捕捉的间距等参数。

- 捕捉间距：用于设置在X轴和Y轴方向的捕捉间距。
- 捕捉类型："矩形捕捉"是指光标将捕捉矩形捕捉栅格；"等轴测捕捉"是指光标将捕捉等轴测捕捉栅格，主要用于绘制轴测图；选中PolarSnap（极轴捕捉）复选框后，可启用"极轴捕捉"捕捉模式。
- 极轴间距：用于设置在"极轴捕捉"和"极轴追踪"打开的情况下，在极轴上按照指定的间距进行捕捉，如图1–24所示（关于"极轴追踪"将在下一小节中介绍）。

1.4.8　极轴追踪

按【F10】键或单击状态栏中的"极轴"按钮，可打开或关闭极轴追踪。启用极轴追踪后，可以沿追踪线精确定位点，如图1–24所示。追踪线是由相对于起点和端点的极轴角而定义显示的。

右键单击状态栏中的"极轴"按钮，在弹出的菜单中选择"设置"命令，打开

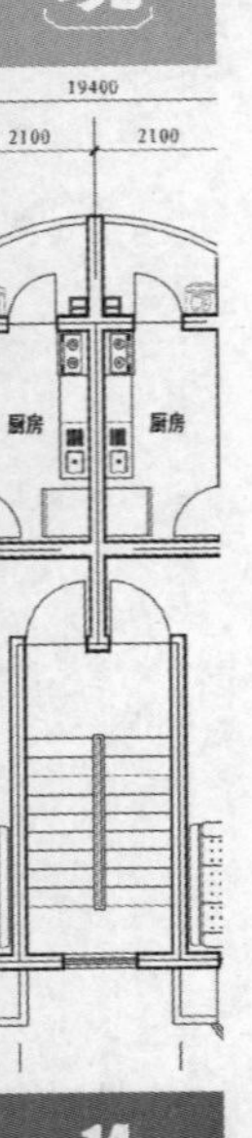

"草图设置"对话框的"极轴追踪"选项卡，如图1-25所示，在此选项卡中可设置极轴角的角度等参数。

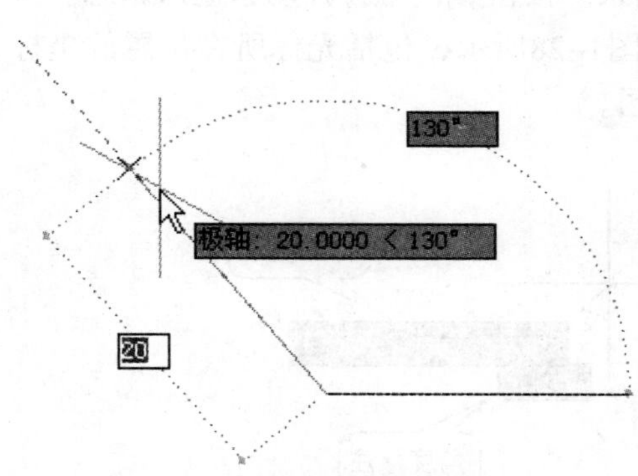

图1-24 极轴捕捉的绘图效果

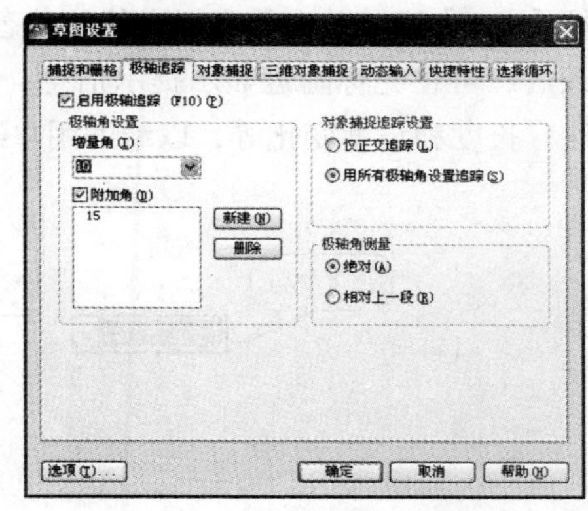

图1-25 "草图设置"对话框

- 极轴角设置："增量角"用于设置极轴角的递增角度；单击"新建"按钮可添加"附加角"，"附加角"可设置沿某特殊方向进行极轴追踪（可设置多个附加角）。
- 对象捕捉追踪设置：是指在捕捉到对象特征点后的角度追踪。"仅正交追踪"表示捕捉到对象特征点后移动鼠标（注意一定是捕捉后移动鼠标，不是直接绘制），仅在正交方向上进行追踪，而"用所有极轴角设置追踪"则表示在所有方向上进行追踪，如图1-26所示。

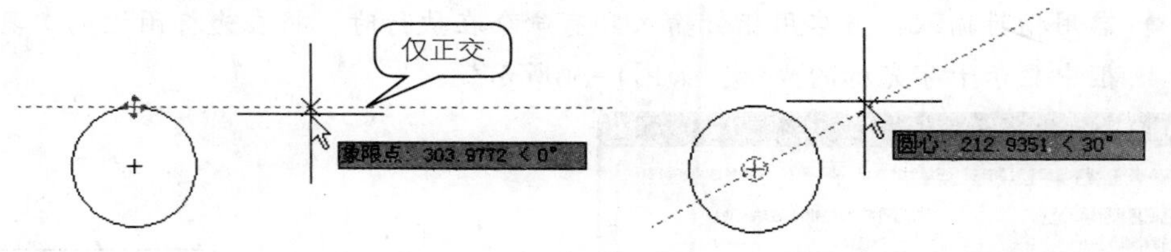

图1-26 "仅正交追踪"和"用所有极轴角设置追踪"的区别

- 极轴角测量：用于设置极轴追踪角度的基准。"绝对"是根据当前用户坐标系（UCS）确定极轴追踪角度；"相对上一段"是根据上一个绘制的线段确定极轴追踪角度，如图1-27所示。

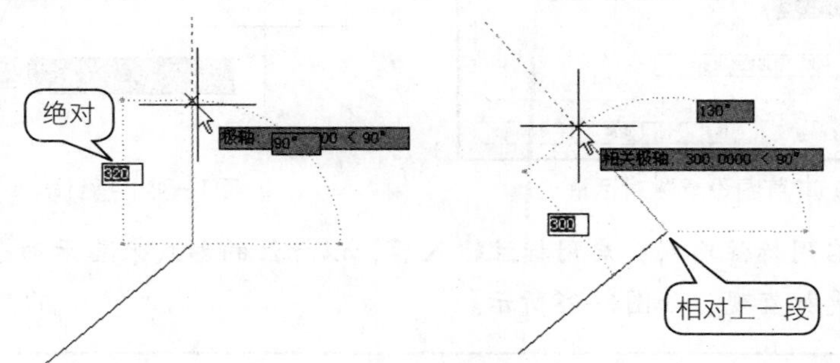

图1-27 极轴追踪的两种方式

由于在正交模式下光标只能沿水平或垂直方向移动，因此正交模式和极轴追踪不能同时使用，一个打开，另一个将会自动关闭。

1.4.9 使用或关闭动态输入

按【F12】键或单击状态栏中的“动态输入”按钮，可打开动态输入状态。打开动态输入后，可在光标附近显示提示信息，如图1-28所示，包括光标所在位置的坐标、尺寸标注、长度和角度变化等，以帮助用户绘图。

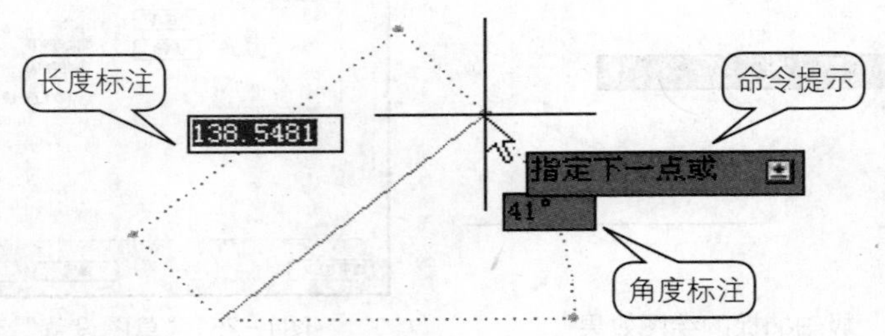

图1-28 打开动态输入时绘制图形的效果

动态输入包括3个组件，分别为指针输入、标注输入和动态提示。右键单击状态栏中的“动态输入”按钮，在弹出的快捷菜单中选择“设置”菜单项，可以打开“草图设置”对话框的“动态输入”选项卡，如图1-29所示，在此对话框中可以对“动态输入”的3个组件进行设置。

- 启用指针输入：当启用指针输入且有命令在执行时，将在光标附近的工具栏提示框中显示十字光标的坐标，如图1-30所示。

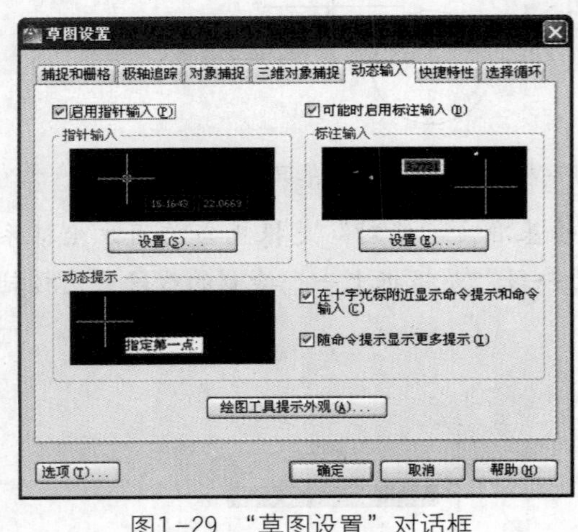

图1-29 “草图设置”对话框

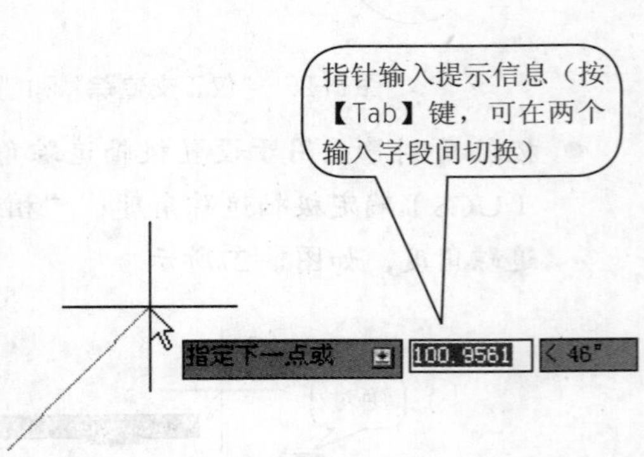

图1-30 指针输入提示信息

- 可能时启用标注输入：启用标注输入后，以标注的形式来显示动态输入框，使绘图操作更加直观，如图1-28所示。

> 提示：当指针输入和标注输入都启用时，在可以使用标注输入的地方，系统将自动使用标注输入。此外，在图1-28中，单击组件下的相关按钮，可对动态输入进行详细设置。

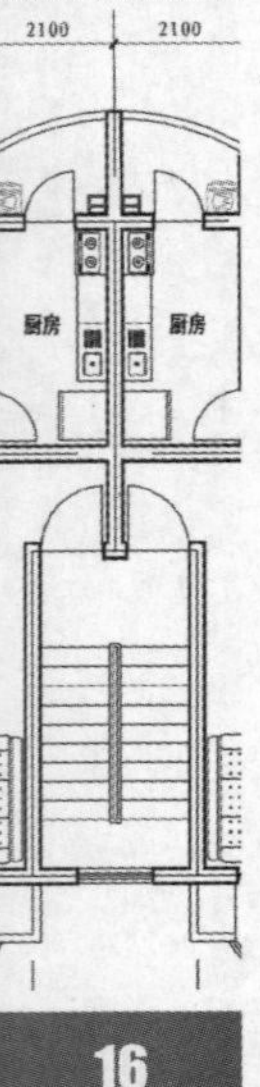

- 在十字光标附近显示命令提示和命令输入：选中此复选框，启用动态提示时，会

在光标附近显示执行下一步操作的提示文字，如图1-28所示。按【↓】键可查看和选择当前能够进行的绘图操作，按【↑】键将显示最近的输入信息。

- 随命令提示显示更多提示：选中此复选框，当操作夹点编辑图形时，可决定在命令提示框中是否显示按【Shift】键和【Ctrl】键时的提示信息，如图1-31所示。

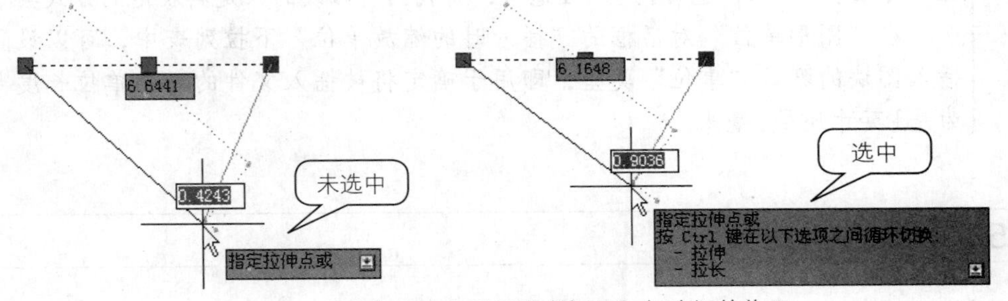

图1-31 “随命令提示显示更多提示”复选框的作用

所谓“夹点编辑”，指选择绘制好的图形后，单击图形蓝色夹点进行的编辑操作，此时按【空格】键，可在拉伸、旋转、移动和缩放等功能间切换；按【Ctrl】键，可进行多重拉伸或复制等。

1.5 系统配置

在开始绘图前，可以对AutoCAD的基本绘图环境及操作界面等进行简单设置，以规划绘图单位，并确定图形的显示精度等。

1.5.1 设置绘图环境

选择“格式”>“单位”菜单命令，或执行UNIT命令，打开“图形单位”对话框，可设置长度与角度的类型和精度。如设置长度类型为“分数”表示形式或“科学”表示形式，角度类型为“度/分/秒”形式等，如图1-32所示。

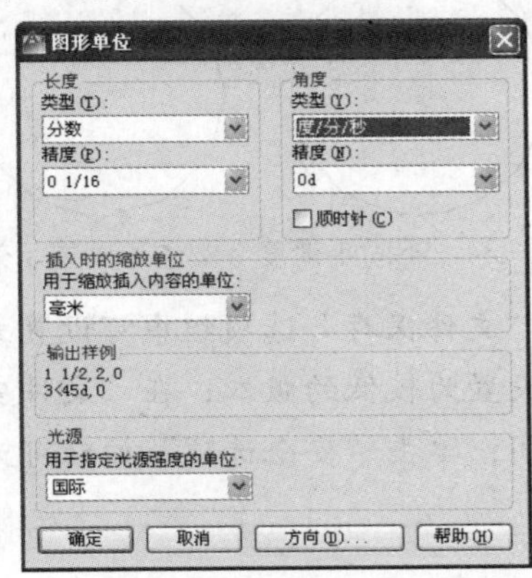

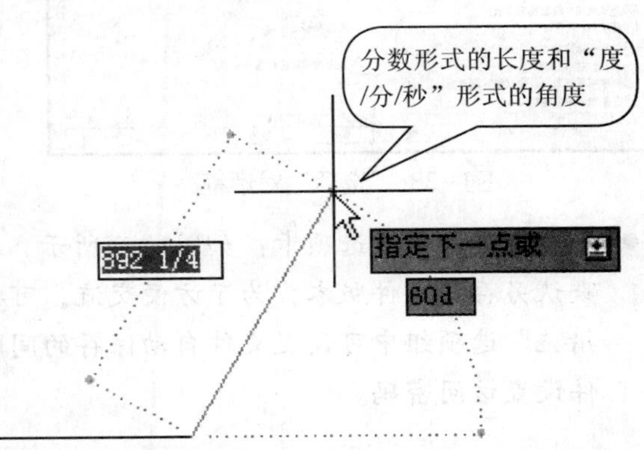

图1-32 绘图环境的设置和设置效果

另外，单击“图形单位”对话框中的“方向”按钮，将弹出“方向控制”对话框，可以设置极轴的初始方向。而选择“图形单位”对话框中的“顺时针”复选框，则可以设置顺时针计算角度值。

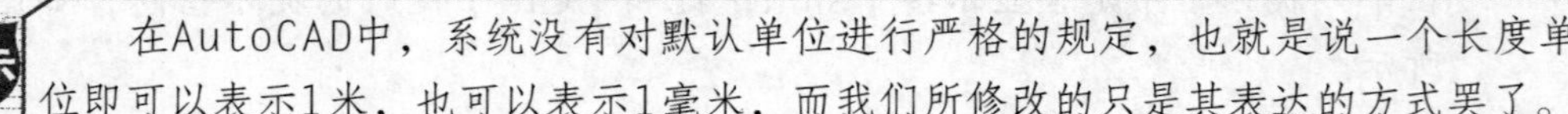

提示

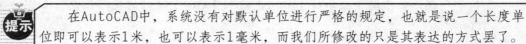

在AutoCAD中，系统没有对默认单位进行严格的规定，也就是说一个长度单位即可以表示1米，也可以表示1毫米，而我们所修改的只是其表达的方式罢了。

在“图形单位”对话框的“插入时的缩放单位”下拉列表中，可以设置所插入图块的默认“单位”类型，即用于确定将被插入文件的一个单位长度判断为是1英寸还是1毫米。

1.5.2 配置绘图系统

选择“工具”>“选项”菜单命令，或执行OPTIONS命令，打开“选项”对话框，可以设置一种利于用户操作的工作环境。

“选项”对话框中可以设置的内容很多，下面重点介绍几个常用设置项的作用，具体如下。

- “文件”选项卡：其内容通常只在使用辅助工具时才需进行单独设定，而单独使用AutoCAD时则通常无须设定，所以此处不做过多介绍。
- “显示”选项卡：如图1-33所示，其“显示精度”选项组主要用于设置圆弧和线的平滑度，其值越大，所显示的弧线越平滑，如图1-34所示；单击“颜色”按钮，可对软件界面的颜色进行设置，如可设置绘图区的背景色等；而调整“十字光标大小”滑块则可以调整光标的大小，如图1-35所示。

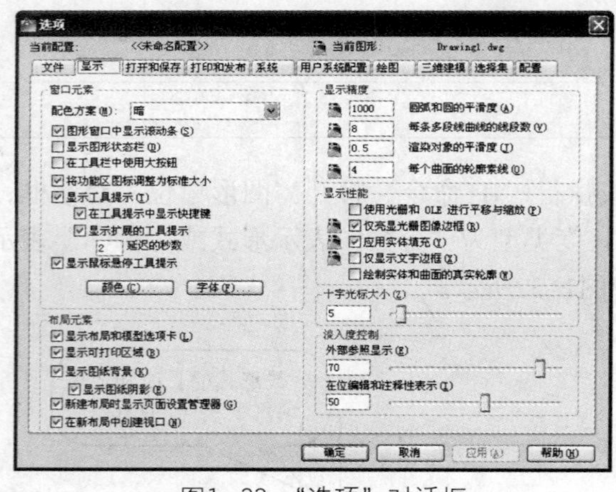

图1-33 “选项”对话框

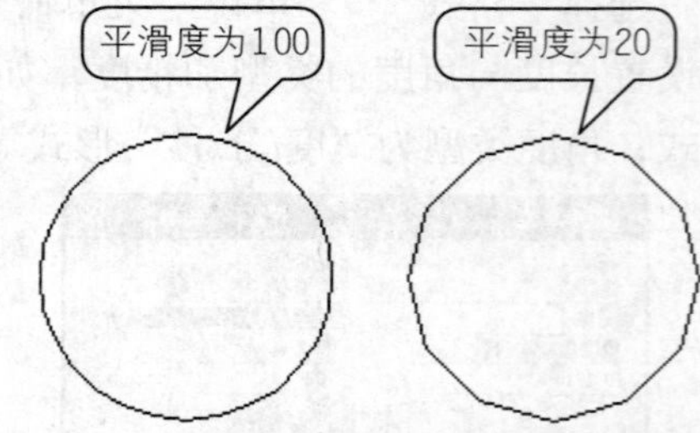

图1-34 不同平滑度下圆的不同显示效果

- “打开和保存”选项卡：如图1-36所示，在其“文件保存”选项组中可设置文件默认另存的文件版本，为了方便交流，可将其设置为较低的版本；在“文件安全措施”选项组中可设置文件自动保存的间隔时间；单击“安全选项”按钮可为文件设置访问密码。

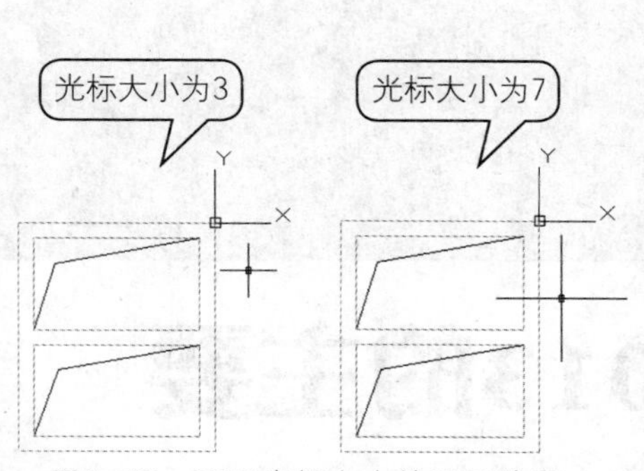

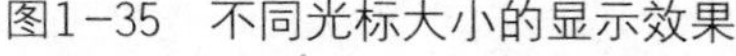

图1-35 不同光标大小的显示效果

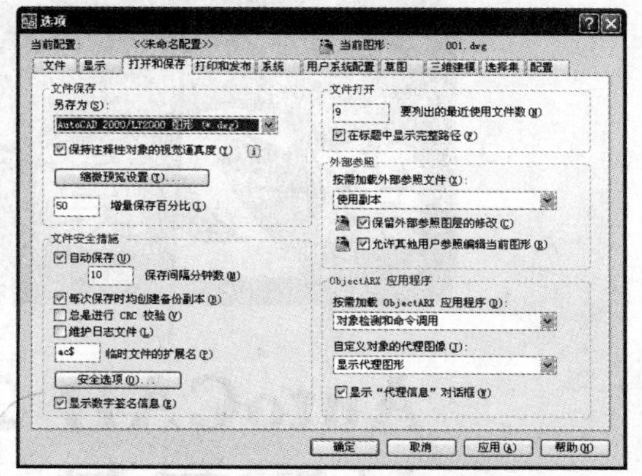

图1-36 “打开和保存”选项卡

- “用户系统配置”选项卡：如图1-37所示，取消选择此选项卡中的“绘图区域中使用快捷菜单”复选框，可取消右键菜单的显示。对于一个熟练的绘图员来说，通常无须使用系统提供的右键菜单。
- “草图”选项卡：如图1-38所示，通过此选项卡可以对自动捕捉功能、自动追踪功能，以及对齐点功能等进行设置，也可以设置自动捕捉标记的大小，以及“靶框”的大小等。
- “选择集”选项卡：可设置在编辑模型时拾取框和夹点的大小等，也可以对“选择集”和“夹点”的颜色等进行设置。

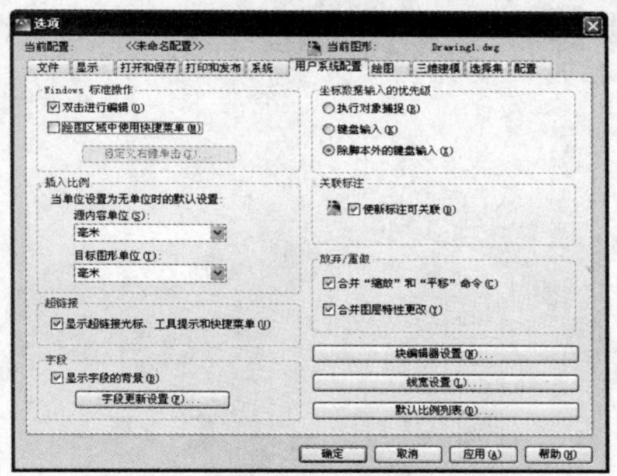

图1-37 “用户系统配置”选项卡

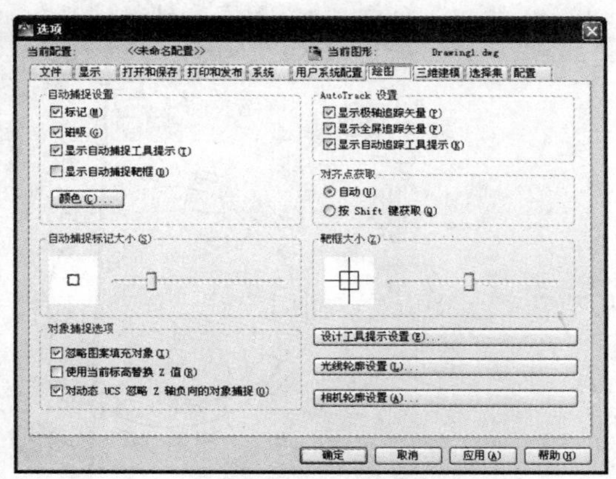

图1-38 “绘图”选项卡

第2章

AutoCAD 2013的主要绘图工具

本章内容

- 常用绘图工具
- 常用修图工具
- 常用标注
- 图线样式的设置
- 图层和块

2.1 常用绘图工具

使用AutoCAD常用的6个绘图按钮——直线、圆、矩形、点、多段线和样条曲线，可以完成大多数图形的绘制，图形绘制完成后，再通过“填充”按钮，对部分区域进行填充（如表示瓷砖或屋顶的瓦片等），可轻松完成建筑图纸的绘制。

下面就来看一下这几个基本绘图按钮的使用方法。

2.1.1 直线

单击“绘图”工具栏中的“直线”按钮，或执行LINE命令，指定直线的起点和终点，并按【Enter】键，即可绘制一条直线，如图2-1所示（连续单击鼠标左键则可一次绘制多条相连的直线）。

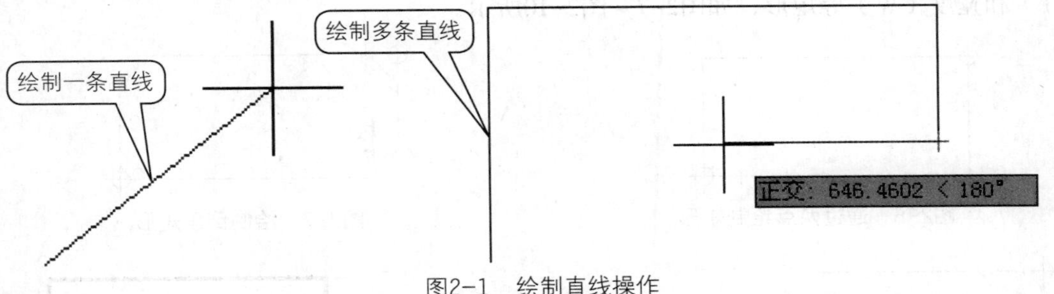

图2-1 绘制直线操作

> 提示　在绘制直线的过程中，可通过在命令行中输入U来撤销上一段直线；输入C来封闭图形并结束画线命令；通过按【Enter】键来结束画线命令（或鼠标右击选择“确认”命令，来结束画线命令）。

2.1.2 圆

单击“绘图”工具栏中的“圆”按钮，执行CIRCLE命令后，首先指定圆心位置，然后指定圆的半径，即可绘制一个圆，如图2-2所示。

此外，在执行CIRCLE命令后，也可以输入3P、2P或T（或选择“绘图”>“圆”下的菜单项），来绘制通过三个点的圆、通过圆直径两个端点的圆和与两条线相切的圆，如图2-3～图2-5所示。

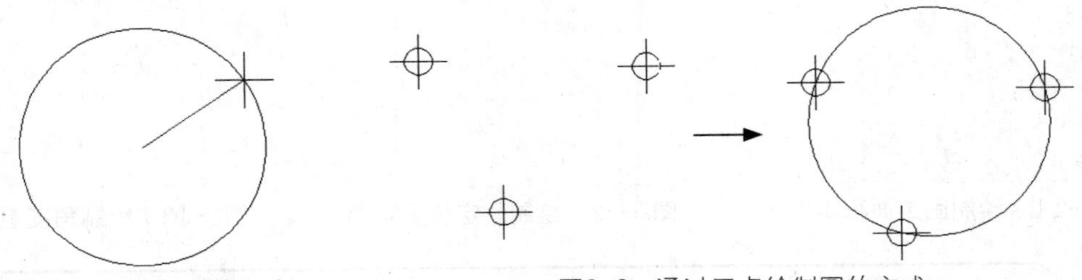

图2-2 直接绘制圆的方式　　图2-3 通过三点绘制圆的方式

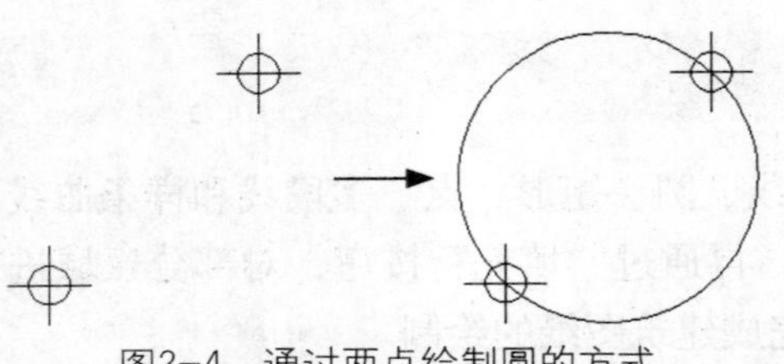

图2-4　通过两点绘制圆的方式

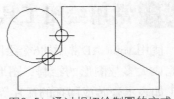

图2-5　通过相切绘制圆的方式

2.1.3　矩形

单击“绘图”工具栏中的“矩形”按钮▭，或执行REC命令，然后分别指定矩形的两个角点，即可绘制矩形，如图2-6所示。

在绘制过程中，通过设置各种参数，可以选择绘制倒角（C）、圆角（F）、厚度（T）和宽度（W）等矩形，如图2-7～图2-10所示。

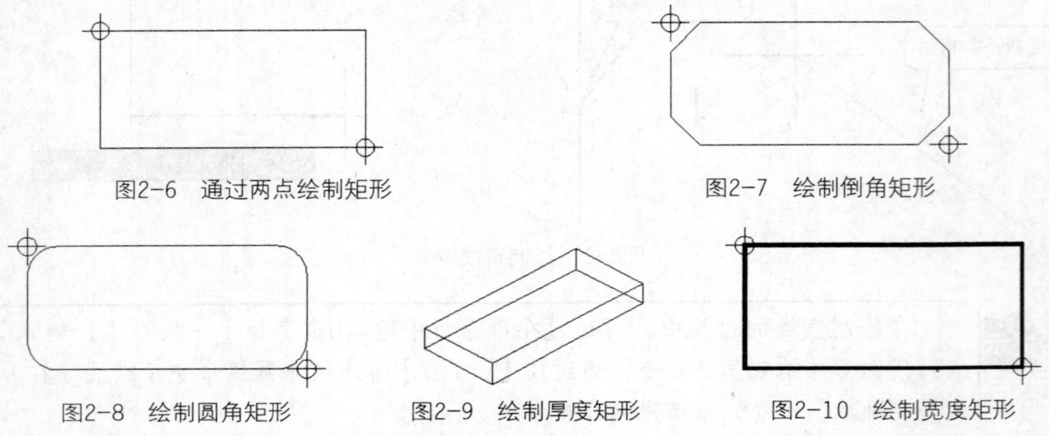

图2-6　通过两点绘制矩形

图2-7　绘制倒角矩形

图2-8　绘制圆角矩形

图2-9　绘制厚度矩形

图2-10　绘制宽度矩形

提示　绘制矩形时，还可以选择“标高”选项（E），标高是指所绘图形离现在的XY平面的水平距离，即通过设置标高，可在平行于XY平面的其他平面内绘制矩形。

此外，在指定第二个角点的位置前，命令行会提示“指定另一个角点或 [面积(A)/尺寸(D)/旋转(R)]:”，此时可通过设置矩形的面积、长度、宽度及旋转角度等来绘制固定面积、特定长度和旋转角度的矩形，效果如图2-11～2-13所示。

图2-11　绘制固定面积矩形

图2-12　绘制固定长宽矩形

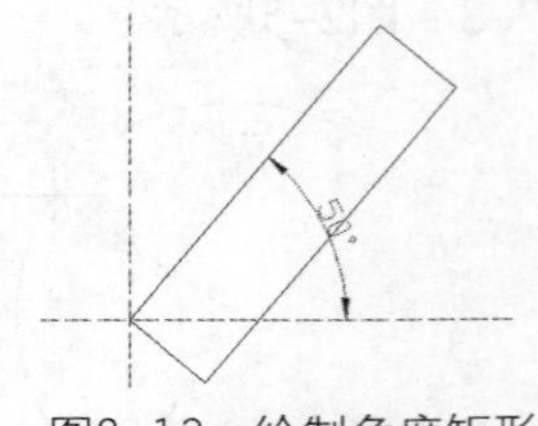

图2-13　绘制角度矩形

提示　矩形是一个整体，如果想单曲编辑其中某一条边，则必须用EXPLODE（分解）命令将其分解后才能进行单独操作。

2.1.4 点

单击“绘图”工具栏中的“点”按钮▪，或执行POINT命令后，通过输入坐标或者鼠标单击的方式可以在绘图区中直接绘制点，如图2-14所示。此外，选择“绘图”>“点”>“多点”菜单命令，可连续绘制多个点。

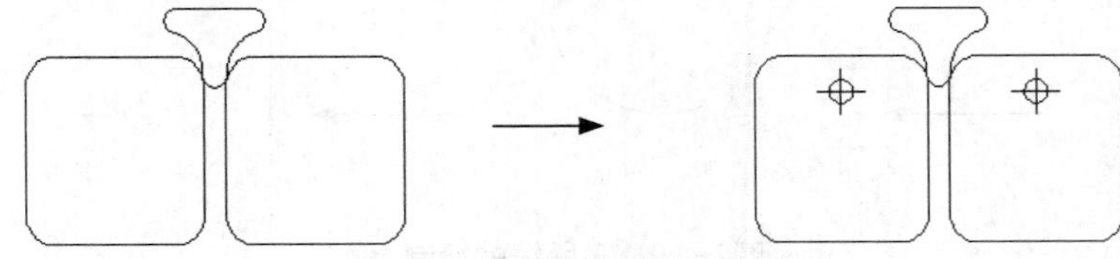

图2-14 使用POINT命令绘制的点

选择“绘图”>“点”>“定数等分”菜单命令，或执行DIVIDE命令，选择要定数等分的对象，然后输入等分个数，可通过定数等分绘制多个点，如图2-15所示。在执行定数等分命令的过程中，输入B，也可以将块对象定数等分排列到选定对象上，而且可令块对象与选定对象对齐（或不对齐），如图2-16所示。

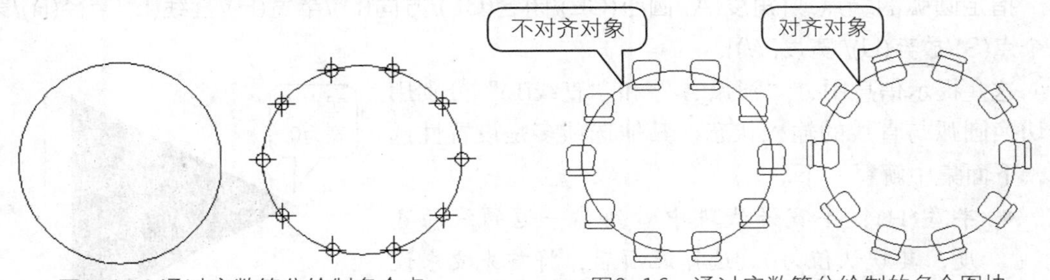

图2-15 通过定数等分绘制多个点　　图2-16 通过定数等分绘制的多个图块

选择“绘图”>“点”>“定距等分”菜单命令，或执行MEASURE命令，选择要定距等分的对象，然后输入间距，即可通过定距等分绘制多个点，如图2-17所示（同样可将图块用于定距等分绘制操作）。

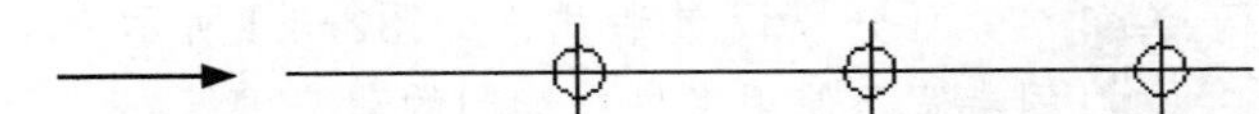

图2-17 通过定距等分绘制的多个点

提示

选择“格式”>“点样式”菜单命令，或执行DDPTYPE命令，弹出“点样式”对话框，在此对话框中可设置点的样式和点相对于屏幕的大小，如图2-18所示。

在“点样式”对话框中，选择“相对于屏幕设置大小”单选按钮，在缩放图形时，点大小不变（缩放后需执行REGEN命令重生成图像）；选择“按绝对单位设置大小”单选按钮，则可缩放点的大小。此外，第二个点样式为空白不可见点样式，用于定义捕捉点。

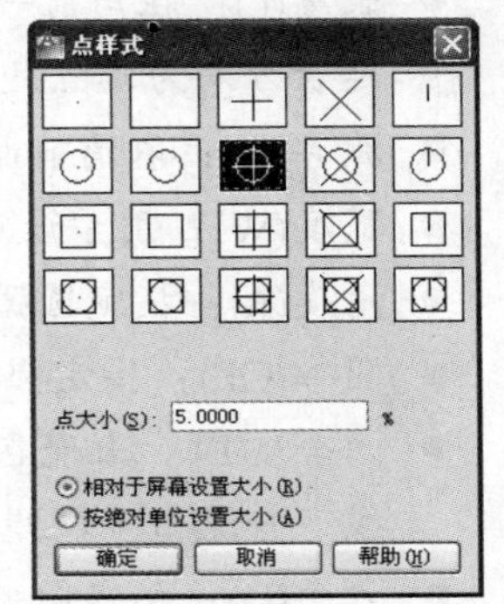

图2-18 “点样式”对话框

2.1.5 多段线

多段线的主要用途实际上就是绘制连续的线段和圆弧。单击“绘图”工具栏中的“多段线”按钮，或执行PLINE命令后，不断地指定起点和终点，并通过输入A与L来切换圆弧与直线的输入状态，即可以绘制由线段和圆弧组成的多段线，如图2-19所示。

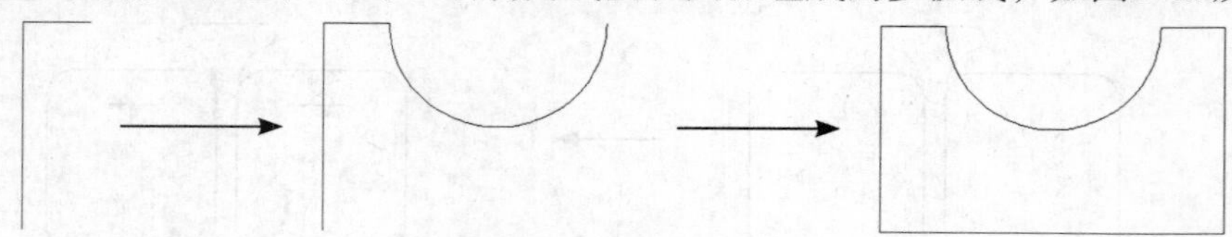

图2-19 多段线的绘制

在执行PLINE命令绘制多段线时，命令行将首先提示“指定起点:”，指定多段线起点后，命令行将出现如下提示信息：

指定下一个点或 [圆弧(A)/半宽(H)/长度(L)/放弃(U)/宽度(W)]:

此外在绘制圆弧时，命令行还将出现如下提示信息：

指定圆弧的端点或[角度(A)/圆心(CE)/闭合(CL)/方向(D)/半宽(H)/直线(L)/半径(R)/第二个点(S)/放弃(U)/ 宽度(W)]:

这些提示信息中，“圆弧(A)”和“直线(L)”分别用于切换圆弧与直线的输入状态，其他选项多是设置性选项，下面集中解释一下。

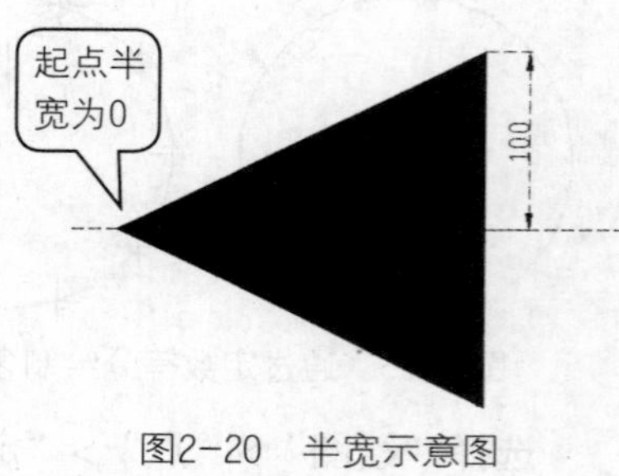

图2-20 半宽示意图

- 半宽(H)：半宽是线段中心到其一边的线的宽度，其默认值为0。选择此项后，将首先要求设置“起点半宽”（即当前点的半宽），然后要求设置“端点半宽”（即下一点的半宽），如图2-20所示。

提示 可分段设置半宽，如图2-21所示为不同半宽下使用多段线绘制的箭头。

图2-21 通过设置半宽绘制的图形

- 长度(L)：在与前一线段相同的方向上绘制指定长度的直线（如果前一段是圆弧，延长方向为端点处圆弧的切线方向）。
- 放弃(U)：取消前面刚绘制的一段多段线。
- 宽度(W)：用于设定多段线的线宽（半宽的两倍）。
- 角度(A)：指定圆弧夹角（逆时针为正，顺时针为负）。
- 圆心(CE)：指定圆弧中心。
- 闭合(CL)：出现在绘制直线的过程则用直线封闭多段线，否则用圆弧封闭多段线，并退出多段线命令。
- 方向(D)：指定圆弧起点的切线方向。

此项需注意，因为圆弧默认与前一段直线或圆弧相切，通过设置此项可在任意方向上绘制圆弧，否则无法绘制如图2-19所示的图形。

- 半径(R)：输入圆弧半径。
- 第二个点(S)：指定使用三点方法绘制圆弧中第二个点。

在绘制多段线过程中设置的这些参数，系统将自动保存，所以在再次执行绘制多段线命令时，这些设置均有效（直至退出系统）。

此外，双击多段线或执行PEDIT命令，可对多段线进行编辑，如更改多段线的宽度，或将多段线拟合为样条曲线等；执行PEDIT命令后，选择非多段线的直线或圆弧，输入Y并按【Enter】键，可以直接将非多段线转换为多段线。

2.1.6 样条曲线

单击“绘图”工具栏中的“样条曲线”按钮或执行SPLINE命令，在绘图区连续单击多个点指定样条曲线的各个数据点，最后按【Enter】键，即可绘制样条曲线，如图2-22所示。

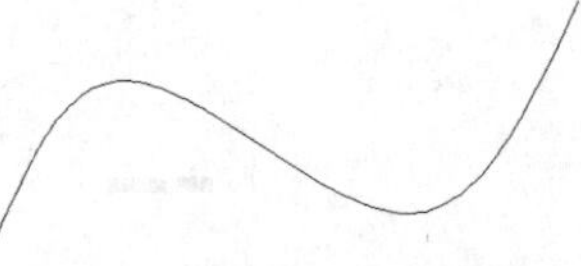

图2-22 绘制的样条曲线

启动命令后，命令行提示“指定第一个点或 [方式(M)/节点(K)/对象(O)]:”，选择“方式(M)”选项后，可设置样条曲线的绘制方式为“拟合”还是“控制点”（其不同详见图2-23）；选择“节点(K)”选项后，可以设置“拟合”样条曲线的节点类型；选择“对象(O)”选项后，可以将由多段线转化来的样条曲线转变为真正的样条曲线，如图2-24所示。

由多段线转化来的样条曲线（也称为样条曲线拟合多段线）并不是真正意义的样条曲线，而是由一小段一小段的短直线拟合而成的。

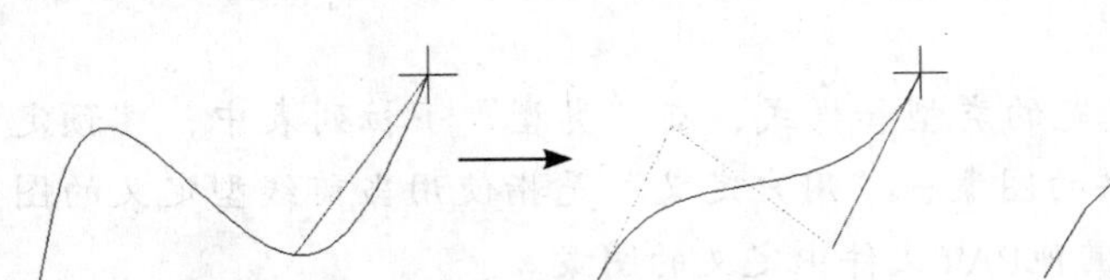

图2-23 “拟合”和“控制点”方式

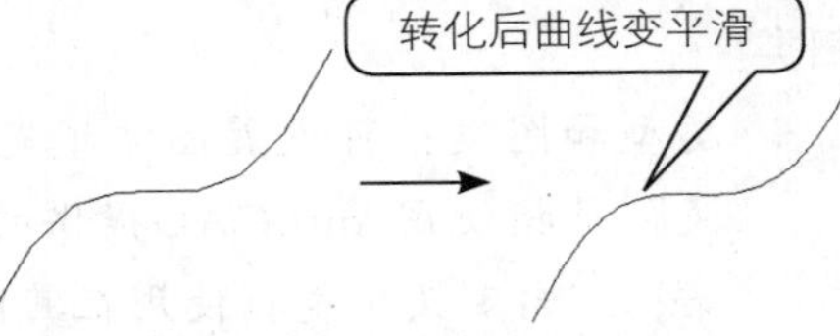

图2-24 “对象”选项的作用

指定样条曲线第一点后，命令行会提示“输入下一个点或 [起点切向(T)/公差(L)]:”，指定样条曲线第二点后，命令行提示“输入下一个点或 [端点相切(T)/公差(L)/放弃(U)/闭合(C)]:”，各选项的作用如下。

- 起点切向(T)、端点相切(T)：分别用于设置起点和结束点处样条曲线的切向。
- 公差(F)：此选项用于设置样条曲线接近拟合点的程度。公差越小，样条曲线就越接近拟合点；公差为0，则表明样条曲线精确通过拟合点，如图2-25所示。

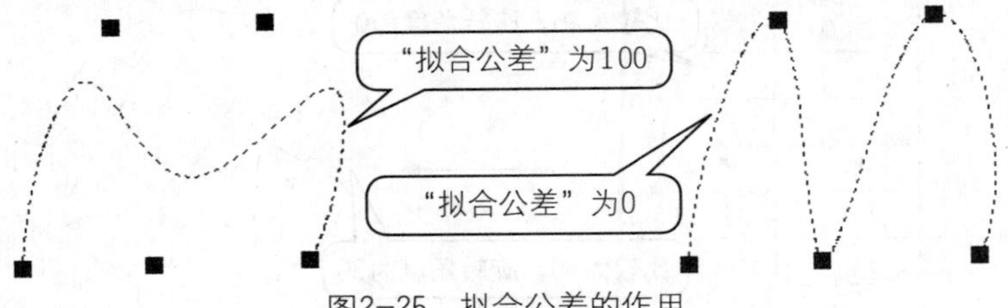

图2-25 拟合公差的作用

- 闭合(C)：使样条曲线起始点、结束点重合，并使它在连接处相切。选择此项后，命令行提示“指定切向:”，拖动鼠标并在适当的位置单击，确定重合点的切向，即可完成样条曲线的绘制。

2.1.7 填充

可以使用图案填充和渐变色来标识某一区域的材质或用途。单击“绘图”工具栏中的“图案填充”按钮或执行BHATCH命令，打开“图案填充和渐变色”对话框，单击“添加：拾取点”按钮，选择一闭合图形内的点，并按【Enter】键，再单击“确定”按钮即可使用默认填充图案填充图形，如图2-26所示。

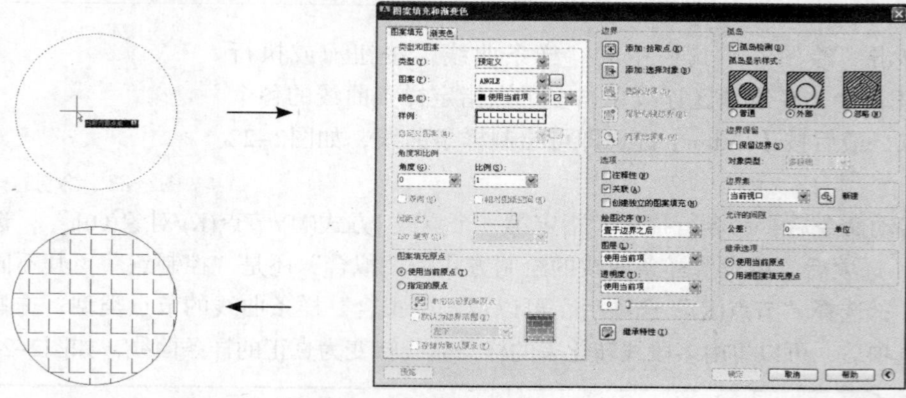

图2-26　图案填充的简单应用

“图案填充和渐变色”对话框中有很多选项，也提供了很多功能，下面对其功能进行归类。

- 类型和图案：可设置图案填充的类型和样式，在“类型”下拉列表中，“预定义”是指使用AutoCAD提供的图案；“用户定义”是指使用当前线型定义的图案；“自定义”是指使用在其他PAT文件中定义的图案。

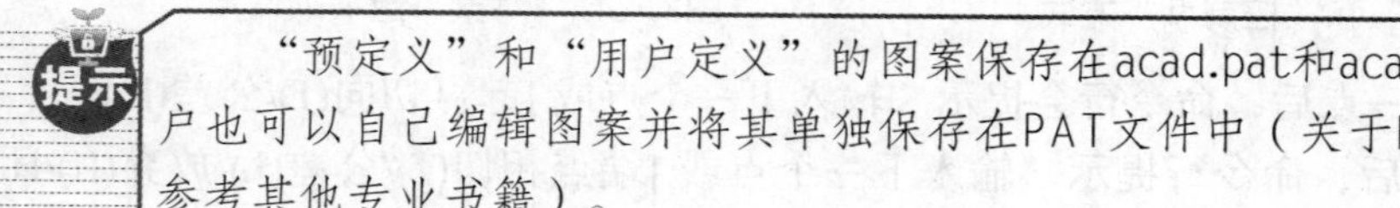

提示　“预定义”和“用户定义”的图案保存在acad.pat和acadiso.pat文件中。用户也可以自己编辑图案并将其单独保存在PAT文件中（关于PAT文件的编辑，请参考其他专业书籍）。

- 角度和比例：可以设置选定填充图案的旋转角度和比例等参数，如图2-27所示。其中“双向”和“间距”选项定义垂直线和线的间距；“相对图纸空间”用于图纸空间的显示；“ISO笔宽”用选定的笔宽缩放ISO预定义图案。

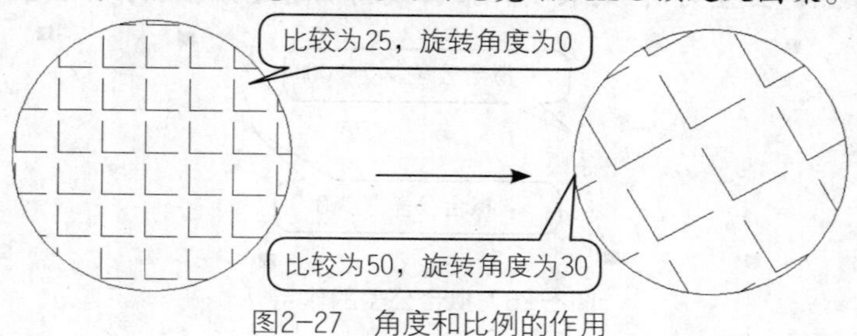

图2-27　角度和比例的作用

- 图案填充原点：用于控制填充图案生成的起始位置。其中“使用当前原点”是指使用当前的单击点作为图案填充原点，“指定的原点”是指用指定的新的图案填充原点来填充图形。
- 边界：用于图案填充边界的添加、删除和创建。其中“添加：拾取点”按钮用于在拾取点的周围自动选择填充边界（如图2-28所示）；“添加：选择对象”按钮用于选择某个图形对象来定义填充区域的边界（如图2-29所示）；“删除边界”按钮用于取消某段选定的边界（如图2-30所示）；“重新创建边界”按钮用于为填充图案重新创建边界（如图2-31所示）；“查看选择集”按钮查看当前选择的作为填充边界的图线（以虚线显示）。

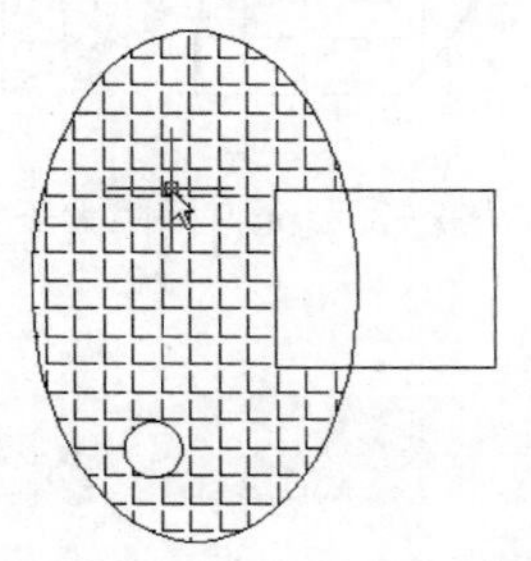

图2-28 拾取内部点创建填充图形

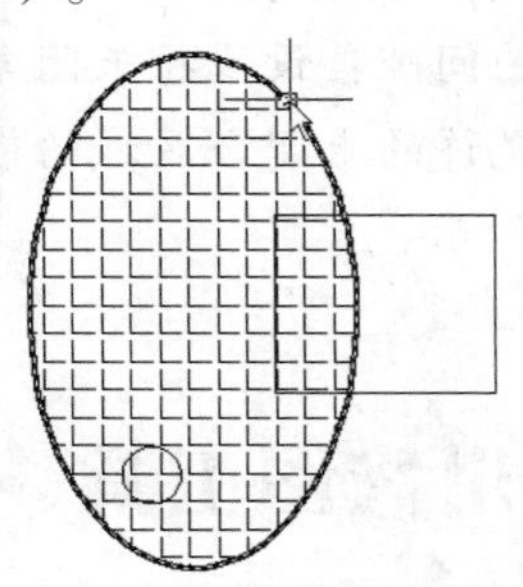

图2-29 选择边界对象创建填充图形

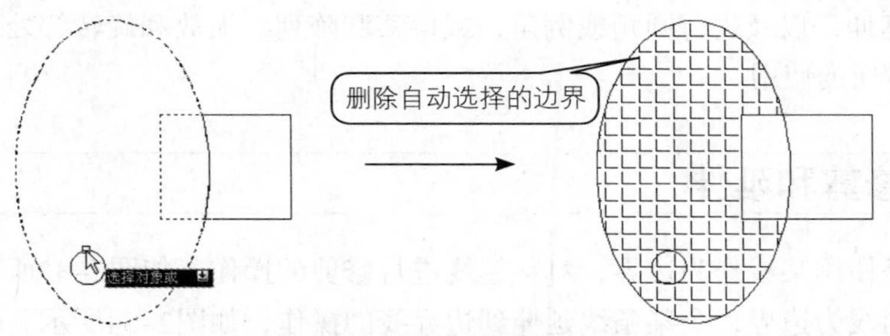

图2-30 删除自动选择的边界效果

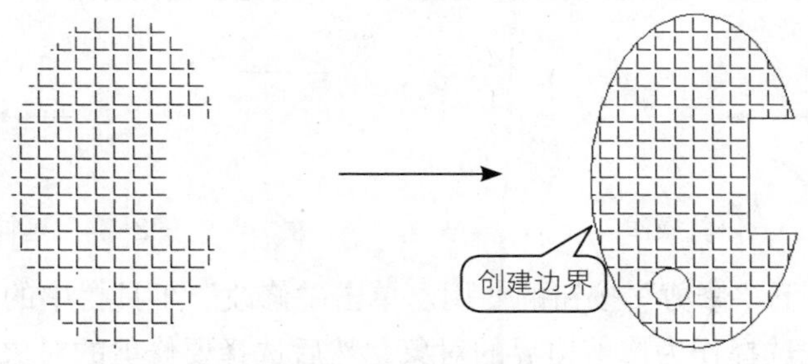

图2-31 创建边界效果

- 选项：用于控制图案填充的注释性、关联等。其中“注释性”主要用于出图时调整填充的比例；“关联”可以令边界和填充图案相关联；“创建独立的图案填充”用于控制当选定几个单独的闭合边界时是创建整体图案填充对象，还是创建独立图案填充对象；“绘图次序”用于为图案填充指定绘图次序。
- 继承特性和继承选项：相当于Word中的格式刷。单击“继承特性”按钮，选择源图案填充对象，再选择其他图案填充对象，可以将现有图案填充应用到其他图案填充对象上。

- 孤岛：通常将位于已定义好的填充区域内的封闭区域称为孤岛。在此处可以控制孤岛的填充样式（其意义可参见对话框上的图例，此外，在使用“添加：拾取点”选项定义边界且有多个边界时，必须使用孤岛检测功能）。
- 边界保留：指定是否生成图案填充对象的边界，并确定生成边界的图线类型。
- 边界集：当使用“添加：拾取点”选项定义填充边界时，为找到围绕拾取点的闭合区域，系统将分析当前视口范围内的所有对象，如果对象特多，将耗费较长的分析时间。单击“新建”按钮，可定义分析区域，从而减少分析时间。
- 允许的间隙：设置将未闭合对象作为边界时，允许的未闭合区域的最大间隙，如图2-32所示。

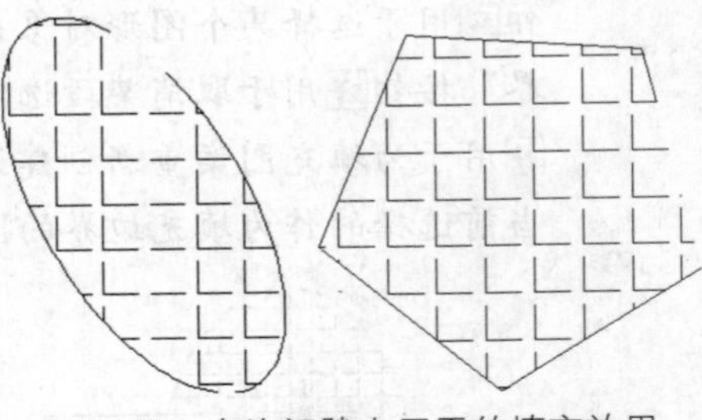

图2-32　允许间隙大于零的填充效果

2.2 常用修图工具

使用绘图工具完成图形基本轮廓绘制后，所绘图形可能较为粗糙，边角位置等需要进行修剪或延伸，以及进行圆角或倒角，或偏移和阵列、缩放和旋转等处理，本节将讲述这些功能按钮的使用。

2.2.1 修剪和延伸

修剪就是使用某线作为边界，对穿越线进行修剪的操作，如图2-33所示。而延伸则是使用已有的线为边界，令某条线延伸到边界线的操作，如图2-34所示。修剪和延伸在形式上互为逆过程，一个是删除对象，而另外一个则是创建对象。

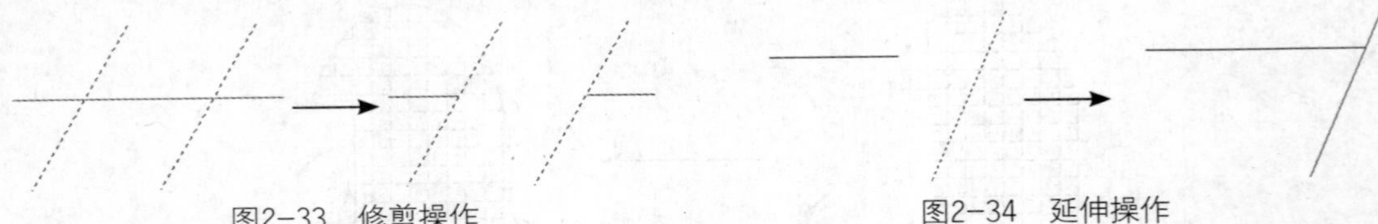

图2-33　修剪操作　　图2-34　延伸操作

下面先来看一下“修剪”按钮的使用。单击“修改”工具栏中的“修剪”按钮或执行TR命令，首先选择作为修剪边界的对象，然后选择要修剪的对象部分，即可对对象执行修剪操作。

提示　选择修剪边界和修剪对象时，可以使用窗选或窗交方式选择对象。此外，即使对象被选作修剪边界，也可以被修剪。

在执行TR命令修剪对象的过程中，命令行会出现“选择要修剪的对象，或按住【Shift】键选择要延伸的对象，或[栏选(F)/窗交(C)/投影(P)/边(E)/删除(R)/放弃(U)]:”提示信息，这里解释一下各选项的作用。

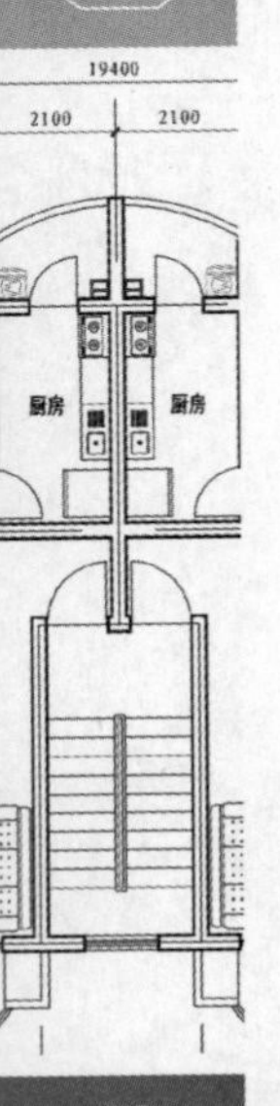

- 按住 Shift 键选择要延伸的对象：延伸选定的对象而不是修剪（如图2-35所示），此选项提供了由修剪切换为延伸的简便方法。
- 栏选(F)：使用栏选方式选择要修剪的对象

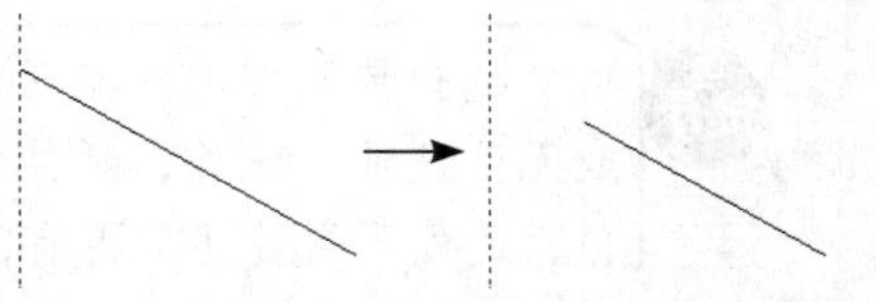

图2-35　按住【Shift】键修剪对象的效果

所谓“栏选”，是指用户可用此选项构造任意折线，凡是与该折线相交的实体对象均会被选中。

- 窗交(C)：使用窗交方式选择要修剪的对象。
- 投影(P)：指定修剪三维空间对象时使用的投影方式，选择此项后命令行提示“输入投影选项 [无(N)/UCS(U)/视图(V)] <UCS>:”，选择“无”，表示不使用投影修剪；选择UCS，表示以UCS坐标系XY平面上的投影来修剪对象；选择“视图”，表示以选择的修剪边界修剪在当前视图中、看起来边界相交的对象，如图2-36所示。

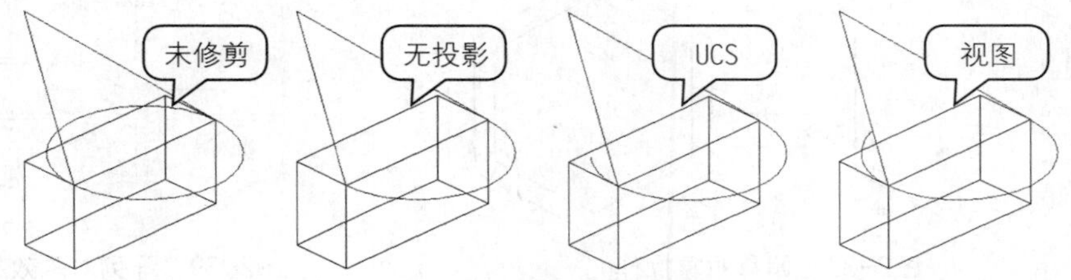

图2-36　3种投影修剪效果

- 边(E)：指定对象是在另一个对象的延长边处修剪，还是仅在与该对象相交处修剪。选择此选项，命令行提示“输入隐含边延伸模式 [延伸(E)/不延伸(N)] <不延伸>:”，选择“延伸”，表示沿对象自身自然路径延伸剪切边，并在延长边的相交处修剪；选择“不延伸”，表示被剪裁对象只在与剪切边相交处修剪。
- 删除(R)：删除选定的对象。此选项提供了在不退出修剪命令的情况下删除对象的简便方式。
- 放弃(U)：撤销上一次的修剪操作。

使用修剪命令可以修剪尺寸标注，修剪后系统会自动更新尺寸文本，如图2-37所示（注意此处使用了中间“边”的延伸模式）。此外，尺寸标注不能被作为修剪边界使用。

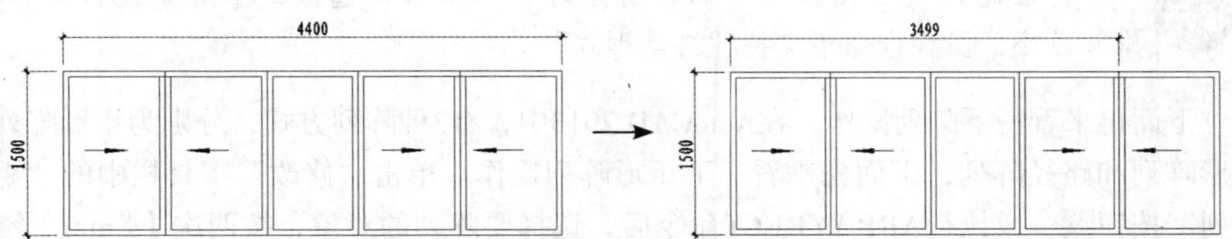

图2-37　对标注进行修剪的效果

下面先来看一下“延伸”按钮的使用。单击“绘图”工具栏中的“延伸”按钮或执行EX命令，首先选择作为延伸边界的对象，然后选择要延伸的对象，即可对对象执行延伸操作（如图2-34所示）。

提示　选择要延伸的对象时，注意拾取点应靠近延伸的一侧，否则会出现延伸错误或无法延伸。此外，延伸命令的命令行提示中，各选项的意义与修剪命令中的相似，此处不再赘述。再有，使用延伸命令同样可以对尺寸标注进行延伸操作。

2.2.2 偏移和阵列

所谓偏移对象，是指在原对象的基础上，偏移一定距离创建新的对象，如图2–38所示。可以对直线、圆弧、圆、二维多段线、椭圆、椭圆弧、构造线、射线和样条曲线等进行偏移操作。

所谓阵列，则是以矩形或环形的方式创建图形多个副本的方法，如图2–39所示。偏移和阵列的共同之处在于都可复制对象，不同之处在于复制的方式有所不同。

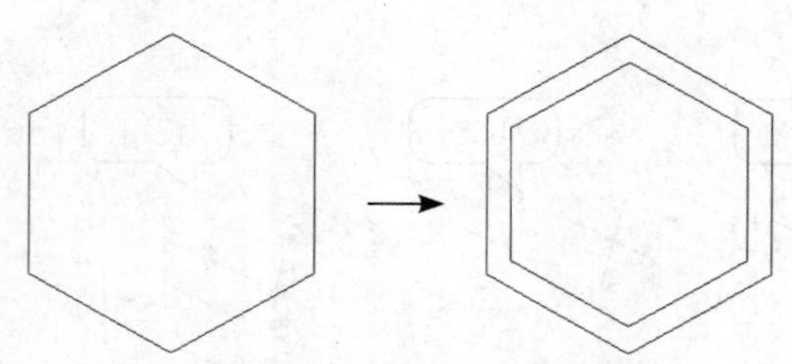

图2–38　偏移对象操作

图2–39　阵列对象效果

单击“修改”工具栏中的“偏移”按钮或执行O命令，首先指定偏移距离，然后选择偏移对象，再指定偏移的方向，即可执行偏移对象操作。

启动偏移命令后，命令行会提示“指定偏移距离或 [通过(T)/删除(E)/图层(L)] <通过>:”信息，这里解释一下各选项的意义。

- 通过(T)：通过指定通过点的方法偏移对象。首先选择要偏移的对象，然后指定一个通过点，对象副本将经过该指定点。
- 删除(E)：可设置偏移后是否删除源对象。
- 图层(L)：用于设置将对象副本创建在当前图层上或是源对象所在图层上。

此外，在命令行提示“指定要偏移的那一侧上的点，或 [退出(E)/多个(M)/放弃(U)] <退出>:”时，输入m，指定图形偏移的侧后，连续单击可以连续偏移多个对象。

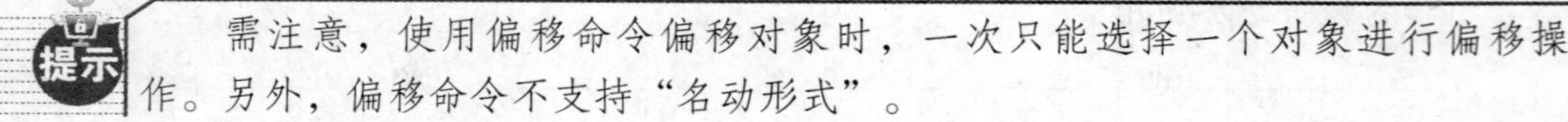

提示　需注意，使用偏移命令偏移对象时，一次只能选择一个对象进行偏移操作。另外，偏移命令不支持“名动形式”。

下面再来看一下阵列操作。在AutoCAD 2013中，有3种阵列方式，分别为矩形阵列、环形阵列和路径阵列，下面先来看一下矩形阵列操作。单击“修改”工具栏中的“矩形阵列”按钮，或执行ARRAYRECT命令后，选择要阵列的对象，按两次【Enter】键即可完成对象的阵列操作，如图2–40所示。

在执行矩形阵列的过程中，拖动阵列行最右侧的三角形夹点，可以设置阵列的行数；拖动阵列列左上角的三角形夹点，可以设置阵列的列数；拖动靠近原对象的两个三角形夹点，可以设置阵列的行距和列距（也可选中三角箭头后，直接输入行距和列距的值）。

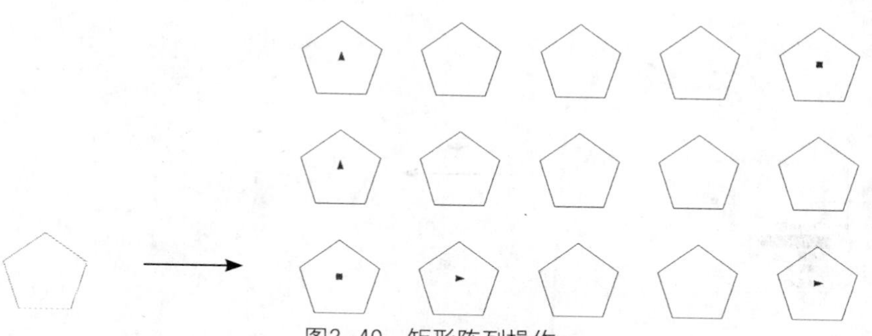

图2-40 矩形阵列操作

在AutoCAD 2013中，阵列后，默认所有对象被作为一个对象，无法对阵列的单个对象进行单独操作，如需操作，只能选择“修改”>“分解”菜单命令，将阵列对象分解（或在阵列过程中输入AS，然后选择“否”项，令阵列对象不关联）。

此外，拖动阵列对象右上角的夹点可以同时改变阵列的行列个数，将其拖动到左下角原始对象的夹点，则可以撤销阵列效果。

单击“修改”工具栏中的“环形阵列”按钮或执行ARRAYPOLAR命令后，选择要阵列的对象，按【Enter】键，指定阵列中心点，再按【Enter】键，即可按默认设置执行环形阵列操作，如图2-41所示。

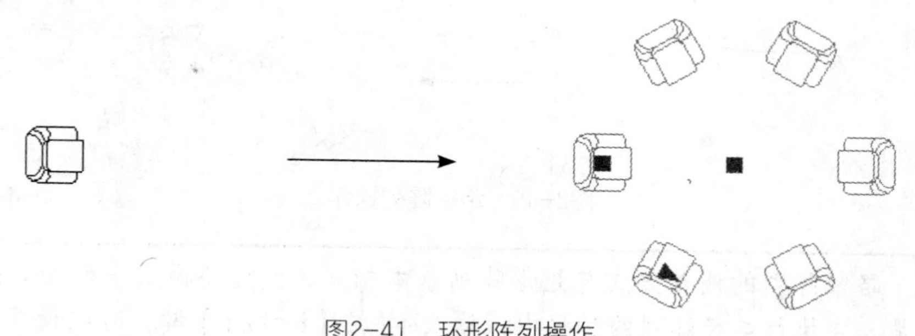

图2-41 环形阵列操作

系统默认执行360°的填充阵列操作，填充个数为6个，如需要更改填充个数，也可以输入I，设置新的填充个数。此外，在执行环形阵列的过程中，拖动靠近原对象的三角形夹点，可以调整对象的间距，如图2-42所示；拖动远离原对象的三角形夹点可以调整阵列对象的个数，如图2-43所示；拖动原对象，则可调整对象离阵列中心点的距离。

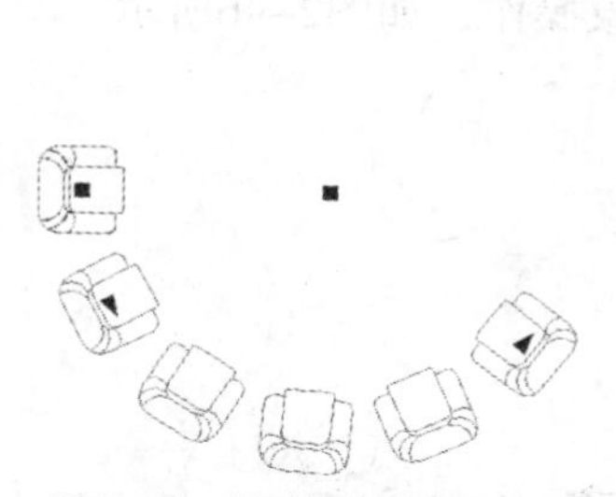

图2-42 调整环形阵列角度

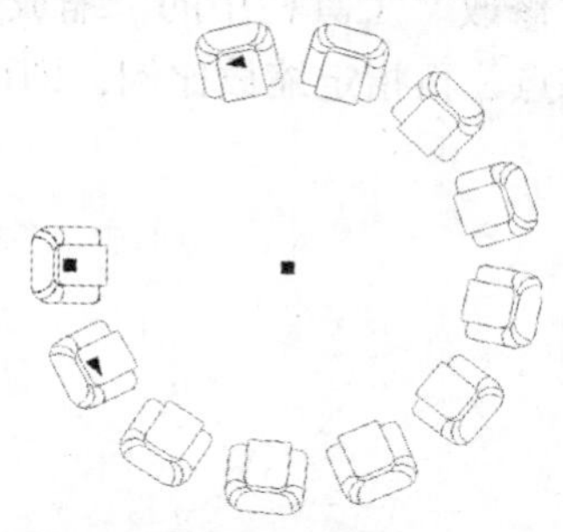

图2-43 调整环形阵列个数

此外，将光标置于原对象夹点处，选择“行数”命令，还可以设置环形阵列的行数，效果如图2-44所示。

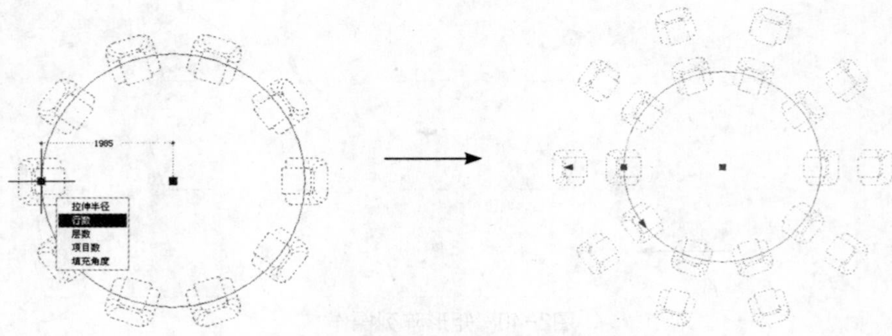

图2-44　环形阵列设置行数效果

提示　此外，在执行环形阵列的过程中，输入L（或在图2-44左图中选择“行数”命令），还可以设置环形阵列的行数。行数设置多在三维空间中使用，用于设置垂直于当前平面的阵列的个数。

同前两个阵列操作，单击“修改”工具栏中的“路径阵列”按钮或执行ARRAYPATH命令后，选择要阵列的对象，按【Enter】键，再选择要使用的阵列路径，再按【Enter】键，即可按默认设置执行路径阵列操作，如图2-45所示。

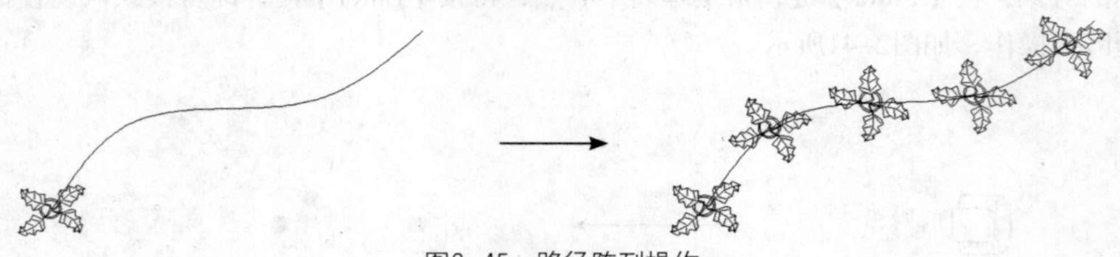

图2-45　路径阵列操作

提示　路径阵列的调整方式与矩形阵列基本相同，此处不做过多叙述。需要注意的是，在执行路径阵列的过程中，输入M并按【Enter】键，可以设置在路径上生成定数等分或是定距等分阵列。

2.2.3　缩放与旋转

单击“修改”工具栏中的“缩放”按钮或执行SC命令，选择要缩放的对象，然后指定缩放基点，再指定缩放比例，即可执行缩放对象操作，如图2-46所示。

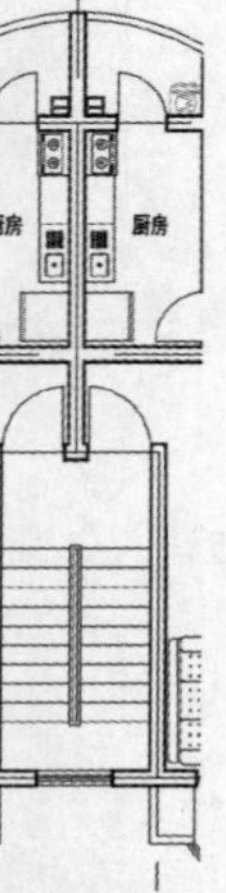

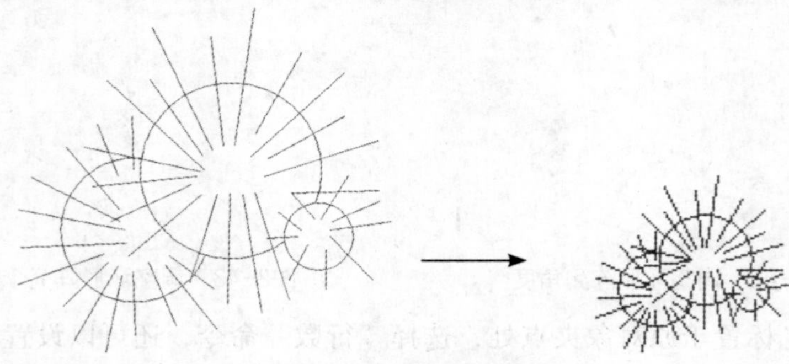

图2-46　缩放对象操作

在执行缩放操作的过程中，当命令行提示“指定比例因子或 [复制(C)/参照(R)] <1.0000>:”时，输入C可在缩放对象后保留原对象，即实现复制对象；输入R可通过指定参照长度和新的长度来确定比例因子，从而缩放对象。

单击“修改”工具栏中的“旋转”按钮或执行RO命令，选择要旋转的对象，指定旋转基点，然后指定旋转角度，即可以此角度旋转对象。

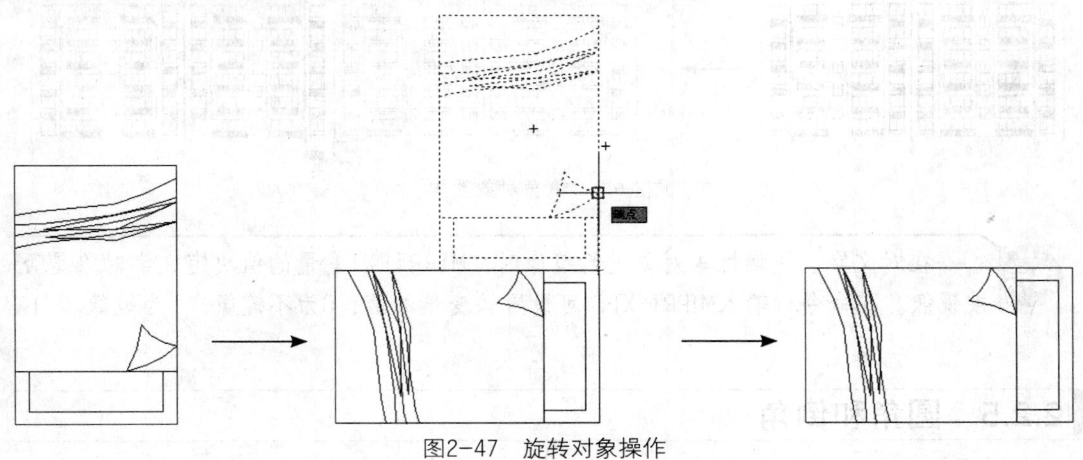

图2-47　旋转对象操作

在执行旋转对象操作的过程中，当命令行提示“指定旋转角度，或[复制(C)/参照(R)] <0>:”时，各选项的作用如下。

- 指定旋转角度：用于指定旋转角度值。输入正值，表示按逆时针方向旋转对象；输入负值，表示按顺时针方向旋转对象。
- 复制(C)：将选定的对象进行旋转复制。
- 参照(R)：可以指定某一方向作为起始参照角。

2.2.4　复制与镜像

单击“修改”工具栏中的“复制”按钮或执行CO命令后，首先选择要复制的对象，然后指定所复制对象的基准点，再拖动鼠标单击，即可复制对象（连续单击则连续复制多个对象），最后按【Enter】键可结束对象的复制操作（如图2-48所示）。

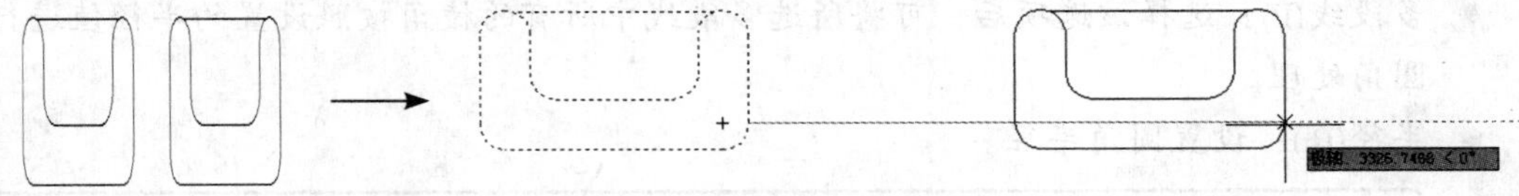

图2-48　复制对象操作

在执行复制操作的过程中，当命令行提示“指定基点或 [位移(D)/模式(O)] <位移>:”时，输入D，可通过指定与源对象在X轴、Y轴和Z轴的相对位置来复制对象（二维图形时，无需指定Z轴）；输入O，可以选择“单个”或“多个”复制模式，默认为“多个”模式。

提示　在“指定第二个点：”提示下，输入A，按【Enter】键，可阵列对象；直接按【Enter】键，则对象将被复制到距离基点、基点坐标值单位的位置。

单击“修改”工具栏中的“镜像”按钮或执行MIRROR命令，选择要镜像的图形后，通过单击两个点定义镜像线，即可创建对称图形，如图2-49所示。

此外，在执行镜像操作的过程中，当命令行提示“要删除源对象吗？[是(Y)/否(N)] <N>:”时，输入Y后按【Enter】键，将删除源对象，输入N后按【Enter】键则将保留原对象。

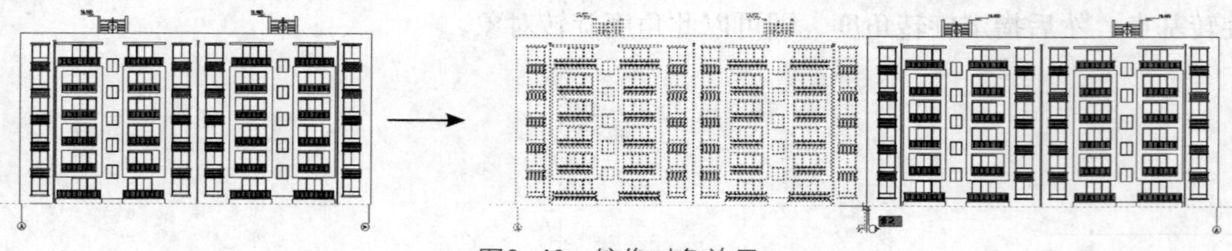

图2-49　镜像对象效果

在对文字、块属性等对象进行镜像时，MIRRTEXT变量的值决定文字对象是否被镜像。在命令行输入MIRRTEXT，可设置该变量的值，0为不镜像，1为镜像。

2.2.5　圆角和倒角

单击“修改”工具栏中的“圆角”按钮或执行F命令，首先输入R按【Enter】键，再输入圆角半径，然后选择要进行圆角处理的两个边线，即可执行圆角操作，如图2-50所示。

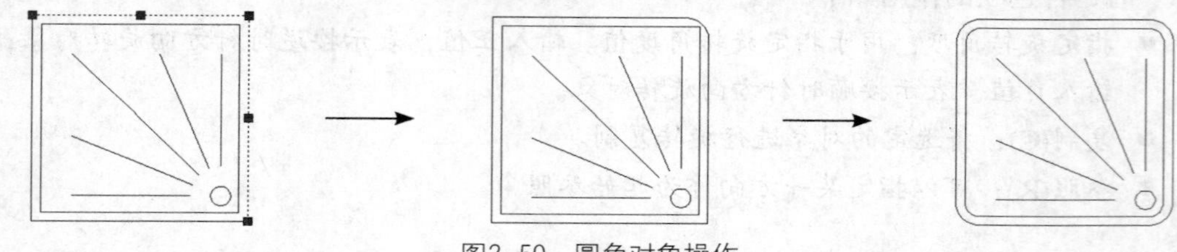

图2-50　圆角对象操作

在执行F命令后，当命令行提示“选择第一个对象或 [放弃(U)/多段线(P)/半径(R)/修剪(T)/多个(M)]:”时，除了输入R、设置圆角半径大小外，还可以执行其他操作，统一解释如下。

- 放弃(U)：恢复在命令中执行的上一次操作。
- 多段线(P)：选择该选项后，可将所选多段线中所有的棱角按照设置的半径值进行圆角处理。
- 半径(R)：设置圆角半径。

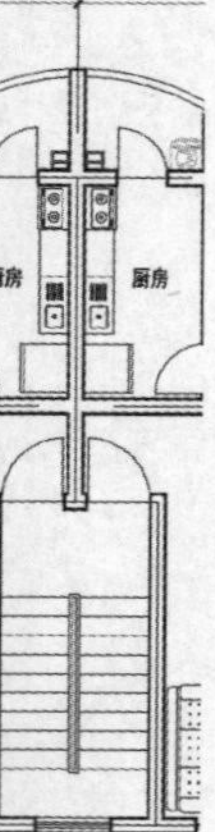

提示　如果设置圆角半径为0，则被圆角的对象将被修剪或延伸直到它们相交，并不创建圆弧。

- 修剪(T)：设置在执行圆角操作后，是否修剪原线段多余的部分。
- 多个(M)：选择该选项后，可对多组图形进行圆角操作，而不必重新启动该命令。

单击“修改”工具栏中的“圆角”按钮或执行CHA命令，首先输入D按【Enter】键，顺次设置第一倒角距离和第二倒角距离，然后选择要进行倒角处理的两条直线，即可执行倒角操作，如图2-51所示（也可以通过“角度-距离”方式进行倒角）。

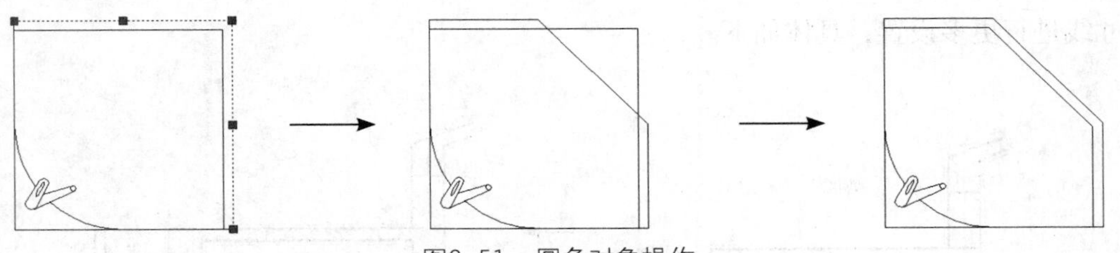

图2-51　圆角对象操作

倒角操作与圆角操作基本相同，在启动CHA命令后，命令行会提示“选择第一条直线或 [放弃(U)/多段线(P)/距离(D)/角度(A)/修剪(T)/方式(E)/多个(M)]:”，其中除了“距离”、“角度”和“方式”3个选项外，其他各选项的意义与圆角操作基本相同，此处不再赘述，这3个不同选项的意义具体如下。

- 距离(D)：通过指定第一和第二倒角距离来对图形进行倒角操作，如图2-52所示。
- 角度(A)：通过指定倒角与第一条线的倒角距离，以及倒角与第一条线的角度值，对图形进行倒角，如图2-53所示。

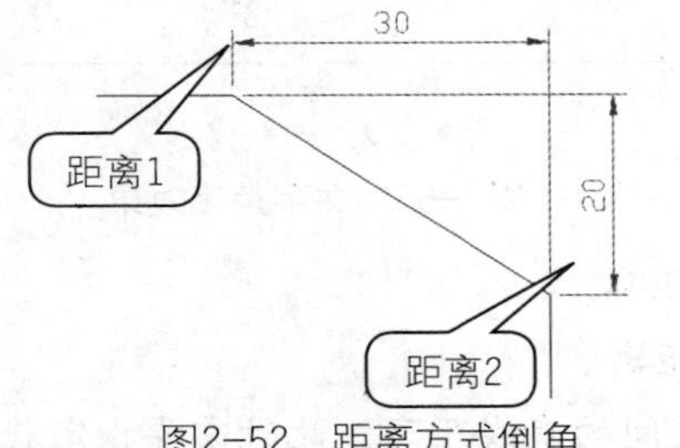

图2-52　距离方式倒角

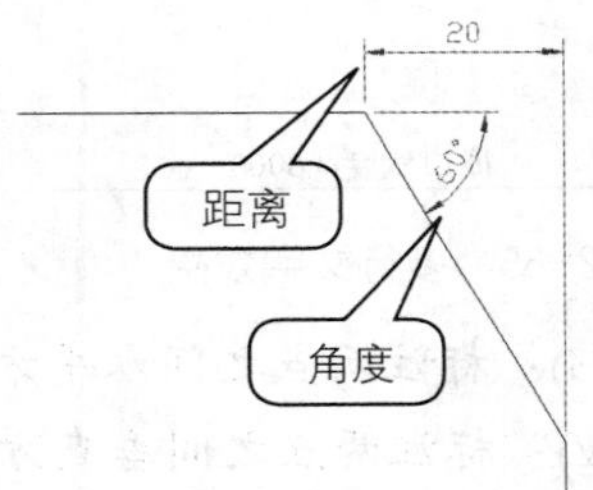

图2-53　角度方式倒角

- 方式(E)：可在“距离”和“角度”两个倒角方式间选择一种倒角方式。

如果被倒角的两个对象不在同一图层，则倒角将位于当前图层。此外，若在图形界限内没有交点，且图形界限检查处于打开状态，AutoCAD将拒绝倒角。

2.3 常用标注

尺寸标注用于描述图形中各个对象的大小，是工程施工中的重要依据。本节介绍AutoCAD最常使用的7个标注，如线性标注、对齐标注、角度标注等。使用这7个标注，可以为大部分图形指定尺寸。

2.3.1　线性标注

选择“标注” > “线性”菜单命令或执行DLI命令，通过单击选择起点和终点，然后指定尺寸线放置的位置，可以标注两个点之间的水平或垂直距离，如图2-54所示。

在执行线性标注的过程中，当命令行提示“指定第一条尺寸界线原点或 <选择对象>:”时，可按【Enter】键选择某个对象来标注此对象的横向或竖向的尺寸；当命令行提示“指定尺寸线位置或[多行文字(M)/文字(T)/角度(A)/水平(H)/垂直(V)/旋转(R)]:”时，可以对尺寸线进行更多设置，具体如下。

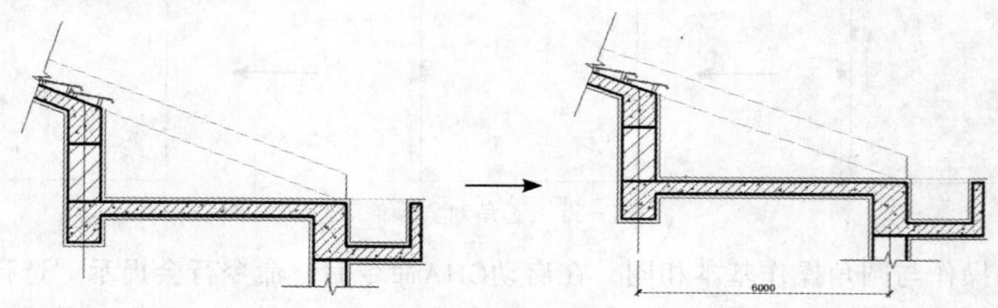

图2-54　线性标注操作

- 多行文字(M)：选择该选项可打开在位文字编辑器，对系统默认的测量值进行修改，如输入文字或添加特殊符号等，如图2-55所示。
- 文字(T)：添加单行文字。
- 角度(A)：设置标注文字的旋转角度，如图2-56所示。

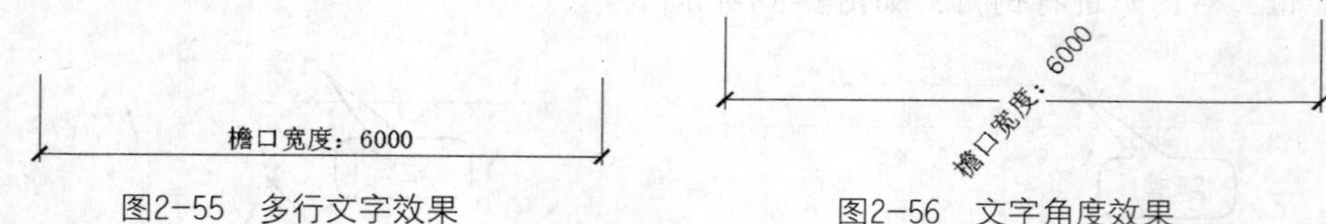

图2-55　多行文字效果　　图2-56　文字角度效果

- 水平(H)：标注两点之间水平方向上的距离。
- 垂直(V)：标注两点之间垂直方向上的距离。
- 旋转(R)：用于测量指定方向上两个点之间的直线距离，此时需要指定旋转角度。

2.3.2　对齐标注

选择“标注”>“对齐”菜单命令或执行DAL命令，选择直线的起点和终点，然后指定尺寸线放置的位置，可以标注两点之间的直线距离，此时尺寸线与标注点之间的连线平行，如图2-57所示。

在建筑图形中，对齐标注使用较少，多用来标注倾斜的墙厚，如图2-58所示（选择第二点时，应选择系统自动捕捉的垂足）。

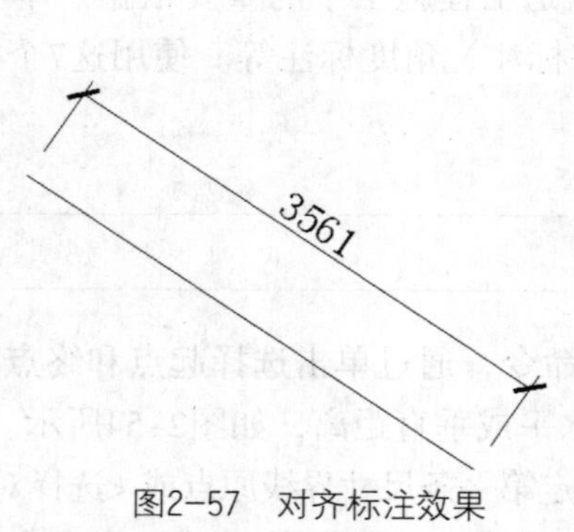

图2-57　对齐标注效果

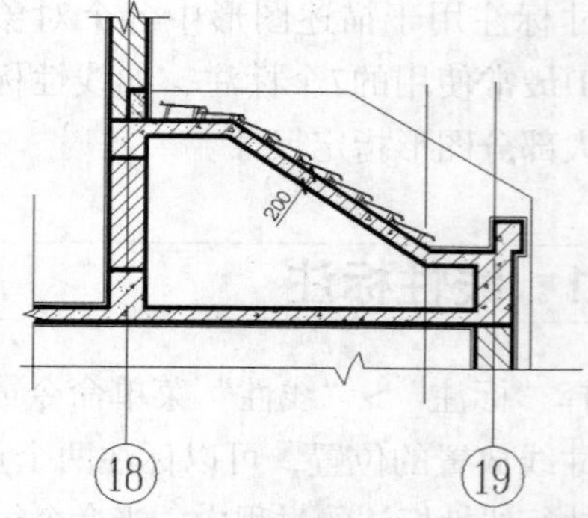

图2-58　对齐标注在建筑中的使用

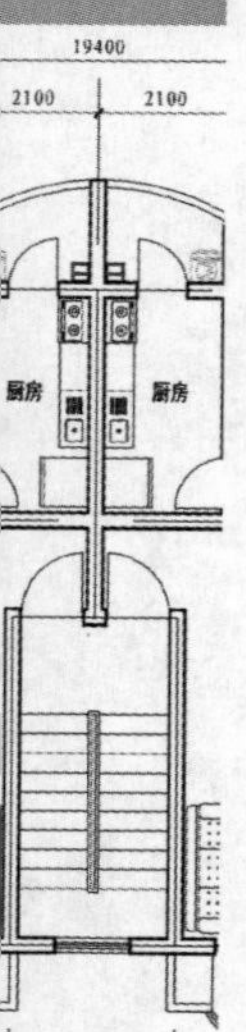

在执行对齐操作的过程中，当命令行提示“指定尺寸线位置或[多行文字(M)/文字(T)/角度(A)]:”时，其中各选项的意义与线性标注相似，此处不再赘述。

2.3.3 角度标注

选择“标注”>“角度”菜单命令或执行DAN命令，顺次单击指定两条直线，然后再单击指定标注弧度的位置，即可标注两条直线间的角度值，如图2-59所示（在旋转楼梯和车道等建筑图形中，有时会用到角度标注）。

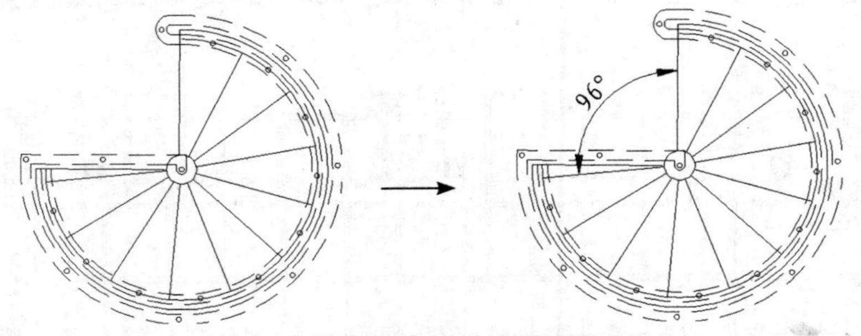

图2-59 旋转楼梯图形中角度标注的使用

在标注时，如直接选择圆弧进行标注，则将直接标注此圆弧的弧度值；如选择圆进行标注，则将标注圆上指定两点间的角度值。

2.3.4 半径标注

选择“标注”>“半径”菜单命令或执行DRA命令，首先选择圆弧或圆，然后再单击选择一点指定尺寸线的位置，即可为图形添加半径标注，如图2-60所示。

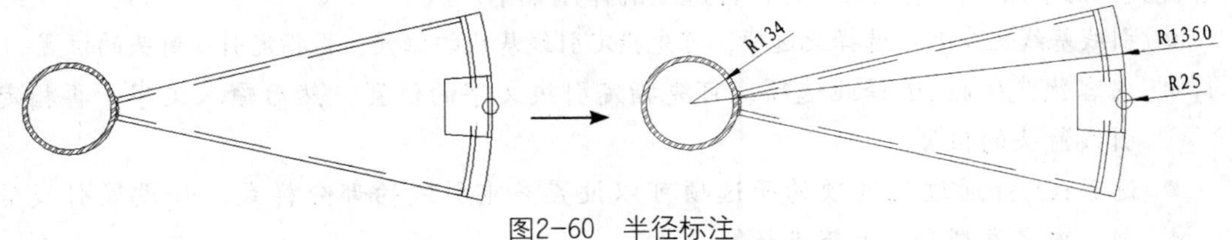

图2-60 半径标注

在执行半径标注操作后，系统将自动在标注文字前添加R，作为半径的标志。

2.3.5 连续标注

选择“标注”>“连续”菜单命令或执行DBA命令，首先选择参考标注（系统将以此参考标注的一个端点为起点添加新标注），然后顺次指定新标注的另一个端点，即可不断以新标注的第二个端点为起点添加新标注，完成后按【Esc】键即可，如图2-61所示。

执行该命令后，系统自动以最近创建的尺寸标注作为起始参考标注，按【Enter】键，可以选择其他尺寸标注作为起始参考标注。只可以对线性、坐标和角度标注执行连续标注操作。

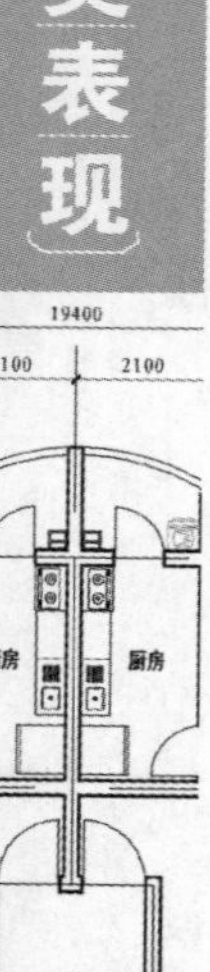

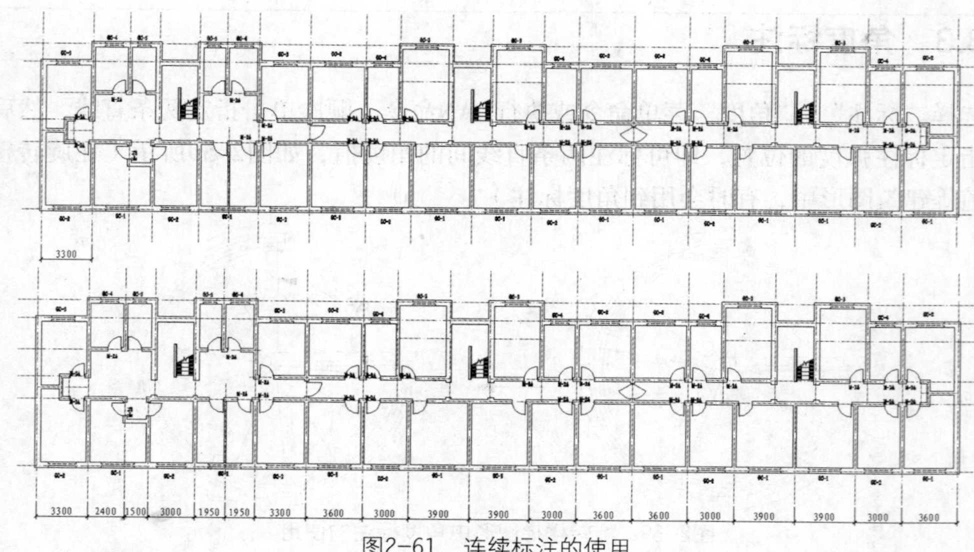

图2-61　连续标注的使用

2.3.6　多重引线标注

选择“标注”>“多重引线”菜单命令或执行MLD命令，首先单击一点指定引线箭头的位置，然后在合适位置单击指定引线基线，再输入引线文字，即可添加多重引线标注，如图2-62所示。

在执行MLD命令的过程中，命令行提示“指定引线箭头的位置或 [引线基线优先(L)/内容优先(C)/选项(O)] <选项>:”时，各选项的作用如下。

- 引线基线优先(L)：选择此选项，可先指定引线基线的位置，再指定引线箭头的位置。
- 内容优先(C)：选择此选项，可先指定引线文字的位置，然后输入文字，再指定引线箭头的位置。
- 选项(O)：通过此选项的子选项可以设置多重引线的部分样式，如设置引线类型、内容类型和最大节点数等。

此外，单击“多重引线”工具栏中的“添加引线”按钮和“删除引线”按钮，可为选定的多重引线添加和删除引线（选中多重引线后，要再次单击选择要删除的引线），添加引线效果如图2-63所示。

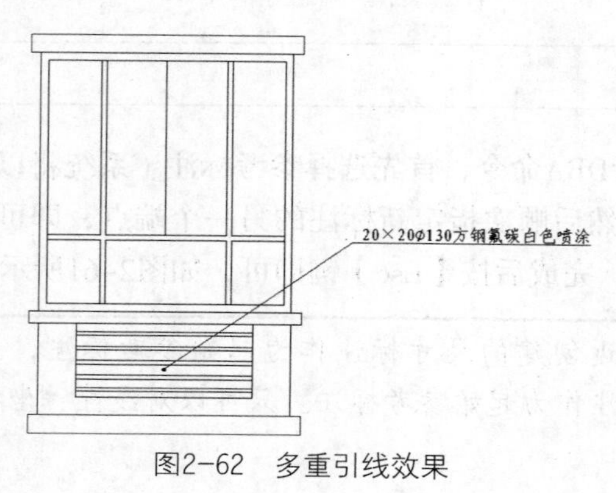

图2-62　多重引线效果

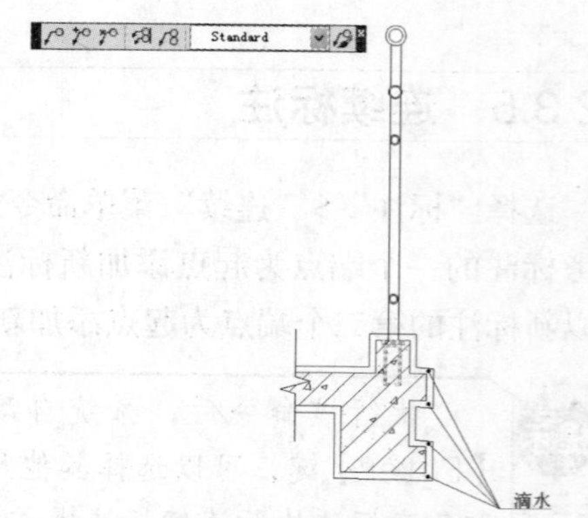

图2-63　添加多引线效果

执行MLEADERSTYLE（或MLS）命令，打开“多重引线样式管理器”对话框，再单击“修改”按钮，打开“修改多重引线样式”对话框，通过此对话框可以对多重引线的样式进行修改。

执行MLEADERALIGN（或MLA）命令后，可以对齐多重引线的文字、引线，或按一定间距对齐多重引线。

执行MLEADERCOLLECT（或MLC）命令，选择多条多重引线，然后指定合并方式，或者直接单击合并后的多重引线定位点，可将多条单独的引线合并为一条引线。

2.3.7 文字标注

文字标注，即在AutoCAD中为图形添加文字注释，可用于标注图名、比例、房间型号等，如图2-64所示。

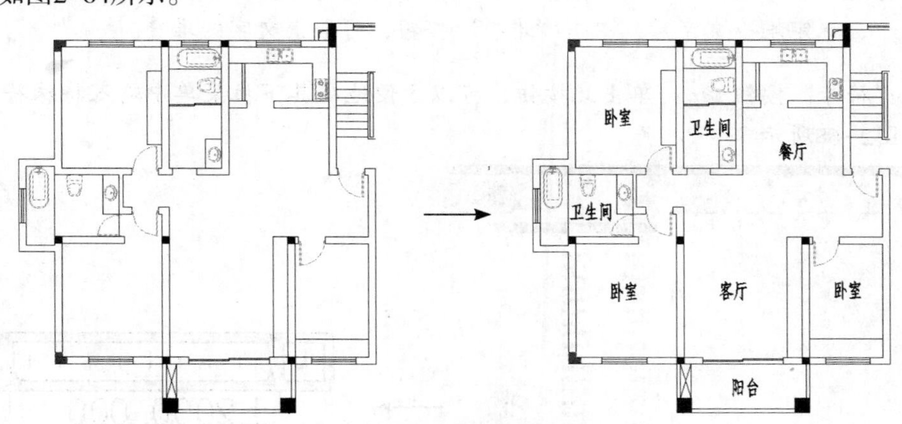

图2-64　添加的文字标注效果

通常使用单行文字或多行文字添加文字标注。选择“绘图”>“文字”>“单行文字”菜单命令或执行DT命令，首先单击一点确定文字的起点，然后输入文字高度和旋转角度，再输入文字内容，按两次【Enter】键可完成单行文字的输入，如图2-65所示。

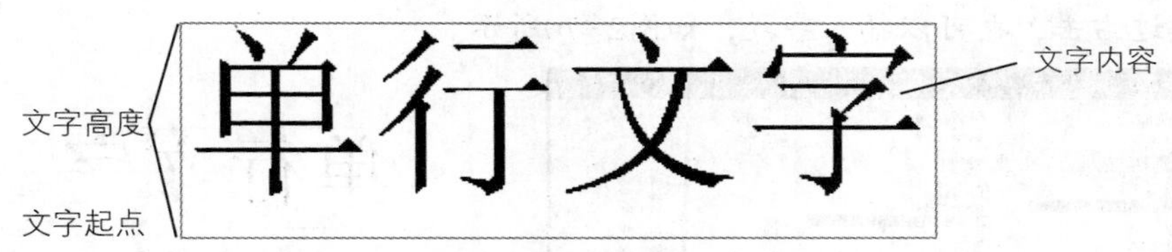

图2-65　单行文字输入效果

AutoCAD中的多行文字，类似于Word中的文本框。选择“绘图”>“文字”>“多行文字”菜单命令或执行T命令，首先单击两点确定多行文字的输入区域，然后输入文字内容，最后单击在位文字编辑器中的“确定”按钮即可输入多行文字，如图2-66所示（在输入多行文字的过程中，可以通过在位文字编辑器设置多行文字的格式）。

对于在位文字编辑器中关于“文本格式”设置的部分，较为简单，也易于理解，所以这里不再赘述。下面解释几个特殊按钮。

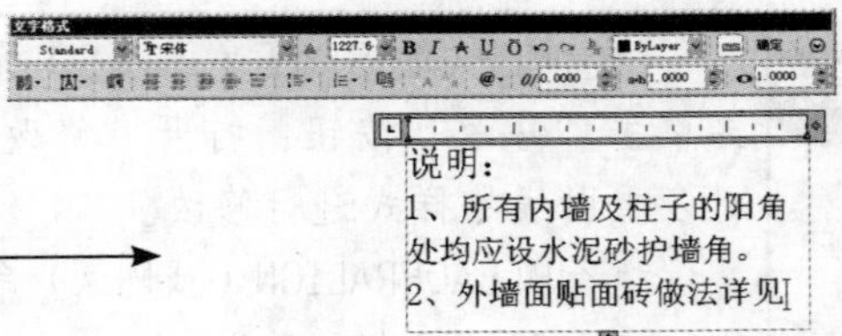

图2-66　多行文字的输入

● “堆叠”按钮：单击此按钮，可以创建堆叠文字，如图2-67所示。

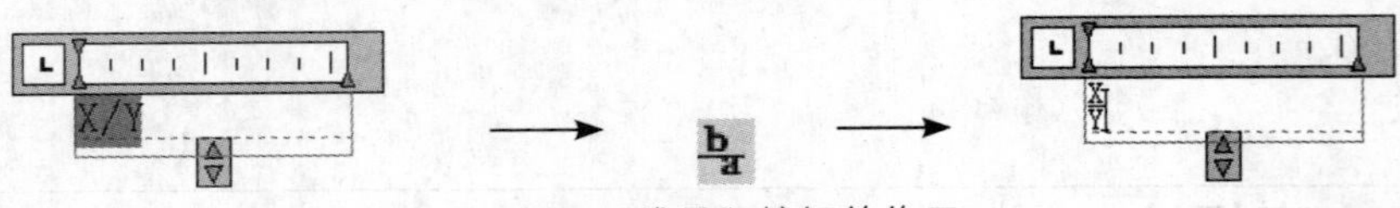

图2-67　“堆叠”按钮的作用

提示　可首先输入分子和分母，其间使用“/”、“#”或“^”符号分隔，然后选择这一部分文字，单击“堆叠”按钮即可创建堆叠文字。

选定堆叠文字后，单击“堆叠”按钮，可取消文字的堆叠。

● “符号”按钮@：单击此按钮，可以方便地从其下拉菜单中输入特殊符号，如图2-68所示。

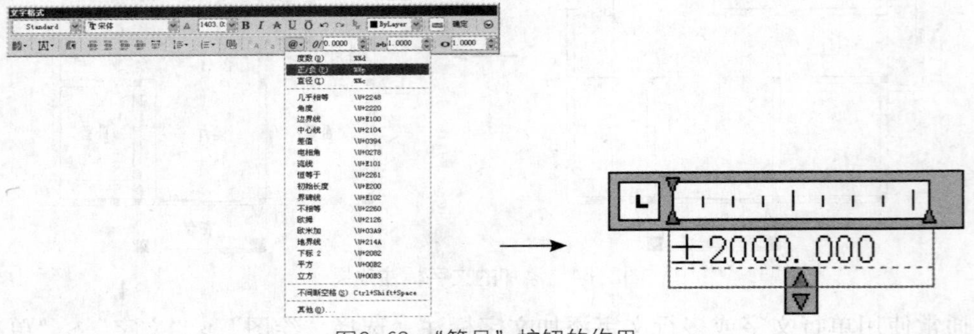

图2-68　“符号”按钮的作用

● “插入字段”按钮：单击后可弹出“字段”对话框，如图2-69所示，用于在文字中插入字段。“字段”是可随着图形的调整而不断改变的量。在单行文字中，通过右击，也可以插入字段，如图2-70所示。

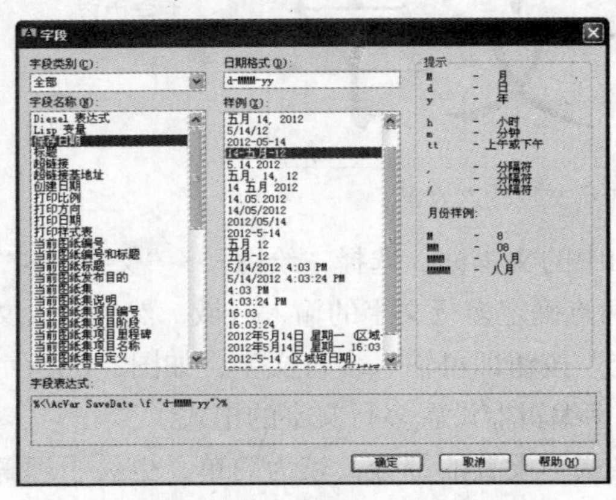

图2-69　“插入字段”按钮的作用

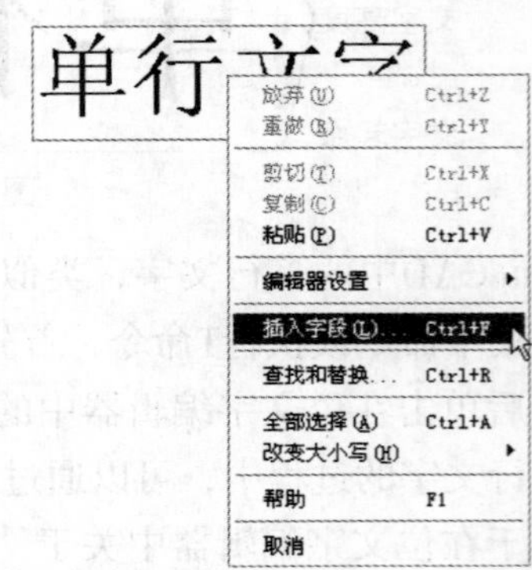

图2-70　在单行文字中插入字段

单行文字与多行文字没有本质区别，按需要选择使用即可。多行文字的编辑性强一些，但是同样占用系统资源也会多一些，所以在系统配置不高时，为了方便打印输出，可多选用单行文字。

2.4 图线样式的设置

在一副图纸中，为了更好地说明建筑的构造，会有实线、虚线、点划线等多种线性样式，而且不同部分的图线，图线的宽度也会不同。此外，不同的图纸比例，为了令打印的文字即清晰又不占用太多的空间，需要设置不同的文字字号（对应不同样式）。

本节将介绍图线线型、线宽、颜色，以及文字样式、标注样式和图层特性管理器的使用。

2.4.1 图线线型和线宽的设置

同Word等常用的办公软件相同，选中某个要设置线型或线宽的图线，然后在“特性”工具栏的“线型控制”下拉列表中可为图线设置线型（如虚线），在“线宽控制”下拉列表中可为图线设置线宽，如图2-71所示。

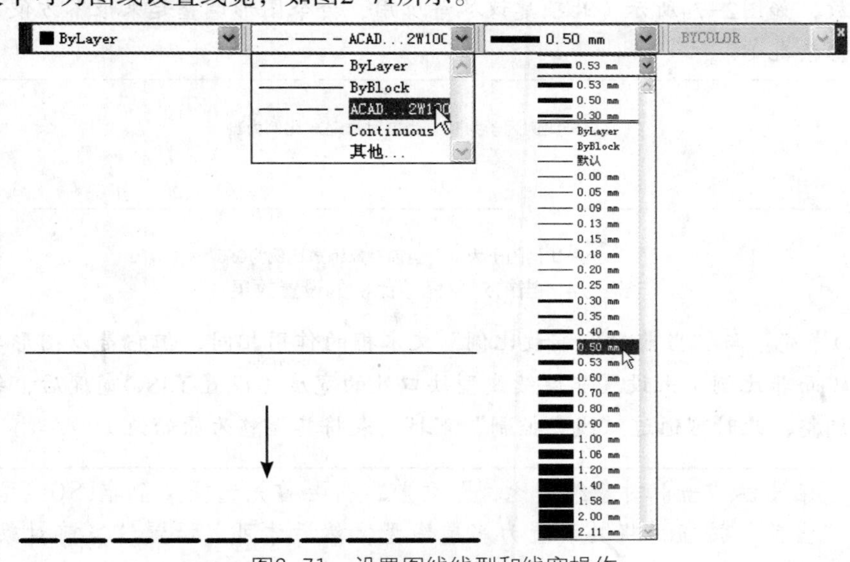

图2-71　设置图线线型和线宽操作

如在“线型控制”下拉列表中未找到需要使用的线型，可选择“其他”项，打开“线型管理器”对话框，然后单击“加载”按钮，加载需要使用的线型，如图2-72所示。

在“线型管理器”对话框中，单击“显示细节”按钮，可以显示对线型的详细参数设置。此处几个选项较为重要，这里做一下统一说明。

- 全局比例因子：此文本框用于设置所有非连续线型的外观，值越大，非连续线型的单个元素的长度越大，如图2-73所示（在建筑图中，此值通常为1000~2000）。

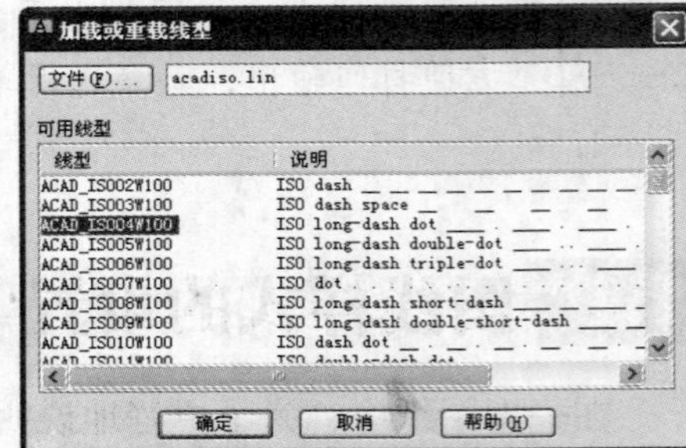

图2-72 加载线型操作

全局比例因子为1

全局比例因子为2

图2-73 全局比例因子的设置效果

- 当前对象缩放比例：设置非连续线型新绘制对象的比例（对前面已经绘制好的对象没有影响），是在“全局比例因子”的基础上，对新绘制的线型进行的进一步缩放，如图2-74所示（此项建议尽量少用，会令图形调整起来很不方便，且易令图形杂乱）。

全局比例因子为1　当前对象缩放比例为1

全局比例因子为2　当前对象缩放比例为0.5

图2-74 当前对象缩放比例的设置效果

- ISO线宽：与“当前对象缩放比例”文本框的作用相同，但它是以图形单位的方式（而非比例）来设置非连续线型缺口处的宽度（设置了ISO宽度后，线宽会自动调整，此时可通过“线宽控制”下拉列表将其调整为原始值）。

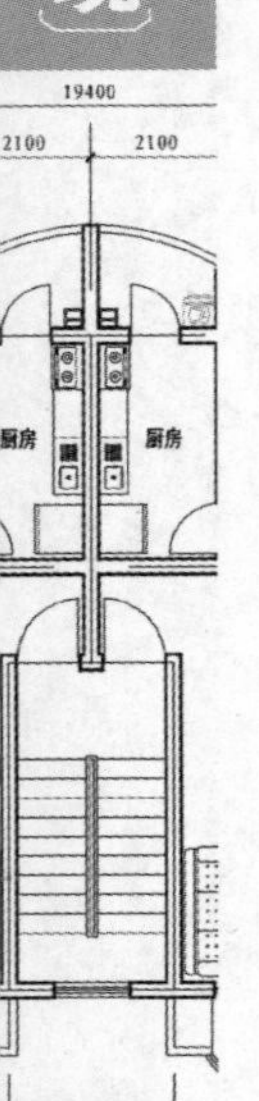

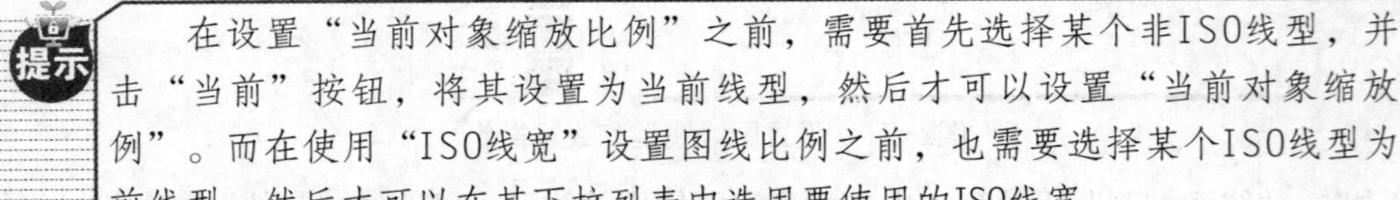

提示

在设置“当前对象缩放比例”之前，需要首先选择某个非ISO线型，并单击“当前”按钮，将其设置为当前线型，然后才可以设置“当前对象缩放比例”。而在使用“ISO线宽”设置图线比例之前，也需要选择某个ISO线型为当前线型，然后才可以在其下拉列表中选用要使用的ISO线宽。

不过，这两个设置对其他线型（ISO线型和非ISO线型）都有效，而且都是在全局比例因子上进行的比例缩放（建议这两个选项都应尽量少用）。

- 缩放时使用图纸空间单位：此选项在图纸空间中有用，用于设置图纸空间的不同比例视口中的非连续线型是保持模型空间的线型缩放关系，还是统一使用图纸空间的线型缩放关系，其设置效果如图2-75所示。

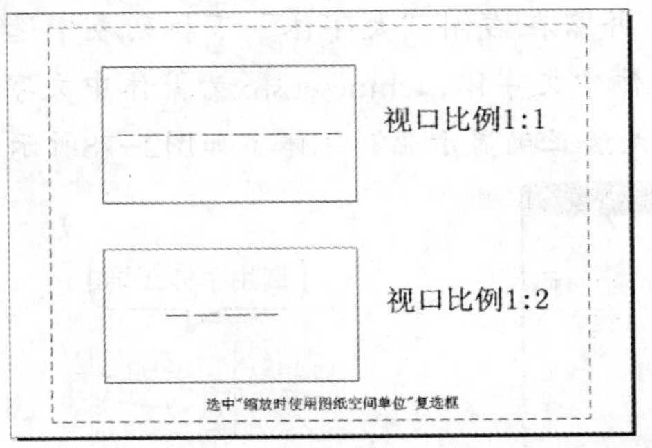

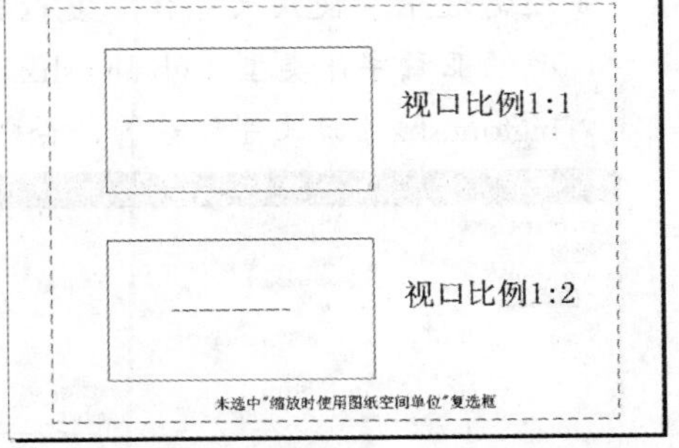

图2-75 “缩放时使用图纸空间单位”复选框的作用

上面设置线宽和线型的方法，在绘制建筑图形的过程中，实际上较少使用。因为建筑图形图线太多，单独设置每一条图线的线型，显得很不“经济”，而且单独设置线型日后调整起来也很麻烦，所以在实际绘制建筑图形前，通常都会在图层中提前设置好要使用的线型、线宽和颜色等，然后才开始绘制图形。

2.4.2 图线颜色的设置

选中某个要设置线型或线宽的图线，然后在“特性”工具栏的“颜色控制”下拉列表中可为图线设置要使用的颜色，如图2-76所示。选择“选择颜色”选项，可以在打开的对话框中为图线选用更多的颜色）。

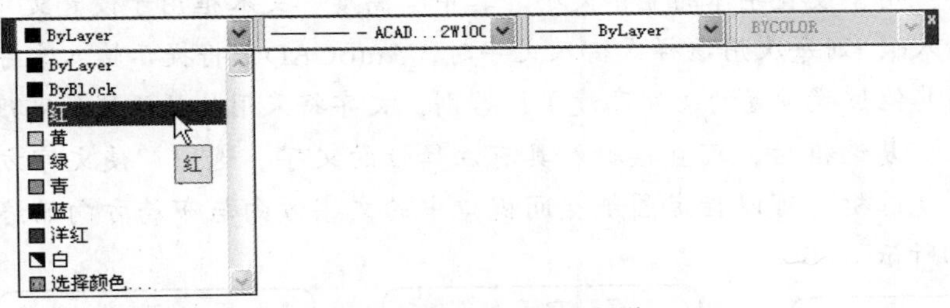

图2-76 设置图线颜色操作

2.4.3 文字样式

所谓文字样式，就是提前定义好的一种文字格式，如 “黑体、20个图形单位、倾斜10度”文字样式或“iso、chineset大字体”文字样式等。文字样式会在标注样式中被引用，也可以将其应用到单行和多行文本中。用户可根据需要定义众多文字样式。

选择“格式”>“文字样式”菜单命令或者执行ST命令，打开“文字样式”对话框，即可设置文字样式，如图2-77所示。下面解释此对话框中各选项的意义。

- 字体：用于设置当前文字样式使用的字体类型。AutoCAD共提供了两种字体：一种是SHX字体，一种为TrueType字体。
  - SHX字体为AutoCAD提供的专用字体，选用此种字体后，如要输入亚种文字还需选中“使用大字体”复选框，并需在右侧“大字体”下拉列表中选用正确的亚种字体类型（gbcbig.shx为简体中文字体，chineset.shx为繁体中文字体，bigfont.shx为日文字体等），否则将无法正确显示亚洲字体（如图2-78所示）。

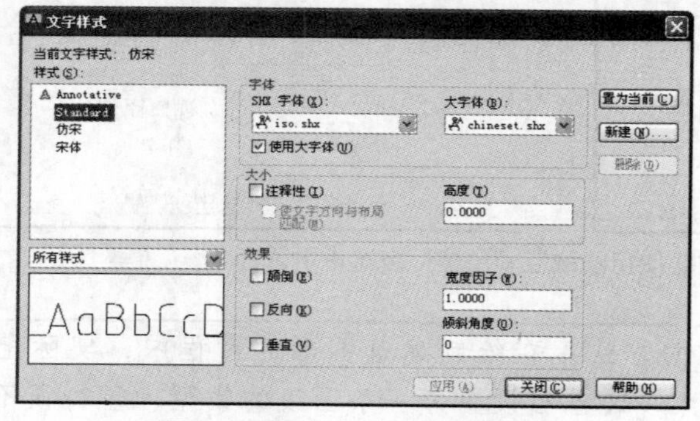

图2-77 “文字样式”对话框

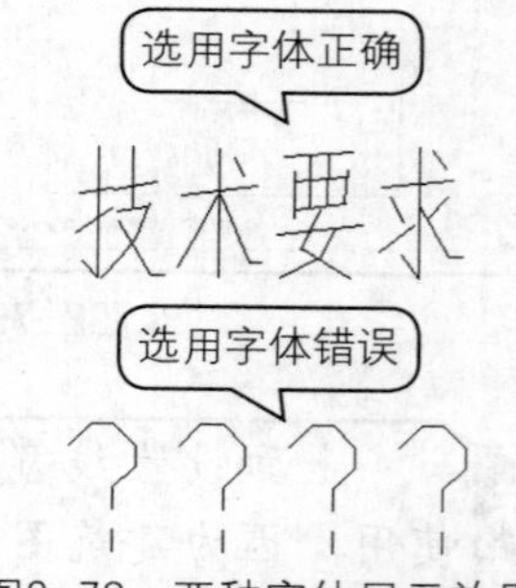

图2-78 亚种字体显示效果

➢ TrueType字体是在Windows系统中注册的字体，如常用的宋体、黑体等，该字体中包含汉字字型。当取消“使用大字体”复选框的选中状态后，可以在“字体名”下拉列表中选用此类字体，并可在“字体样式”下拉列表中进行更多的设置，如加粗、倾斜等。

提示 大字体汉字字体显示粗糙，并不好看，为什么还要继续使用此种字体呢？这主要是因为有一些专门的大型图纸打印设备仍然只支持此类字体。为了保证正确的输出，有时必须使用此类字体。

● 大小：用于设置字体的显示大小。其中“高度”文本框用于设置文字的高度。如果输入0，则每次用该样式输入文字时，AutoCAD都将提示输入文字高度（或者使用其他位置设置的文字高度），否则，文字将采用此处设置的高度。选中“注释性”复选框后，可直接输入具有注释性的文字。选中“使文字方向与布局匹配”复选框，可以指定图纸空间视口中的文字方向与布局方向始终一致（如图2-79所示）。

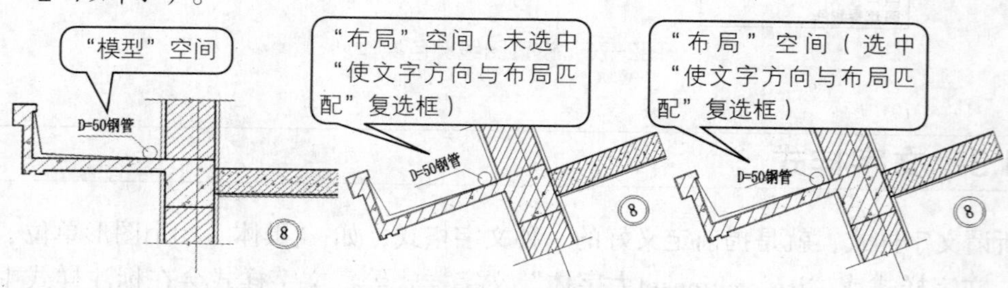

图2-79 “使文字方向与布局匹配”复选框的作用

提示 可设置文字、标注、块等具有注释性。具有注释性的对象，可通过使用窗口右下角“注释比例”状态栏中的按钮对其进行调整（如图2-80所示），其主要作用是可以令标注等注释对象随着打印比例的变化而调整其显示的大小。

1:100

图2-80 “注释比例”状态栏

- 效果：用于设置所有文字样式或某个文字样式的显示效果，如颠倒、反向和垂直等。“宽度因子”用于设置字符间距，输入小于1的值将压缩文字，输入大于1的值则扩大文字；“倾斜角度”则用于设置文字的倾斜角度。
- 此外，单击“置为当前”按钮可将左侧选中的文字样式设置为当前文字样式，单击“新建”按钮可以新建文字样式，单击“删除”按钮可以删除文字样式。

2.4.4 标注样式

所谓标注样式，是指标注的一种预定义样式。为了满足设计需要，标注可以有很多种样式，如图2-81所示，以确保在不同比例下，都可以令输出的标注清晰、规范，能够正确反映设计者的意图。

选择“格式”>“标注样式”菜单命令或执行D命令，打开“标注样式管理器”对话框，如图2-82所示。在此对话框中，可以新建、修改、替代、比较标注样式，以及设置当前标注样式等（对话框右侧的5个按钮）。

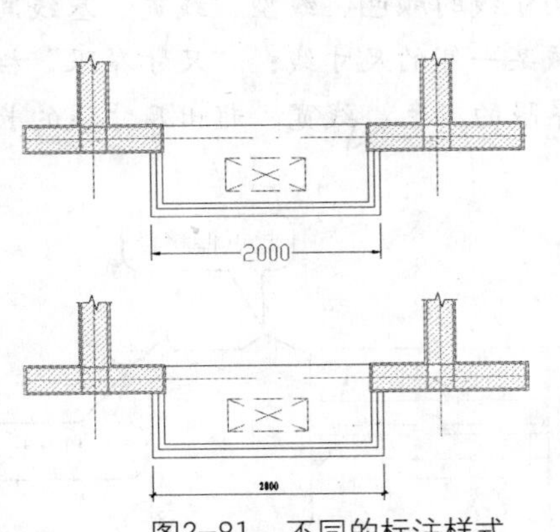

图2-81　不同的标注样式

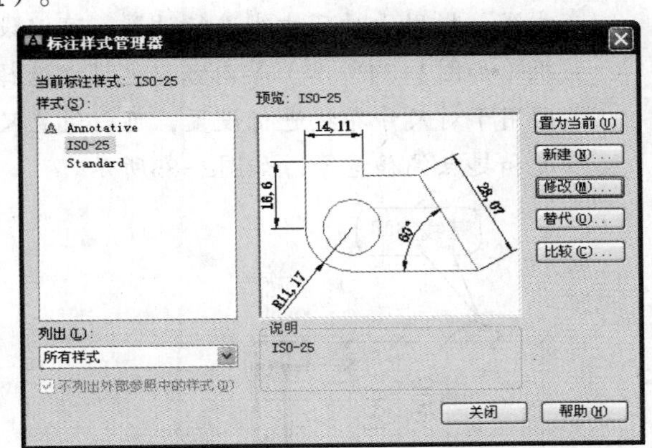

图2-82　“标注样式管理器”对话框

在“标注样式管理器”对话框中，单击“置为当前”按钮，可将选中的样式设为当前样式；“新建”、“修改”和“比较”按钮较易理解，暂时不做过多说明；“替代”按钮用于创建当前样式的一种替代样式。

替代样式是当前样式的一个副本，只有个别选项不同，替代样式与原始样式相同的选项，在重新设置原始样式后可跟随更新，但是其不同于原始样式的选项，却保持独立，需要单独更改替代样式，才会更新。建议少用替代样式。

在“标注样式管理器”对话框中，单击“新建”按钮，打开“创建新标注样式”对话框，在此对话框中输入新标注样式的名称等，单击“继续”按钮，可以打开“新建标注样式”对话框（在“标注样式管理器”对话框中，单击“修改”按钮，也可以打开此对话框，以对标注样式进行修改），设置完成后，单击“确定”按钮即可新建标注样式，如图2-83所示。下面着重解释一下“新建标注样式”对话框中各选项卡的意义。

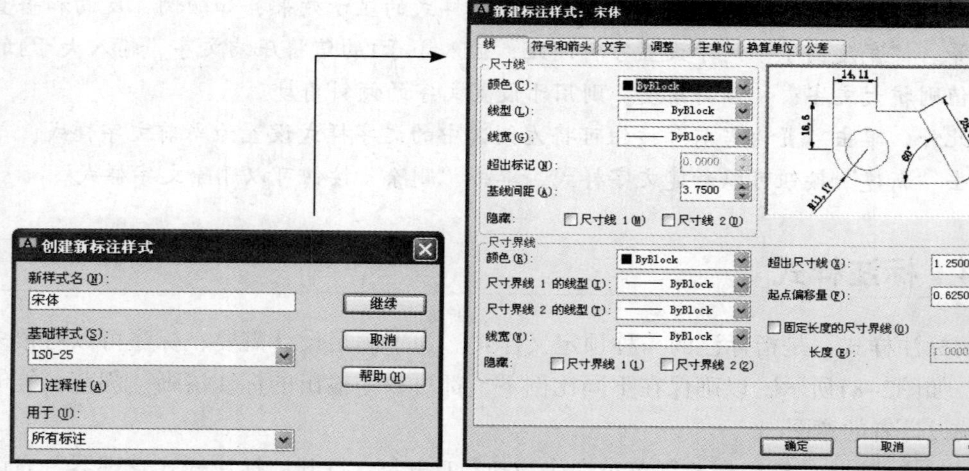

图2-83　新建标注样式操作

- “线”选项卡：用于设置尺寸标注的尺寸线与尺寸界线的外观形式。其中，“尺寸线”栏用于对尺寸线进行设置，可以设置尺寸线的颜色、线型、线宽、基线间距（如图2-84所示）等内容，也可以选择隐藏某一侧的尺寸线；“尺寸界限”栏区用于对尺寸界线进行设置，可以设置尺寸界限的颜色、线宽、超出尺寸线的长度和起点偏移量等，如图2-85所示。

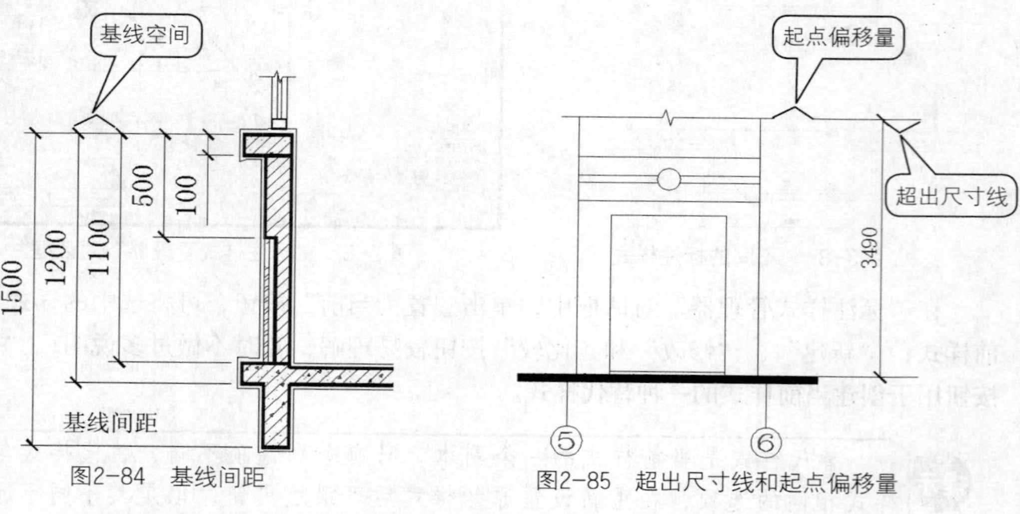

图2-84　基线间距　　　图2-85　超出尺寸线和起点偏移量

提示　对于建筑图纸来说，“线”选项卡中的“超出尺寸线”选项和“起点偏移量”选项是最常需要设置的选项，其他选项通常保持系统默认设置即可。

- “符号和箭头”选项卡：如图2-86所示，用于设置尺寸标注的终端符号、圆心标记、弧长符号等内容。其中重点是“箭头”栏，“第一个”和“第二个”下拉列表用于设置尺寸线的箭头类型；“引线”选项用于设置引线标注的箭头类型（执行LE命令添加的引线，如图2-87所示）；“箭头大小”文本框用于设置箭头的大小。

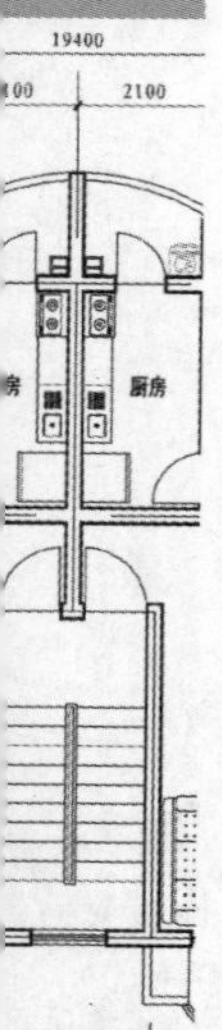

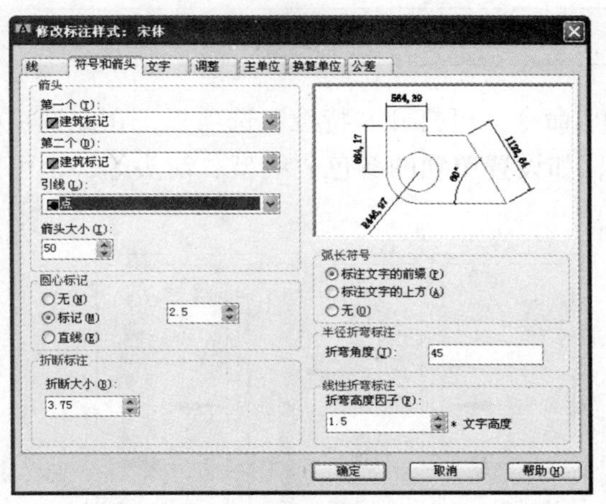

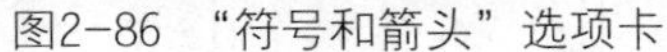

图2-86 “符号和箭头”选项卡

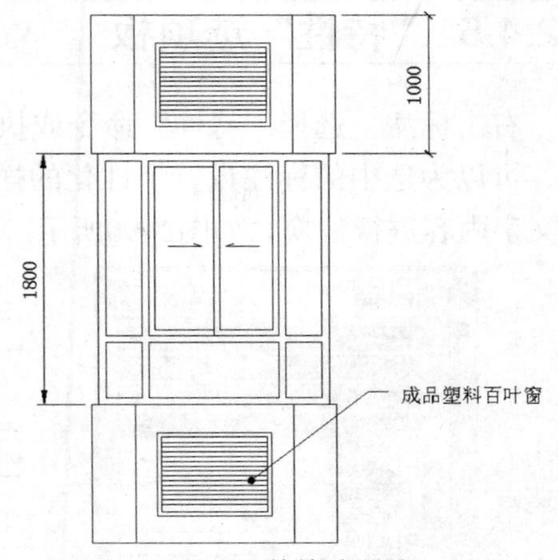

图2-87 不同的箭头形式

在设计建筑图纸时，“符号和箭头”选项卡中的重点是对“箭头”栏的设置，其中，“第一个”、“第二个”和“引线”箭头按照如图2-86所示进行设置即可；箭头大小则需要按照出图比例进行适当的调整（箭头在建筑图纸中通常大于100），其他选项保持系统设置默认即可。

- “文字”选项卡：如图2-88所示，用于设置标注文字的外观、位置和对齐方式等内容。“文字外观”栏是主要的设置区域，用于设置文字的位置和大小；“文字位置”栏用于控制尺寸文字相对于尺寸线和尺寸界线的位置（如图2-89所示）；“文字对齐”栏用于控制标注文字是否沿水平方向或平行于尺寸线方向放置。

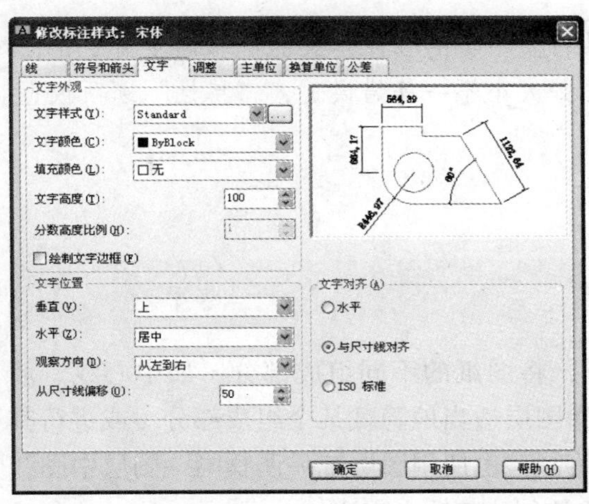

图2-88 “文字”选项卡

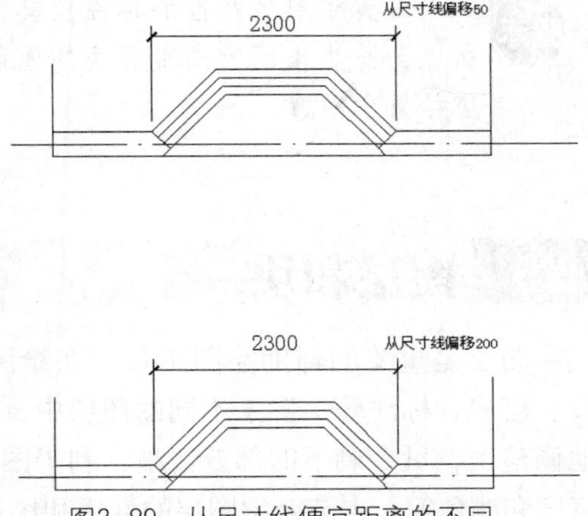

图2-89 从尺寸线便宜距离的不同

在“文字”选项卡中，除了通过“文字样式”下拉列表设置文字样式，建筑图中的另外两个主要需要设置的选项，一个是“文字高度”，另外一个是“从尺寸线偏移”，其他选项通常保持系统默认设置即可。

此外，“新建标注样式”对话框中的其他选型卡，在建筑图中通常都无须设置，保持系统默认即可，所以此处不再一一介绍。

2.4.5 “特性”选项板

右击标注，选择“特性”命令或执行PR命令，可打开“特性”选项板，在此选项板中，可以为选中的标注设置个性化的样式，如设置单独的颜色、线型、箭头等，也可以对文字内容进行替换，如图2-90所示。

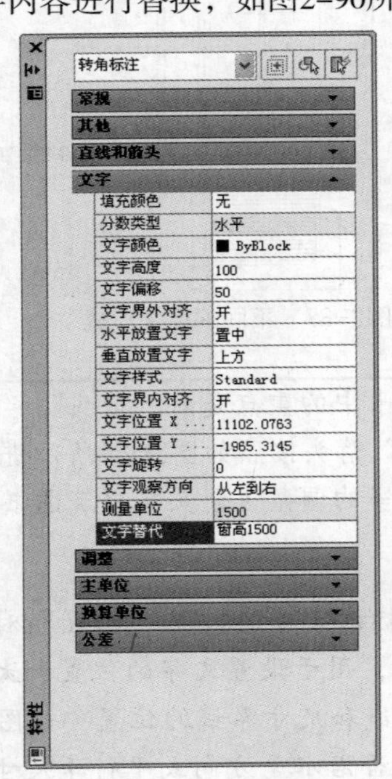

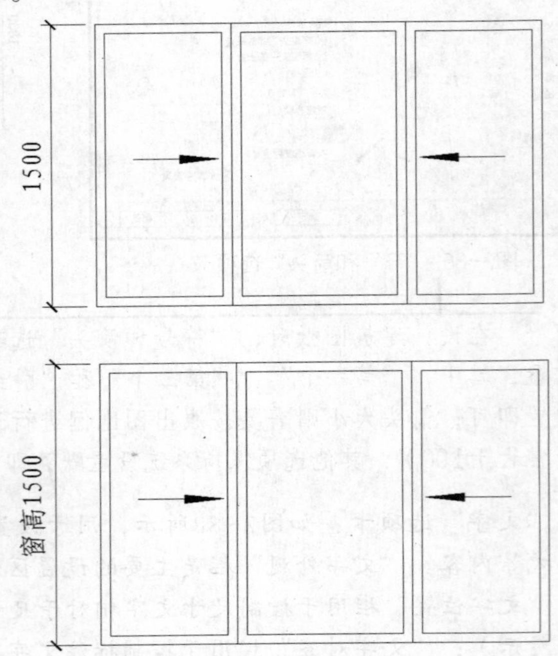

图2-90　使用“特性”选项板替换标注文字操作

提示：设置了单独特性的标注，其特性格式不再随标注样式的统一调整而变化，所以为防止出图时出现另类的图像（如大小不一等错误），“特性”选项板也应尽量少用。

2.5 图层和块

图层是重要的辅助绘图工具。在绘图时，将图纸的不同组成部分（如中心线、墙线、窗户、标注等）置于不同的图层中，利用图层适当地隐藏某个组成部分（或进行其他调整），可令剩下的部分清晰，利于图形绘制；也使用图层统一调整同一图层中图线宽度和颜色等。本节介绍图层的使用和块对象的创建与插入方法。

2.5.1 图层特性管理器

选择“格式”>“图层”菜单命令或执行LA命令，可以打开图层特性管理器，如图2-91所示，此选项板是对所有图层进行集中管理的一个工具，右侧的列中每一行代表当前文件包含的一个图层，并可通过各选项改变当前图层的线宽和颜色等参数。

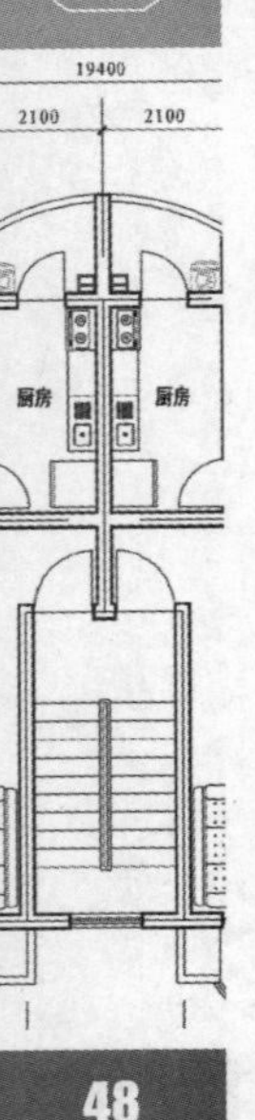

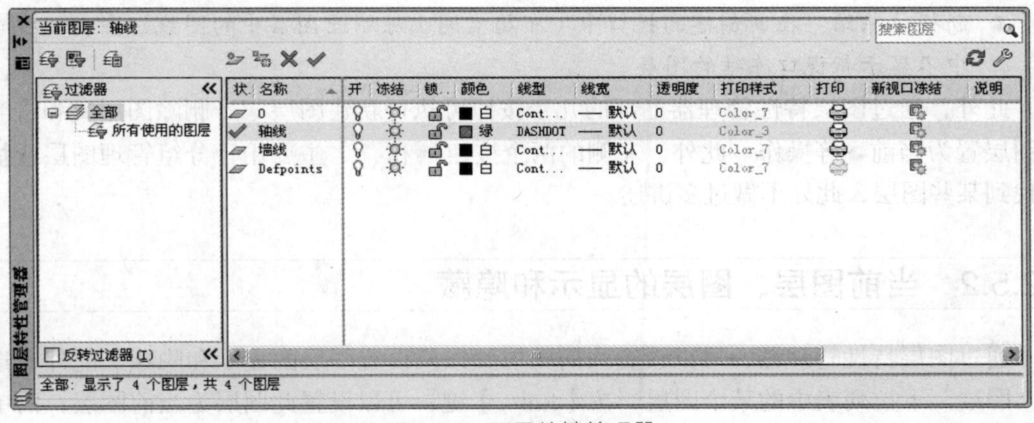

图2-91　图层特性管理器

通过单击图层右侧的控制按钮，即可对此图层的特性进行相关设置，下面解释一下各个选项的意义。

- 开关：单击某图层上的此按钮，可以开关此图层。关闭图层后，位于此图层中的所有对象都将不显示。
- 冻结：单击某图层上的此按钮，可以冻结或解冻此图层。图层被冻结后，图层上的所有图形对象将都不可见、不可编辑，也不可打印。

关闭图层和冻结图层的实现效果是一样的，不同的是，冻结图层后，位于该图层上的内容在刷新屏幕时将不参与运算，而位于关闭图层中的图形将在后台参与运算。因此，冻结图层运行速度要比关闭图层快一些，且当前图层不能被冻结。

- 锁定图层：单击某图层上的此按钮，可以锁定或解锁此图层。被锁定的图层，可以显示和打印出来，但是不可编辑。
- 线型：单击某图层上的此按钮，可以打开“选择线型”对话框，为当前图层的所有图线设置线型。
- 线宽：用于设置当前图层的线宽。
- 透明度：设置图层中图线的透明度，值越大图线越透明（通常不设置透明度）。
- 打印样式：即打印时的图线颜色（是不同于前面图线颜色的单独的打印输出颜色）。

“打印样式”按钮在“命名打印样式”模式下可用。可选择“工具”>“选项”菜单命令，打开“选项”对话框，在“打印和发布”选项卡中进行设置（单击“使用命名打印样式”单选按钮即可）。重新打开软件，可发现此处按钮可用。

使用打印样式，在使用绘图仪打印输出时，有时会比较方便，如可设置将彩色图纸打印为黑白图纸（较清晰）。当然此处仅仅是设置了打印输出时此图层中图线的打印颜色，如在此处不设置，也可以在打印时，使用“打印样式表”打印输出图纸。

- 打印：设置此图层可被打印输出，或不被打印输出。

- 新视口冻结：在新创建的视口中（布局空间）冻结此图层中的图线，即在此视口中不显示新视口冻结的图层。

此外，通过图层特性管理器上部的几个按钮可执行新建图层、删除图层和将当前图层置为当前等操作。此外，左侧的两个按钮和，主要用于分组管理图层或快速找到某些图层，此处不做过多讲述。

2.5.2　当前图层、图层的显示和隐藏

通过图层特性管理器，可以设置当前图层，以及设置图层的显示和隐藏。此外，选择“图层”下拉列表中的某个图层，按【Enter】键，可以设置此图层为当前图层，而单击某图层前的图标，也可打开或关闭图层，如图2-92所示。

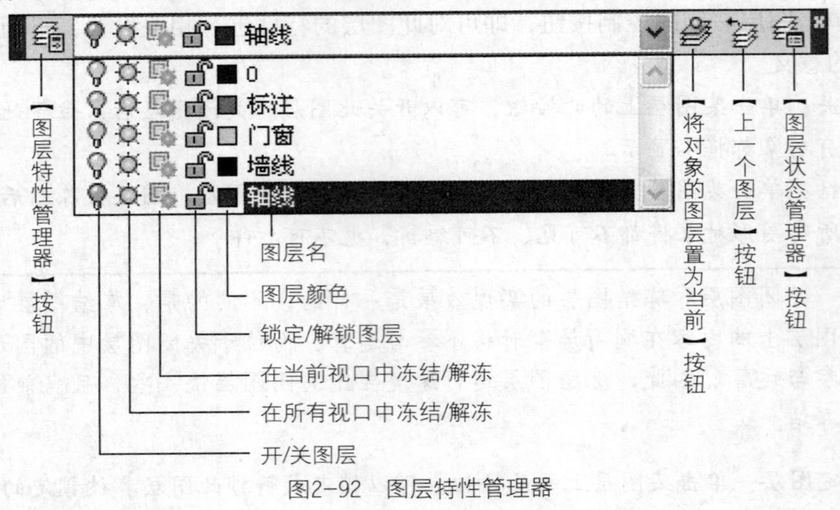

图2-92　图层特性管理器

2.5.3　如何安排图层比较恰当

在绘制建筑图形时，要设置图层，可以遵循如下原则：

- 在够用的基础上，图层越少越好。图层多了，选用并不方便，也不利于统一设置和统一调整，因此在满足要求的前提下，图层越少越好。
- 尽量不要在0图层上绘制图线。不在0图层绘制图线，一方面防止图形杂乱，不好调整；另一方面可将0图层留作一个保留图层，在定义块时使用。
- 图线应按照国家标准设置，主次分明。一般为3种图线宽度，即细线、中宽线和粗线。在建筑图中，通常墙线的宽度要粗一些，次要建筑物的轮廓线次之，其他大多数线用细线。
- 不同的图层最好使用不同的颜色，以利于区分。此外，图层线越宽，颜色可设置的越深，相反，可设置的浅一些。

初次绘制建筑图，不妨如表2-1所示安排图层。

表2-1 建筑图中的常见图层安排

图层	颜色	线宽	线型
轴线	1	0.13	Dote
轴号	7	0.20	Continuous
轴标	3	0.15	Continuous
墙线	2	0.30	Continuous
柱	200	0.30	Continuous
门、窗、栏杆	5	0.15	Continuous
楼梯	4	0.15	Continuous
屋顶	6	0.20	Continuous
厨具、洁具	10	0.13	Continuous
家具	8	0.13	Continuous
标注	3	0.15	Continuous
房间名称	7	0.20	Continuous
说明文字	7	0.20	Continuous
图框	7	0.20	Continuous

2.5.4 通常将什么图形定义为块

一些会重复出现的，但是形状没有变化或变化不大的图形，如建筑施工图中的门、窗、家具和卫浴等，设备施工图中的开关、灯等图例，都适合将其定义为块，如图2-93所示。利用图块节省绘图时间，不必重新绘制，在需要时，直接插入使用即可。

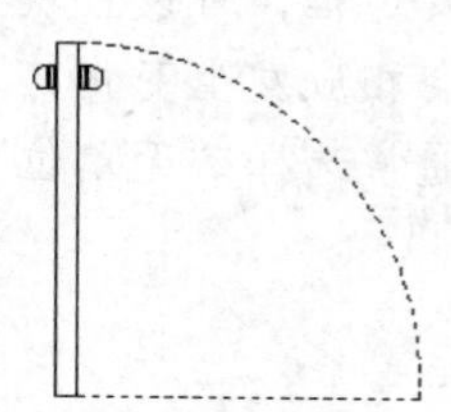

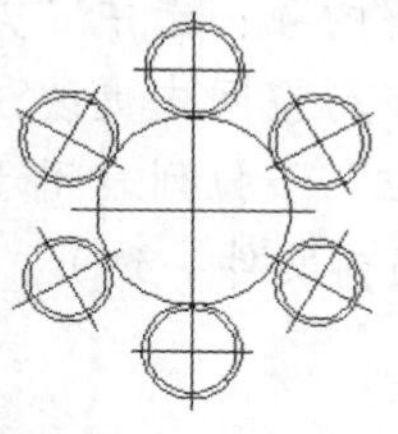
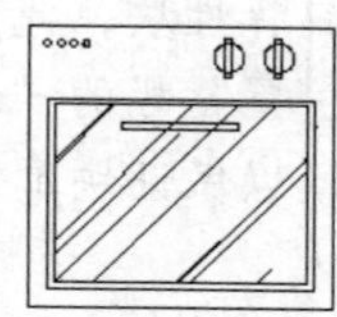

图2-93 一些常被定义为块的图形

2.5.5 如何定义块

可通过如下操作，将选中的图形定义为块。

01 **绘制图形** 首先绘制好要定义为块的图形，如图2-94所示。

02 **打开“块定义”对话框** 选择“绘图”>“块”>“创建”菜单命令或执行B命令，打开“块定义”对话框，如图2-95所示。

03 **输入块名** 在“名称”文本框中输入块名，如此处输入“沙发”。

图2-94　绘制的图形

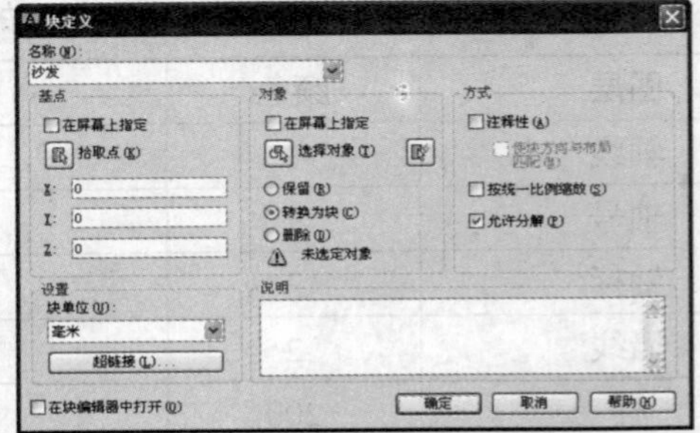

图2-95　“块定义”对话框

04 **设置基点**　单击“拾取点”按钮，捕捉图形上部边线的中点，作为块插入的基点。

05 **选择块图形**　单击“选择对象”按钮，在绘图区中选取“步骤1”绘制的图形，按【Enter】键返回“块定义”对话框。

06 **完成块的创建**　其他选项保持系统默认。单击“确定”按钮即可完成块的创建，如图2-96所示。

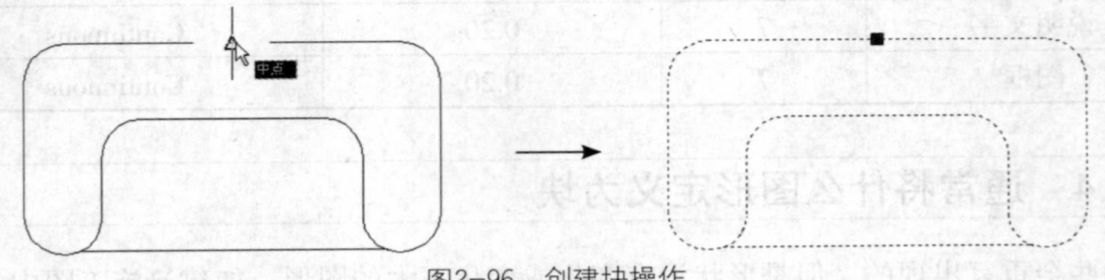

图2-96　创建块操作

提示　“块定义”对话框中的大多数选项较易理解，此处不做一一解释，只解释其中几个较难理解的项：选中“方式”栏的“注释性”复选框，可设置块为注释性块，此时在布局空间中更改注释比例时，块的大小会相应发生变化；“设置”栏的“块单位”下拉列表用于指定块的插入单位（通常选择“无单位”，以保证块单位与当前文件一致）。

2.5.6　如何定义块属性

定义的块只是一个单纯的图形，有时我们会需要块中包含可以修改内容的文本框，如门窗的型号等，此时即需要在定义块时，为块设置属性。下面是相关操作。

01 **绘制图形**　同定义块一样，首先绘制好图形，此处绘制窗图形，如图2-97所示。

02 **打开“属性定义”对话框**　选择“绘图”>“块”>“定义属性”菜单命令或执行ATT命令后，打开“属性定义”对话框，如图2-98所示。

03 **定义属性**　在“标记”文本框中输入WIN；在“提示”文本框中输入“窗户”；在“默认”文本框中输入C0915；在“对正”下拉列表中选择“居中”；在“文字高度”文本框中输入200。

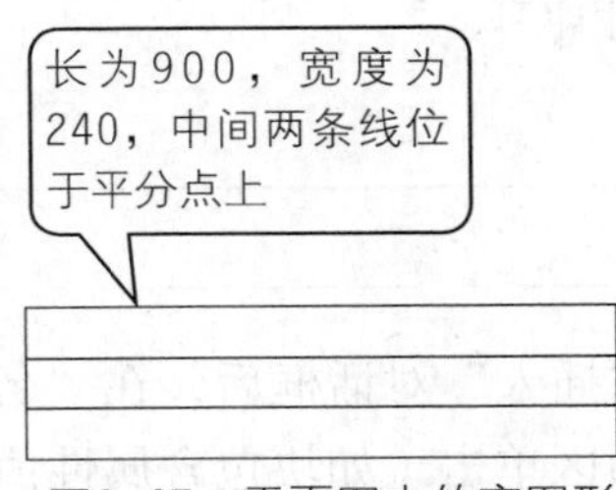

图2-97　平面图中的窗图形

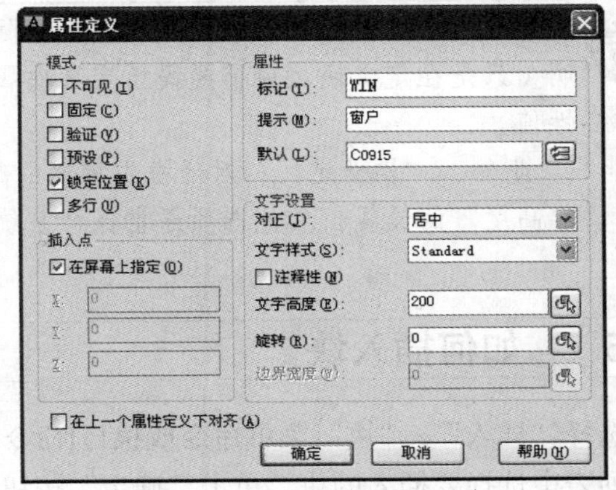
图2-98　“属性定义”对话框

04 插入属性　单击“确定”按钮，在图形中的合适位置处单击，首先插入块的属性字段，如图2-99所示。

05 定义块　执行B命令，打开“块定义”对话框，如图2-100所示，在“名称”文本框中输入“窗户”；单击“拾取点”按钮，选择一点作为基点；单击“选择对象”按钮，选择图线和块属性，并按【Enter】键。

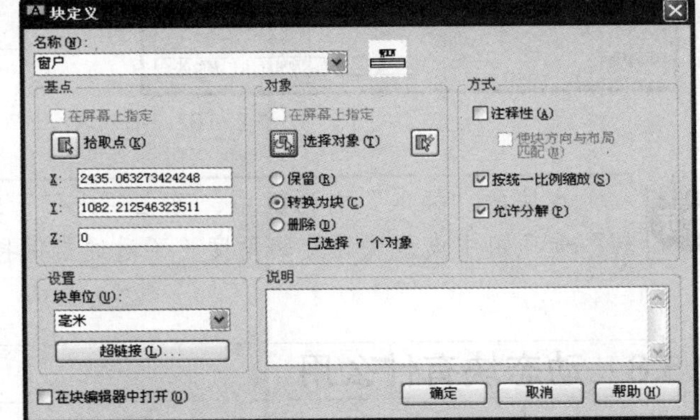
图2-99　属性位置　　图2-100“块定义”对话框

06 插入属性块　系统打开“编辑属性”对话框，输入块的属性值，并单击“确定”按钮，完成属性块的创建和插入操作，如图2-101所示。

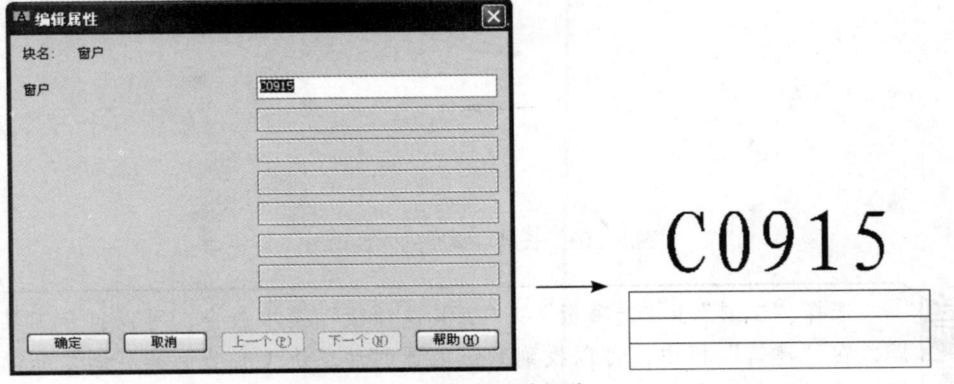
图2-101　创建块操作

提示 通过上述操作不难看出，块属性实际上就是附加在块图形上的一段文字说明（只是在定义块之前需要提前定义块属性）。可为一个块定义一个或多个属性值。

此外，“属性定义”对话框中重要的是对块“标记”、“文字样式”和“文字高度”的设置，其他选项通常保持系统默认设计即可。

2.5.7 如何插入块

选择“插入”>“块”菜单命令或执行I命令，打开“插入”对话框后，在“名称”下拉列表中选择要插入的块，单击“确定”按钮，在绘图区单击（如块包含属性值，输入块的属性值），即可插入图块，如图2-102所示。

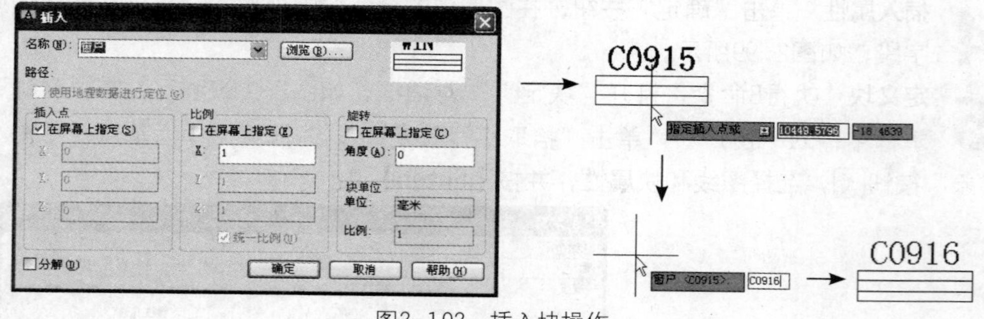

图2-102 插入块操作

在块的“插入”对话框中，可在“比例”选项组中设置图块比例，在“旋转”选项组中设置块的旋转角度（不过通常保持系统默认设置较好）。

2.5.8 动态块有什么用

使用动态块，可以令块具有更多的可编辑特性，如可方便对块进行拉伸、旋转等，系统内置块多为动态块，如图2-103所示。

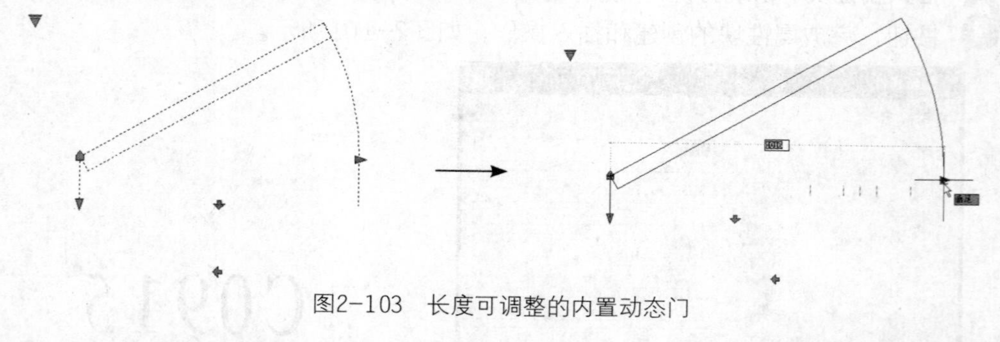

图2-103 长度可调整的内置动态门

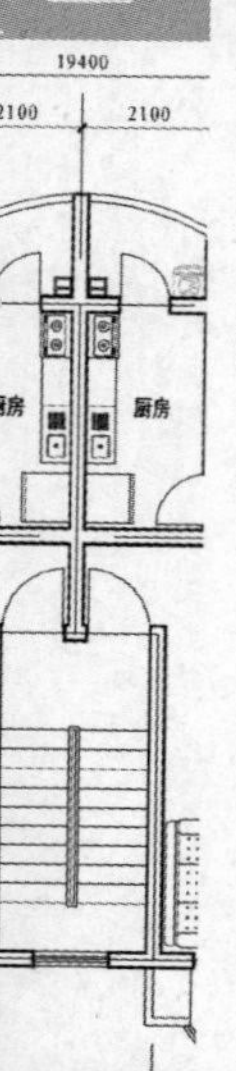

选择“工具”>“选项板”>“工具选项板”菜单命令，可以打开工具选项板，在“建筑”栏中，可以找到系统内置的动态块（有公制和英制之分，通常使用公制动态图块）。

当多个块的形状相似，且仅长度或宽度不同时，可使用动态块减少块的数量。如在同一张图纸中，窗户往往有多个尺寸（厚度相同），此时即可将其定义为动态块，这样可达到不必重复定义多个窗块而添加所有窗户的目的，下面看一下操作。

01 **进入块编辑模式** 此处使用前面创建的块，对其进行修改来创建动态块。首先右击此块，选择“块编辑器”命令，进入块编辑状态，如图2-104所示。

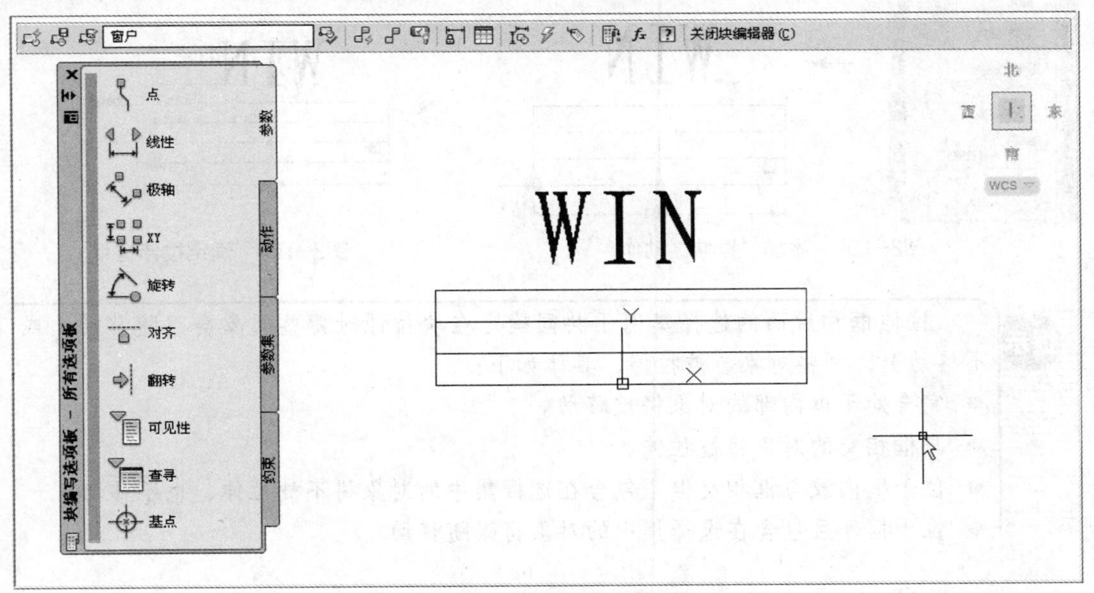

图2-104　块编辑器操作界面

02 **添加线性参数** 在块编写选项板的参数标签栏中单击“线性”按钮，然后捕捉窗户图形底部的两个端点，如图2-105所示，为块添加此参数（参数两端有两个箭头，表示可以在两个方向对图形进行调整，下面将其调整为一个）。

03 **调整线性参数** 首先选中添加的线性参数，然后右击，选择“夹点显示”>“1”命令，令“线性参数”只保留右侧的可调整箭头，如图2-106所示。

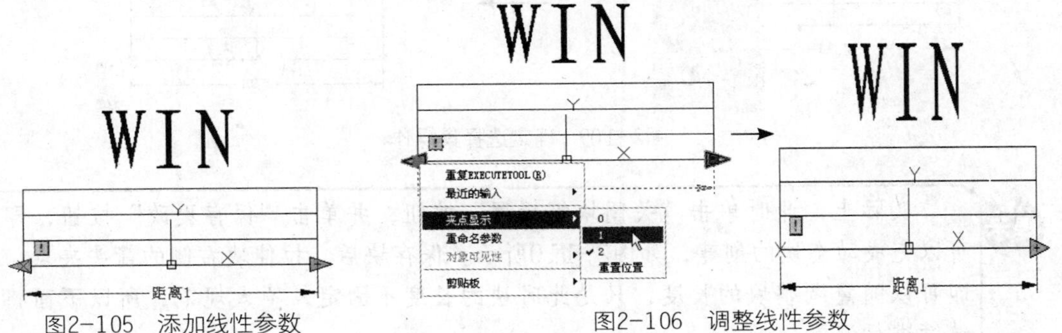

图2-105　添加线性参数　　图2-106　调整线性参数

04 **添加“拉伸”动作** 在块编写选项板中，切换到“动作”选项卡，单击“拉伸”按钮，首先选择步骤2添加的线性参数，令动作与参数关联，然后单击右侧箭头夹点选择此动作的调整点，如图2-107所示。

05 **确定拉伸框架** 继续添加“拉伸”动作操作，顺序单击A、B两点，确定拉伸动作的拉伸框架，如图2-108所示。

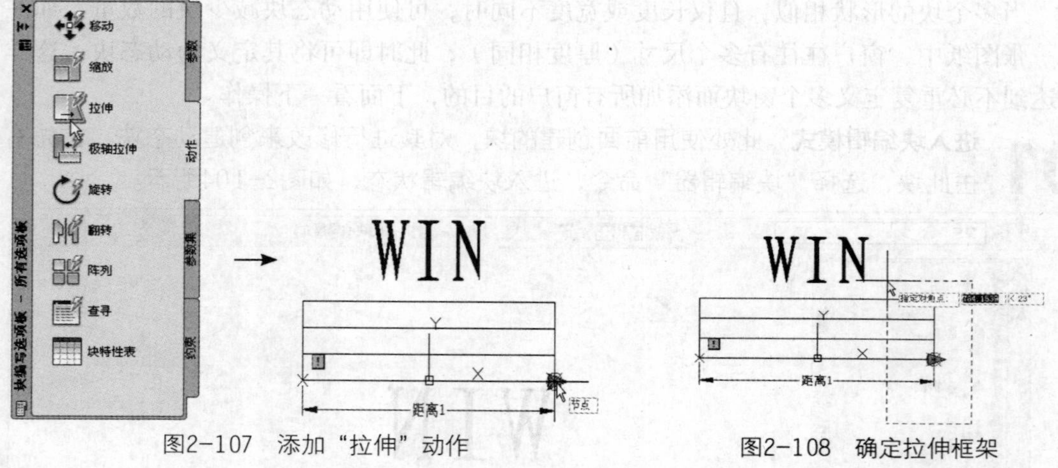

图2-107 添加“拉伸”动作　　图2-108 确定拉伸框架

拉伸框和后面的选择集用于共同确定在块拉伸时哪些对象会跟随移动（或不移动），哪些对象会被拉伸，具体如下：

- 完全处于框内部的对象将被移动。
- 与框相交的对象将被拉伸。
- 位于框内或与框相交但不包含在选择集中的对象将不被拉伸、也不移动，
- 位于框外且包含在选择集中的对象将跟随移动。

06 **确定选择集** 继续添加“拉伸”动作操作，顺序单击C、D两点，利用交叉窗口选择要拉伸或移动的对象，如图2-109左图所示，然后按【Enter】完成拉伸动作的添加，如图2-109右图所示。

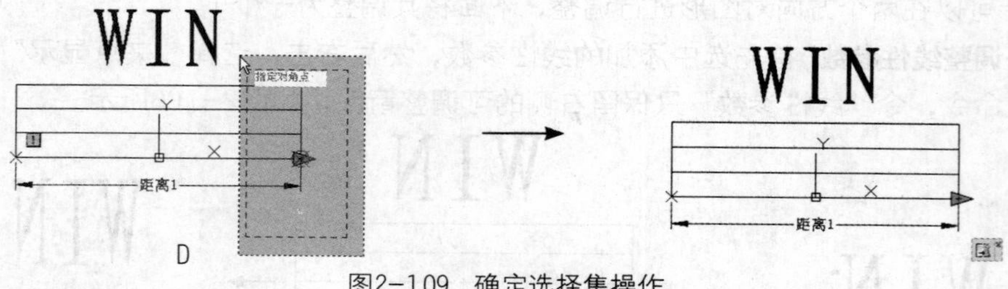

图2-109 确定选择集操作

提示

实际上，此时单击“关闭块编辑器”按钮，并单击“保存更改”按钮，即可以完成动态块的创建，如图2-110所示。保存块后，拉伸块右侧的箭头夹点，即可以随意调整块的长度，只是此时块的长度不固定，不太规范，所以下面将继续进行设置。

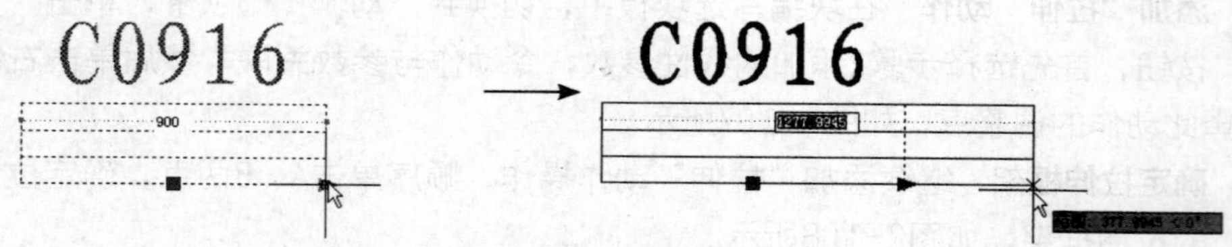

图2-110 具有动态块功能的块

07 **设置拉伸固定值** 右击步骤2添加的线性参数，选择“特性”命令，打开此参数的“特性”选项板，如图2-111左图所示；在“值集”栏的“距离类型”下拉列表中选择“列表”项，在单击“距离值列表”右侧的…按钮，打开“添加距离值”对话框，如图2-111右图所示；输入要设置的固定值，多次单击“添加”按钮，为窗动态块设置固定的拉伸值，完成后单击“确定”按钮，并将“特性”选项板关闭即可。

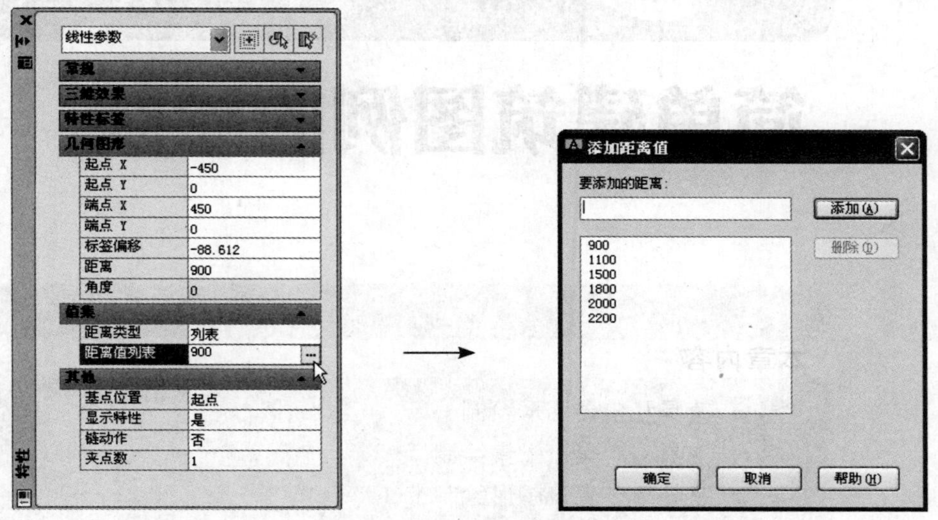

图2-111　设置拉伸固定值

08 **保存动态** 单击块编辑器操作界面顶部的“关闭块编辑器”按钮，打开“块 - 是否保存参数更改?”对话框，单击“保存更改”按钮，对块进行保存，完成动态块的创建，如图2-112左图所示。此时，选中块后，拖动右下角的箭头夹点，即可按上面设置的固定距离值对窗户块进行调整，如图2-112右图所示。

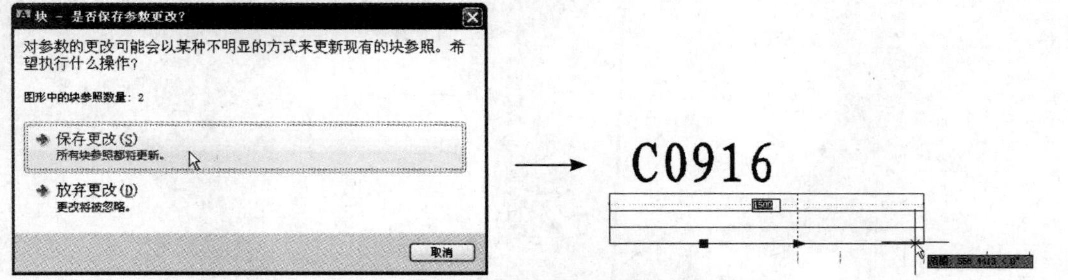

图2-112　保存动态块并进行调整的效果

第3章

简单建筑图例的绘制

本章内容

- 家具和电器图形绘制
- 洁具、灶具、配景绘制
- 室外简单建筑图形绘制
- 建筑图块绘制
- 电气图形绘制

3.1 家具和电器图形绘制

在绘制建筑平面图时，固定的设施，如坐便器、洗脸盆等，通常会同时绘制出来，以作为布置管线的依据；而对于非固定的设施，如沙发、床等，则通常不绘制；不过有时为了说明房间的用途，也可以添加必要的家具，如厨房中的煤气灶等。而在绘制户型图时，则要求将家具等绘制齐全，以方便购房者了解房间用途，参照购买。

为了绘图方便，在绘制建筑图纸之前，通常会将各种家具，以及其他一些可以模块化的图形，如花草、窗和配电箱等，先绘制出来，并定义为块，然后将其添加到自定义的图库中（作为图例）。这样可以在绘制建筑图时方便调用这些图形，节省绘图时间。

在建立图库时，所绘制的图形，最好按照原尺寸绘制，这样在插入到相应图纸中时，可减少调整比例的时间。本节讲述家具和电器等常用建筑图例的绘制。

3.1.1 沙发

沙发是常用的建筑图例，常以块的形式插入到图形中，以说明客厅的位置。下面看一下在AutoCAD中如何绘制如图3-1所示的沙发图例。

图3-1 沙发图例

01 **绘制直线** 单击“绘图”工具栏中的“直线”按钮，在按【F8】键打开“正交模式”的状态下，绘制一条长2660个图形单位的直线，如图3-2所示。

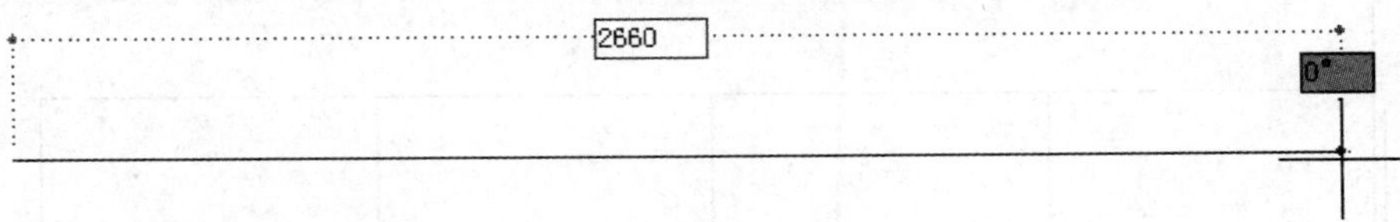

图3-2 绘制直线

02 **偏移直线** 单击“修改”工具栏中的“偏移”按钮，选中绘制的直线，向下偏移205个图形单位，复制一条直线；然后执行相同操作，向下偏移820个图形单位，再复制一条直线，如图3-3所示。

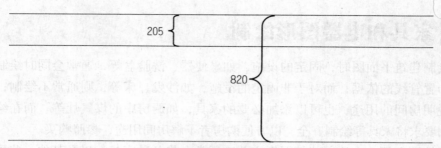

图3-3　偏移直线效果

03 **定数等分直线**　选择“绘图”>“点”>“定数等分”菜单命令输入“等分个数”为4个，选择底部直线，在此直线上绘制出3个点，如图3-4所示（请提前选择“格式”>“点样式”菜单命令，设置点的样式为⊕形状）。

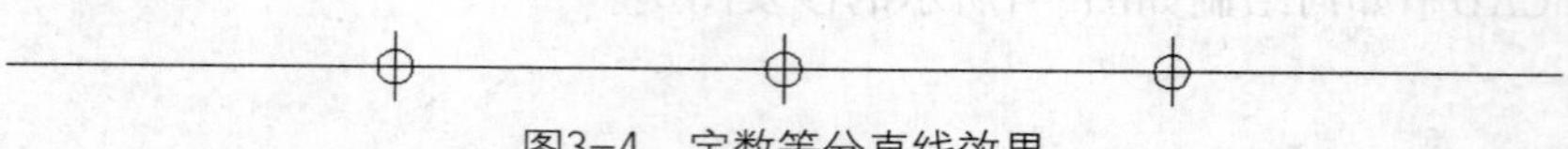

图3-4　定数等分直线效果

04 **绘制直线**　单击“绘图”工具栏中的“直线”按钮，捕捉步骤3中绘制的点和线的边界点，垂直向上绘制多条直线，如图3-5所示。

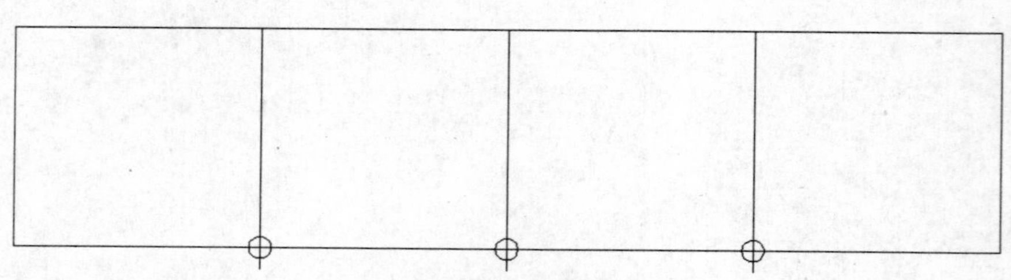

图3-5　绘制直线效果

05 **偏移和延伸直线**　单击“修改”工具栏中的“偏移”按钮，将最左侧的直线向右偏移22个图形单位，再单击“修改”工具栏中的“延伸”按钮，将其延伸到与顶部直线相交，如图3-6所示。

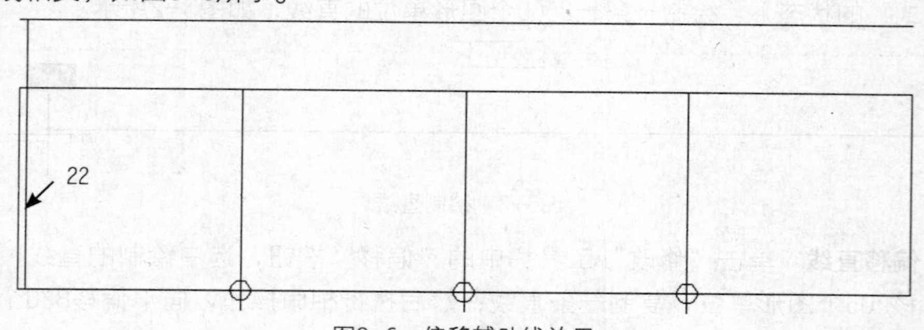

图3-6　偏移辅助线效果

06 **绘制圆弧** 选择“绘图”>“圆弧”>“起点、端点、半径”菜单命令，分别捕捉步骤5所绘辅助线的上部交点和下部矩形框左上角的角点，绘制一个半径为150个图形单位的圆弧，如图3-7所示。

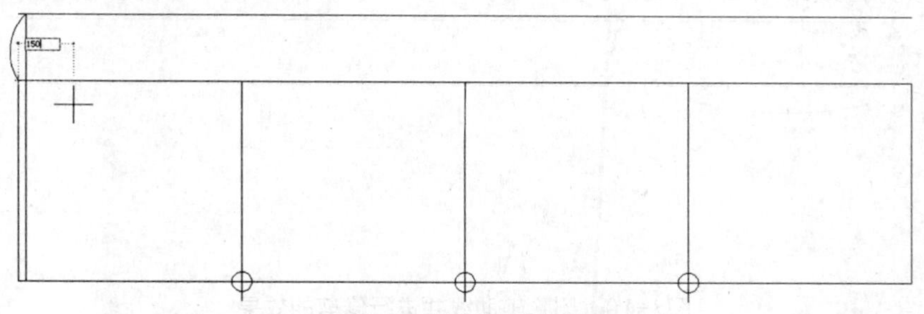

图3-7 绘制圆弧操作

07 **删除辅助线并进行修剪操作** 选中步骤5中绘制的辅助线，按【Delete】键将其删除，然后单击“修改”工具栏中的“修剪”按钮，选中步骤6绘制的圆弧作为边界，对顶部曲线进行修剪，效果如图3-8所示。

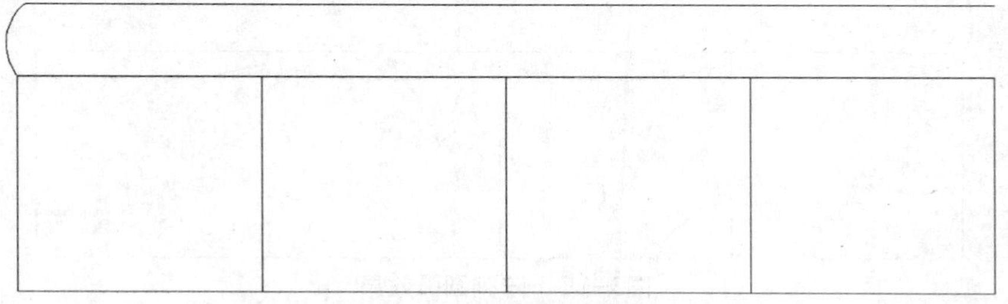

图3-8 删除辅助线效果

08 **绘制圆** 同前面操作，再次绘制多条辅助线，找到左侧沙发位的中点，并竖直向上绘制一条1015个图形单位的直线，再捕捉直线的端点，单击“绘图”工具栏中的“圆”按钮，绘制一个半径为1100个图形单位的圆，如图3-9所示。

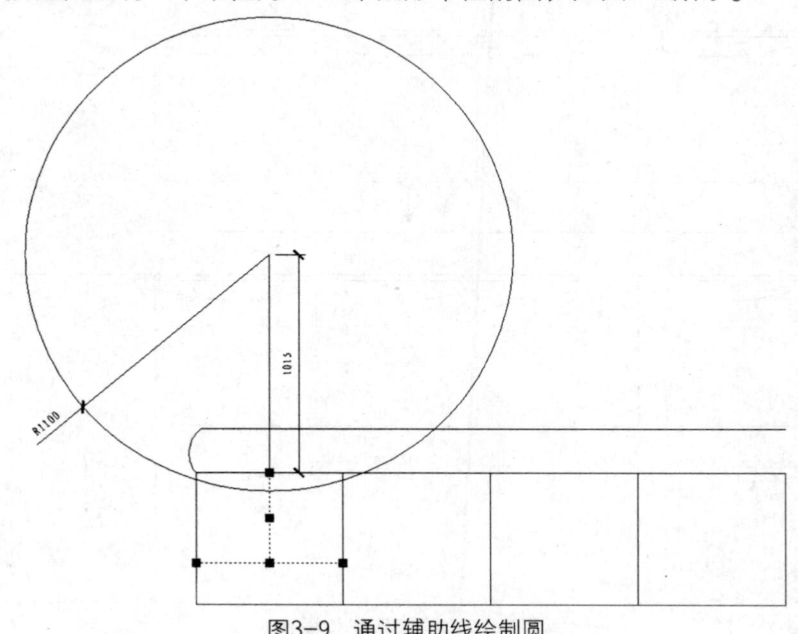

图3-9 通过辅助线绘制圆

09 **删除辅助线并进行修剪** 将步骤8中绘制的用于定位的辅助线删除（只保留圆），然后单击“修改”工具栏中的“修剪”按钮，选择左侧沙发位的边界线对圆进行修剪，效果如图3-10所示。

图3-10 删除辅助线并进行修剪的效果

10 **阵列圆弧** 单击“修改”工具栏中的“阵列”按钮，选中圆弧，设置阵列列数为4，设置阵列的列间距为“圆弧两个端点之间的距离”（捕捉两个端点进行设置即可），对圆弧进行阵列，效果如图3-11所示。

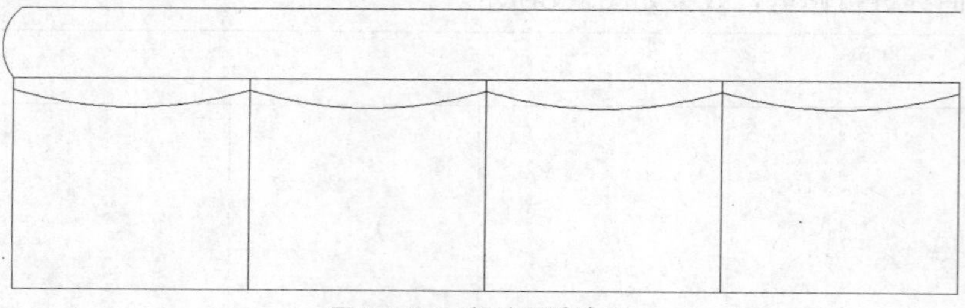

图3-11 阵列圆弧效果

11 **绘制贵妃位** 将最右侧竖直直线向右偏移595个图形单位，将中间直线向上偏移25个图形单位，然后直接拖动右侧直线的夹点将直线上下延伸较长的距离，再单击“修改”工具栏中的“延伸”按钮，对相应图线进行延伸即可，效果如图3-12所示。

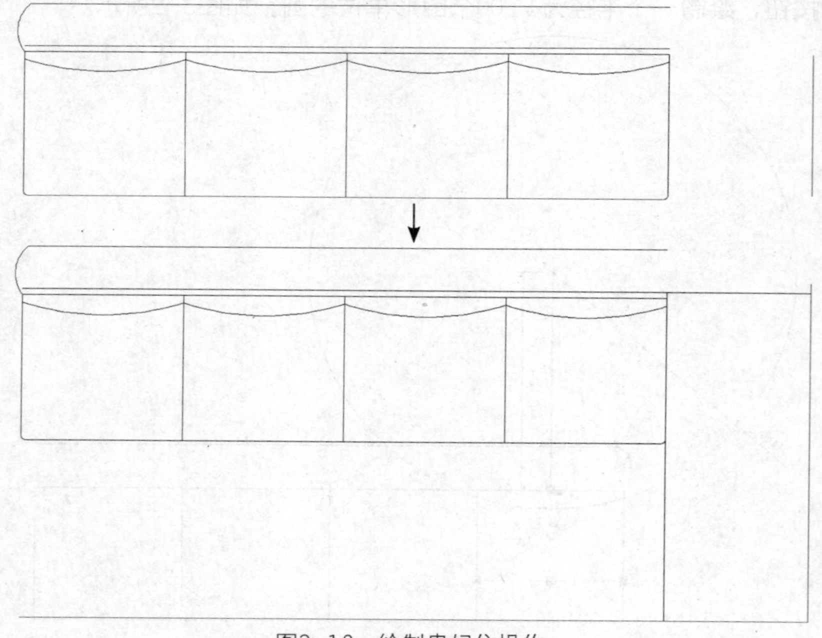

图3-12 绘制贵妃位操作

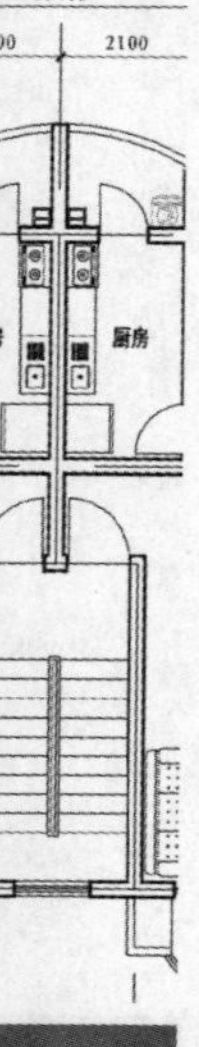

12 **圆角贵妃位** 单击“修改”工具栏中的“圆角”按钮，设置圆角大小分别为30和96个图形单位，对贵妃位的4个角分别进行圆角处理，右上角的圆角大小为96，其余圆角为30，如图3-13所示。

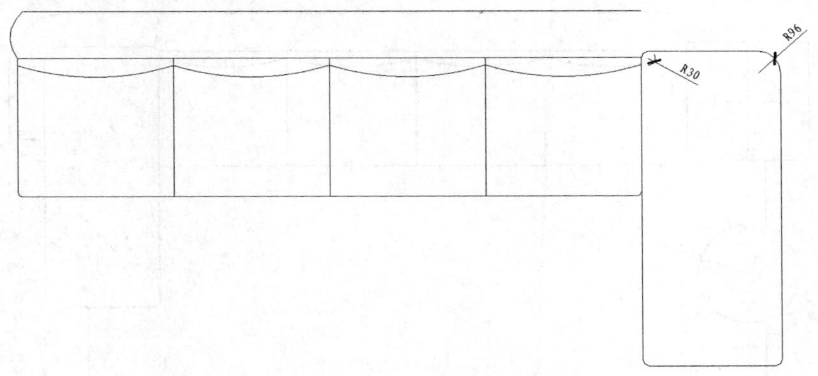

图3-13 圆角贵妃位效果

13 **绘制贵妃位靠背** 将最右侧竖直直线向右偏移180个图形单位，再单击“修改”工具栏中的“圆角”按钮，在偏移出的直线和顶部直线间创建一个300度的圆角，效果如图3-14所示。

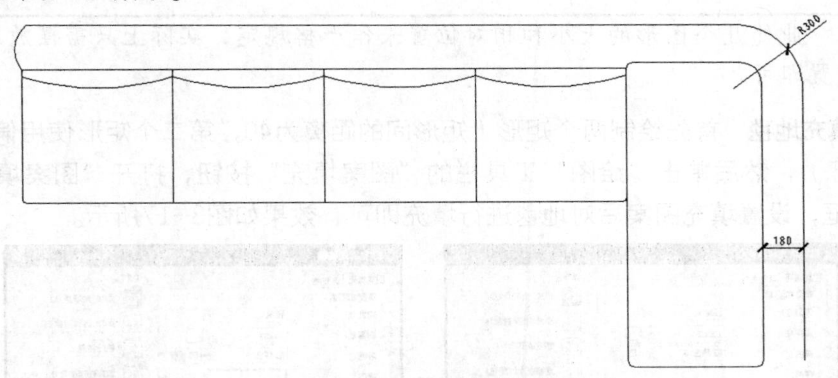

图3-14 绘制贵妃位靠背效果

14 **圆角和绘制一定角度直线操作** 向上偏移底部直线145个图形单位，并进行延伸、修剪和圆角操作，创建贵妃位靠背的下边线；再向上延伸贵妃位左侧边线，然后执行圆角和绘制线段操作，创建贵妃位靠背的左侧边线，尺寸和效果如图3-15所示。

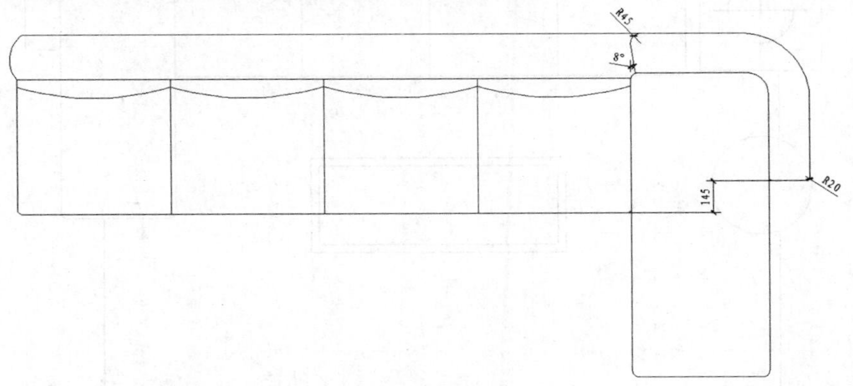

图3-15 继续贵妃位靠背操作效果

15 **绘制地毯和方桌** 单击“绘图”工具栏中的“矩形”按钮，绘制一个3512×2192矩形，再绘制一个半径为262个图形单位的圆，以及边长632个图形单位的正方形（及内部图形），将其移动到如图3-16所示位置，并进行适当的“修剪”操作。

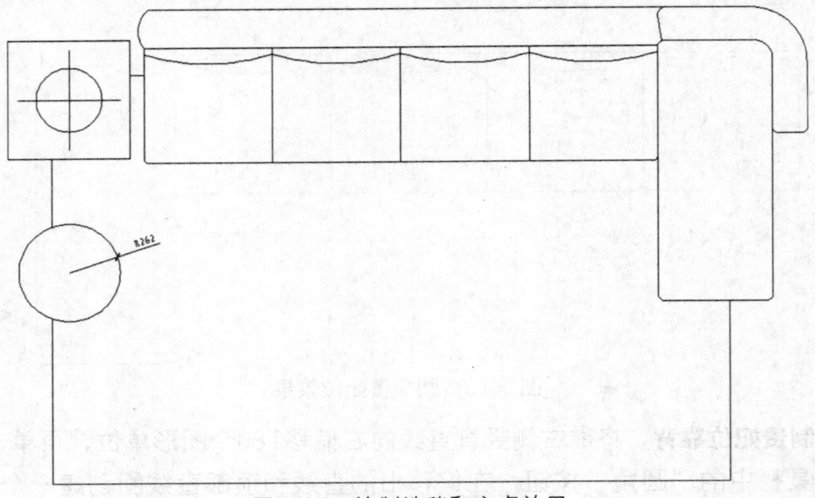

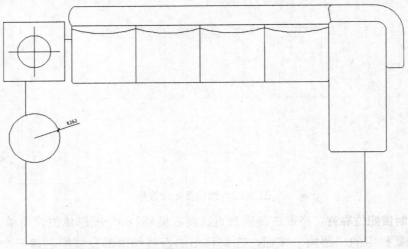

图3-16 绘制地毯和方桌效果

提示 此处几个图形的大小和相对位置未作严格规定，实际上只需摆放到合适的位置即可。

16 **填充地毯** 首先绘制两个矩形（矩形间的距离为40，第二个矩形使用偏移操作即可），然后单击“绘图”工具栏的“图案填充”按钮，打开“图案填充和渐变色”对话框，设置填充图案后对地毯进行填充即可，效果如图3-17所示。

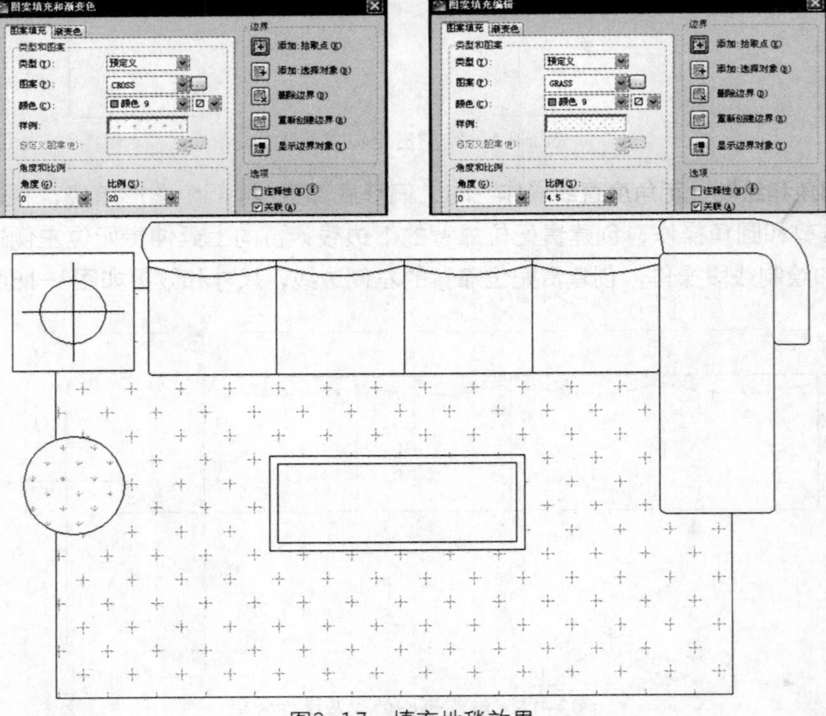

图3-17 填充地毯效果

17 **绘制抱枕** 单击"绘图"工具栏的"样条曲线"按钮，在右侧贵妃位的顶部不断单击，最后选择"闭合"，绘制一个抱枕，如图3-18所示（形状大概相似即可，注意绘制出右侧的褶皱，令抱枕逼真）。

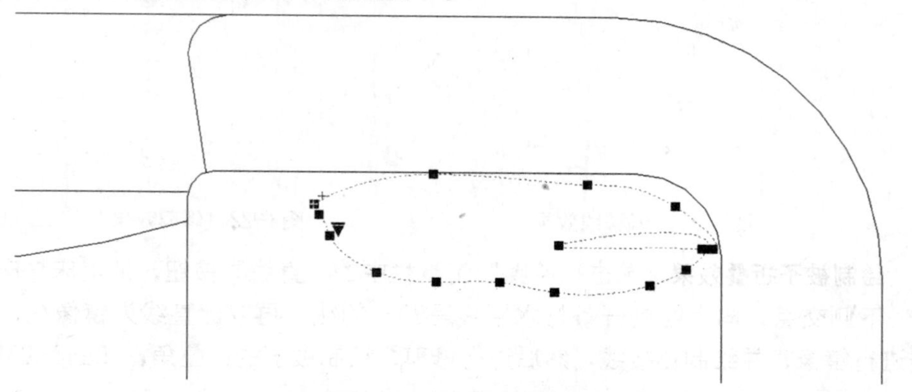

图3-18 绘制抱枕效果

18 **绘制地毯毛边** 单击"绘图"工具栏中的"直线"按钮，在地毯的边缘不断绘制直线（长度大概为125个图形单位，也可绘制多条直线后，使用阵列操作进行复制），再在中间"茶几"面上绘制直线，完成沙发组合的创建，效果如图3-1所示。

3.1.2 床

床图例（如图3-19所示）可用于说明房间的位置，其绘制较为简单，使用几个矩形即可完成绘制，下面看一下操作。

01 **绘制床的轮廓** 单击"绘图"工具栏中的"矩形"按钮，绘制400×2250和2040×1500矩形，并通过捕捉左侧中点将其移动到重合的位置，如图3-20所示。

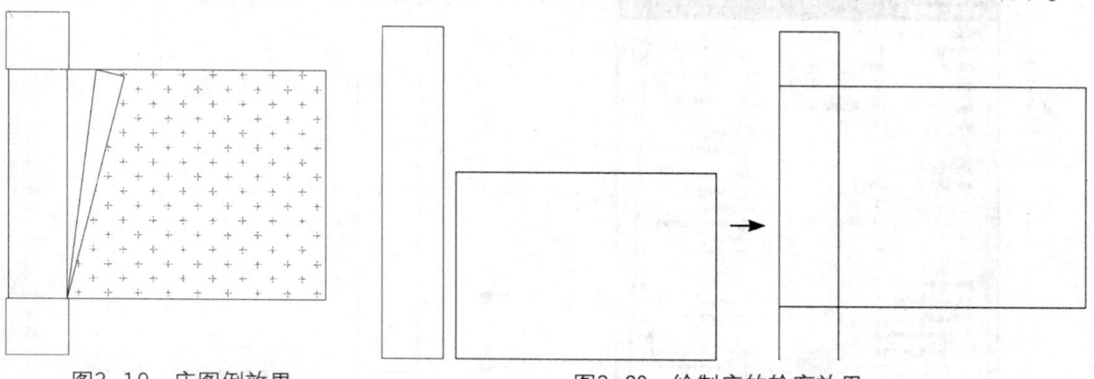

图3-19 床图例效果

图3-20 绘制床的轮廓效果

02 **偏移床的轮廓** 选中步骤1绘制的两个矩形后，首先选择"修改">"分解"菜单命令，将这两个矩形分解为线，然后单击"修改"工具栏中的"偏移"按钮，将矩形的左侧线向右偏移20个图形单位，将中间线向左偏移7.5个图形单位，效果如图3-21所示。

03 **修剪床的轮廓** 将左侧重叠的图线删除，然后单击"修改"工具栏中的"修剪"按钮，选中横向矩形的上下边线，对多余的线进行修剪，效果如图3-22所示。

AutoCAD全套建筑图纸绘制项目流程（完美表现）

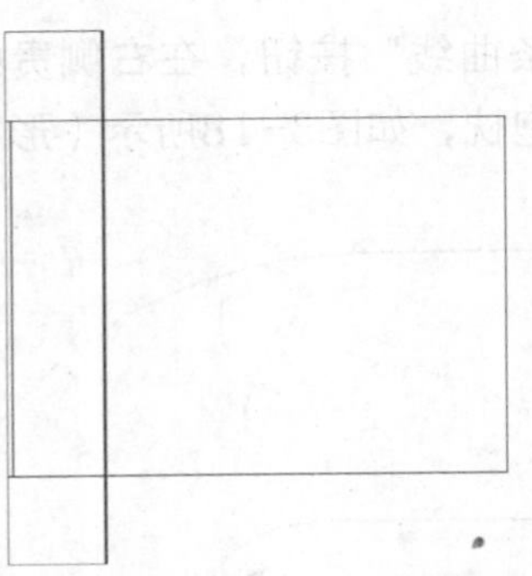

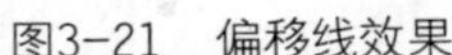

图3-21　偏移线效果

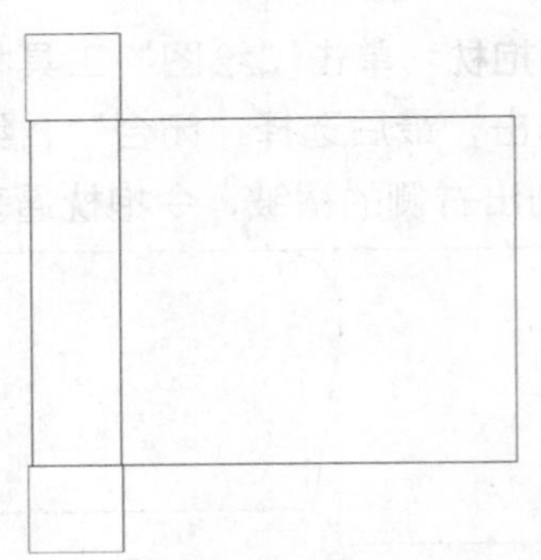

图3-22　修剪效果

04 **绘制被子折叠效果**　单击“绘图”工具栏中的“直线”按钮，捕捉床与床头的左下侧交点，向上绘制一条与水平线呈83° 的线；再以此直线为镜像线，对左侧竖直线进行镜像，并绘制链接线，然后进行修剪，绘制被子的折叠角，如图3-23所示。

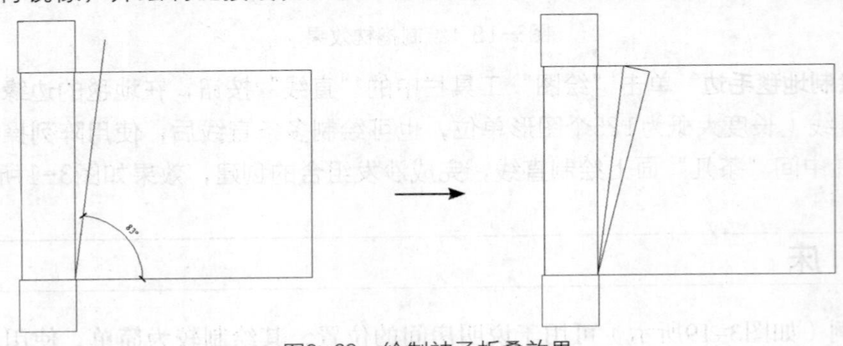

图3-23　绘制被子折叠效果

05 **填充被面效果**　最后，单击“绘图”工具栏中的“填充图案”按钮，对床的被面区域进行填充，图案设置为CROSS，比例为15，完成床的绘制，如图3-24所示。

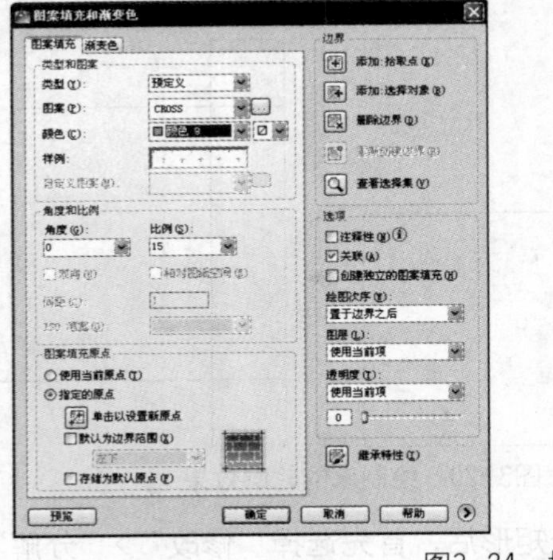

图3-24　填充被面效果

3.1.3　桌椅

座椅图例（如图3-25所示）通常放置在客厅或厨房中，用于说明就餐的位置，通常使用圆和矩形绘制即可，下面看一下操作。

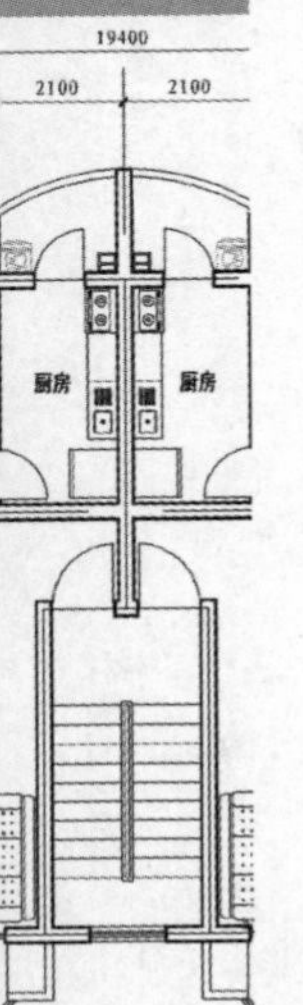

01 绘制矩形和圆弧 单击“绘图”工具栏中的“矩形”按钮，绘制一个516×235单位大小的矩形，如图3-26左图所示；然后选择“绘图”>“圆弧”>“起点、端点、半径”菜单命令，捕捉矩形顶部两个端点，绘制半径为275个图形单位的圆弧，如图3-26所示。

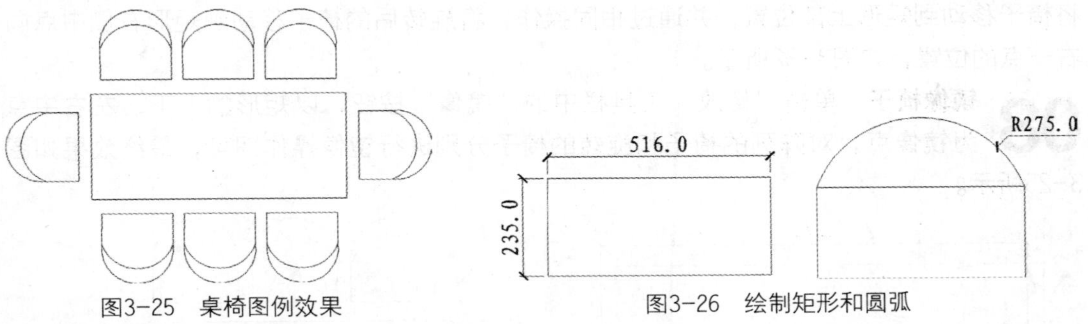

图3-25 桌椅图例效果　　图3-26 绘制矩形和圆弧

02 绘制圆 由于AutoCAD不能通过两个端点和定义半径的方式直接绘制大于180° 的圆弧，所以另一个圆弧的绘制稍显复杂。这里首先绘制一条经过水平线段中点的竖直直线，然后捕捉矩形右上角点绘制一个半径大小为260的圆，并在任意空白位置再绘制一个半径大小为260的圆，然后将此圆移动到第一个圆与直线的上部交点，如图3-27所示。

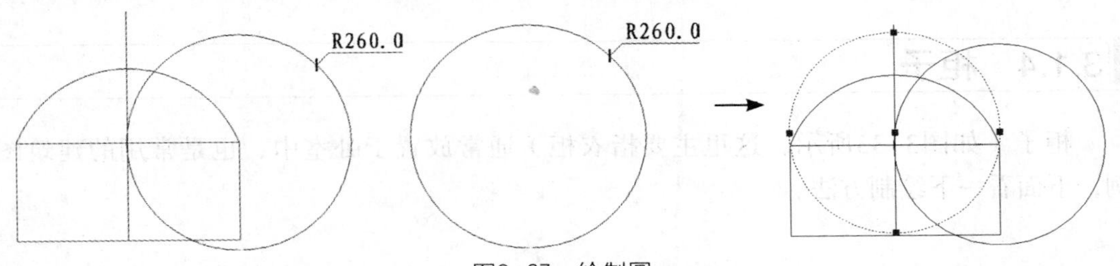

图3-27 绘制圆

03 修剪圆 将辅助直线和辅助圆删除，并选择“修改”>“分解”菜单命令将矩形分解，然后删除矩形顶部的直线，再单击“修改”选项卡中的“修剪”按钮，对步骤2创建的圆进行修剪，效果如图3-28所示。

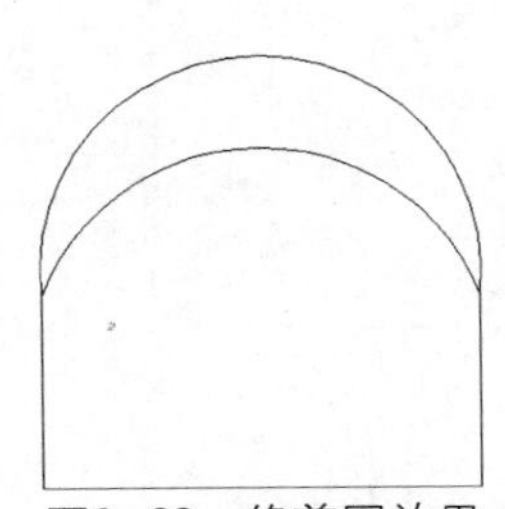
图3-28 修剪圆效果

04 复制和旋转椅子 单击“修改”工具栏中的“复制”按钮，选择前面绘制的椅子并复制，再单击“修改”工具栏中的“旋转”按钮，将复制的椅子向右旋转90°，如图3-29所示。

05 阵列椅子效果 首先选中未旋转的椅子图形，然后单击“修改”工具栏中的“阵列”按钮，阵列出3个椅子（阵列完成后，选中阵列对象的夹点，设置阵列间距设置为600即可），如图3-30所示。

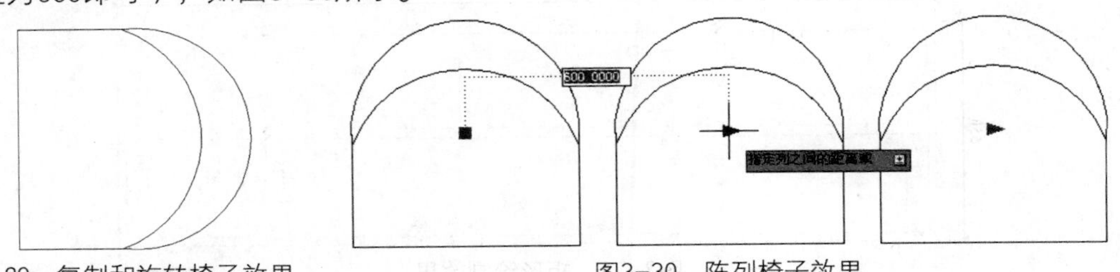

图3-29 复制和旋转椅子效果　　图3-30 阵列椅子效果

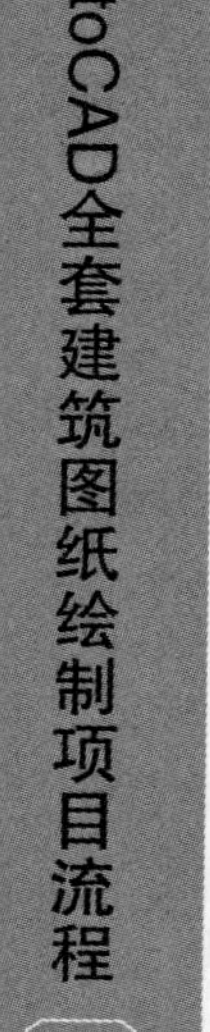

06 绘制矩形 单击“绘图”工具栏中的“矩形”按钮，绘制一个516×235的矩形，如图3-31所示。

07 移动椅子 选中阵列后的椅子图形，单击“修改”工具栏中的“移动”按钮，选择椅子中点，再捕捉步骤6中绘制的矩形的顶部中点，向上稍微移动一段距离，将椅子移动到矩形上部位置；并通过相同操作，将旋转后的椅子移动到矩形右侧中点向右一点的位置，如图3-32所示。

08 镜像椅子 单击“修改”工具栏中的“镜像”按钮，以矩形的上下、左右中点为镜像点，对阵列的椅子和旋转的椅子分别进行镜像操作即可，最终效果如图3-25所示。

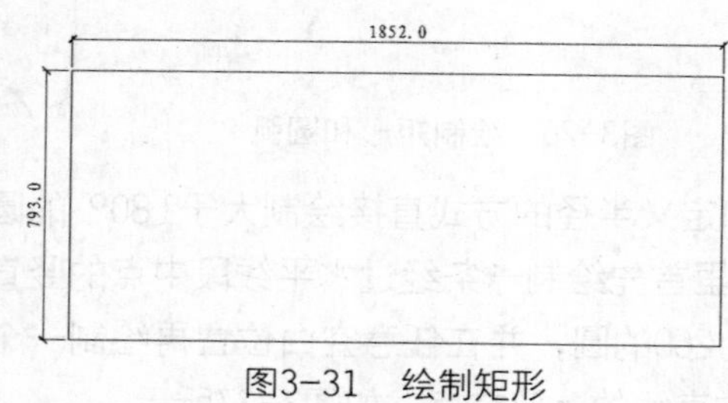

图3-31 绘制矩形

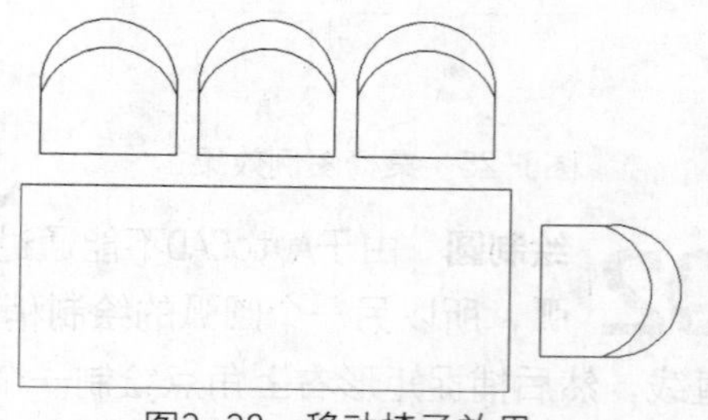
图3-32 移动椅子效果

3.1.4 柜子

柜子（如图3-33所示，这里主要指衣柜）通常放置于卧室中，也是常用的建筑图例，下面看一下绘制方法。

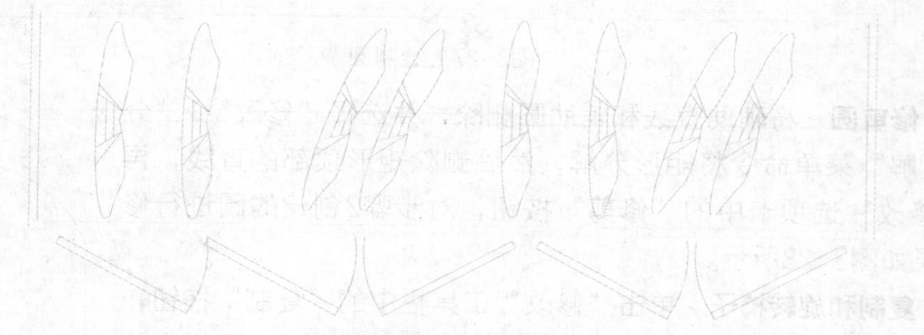
图3-33 柜子图例效果

01 绘制矩形 单击“绘图”工具栏中的“矩形”按钮，按如图3-34所示尺寸绘制多个矩形，其中内侧矩形可通过“偏移”操作得到，中间横向矩形可通过捕捉内侧矩形端点并向上移动得到。

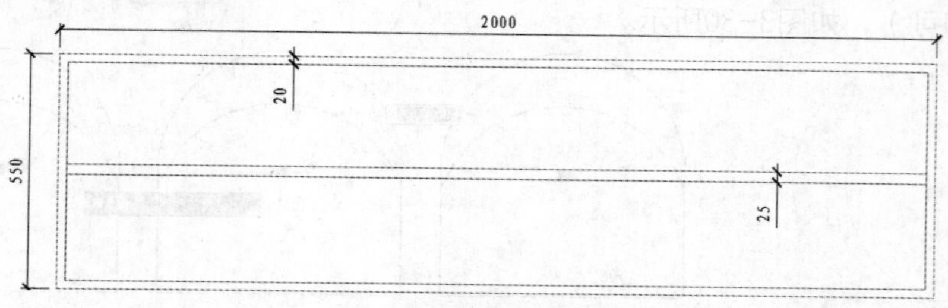

图3-34 矩形绘制效果

02 **步绘制撑子** 通过使用圆弧和直线，绘制衣服撑子一侧的轮廓图形，然后通过镜像操作镜像出另外一侧的图形，再绘制中间的直线，然后对衣服撑子进行复制和旋转，即可完成撑子的绘制，如图3-35所示。

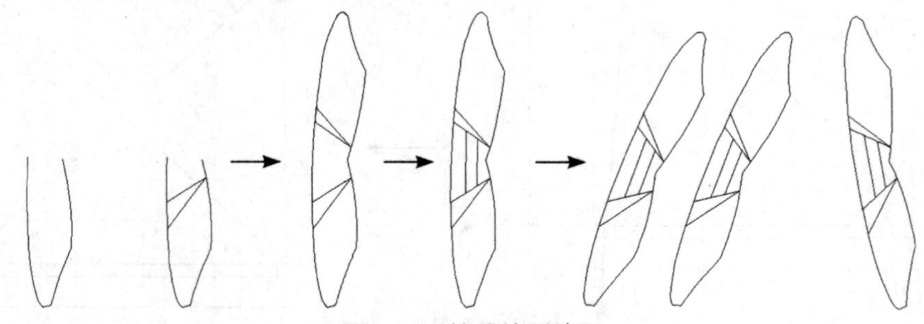

图3-35 撑子绘制效果

03 **绘制柜门** 首先绘制矩形（按如图3-36左图所示尺寸进行绘制），然后对矩形进行旋转，再单击“绘图”工具栏中的“圆弧”按钮绘制圆弧，完成柜门图形的绘制，如图3-36所示。

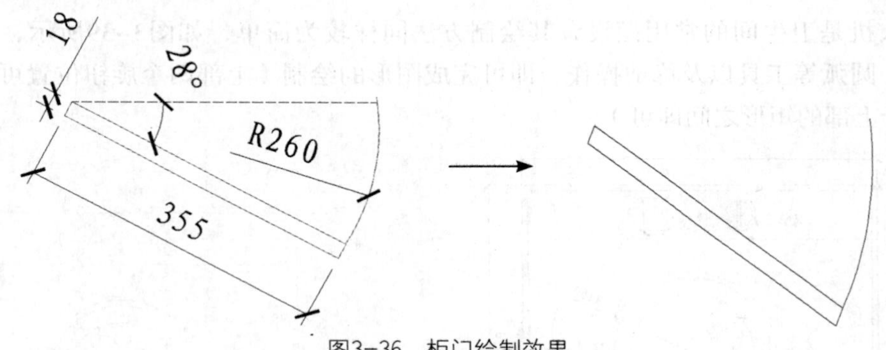

图3-36 柜门绘制效果

04 **复制和镜像柜门** 选中步骤3绘制的柜门图形，单击“修改”工具栏中的相应按钮，对柜门执行复制和镜像等操作，完成所有柜门图形的绘制，如图3-37所示。

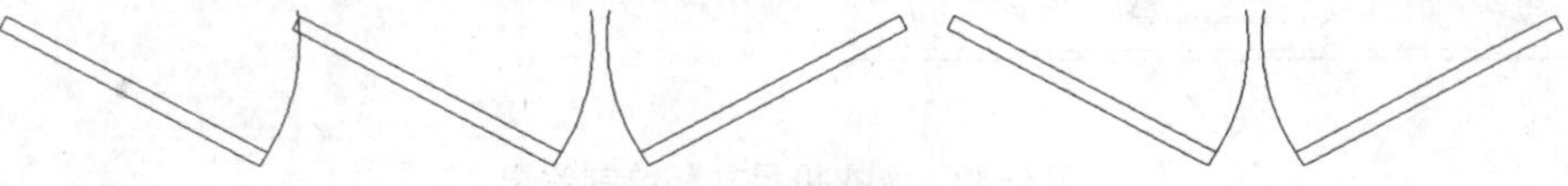

图3-37 柜门复制效果

05 **移动撑子和柜门** 选中所有撑子，将其移动到步骤1绘制的柜子矩形的内部，再选中所有柜门图形，将其移动到步骤1绘制的柜子的前部位置，完成衣服柜子的绘制，效果如图3-33所示。

3.1.5 电冰箱

电冰箱是厨房的常用摆设，其绘制较为简单，如图3-38所示，绘制多个矩形，最后再绘制直线即可。

提示 此处关键是矩形位置的调整。可通过绘制多个矩形然后捕捉中点的方式对图形进行对齐操作，左下角小矩形可通过辅助线进行定位。

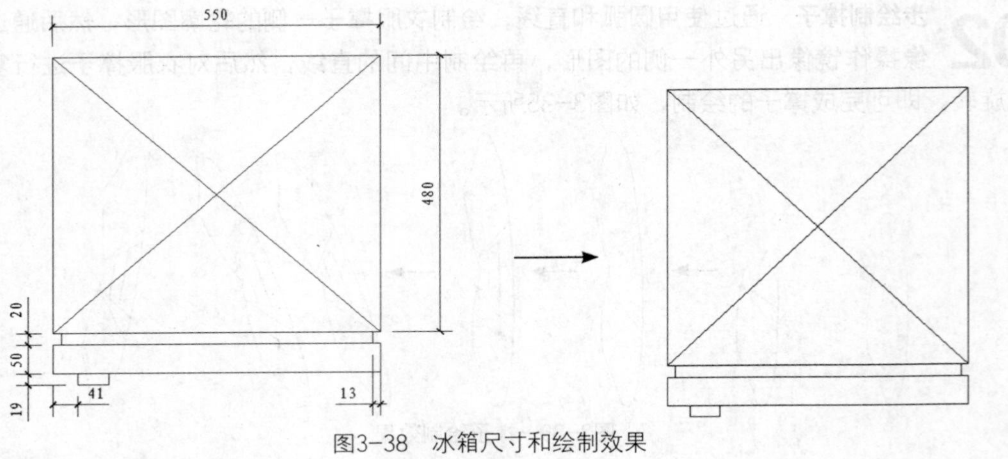

图3-38　冰箱尺寸和绘制效果

3.1.6　洗衣机

洗衣机是卫生间的常用摆设，其绘制方法同样较为简单，如图3-39所示，通过矩形、圆、圆弧等工具以及修剪操作，即可完成图形的绘制（上部两个旋钮位置可随意调整，处于上部的矩形之间即可）。

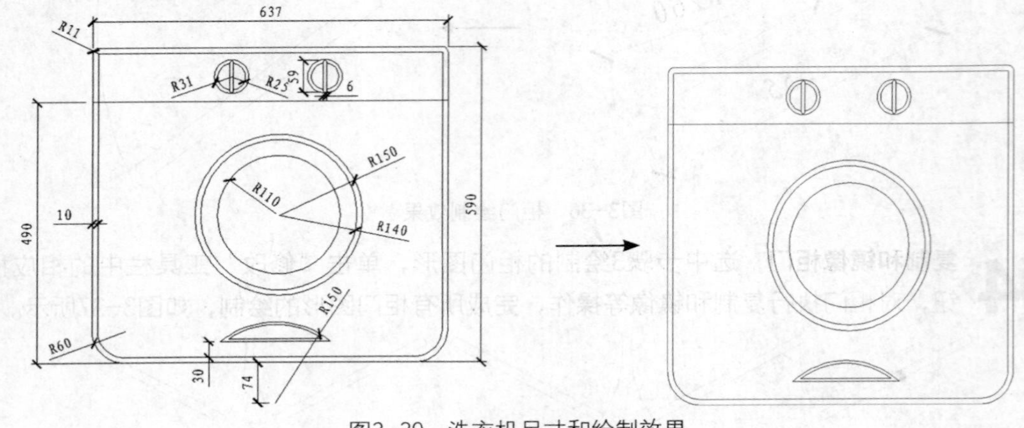

图3-39　洗衣机尺寸和绘制效果

3.1.7　电视

电视为客厅的装饰物品，其绘制方法同样非常简单，通过多个矩形组合即可，如图3-40所示，关于其绘制方法，此处不做过多讲解。

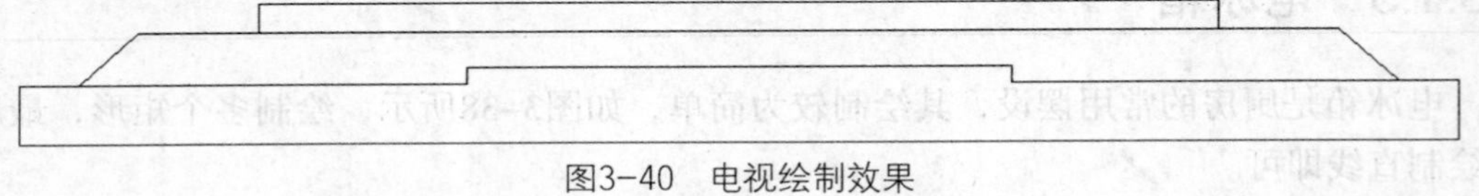

图3-40　电视绘制效果

提示　横线的长度，自上而下可分别选择800、1000、450、1100、1200。

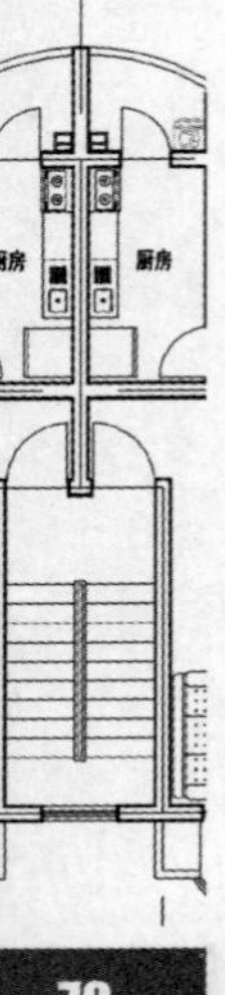

3.1.8 钢琴

钢琴也是常用的装饰物品，常放置于书房中，如图3-41所示，可通过使用圆弧和直线工具完成钢琴图形的绘制，此处不做过多讲解。

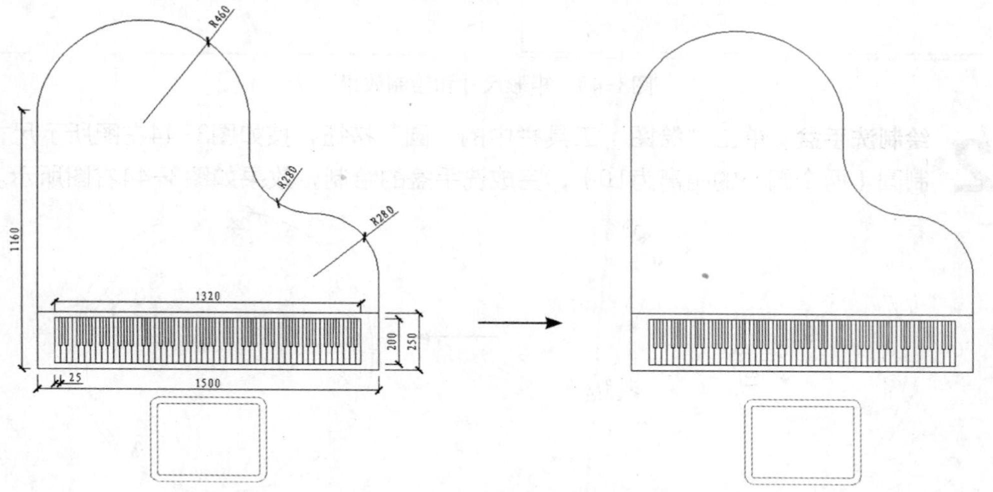

图3-41 钢琴尺寸和绘制效果

3.2 洁具、灶具、配景绘制

洗脸盆、坐便器等洁具是大多数建筑施工图中都需要使用的图例，本节即讲述其绘制方法。此外，本节还将讲述常用灶具和配景等建筑图例的绘制方法（主要用到椭圆和样条曲线等复杂一点的绘图工具）。

3.2.1 洗脸盆

洗脸盆图例（如图3-42所示）是常用的建筑图例，常放置于卫生间中，其绘制较为复杂，此处讲一下其操作。

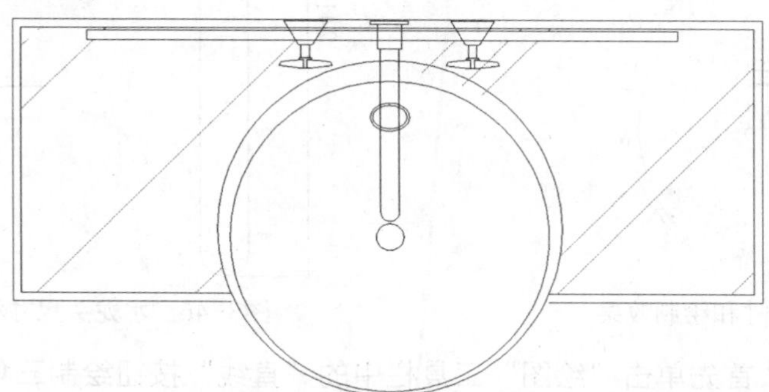

图3-42 洗脸盆绘制效果

01 **绘制矩形** 单击“绘图”工具栏中的“矩形”按钮，绘制一个800×340单位大小的矩形，并向内偏移10个单位，如图3-43所示。

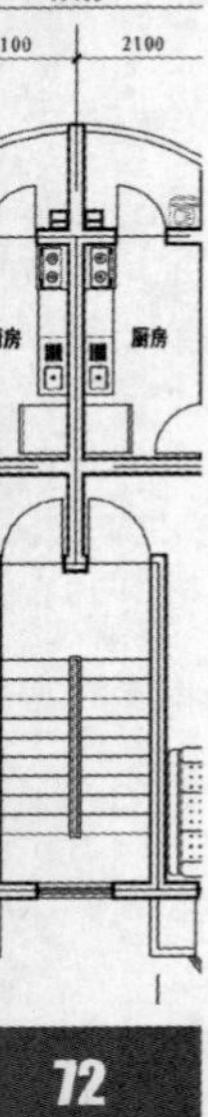

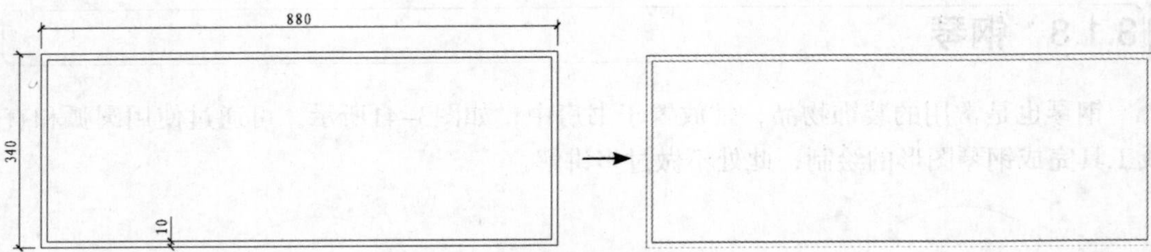

图3-43　矩形尺寸和绘制效果

02 **绘制洗手盆**　单击“绘图”工具栏中的“圆”按钮，按如图3-44左图所示尺寸绘制圆（两个圆心的距离为10），完成洗手盆的绘制，效果如图3-44右图所示。

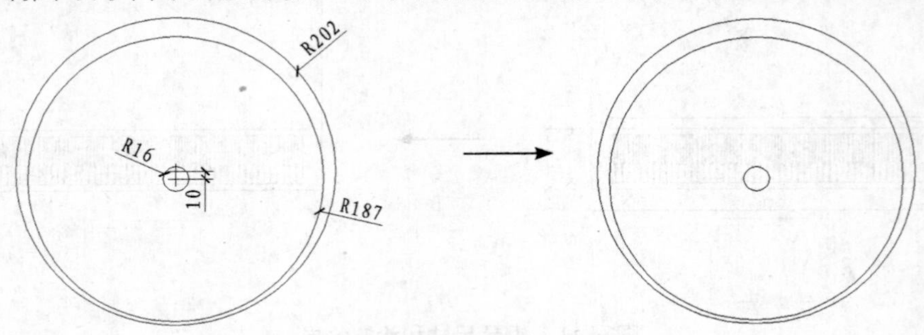

图3-44　洗手盆尺寸和绘制效果

03 **绘制溢水孔**　单击“绘图”工具栏中的“椭圆”按钮，按如图3-45上图所示尺寸绘制椭圆，并向内偏移3个图形单位，然后选中这两个图形，将其移动到步骤2绘制的洗手盆下水孔上部145距离处，如图3-45所示。

04 **绘制水龙头**　通过绘制矩形和圆（按如图3-46左图所示尺寸进行绘制即可），完成水龙头图形的绘制，效果如图3-46右图所示。

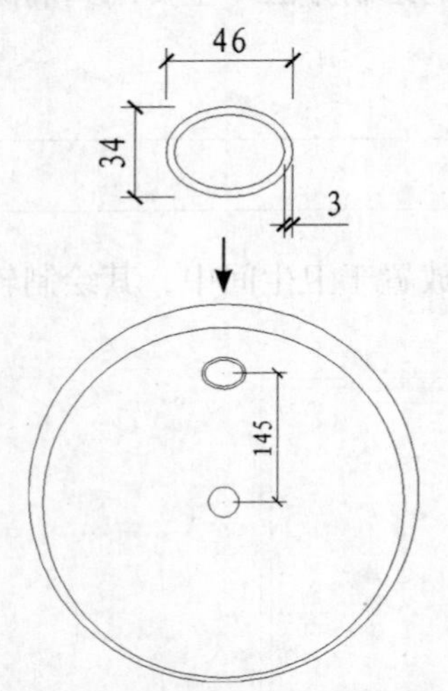

图3-45　溢水孔尺寸和绘制效果

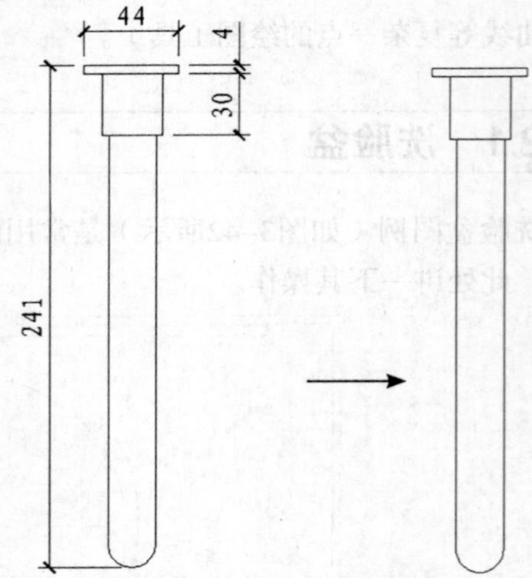

图3-46　水龙头尺寸和绘制效果

05 **绘制开关**　首先单击“绘图”工具栏中的“直线”按钮绘制三角形，并对底部角进行圆角处理，然后向下绘制矩形。绘制圆弧和直线（作为把手），并进行圆角处理，然后绘制两条竖直直线，再执行“修剪”操作即可完成洗脸盆开关的绘制，效果如图3-47所示。

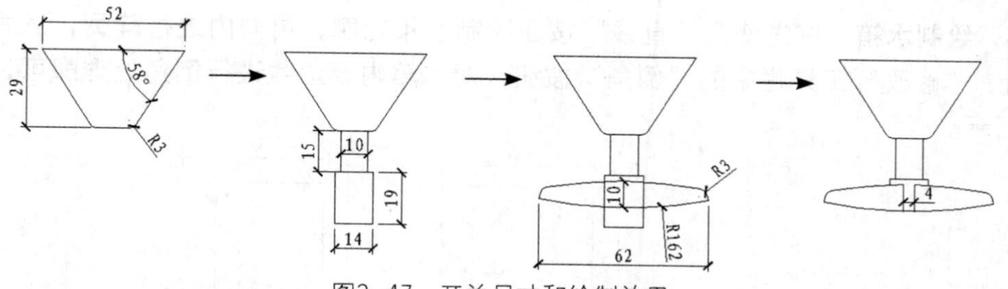

图3-47　开关尺寸和绘制效果

06 **组合洗脸盆**　将上面绘制的图形，以中点对齐的方式移动到一起（垂直位置，大概相似即可），开关位于中轴线的两侧，并需要进行镜像处理。然后在顶部矩形内再绘制一个小矩形（700×12）作为镜子，完成洗脸盆轮廓的绘制，如图3-48所示。

07 **填充平台**　绘制倾斜的直线，偏移后修剪，并对洗脸盆的平台进行填充处理，完成洗脸盆模型的绘制，效果如图3-49所示。

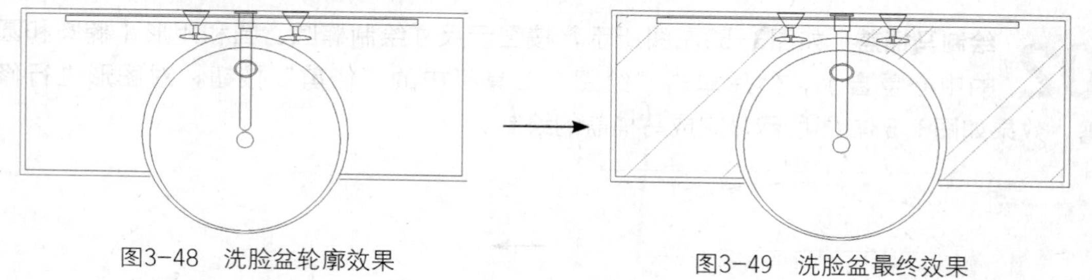
图3-48　洗脸盆轮廓效果

图3-49　洗脸盆最终效果

3.2.2　洗菜盆

洗菜盆也是为常用的洁具，不过跟洗脸盆有一定的区别，多放置于厨房中。其绘制方法较为简单，通过矩形、圆、直线功能绘制即可，如图3-50所示（水龙头的方向按需要调整即可，详细绘制方法此处不做过多讲解）。

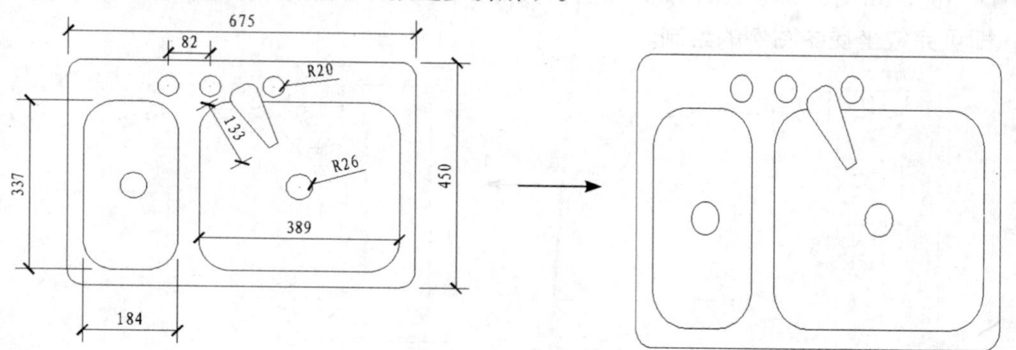

图3-50　洗菜盆的尺寸和绘制效果

3.2.3　坐便器

坐便器是常用的洁具（如图3-51所示），也是大多数建筑施工图中都需要使用的，常放置于卫生间中，下面看一下其绘制方法。

01 **绘制水箱** 首先使用“直线”按钮绘制水箱轮廓，再向内进行阵列，然后单击“修改”工具栏中的“倒角”按钮，对水箱内部边线进行倒角处理即可，如图3-52所示。

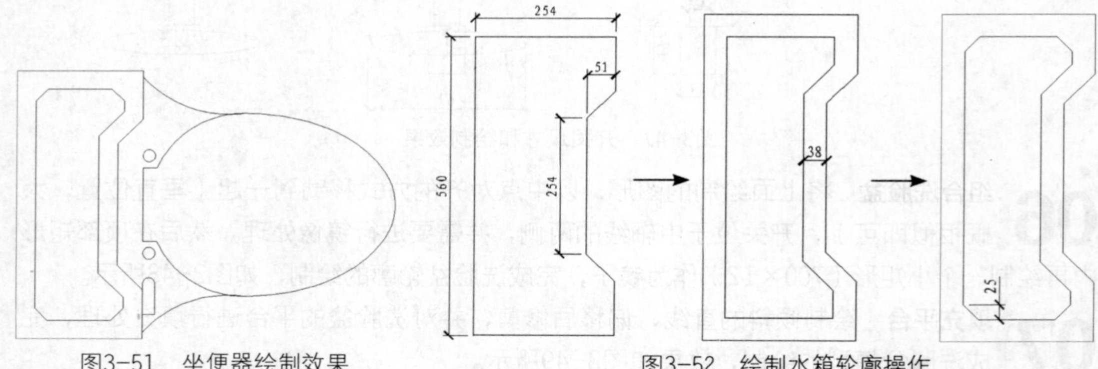

图3-51 坐便器绘制效果　　图3-52 绘制水箱轮廓操作

02 **绘制马桶盖** 如图3-53左图所示，按图示尺寸绘制椭圆、圆和矩形（椭圆和圆的中心重合），然后单击“绘图”工具栏中的“修剪”按钮，对图形进行修剪，效果如图3-53右图所示，完成马桶盖的绘制。

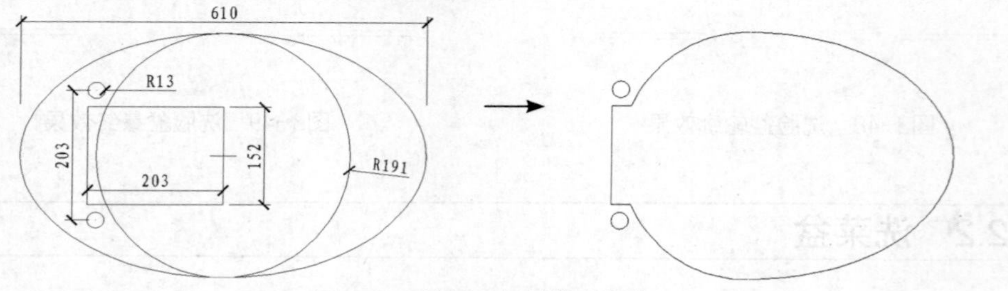

图3-53 绘制马桶盖轮廓操作

03 **组合坐便器并绘制其余图形** 通过捕捉中点的方式，将马桶盖移动到水箱的右侧，如图3-54左图所示。然后再按照如图3-54右图所示绘制圆弧和左下角的图块，即可完成坐便器图例的绘制。

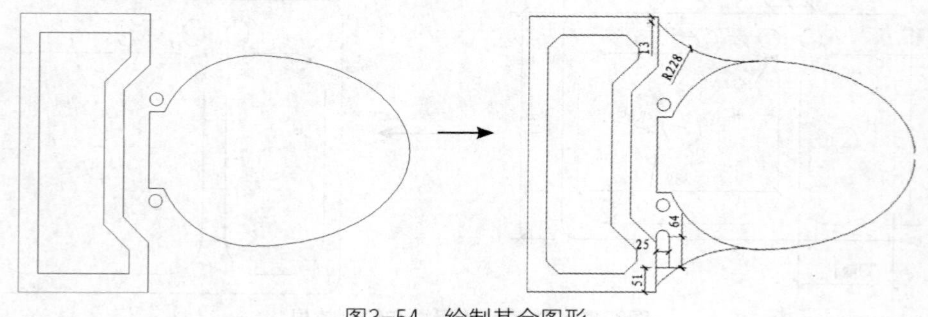

图3-54 绘制其余图形

3.2.4 煤气灶

煤气灶也是常用的建筑施工图图例，放置于厨房中。其绘制方法同样较为简单，通过矩形、圆和直线工具绘制即可，如图3-55所示（两个灶具铁垫的旋转角度都为45°，

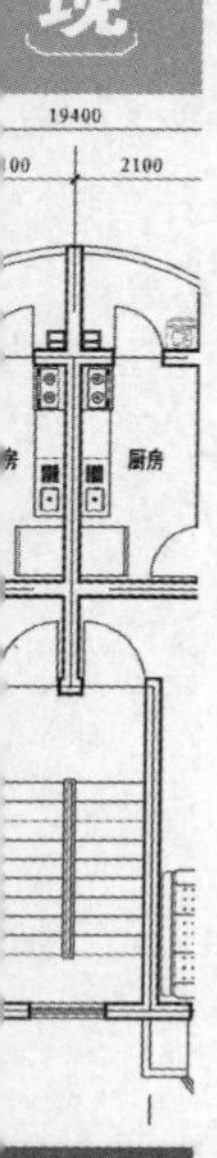

详细绘制方法，此处不做过多讲解）。

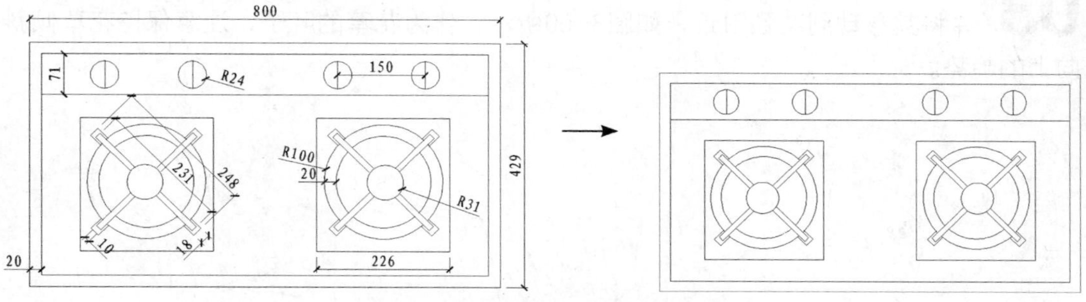

图3-55　煤气灶的尺寸和绘制效果

3.2.5　烟管道

厨房中通常都留有烟管道位置，以作为用于排除油烟的通道。烟管道可绘制为如图3-56右图所示样子，其尺寸图3-56左图所示。其绘制方法同样较为简单，使用矩形和直线工具绘制即可，此处不做过多讲解。

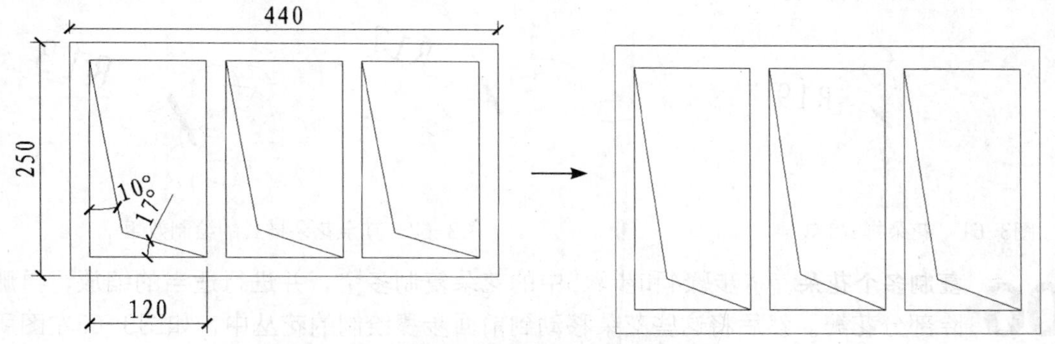

图3-56　烟管道的尺寸和绘制效果

3.2.6　花草

花草图例（如图3-57所示）常用放置于客厅、阳台和卧室中。它没有具体的涵义，只是通过添加花草令图纸更加美观，其绘制较为随意，也较为复杂，下面看一下操作。

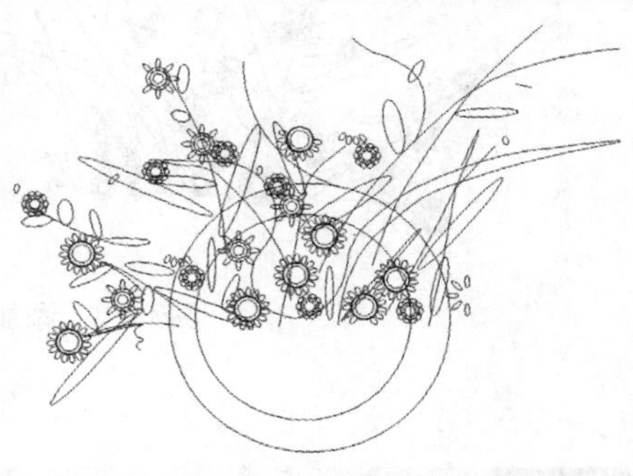

图3-57　花草图例

01 **绘制花盆**　如图3-58所示，单击“绘图”工具栏中的“圆”按钮，绘制两个圆（半径分别为220和168个图形单位），并且在绘制圆时，要令圆心的距离为10。

02 **绘制花茎**　单击“绘图”工具栏中的“样条曲线”按钮，通过随意单击的方式，绘制花的根茎，如图3-59所示（绘制时，为了令花草显得逼真，应该让花的茎部有一些像花草的样式，即向上生长的较为杂乱的样式即可）。

03 **绘制树叶** 单击“绘图”工具栏中的“椭圆”按钮，绘制大小不同的多个椭圆，并将其移动到花颈附近，如图3-60所示，作为花草的叶子，注意保持花草倾斜向上的趋势。

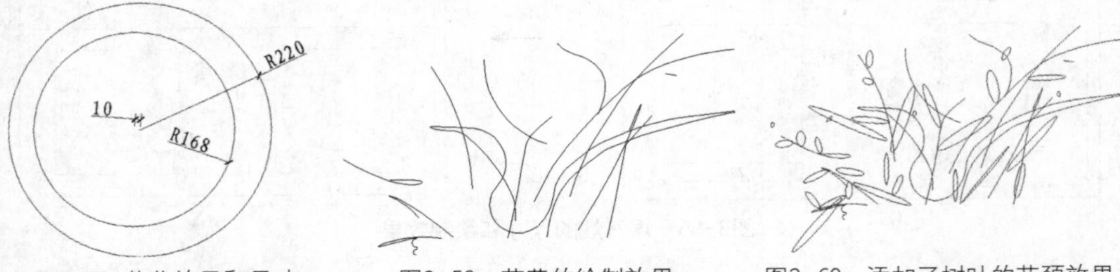

图3-58 花盆效果和尺寸　　图3-59 花茎的绘制效果　　图3-60 添加了树叶的花颈效果

04 **绘制花朵样式1** 单击“绘图”工具栏中的相应按钮，绘制多个圆和椭圆，然后单击“修改”工具栏中的“阵列”按钮对椭圆进行阵列，完成其中一个花朵样式的绘制，如图3-61所示。

05 **绘制其余花朵样式** 如图3-62所示，通过绘制圆（或椭圆）并阵列，绘制其余两个花朵的样式。

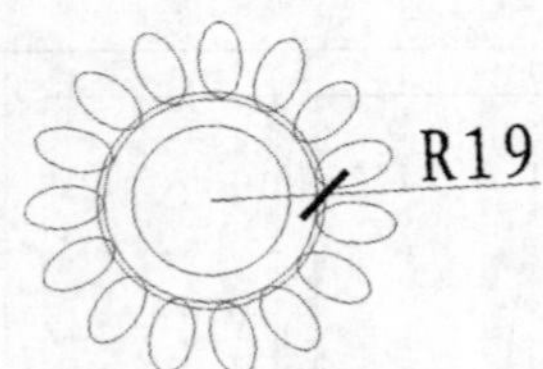

图3-61 花朵样式1效果

图3-62 其余花朵样式的绘制效果

06 **复制多个花朵** 将步骤4和步骤5中的花朵复制多个，并进行适当的缩放，再删除部分花瓣。然后将这些花朵移动到前面步骤绘制的花丛中，如图3-63左图所示，然后再将所有图形移动到花盆位置处即可，如图3-63右图所示。

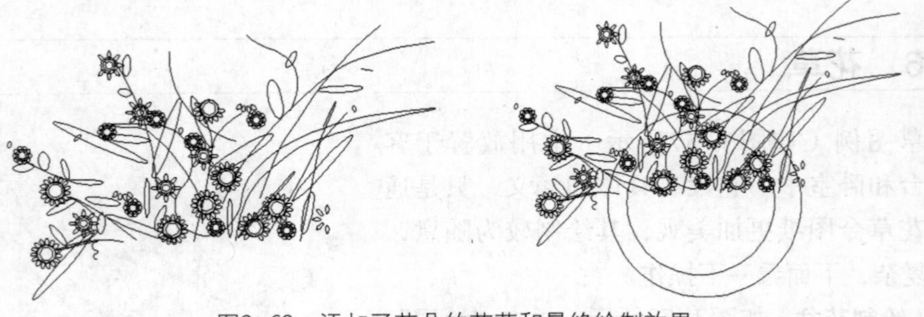

图3-63 添加了花朵的花草和最终绘制效果

3.3 室外简单建筑图形绘制

室外建筑也是建筑物的重要组成部分，常见的如小区的围墙和大门等。为了正确表达建筑意图，也经常需要对其进行绘制。本节讲述其绘制方法。

3.3.1 围墙

围墙是一个复杂的建筑物。在绘制围墙时，与楼的建筑施工图一样，也包含平面图、立面图和剖面图等详图，以标注施工尺寸和用料要求等。本节仅讲述简单围墙图形的绘制（如图3-64所示），以练习AutoCAD的基本绘图功能，而对尺寸暂不做要求。

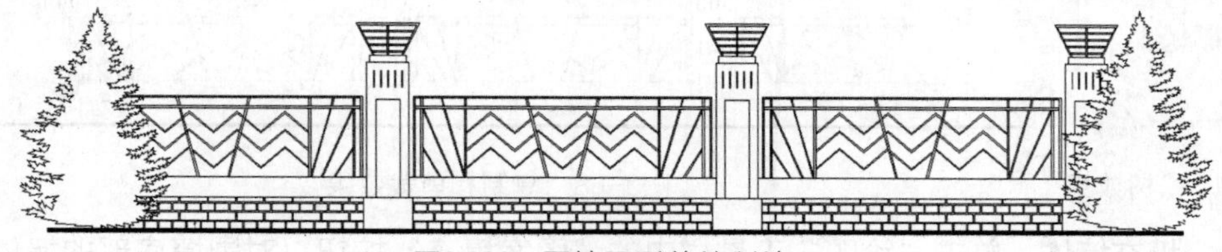

图3-64　围墙图形的绘制效果

01 **绘制柱子**　单击“绘图”工具栏中的“直线”按钮，按如图3-65左图所示尺寸绘制围墙的一个柱子（可从下向上绘制，也可单独绘制每个图形，再通过捕捉交点进行组合），再在水平方向复制出一个柱子，其距离设置为5000，如图3-65右图所示。

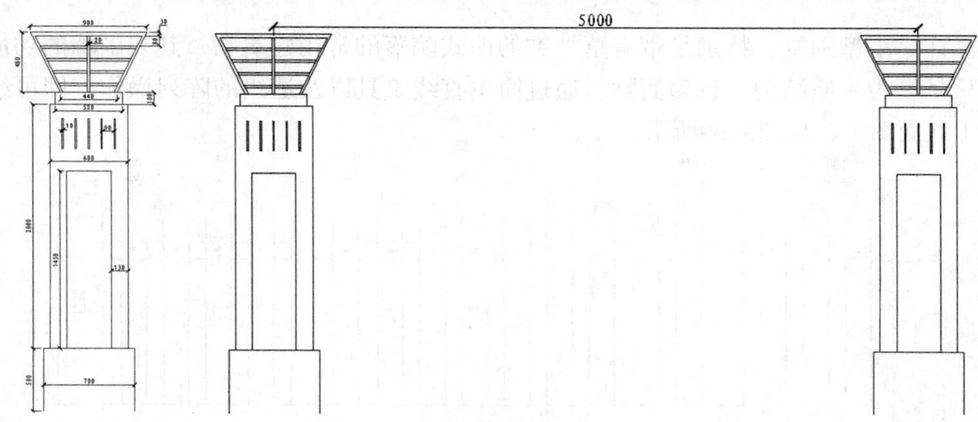

图3-65　绘制柱子

02 **绘制栏杆**　先选择“格式”>“多线样式”菜单命令，在打开的对话框中定义多线两个多线样式，距离分别为30和20。然后选择“绘图”>“多线”菜单命令，使用30宽度的多线样式，按如图3-66所示绘制横向、竖向和倾斜的线，然后使用20宽度的多线样式绘制波浪线，并进行阵列即可。

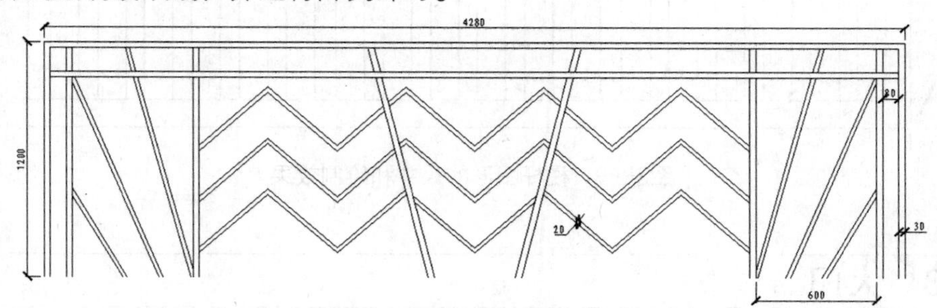

图3-66　绘制栏杆效果

03 **绘制松树**　单击“绘图”工具栏中的“多段线”按钮，连续单击，按如图3-67所示绘制松树（大概相似即可）。

04 **复制柱子、栏杆和松树** 首先将栏杆复制到两个柱子的正中间、距离柱子平台线（需提前添加此线）300个图形单位，然后复制多个栏杆和两颗松树，并以松树为界限对围墙进行修剪（需绘制底部多段线，宽度为50），效果如图3-68所示。

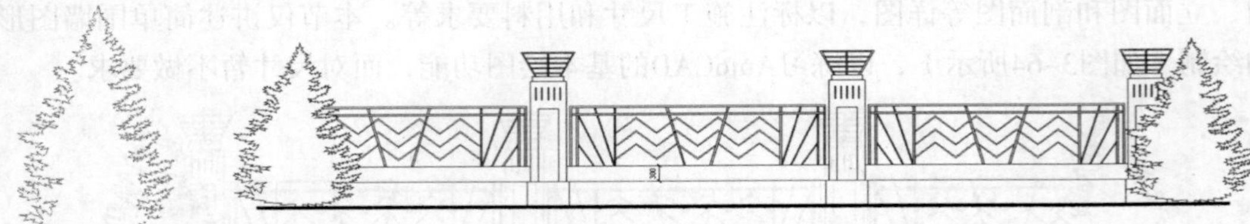

图3-67 松树效果　　图3-68 复制和剪裁效果

05 **填充墙体** 单击“绘图”工具栏中的“图案填充”按钮，对围墙底部的墙体进行填充即可，效果如图3-64所示。

3.3.2 栏杆

栏杆是小型别墅，特别是带有草坪类的西式院落的常用建筑物，其与围墙的功能相同，只是多为木质结构，较为简陋。通过简单直线工具以及适当的阵列操作，即可绘制栏杆（立面图），如图3-69所示。

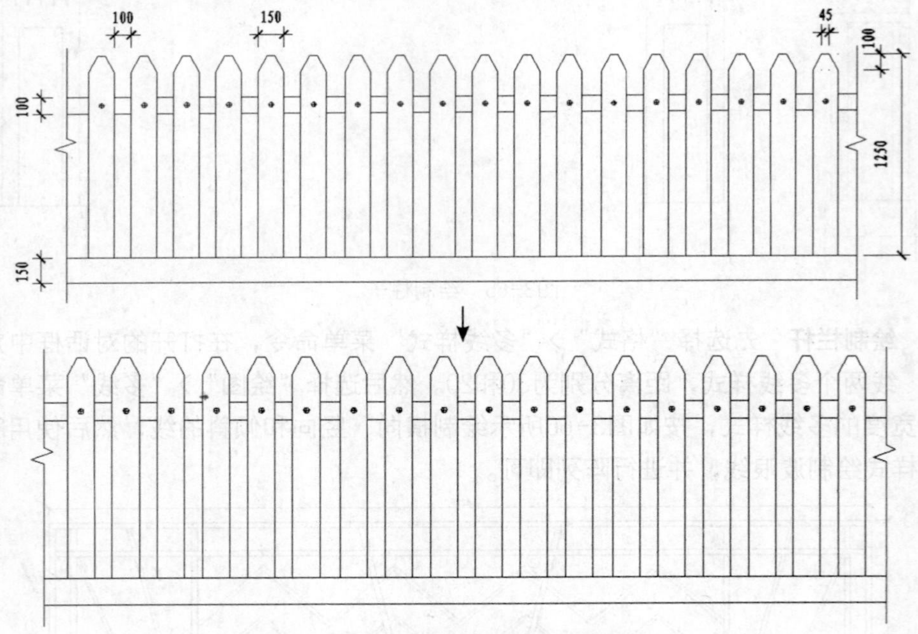

图3-69 栏杆图形的尺寸和绘制效果

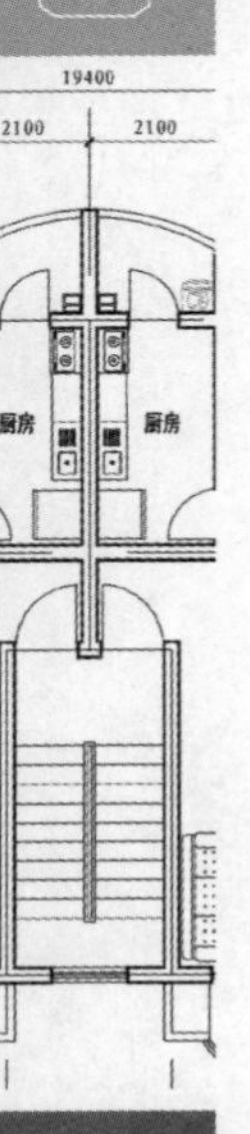

3.3.3 大门

大门（特别是伸缩门）是公众场合、政府机关和工厂等的常用建筑，它具有开放式和结构简单等特点，所以在施工时会经常遇到。本节仅讲述大门图形轮廓的简单绘制方法，如图3-70所示，具体尺寸和要求等这里不做详细叙述。

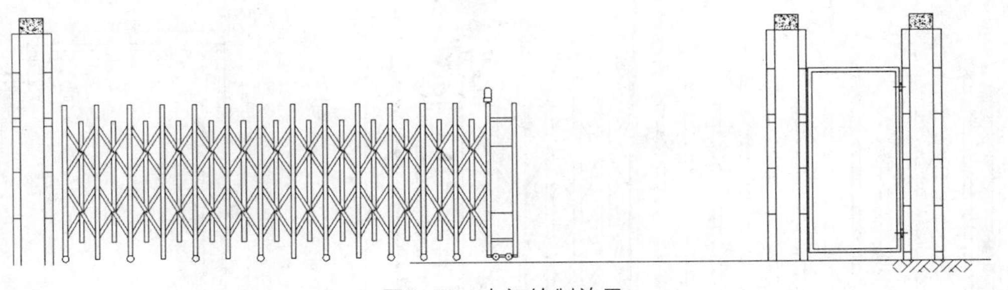

图3-70　大门绘制效果

01 **绘制柱子**　单击“绘图”工具栏中的“直线”按钮，按如图3-71所示尺寸绘制柱子（并按照图中尺寸向右复制）。

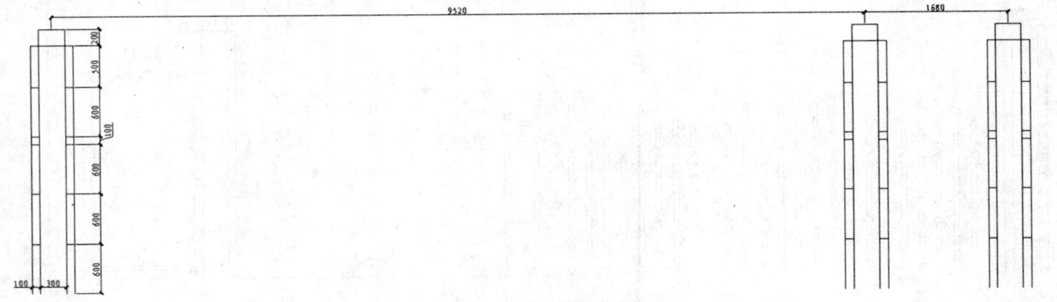

图3-71　绘制柱子并复制效果

02 **绘制伸缩杆**　选择“绘图”>“多线”菜单命令，按如图3-72左图所示尺寸绘制其中一个伸缩杆，然后复制此伸缩杆并不断向右复制，如图3-72右图所示。最后在“伸缩杆”底部绘制一个半径为43个图形单位的圆，并隔杆复制，再进行剪裁即可。

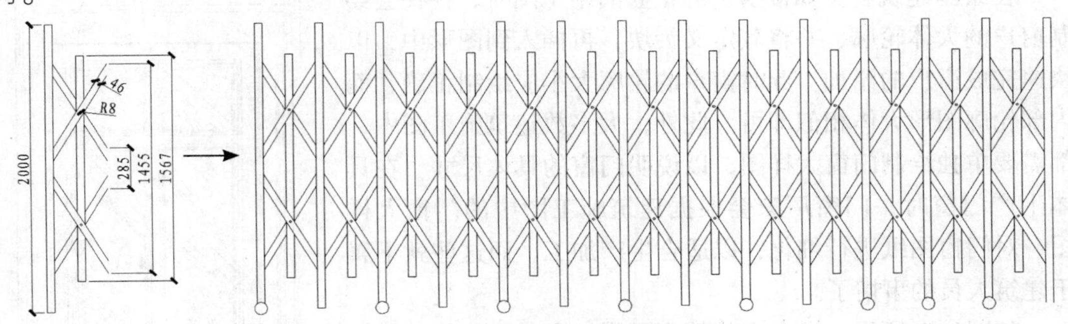

图3-72　伸缩杆的尺寸和阵列效果

03 **绘制电机筐**　使用圆和直线等工具按如图3-73所示尺寸绘制电机筐的轮廓（伸缩门此处用于放置电机，所以需要单独绘制），底部圆的大小同样为43个图形单位，内部小圆的大小为6个图形单位。

04 **绘制小门**　按如图3-74所示尺寸绘制小门（以及小门和门柱连接的合页），使用矩形和偏移操作即可。

05 **组合整个图形并进行填充**　单击“绘图”工具栏中的“图案填充”按钮，对柱子的顶部矩形进行“大理石”填充，并在右下角绘制矩形，然后进行“砖块”填充，如图3-75所示，最后再将填充边界和矩形删除即可。

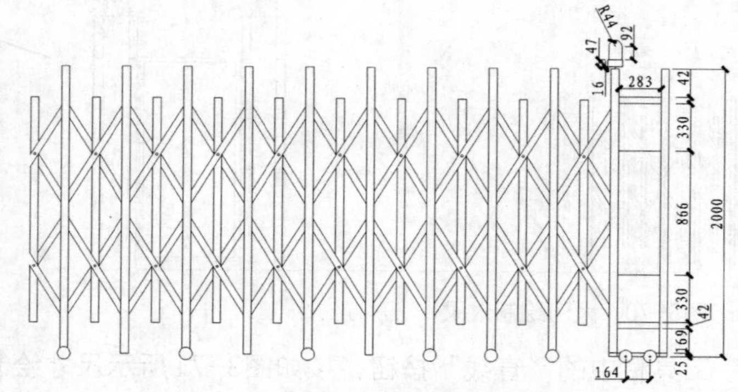

图3-73　电机筐尺寸和最终绘制效果

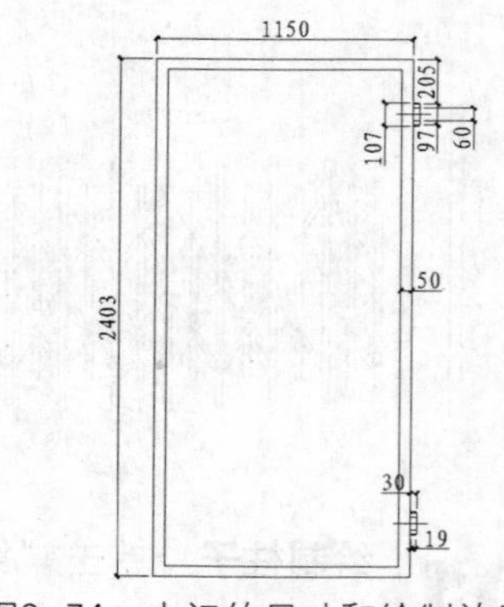

图3-74　小门的尺寸和绘制效果

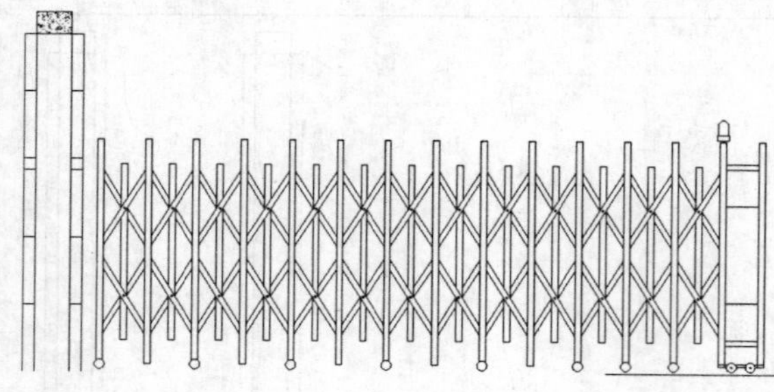

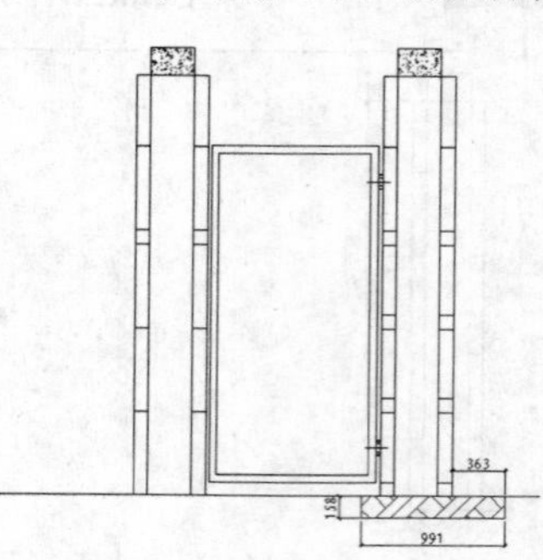

图3-75　电动门的填充效果

3.3.4 窗

在绘制建筑物（如楼房）的正立面施工图时，往往会绘制窗户的大体轮廓，并将其定义为块，再插入到图形中，以快速完成窗户的添加。此时窗户的轮廓大小应绘制正确，而内部轮廓图形大体相似即可。此外，大多数建筑施工图中，都需要单独绘制门窗大样图，以说明门窗的具体尺寸。在具体生产门窗时，门窗厂家会根据建筑施工图中的门窗大样图，对门窗图纸进行细化，以适合生产加工，而这些就不属于建筑人员的事情了。

如图3-76所示为一个窗的轮廓图形，在具体绘制时，使用线和偏移等操作即可轻松绘制，此处不做过多叙述。

图3-76　窗的最终绘制效果

3.4 建筑图块绘制

在绘制建筑施工图或建筑结构图时，有一些常用的图形，如指北针和标高等，可以将其定义为图块，以方便随时调取和使用，提高图纸的绘制速度。本节讲述这些图块的绘制方法。

3.4.1 指北针

为了说明平面图的方位，需要在某些图纸中添加指北针标记，如可用其表明哪个方向是向阳的南向范围，而在总平面图中，则可以用其表明整个地理位置的方位等，具有较广的用途。指北针通常也被定义为图块，以备随时调用。下面讲述绘制如图3-77所示"指北针"图例的操作。

01 **绘制箭头** 如图3-78左图所示，按照图中尺寸，使用直线和圆工具，以及修剪工具，完成指北针箭头的绘制，效果如图3-78右图所示。

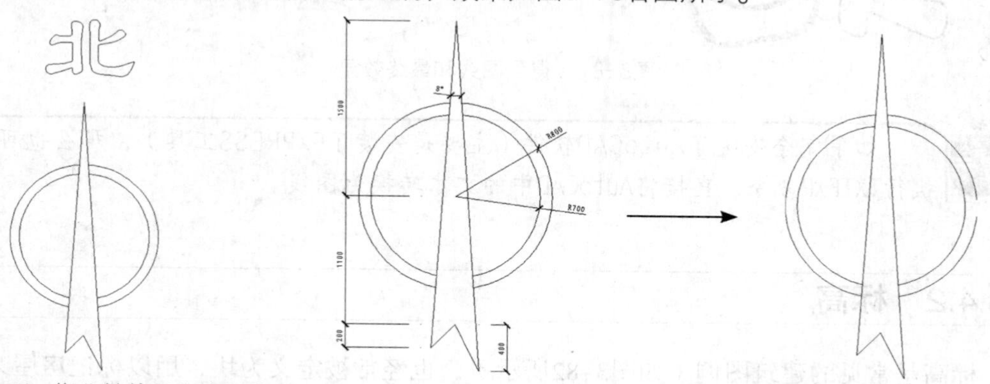

图3-77 指北针的最终绘制效果　　图3-78 指北针尺寸和最终效果

02 **创建艺术字** 在Word 2003中，选择"插入">"图片">"艺术字"菜单命令，创建"北"艺术字（艺术字库选用打开的对话框左上角的"艺术字"样式），选用适当的字体和字号，插入"北"艺术字，如图3-79所示（可适当调整艺术字的字符宽度）。

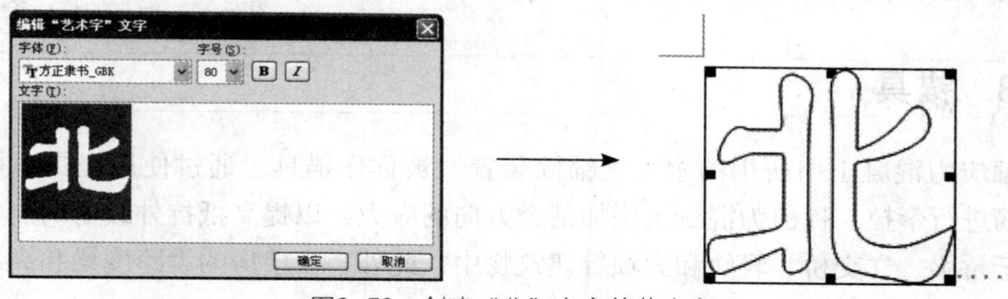

图3-79 创建"北"文字的艺术字

03 **复制艺术字** 在Word 2003中，右击插入的艺术字，选择"复制"命令，复制此艺术字。

04 **得到文字轮廓** 切换到AutoCAD 2012操作界面，选择"编辑">"选择性粘贴"菜单命令，在打开的"选择性粘贴"对话框中选择"AutoCAD 图元"项，并单击"确定"按钮，得到"北"文字的轮廓，如图3-80所示。

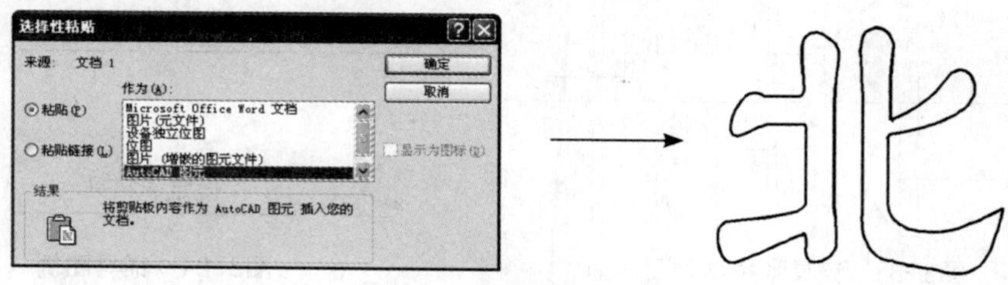

图3-80 得到文字轮廓

05 **得到文字图线** 选中艺术字的某些图线（主要是顶层的有一定宽度的多段线）并将其删除，得到文字的图线轮廓，然后按照需要将其进行适当比例的缩放，移动到步骤1绘制的箭头图形的顶端即可，如图3-81所示。

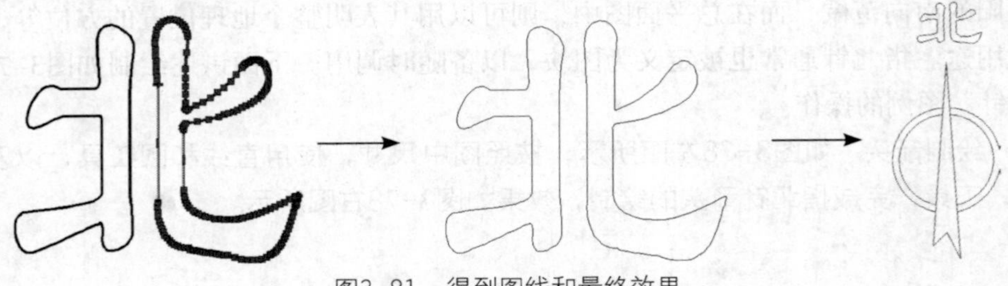

图3-81 得到图线和最终效果

提示 如果完全安装了AutoCAD软件（主要是安装了EXPRESS工具），那么也可以执行TXTEXP命令，直接将AutoCAD中的文本转换为图线。

3.4.2 标高

标高是常见的建筑图例（如图3-82所示），也经常被定义为块，用以标记房屋某处的高度，如地面高度、一层高度、二层高度等。按照《房屋建筑制图标准规定》，标准的标高符号用直角等腰三角形表示，高约3mm，用户按照此要求直接进行绘制即可，其中标高的数字部分常被定义为块属性。

8.400

图3-82 标高的最终绘制效果

3.4.3 锚具

在预应力混凝土中所用的永久性锚固装置，被称作锚具。通过使用锚具，可以预先对钢筋进行牵拉，提前为混凝土添加某个方向的应力，以提高抵抗外载荷的能力。锚具多用于桥梁、立交桥、轻轨和大坝等建筑物中，此外，在楼房的大跨度梁和高层建筑中，锚具也较为常见。

如图3-83所示为锚具张拉端的侧面详图，在预应力梁的设计说明中，有时需要将其完整绘出，并绘制其正视图。此外，在预应力梁中，多用锚具图例来代表此处需要安装使用锚具，此时的锚具图例如图3-84所示，下面看一下其绘制方法（这里仅绘制张拉端锚具图例）。

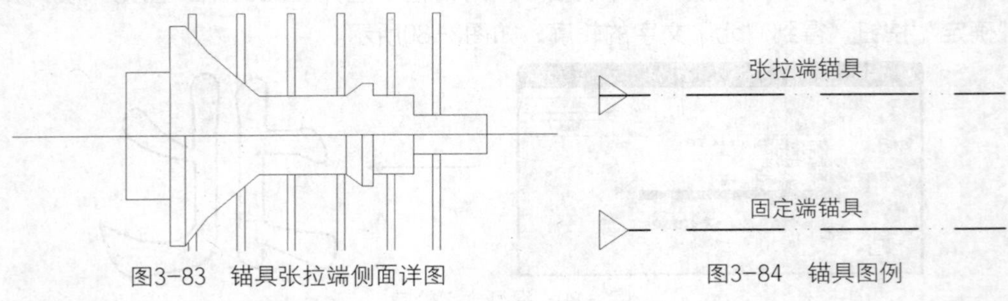

图3-83 锚具张拉端侧面详图　　图3-84 锚具图例

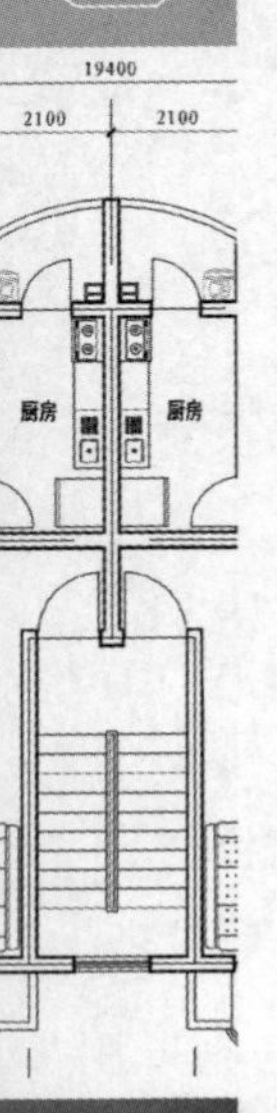

01 **加载线型** 首先在“线型控制”下拉列表中选择“其他”选项，打开“线型管理器”对话框，如图3-85所示，然后单击“加载”按钮，在打开的“加载或重载线型”对话框中选中ACAD_ISO05W100（双点划线）线型，并连续单击“确定”按钮，将其添加到“线型控制”下拉列表中。

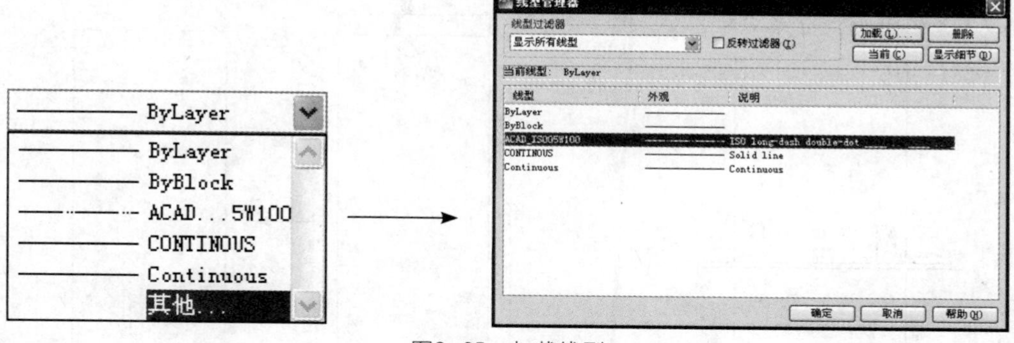

图3-85 加载线型

02 **绘制锚具** 按照如图3-86右图所示尺寸绘制图线，并选中横向的图线，然后在“线型控制”下拉列表中设置此图线的类型为ACAD_ISO05W100，在“线宽控制”下拉列表中设置图线宽度为0.35mm，完成锚具图例的绘制。

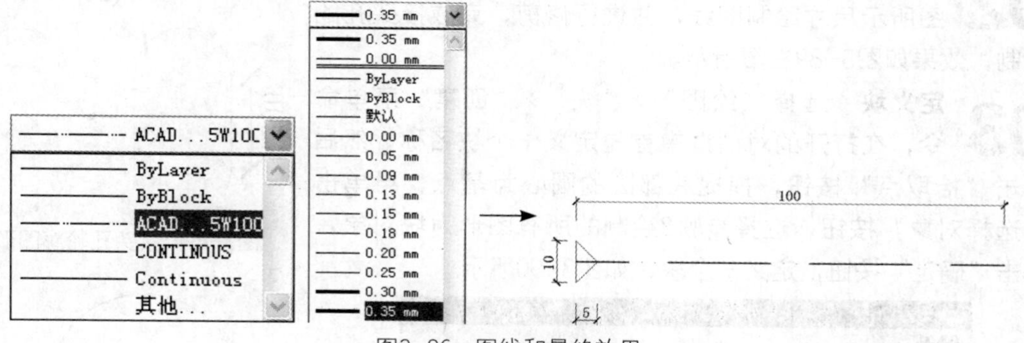

图3-86 图线和最终效果

提示 上面绘制的是张拉端锚具图例。如需绘制固定端锚具图例，可复制一个张拉端锚具图例，然后选择“绘图”>“区域覆盖”菜单命令，捕捉左侧端点，覆盖三角形区域即可。

3.4.4 钢管混凝土柱接头

单纯的钢筋混凝土柱，在受到重压时，容易从内部“涨裂”。因此，在近20年间，钢管混凝土柱被越来越广泛地应用到高层建筑、地铁和大跨度桥梁中。钢管混凝土柱具有抗压能力高、延伸性好和施工方便等优点，因此也是现代建筑中一种经常可选的建筑结构形式。

钢管混凝土柱的钢管柱较为简单，就是具有一定厚度的筒状结构，而在连接横梁的接头位置，通常开有侧孔，并有牛腿，此时需要单独绘制钢管混凝土柱的接头图例，如

图3-87所示。下面看一下此混凝土柱接头图例的绘制方法。

01 绘制柱体 按如图3-88左图所示尺寸绘制柱体的轮廓，下部绘制折线（尺寸不做特殊要求），以表示柱体在下部延伸，完成柱体主轮廓的绘制，效果如图3-88右图所示。

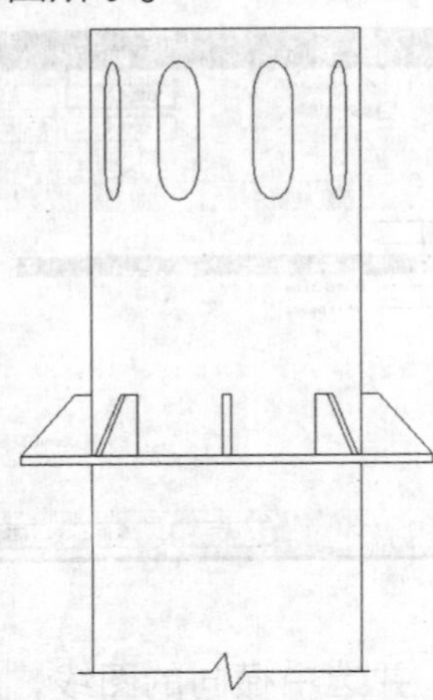

图3-87 钢管混凝土柱接头的最终绘制效果

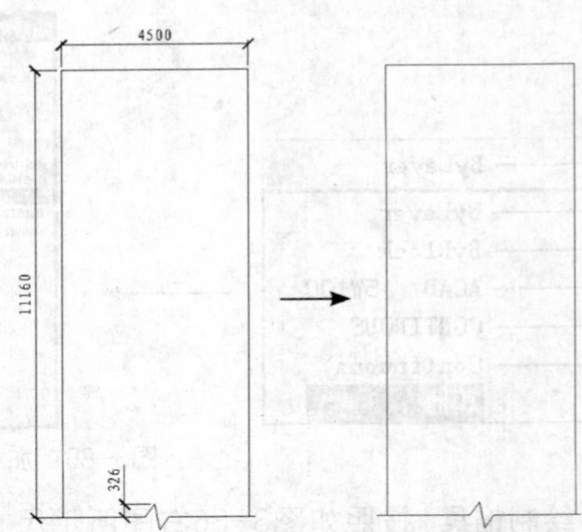

图3-88 柱体轮廓图形

02 绘制接头孔 使用直线和圆工具，按照如图3-89左图所示尺寸绘制图线，并进行修剪，完成接头孔的绘制，效果如图3-89右图所示。

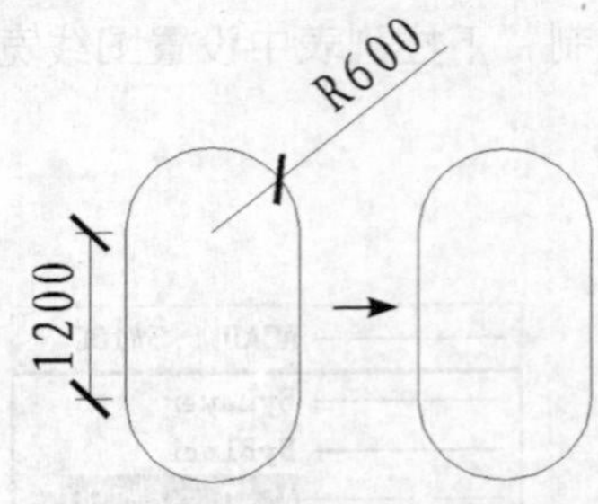

图3-89 接头孔轮廓图形

03 定义块 选择“绘图”>“块”>“创建”菜单命令，在打开的对话框中首先定义一个块名称，然后单击“拾取点”按钮，捕捉底部圆的圆心为基点，再单击“选择对象”按钮，选择步骤2绘制的所有图形为块对象，单击“确定”按钮，定义一个块，如图3-90所示。

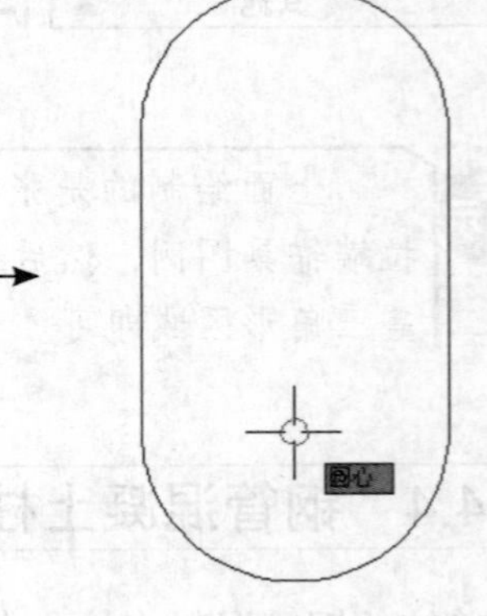

图3-90 定义块操作

04 插入块 选择“插入”>“块”菜单命令，打开“插入”对话框，选择步骤3定义的块名称，设置块在X轴方向上的缩放比例为0.5，单击“确定”按钮，插入一个块，然后执行相同操作，再插入一个X轴缩放比例为0.25的块，如图3-91所示。

05 移动并镜像块 按照如图3-92左图所示尺寸移动并镜像块（可通过绘制辅助线，将块移动到正确的位置），完成钢管混凝土柱接头处孔的绘制，效果如图3-92右图所示。

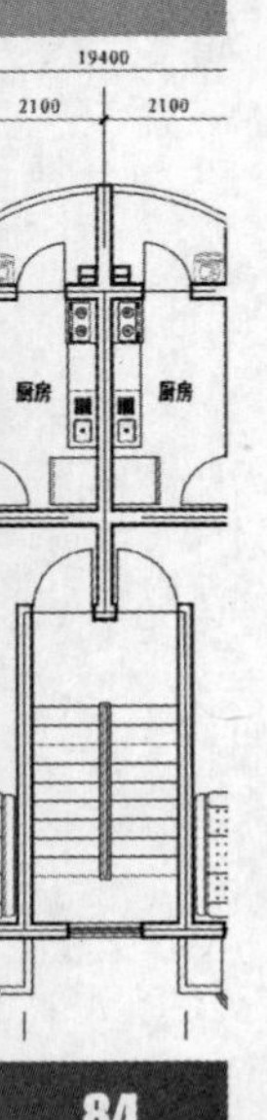

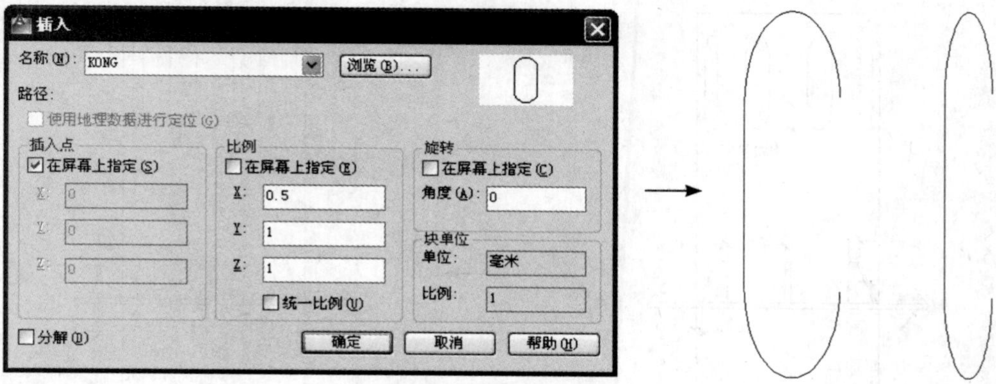

图3-91 插入块操作和操作效果

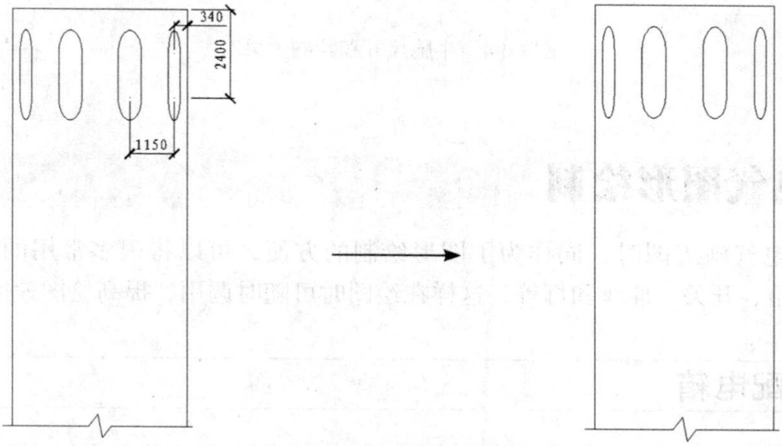

图3-92 移动和镜像块尺寸和操作效果

06 **绘制牛腿1** 按照如图3-93左图所示尺寸绘制图线（使用多段线或直线工具绘制即可），为钢管混凝土柱添加牛腿，效果如图3-93右图所示。

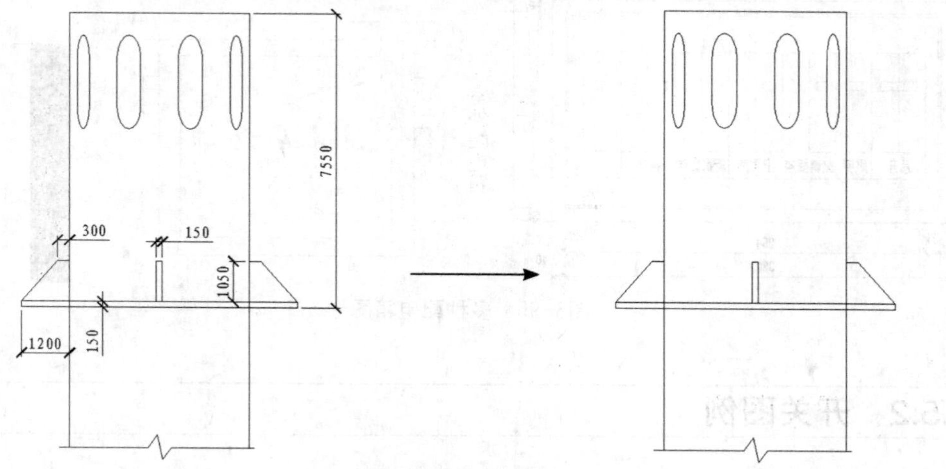

图3-93 牛腿尺寸和绘制效果1

07 **绘制牛腿2** 按照如图3-94左图所示尺寸绘制牛腿剩下图形的图线，完成钢管混凝土柱所有图线的绘制，效果如图3-94右图所示。

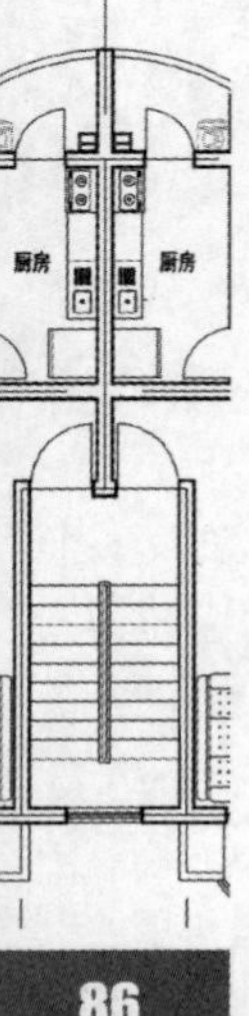

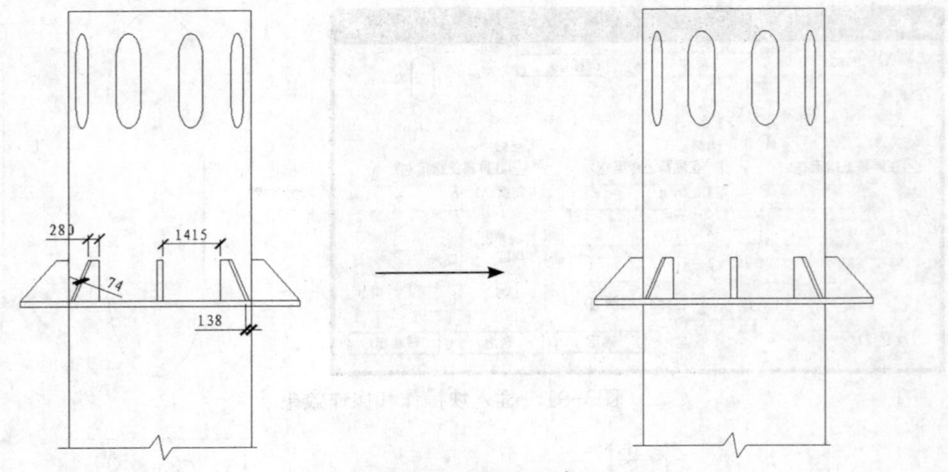

图3-94　牛腿尺寸和绘制效果2

3.5 电气图形绘制

在绘制电气施工图时，同样为了图形绘制的方便，可以将很多常用的图例定义为块，如配电箱、开关、插座和灯等，这样在绘图时可随时调用，提高绘图速度。

3.5.1 配电箱

整栋建筑物或每户通常都会安装配电箱，以对每用户点或单个房间的用电等进行控制。在绘制电气图纸时，有时需要对这些图块进行绘制或绘制其详图，如图3-95所示。由于配电箱的绘制较为简单（使用直线和圆弧工具绘制即可），此处不做详细叙述。

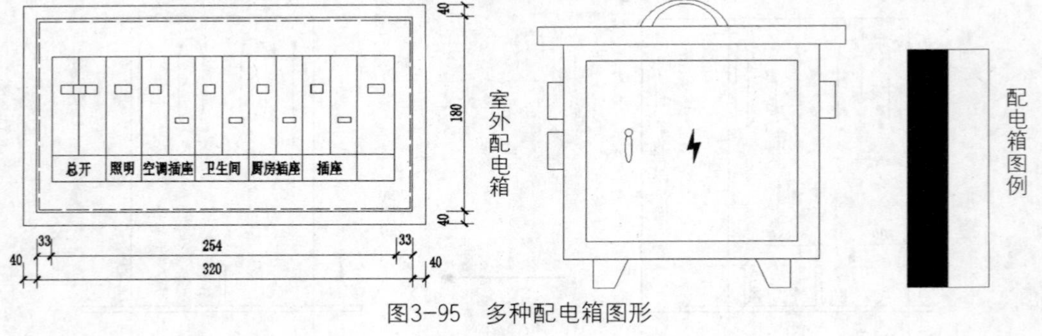

图3-95　多种配电箱图形

3.5.2 开关图例

在绘制电气工程图的过程中，会使用不同的图例表示各种开关。如单极翘板开关用一个接头表示控制一路电路，而双极则用两个接头表示控制两路电路，其他依此类推，如图3-96所示。翘板开关的左侧用一个圆圈表示按钮（黑圈表示暗装，白圈表示明装），其绘制都较为简单，此处也不做详细叙述。

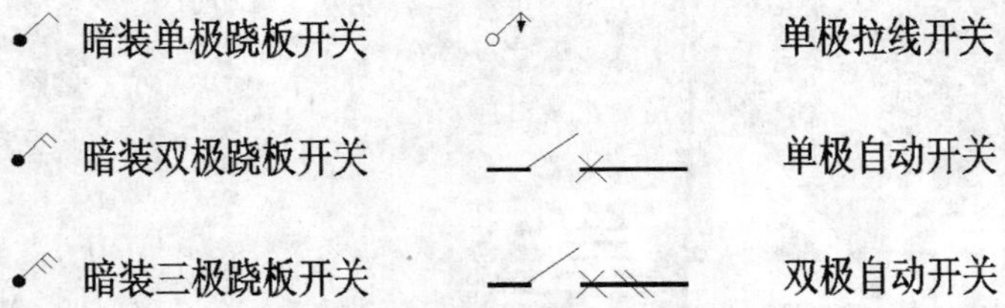

暗装单极跷板开关	单极拉线开关
暗装双极跷板开关	单极自动开关
暗装三极跷板开关	双极自动开关

图3-96　多种开关图例

3.5.3　插座

插座也是电气图纸中的常见图例。由于在电气施工图中，除了需要注明线路的走向外，还需要标注明确各种插座的位置（需要绘制专门的“插座平面图”）对插座进行布线，所以插座图例的使用也是非常频繁，非常有必要在绘制图纸之前首先将其定义为块。

如图3-97所示为常见的插座图例，其主体结构基本上都是一个半圆，网络接口插座为一个全圆，内加一个e符号。

由于这些图例都不算复杂，此处也不做详细叙述。

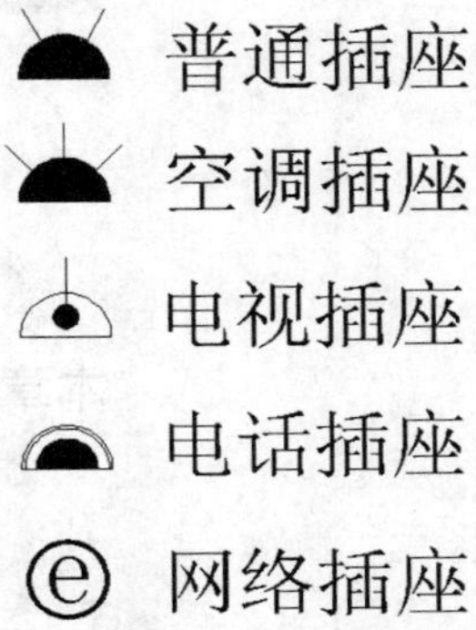

普通插座

空调插座

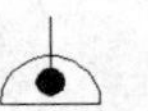

电视插座

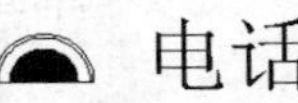

电话插座

网络插座

图3-97　多种插座图例

3.5.4　低压架空进户线

低压架空线是一种重要的施工构成线路，是强电施工的重要组成部分。虽然现在城市中的很多线路都尽量转入了地下，但是低压架空线路的使用有时仍然不可避免，且在农村中更是主要的进户线路。

为此，在有的施工图中就需要绘制低压架空进户线详图，以明确具体的施工要求、施工位置和施工尺寸等参数。

低压架空线路（如图3-98所示）的具体图形和绘制方法简单，此处不做详述。

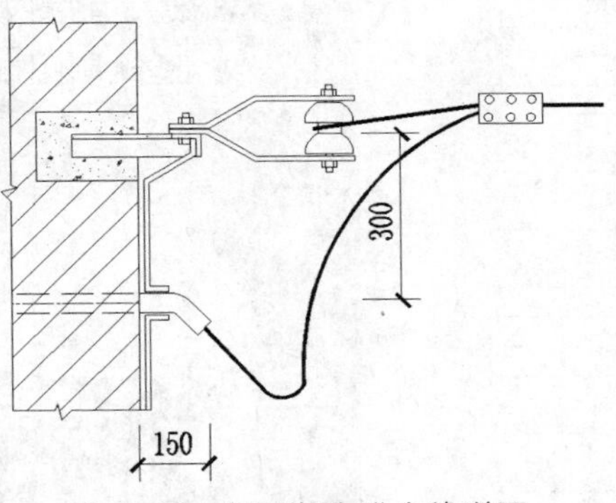

图3-98　低压架空进户线详图

3.5.5　灯

照明电路图的3个主要组成部分，就是开关、线路和灯具，其中前两个图例都已经做了相关介绍，这里再介绍一下常用灯具图例的样式，如图3-99所示。

其中，使用上面的图例可以表示大多数灯具，即各种普通灯具，而下面的图例则可用于表示较为豪华的吊灯。

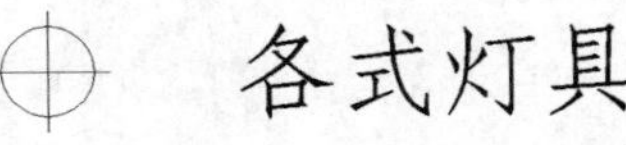

各式灯具

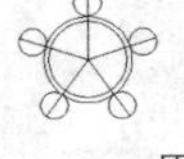

吊灯

图3-99　灯具图例

第4章

建筑制图概述

本章内容

- 建筑制图流程
- 建筑制图相关标准
- 建筑制图分类
- 建筑施工图构成
- 建筑设计的注意事项
- 建筑制图规范
- 建筑制图说明

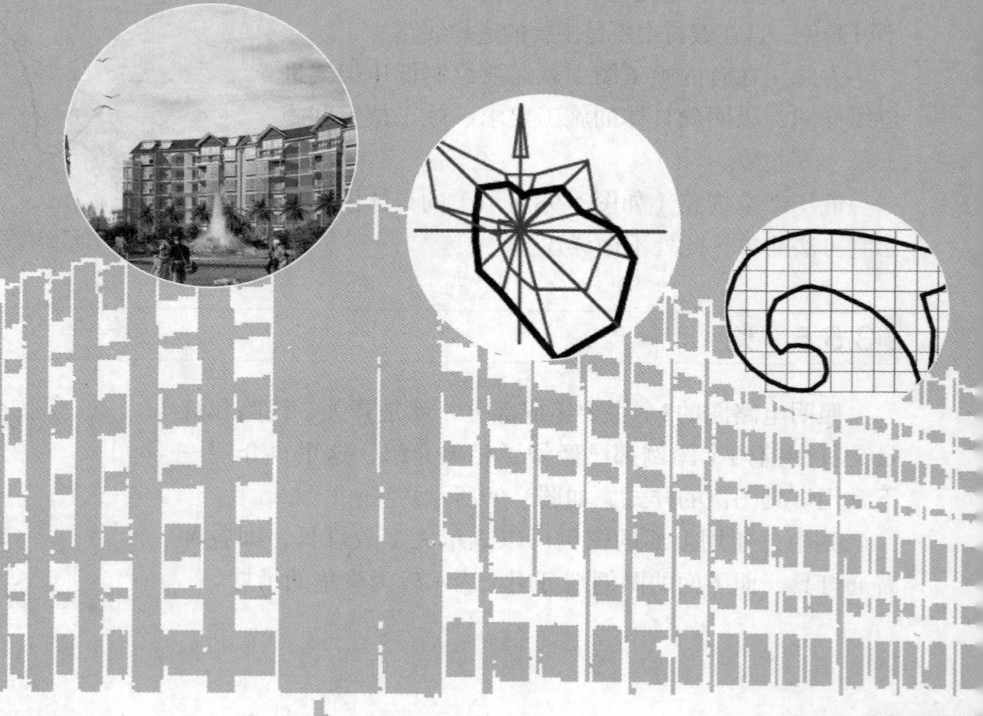

4.1 建筑制图流程

要完成一个居民楼或其他大型建筑物的建设，并保证建筑质量，不是简单的浇注几根混凝土就可以的，实际上这是一个严谨而烦琐的事情。

为了令广大初学者能够快速认清自己应处的位置，找准就职方向，快速掌握学习内容，本节从总体上介绍建筑制图的一些基础知识，包括制图在房屋建造过程中的作用、几个阶段的制图设计内容和建筑制图员的就职方向等。

4.1.1 房地产开发过程和涉及的主要单位

一个住宅、商业楼或其他建筑物，从建设意向开始到最终被搬进用户使用，在房地产开发的过程中，主要包括如下8个关键阶段。

（1）拿地：获得土地之后，就有了进行开发的基础条件。因此当前阶段通过“招拍挂”等形式从政府手中获得开发地块，也成为了房地产开发的关键。而对于开发前期的开发设想和可行性研究等工作，则显得不是那么重要了。

（2）拆迁：取得土地后、施工之前，首先应对建设用地范围内的房屋和附属物进行拆除，并将用地范围内的单位和居民重新安置。这部分工作有时由政府委托城市管理局进行操作，有时由开发商委托拆迁办进行操作。

（3）设计：设计出符合国家相关标准的、能够参照施工的图纸（可在拆迁之前进行设计操作）。通常由开发商委托设计院进行施工图纸的详细规划和设计。

（4）筹钱：在施工之前，需要备料或预付工程款等，这些都需要大量资金的支持，所以在开工之前必须筹集够必要的启动资金。多大数开发商会通过向银行贷款解决此问题。

（5）招标：以公开招标的方式，令众多建设单位参与到房屋的建设中，并招聘监理公司对房屋的建设质量进行监督等。楼房的建设是一个较大的工程，需要很多专业队伍的支持。

（6）施工：完成上述准备工作，并到建设行政主管部门取得相关证件后，房屋即可正式破土动工了。楼房的建设过程多数由监理单位全程进行监督（开发商对监理单位进行管理），开发商只控制最后的管理权。

（7）销售：对房屋进行销售，以获得开发利润。可在房屋建设完成后进行销售，也可按照国家相关政策规定，对房屋进行预售，以尽可能地回笼资金用于开发建设。

（8）物业：房屋开售，入住居户前，开发商应通过招投标的方式聘请物业公司对楼盘物业进行管理，以对楼盘的各种配套设备、设施和场地进行有效管理和维护，保障居户的合法权益。

在房地产开发过程中，主要涉及4个工作单位：建设、设计、监理和施工（即从中盈利的主动工作单位），这里详细介绍一下。

- 建设单位：即工程项目的主人，拥有者，是建设工程项目的投资主体和投资者，也是所建设项目的管理主体。实际上，这里主要指房地产开发公司。
- 设计单位：专业从事房屋设计的单位，这里通常指设计院。由于很多房地产企业没有设计资质，所以在进行房地产开发时，多数需要请专业的设计院对房屋的构造等进行设计（当然也有例外，如房地产公司自己取得设计资质等）。

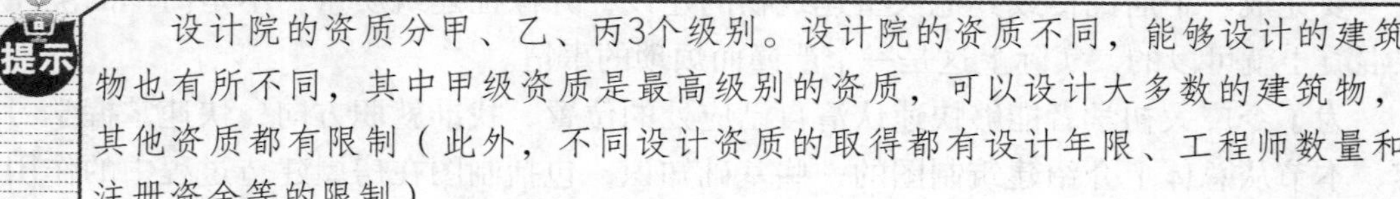

提示　设计院的资质分甲、乙、丙3个级别。设计院的资质不同，能够设计的建筑物也有所不同，其中甲级资质是最高级别的资质，可以设计大多数的建筑物，其他资质都有限制（此外，不同设计资质的取得都有设计年限、工程师数量和注册资金等的限制）。

- 监理单位：为了防止施工单位的工程质量不到位，建设单位通常会委托监理单位对工程的进度、质量和用料等进行监督。即监理单位是处在设计单位和施工单位之间的第三方。
- 施工单位：是工程的承建单位，即按照图纸进行施工的具体施工方。施工单位在施工前同样需要取得施工资质，分为特级、一级、二级、三级，这里不详述。

提示　此外，在房地产开发建设的过程中，还会涉及很多审批、监管、监督或利益单位，如规委、计委、建委、房地局、教委、人防办、消防局、园林局等（实际上在房地产开发的过程中，都需要房地产公司牵头，到这些单位进行审批）。

4.1.2　制图处于房产开发的哪个阶段

通过上一节的讲述我们发现，制图工作主要处于房地产开发的第3个阶段，实际上也不全是如此。

比较细致的制图工作，像详细的施工图、结构图和施工要求等，基本上都需要在开工前和拿地完成后的这段时间内完成（即上面的第3个阶段）。但是，为了配合房地产开发流程，往往提前即需要进行设计工作，如为了通过政府立项、进行的方案设计（发改委不通过的话，是需要改方案的）、为了报审进行的初步设计，等等。

此外，由于在项目进行的过程中总会或多或少地发现当初的设计设想不符合现实施工的状况，因此，设计部门（或委托的设计院）总是需要依据现场反馈回来的信息，及时对相应图纸进行修改和完善，以确保工程质量、保证经济效益。

而在工程竣工综合验收时，设计部门通常也会参与其中，并有权对施工质量提出整改意见。工程竣工时，施工单位应根据实际的施工情况绘制竣工图纸，设计人员应协助工程部做好相应的工程图纸的交接工作，并对施工单位提交的竣工图纸等资料进行审查。

4.1.3　AutoCAD制图员的就职方向

建筑系的学生学会AutoCAD，在走向社会后，通常有如下几个就业方向。

- 设计院：通常也将其称为建筑设计研究院或建筑设计事务所（前者多为国内的叫法，后者则多为国外的叫法），其功能基本相同，都是主要从事建筑物的设计工作（设计院的工作比较稳定，刚毕业的大学生进入设计院，主要从事基础绘图工作）。

- 教师：建筑系的硕士生或博士生，很多也可选择留校研究或任教。
- 公务员：进入政府的建委、规委和测绘院等部门，从事城市土地的管理和规划，以及进行相关项目的审核、审批工作。
- 房地产企业：虽然很多房地产开发企业没有设计资质，但是也需要很多懂建筑的设计师，以对建筑方案等进行总体规划。

设计院里的建筑师和房地产企业里的建筑师，所从事的工作是有所区别的。通常房地产企业里的建筑师是从事了多年建筑设计的工作人员（多半在设计院呆过），具有丰富的设计经验。但是房地产企业里的建筑师其主要工作却不是绘图，而是负责提出总体设计方案，或与设计院和施工单位间保持密切沟通，并从中协调，以保证设计项目的顺利进行。而设计院里的设计师则是建筑图纸的主要绘制者，要将建筑图纸细化到各个方面的构造和做法。总之，设计院中的设计师在房地产开发过程中需要围绕房地产企业里的建筑师开展工作，并在其方案的基础上进行图纸绘制。

通常，刚毕业的学生最好在设计院中工作磨练几年，然后再进入房地产开发企业。设计院的工作通常较稳定，而在房地产企业中则通常工资较高。

- 施工单位：建筑单位中的很多职位都需要能够看懂图纸（如施工员），而且需要绘制竣工图，这些岗位也都需要此类人才。

4.1.4 方案设计

建筑设计一般包括3个大的设计阶段：方案设计、初步设计和施工图设计阶段。本节介绍什么是方案设计。

方案设计实际上相当于一种设计理念，是报给发改委立项的主要文件。方案设计主要包括设计说明书、图纸、投资估算和透视图等部分。在设计图纸中，除总平面和相关建筑图应绘制外，其他图纸（如结构、给水排水、电气、采暖通风及空调图纸）在设计说明中简述其设计思路即可（方案设计中通常应包含三维渲染效果图，如图4–1所示，可通过多个软件配合制作，如3D MAX和Photoshop等）。

方案设计同样应委托有资格的设计单位进行设计，简言之，是需要资质单位盖章的。

图4–1　建筑物的三维渲染效果图

4.1.5 初步设计

初步设计是根据通过的方案和其他文件而编制的初步设计文件，是报审的依据。初步设计文件由设计说明书、图纸、主要设备和材料表，以及工程概算书等内容组成，其主要结构为封面、扉页、目录、设计说明书、图纸、主要设备及材料表、工程概算书。

初步设计仅为对工程的一个大框设计，可将其理解为施工草图。不过初步设计图纸中仍然会包括建筑施工图的大多数图纸，结构施工图（如电气、给排水等）也会涉及，但是不要求全部绘制，更不要求精确绘制（其设计深度有国家标准）。初学者可简单理解为：没有详图的施工图即可称为初步设计施工图。

有一些项目（通常为较大的建设项目），有时还会进行扩大初步设计（简称“扩初”）和再扩大初步设计工作，即在初步设计的基础上进行进一步设计（细化），但是设计深度还未达到施工图的要求。很多小型工程大多不经过扩初阶段，而直接设计施工图。

4.1.6 施工图设计

施工图设计是根据已批准的初步设计或设计方案而编制的可供进行施工的设计文件。施工图设计内容以图纸为主，包括建筑施工图、结构施工图、节点详图、电气施工图、仪表施工图、工艺安装图等。

施工图文件要求齐全、完整，内容、深度应符合相关规定，文字说明、图纸要准确清晰。设计文件完成后，应经过严格审核，并应加盖设计单位的设计章、注册工程师的个人章（或人员签字），是一种具有法律效力的文件。

4.2 建筑制图相关标准

为了统一建筑工程图的画法，提高制图效率，保证制图质量，适应工程建设的需要，国家有关部门制定了建筑制图的国家标准，如《房屋建筑制图统一标准》、《建筑结构制图标准》等，下面就来简单了解一下这些制图标准。

4.2.1 房屋建筑制图统一标准

现行标准为《房屋建筑制图统一标准GB50001-2010》，是由建设部批准的国家标准，它对建筑图纸的幅面及图纸编排的顺序、图面序号等都有明确的规定，是设计建筑施工图的首要参照标准，适用于总图、建筑、结构、给水排水、暖通空调、电气等各种图纸的绘制。

用户应对各种施工图的规定有所了解，而国标类的施工图，都可轻松从网上下载。

4.2.2 总图制图标准

现行标准为《总图制图标准GBT50103-2010》，同样为国家标准，它是在《房屋建筑制图统一标准》的基础上，对总平面图的制图规则所制定的详细标准。其主要内容是在《房屋建筑制图统一标准》的基础上，规定了关于总图的特殊图线比例和名称标注方法，以及提供了详细的总图图例。

4.2.3 建筑制图标准

现行标准为《建筑制图统一标准GB/T50104-2010》，为国标，同样是在《房屋建筑制图统一标准》的基础上，对建筑物的制图规则所制定的详细标准（主要增加了室内设计部分，并提供了详细的构件图例）。

4.2.4 建筑结构制图标准

现行标准为《建筑制图统一标准GB/T50105-2010》，为国标，同样是在《房屋建筑制图统一标准》的基础上，对建筑结构图中的制图规则所制定的详细标准。本标准主要规定了结构图中常见图形的表示方法，如钢筋的表示方法、型钢的标注方法等，并提供了结构图中的众多标准图例。

4.2.5 给水排水制图标准

现行标准为《建筑制图统一标准GB/T50106-2010》，为国标，是在《房屋建筑制图统一标准》的基础上，对建筑给水排水图中的制图规则所制定的详细标准。除了特殊的图线和比例、标注外，本标准主要规定了给排水图中常见图形的表示方法，如常见管道、排水沟等众多给排水图形的表示符号，以及卫浴设施和给排水设备的符号或图例等。

4.2.6 暖通空调制图标准

现行标准为《建筑制图统一标准GB/T50114-2010》，为国标，是在《房屋建筑制图统一标准》的基础上，对建筑暖通空调图中的制图规则所制定的详细标准。其主要内容是提供了大量暖通空调图例，以及规定了详细的图样画法。

上述6个制图标准为建筑图形中常用的制图标准。除此之外，针对不同图形还有一些标准需要遵循，如《建筑设计防火规范GB/T 50016-2010》、《建筑采光设计标准GB/T 50033-2001》，此外，不同地域还有地方标准等（有GB标注的都为国标）。

4.3 建筑制图分类

根据建筑施工图所表示的内容不同，可将施工图分为建筑施工图、结构施工图和设备施工图3类。

4.3.1 建筑施工图

建筑施工图，简称“建施”，是基础图纸，也是最重要的施工图纸，用于表示建筑物的总体布局，如墙厚、楼高、楼梯位置等，以及外部造型、细部构造、内外装饰和固定设施等施工图样，如图4-2所示。

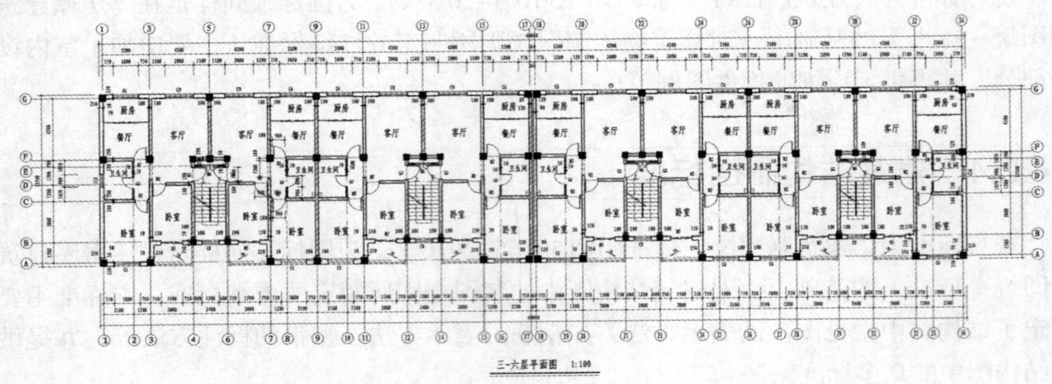

图4-2 建筑施工图中的平面图

建筑施工图主要包括施工图首页、平面图、立面图、剖面图、详图和总平面图等图形，图纸编号可用“J”符号，如“J-01”或“建施-01”。建筑施工图是房屋施工和预算的主要依据。

4.3.2 结构施工图

结构施工图，简称“结施”，是反映建筑物内部构造的重要图纸，如柱内的配筋情况、柱子的分布情况、梁内的配筋情况和楼板的配筋情况等，如图4-3所示。结构施工图是影响房屋使用寿命的重要图纸，在设计和施工时要需要格外注意。

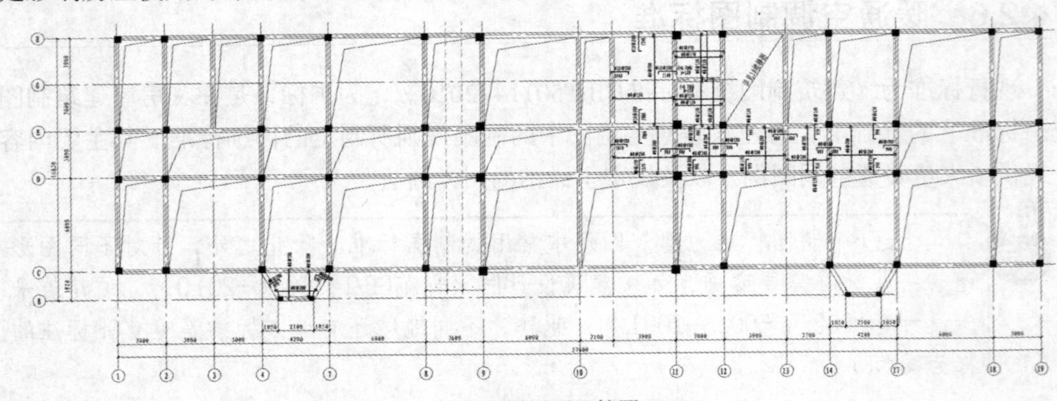

图4-3 结构施工图中的板平面配筋图

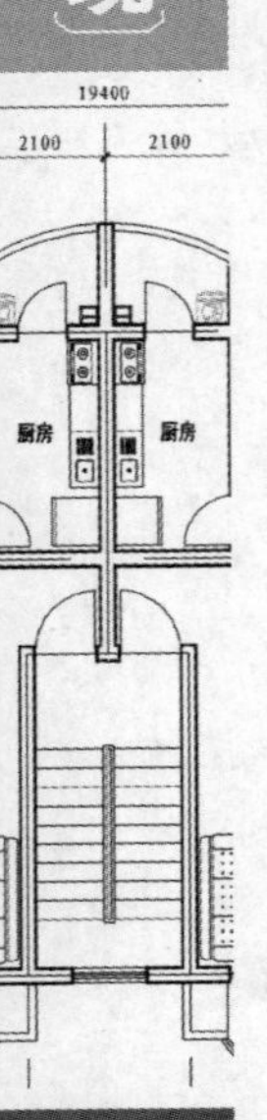

结构施工图一般包括说明、基础平面图及基础详图、楼层结构平面图、屋面结构平面图、结构构件详图等图纸。其图纸编号可用符号“G”表示，如“G-01”或“结施-01”等。

4.3.3 设备施工图

设备施工图，简称“设施”，是表示房屋所安装设备布置情况的图纸，如给排水管道的布置、采暖通风管道的布置、电气设施的布置等。

如图4-4所示为设备施工图中的电气布置平面图。

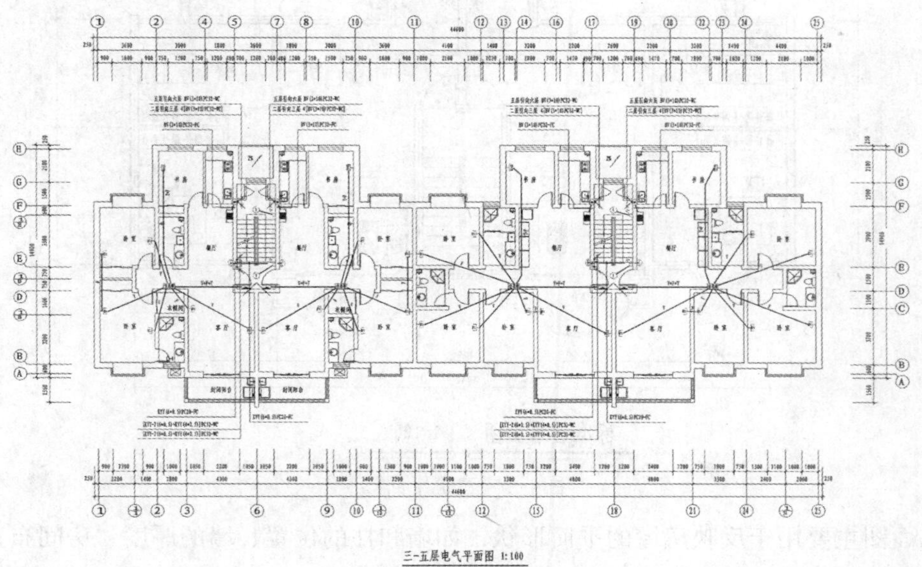

图4-4 设备施工图中的电气平面图

设备施工图一般包括表示管线水平方向布置情况的平面图、表示管线竖向布置情况的系统图和表示安装情况的详图等。其中，给排水施工图，简称“水施”，可用“S”符号编号（如“S-01”）；采暖通风施工图，简称“暖施”，可用“N”符号编号（如“N-01”）；电气施工图，简称“电施”，可用“D”符号编号（如“D-01”）。

一套完整的图纸应包括图纸目录、设计总说明、建筑施工图、结构施工图、给水排水施工图、采暖通风施工图和电气施工图（顺序亦应如此排列）等。装订时，各分类图纸（如建施图），应全局性图纸在前，局部性图纸在后；先施工图纸在前，后施工图纸在后。

4.4 建筑施工图构成

由于本篇主要讲述建筑施工图的绘制，所以这里再着重介绍一下建筑施工图的主要图纸类型。建筑施工图主要包括平面、立面、剖面、大样（即详图）和总平面图等图形，下面详细解释一下这几种图纸的特点和不同。

4.4.1 平面图

用一个假想的水平剖切面沿房屋窗户位置剖切，移去上部后向下投影所得的水平投影图，即为建筑平面图，如图4-5所示。

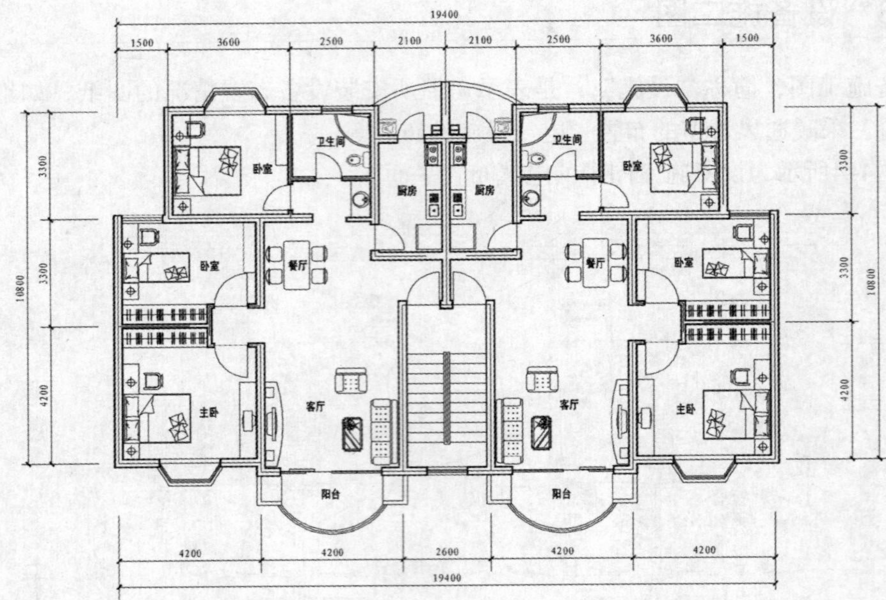

标准层平面图　1:100

图4-5　建筑平面图

平面图主要用于反映房屋的平面形状，如墙和柱的位置、墙的厚度、房间布置，以及门窗的位置和开启方向等。

通常按层来绘制平面图，有几层即绘制几张平面图，如首层平面图、二层平面图、三层平面图等，一直到屋顶平面图。当然，如某几层平面图的房屋结构完全相同，也可以将其合并为一幅平面图来表达，并称其为标准层平面图，或某层到某层平面图。

提示：建筑平面图可作为施工放线，砌筑墙、柱，门窗安装和室内装修，以及备料和编制预算的重要依据。

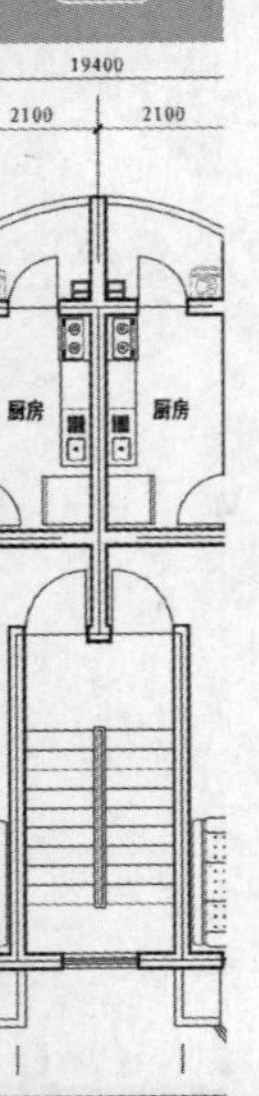

4.4.2 立面图

从远处平视房屋外墙面，所见到的图形即为房屋的立面图，如图4-6所示（或可理解为用直接正投影法将建筑各侧面投射到基本投影面而成）。

建筑立面图主要用于反映层高、房屋的体型和外貌、门窗的形式和位置、墙面的材料和装修做法等，是施工的重要依据。

立面图通常有如下3种命名方式。

- 按墙面的特征命名：把房屋的主要出入口或反映房屋外貌主要特征的立面图称为正立面图，而把其他立面图分别称之为背立面图、左侧立面图和右侧立面图等。

图4-6　建筑立面图

- 按房屋的朝向命名：可把房屋的各个立面图分别称为南立面图、北立面图、东立面图和西立面图。
- 按立面图两端的定位轴线编号命名：如1～20立面图、A～E立面图等。

提示 平面形状曲折的建筑物，可绘制展开的立面图；圆形或多边形平面的建筑物，也可分段展开绘制立面图，只是此时应在图名后加注“展开”二字。

4.4.3　剖面图

建筑物往往结构复杂，仅通过平面和立面图，并不能完全表达其构造，因此会用到剖面图，以切实反应建筑物的内部结构。

可假想一竖直剖切面，在某位置将房屋剖开，移去剖开面与观察者之间的部分，并做出剩余部分的正投影图，此时即可得到建筑的剖面图（如图4-7所示）。

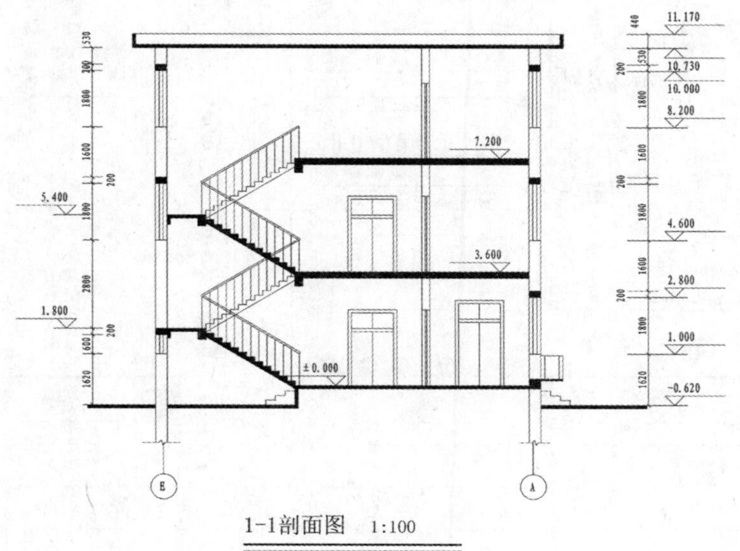

图4-7　建筑剖面图

剖面图的剖切位置应在底层平面图中标注，并可使用剖切符号编号来命名剖面图的图名，如“1–1剖面图”、“2–2剖面图”等。

4.4.4 大样图

建筑平、立、剖面图，打印出来之后，一般比例较小（如为1:150），此时某些建筑构配件（如楼梯等）或某些建筑剖面节点（如檐口、窗台和散水等）的详细构造无法表达清楚。为了满足施工要求，必须将其细部用较大的比例绘制出来，这时的图样即为建筑详图，也被称为大样图或节点详图（如图4–8所示）。

详图通常用索引符号引出，而且详图中，也可以再用索引符号引出其他详图（也可以引用标准图集）。在建筑施工图中，详图的种类繁多，如楼梯详图、檐口详图、门窗节点详图等。凡是不易表达清楚的建筑细部，均可按需绘制详图。

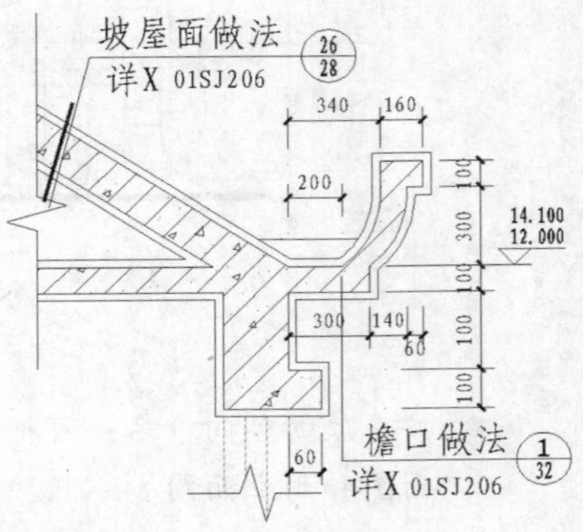

檐口大样 1:20

图4–8 建筑大样图

4.4.5 总图

总图的样子像是地图，如图4–9所示。将新建工程四周一定范围内的新建、拟建、原有和需拆除的建筑物及周围地形等，用直接正投影法进行投影（相当于俯视）绘制出来的图样，即为建筑总平面布置图，简称总平面图或总图。

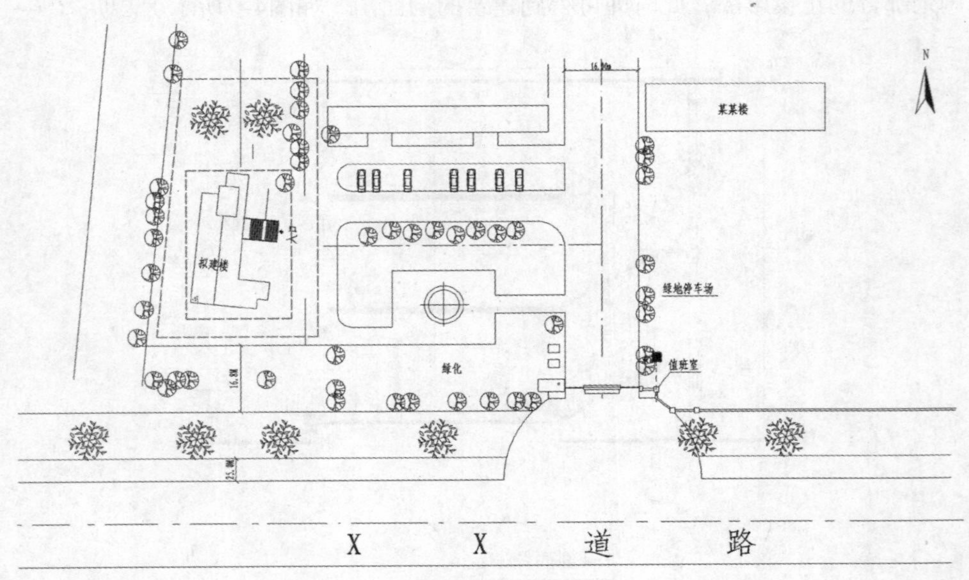

图4–9 建筑总图

总图是新建房屋定位、放线以及布置施工现场的依据，可表明新建建筑物的平面形状、室内外地面标高，新建道路、绿化、场地排水和管线等的布置情况，并表明与原有建筑物间的位置关系，以及标注环境保护方面的要求等。

4.5 建筑设计的注意事项

在设计建筑图纸的过程中，为了保证建筑物的质量、耐用和稳定性，以及适合居户居住，有很多问题需要注意，本节将对其进行讲述。

4.5.1 地质勘察报告与设计的关系

按照国家规定，通常大型工程类的项目，如建筑、桥梁、路、地质矿产等，在正式施工及绘制图纸之前，都需要委托专门机构（如XX勘察院）进行地质勘察，并由勘察部门出具地址勘察报告，然后设计院根据得到的地址勘察报告，针对不同的地质状况设计合适的地基及房屋结构，避免出现建筑沉降、倾覆、倒塌，或者遭受地质灾害的情况等。

作为设计工程师，应该如何查看勘察报告，并从中快速找出对设计实际有用的内容呢？初学者不妨从如下5项着手。

- 先看土层。可首先查看岩石构成部分，并根据地质剖面图，对施工地点的地质结构、土层分布、场地稳定性（是否会发生滑移）和均匀性等有一个初步了解。如可了解到施工地点有杂填土层、粘土层、岩石层等地质层，以及各层的厚度等。
- 再看对基础的评价和建议部分。从此部分可获得勘察机构对场地的评价和基础选型的建议，如勘察部门建议地基应处的持力层，以及建议采用的基础形式（条形基础、单独基础或桩基础等）。

一般认为，持力层土质的承载力特征值应大于180kPa，此时地质相对稳定，低于180kPa的多认为土质不好，如将持力层选在此位置，可能需要采取一些特殊的地基处理方式，如做成复合地基等，提高地基的承载力。

- 确定基础形式、地基持力层和基础埋深。基础埋深应越浅越好（越深，起码施工费用就要增加不少），因此可考虑首先选用报告中建议的“最高埋深”，处于“最高埋深”以下，有为非持力层的区域，可考虑使用砂石替换。
- 重点看两个水位：历年来地下水的最高水位和抗浮水位。最高水位在设计地下构件时会用到（如可用其计算外墙受到的水压力），当估计建筑物有可能抗浮不满足要求时，则一般要用到抗浮水位。
- 最后查看有无不良的地质情况，如溶洞、土洞、软弱土等。发现不良情况时，需要采取特殊措施进行处理以应对，如在持力层土质下存在软弱土，则需测算软弱土层的承载力是否满足要求，然后决定要采取的措施。

此外，对于有抗震级别要求的建筑，对存在饱和砂土和饱和粉土的地基，一般需要进行液化判别（特殊情况下是否会液化），还需要进行沉降数据分析等。

4.5.2 住宅设计的一般要求

为了令住宅适合居住，令其更加舒适，在保证住宅安全可靠的前提下，在设计时还因注意如下问题。

- 进深和开间：进深和开间距离之比，通常不要超过2:1。此比值太大时（即进深太长），房间将很难满足采光要求。
- 柱：标准柱距为6～9m，住宅柱距可以小一些，通常为3～6m之间。此外，柱网应规则，尽量避免一排只布置一根柱，应有两根柱组成抗侧力体系。
- 梁：因为有净高限制，梁高不要超过500cm，常见在400～450cm之间。
- 卧室：卧室之间不应有穿越。卧室应尽量处于阳面，可直接采光，并自然通风。双人卧室的使用面积通常应大于10m^2，单人卧室应大于6m^2。
- 客厅：客厅面积通常应大于12m^2，用于布置家具的墙面长度应大于3m。
- 厨房：厨房应有直接对外的采光通风口，方便通风换气。此外，厨房应设置案台、炉灶及排油烟机等设施。
- 餐厅：无直接采光的餐厅，其使用面积不宜大于10m^2。
- 卫生间：无前室的卫生间的门不应直接开向客厅或厨房，以及入户门。卫生间内应配置常用卫生洁具，如坐便器、洗浴器、洗面器等（根据卫生间大小布置）。
- 电梯：七层及以上或楼高超过16m以上的住宅应考虑设置电梯（不同地区有不同规定）。此外，当单元每层建筑面积大于650m^{2}时，应考虑设置2个安全出口。
- 防火墙：防火分区之间应采用防火墙分隔（如用加气混凝土砌块）。如用防火墙有困难，可采用防火卷帘、防火门等设施进行分隔。此外，无自然通风的厨房和卫生间，应设置排气管道。

4.5.3 设计时应掌握的原则

为了保证设计的合理性和实用性，作为建筑师设计时应首先把握基本设计原则，主要有如下几个。

- 功能完善、布局合理：一套较为完善的住宅，通常应具备6个基本功能区，即起居区、饮食区、洗浴区、就寝区、储藏区和工作学习区。此外，客厅、餐厅和家务室等活动比较多的区域，应与卧室、书房等较安静的区域有效分割，且安静区域应远离住宅入口等。功能布局是设计的关键，也应是设计者的基本出发点。
- 注重自然采光和通风设计：每套住宅至少应有一个居住空间能获得日照,当居住空间总数超过4个时，应有2个可以获得日照。房型好的住宅，采光口与地面比例不应小于1：7。卧室、厅、卫生间的通风开口面积不应小于该房间地板面积的1/20。厨房的通风开口面积不应小于该房间地板面积的1/10，并不得小于0.60m^2。
- 注重朝向设计：一般来说中国的大多数房屋都坐北朝南（偏南不超过30°）。此外，房屋的朝向应避免噪音，卧室尽量远离道路。此外，为了利于销售，房屋的朝向还应考虑环境、风水和节能等多种因素。
- 注重设计的经济性：在尽量节省建造成本的基础上，给住户保留更多的居住空

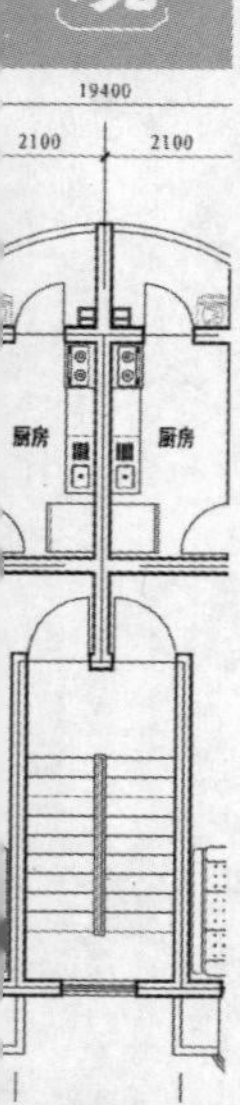

间。如在满足抗震安全要求的前提下，柱子越少越细越好。

- 注重设计的安全可靠性。

4.5.4 住宅设计易忽略的问题

所谓“细节决定成败”，只有充分为客户着想，才能受到住户认可，房地产投资才能取得预期收益，下面是几个在住宅设计中容易忽略的问题。

- 门的朝向：应尽量避免卫生间的门朝向入户门、客厅及餐厅的位置，以免影响厅的使用和视觉效果。卧室中附带的卫生间的门，应避免朝摆放床体的方向开启，以保证卧室主要空间的完整。
- 插座：插座的位置和高度应按照使用要求为客户细致考虑。如电视柜处的插座应高于电视柜，且数量应多一些。而卧室内的插座，则不要被挡在床的后面，书房中的也一样。电话线接口、宽带接口的位置等都要考虑周全。此外，中国已进入电气化时代，厨房中会有很多电器，因此应布置较多的插座。
- 排水管道：如果排水改造设计时立管未加存水弯，在气温高时易引起下水管气体外逸发臭。
- 灯具：设计师凭经验估计灯具数量和间距，会造成光照效果不好。

4.5.5 计算书的主要内容有什么

计算书就是解释房屋构造合理的计算说明书，是整个设计过程的书面体现。按照国家规定，层数大于2层，建筑面积大于200m^{2}的建筑物，都需要编制结构计算书（在报审时会用到）。通常，建筑中的结构计算书包含如下几个组成部分。

- 工程概况：包括场地状况、工程概况、设计计算依据的标准，以及设计需要达到的安全指标等。
- 荷载计算：楼体的自身重量，以及可能受到的外部自然载荷，如风、雪、地震引起的短期外部载荷。
- 基础结构计算：计算基础的受力状况和设计的合理性。
- 梁柱尺寸：梁柱尺寸是如何通过结算得到的。
- 框架配筋：配筋的相关计算。
- 楼梯计算：楼梯的受力计算。
- 电算和电算结果分析等。

4.6 建筑制图规范

图纸是交流设计思想和传达设计意图的重要载体。为了让其他人能够理解你所绘制的图形，作为设计人员，在设计的过程中必须遵循一定的设计规范，并掌握一定的制图理论。本节介绍在建筑图形绘制的过程中需要遵循的基本规范。

4.6.1 常用绘图比例

打印出来的图纸与实际物体的尺寸大小之比即为绘图比例。不同的图纸适合使用不同的绘图比例，具体可按照如下比例进行绘制。

- 总平面图、管线图、土方图：1：500、1：1000、1：2000。
- 平面图、立面图、剖面图：1：50、1：100、1：150、1：200、1：300。
- 局部放大图：1：10、1：20、1：25、1：30、1：50。
- 配件及构造详图：1：1、1：2、1：5、1：10、1：15、1：20、1：30。

4.6.2 图幅

图纸幅面是指图纸本身的大小规格。为了便于图纸的装订、查阅和保存，图纸的大小规格应力求统一。按国家规定，建筑图纸幅面应从A0、A1、A2、A3和A4这5种幅面中选择使用，在5种图纸尺寸中，其幅面、图框尺寸和页边距要求等如表4-1所示。

表4-1 建筑图幅尺寸规定

幅面代号 / 尺寸代号	A0	A1	A2	A3	A4
b×l	841×1189	594×841	420×594	297×420	210×297
C	10			5	
a	25				

根据实际情况，图纸可以横向或竖向使用。其中，长边作为水平边使用的图幅称为横式图幅，短边作为水平边使用的图幅称为立式图幅。在各图幅样式下，图纸的图框尺寸、会签栏、标题栏的位置等都有明确的规定，如图4-10所示。

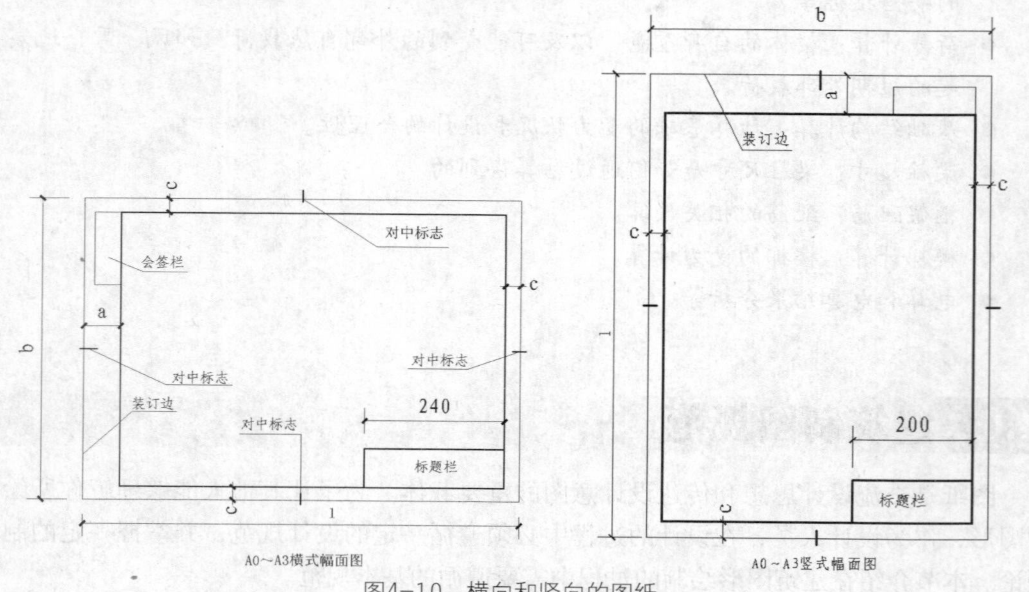

图4-10 横向和竖向的图纸

提示

按照规定，A0～A3图幅可横式或立式使用，而A4图幅只能立式使用。A4立式图幅使用时，其底部标题栏为通栏，其他位置与A0～A3图幅的竖向模式相同。

必要时，图纸的幅面可按照规定加长。加长时，图纸的短边不变，长边长度可按照长边的1/2或1/3尺寸成倍数的增长，具体如表4-2所示。

表4-2　建筑图幅尺寸加长规定

幅面尺寸	长边尺寸	长边加长后的尺寸
A0	1189	1486、1635、1783、1932、2080、2230、2378
A1	841	1051、1261、1471、1682、1892、2102
A2	594	743、891、1041、1189、1338、1486、1635、1783、1932、2080
A3	420	630、841、1051、1261、1471、1682、1892

4.6.3 标题栏和会签栏

标题栏位于图纸的右下角，通常都应有工程名称、图名、图纸编号、设计单位、设计人、绘图人、校核人、审定人的签字栏目，如图4-11所示。设计单位也可根据需要设计个性化的签名栏，但是上面几个基本的图项应该包含。

会签栏是各工种负责人审核图纸后进行签名的区域，因此会签栏区域应包含会签人员所代表的专业、姓名和会签日期等，如图4-12所示。若一个会签栏不够用，可并排放置多个会签栏；对于不需会签的图纸，也可不设会签栏。

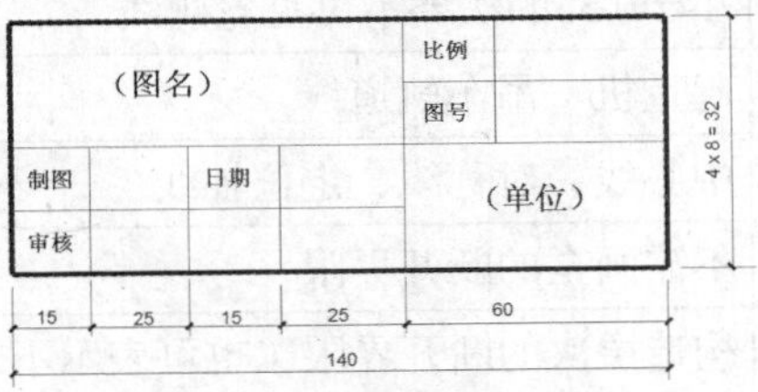

图4-11　标题栏样式

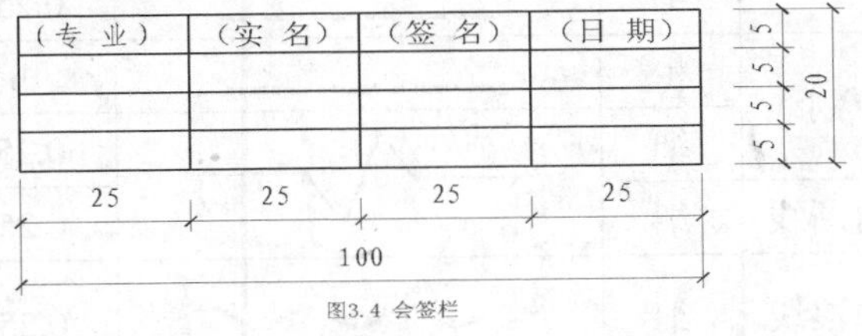

图4-12　会签栏样式

4.6.4　线型要求

为了使图面清晰、美观，能够正确表达设计思想，图纸中各处的图线宽度不尽相同。通常可分为粗线、中粗线和细线，这几种线的宽度比例为4：2：1。

根据图幅大小，不同图纸中的基线宽度b（即粗线宽度）具有不同的取值。在绘制图纸前，应首先选择b线宽度，然后再根据b的值确定其他线的宽度。常用的b值为0.35～1mm，具体如表4-3所示。

表4-3　常用的线宽组合

线宽比	线宽组					
b	2	1.4	1.0	0.7	0.5	0.35
0.5b	1.0	0.7	0.5	0.35	0.25	0.18
0.25b	0.5	0.35	0.25	0.18		

提示 注意，需要微缩的图纸不宜采用0.18mm及更细的线宽。此外，在同一张图纸内，不管是实线、虚线还是点划线，其细线应统一，并采用较细的线宽组的细线。

除了线宽之外，在图纸中还可以使用多种线型，如实线、虚线、波浪线等，以表达更多的设计意图。每种线型表示对象的不同部位，具有不同的含义，具体如表4-4所示。

表4-4　线型的不同用途

名称	线型		线宽	用途
实线	粗		b	平面、剖面、构造详图中被剖切的主要建筑物的轮廓线；立面、详图的外轮廓线；图框线和剖切符号线
	中		0.5b	平面、剖面图中被剖切次要建筑物的轮廓线；平、立、剖面图中建筑物的轮廓线；详图中的一般轮廓线
	细		0.25b	图形线、尺寸线、尺寸界线、图例线、索引符号、标高符号、详图材料做法引出线等
虚线	中		0.5b	构造详图及构配件中不可见的轮廓线；拟扩建的建筑物轮廓线；平面图中的吊车轮廓线等
	细		0.25b	小于0.5b的次要不可见轮廓线
点划线	粗		b	起重机、吊车轨道线
	细		0.25b	中心线、对称线、定位轴线
打断线	细		0.25b	不需画全的断开界限
波浪线	细		0.25b	构造层次的断开界限（也可表示不需画全的断开界限）

此外，在确定线框和实际绘制图形时，还应注意如下事项：

- 同一张图纸内，相同比例的各图样应选用相同的线宽组。
- 相互平行的图线，其间隙不宜小于其中的粗线宽度，且不宜小于0.7mm。
- 同一张图纸中，所有虚线的线段和间距应保持长短一致，线段长度可选用3~6mm，间距可选用0.5~1mm；点长画线每一段长度应大致相等，约15~20mm（这些都是打印出来的尺寸）。
- 虚线与虚线、点长划线与点长划线、虚线或点长划线与其他线段相交时，应交于线段处；实线与虚线连接时，则应留有间距。
- 当单点长画线或双点长画线在较小图线中绘制有困难时，可用实线代替。
- 点长划线的两端不应是点。
- 图线不得与文字、数字或符号重叠，如不可避免，应首先保证文字的清晰。

4.6.5 尺寸标注要求

在图纸中，除需使用图线表达房屋的形状和结构外，还需标注尺寸，以确定房屋各部分的大小及相对位置。

尺寸标注由尺寸线、尺寸界线、起止符号和尺寸数字4部分组成，如图4-13所示。

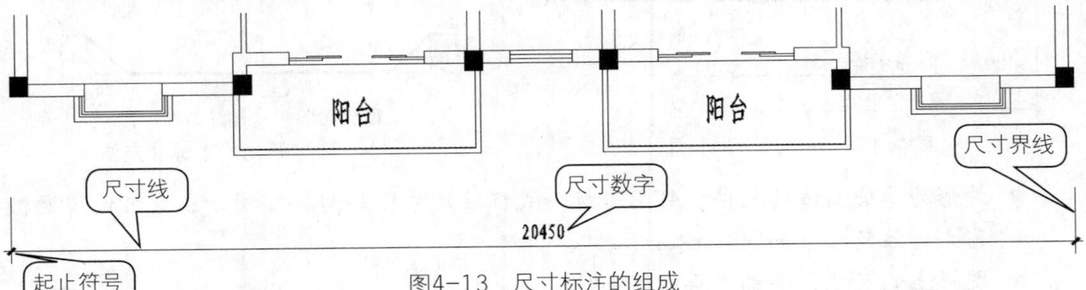

图4-13 尺寸标注的组成

对于尺寸标注的样式，通常具有如下要求。

- 尺寸线：与被注长度平行，采用细实线绘制。尺寸线与图样最外轮廓线的间距不宜小于10mm，平行排列的尺寸线的间距，宜为7～10mm。
- 尺寸界线：线性尺寸界线一般应与尺寸线垂直，也使用细实线绘制。其一端离开图样轮廓线不小于2mm，另一端超出尺寸线2～3mm。图样轮廓线可作尺寸界线。
- 尺寸数字：通常在靠近尺寸线的上方和左方标注尺寸数字，数字间不能有逗号。相邻的尺寸数字，如注写位置不够，可错开或引出注写。
- 尺寸起止符号：建筑标注尺寸的起止符号一般用2～3mm的中粗斜短线绘制。半径、直径、角度与弧长的尺寸起止符号用箭头表示。

此外，在标准尺寸时，还应注意如下几点。

- 相互平行的尺寸线应从被注写的图样轮廓线由近向远，小尺寸在内、大尺寸靠外整齐排列，如图4-14所示。

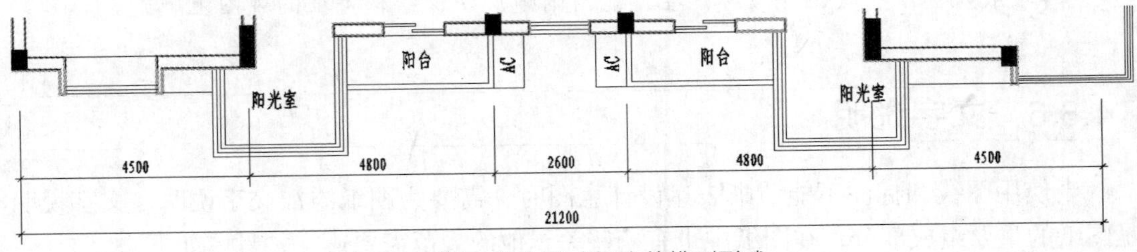

图4-14 多个尺寸标注的排列形式

- 尺寸应尽量位于图样轮廓外，不宜与图线、文字及符号等相交（必要时可断开相应的图线）。
- 对于连续排列的等长尺寸，可用“个数×等长尺寸=总长”的形式标注，如图4-15所示。
- 对桁架简图、钢筋简图、管线图等单线图标注其长度时，可直接将尺寸数字注写在杆件或管线的一侧，如图4-16所示。

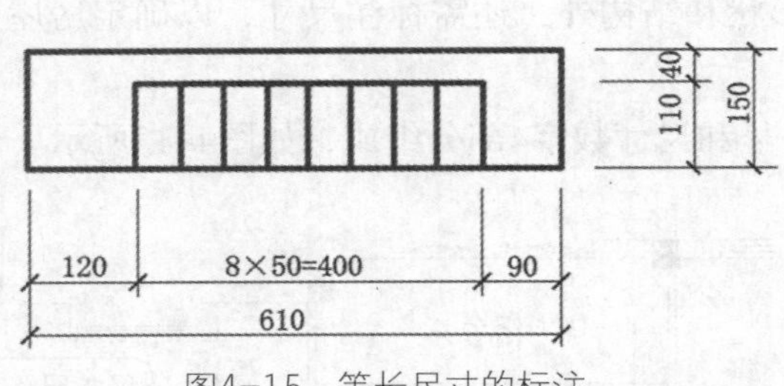

图4-15　等长尺寸的标注

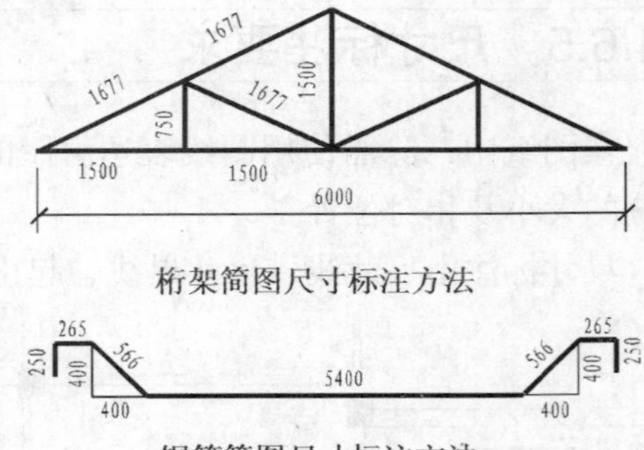

图4-16　简化尺寸标注方法

- 外形为非圆曲线的构件，可用坐标形式标注尺寸，如图4-17所示；也可使用网格形式标注尺寸，如图4-18所示。
- 图样上的尺寸数字都不再注写单位。
- 尽量避免在30° 角阴影范围中标注尺寸。
- 同一张图纸所标注的尺寸数字字号应大小统一，通常选用3.5号字。

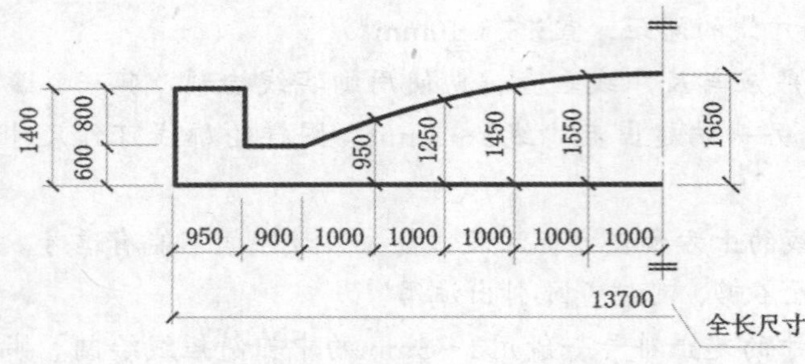

图4-17　使用坐标形式标注的尺寸

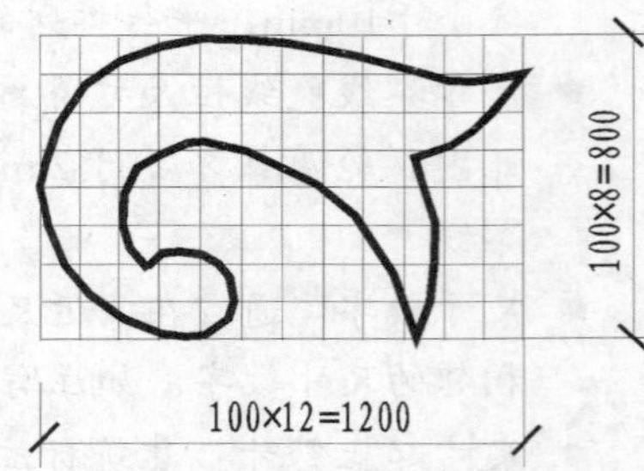

图4-18　使用网格形式标注的尺寸

提示　注意，尺寸数值通常以mm为单位，如采用其他单位时，须注明单位名称；所标注的尺寸为零件的真实大小，与绘图比例及绘图的准确度无关；每个尺寸一般只标注一次，并应标注在最能清晰地反映该结构特征的视图上。

4.6.6　文字说明

当使用图线和标注不能清晰表达设计意图时，需要为图纸添加文字说明。文字说明是图纸的重要组成部分，在图纸中也有一些关于他的规范需要遵守，具体如下。

- 文字说明应笔画清晰、字体端正、排列整齐，标点符号应清楚正确。
- 建筑图中的汉字应采用简化字，并建议采用仿宋体，如图4-19所示（大标题、图册封面、地形图等的汉字也可写成其他字体，但应易于辨认）。
- 数字、字母的字体宜用黑体。
- 文字的字高通常选用3.5mm、5mm、7mm、10mm、14mm和20mm，字宽则应对应选用2.5mm、3.5mm、5mm、7mm、10mm和14mm（高宽比大概为1∶0.7，书写更大文字时，可按此比例计算字宽）。

说明:

1. 框架抗震等级三级;
2. 一层柱混凝土强度等级C40, “ф”表示钢筋HRB335, “ф”表示钢筋HRB400;
3. 主筋的混凝土保护层厚度见总说明,锚固长度、节点构造按国标03GXXX-1要求施工;
4. 注“*”号的柱箍筋全长加密;
5. 防雷接地配合电气专业图纸施工。

图4-19　工程图中的说明信息

4.6.7　常用标志

为了令图纸简洁规范，在图纸中规定了很多特定的图例来表达建筑意图。这里以图表的形式，简单介绍几种常用的图例标志，具体如表4-5～表4-8所示。

表4-5　常用建筑符号图例

图例	说明	图例	说明
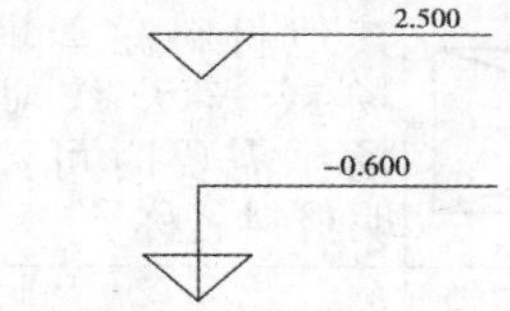 2.500 -0.600	标高：较拥挤时，用下面的标高图例	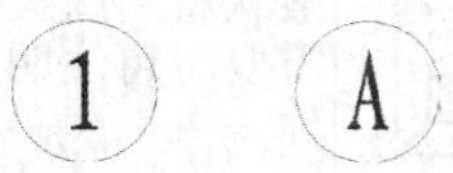 1　A	轴线号
1　1	剖切符号：标数的方向为投影方向	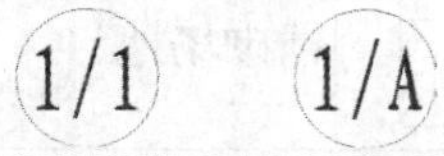 1/1　1/A	附加轴线号
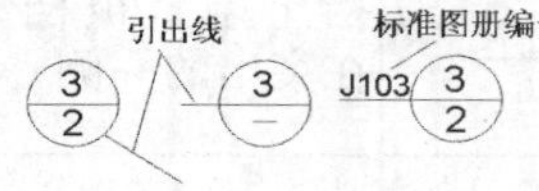 引出线　标准图册编号 3/2　3/—　J103 3/2	详图索引符号：上边数字为详图编号，下为详图所在图纸编号，细短线表示详图在本页	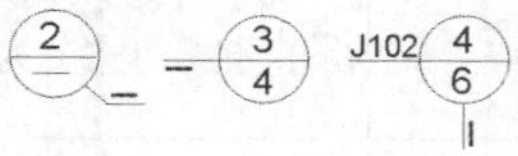 2/—　3/4　J102 4/6	剖面详图索引符号：用粗实线表示剖面详图，粗实线一侧为投影方向
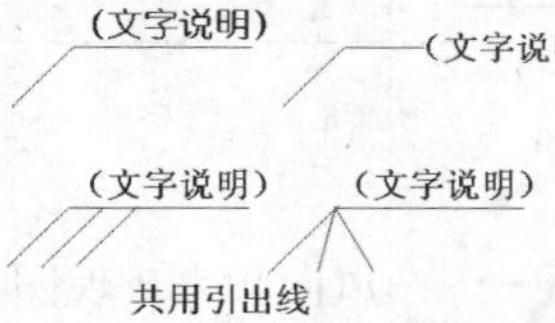 (文字说明)　(文字说明) (文字说明)　(文字说明) 共用引出线	单层引出线	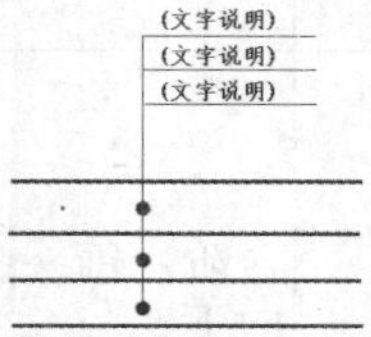 (文字说明) (文字说明) (文字说明)	多层引出线
	对称符号	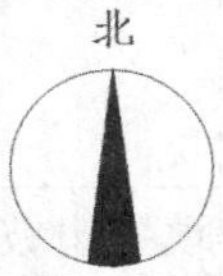 北	指北针
	空洞		坑槽
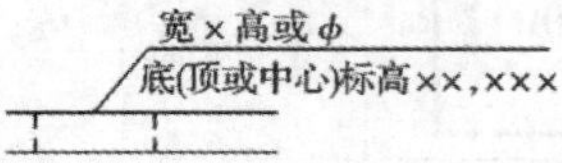 宽×高或φ 底(顶或中心)标高××,×××	墙预留洞	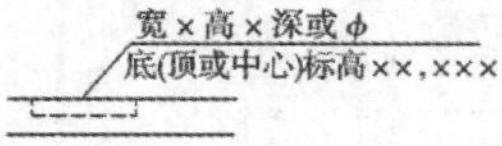 宽×高×深或φ 底(顶或中心)标高××,×××	墙预留槽
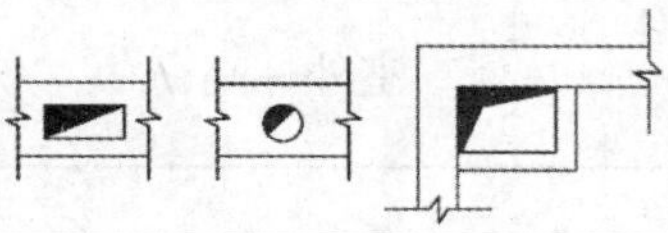	烟道	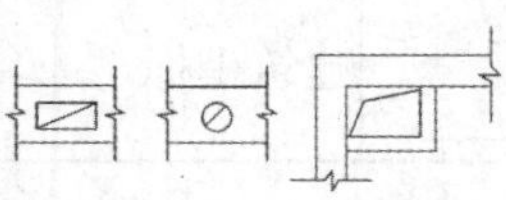	通风道

表4-6　总平面图图例

图例	说明	图例	说明
粗实线　8 ▲	新建建筑物：需要时，用▲表示出入口，在图形内右上角用点数或数字表示层数。地面上建筑用中粗实线表示，地面下建筑用细虚线表示	细实线	原有建筑物：用细实线表示
中虚线	计划扩建的预留地：用中粗虚线表示	粗虚线	新建地下建筑：用粗虚线表示
	拆除的建筑物：用细实线表示		建筑物下面的通道
	散状材料露天堆场：需要时可注明材料名称		其他材料露天堆场或露天作业场：需要时可注明材料名称
	铺砌场地		敞棚或敞廊
	烟囱：实线为烟囱下部直径，虚线为基础		挡土墙：被档土在突出的一侧
	实体性围墙		通透性围墙
	台阶：箭头指向表示向下		风向频率玫瑰图
	填挖边坡：边坡较长时，可在一端或两端局部表示		护坡：下边线为虚线时表示填方
X 105.00 Y 425.00	测量坐标	142.00(±0.000)	室内标高
A 105.00 B 425.00	建筑坐标	22.00 ▼	室外标高

表4–7　常用材料图例

图例	说明	图例	说明
	自然土壤		夯实土壤
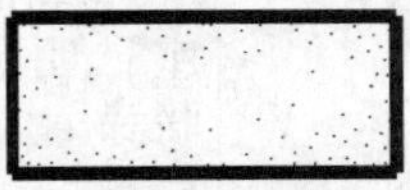	砂、灰土	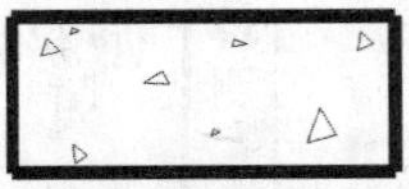	砂砾石、碎砖三合土
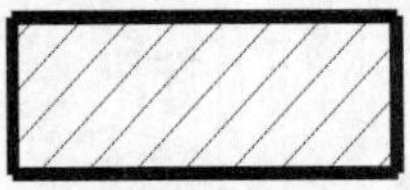	石材	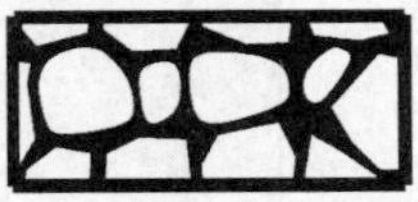	毛石
	普通砖	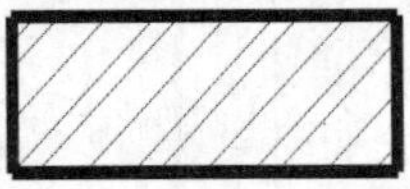	耐火砖
	空心砖		饰面砖
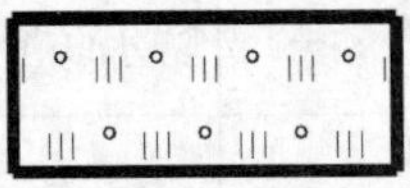	焦渣、矿渣	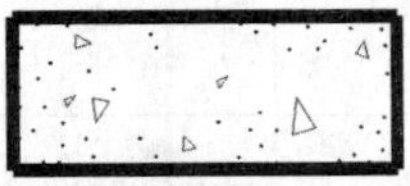	混凝土
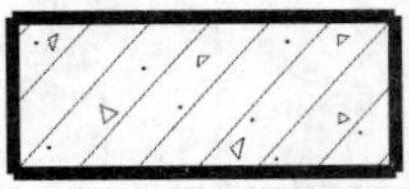	钢筋混凝土		金属
	多孔材料		网状材料
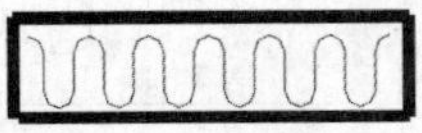	纤维材料	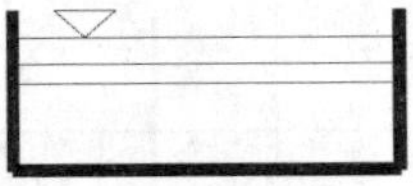	液体
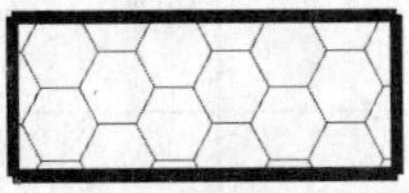	泡沫塑料材料		玻璃
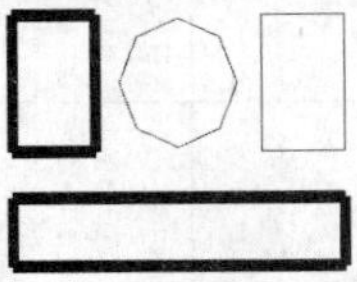	木材		橡胶
	胶合板		塑料
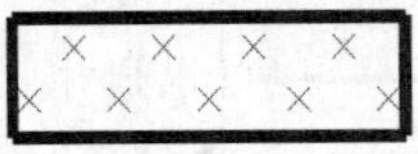	石膏板		防水材料

表4-8 常用电气、给排水图例

图例	说明	图例	说明
	单极开关：明装、暗装		双极开关：明装、暗装
	单相插座：明装、暗装		三相空调插座：明装、暗装
	双控开关		按钮
	门铃		钥匙开关
	单管日光灯		双管日光灯
	灯		防水防尘灯
	熔断器		配电箱
	通用阀门		蝶阀
	止回阀		安全阀
	压力表		温度计
	消火栓		地漏
	清扫口		雨水斗
	光控自动冲洗器		塑料
	混合水龙头		淋浴喷头
HC	化粪池		水封井

4.6.8 常用建筑术语

为了更好地掌握建筑图形的绘制，这里介绍一些常用的建筑术语。

- 横墙：沿建筑宽度方向的墙。
- 纵墙：沿建筑长度方向的墙。
- 进深：纵墙之间的距离，以轴线为基准。
- 开间：横墙之间的距离，以轴线为基准。
- 山墙：最外侧的横墙。
- 女儿墙：建筑物屋顶外围的矮墙。
- 洞口：没有门窗的墙洞。
- 过梁：洞口或门窗上的梁。
- 简支梁：简单支撑的梁，梁的两端与支撑物铰接（非浇注在一起）。
- 圈梁：在某一层上浇注一圈的梁。
- 悬挑梁：梁的一端悬挑出去，没有支撑点，另一端被锚固在混凝土柱、梁或墙体中的梁。
- 素砼：没有钢筋的混凝土。
- 咬口：指砖与砖之间的错茬。
- 散水：房屋外墙外侧铺彻的有一定宽度和倾斜度的防水带，其外沿应高于建筑外地坪。用于不让墙根处积水。
- 泛水：与散水有相似之处，指将屋面或者楼面做成一定的坡度,引导积水排出，女儿墙、挑檐或高低屋面墙体处较常见。
- 踢脚：室内防止脚踢脏的裙带，高度多在15cm左右。
- 勒脚：与踢脚对应，是室外防止雨水侵袭的外墙保护带。勒脚的高度一般为室内地坪与室外地坪的高差。
- 门垛：大门旁边的混凝土柱。
- 净高：构件下表面与地坪（楼地板）的高度差。
- 建筑面积：建筑所占面积×层数。
- 使用面积：房间内的净面积。
- 交通面积：建筑物中用于通行的面积。

4.7 建筑制图说明

建筑制图说明是一套完整的建筑图纸中的重要组成部分，通常单独占一页或多页图纸，用于说明工程的概貌和总的要求，主要由工程概况、设计依据、防水工程、墙身工程、楼面工程、门窗等要点组成。本节将对各部分举例说明。

4.7.1 工程概况

（1）工程名称：××小区住宅楼6#楼。

（2）工程地点：位于××路与××路之间，××路北侧××m。

（3）总建筑面积：15206.73m²（其中阳台面积500m²），建筑层数：7层，建筑高度：22.68m。

（4）工程概算投资：2690.68万元。

（5）地震设防烈度：8度。

（6）以主体结构确定的建筑物为二级耐久年限，耐久年限为50年。

（7）结构类型：框架结构。

（8）防火设计：建筑物耐火等级为二级。

4.7.2 设计依据

（1）业主提供的有关原始设计资料及下达的设计任务书。

（2）国家颁布的现行建筑设计规范通则及规定。

4.7.3 防水工程

（1）本工程平屋图采用刚性防水和高聚物改性沥青卷材防水屋面，除楼梯间、机房及水箱顶外均按上人屋面处理，屋顶采用防滑地砖铺面。

（2）屋顶水箱和地下水池内表面防水用1：3水泥砂浆嵌平补实后，池底抹10mm厚、池壁抹7mm厚聚合物水泥砂浆，再刷无毒、防菌、防霉涂膜四道。

（3）塑钢门窗框与建筑墙面交接处用硅胶嵌缝。

4.7.4 墙身工程

（1）非承重墙体以及围墙禁止使用粘土砖，零零线以上的承重墙禁止使用实心粘土砖。本工程未标注墙体采用120mm厚页岩砖，标注墙体采用240mm厚页岩砖墙。

（2）墙体与钢筋混凝土墙、柱连接节点、构造柱的做法详见结构一般说明，应先砌墙后浇构造柱。

（3）凡采用砌体砌筑的排风道、排烟竖井、各类管道井，在不能内部粉刷施工时，其井道内壁要求边砌边刮平砌筑砂浆。

（4）不到顶砌体隔墙顶部应加设钢筋混凝土压顶梁。

（5）保温墙体的施工必须严格按照有关规程或技术要求进行，防止保温层及粉刷出现空鼓和裂缝。

（6）墙高不足砌块模数尺寸时，用粘土空心砖镶砌或填满，穿透墙体的预留洞背面铺钉钢丝网后摸灰。

（7）底层室内相邻地坪有高差时，应在高差处墙身的侧面加设防潮层。

（8）加气混凝土砌块的砌筑，应按照供货厂家提供的技术条件和操作要求进行施工，内填充墙壁体交接处亦应加钉200宽钢丝网再做内粉刷。

4.7.5 楼面地面

（1）阳台、外廊、室外楼梯平台、厨房、卫生间、洗手间的楼地面（完成面）标高应低于相邻房间及走道的楼地面（完成面）标高100mm。

（2）凡有地漏或出水口的楼地面，均应做0.5%坡度的排水坡向地漏或出水口。

（3）厕浴、厨房等有防水要求的地面和楼地面，在墙底部应设置高度为 180mm C20细石混凝土地垄。

4.7.6 门窗

（1）门窗名称、规格、数量详见门窗表。

（2）外门窗、平窗及门连窗均依不同墙厚居中立樘。

（3）铝合金及塑钢门窗安装应采用弹性连接，与墙体及砂浆接触处应做好表面的防腐处理。

（4）铝合金推拉门窗采用气密性好、防雨性能好的门窗。

（5）所有门窗加工定货前须对洞口尺寸进行复核。

（6）本工程门窗的强度设计、构造设计、防烟、防雨、密闭构造等均由承包商负责，并应满足规范要求。

4.7.7 其他

（1）本工程所有装饰材料及墙身涂料、油漆的材料、颜色及纹理排列等，应先选择样本或色板做施工小样，会同设计及业主商定后方可正式施工。

（2）本图家具中床、电视柜、洗衣机为位置示意，厨房操作台、洗面台、浴缸及其他洁具均由业主选型购置。

（3）凡穿墙、板的上下水暖、电照管道均需预留孔洞，各专业需配合施工。

（4）卧室、起居室及书房均设顶棚灰线。

（5）窗台板采用大花白天然大理石板。

（6）一层地面及顶层屋面板下均设保温，顶层阳台雨篷板下设的板芯40厚保温层采用SRC板，一层设地面上的保温层采用40mm厚、密度为20kg/m聚苯乙烯泡沫板，预留φ7钢筋，间距300mm×300mm。

（7）本说明与图纸互为补充，如有不详之处，需及时要求设计人员解释说明或按国家现行施工及验收规范施工，不得擅自变更设计。

第5章

住宅平面图绘制

本章内容

- 平面图概述
- 标准层平面图绘制
- 一层平面图绘制
- 屋顶平面图绘制
- 其他平面图绘制

5.1 平面图概述

用一个假想的水平面，经过房屋的门窗洞口剖开整幢建筑，移去处于剖切平面上方的建筑，将留下的部分按俯视方向在水平投影面上作正投影，所得到的图样即为房屋的建筑平面图形，简称平面图，如图5-1所示。

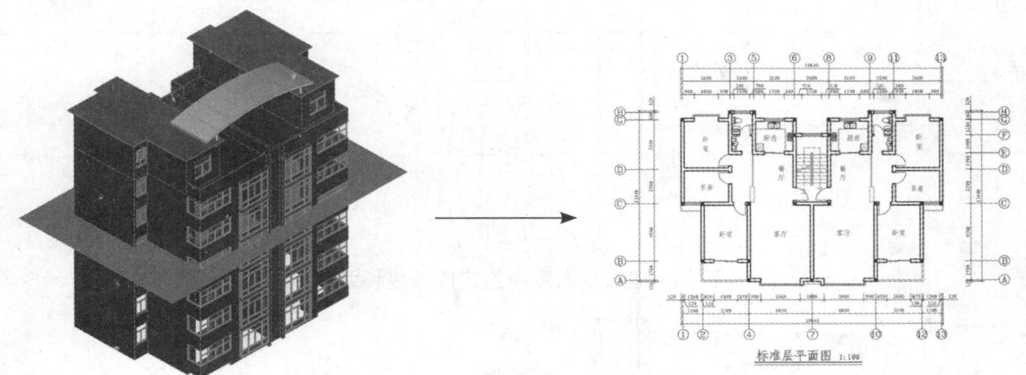

图5-1 平面图的形成

建筑平面图主要用来表示房屋的平面布置情况，也是建筑施工图中最基本的图样之一，在施工过程中，可作为施工放线、砌筑、安装门窗、做室内外装修以及编制预算、备料等工作的依据。下面看介绍平面图的构成、类型和其一般绘制步骤。

5.1.1 平面图构成

为了正确表达设计意图、明确设计尺寸、方便施工，一张完整的建筑平面图通常由如下几个部分构成。

- 图名、比例：即在平面图的下方，标注好平面图的名称，如“标准层平面图”，以及绘图比例，如“1：100”，如图5-2所示（绘图比例是打印出图时的真实比例，用于说明打印出来的图形中长度与建筑物的真实长度间的比值，如1:100即表示图中1cm表示真实建筑物中的1m）。

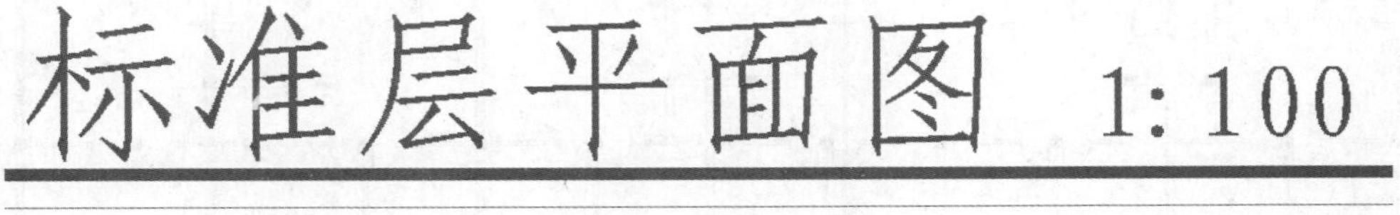

标准层平面图 1:100

图5-2 平面图中的图名和比例

- 纵横定位轴线及其编号：用于确定建筑物中主要结构（如墙或柱）位置的线，即为定位轴线。定位轴线是施工定位、放线和测量定位的依据。墙体通常对称分布于轴线两侧，也可进行调整，这主要与建筑结构有关。为了在转换不同视图时（如立面图）可以轻易找到对应位置，还应为轴线编号，如图5-3所示。
- 墙体：用于表明墙的厚度和位置，以及各房间（及柱）的布置，如图5-4所示。
- 门、窗：表明门和窗的大小和位置及其型号，如图5-4所示。
- 楼梯：说明楼梯的位置和走向，如图5-5所示。

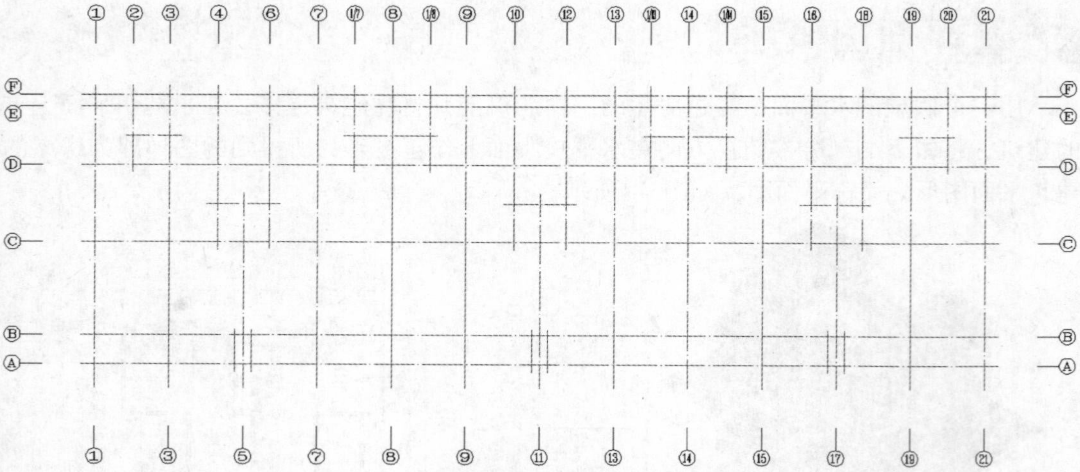

图5-3　建筑平面图中的定位轴线和编号

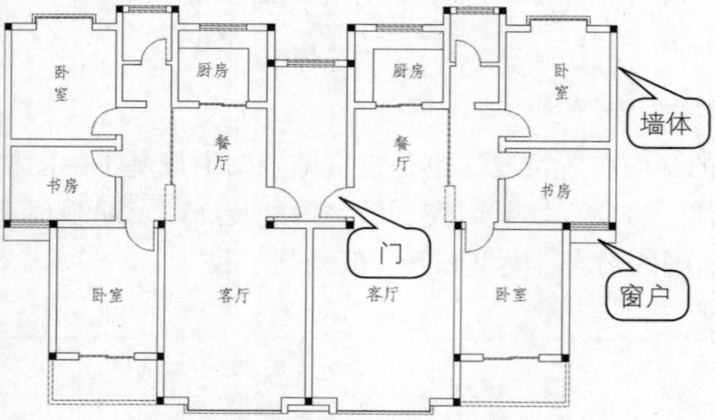

图5-4　建筑平面图中的墙体和门窗

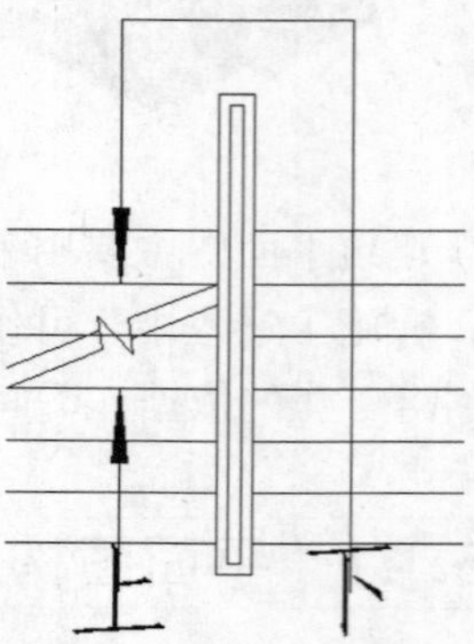

图5-5　平面图中的楼梯

- 图例：盥洗间、厕所、厨房等内的固定设施，如洗脸盆、坐便器和煤气灶等图例，用以表明其相对位置关系，如图5-6所示。此外，根据需要还可能添加台阶、花坛、阳台、雨篷、雨水管和明沟等图例。

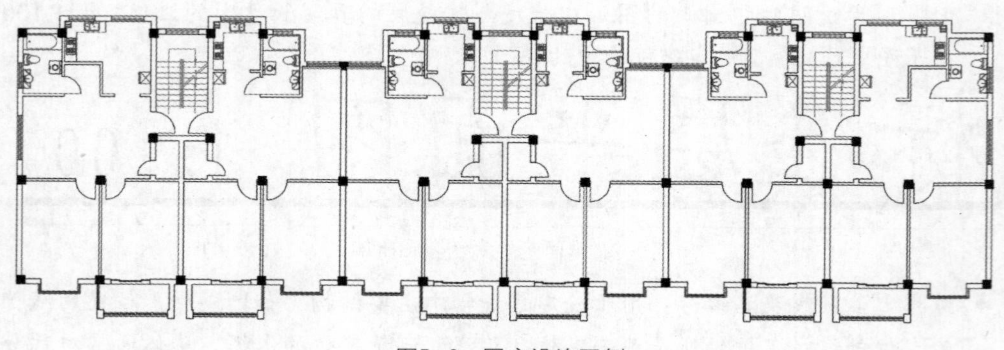

图5-6　固定设施图例

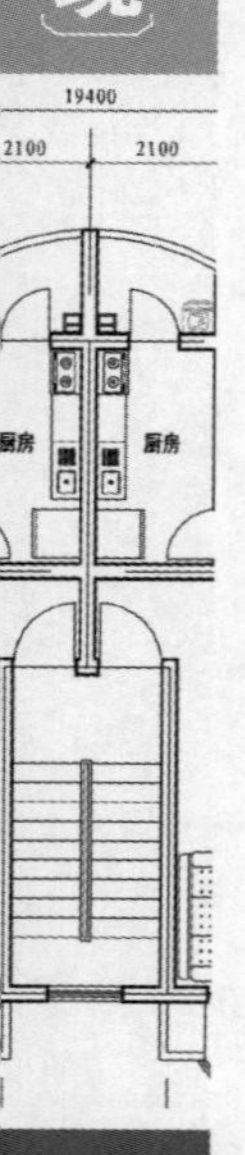

- 尺寸标注：表明建筑物尺寸大小的各种标注，如轴线尺寸、门窗大小和位置尺寸，及楼地面的标高和坡度等，如图5-7所示。
- 剖切位置线：用于说明建筑剖面图自此位置进行剖切，并标注对应编号和指北针，如图5-8所示（根据需要添加，某些平面图中无此项）。

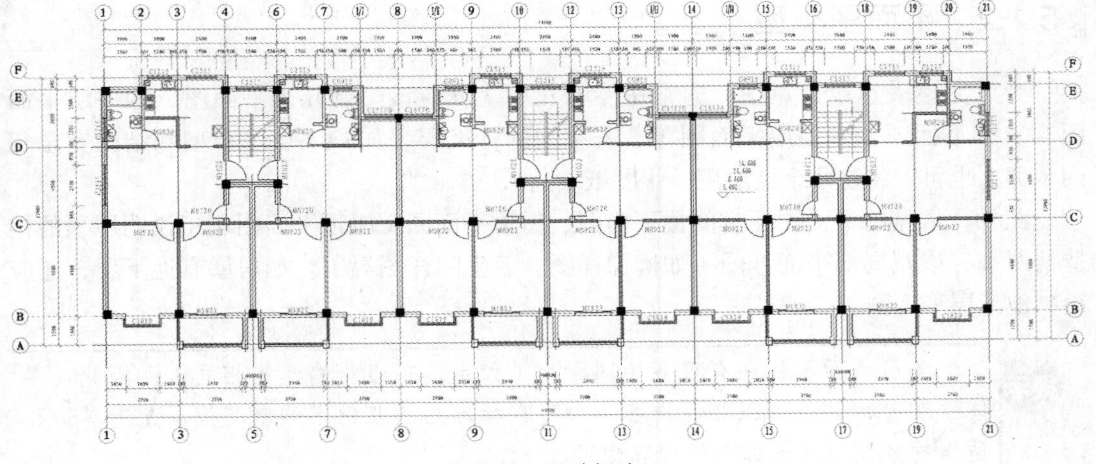

图5-7 尺寸标注

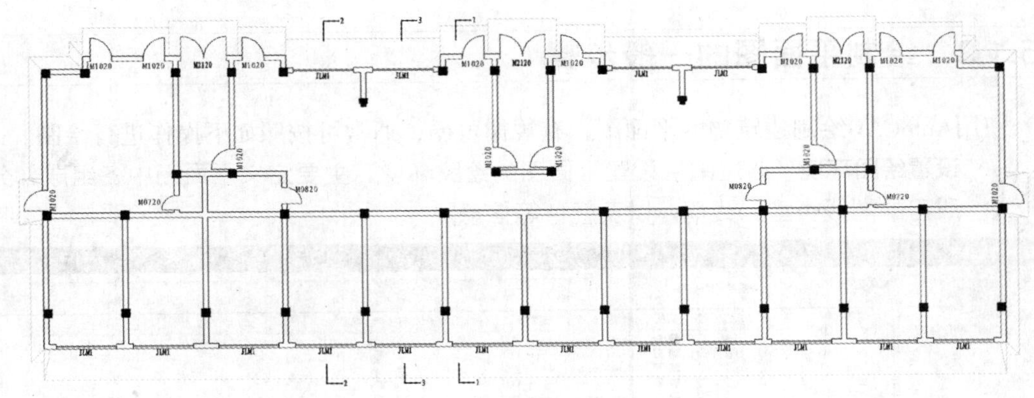

图5-8 剖切位置线

- 详图索引符号：表明此处图形将在其他图纸中（由索引符号对应的图纸）进行详细说明，如图5-9所示（根据需要添加，某些平面图中无此项）。
- 图框和施工说明等：图纸的边框以及施工说明等信息，如图5-10所示。

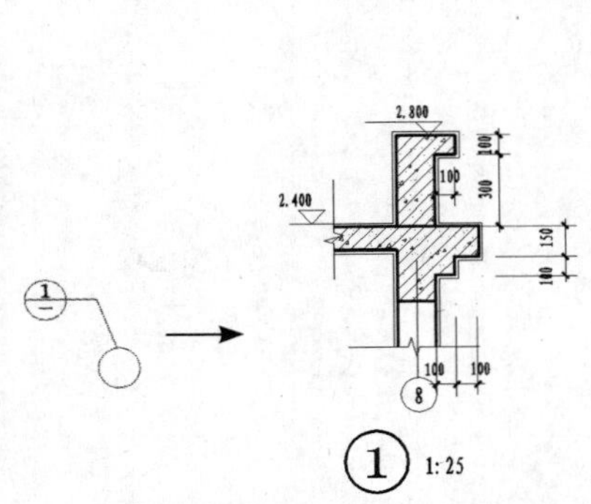

图5-9 详图索引符号和详图

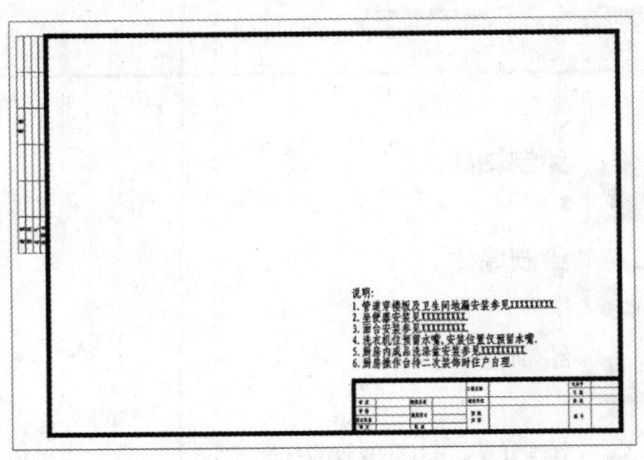

图5-10 图框和施工说明

5.1.2 平面图类型

为了完整表达设计意图，通常房屋有几层，就应该绘制几个平面图，如一层平面图、二层平面图，到顶层平面图等。若中间的标准层（如3～6层）户型和结构完全相同，那么也可以将这几个楼层用一张图纸表达。

此外，常见的平面图还有阁楼平面图、屋顶平面图（屋顶平面图用于说明屋顶的构造情况），以及局部平面详图（如楼梯详图、卫生间详图等）。如房屋有地下层，还应绘制地下层平面图。

各层平面图往往有很多相同之处（如定位轴线、墙线等相同），因此在具体绘制时，往往可以相互借鉴。如可在标准层的基础上绘制其他层，对其进行适当的修改，并添加新的内容即可。

5.1.3 绘制平面图的一般步骤

使用AutoCAD绘制建筑物的平面图，有规律可循，通常可按照如下操作进行绘制。

01 **设置绘图环境** 通过图层设置平面图的绘图环境，主要定义平面图中各组成部分所用的图线类型、线框，以及颜色等信息。

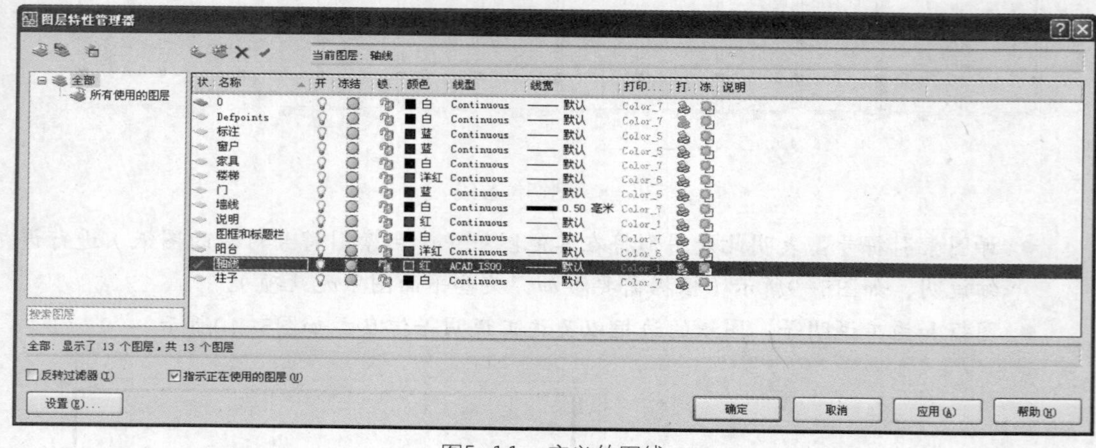

图5-11 定义的图线

02 绘制轴线。

03 绘制墙体。

04 绘制柱子。

05 绘制门、窗图形和阳台。

06 标注尺寸。

07 绘制轴号。

08 **标注文本** 标注图名和说明信息等。

09 **定义图框** 定义图框和标题栏，并将绘制完成的平面图置于图框的正确位置中，即可完成平面图形的绘制，如图5-12所示。

10 打印输出。

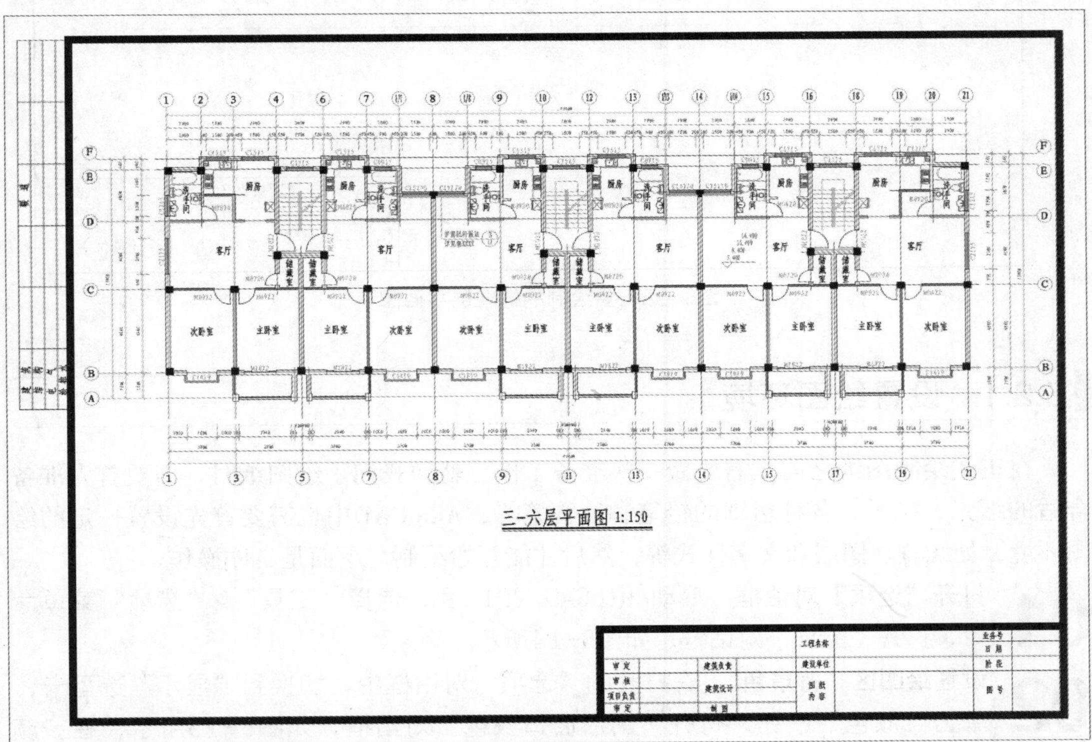

图5-12 包含图框的平面图

5.2 标准层平面图绘制

如果房屋的中间几层（如3~6层）结构相同，那么它们的平面结构即可以使用一张图纸表达，并命名为“标准层平面图“或“三～六层平面图”等。

本节讲述标准层平面图的绘制，效果如图5-13所示。在绘制的过程中，涵盖了从绘图环境设置到打印出图的全部过程。所以本节内容是学习建筑工程图绘制的重点，掌握后可以一通百通，顺利掌握其他图纸的绘制。

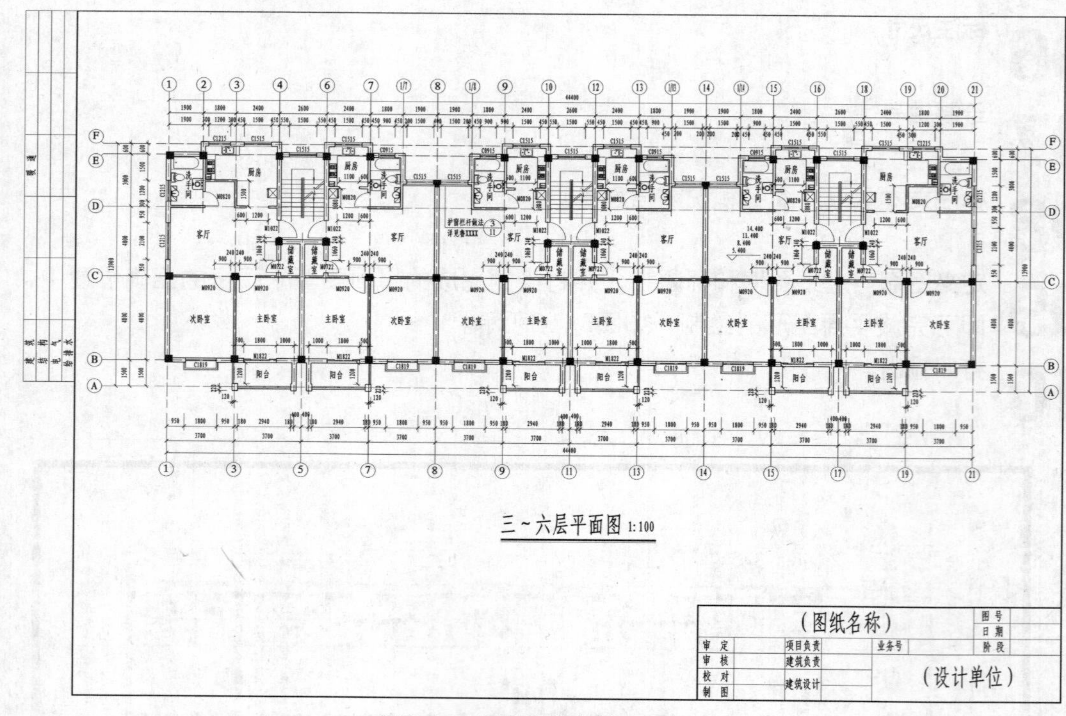

图5-13　要绘制的标准层平面图

5.2.1　设置绘图环境

在正式绘制图纸之前，需要做一些准备工作。就像我们手绘图纸时，需要首先准备合适的纸张、尺子，各种粗细的铅笔和针管笔等，AutoCAD中也需要首先设置一定的绘图环境，如线宽、图层和文字样式等，然后才能开始绘制。下面是具体操作。

01 **打开“选项”对话框**　启动AutoCAD 2013后，选择“工具”>“选项”菜单命令，打开“选项”对话框，如图5-14所示。

02 **设置绘图区“背景色”**　在打开的“选项”对话框中，切换到“显示”选型卡，单击“颜色”按钮，打开“图形窗口颜色”对话框，如图5-15所示，在“颜色”下拉列表中选择“白”颜色，并单击“确定”按钮，返回“选项”对话框。

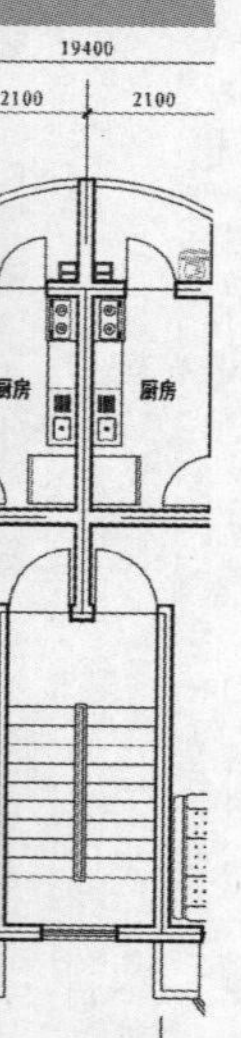

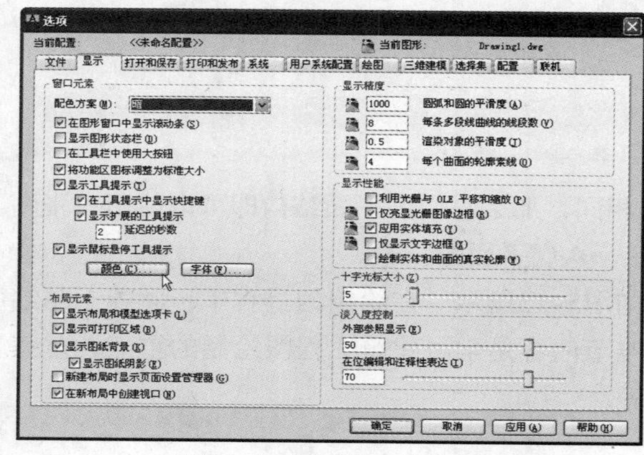

图5-14　“选项”对话框

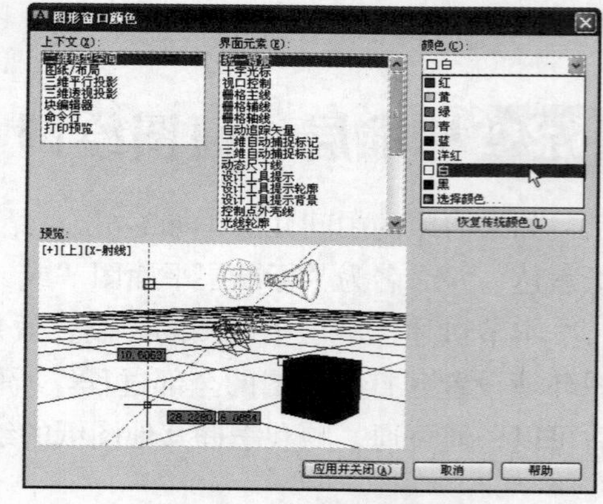

图5-15　设置背景色操作

03 **设置默认线宽** 在"选项"对话框中切换到"用户系统配置"选型卡，如图5-16左图所示，单击"线宽设置"按钮，打开"线宽设置"对话框，如图5-16右图所示，在右侧的"默认"下拉列表中，选择默认线宽为0.18mm，单击"应用并关闭"按钮，返回"选项"对话框，单击"确定"按钮即可。

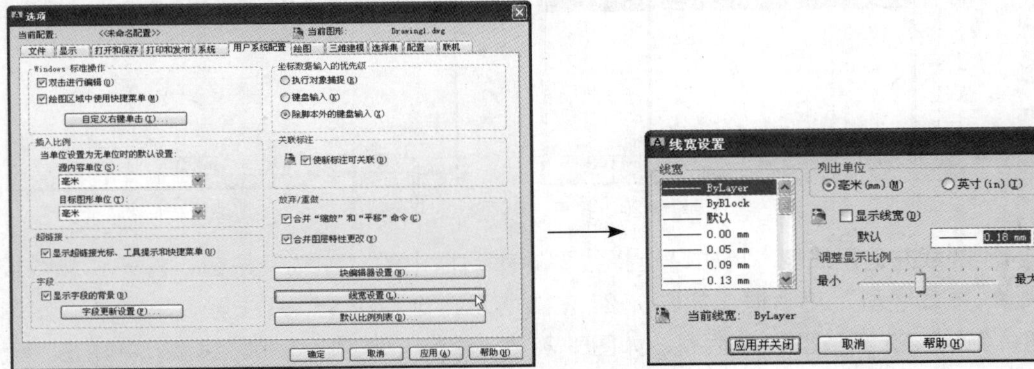

图5-16　设置默认线宽操作

提示 本图纸，按照《建筑制图规范》的要求，选用线宽组为"0.18，0.35，0.7"的组合（参见表4-3）。而由于细线线型在图纸中应用最多，通常将细线设置为默认线宽，所以此处设置0.18mm线宽为默认线宽。

04 **打开"图层特性管理器"** 选择"格式">"图层"菜单命令，或执行LA命令，打开"图层特性管理器"选项板，如图5-17所示。

05 **新建图层** 单击"图层特性管理器"选项板中的"新建图层"按钮，新建一图层（显示现在"图层"列表中），如图5-18所示，新建的图层默认处于重命名状态，输入"轴线"名称即可。

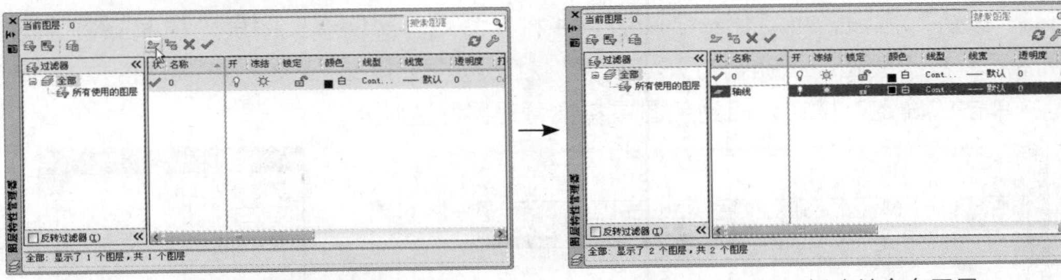

图5-17　"图层特性管理器"选项板　　图5-18　新建并命名图层

06 **设置图层颜色** 单击新建图层的"颜色"按钮，打开"选择颜色"对话框，如图5-19所示，选择"红色"并单击"确定"按钮，回到"图层特性管理器"选项板。

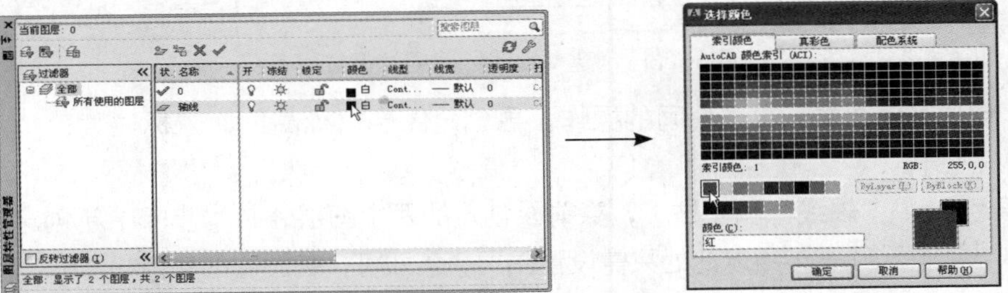

图5-19　设置图层颜色

07 **打开“选择线型”对话框** 单击新建图层的“线性”按钮，如图5-20左图所示，打开“选择线型”对话框，如图5-20右图所示。

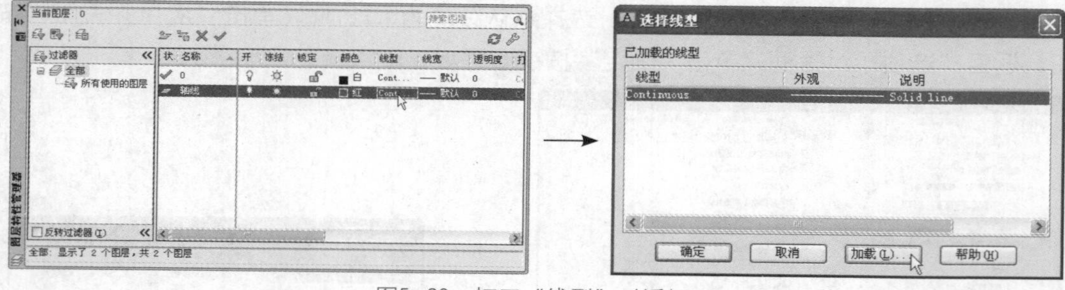

图5-20 打开“线型”对话框

08 **加载并选用线型** 单击“选择线型”对话框中的“加载”按钮，打开“加载或重载线型”对话框，如图5-21左图所示，选择DASHDOT线型，单击“确定”按钮，回到“选择线型”对话框，如图5-21右图所示。选中DASHDOT线型，并单击“确定”按钮。

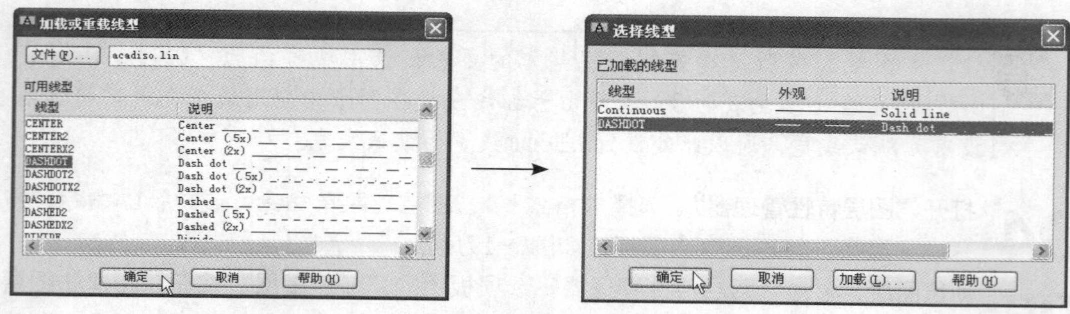

图5-21 加载并选用线型

09 **创建“墙线”图层** 通过相同操作，单击“图层特性管理器”选项板中的“新建图层”按钮，再新建一个图层，并将其命名为“墙线”图层，如图5-22左图所示。然后单击“线宽”按钮，打开“线宽”对话框，选用0.35mm线宽，如图5-22右图所示，并单击“确定”按钮，回到“图层特性管理器”选项板。

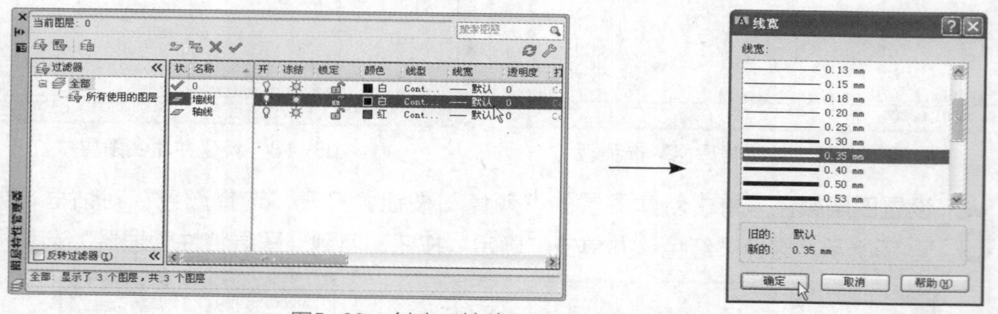

图5-22 创建“墙线”图层并设置线宽

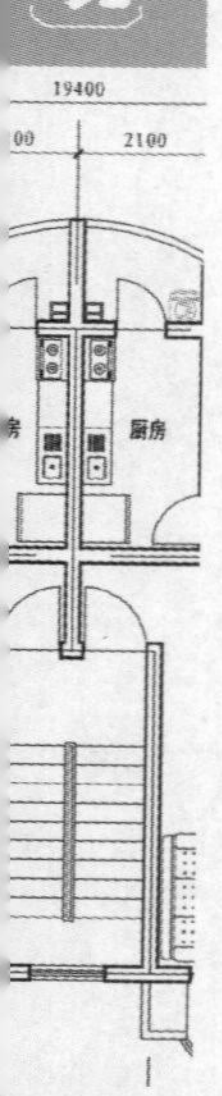

10 **创建其他图层** 通过相同的操作，再创建图层“标高”、“标注”、“窗户”、“栏杆”、“楼梯”、“门”、“墙线”、“图块”、“图框”、“文本”、“详图索引”、“轴线”和“柱”，除前面创建的两个图层外，本步骤中新创建的图层全部使用默认线型和线宽，所以此处只需设置图层颜色即可，各图层的颜色如图5-23所示。

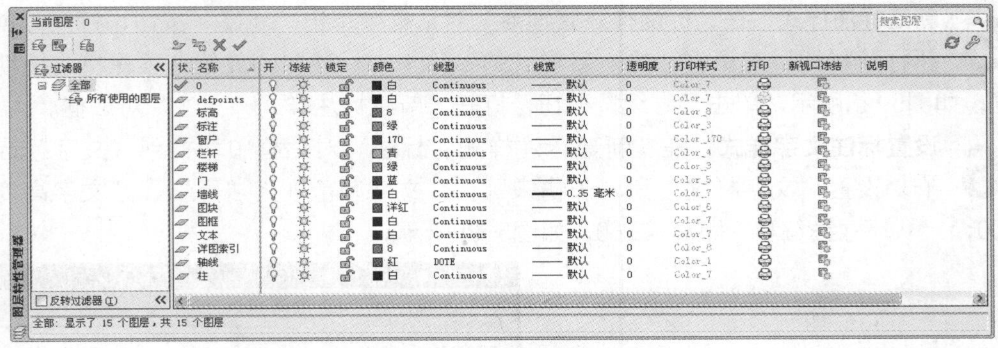

图5-23 创建的其他图层

此处未设置0.7mm的图层线宽，主要是因为后面绘制图框的过程中，使用了带有宽度的多段线，所以此处不再设置。

11 **打开“文字样式”对话框** 选择“格式”>“文字样式”菜单命令，打开“文字样式”对话框，如图5-24所示。

12 **新建文字样式** 在“文字样式”对话框中单击“新建”按钮，打开“新建文字样式”对话框，如图5-25所示，设置新建的文字样式名称为“长仿宋”，并单击“确定”按钮继续。

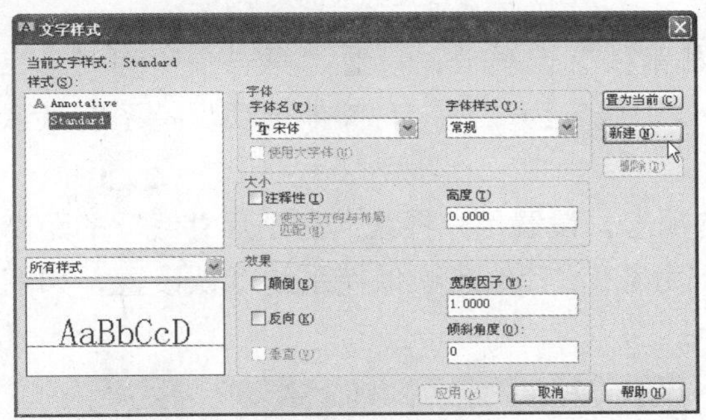

图5-24 “文字样式”对话框

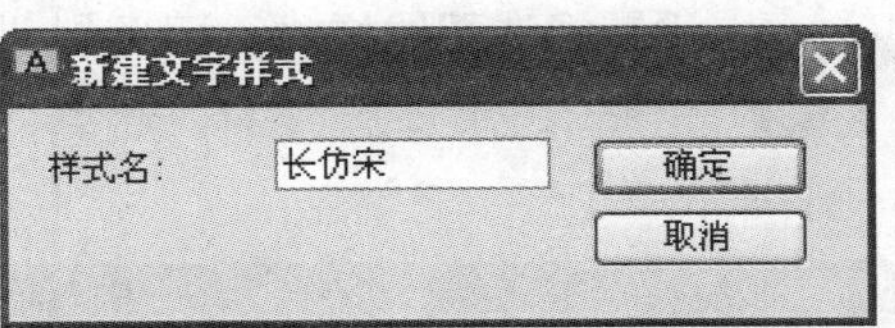

图5-25 “新建文字样式”对话框

13 **设置文字样式** 在“文字样式”对话框的“字体名”下拉列表中选择“仿宋_GB2312”，“宽度因子”为0.7，如图5-26所示，单击“应用”和“关闭”按钮即可。

14 **打开“标注样式管理器”对话框** 选择“格式”>“标注样式”菜单命令，或执行D命令，打开“标注样式管理器”对话框，如图5-27所示。

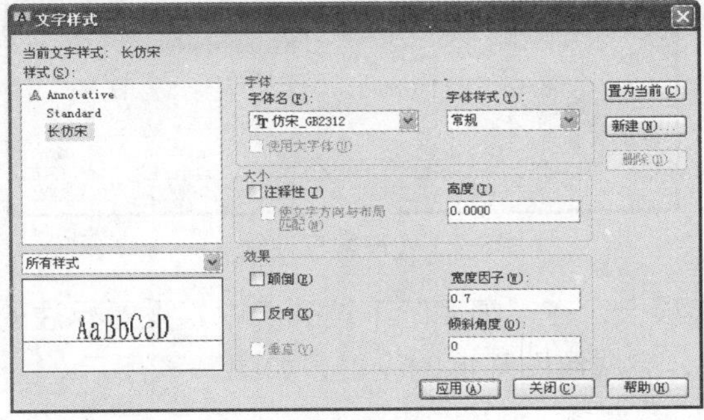

图5-26 设置文字字型

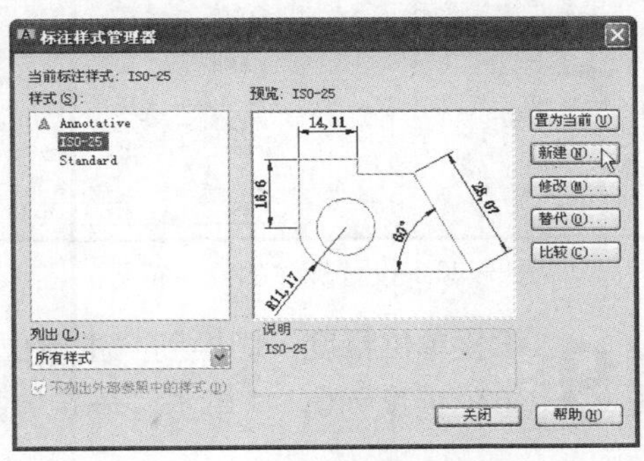

图5-27 “标注样式管理器”对话框

15 **新建标注样式** 在“标注样式管理器”对话框中单击“新建”按钮，打开“创建新标注样式”对话框，输入新样式的名称为“标注”，其他选项保持系统默认设置，如图5-28所示，单击“继续”按钮，打开“新建标注样式：标注”对话框。

16 **设置标注文字样式** 在“新建标注样式：标注”对话框中切换到“文字”选项卡，设置“文字样式”为“长仿宋”，“文字颜色”为“黑”，“文字高度”为300，“从尺寸线偏移”距离为150，如图5-29所示。

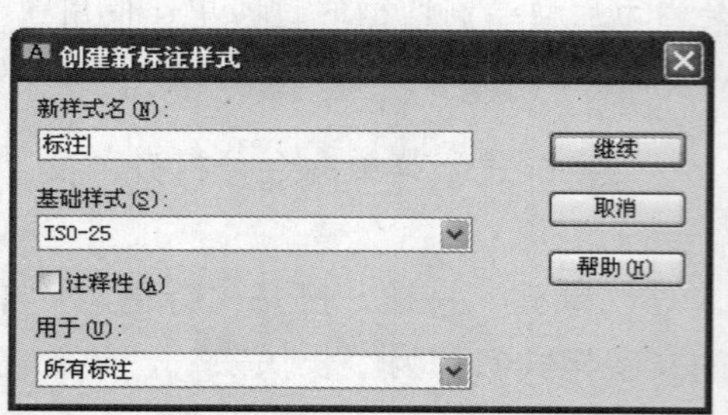

图5-28 “新建标注样式”对话框

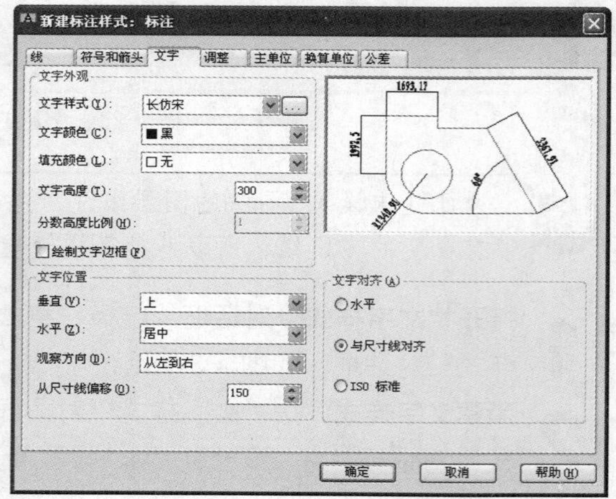

图5-29 设置标注的文字格式

17 **设置标注箭头样式** 切换到“符号和箭头”选项卡，设置“第一个”和“第二个”箭头的样式为“建筑标记”，“引线”为“点”，其他选项保持系统默认设置，如图5-30所示。

18 **设置标注图线样式** 切换到“线”选项卡，设置尺寸界线“超出尺寸线”的距离为250，尺寸界线的“起点偏移量”为300，其他选项保持系统默认设置，如图5-31所示。

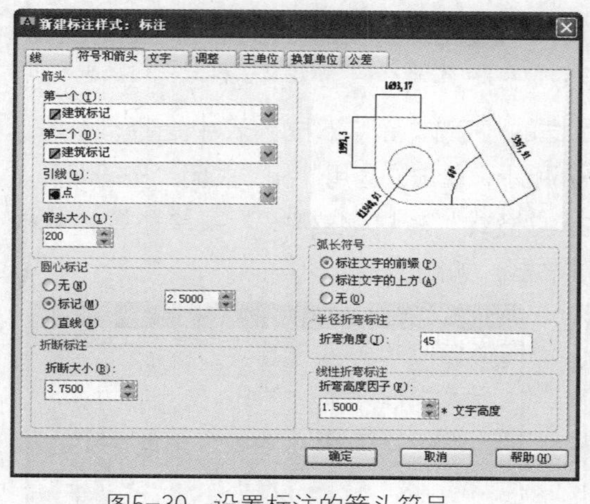

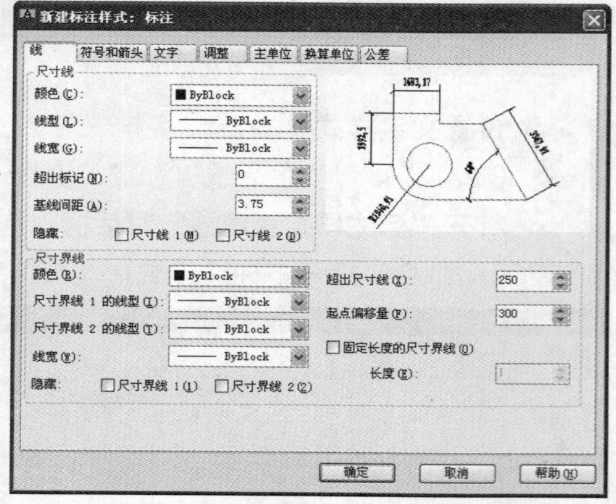

图5-30 设置标注的箭头符号

图5-31 设置标注线

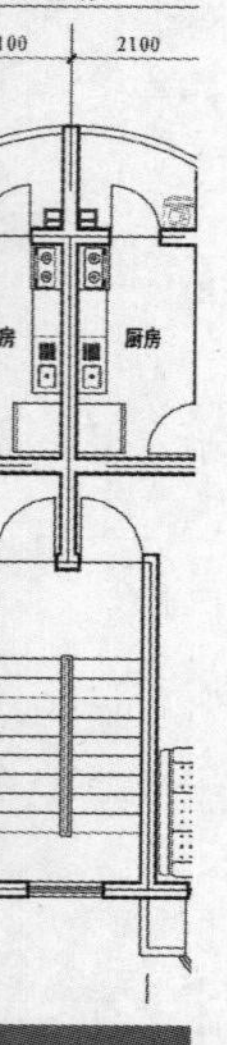

19 **设置单位精度** 切换到“主单位”选项卡，在“精度”下拉列表中，设置标注的单位精度为0，并单击“确定”按钮，完成绘图环境的设置，如图5-32所示。

除了上面这些选项需要设置外，有时为了插入块的方便，也可以执行UN命令，打开“图形单位”对话框，如图5-33所示，设置需要使用的图形单位。由于建筑物的尺寸往往较大，也可将精度设置为0。其他选项通常保持系统默认设置即可。

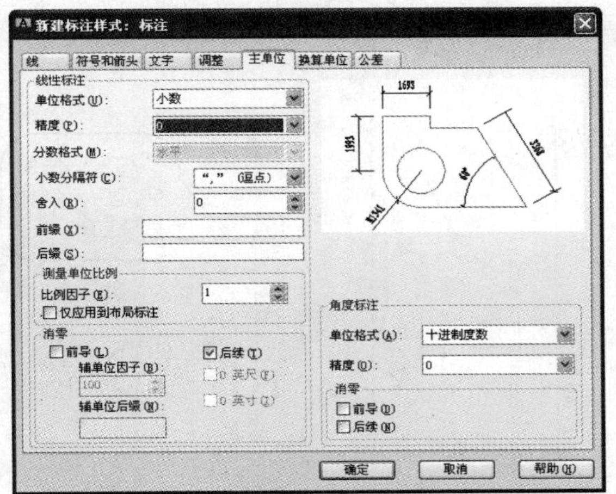

图5-32　设置标注单位

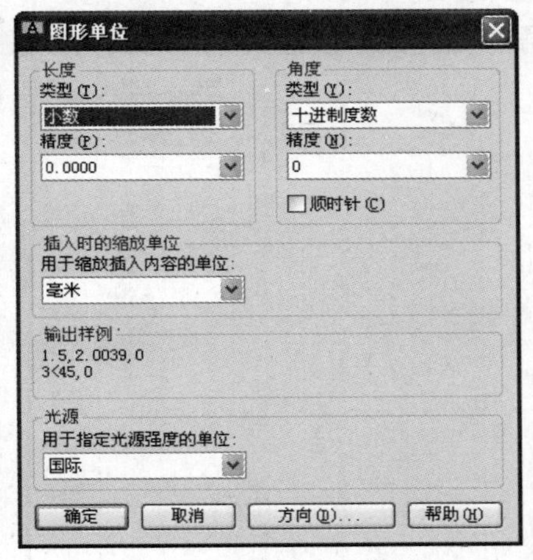

图5-33　“图形单位”对话框

5.2.2　绘制轴线

轴网是建筑物平面布置、墙、柱和其他图形元素等定位的依据，所以在建筑图纸绘制时，需要首先绘制轴网，下面是具体操作。

01 **设置当前图层**　在“图层”工具栏的“图层控制”下拉列表中选择“轴线”图层为当前图层，如图5-34所示。

02 **设置比例因子**　选择“格式”>“线型”菜单命令，或执行LT命令，打开“线型管理器”对话框，单击“显示细节”按钮，打开线型的“详细信息”面板，设置“全局比例因子”为400，如图5-35所示，单击“确定”按钮即可。

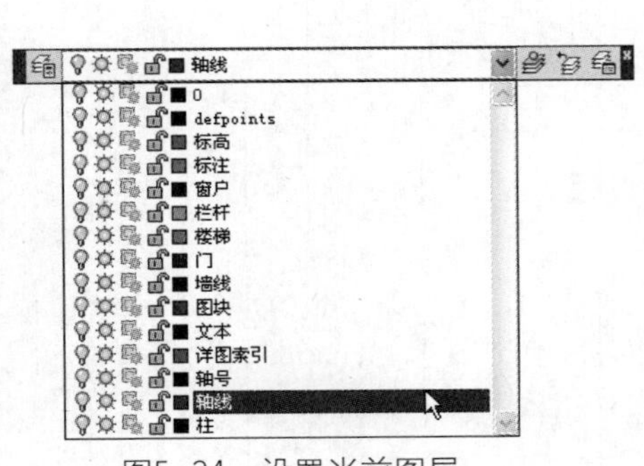

图5-34　设置当前图层

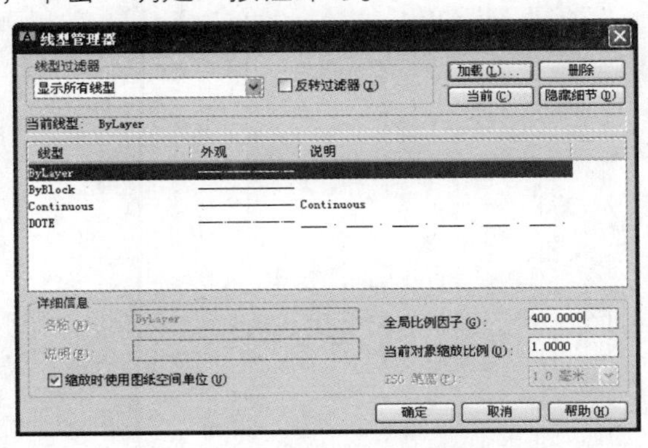

图5-35　设置全局比例因子

03 **绘制竖向轴线**　执行L命令，绘制一竖向直线，长度为15620个图形单位，如图5-36所示。

04 **偏移竖向轴线**　执行O命令，将步骤3绘制的直线向右偏移1900个图形单位，再偏移最右侧的竖向轴线1800、2400和1300个图形单位，即共绘制5条竖向轴线，如图5-37所示。

05 **调整轴线长度**　选择“参数”>“标注约束”>“竖直”菜单命令，选择第2条竖直轴线的两个端点，输入4450设置其竖向尺寸（先单击的点为固定点），然后通过相同操作设置第4条和第5条图线的长度分别为8470和10000，如图5-38所示。

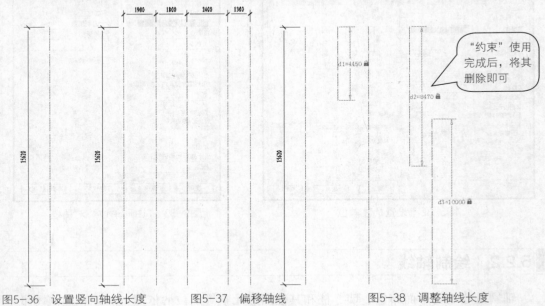

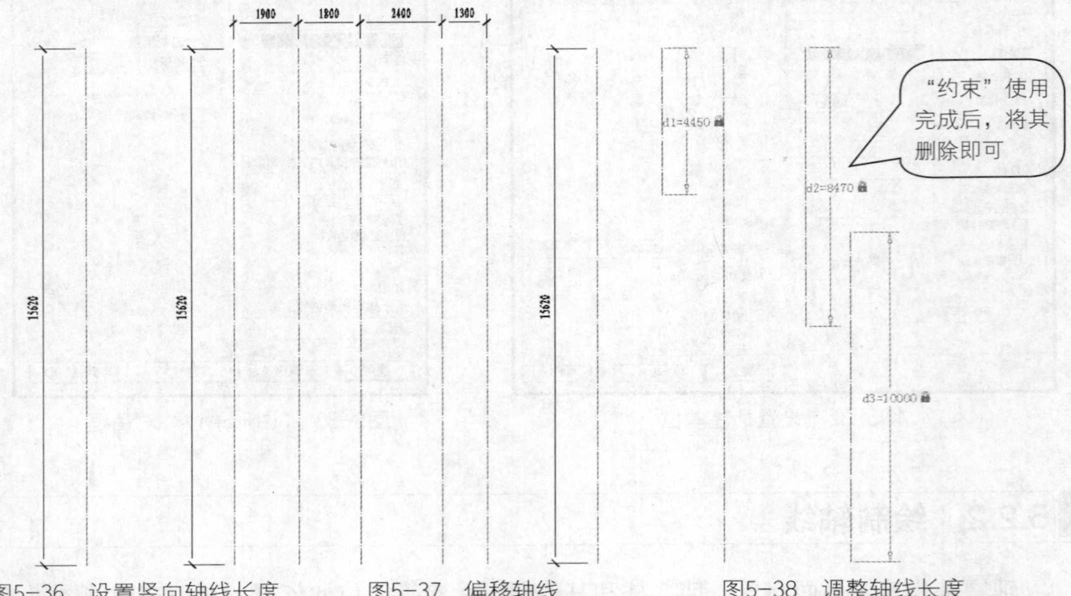

图5-36　设置竖向轴线长度　　图5-37　偏移轴线　　图5-38　调整轴线长度

06 **偏移短轴线**　执行O命令，偏移右侧短轴线向左400个图形单位，如图5-39所示。

07 **调整轴线长度**　同样，选择两次“参数”>“标注约束”>“竖直”菜单命令，设置步骤6偏移轴线的长度和位置，如图5-40所示。

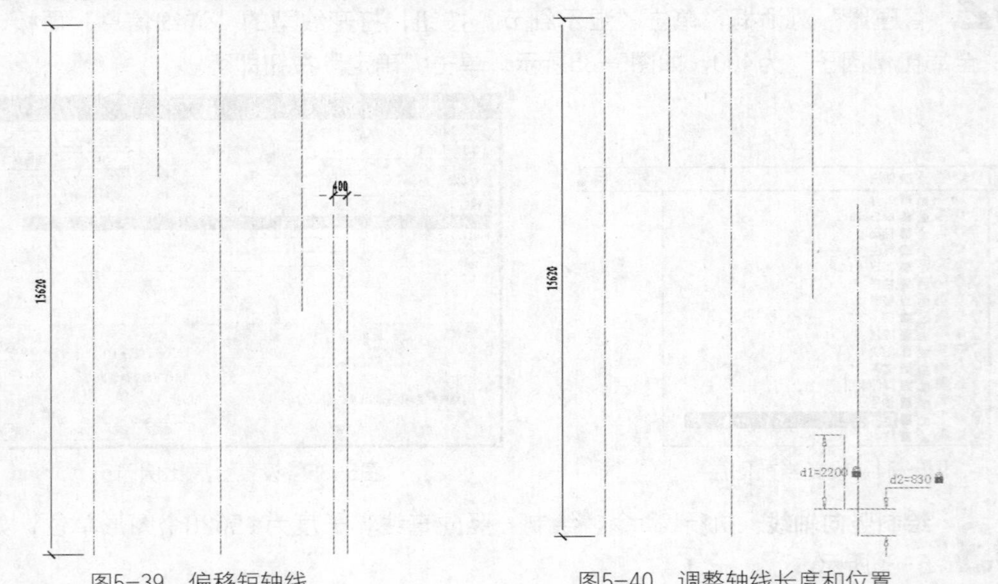

图5-39　偏移短轴线　　图5-40　调整轴线长度和位置

08 **镜像轴线** 以最右侧图线为镜像线，选择其余图线，执行MI命令进行镜像操作，如图5-41所示。

09 **再次镜像** 再次执行MI命令，以最右侧图线为镜像线，选择如图5-41所示AB线到镜像图线间的线（不包含镜像图线）执行镜像操作，效果如图5-42所示。

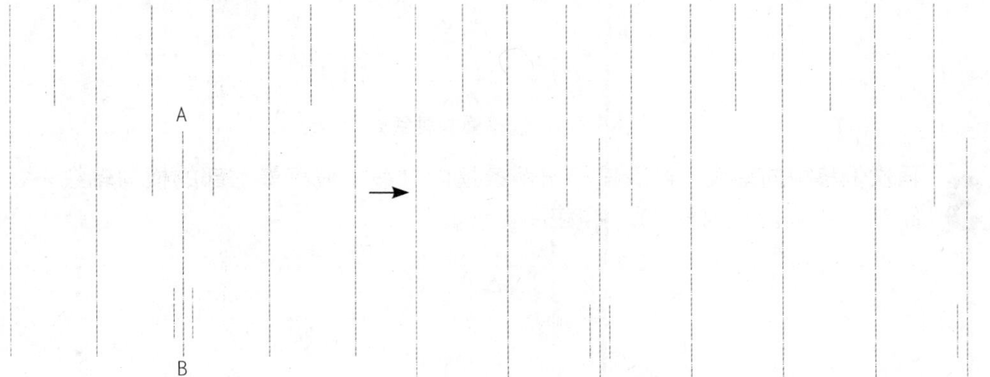

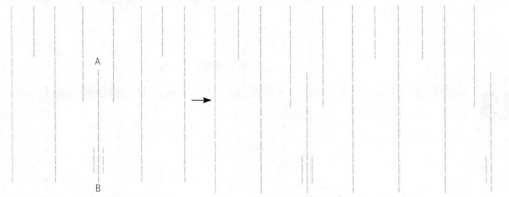

图5-41 镜像轴线效果　　图5-42 再次镜像轴线效果

10 **整体镜像** 以步骤9完成图形的最右侧图线为镜像图线，选择镜像线左侧的所有图线，进行镜像操作，完成竖向轴线的创建，效果如图5-43所示。

图5-43 镜像所有纵向轴线效果

11 **绘制横向轴线** 执行L命令，绘制一条水平的直线，直线长度为45800，直线左侧端点距离竖向直线上部端点的距离分别为685、480，如图5-44所示（可首先绘制直线，然后通过选择“参数”>“约束标注”菜单进行创建）。

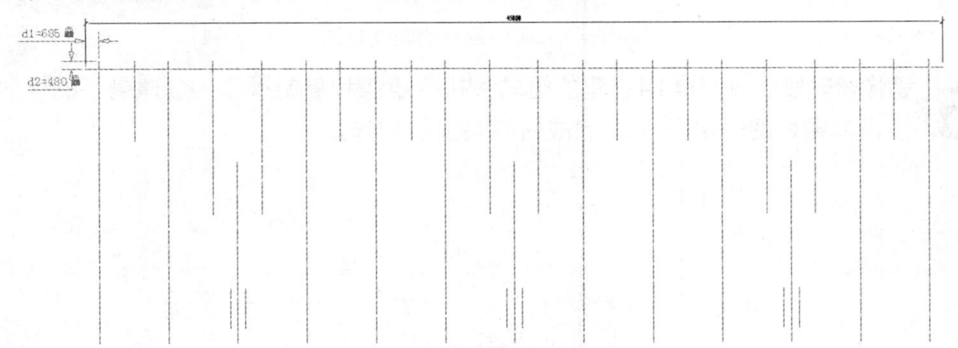

图5-44 创建横向轴线

12 **偏移横向轴线** 执行O命令，偏移步骤11绘制的横向轴线，偏移尺寸如图5-45所示。

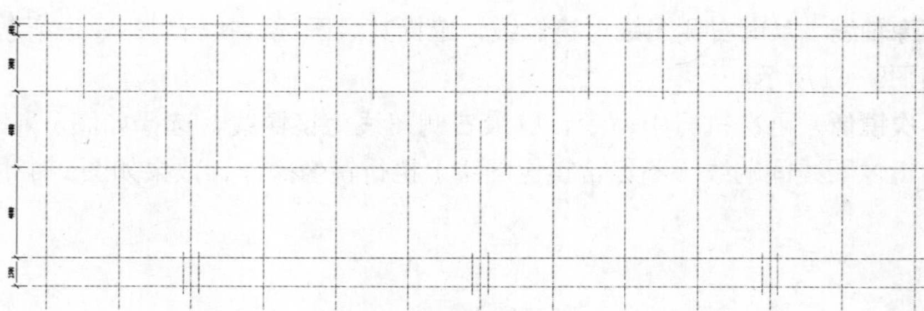

图5-45　偏移横向轴线效果

13 再次偏移横向轴线　再次偏移出两条横向轴线（偏移最上部的横向轴线），偏移距离分别为2100和5600，如图5-46所示。

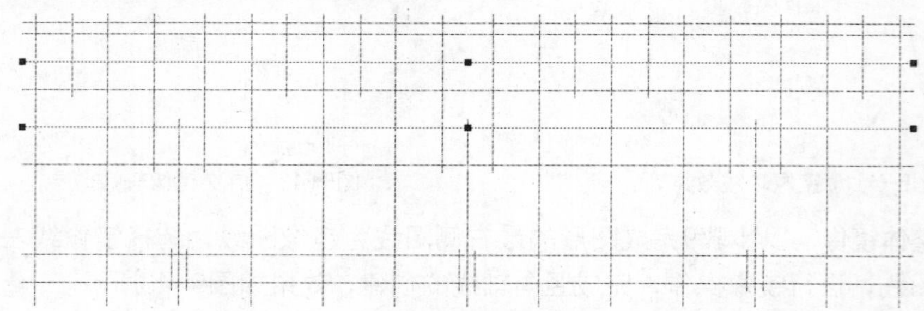

图5-46　偏移个别横向轴线效果

14 调整短轴线长度　选择“参数”>“约束标注”>“水平”菜单命令，将步骤13偏移出来的两条横向轴线分别约束为2800和3600个单位长度（位置设置为图示位置的中点即可），如图5-47所示。

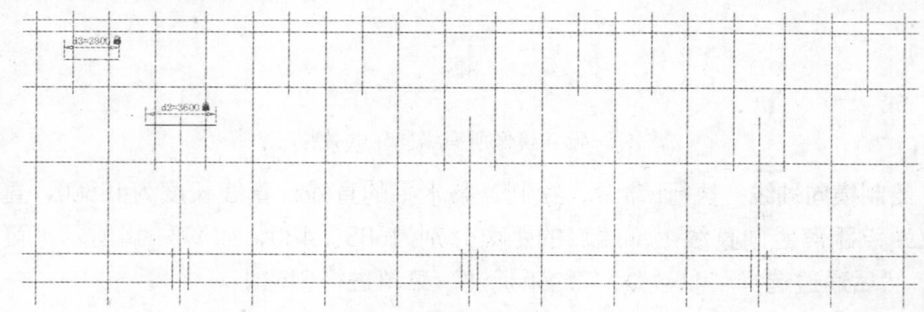

图5-47　调整偏移的轴线效果

15 镜像短轴线　对步骤14创建的短轴线执行镜像和复制操作，创建剩下的横向短轴线，效果如图5-48所示，完成所有轴线的创建。

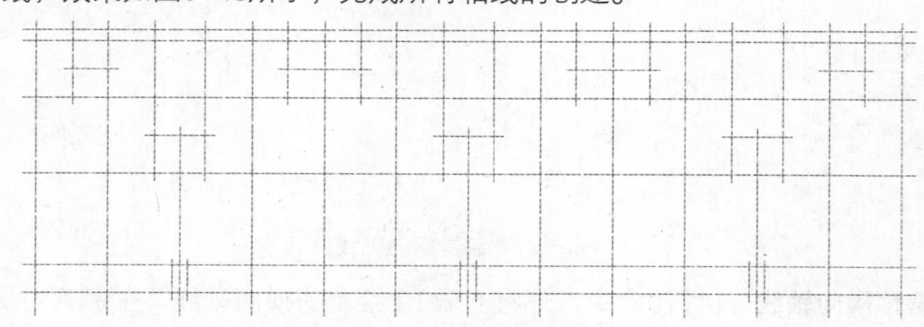

图5-48　镜像横向短轴线效果

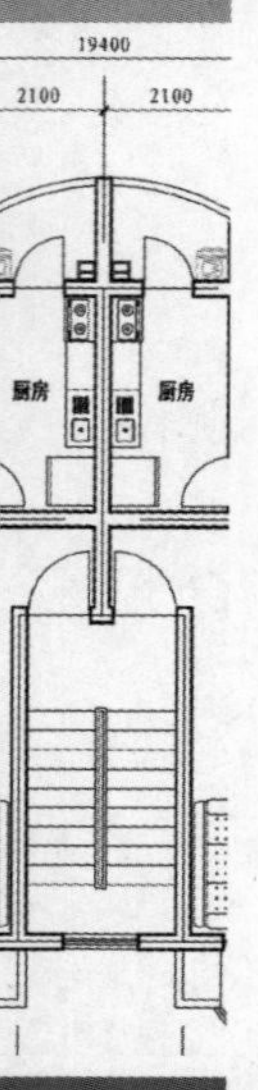

5.2.3 绘制外墙

墙体主要用于支撑和划分房间，是建筑物的重要组成部分。本节介绍墙体中外墙墙线的绘制方法，主要通过多线命令进行绘制，具体操作如下。

01 **设置当前图层** 在“图层”工具栏的“图层控制”下拉列表中选择“墙线”图层为当前图层，如图5-49所示。

02 **打开“多线样式”对话框** 选择“格式”>“多线样式”菜单命令，打开“多线样式”对话框，如图5-50所示。

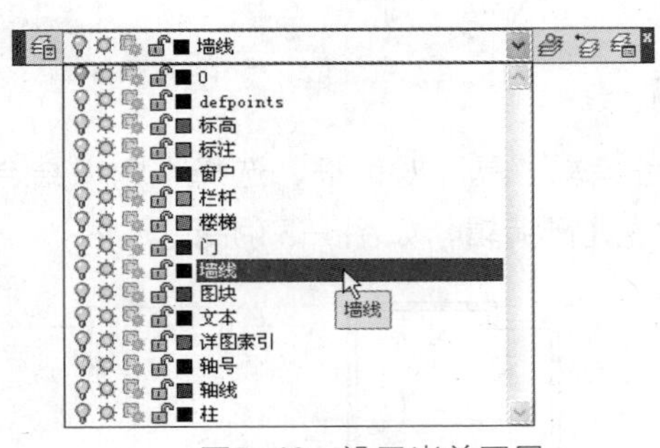

图5-49 设置当前图层

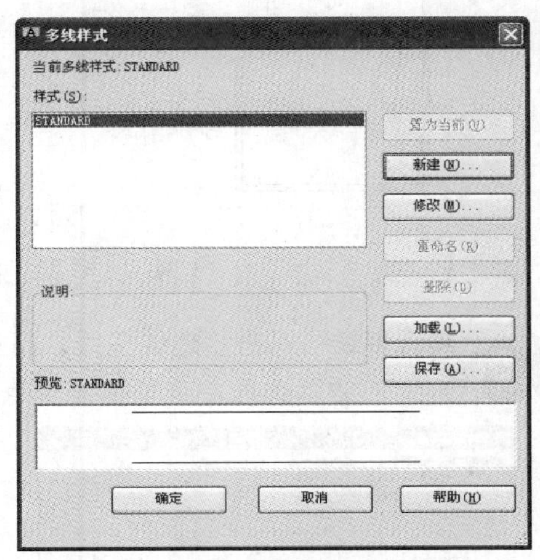

图5-50 “多线样式”对话框

03 **新建多线样式** 在“多线样式”对话框中，单击“新建”按钮，打开“创建新的多线样式”对话框，如图5-51左图所示。输入多线样式名WQ，单击“继续”按钮，打开“新建多线样式”对话框，如图5-51右图所示，设置新样式的“偏移”为+120图形单位和-120图形单位，单击“确定”按钮，完成多线样式的创建。

居民楼的外墙厚度240mm较为多见，内墙厚度120mm较多。北方寒冷地区出于保温目的，可能会厚一些，如采用370mm的墙；而南方也可能薄一些，如200mm（墙厚跟楼高也有关系，需综合考量）。墙体材料常见的有加气混凝土砌块、空心砖、轻质石膏砌块等。

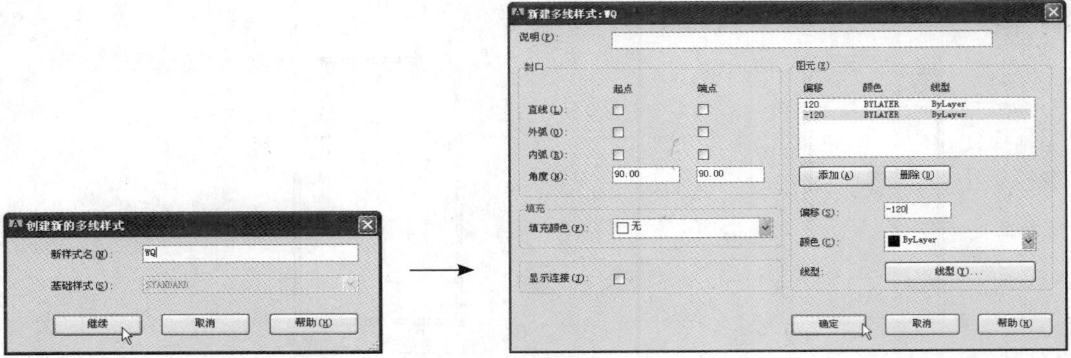

图5-51 新建多线样式操作

04 **绘制多线前的设置操作** 执行ML命令，首先设置ST选项，再输入WQ设置当前多线样式为新创建的多线样式，然后设置J选项，设置多线对齐方式为无，再设置S选项，设置绘制多线的比例为1。

05 **绘制多线** 捕捉轴线的交点，连续单击绘制多线，如图5-52左图所示，并再执行两次多线操作，绘制其他多线，如图5-52右图所示。

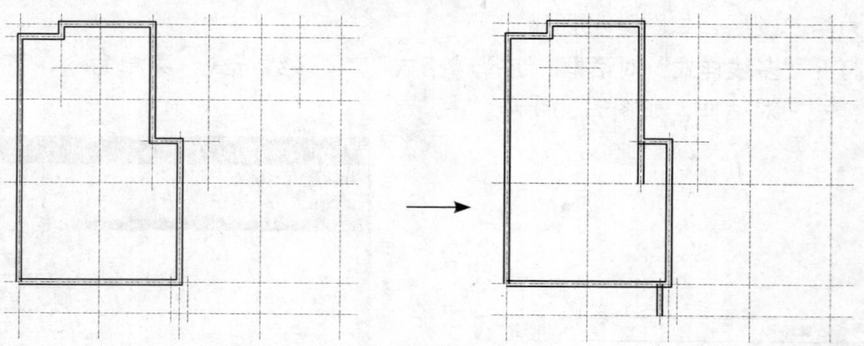

图5-52 绘制多线

06 **编辑多线** 双击创建的多线，打开“多线编辑工具”对话框，选择“角点结合”方式，然后选择左下角多线交点，对多线进行编辑，如图5-53所示。

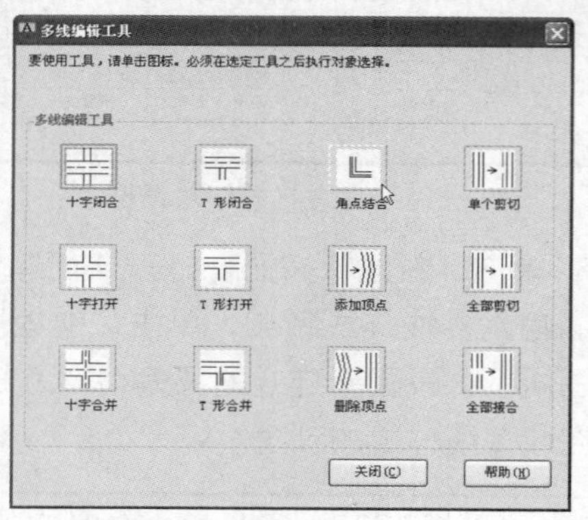

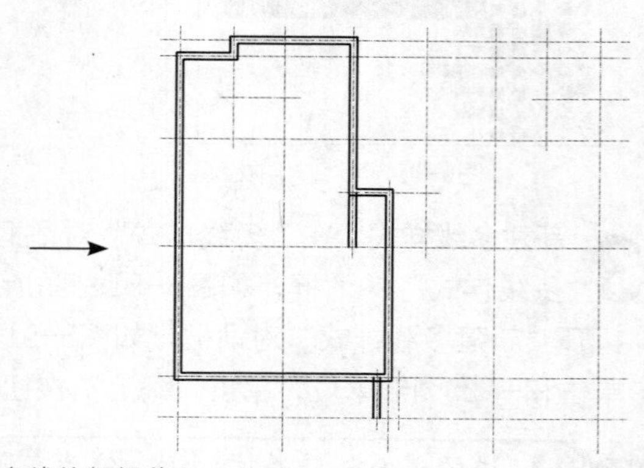

图5-53 多线编辑操作1

07 **再次编辑多线** 通过相同操作，选择“T形打开”多线编辑方式，对右下角的多线相交处进行编辑，效果如图5-54所示。

08 **分解多线** 选中前面步骤中绘制的所有多线，选择“修改”>“分解”菜单，将多线分解为直线，效果如图5-55所示。

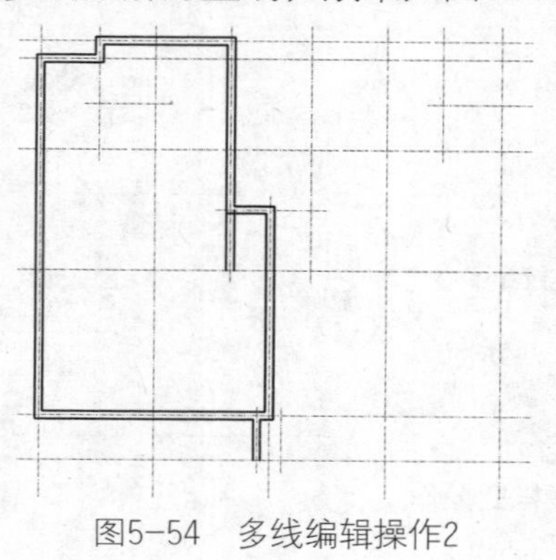

图5-54 多线编辑操作2

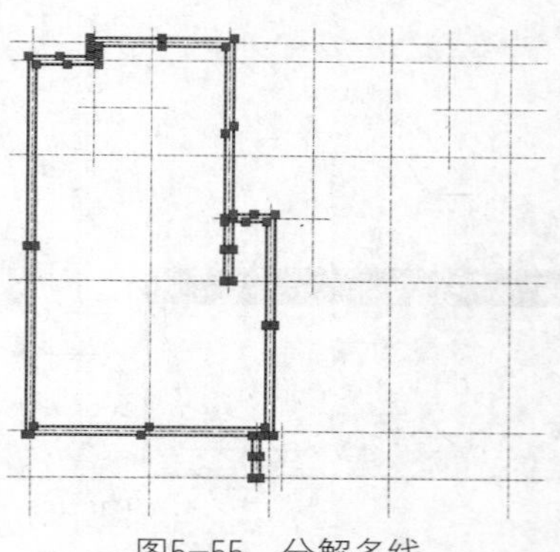

图5-55 分解多线

09 **偏移轴线** 执行O命令，对底部轴线进行偏移操作（向上偏移180个图形单位，向下偏移220个图形单位），再偏移竖向的第二条中心线（向右偏移180个图形单位，向左偏移120个图形单位），并将偏移后的图线置于“墙线”图层中，如图5-56所示。

10 **修剪图线** 选中步骤9偏移后的图线，并执行TR命令，进行修剪操作，效果如图5-57所示。

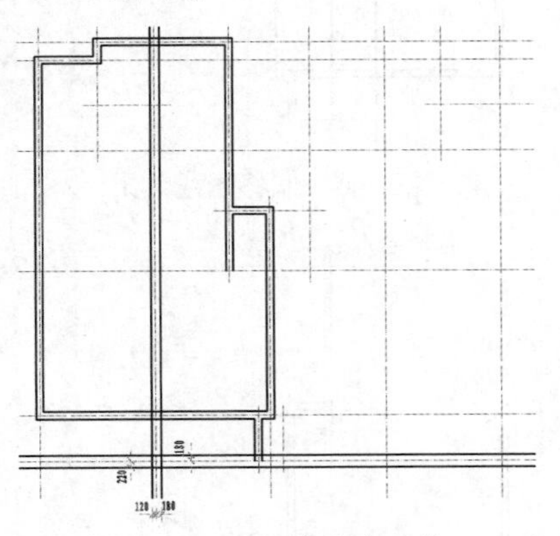

图5-56　偏移中心线

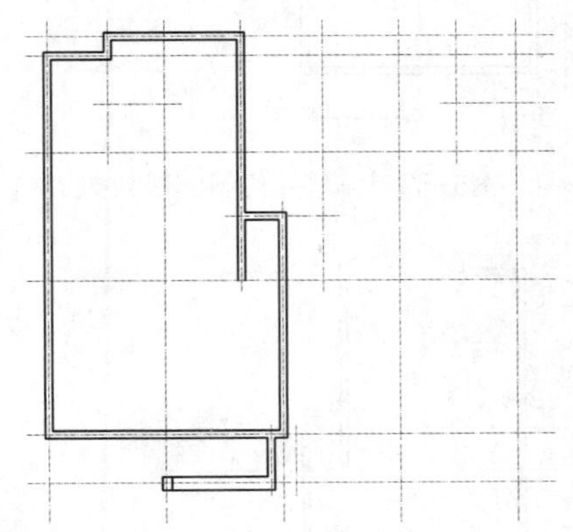

图5-57　修剪图线效果

11 **再次偏移轴线** 将左侧第3条轴线（短中心线）向左偏移180个图形单位，并同样将其置于“墙线”图层，然后对偏移后的图线使用前面绘制的图线对其进行相互修剪，效果如图5-58所示。

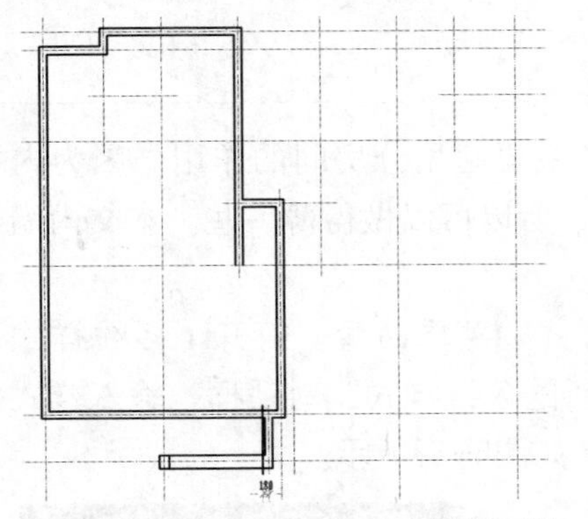

图5-58　偏移轴线并进行修剪

13 **偏移并修剪图线** 执行O命令，对最下部的墙线向下偏移120个图形单位，并进行修剪（为阳台的外边线），效果如图5-59所示。

14 **偏移图线** 通过相同操作，执行O命令，对竖直轴线进行偏移操作，偏移的距离和偏移效果如图5-60所示（需将偏移后的轴线置于墙线图层中）。

15 **修剪图线** 使用步骤14偏移的轴线对墙线进行修剪，得到外墙窗户的位置，效果如图5-61所示。

16 **偏移并修剪图线** 通过相同操作，通过偏移轴线，并进行修剪的操作，对外墙线进行修剪，得到外所有外窗的洞口，以及门的洞口，如图5-62所示，完成外墙线的绘制（右侧外墙线将在下面绘制内墙时同时通过镜像得到，此处暂不绘制）。

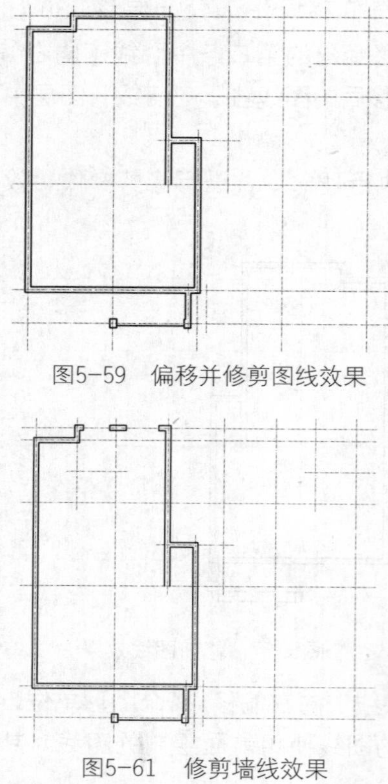

图5-59　偏移并修剪图线效果

图5-61　修剪墙线效果

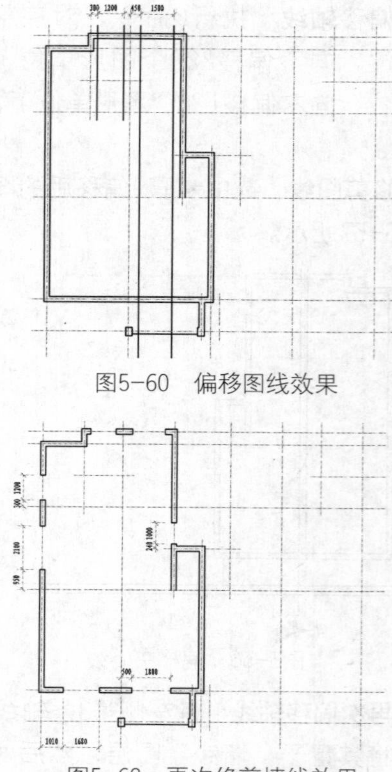

图5-60　偏移图线效果

图5-62　再次修剪墙线效果

5.2.4　绘制内墙

内墙，顾名思义，即处于建筑物内部的墙，主要起划分房间的作用。因为内墙通常不参与承重（特别是框架结构），也无须保温，所以可以做得薄一些。本文内墙选用120mm宽度，下面看一下绘制操作。

01 **新建多线样式**　选择“格式”>“多线样式”菜单命令，打开“多线样式”对话框，单击“新建”按钮，打开“创建新的多线样式”对话框，输入样式名称NQ，单击“继续”按钮，设置多线偏移量为±60，如图5-63所示。

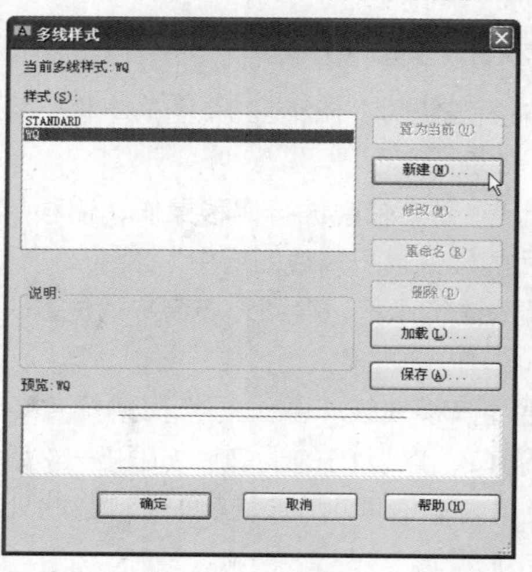

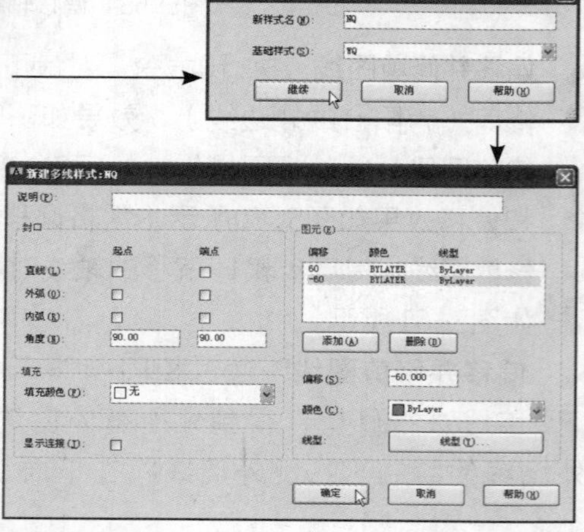

图5-63　创建多线样式

02 **使用多线创建内墙** 执行ML命令，同前面创建外墙线的操作，选择创建的墙线样式，设置“对正”方式为“无”，“比例”为1，捕捉轴线交点绘制多线作为内墙线，如图5-64所示。

03 **创建偏向一侧的多线** 再次执行ML命令，输入J按【Enter】键，再输入T按【Enter】键，设置多线“对正”方式为“上”，绘制一条长度为2020个图形单位的多线，如图5-65所示。

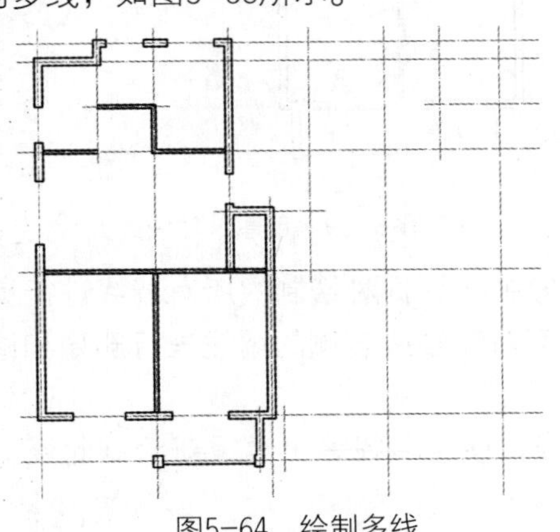

图5-64 绘制多线

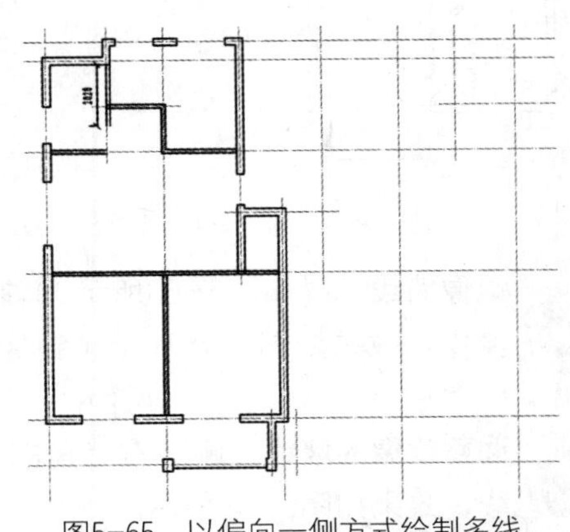

图5-65 以偏向一侧方式绘制多线

04 **调整多线** 同创建外墙的操作，通过双击多线的方式，打开“多线编辑工具”对话框，选择合适的选项对多线的连接处进行调整，效果如图5-66所示。

05 **分解并修剪多线** 选择“修改”>“分解”菜单命令，将绘制的所有多线分解，然后通过单击“修剪”和“延伸”按钮，对多线进行修剪等调整操作，效果如图5-67所示（个别位置需要绘制直线）。

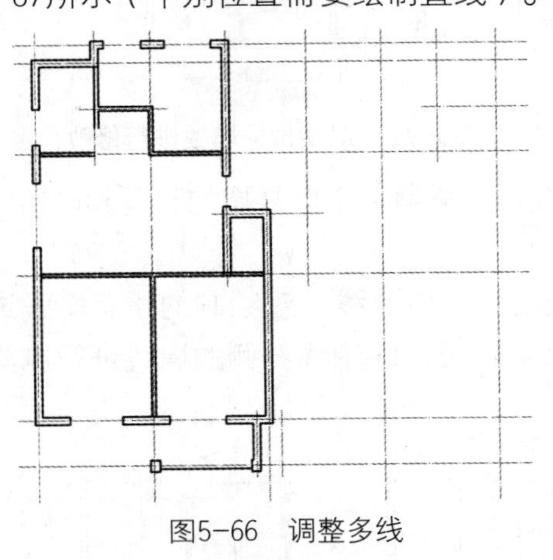

图5-66 调整多线

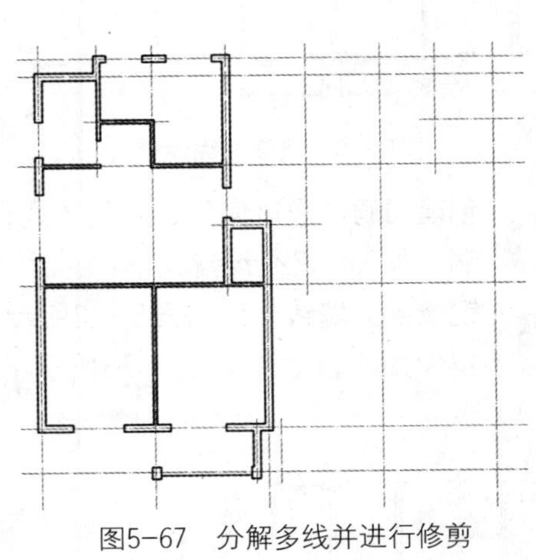

图5-67 分解多线并进行修剪

06 **创建内墙门洞** 通过偏移轴线的方式，创建门洞处的线，并对内墙线进行修剪，创建内墙上的门洞，门洞的位置和尺寸如图5-68所示。

07 **创建单独墙线** 绘制直线，连接底部窗的部分墙线，完成此户型内墙线的创建，如图5-69中A、B位置处。

步骤7中之所以要绘制这两条线，是因为内外高度不一致造成的。

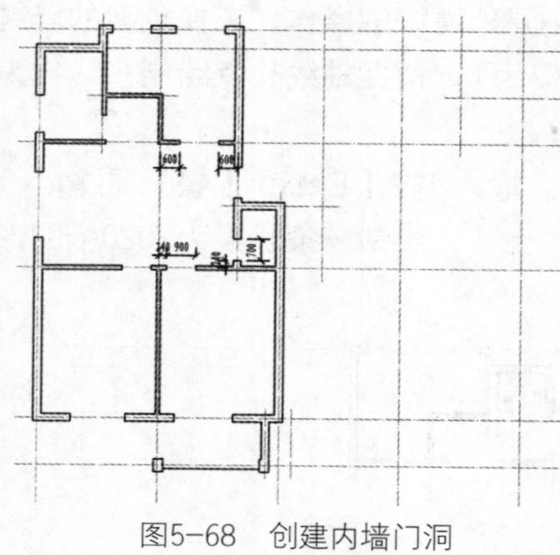

图5-68　创建内墙门洞

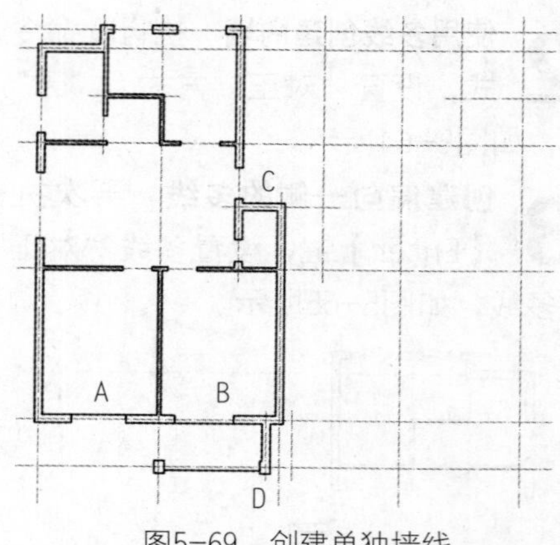

图5-69　创建单独墙线

08 **镜像墙线**　以如图5-69所示CD轴线为镜像中心线，对绘制的所有墙线进行镜像操作，效果如图5-70所示（镜像之前，可对CD轴线右侧的墙线进行删除和修剪处理）。

09 **调整镜像的墙线**　删除右上角的部分墙线，使用多线等工具重新绘制此处的墙线，效果如图5-71所示。

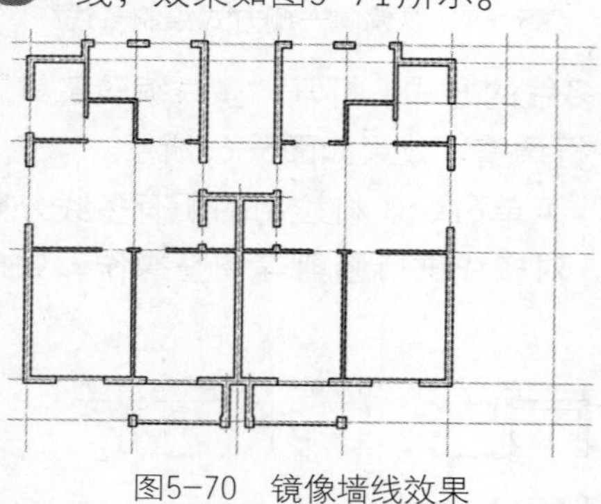

图5-70　镜像墙线效果

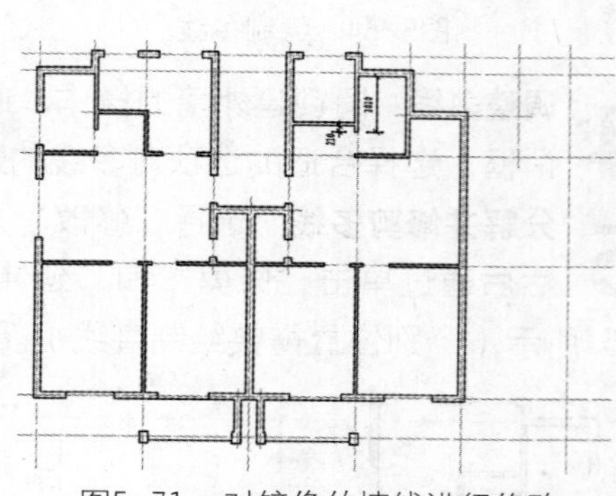

图5-71　对镜像的墙线进行修改

10 **创建门洞**　通过偏移轴线的方式，对墙线进行修剪，创建外墙的窗洞和内墙的门洞，如图5-72所示。

11 **镜像部分墙线**　以如图5-72所示EF轴线为镜像中心线，对绘制的所有墙线进行镜像操作，效果如图5-73所示（镜像之前，可对EF轴线右侧的墙线进行删除和修剪处理）。

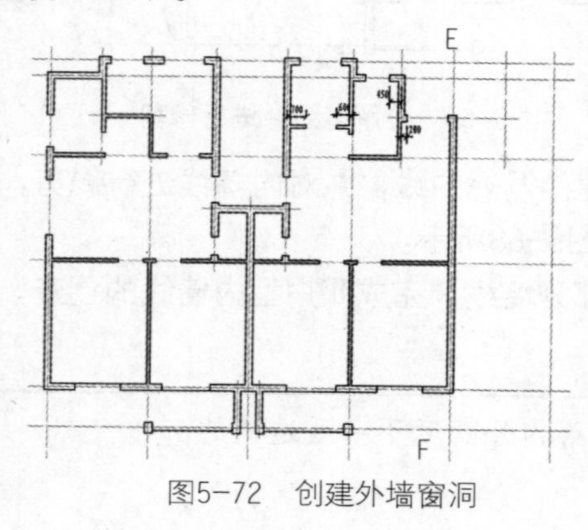

图5-72　创建外墙窗洞

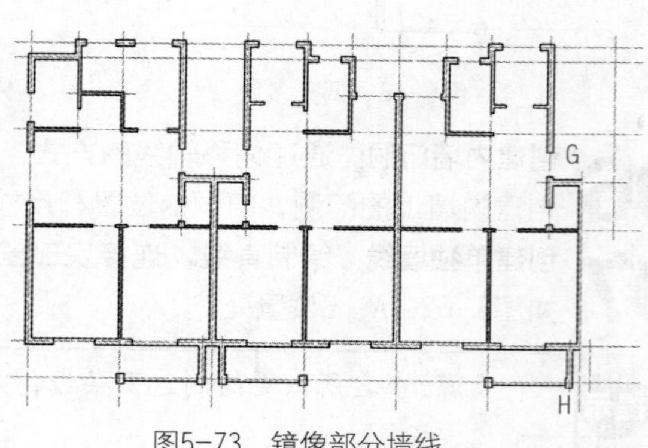

图5-73　镜像部分墙线

在选择墙线时，可首先打开“图层特性管理器”选项板，将“轴线”图层隐藏，选择完成后，再将“轴线”图层显示出来，然后执行镜像操作。

12 **镜像所有墙线** 以如图5-73所示GF轴线为镜像中心线，对绘制的所有墙线进行镜像操作，效果如图5-74所示，完成墙线的绘制。

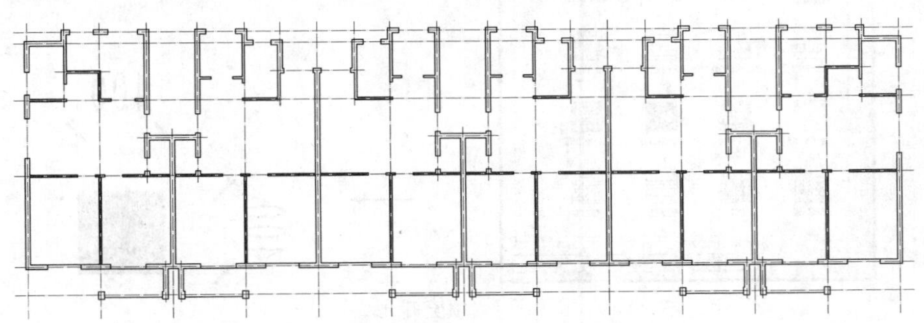

图5-74 墙线的最终创建效果

5.2.5 添加柱子

柱子是框架结构楼房中主要的支撑构件，用于支撑梁、桁架和楼板等。按照截面形式，柱有方柱、管柱、圆柱、异形柱等多种类型，本建筑施工图中设计的柱子为常见的方柱。由于房屋为7层，根据经验，先将柱子的粗细暂定为400mm×400mm，在后期结构计算的过程中，将综合考虑各种因素，在充分保证房屋坚固程度的基础上，适当调整柱子的粗细。

通常尽量将柱子做的细一些，以节省成本，或做成异形柱，令柱子融入墙体，使居室内部不出现柱的棱角，增加使用面积（异形柱多在7度设防以下使用）。

为了柱子的绘制方便，这里将其定义为块，下面看一下操作。

01 **创建矩形** 执行REC命令，绘制一长宽都为400个图形单位的矩形，如图5-75所示。

02 **打开“图案填充和渐变色”对话框** 执行BH命令，打开“图案填充和渐变色”对话框，如图5-76所示，然后单击“样例”后面的图形，打开“填充图案选项板”对话框。

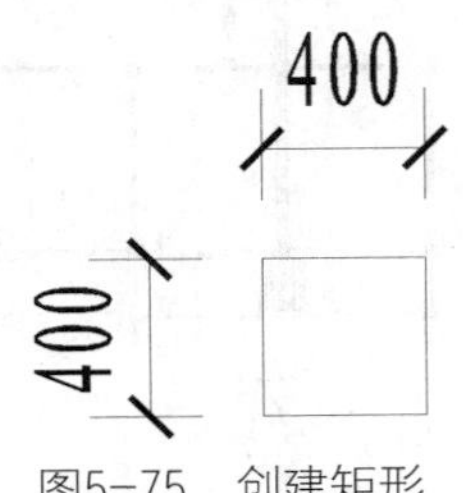

图5-75 创建矩形

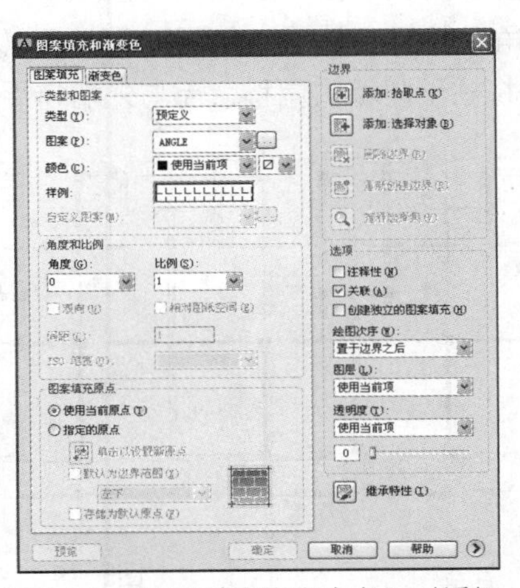

图5-76 “图案填充和渐变色”对话框

03 填充矩形 在“填充图案选项板”对话框的“其他预定义”选项卡中，选择SOLID图案为填充图案，并选择矩形内部为边界填充矩形，如图5-77所示。

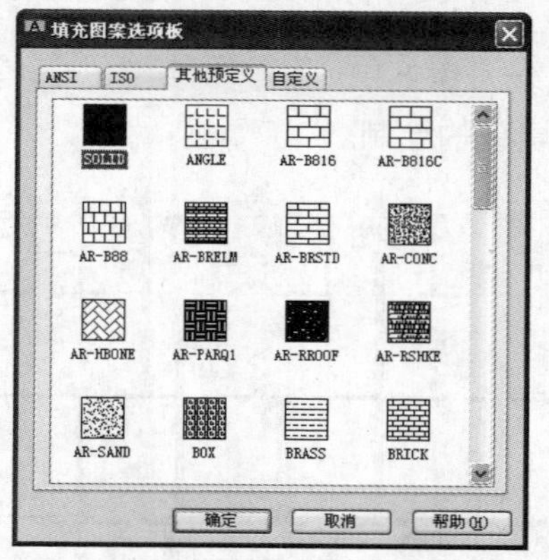

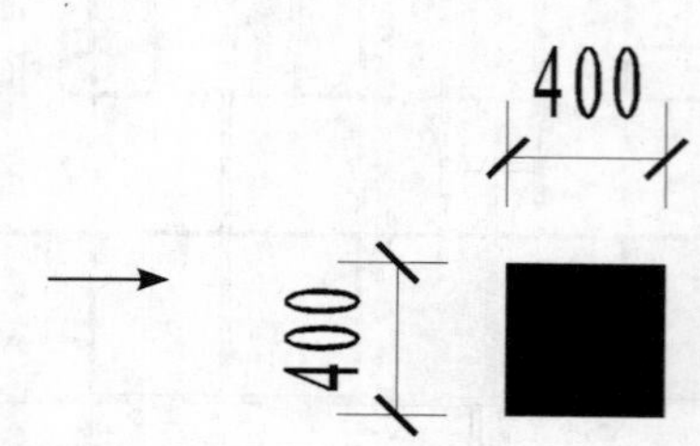

图5-77 填充矩形

提示 此处使用了填充图案填充矩形，而不使用填充颜色填充矩形，原因是使用填充颜色填充矩形后，填充颜色不会随着背景色的调整而自动调整。

04 创建“柱子”图块 选中矩形和填充图案，执行B命令，创建名称为“柱子1”的图块，如图5-78所示。

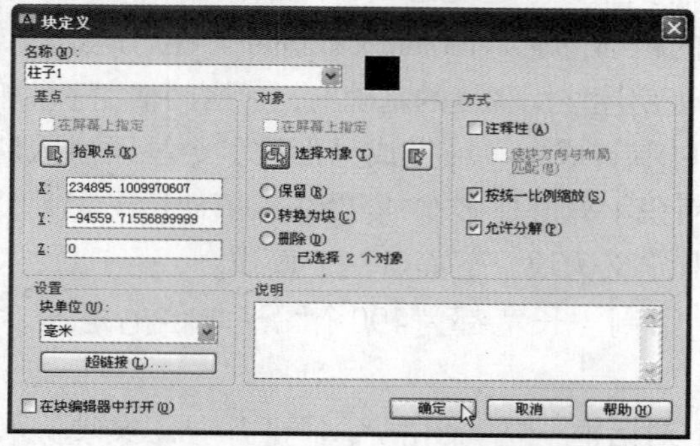

图5-78 定义块操作

05 创建柱子 复制步骤4创建的图块，选择不同的基点，捕捉轴线交点或墙线的角点等复制柱子，如图5-79所示（为了保持楼房外形整齐漂亮，当柱子比墙宽时，通常将柱子向墙内偏移，而与外墙持平）。

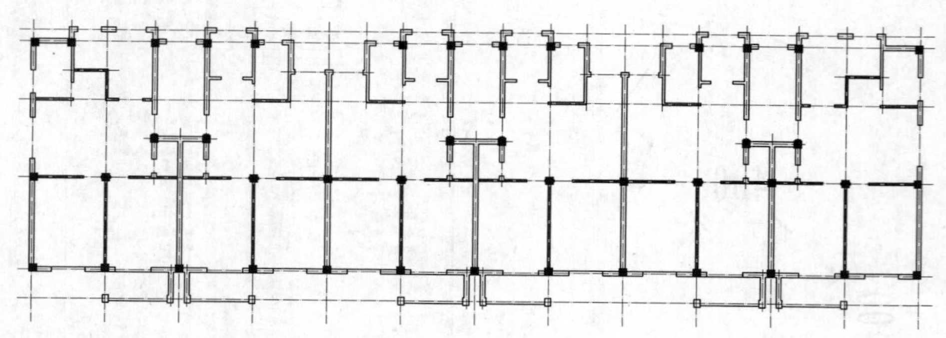

图5-79 创建柱子效果

06 **创建第二个“柱子”图块** 重复步骤1～步骤4的操作，按照如图5-80左图所示尺寸，绘制图形，并进行相同的填充操作，然后选中边线和填充图形，创建一名称为“柱子2”的图块，如图5-80右图所示。

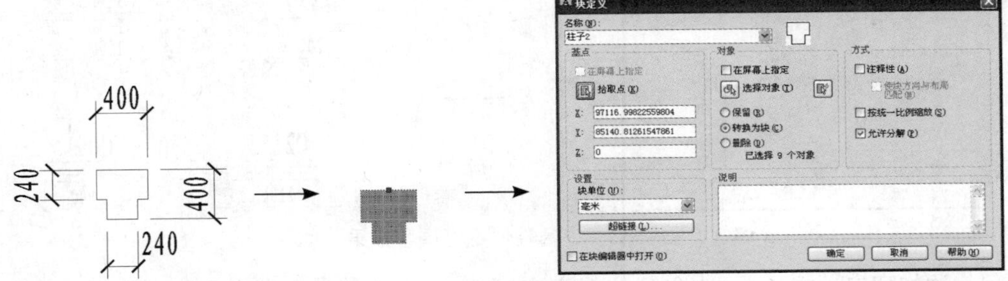

图5-80 创建“柱子2”图块

07 **创建柱子** 移动步骤6创建的图块，到如图5-81所示的A点位置，创建柱子。然后再复制一个此图块，移动到B点位置，完成柱子的创建。

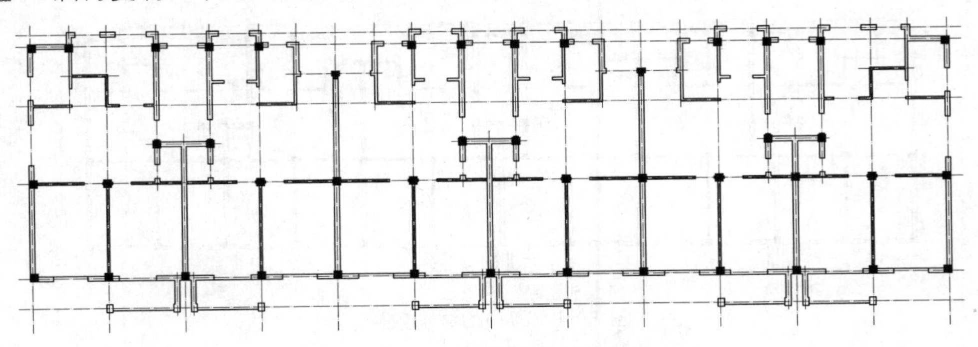

图5-81 柱子的最终创建效果

5.2.6 绘制窗户

在平面图中，通常使用4根横线来表示窗户。4根横线的距离相同，而窗户的宽度则与墙的宽度相同（所以可以将窗户定义为动态块），然后在平面图中插入窗户即可，对于特殊的窗户，则需要单独进行创建。下面看一下绘制窗户的操作。

01 **创建“窗户1”动态图块** 通过绘制4条直线、创建块属性以及定义参数等方式创建窗户动态块，如图5-82所示（前面讲述了动态窗户图块的创建，所以此处不再重复叙述）。

图5-82 动态图块的4个可变化的长度

> **提示** 此处所创建的动态图块，注意应令块属性可移动，即在“属性定义”对话框中，不选中“锁定位置”复选框，如图5-83所示。此外，应将属性颜色设置为“洋红”。

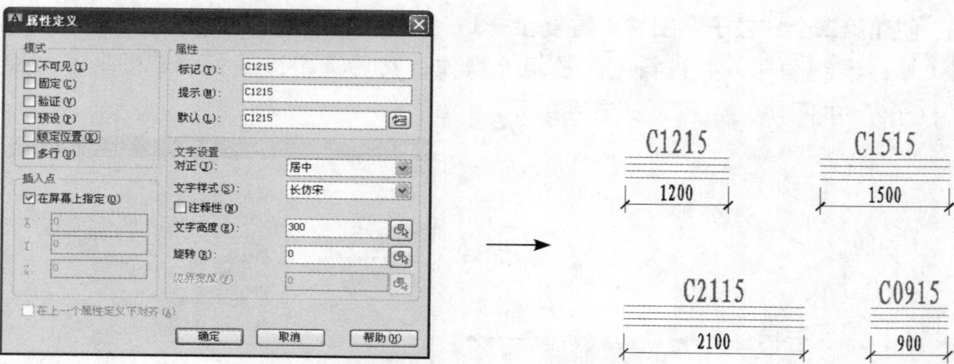

图5-83　令属性位置可调整效果

02 添加窗户　将步骤1中创建的"窗户1"动态图块移动到"窗户"图层中，然后不断复制窗户图块到合适的位置，并调整其长度以及块属性的内容和位置，并进行适当的旋转，完成"窗户1"的添加，效果如图5-84所示。

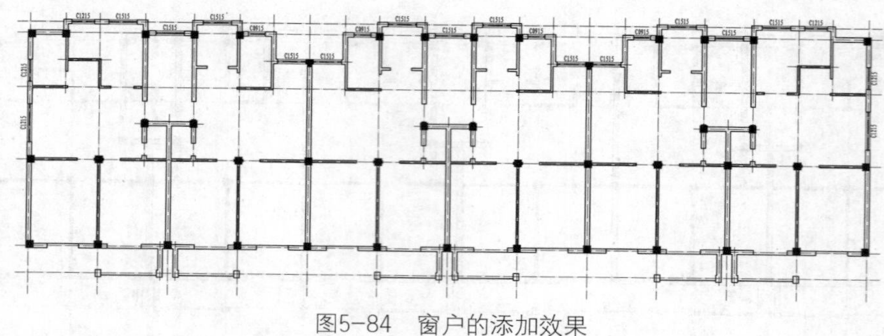
图5-84　窗户的添加效果

03 创建"窗户2"图块　再次创建图块，其尺寸和块属性值（块属性值的字体为"长仿宋"，高度为300个图形单位）如图5-85左图所示，同样应设置块属性的颜色为"洋红"，效果如图5-85右图所示。

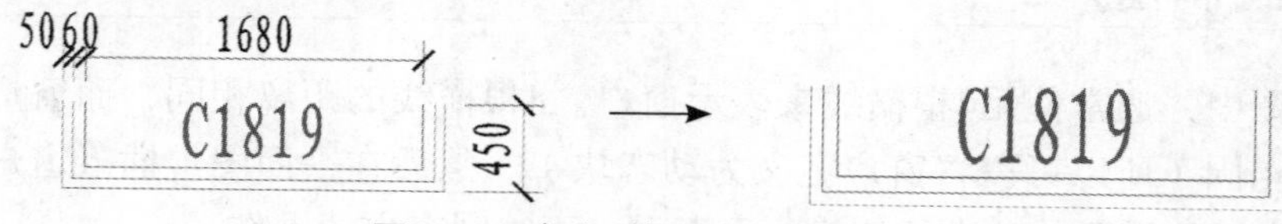

图5-85　窗户2的尺寸和窗户效果

04 绘制第二个窗户效果　将步骤3中创建的块移动到"窗户"图层中，然后复制多个"窗户2"块，将其移动到合适位置即可，如图5-86所示，完成窗户的添加。

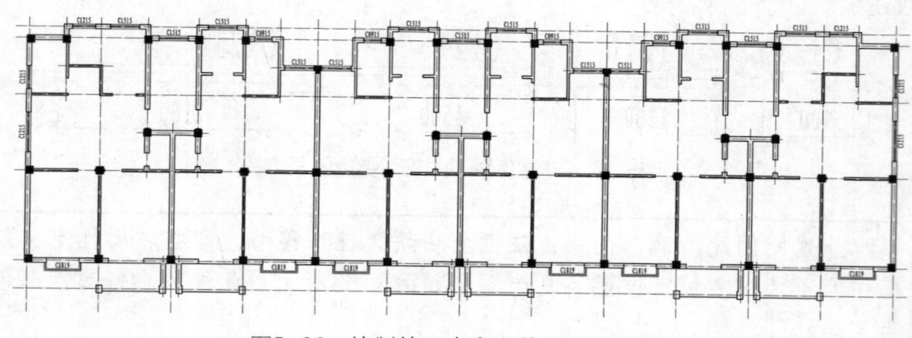
图5-86　绘制第二个窗户的平面图效果

5.2.7 绘制门

平面图中的门可以使用一条直线和一段圆弧来表示（即表示最常见的开平门）。当然也可以绘制得复杂一些，不过基本形状大体相同。其他类型门的轮廓有所不同，通常需要根据实际情况绘制。下面看一下绘制门的操作。

01 **创建“门（开平门）”图块** 同窗户的创建，也可以将“门（开平门）”图块做成动态图块，以表示多个开平门型号，如图5-87所示（创建的过程中，需要将块属性设置为可移动，并将其设置为“洋红”色）。

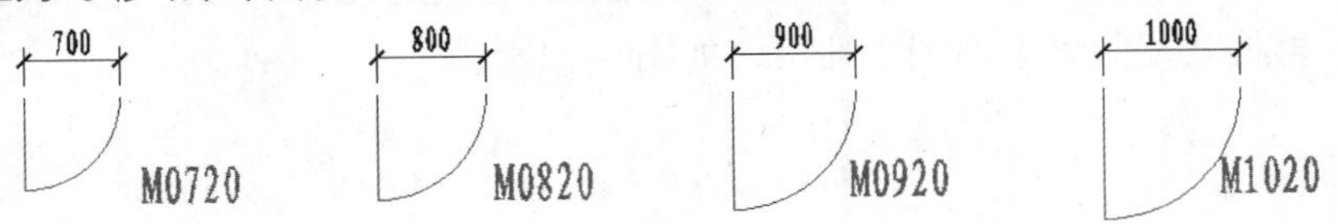

图5-87 创建的“门（开平门）”动态图块的几个尺寸

02 **插入“门（开平门）”图块** 将步骤1创建的“门（开平门）”图块插入到预留的“门洞”中，并通过镜像和旋转等操作，调整门的方向，完成开平门的添加，效果如图5-88所示。

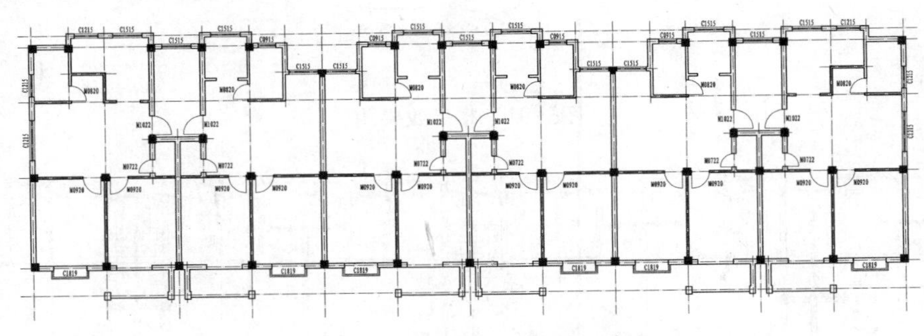

图5-88 插入开平门平面图效果

03 **创建“门（推拉门）”图块** 按照如图5-89左图所示，绘制拖拉门轮廓，并添加块属性（将块属性的颜色设置为“洋红”），然后创建“门（推拉门）”图块，效果如图5-89右图所示。

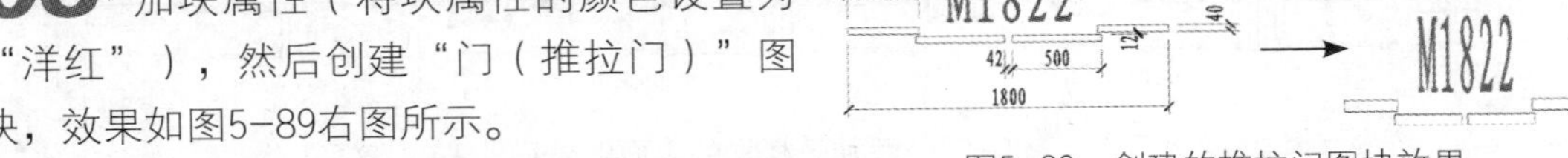

图5-89 创建的推拉门图块效果

04 **插入“门（推拉门）”图块** 将步骤3创建的“门（推拉门）”图块插入到阳台前的“门洞”中，并复制多个，完成门的添加，效果如图5-90所示。

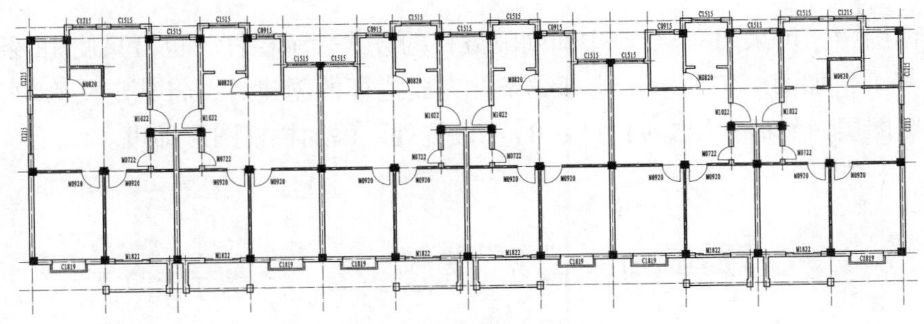

图5-90 插入推拉门的平面图效果

5.2.8 绘制楼梯

楼梯是建筑物垂直交通的必要设施，设计时应满足人员上下方便。楼梯类型有单跑楼梯、双跑楼梯、三跑楼梯和旋转楼梯等，其中常见的为双跑楼梯（即两层之间有两个梯段、一个中间平台）。

楼梯平面图的绘制较为简单，除了使用等间隔的直线表示踏步长度外，中间可使用一矩形表示扶手；此外，使用一条45° 的折线表示剖切位置，使用箭头线表示上下的方向（箭头朝向剖切折线的位置），如图5-91所示。完成的楼梯将其定义为块，并移动到楼梯图层，再将其复制到平面图中即可，如图5-92所示。

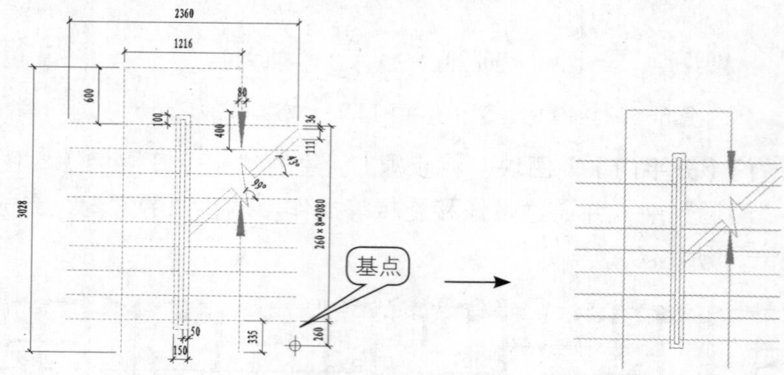

图5-91 楼梯效果图

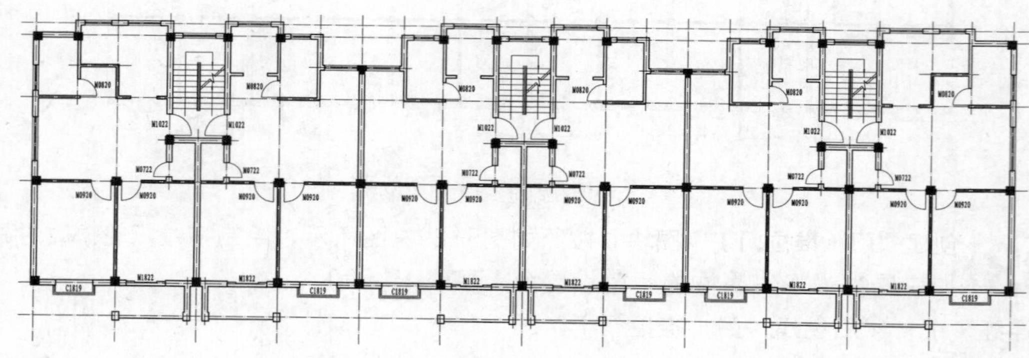

图5-92 添加了楼梯的平面图效果

5.2.9 绘制栏杆

在平面图中，可采用3条线、中间间隔方柱的方式表示栏杆（也可只使用3条线或2条线表示栏杆），如图5-93所示。绘制线条并完成栏杆的创建后，将其定义为块，并移动到“栏杆”图层，然后在图5-94中A、B、C位置处，添加栏杆图形即可。

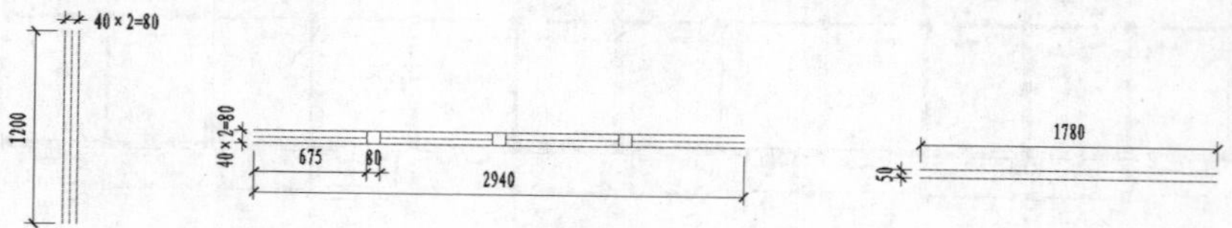

图5-93 要创建的栏杆图形

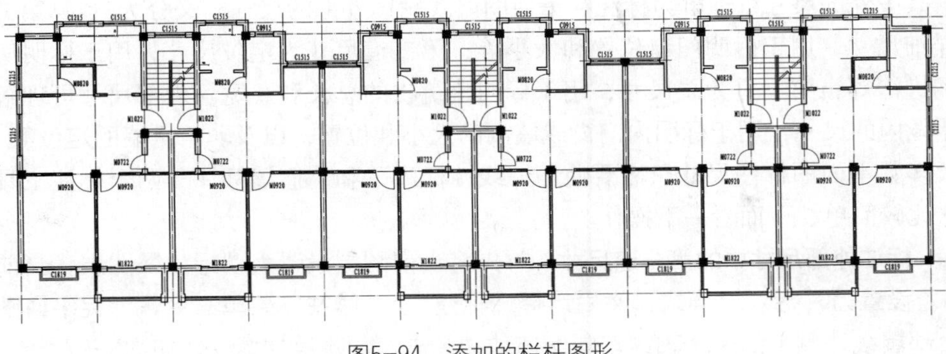

图5-94　添加的栏杆图形

A处栏杆离上部墙体下边线的距离为50个图形单位。

5.2.10　添加图块

本文中要插入的图块大多数在前文已讲述了其绘制方法，所以此处不再重复叙述。操作时，只需选择“插入”>“块”菜单命令，然后单击“浏览”按钮，找到提供的块文件，将其插入到“块”图层中即可，如图5-95和图5-96所示。

图5-95　需要插入的图块

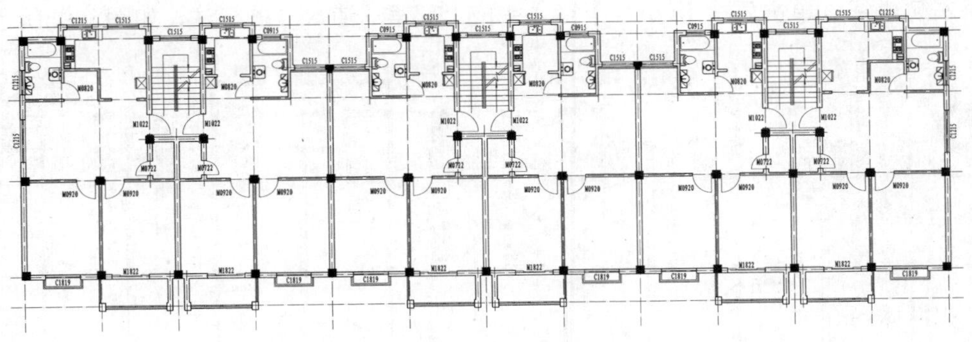

图5-96　添加了图块的平面图效果

在平面图中排列洁具时，应令洁具的出水口方向一致，以方便管道的布置；厨房操作台的宽度可暂定520mm（操作台只是示意，并不会施工）。此外，在插入洗澡盆动态块时，应打开素材文件进行复制（否则动态块将失去动态性）。

5.2.11　标注尺寸

尺寸是房屋建设的参考和依据。在平面图中，需要标注两种尺寸：外部尺寸和内部

尺寸。其中外部尺寸可理解为标注在平面图墙线轮廓外部的尺寸，又分为3道：第一道尺寸为详细尺寸，用于标明门窗位置和大小等；第二道尺寸为定位尺寸，用于标明房间的开间和进深等；第三道为总尺寸，用于标明建筑物的总长和总宽。内部尺寸可理解为平面图墙线内的尺寸，用于标明内门窗或墙洞的大小和位置，以及非承重墙的定位等。

大多数平面图标注尺寸只需要使用“线性标注”和“连续标注”两个标注工具，使用方法比较简单，下面看一下操作。

01 **标注外部尺寸中的第一道尺寸** 首先将当前图层设置为“标注”图层，当前样式设置为“标注”样式，然后选择“标注”>“线性”菜单命令，捕捉平面图左上角（上部墙线外侧）的两个轴线，向上拖动并单击，创建尺寸标注，如图5-97所示。

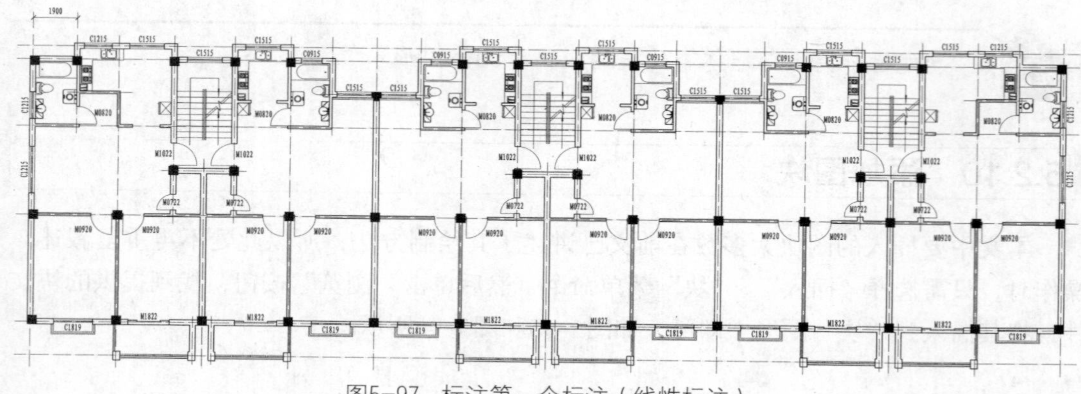

图5-97 标注第一个标注（线性标注）

02 **继续标注第一道尺寸** 选择“标注”>“连续”菜单命令，自步骤1添加的标注处向右拖动，在外墙线窗户（或门）的两侧端点处和轴线端点处连续单击，一直到最右侧轴线，单击后按【Enter】键，完成上部第一道尺寸的标注，如图5-98所示。

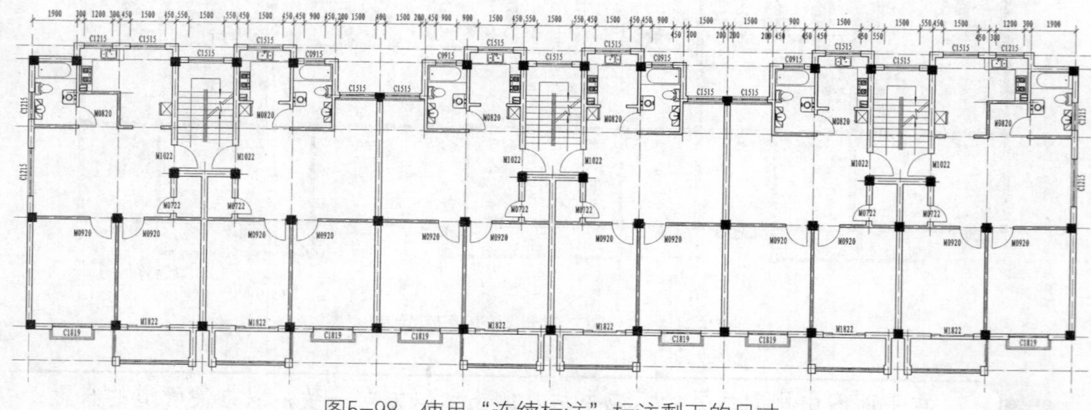

图5-98 使用“连续标注”标注剩下的尺寸

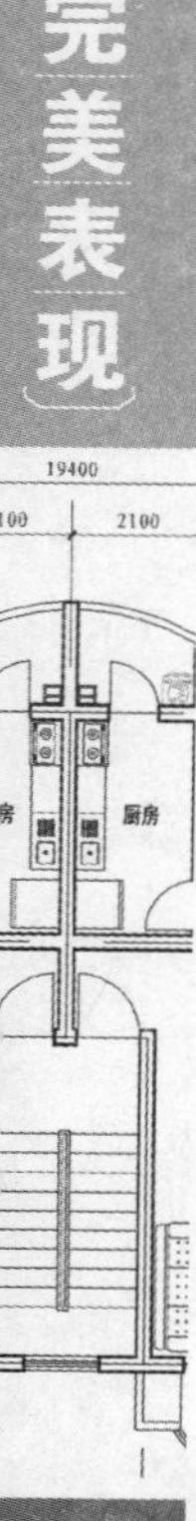

03 **标注第二道尺寸** 同上面两步操作，首先选择“标注”>“线性”菜单命令，选择左上角两个轴线端点标注一个线性尺寸，然后选择“标注”>“连续”菜单命令，顺序捕捉所有轴线端点标注尺寸，完成第二道尺寸的标注，如图5-99所示。

04 **标注第三道尺寸** 选择“标注”>“线性”菜单命令，捕捉图形上部两侧的轴线并向外拖动（跨越前两道尺寸），标注第三道尺寸，如图5-100所示。

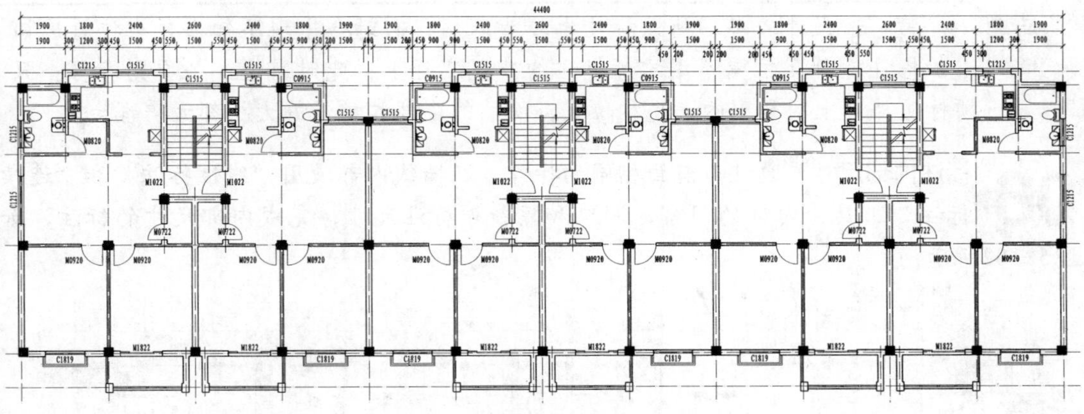

图5-99 顶部第二道尺寸标注效果

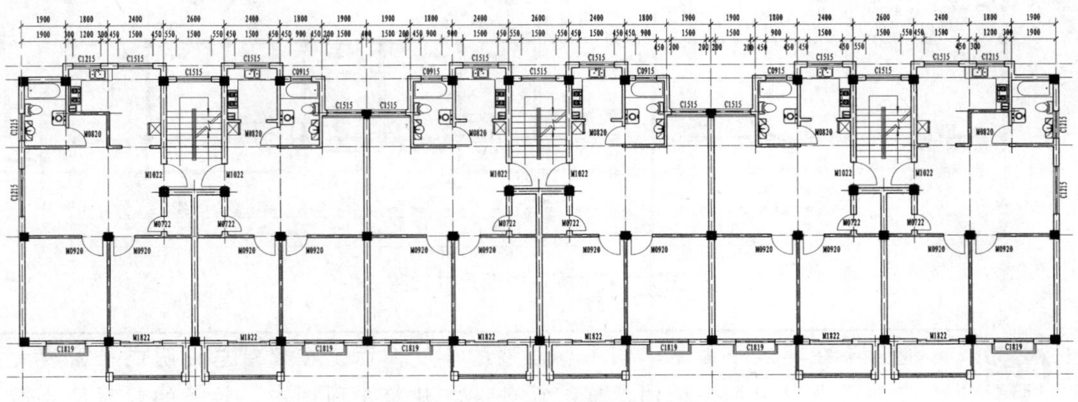

图5-100 顶部第三道尺寸标注效果

05 **标注其他位置尺寸** 通过与前面相同的操作，在墙线的外侧，在左、右和下部位置分别为图形添加外部尺寸（此时同样需要首先标注第一道尺寸，然后第二道尺寸，再第三道尺寸，并且，应让第二道尺寸处于第一道尺寸的外部，第三道尺寸处于第二道尺寸的外部，这样开起来较为整齐），如图5-101所示。

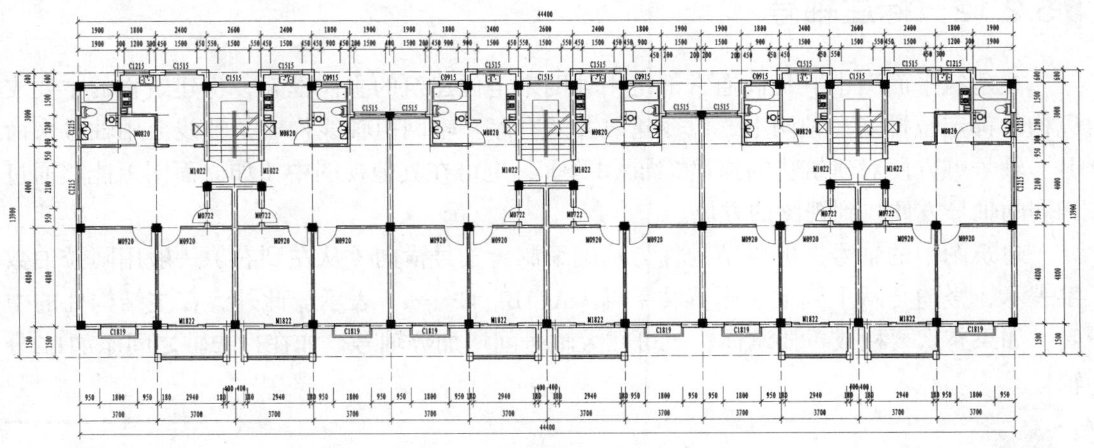

图5-101 标注其他位置的外部尺寸

第一道尺寸较多，所以标注也较为麻烦，有时会出现不知道什么位置应该添加标注、什么位置不用添加标注的情况实际上，此时掌握一个原则即可：只须标明外墙上门和窗的大小和位置，而墙的宽度和柱子的大小都无需理会。

06 **标注内部尺寸** 通过与前面相同的操作，在墙线内部使用"线性标注"和"连续标注"工具为内部的门窗、洞口和隔断等标注尺寸，完成内部尺寸的标注，如图5-102所示。

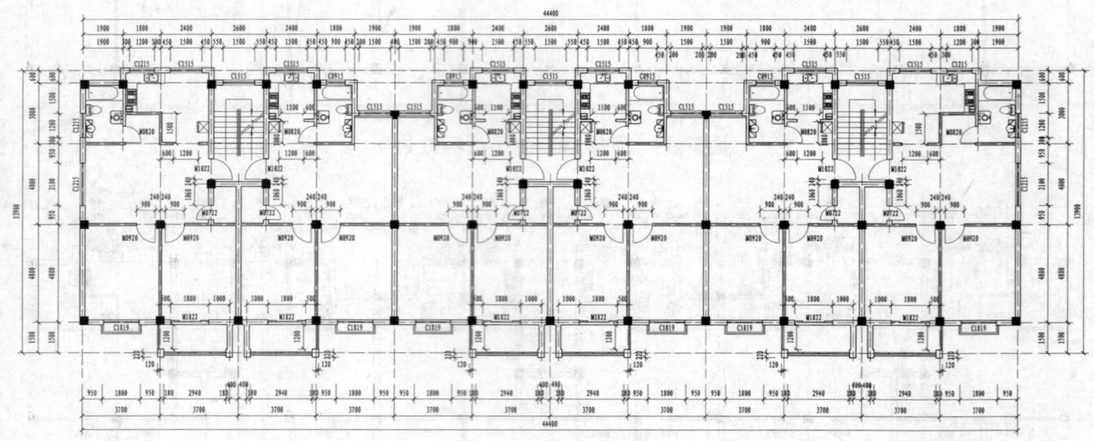

图5-102 标注内部尺寸效果

通常不在建筑平面施工图中标注墙的厚度，而是在建筑总说明或平面放大图（或剖面图）中标注墙的厚度。此外，在建筑平面图中，柱子的截面尺寸通常也无须标注（柱子的尺寸在结构施工图中会进行详细的表述）。

此外，不是说明性的建筑（非开发商建设），如厨房的操作台等，以及一些说明性的图块，都无需标注尺寸。

5.2.12 标注轴号

在建筑平面图中，我们通常都是用轴网来定位建筑的主体框架，将建筑物的主要支撑构件都定位排列在轴网上，以令建筑井然有序。轴网由轴线构成，轴线会用轴号来命名。轴号可方便对建筑物的描述（如AB跨），也可在其他视图中（如立面图）能够通过相同的轴号方便找到视图的方位。

建筑图中的轴号一般以结构柱为基础编制。轴号横向（从左到右）一般用阿拉伯数字表示，竖向（从下到上）用英文字母（A、B、C……）表示。此外，在主结构柱的中间，如果有次要柱或重要墙体，也可在大轴号间增加分轴号，如在1、2轴之间添加1/2分轴号。

字母I、O、Z不用于轴号，在排序时碰到这些轴号，应跳过后继续编号。

轴号的结构是一个大圈里面包含字母和数字，然后带有指向轴线的引线，如图5-103所示。轴号的直径（打印到图纸上的直径）一般为8mm，详图中多为10mm。

通常将轴号定义为带有属性的快。定义此块的属性时需要注意，其“对正”方式应选为“布满”，文字高度应设置为300图形单位，属性文字的总宽度应设置为400图形单位，文字颜色应设置为“黑色”，如图5-104所示。

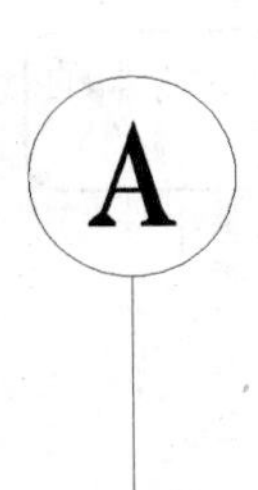

图5-103　轴号

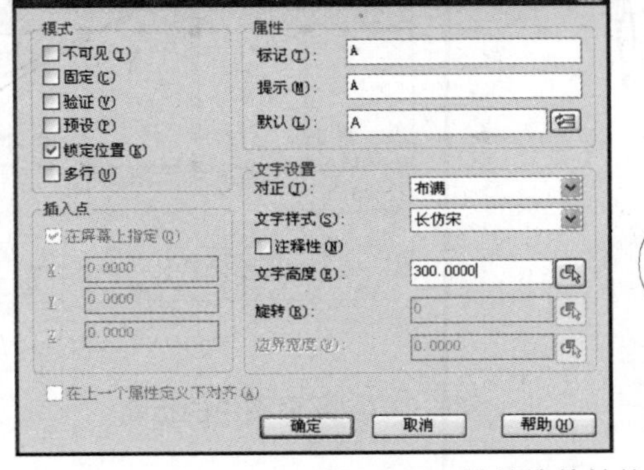

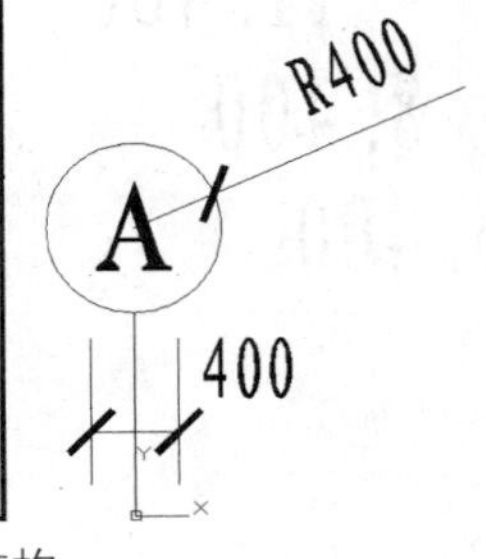

图5-104　轴号块的结构

此外，为了防止轴号发生重叠排列，以及防止文字方向出现旋转，还需要单独创建两个左右方向（横向）的轴号，其属性与轴号相同，只是引线的形状不同，如图5-105所示。

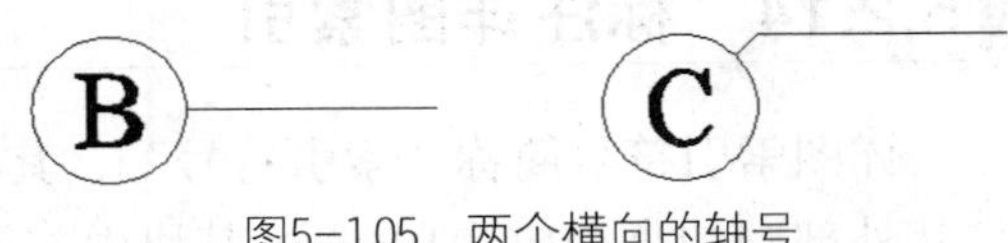

图5-105　两个横向的轴号

定义好3个轴号后，将其分别插入到轴线的外端点处，并顺序定义轴号字母，即可完成轴号的添加（4个方向都需要添加轴号），如图5-106所示。

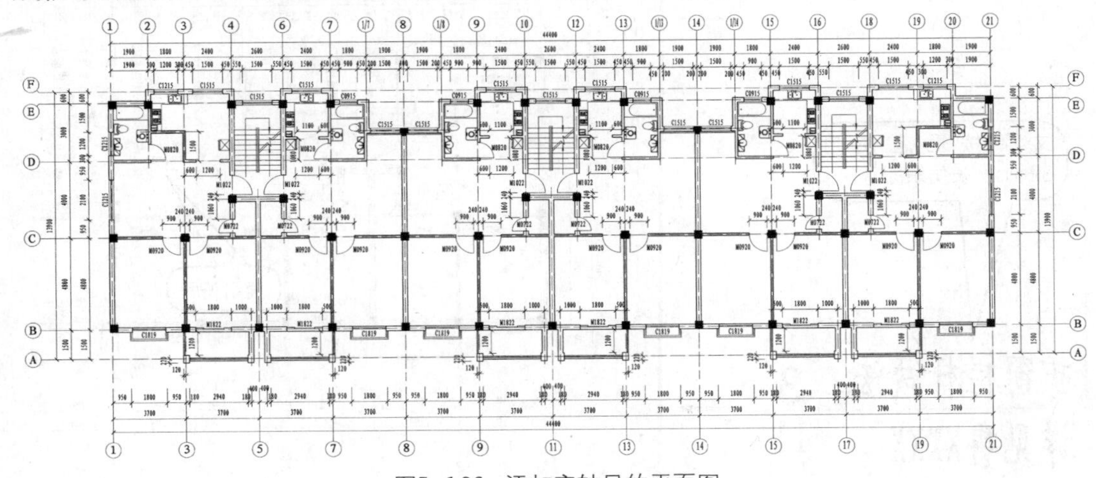

图5-106　添加完轴号的平面图

5.2.13　标注标高

标高在平面图中用于标注层高。由于前文已经讲述过标高的创建方法，此处不再重复叙述。这里只说明一下，由于此处创建的为标准层（3～6层），所以可以使用重叠标注的方式同时标注多个楼层的高度（应将其移动到标高图层），如图5-107所示。

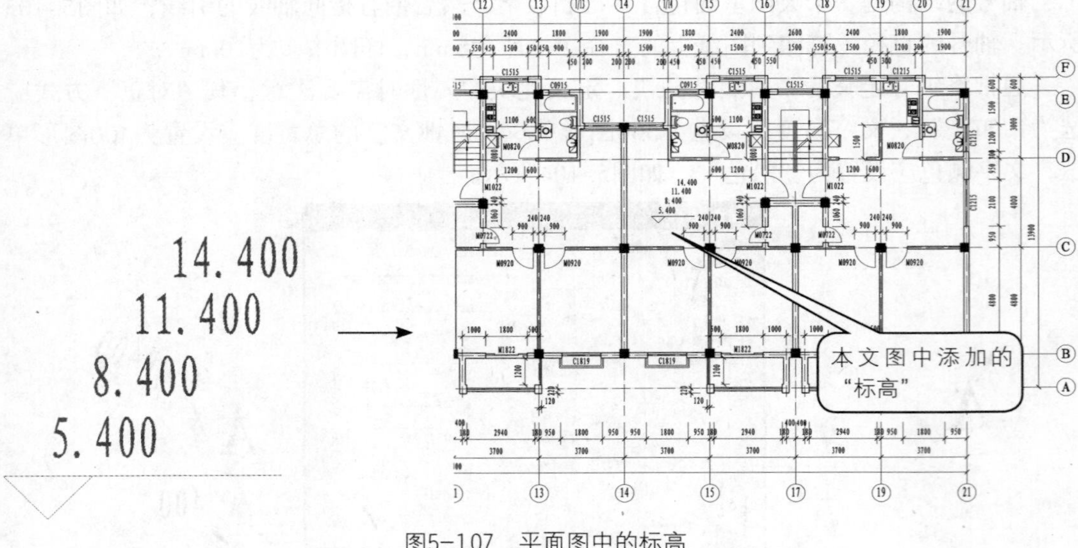

图5-107　平面图中的标高

5.2.14　标注详图索引

详图索引符号简称“索引符号”，其构造和意义详见第4章。按照制图规范，索引符号其外部圆的直径应为10mm，其块内部属性文字的高度可按规定设置为3.0或3.5，宽度也同样可设置为3.0或3.5，如图5-108所示。

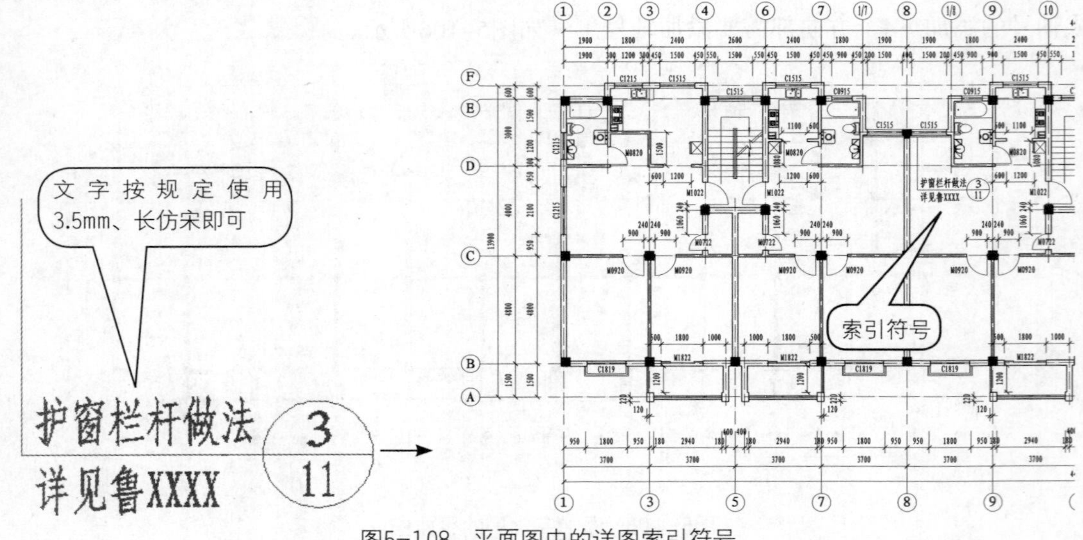

图5-108　平面图中的详图索引符号

提示　需要注意的是，详图符号和索引符号不是一个符号。上面我们添加的是索引符号，它用于标识详图的位置。实际上，为了与索引符号对应，在详图中还会标注详图符号，详图符号应以粗实线绘制，圆的直径为14mm。

5.2.15 标注文本

文本标注的添加较为简单，在本平面图中主要用于标注房间的用途，如“客厅”、“厨房”、“卫生间”等，如图5-109所示（按照规定，此处使用4mm、长仿宋文字即可，换算为1：100的比例，此时的字体高度应为400个图形单位）。

此外，应在平面图的底部使用文本标注，为图纸添加“图名”和“比例”。图名文字的文字高度按规定应为10mm（换算为1：100比例，即1000个图形单位），比例文字可比图名文字略小，如8mm或6mm。“图名”文字下应加一粗实线（或粗实线下带一细线），粗实线的宽度通常为1mm（如使用多段线绘制，换算为1：100比例，即100个图形单位）。

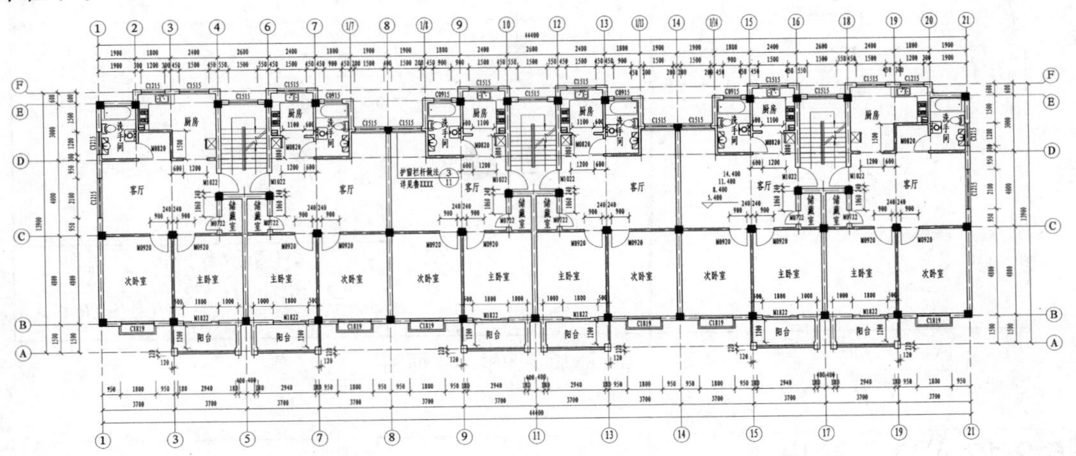

图5-109 平面图中的文本标注

5.2.16 插入图框

首先绘制一个59400×42000大小的矩形（即594mm×420mm，A2纸的大小），然后按照如图5-110左图所示尺寸绘制图框，并标注文字，具体文字如图5-109右图所示（按照制图要求，中间的粗线应使用0.7mm，即70个图形单位的多段线绘制）。

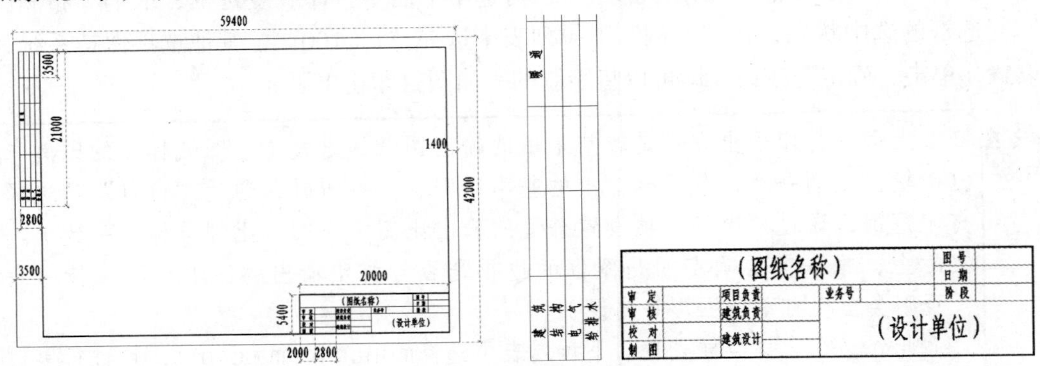

图5-110 绘制的图框和图框文字

完成图框的创建后，将其定义为块，插入后，将其移动到“图框”图层，并移动到正确的位置，令其括住上面步骤中绘制的平面图即可，如图5-110所示。

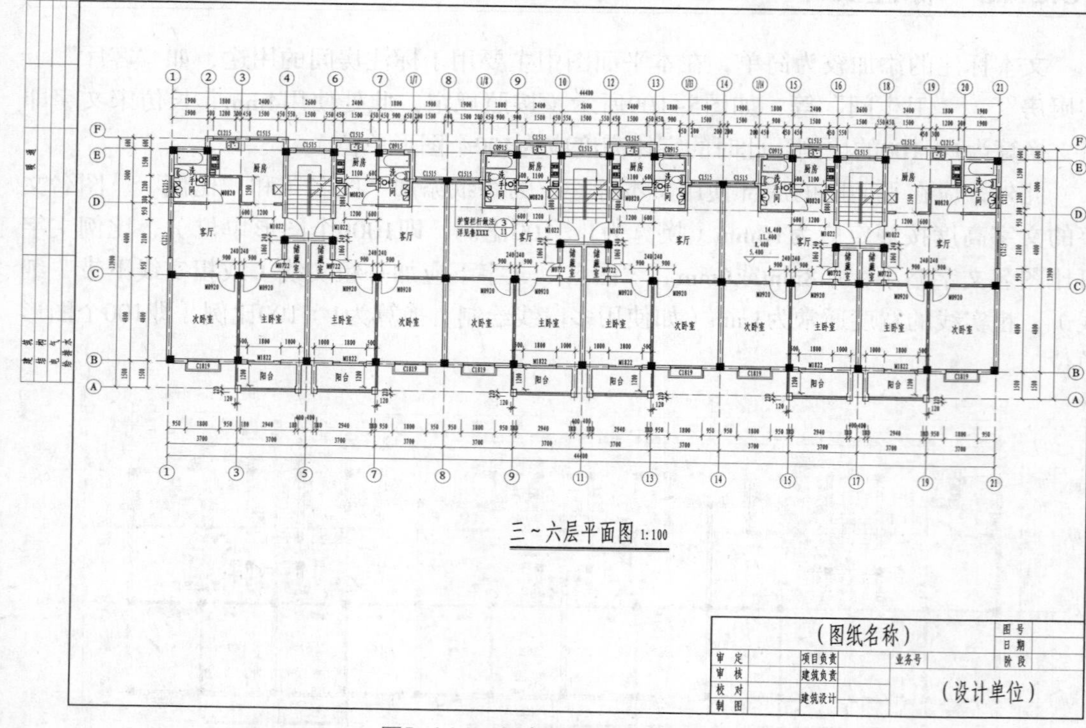

图5-111　添加了图框的平面图

5.2.17　打印输出

图形绘制完成后，最后需要将其打印输出，并装订成册，以供其他设计人员、施工人员等作为计算和施工的参照。

选择“文件”>“打印”菜单命令，打开“打印-模型”对话框，如图5-112所示，首先在“名称”下拉列表中选中要打印输出的打印机（或绘图仪）；然后在“打印范围”下拉列表中选择“窗口”项，再单击“窗口”按钮，顺序捕捉框架的左上角点和右下角点，如图5-113所示（A点到B点）；再选中“居中打印”复选框；取消“布满图纸”复选框的选中状态，在“比例”下拉列表中选择“1：100”，其他选项保持系统默认设置，单击“确定”按钮，即可以将绘制的平面图打印输出了。

提示

上面的打印输出方式是较常采用的输出图纸的方式（令图纸标识的比例与打印输出比例一致，是正确输出的基本原则）。打印时，通过“窗口”项选择打印范围，通过“比例”项设置合适的输出比例（令图纸比例与标注一致）。实际上，唯一需要确定的是图框的边界是否与打印输出的图纸大小保持一致（否则会出现打不全图形等错误）。

此外，在“打印样式表”下拉列表中选择monochrome.ctb项，可进行黑白打印输出。

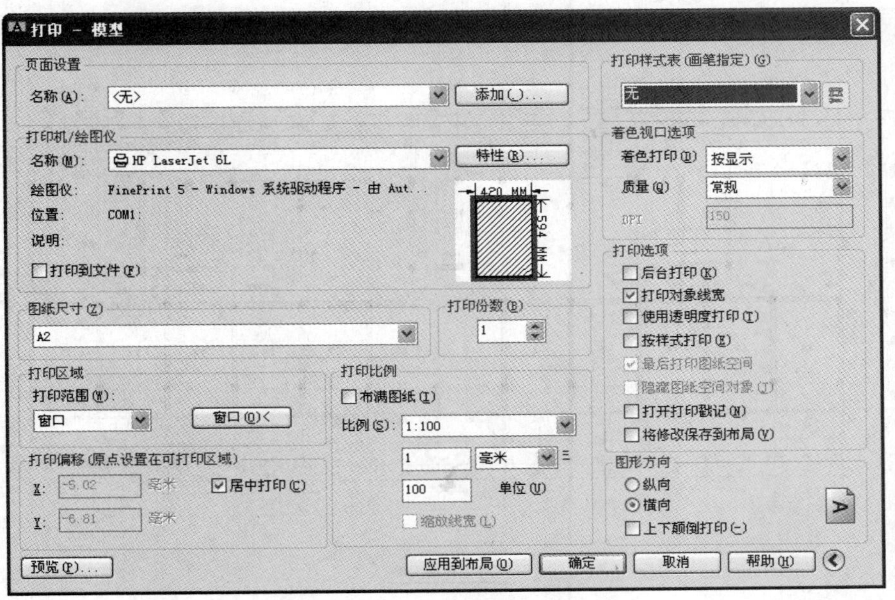

图5-112 “打印-模型”对话框

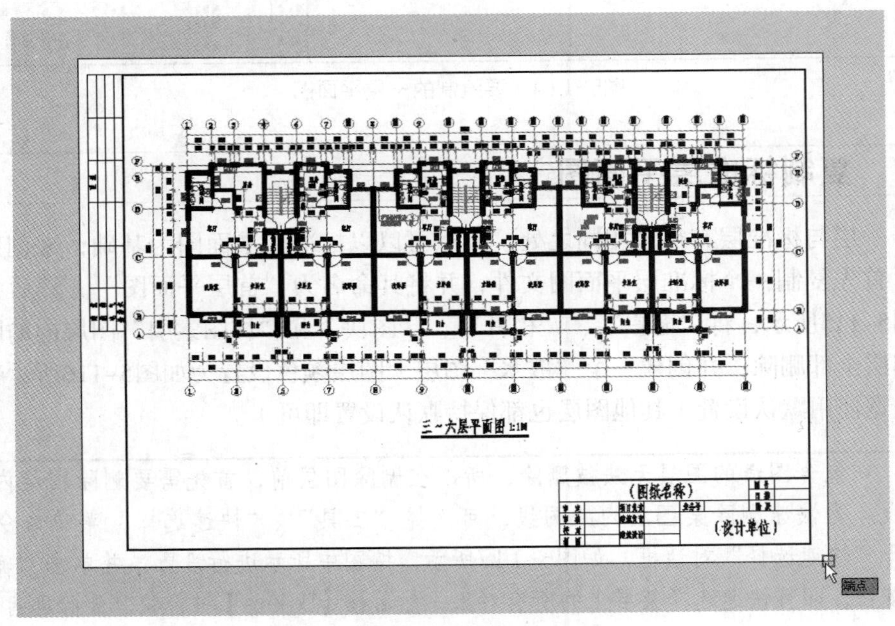

图5-113 添加了图框的平面图

5.3 一层平面图绘制

住宅的一层与标准层有很多不同之处，如图5-114所示，如会被设计为商铺或菜市场，以为住户提供方便，或被设计为车库、储物间等。由于功能不同，所以房屋的结构也会有所不同，需要重新划分布局（当然大体轮廓与标准层是相同的）。此外，首层中需要绘制剖切符号、散水等，下面就来看一下首层平面图的绘制操作。

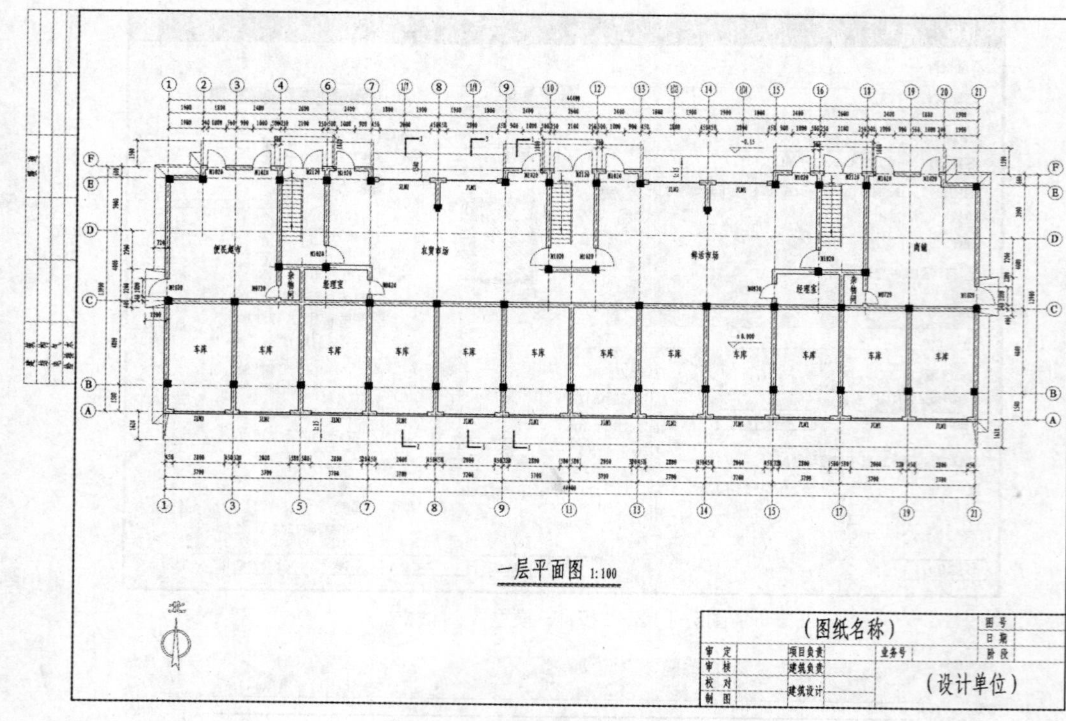

图5-114　要绘制的一层平面图

5.3.1　复制标准层平面图

由于一层与标准层有很多相同之处，所以可以以标准层平面图为基础，来创建首层平面图。首先复制一个标准层平面图文件，并将其命名为“首层平面图”，然后将其打开。如图5-115所示，将“窗户”、“栏杆”、“图块”和“详图索引”图层内的图线及这几个图层全部删除，并创建一个“散水”图层，图层颜色设置为如图5-116所示颜色，线型和线宽使用默认设置（其他图层也都保持默认设置即可）。

提示　包含图线的图层无法被删除，所以在删除图层前，首先需要删除图层内的图线。为快速删除某图层内的图线，可选择“工具”>“快速选择”菜单命令，打开“快速选择”对话框，如图5-117所示，按图中所示进行设置，并单击“确定”按钮，即可快速选择某层上的所有对象，然后按【Delete】键，将其删除即可。

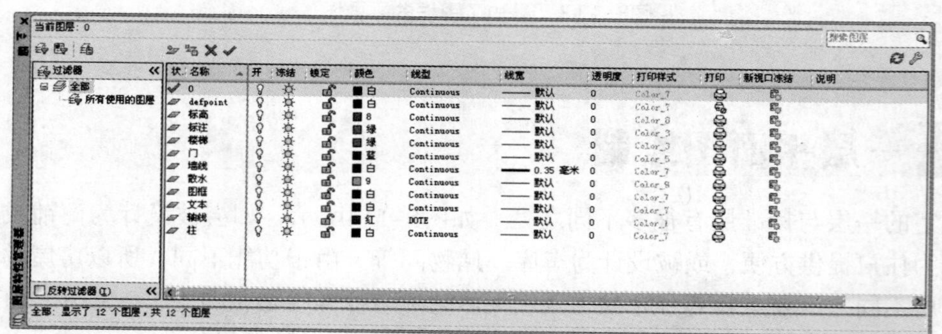

图5-115　首层平面图中的“图层特性管理器”选项板

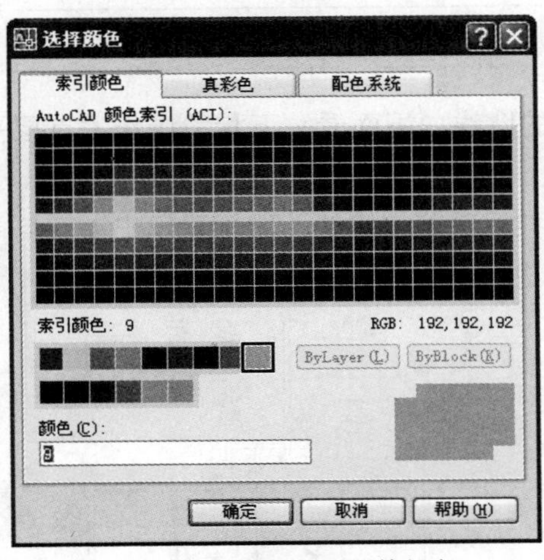

图5-116　新创建图层的颜色

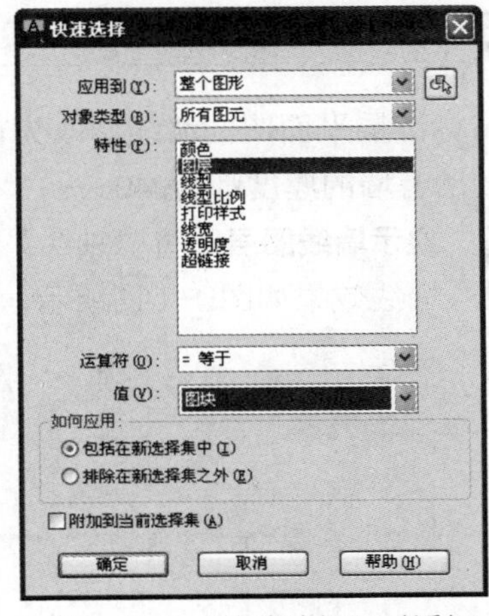

图5-117　“快速选择”对话框

5.3.2　绘制轴线

将除“轴线”图层外的图层全部隐藏，然后如图5-118所示，对轴线进行适当调整即可（删除某些多余的轴线，并将竖向轴线的上下部延长，再在3个门的前部位置复制轴线，此轴线是创建门外散水的依据）。

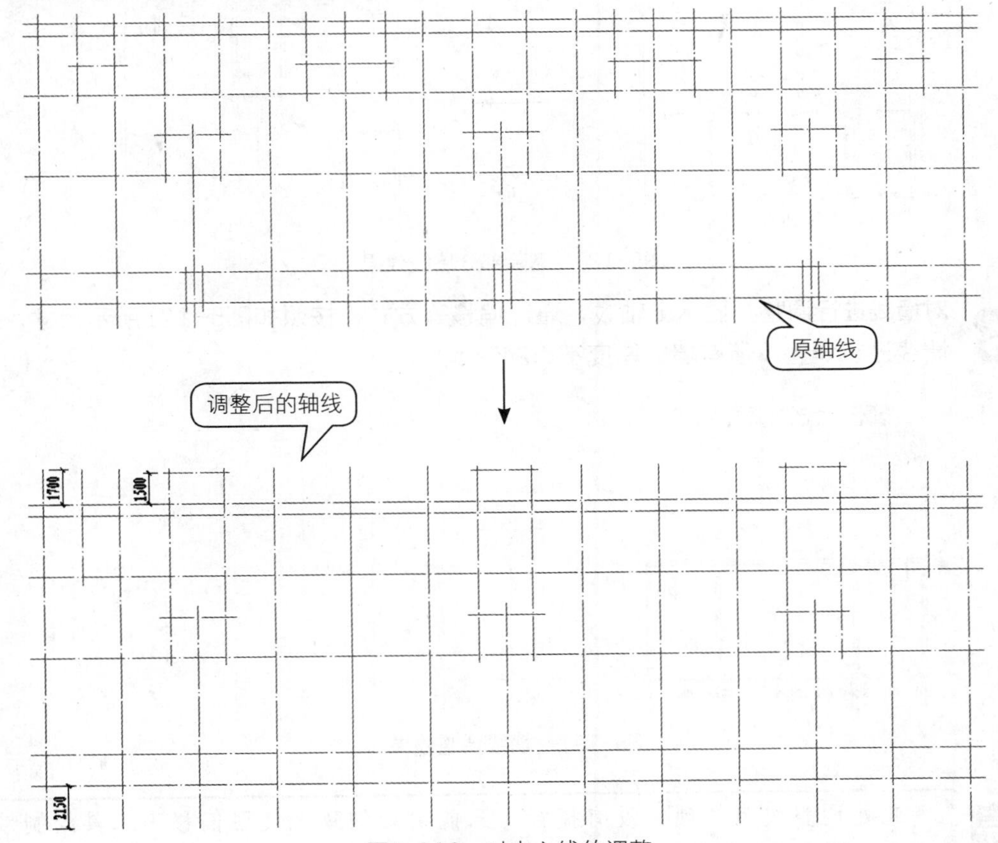

图5-118　对中心线的调整

5.3.3 绘制墙线

将标准层平面图的墙线修改为首层平面图的墙线，下面看一下相关操作（首层平面图中的所有墙的厚度都为240mm）。

01 **显示墙线图层** 将“轴线”图层隐藏，并同时将“墙线”图层显示出来，目前的墙线效果如图5-119所示，下面将对其进行调整。

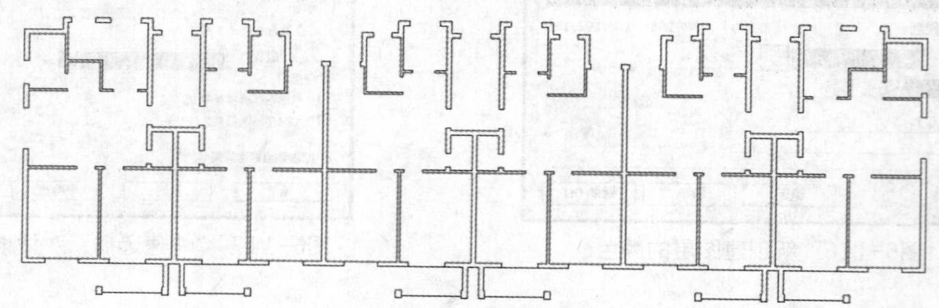

图5-119 显示出来的墙线

02 **删除部分墙线** 使用框选的方式，将第一户左上角和第二户右上角的所有墙线删除，再将第二户右侧的墙线删除，如图5-120左图所示；然后将底部横向的墙线和横向墙线下部的线全部删除，如图5-120右图所示。

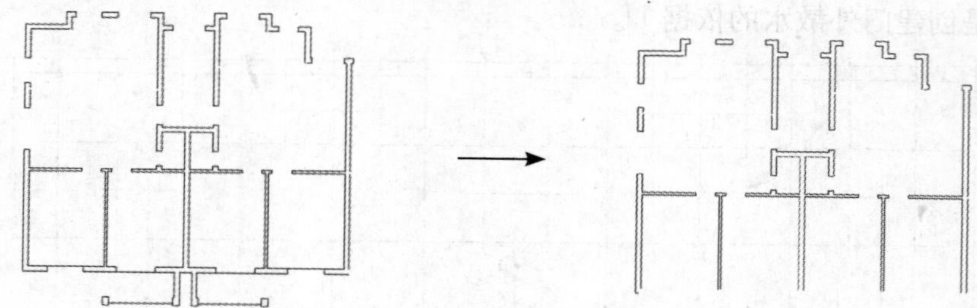

图5-120 删除部分墙线效果

03 **对墙线进行调整** 显示出轴线，通过偏移等方式，按照如图5-121所示尺寸，对墙线进行调整（所有墙的厚度都为240mm）。

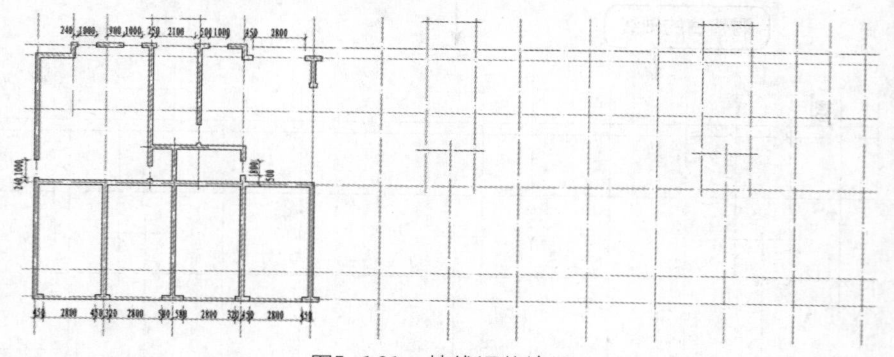

图5-121 墙线调整效果

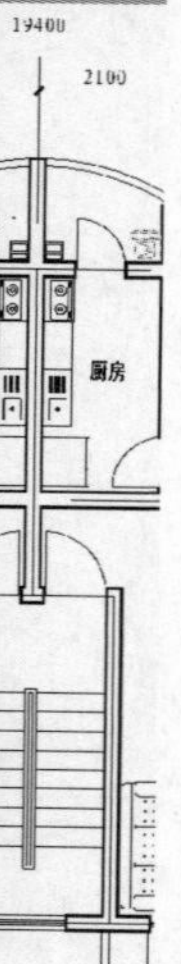

提示 此处调整较为烦琐，没有捷径，只能耐心细致地使用偏移等工具绘制墙线。或将墙线全部删除，使用绘制多线的方法重新绘制首层的墙线。

04 **镜像墙线** 完成上述操作后，同标准层平面图的绘制，首先以“轴线8”（参见图5-13）为镜像线，对左侧第二个房间的墙线进行镜像；再以“轴线11”为镜像线，对左侧所有墙线进行镜像，完成墙线的创建，如图5-122所示。

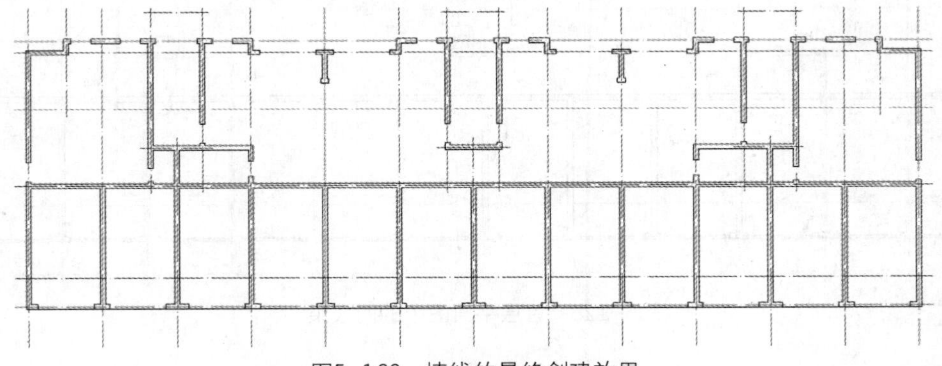

图5-122 墙线的最终创建效果

5.3.4 绘制散水线

可通过偏移轴线的方式来绘制散水线，偏移后的轴线，需要将其置于“散水”图层，然后进行修剪等操作，即可创建首层平面图的散水线，如图5-123所示。

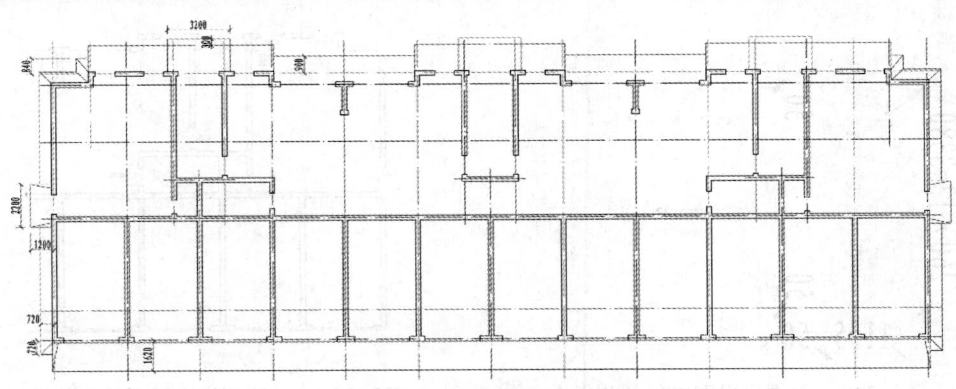

图5-123 创建的首层平面图的散水线和参考尺寸

5.3.5 绘制门

平面图中的单扇平开门，可使用标准层平面图中创建的图块进行创建。此外还需要创建一个“双扇平开门”图块和一个“卷帘门”图块，如图5-124所示。然后将这些门图块复制到固定的位置即可，如图5-125所示（文字的高度为300图形单位）。

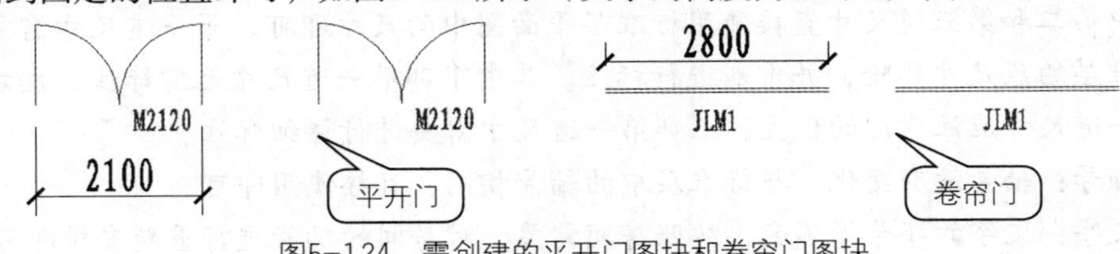

图5-124 需创建的平开门图块和卷帘门图块

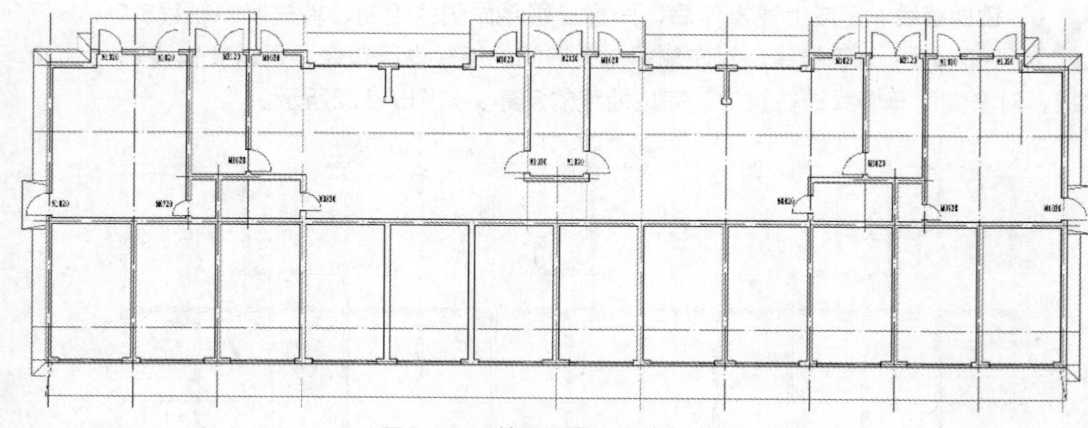

图5-125　首层平面图中的门效果

5.3.6　绘制楼梯

此处，首层平面图中的楼梯为单跑楼梯，所以绘制一侧即可。可重新绘制，也可以使用标注层中的楼梯进行修改绘制，其尺寸如图5-126所示。绘制完成后，将其定义为块，并插入到平面图中即可，如图5-127所示。

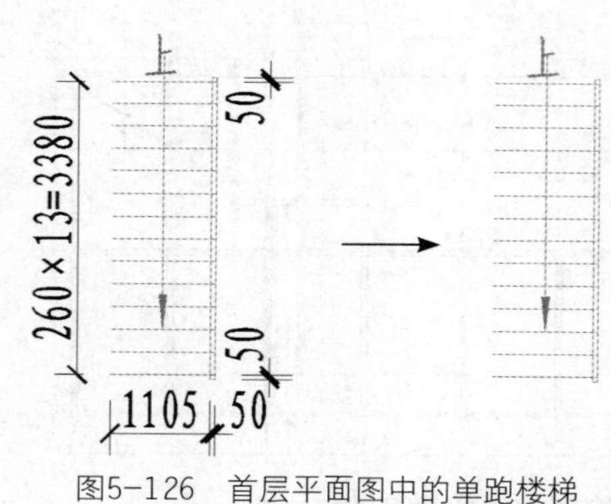

图5-126　首层平面图中的单跑楼梯

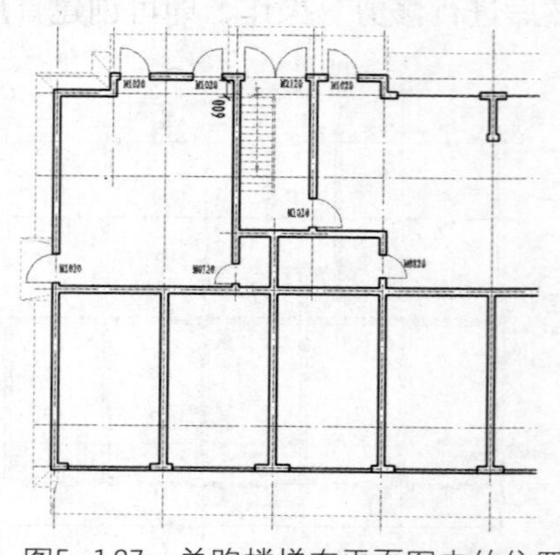

图5-127　单跑楼梯在平面图中的位置

5.3.7　标注尺寸、轴号和文字

完成上述操作后，即可以为首层平面图标注尺寸、轴号和文字了，下面分别做一下解释。

- 标注尺寸：首层平面图中对尺寸的标注没有什么特别要求，同样为三道尺寸。其中第二和第三道尺寸直接使用标准层平面图中的尺寸即可，第一道尺寸需要将标准层的原尺寸删除，并重新进行标注。其中下部第一道尺寸无需标注，左右侧第一道尺寸应注意门的位置，上部第一道尺寸需要进行详细标注。
- 轴号：轴号没有变化，与标准层中的轴号相同，直接使用即可。
- 文字：文字的字号等不变，按照房间需要，对房间的功能进行重新安排即可。

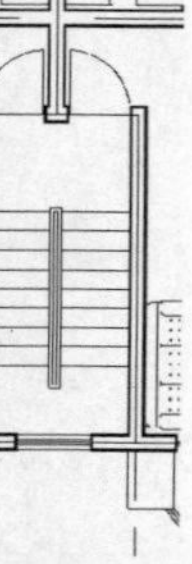

5.3.8 标注散水坡度和标高

首层平面图中的标高与标准层中的标高相同，无须重新创建图块，这里只需要标注室内地坪高度和室外地坪的高度，如图5-128所示。散水的坡度都为1：15，需要首先创建一个散水标注图块，如图5-129所示，块内字体高度为300个图形单位（即3mm），创建完成后，在散水内进行标注即可（箭头的方向是水流出的方向）。

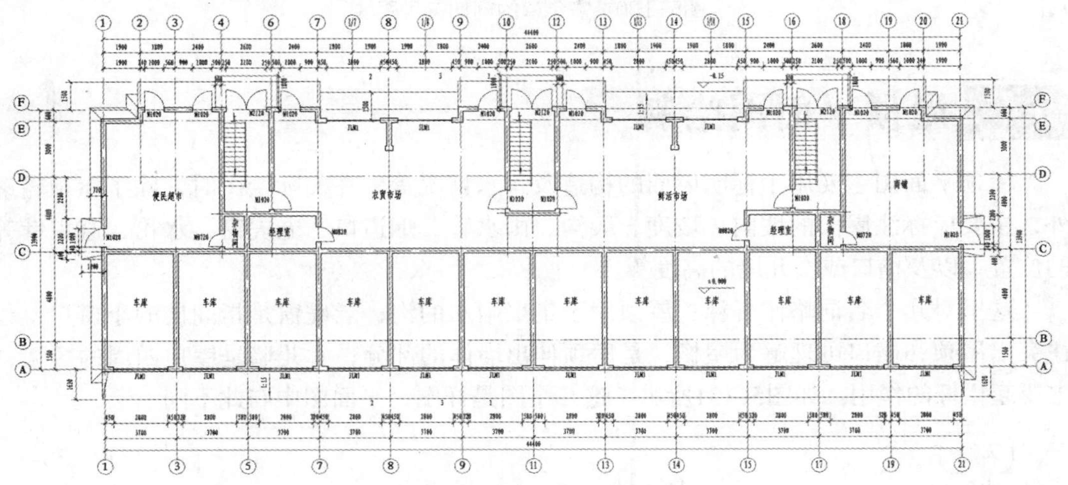

图5-128 添加的尺寸、轴号、文字、坡度和标高标注

1:15 400
1300 80
1:15

图5-129 需创建的散水坡度标注图块

5.3.9 添加图框和指北针

图框与标准层平面图中图柜的相同，可直接调用。指北针使第3章中创建的图块即可，插入后，可置于图框内的左下角空白区域中。

提示 图名也与标准层平面图中的规格相同，直接对其文字进行修改即可（关于图名，以后不再单独叙述其字体大小和创建操作）。

5.3.10 绘制剖切符号

按照制图规范，需要在首层中标注剖面图的剖切符号线，因此需要创建剖切符号图块，如图5-129所示。剖切符号线由剖切方向线、投射方向线和剖切文字组成，其中剖切方向线的边长应为6～10mm；而投射方向线应垂直于剖切位置线，长度为4～6mm；剖切文字的大小没有特殊规定，大小合适即可，这里使用长仿宋、3mm高度（即300个图形单位）；剖切符号线的线型应使用粗实线，这里使用70个图形单位（0.7mm）的多段线。

本图共需添加3个剖切符号线，剖切位置如图5-130所示，两端的剖切线可通过镜像

操作得到。

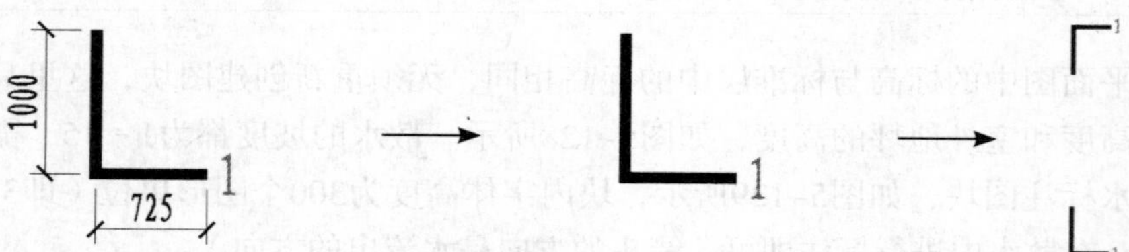

图5-130　需创建的剖切符号图块

5.4 屋顶平面图绘制

屋顶平面图主要用于标明屋面的构造及排水情况等，在实际绘图时，除了屋顶轮廓外，主要应标注屋面的坡向、坡度、天沟、雨水管、烟道口、老虎窗、水箱、避雷针等的位置，以及檐口或女儿墙的高度等。

这里对几个名词略作解释：屋顶用于集聚雨水的沟；老虎窗是指阁楼的小窗户，往往突出屋顶；檐口可理解为屋檐，是房顶伸出墙体的部分；女儿墙是屋顶四周的矮墙，主要起栏杆的作用。如图5-131所示（这几个图是详图，平面图中与此不同）。

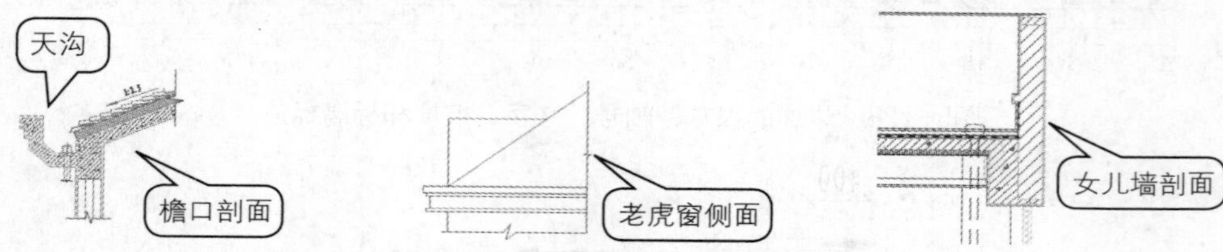

图5-131　天沟、老虎窗、檐口、女人墙图片

下面看一下绘制如图5-132所示屋顶平面图需进行的操作。

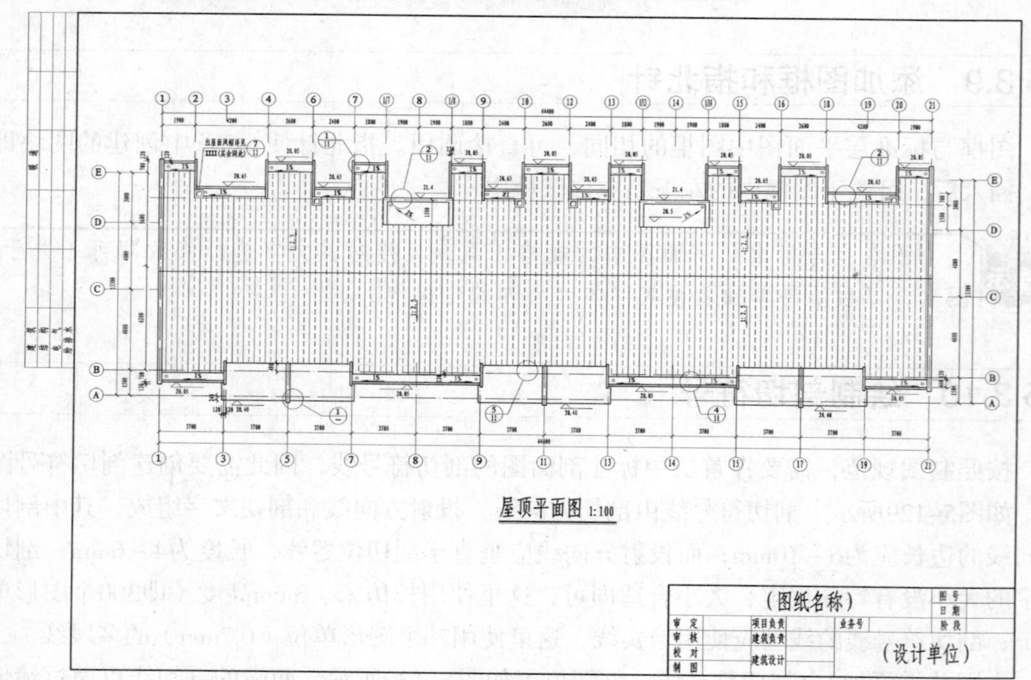

图5-132　需绘制的顶层平面图

5.4.1 复制标准层平面图

同一层平面图的创建也可以以标准层平面图为基础，创建顶层平面图。如图5-133所示，复制标准层平面图后，将“窗户”、“栏杆”、“楼梯”、“门”、“文本”和“柱”图层，以及图层内的图线全部删除；并创建“下水口”、“排烟口”和“填充”图层，其颜色分别设置为“蓝”、“洋红”和“红”，线型和线宽使用默认设置即可。

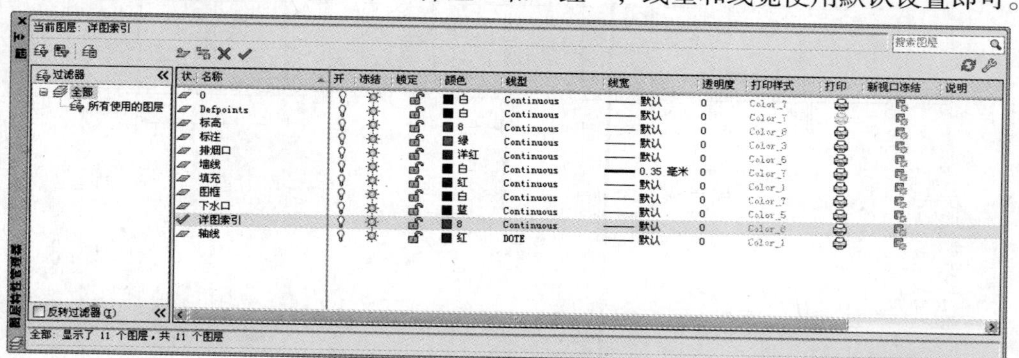

状	名称	开	冻结	锁定	颜色	线型	线宽	透明度	打印样式	打印	新视口冻结	说明
	0				白	Continuous	默认	0	Color_7			
	Defpoints				白	Continuous	默认	0	Color_7			
	标高				8	Continuous	默认	0	Color_8			
	标注				绿	Continuous	默认	0	Color_3			
	排烟口				洋红	Continuous	默认	0	Color_6			
	墙线				白	Continuous	0.35 毫米	0	Color_7			
	填充				红	Continuous	默认	0	Color_1			
	图框				白	Continuous	默认	0	Color_7			
	下水口				蓝	Continuous	默认	0	Color_5			
✓	详图索引				8	Continuous	默认	0	Color_8			
	轴线				红	DOTE	默认	0	Color_1			

图5-133　顶层平面图中的图层状态

5.4.2 绘制墙线

屋顶平面图的墙线只包含外墙线，以及中间的一条分割线。以标准层平面图为基础，可通过如下操作进行绘制。

01 **整理标准层平面图轴线**　首先将标准层平面图的轴线整理为如图5-134所示的图线样式（首先偏移D轴线，在其上方1500处阵列出一条轴线，然后绘制一合适的矩形，并修剪矩形内的图线即可）。

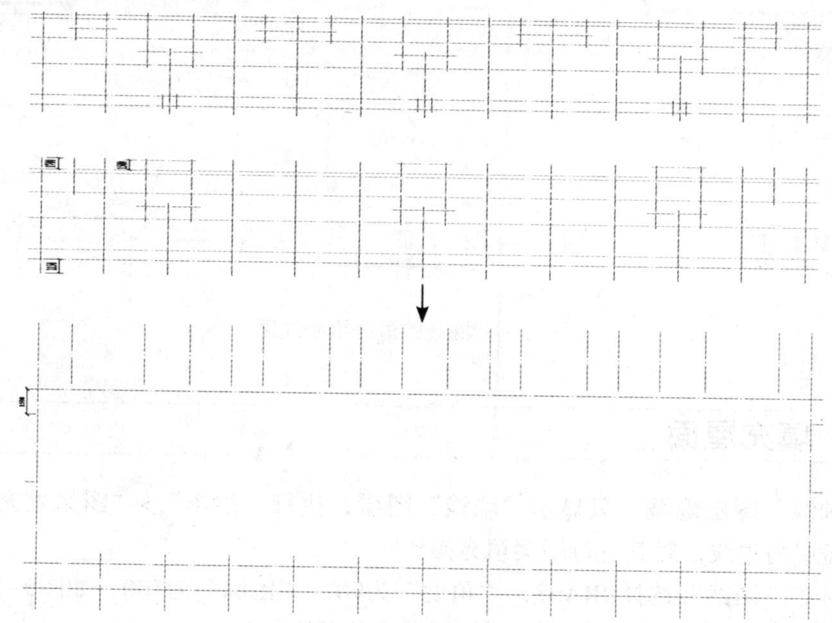

图5-134　顶层平面图中的图层状态

02 **删除部分墙线** 如图5-135所示，将中部的大多数墙线删除即可。

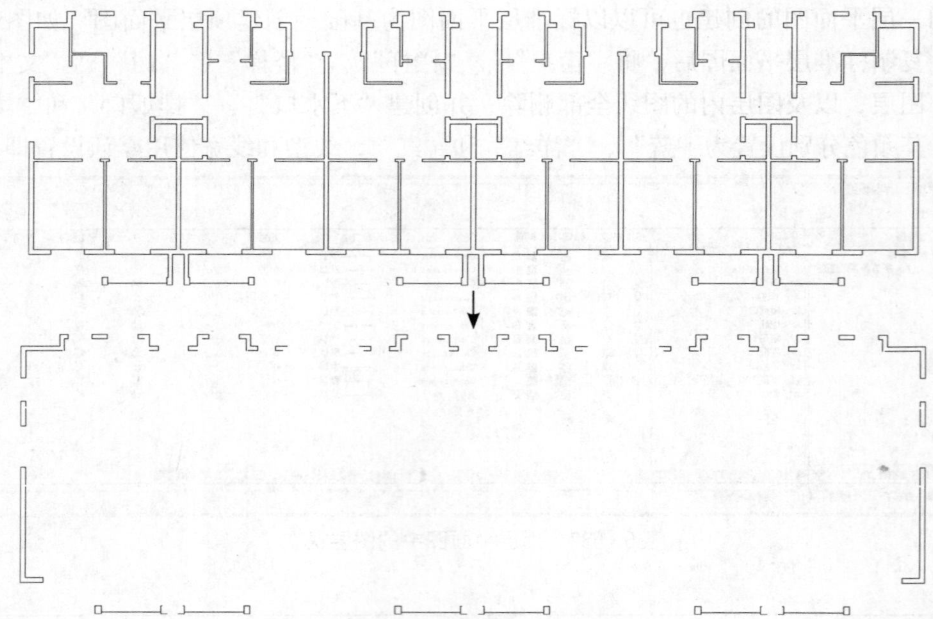

图5-135 删除部分墙线效果

03 **绘制墙线** 显示“轴线”图层，对删除后的墙线进行偏移等操作（可同样先创建左侧的墙线，右侧通过镜像操作得到），即可得到墙线的最终绘制效果，如图5-136所示（檐口的宽度始终为700图形单位，房顶中心线位于南北最外侧的房檐的正中间）。

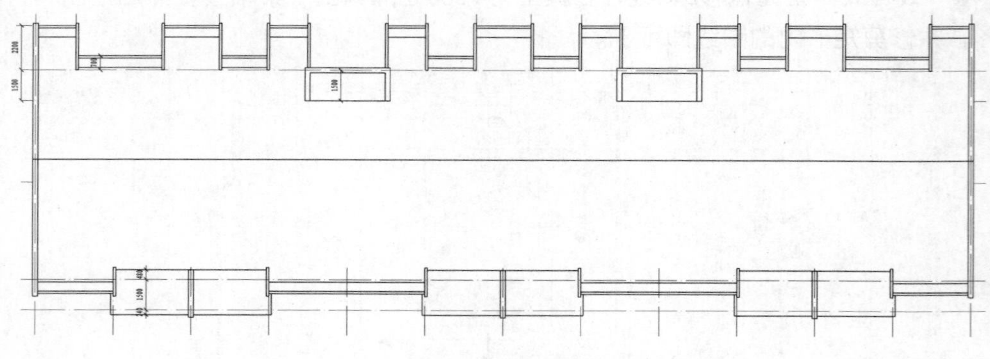

图5-136 墙线的最终绘制效果

5.4.3 填充屋面

将“轴线”图层隐藏，只显示“墙线”图层，执行“绘图”>“图案填充”菜单命令，捕捉房屋内边线，对其进行图案填充操作。

填充时，“图案”选择BRASS，“角度”为90，“比例”为100，如图5-137所示，其他选项保持系统默认设置，即可得到像瓦一样的屋面。

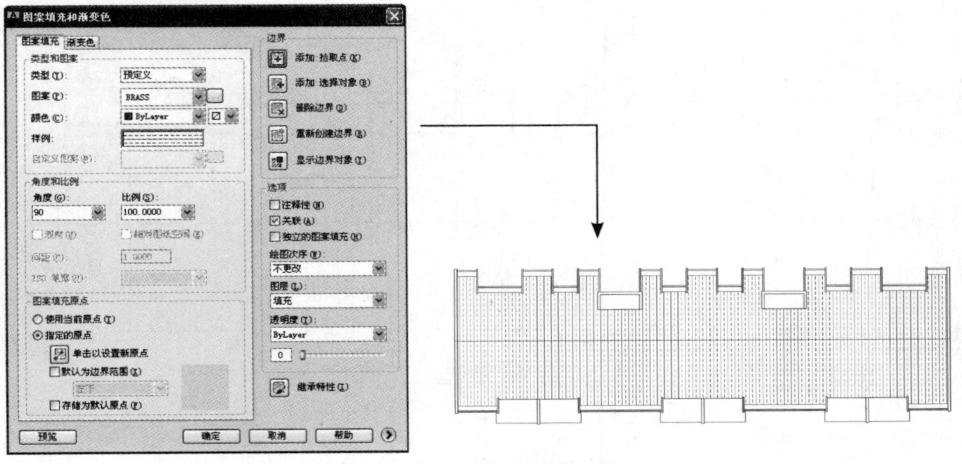

图5-137 屋顶的屋面填充效果

5.4.4 绘制排烟口

目前大多数房屋中，都建有集体排烟道，排烟道的出口位于屋顶，这样可以保持楼的外墙面清洁。

通常可将排烟口创建为图块，并标识其在屋顶中的位置。如图5-138所示为要创建的排烟口图例。在将排烟口定义为块时，可在图线的底部绘制一个白色的填充图形，这样将排烟口置于屋顶平面图中时，可自动遮挡底部的图线。

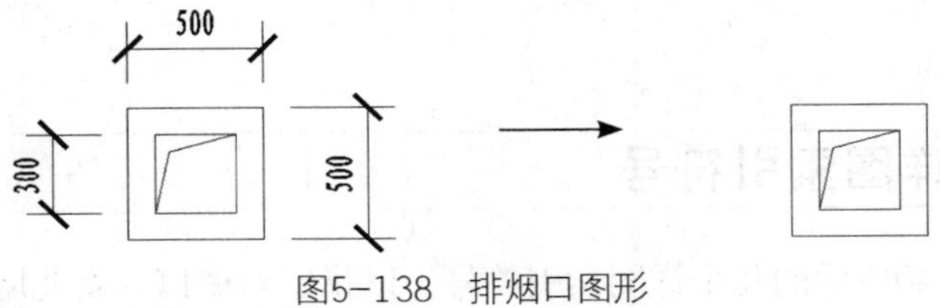

图5-138 排烟口图形

按国家规定，楼房的通风道或排烟道通常应使用成品烟道，成品烟道的外截面尺寸有320mm×240mm、340mm×300mm等类型（壁厚1cm左右，通常可忽略）。楼房施工时，应为排烟道预留板洞（比排烟道大5cm），这样在主体完工后，再单独建设排烟道。

排烟道通常应竖直（所以也被称为“天井“），顶部接排烟口，排烟口通常应安装无动力风帽。屋顶平面图中的排烟口多用于指示烟口的位置、具体施工信息等，多需要绘制详图进行说明。

5.4.5 添加下水口

下水口位于天沟的底部，直径多为14cm左右（此处即140个图形单位），按要求为每个檐口中的天沟添加下水口即可，如图5-139所示。

下水口的具体位置和檐口的施工要求等，多需要绘制详图进行标注。

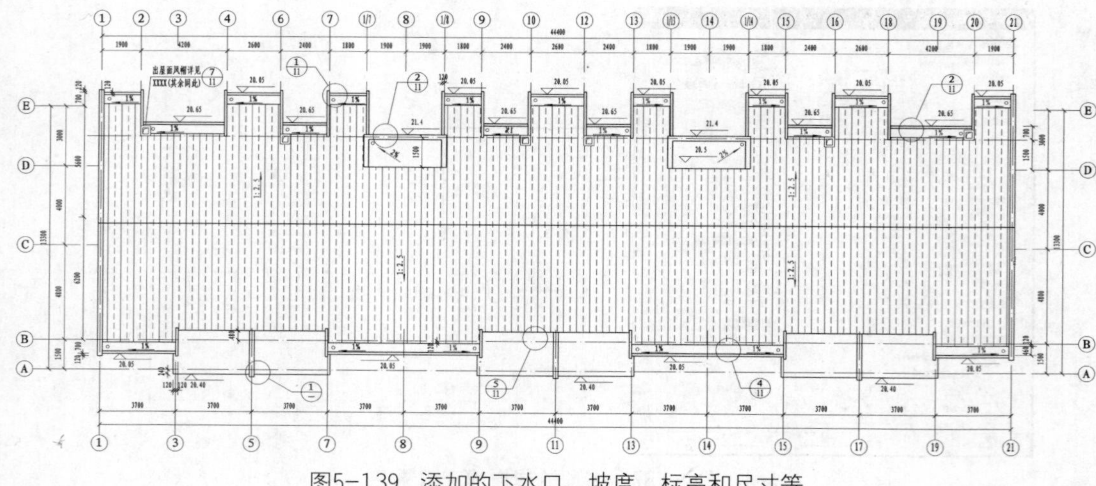

图5-139　添加的下水口、坡度、标高和尺寸等

5.4.6　标注坡度和标高

坡度可借用第5.3节定义的图块（如图5-129所示）进行绘制，对此图块稍作修改即可，如在原来的箭头和文字下方，绘制一白色的矩形填充图，以令图块能够遮挡底部的瓦片（如图5-139所示）。

“标高”图块前面已经应用多次，直接用其标注檐口和露台顶等处的高度即可（如图5-139所示）。

5.4.7　添加详图索引符号

需添加如图5-140所示的几个详图索引符号，以指定对檐口、女儿墙、露台顶部构造等详图的索引标记（此处详图索引符号的指示位置圈的直径为12mm，即1200个图形单位）。

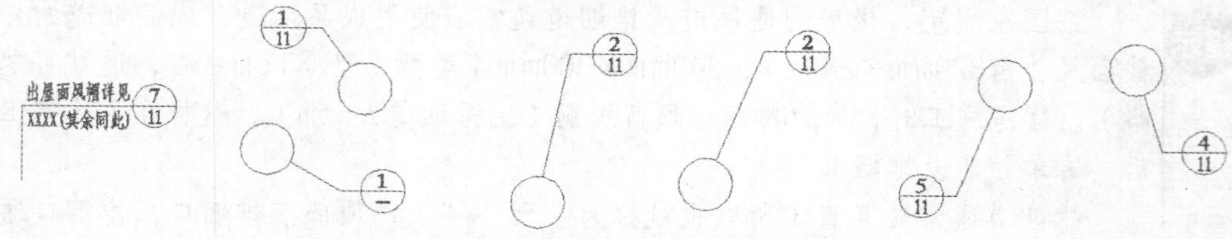

图5-140　需添加的几个详图索引符号

5.4.8　标注尺寸

最后应为图形标注尺寸，此处直接借用标准层平面图中的标注，外层尺寸的第二、三道标注无需变动，将第一道尺寸删除，再在合适位置标注第三道尺寸即可。此外，应添加几个内部尺寸，以对檐口的宽度和位置、女儿墙的宽度和位置等进行说明（如图5-139所示）。

5.5 其他平面图绘制

除了上面介绍的几个平面图，有时还需要绘制其他平面图，如二层平面图、阁楼平面图、总平面图等。下面简单做一下介绍。

- 二层平面图：由于与标准层不同，本楼体还需要绘制二层平面图。二层平面图与标准层平面图非常接近，如图5-141所示，只是增加了几处散水，以及不同的楼梯等，有兴趣的读者不妨参考本书提供的文件，自行绘制。

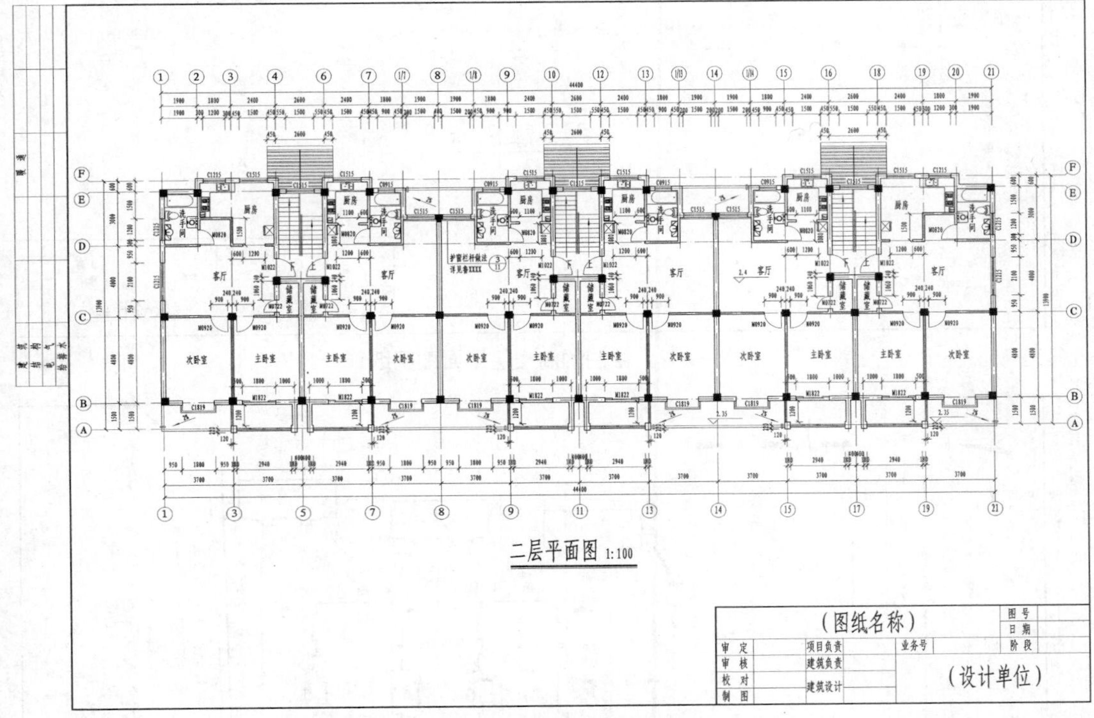

图5-141 绘制的二层平面图图纸

- 阁楼平面图：阁楼平面图也有其独特性，所以通常都需要单独绘制。本实例的阁楼平面图主要比标准层平面图添加了露台，如图5-142所示，所以对标准层平面图的某些位置进行适当修改即可。
- 总平面图：总平面图用于标明新建区的总体布局，主要应使用等高线和地面标高等标识地基地形；使用图例等表示周围已有的建筑物及道路；指北针和风玫瑰图；新建建筑物的层数；新建建筑物地坪的绝对标高；新建建筑物的角点坐标等，如图5-143所示（对于较简单的工程，也可不绘制等高线、坐标网和管道布置等）。

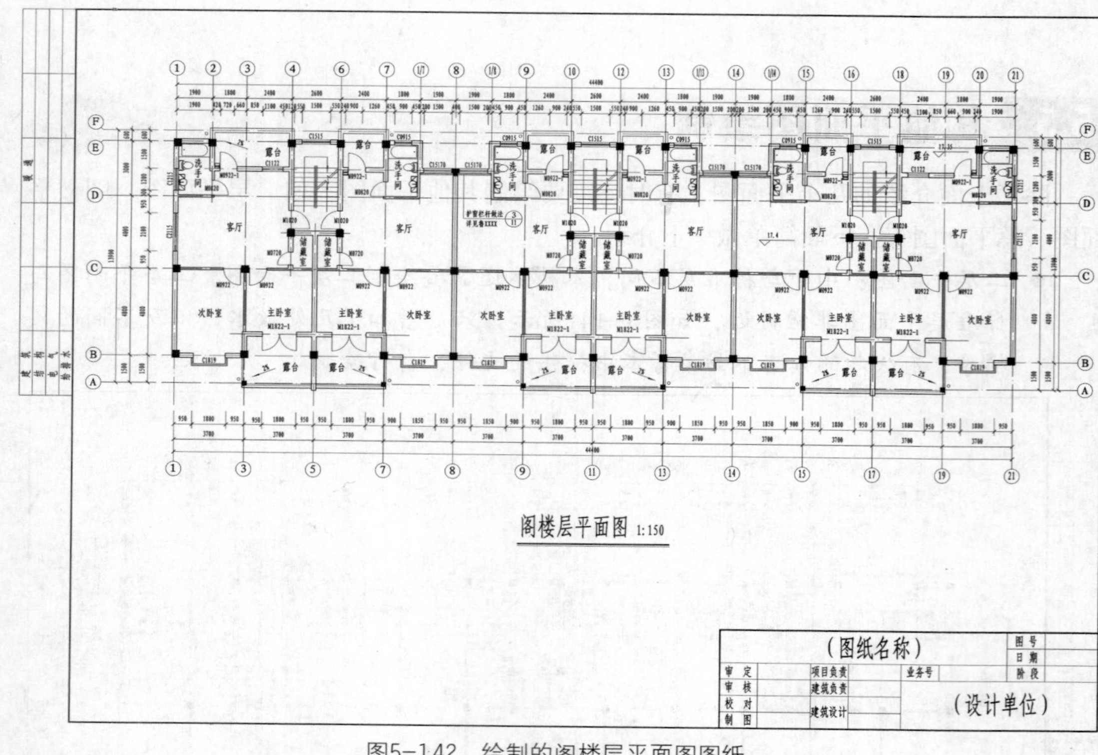

图5-142　绘制的阁楼层平面图图纸

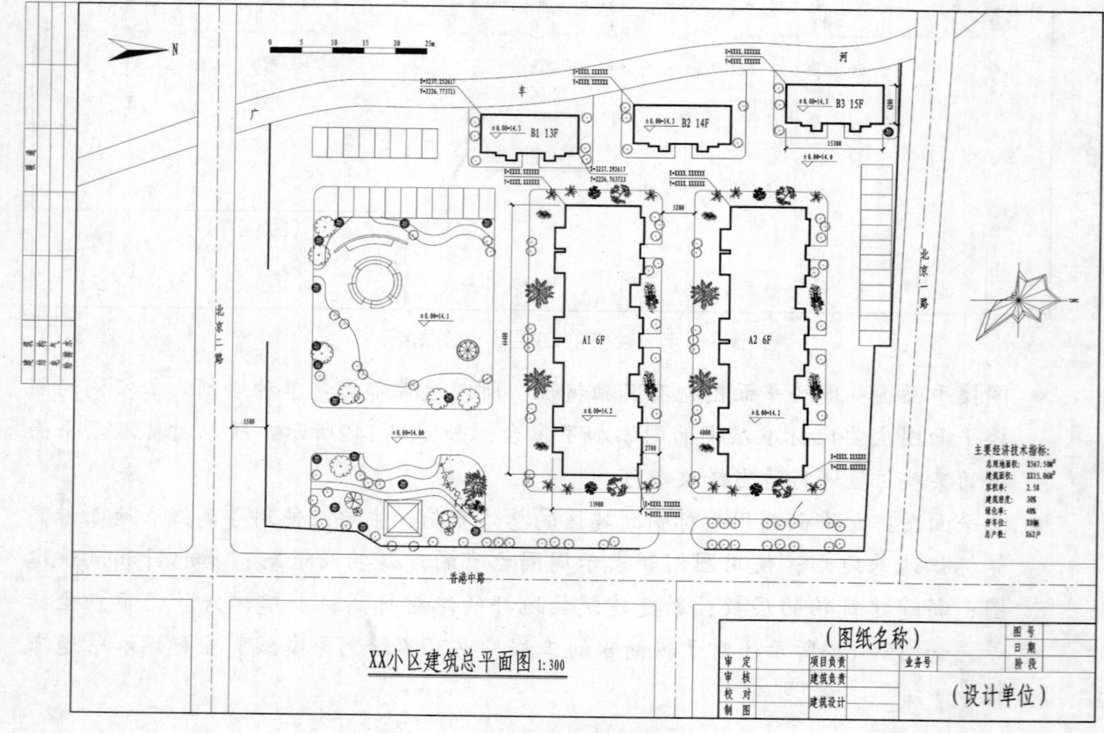

图5-143　绘制的总平面图图纸

第6章

住宅立面图绘制

本章内容

- 立面图概述
- 正立面图
- 背立面图
- 侧立面图
- 其他立面图

6.1 立面图概述

使用正投影法将建筑的各个墙面进行投影所得的正投影图，即是房屋的立面图，如图6-1所示。也可以这样理解：从远处平视房屋某个方向的外表面，所见到的图形即为房屋的立面图。

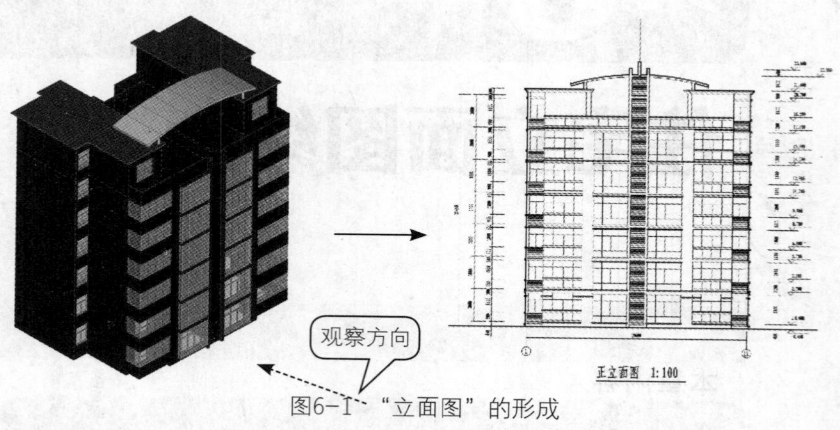

图6-1 “立面图”的形成

6.1.1 立面图的作用

立面图主要有如下3方面的作用。

- 展现建筑物的外形全貌及地坪线的位置。
- 门窗位置：门窗的标高和尺寸，阳台、台阶、勒脚、雨篷、檐口、屋顶女儿墙、外墙的预留洞，室外的楼梯、墙、柱等的位置等。
- 材料做法：用图例或文字说明外墙面、阳台、勒脚、雨篷等的装饰材料及做法。

6.1.2 立面图的命名

有3种立面图的命名方式，具体如下。

- 按建筑墙面的特征命名：规定房屋主入口所在的面为正面，其对应的立面图，即被称为“正立面图”（居民楼多为南面）；从后向前的则是“背立面图”，从左向右的称为“左侧立面图”，而从右向左的则称为“右侧立面图”。
- 按各墙面的朝向命名：将房屋朝南面的立面图称为“南立面图”，同样还有“北立面图”、“西立面图”和“东立面图”。
- 按建筑两端定位轴线的编号命名：用该面首尾两个定位轴线的编号，组合在一起来表示立面图的名称。如图“①～⑨立面图”、“A～F立面图”等。

6.1.3 立面图的绘图要点

绘制立面图时，应注意立面图的绘图比例、图线的宽度，以及标注的方式等要点，具体如下。

- 比例：建筑立面图的比例规定与平面图一致，可使用1:50、1:100、1:200等比例绘制。
- 图线：为使立面图清晰，通常用加粗实线（粗实线的1.4倍）绘制地坪线；用粗实线绘制立面图的最外轮廓线；用中粗线绘制凸出墙面的雨蓬、阳台、柱子、窗台、窗楣、台阶和花池等的投影线；用细线绘制其他投影线，如门窗轮廓线、墙面分割线、雨水管、尺寸线和标高等。
- 标注：在竖直方向上，应标注三道尺寸，以分别确定楼高、层高和门窗的位置，此外应单独标注建筑物室内外地坪、台阶、雨蓬、房檐、屋面、墙顶等处的标高；在立面图水平方向上，一般不注尺寸，仅需标出立面图两端墙的轴号；另外，可在适当位置用文字或图例标出墙面的装饰做法。

建筑物图纸上的标高有建筑标高和结构标高之分，其中“建筑标高”是指建筑物楼面施工完成后的标高（包含地面垫层、抹灰和地板砖等的高度）；而“结构标高”则是指结构实体的标高，如现浇混凝土顶面的标高（所以结构标高通常比建筑标高低5cm左右）。

通常在建筑施工图中标注建筑标高，而在结构施工图中标注结构标高。如要在建筑施工图中标注“结构标高”，应在“结构标高”后加“结”或“结构”文字，或在图名下标注“注：本图标高均为结构标高”。

6.2 正立面图

本节以第5章的平面图为基础，绘制其正立面图（即其南立面图），如图6-2所示。在绘制时，应注意对平面图尺寸的借用技巧。下面看一下相关操作。

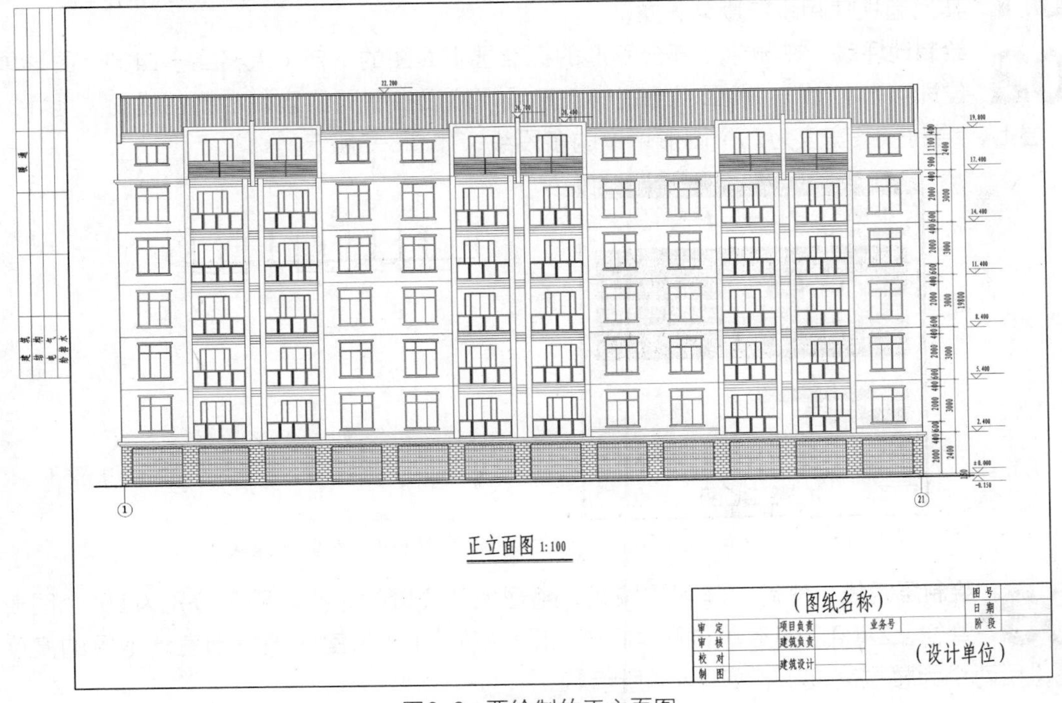

图6-2 要绘制的正立面图

6.2.1 复制标准层平面图

首先复制第5章绘制的标准层平面图，并修改为“正立面图.dwg”文件，然后打开此文件，将原标准层平面图的图线修改为如图6-3所示的样子（主要删除横向轴线，并保留竖向轴线，底部墙线和阳台的轮廓）。

提示 通过复制标准层平面图，可以部分减少重新输入尺寸的麻烦。

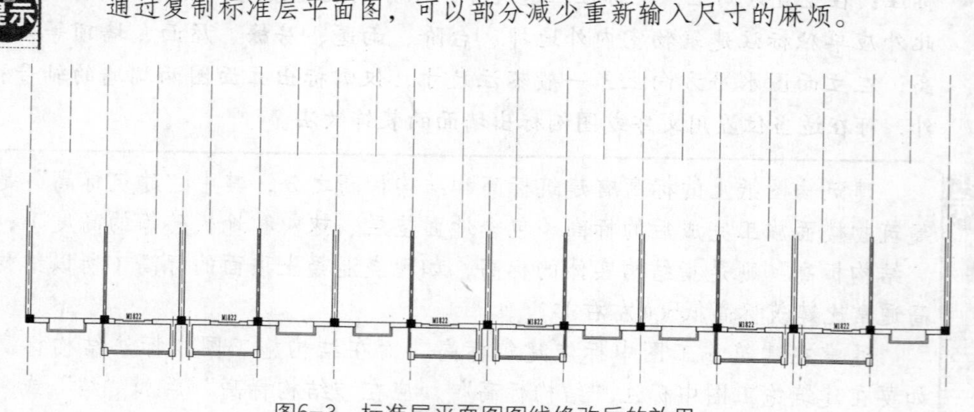

图6-3 标准层平面图图线修改后的效果

6.2.2 绘制地坪线和层间线

立面图的重要作用就是展示建筑物各组成部分的高度，所以在绘制时应首先确定地平线的位置，下面看一下操作。

01 **新建图层** 首先新建一个地坪图层，图层颜色设置为255灰色，如图6-4所示，其他选项使用系统默认设置。

02 **绘制地坪线** 在删除了部分图形的标准层平面图的下部（大概高于2400个图形单位即可），首先在0图层绘制一条直线，然后在相同位置，在新创建的“地坪”图层上，绘制一条宽度为70个图形单位的多段线，如图6-5所示。

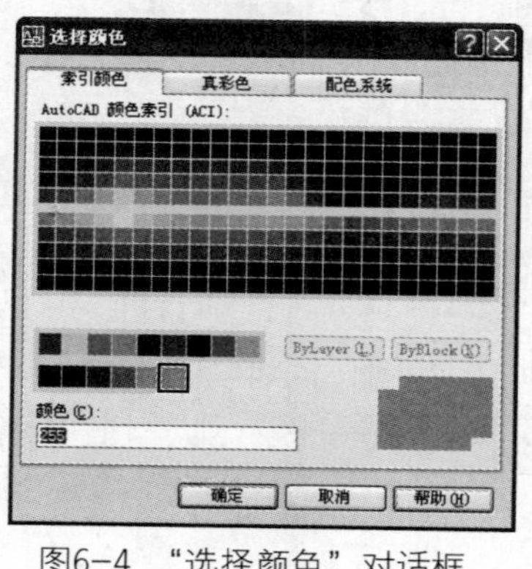

图6-4 “选择颜色”对话框

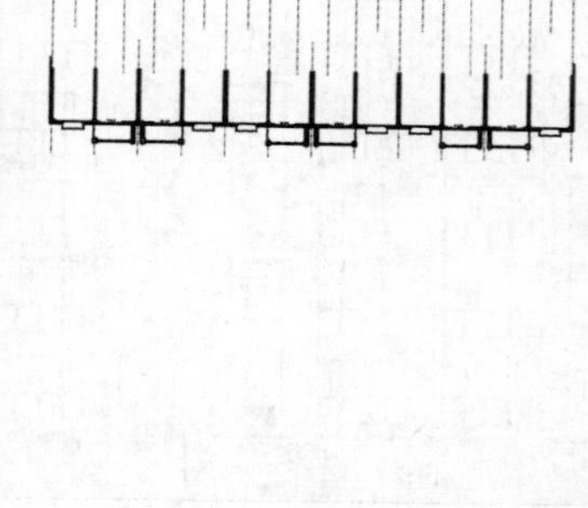

图6-5 绘制地坪线

03 **绘制层间线** 使用“阵列”按钮，整理地坪位置的直线，距离分别为150个图形单位、2400个图形单位和3000个图形单位（150为室内地坪到室外地坪的高度差，后两个为楼层高度），如图6-6所示。

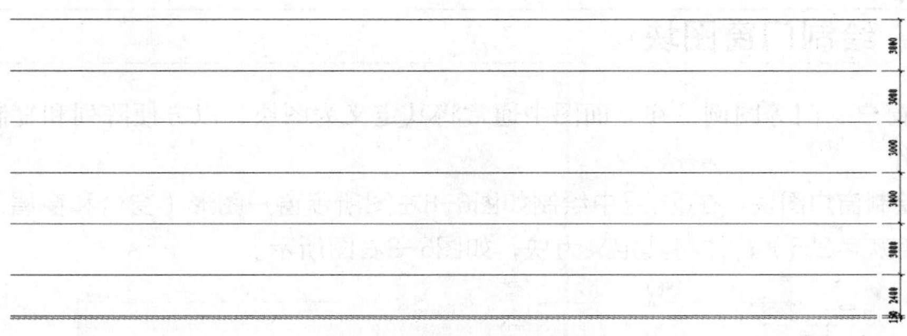

图6-6　绘制“层间线”

6.2.3　绘制轮廓线和墙面分割线

首先新建两个图层，一个图层命名为“轮廓线”，一个图层命名为“墙面分割线”。“轮廓线”图层的图线宽度设置为0.35，“墙面分割线”使用默认设置，其他选项全部保持系统默认设置即可。

然后沿着标准平面图的墙线，向下竖直绘制直线，再按照如图6-7所示尺寸，绘制横向和右上角的直线即可（右侧和顶部的线为轮廓线，应将其移动到“轮廓线”图层）。

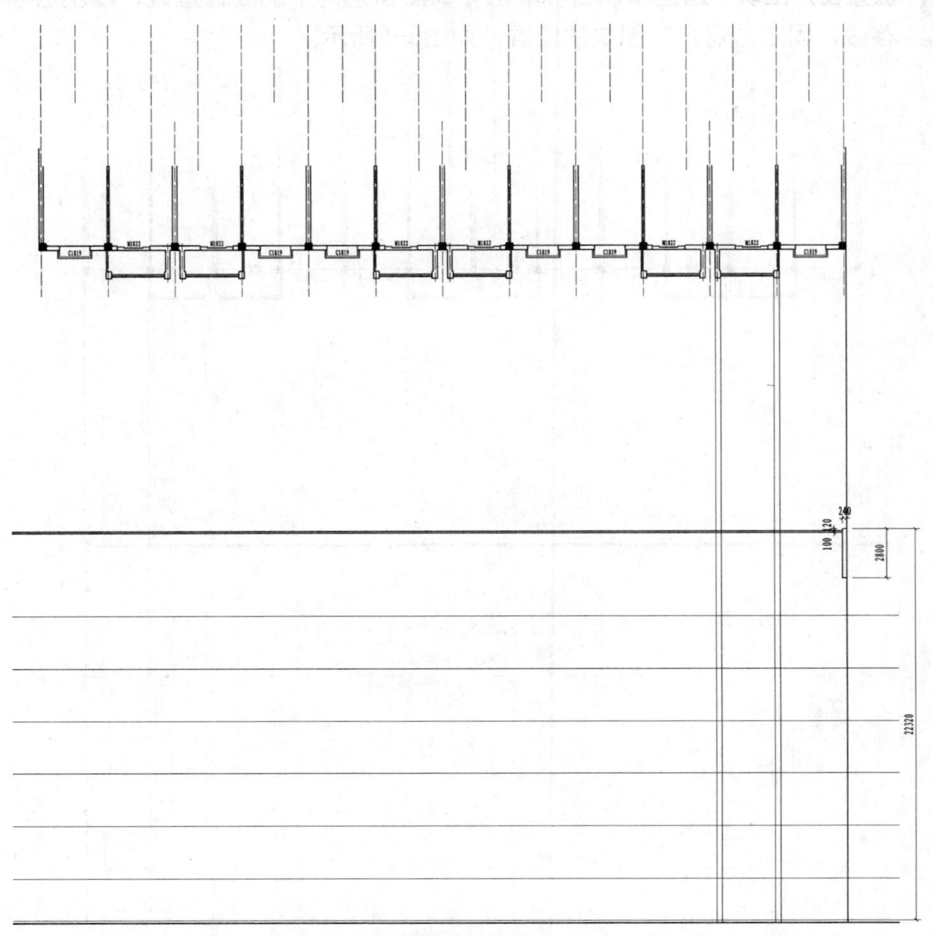

图6-7　绘制的“轮廓线”和“墙面分割线”效果

6.2.4 绘制门窗图块

对于窗户、门等图例，在立面图中通常将其定义为图块，以方便阵列和复制，下面看一下操作。

01 **绘制窗户图块** 在0图层中绘制如图6-8左图所示窗户图形（窗台和窗眉部分设置为灰色255），并将其定义为块，如图6-8右图所示。

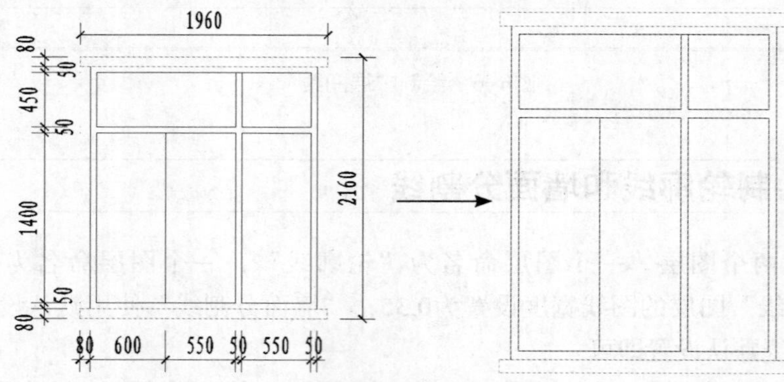

图6-8 绘制“窗户”图块

02 **放置窗户图块** 通过绘制自标准层平面图窗户向下的竖直直线，以及层间线的偏移线，固定“窗户”图块的位置，如图6-9所示。

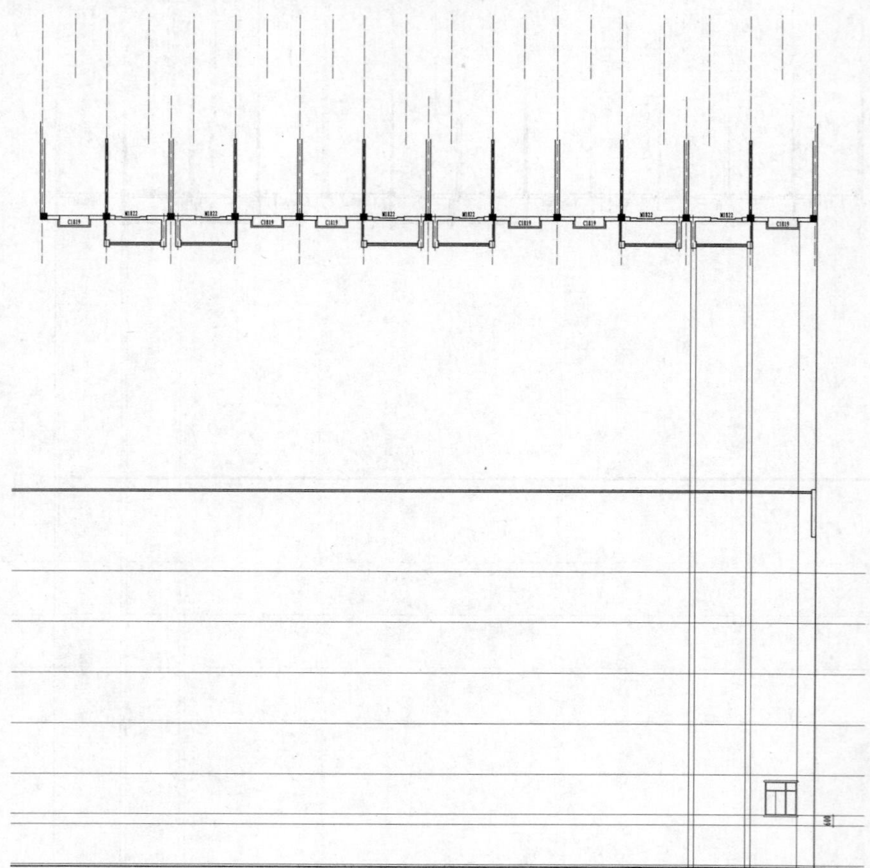

图6-9 放置“窗户”图块

03 **阵列窗户图块** 将步骤2绘制的定位辅助线删除，然后单击“阵列”按钮，向上阵列窗户图块，阵列个数为5个，阵列间距为3000个图形单位（因为层间距为3000），如图6-10所示。

图6-10 阵列“窗户”图块

04 **绘制门和栏杆图块** 按照如图6-11左图所示的尺寸，在0图层中绘制“门和栏杆”图形（其中栏杆边线颜色设置为“青”、栏杆中间的面部分设置为“颜色30”），然后将绘制的图形定义为块，如图6-11右图所示。

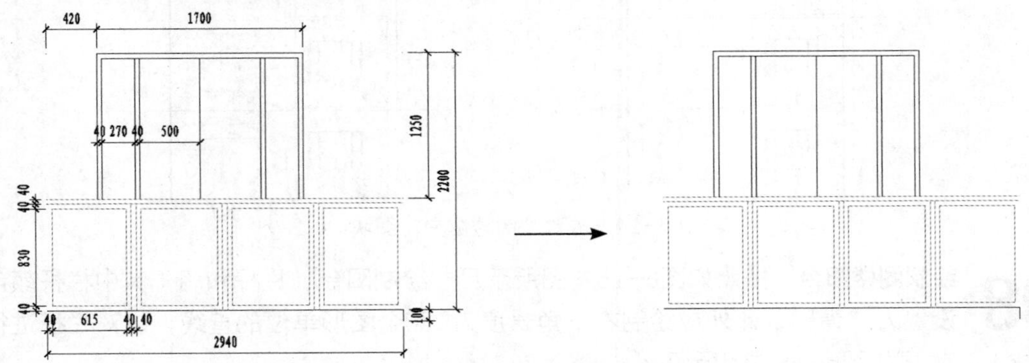

图6-11 绘制的“门和栏杆”图块

05 **放置和整理门和栏杆图块** 选中基准点，将步骤4绘制的图块移动到正确的位置，并对其进行阵列即可，如图6-12所示。

图6-12 阵列“门和栏杆”图块

06 **绘制阁楼窗户**　按照如图6-13左图所示尺寸绘制阁楼窗户图块（其颜色定义同标准层中的窗户），其效果如图6-13右图所示。

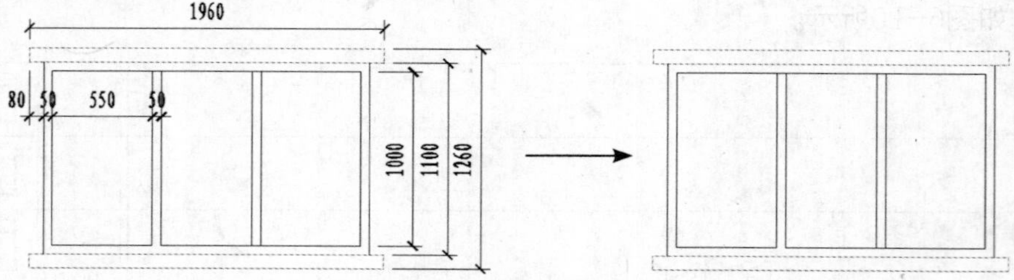

图6-13　绘制“阁楼窗户”图块

07 **放置阁楼窗户**　通过绘制辅助线的方式，放置阁楼窗户图块到正确的位置，如图6-14所示。

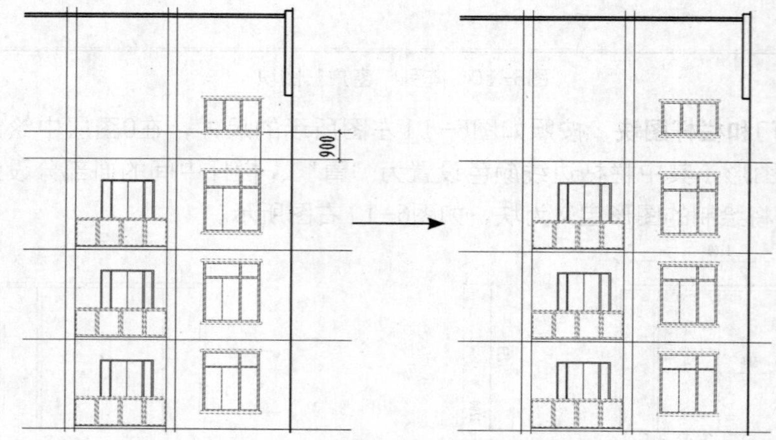

图6-14　放置“阁楼窗户”图块

08 **绘制阁楼阳台**　按照如图6-15左图所示尺寸绘制阳台、栏杆和门（其中栏杆颜色设置为“青”，此外应绘制右下角长度为100个图形单位的直线，以对栏杆进行定位），效果如图6-15右图所示。

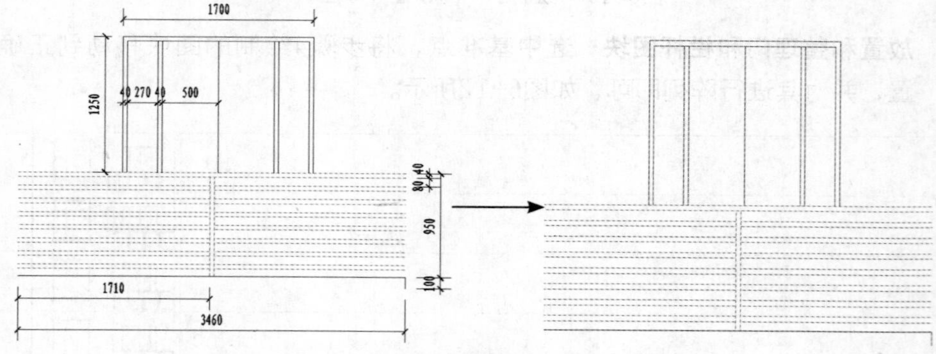

图6-15　绘制“阁楼门和栏杆”图块

09 **放置阁楼阳台**　使用阳台底部的层间线，对上面步骤中绘制的墙面分割线进行剪裁和偏移操作，并延长标准层平面图中的轴线，再对其进行左右120个图形单位的偏移操作（如图6-16所示），然后捕捉步骤8绘制的图块的右下角点为基准点，将其移动到图示位置即可。

10 **绘制阁楼阳台的墙体**　将步骤9偏移的轴线移动到“墙面分割线”图层中，再按照如图6-17所示尺寸在“墙面分割线”图层中绘制阳台的墙线即可。

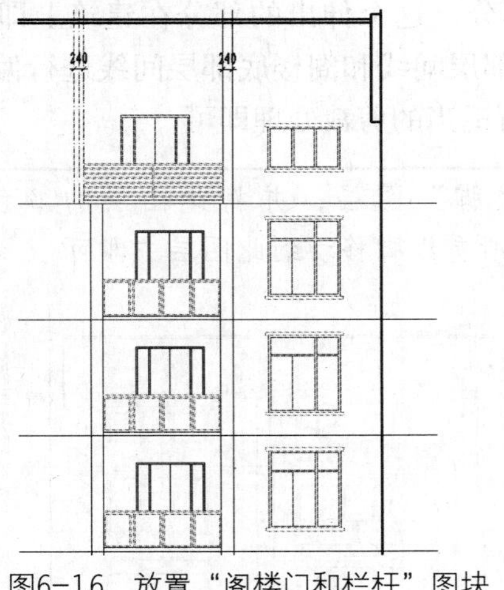

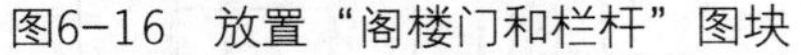

图6-16　放置“阁楼门和栏杆”图块

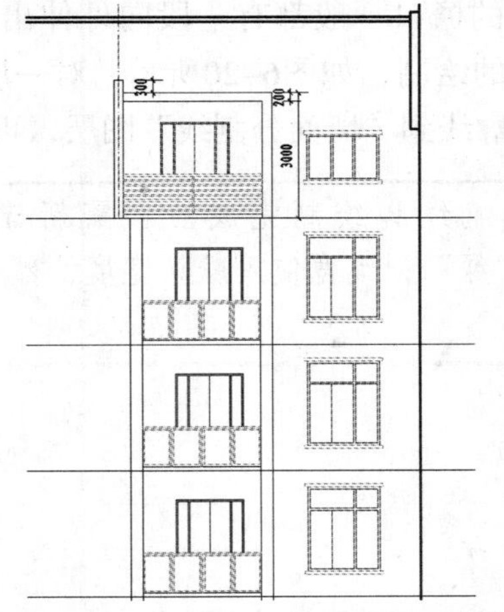

图6-17　绘制阁楼墙线效果

6.2.5　绘制滴水线

在窗台或阳台下，为防止雨水沿着阳台或窗台流下而腐蚀窗体，在阳台或窗台的下边缘处设置的凹凸构件即是滴水。在房屋立面图中，通过几条线即可表达滴水，如图6-18所示。按照图示尺寸完成滴水的创建后，将其复制到每个阳台的下部（与层间线对齐）即可，效果如图6-19所示。

图6-18　滴水线模块尺寸

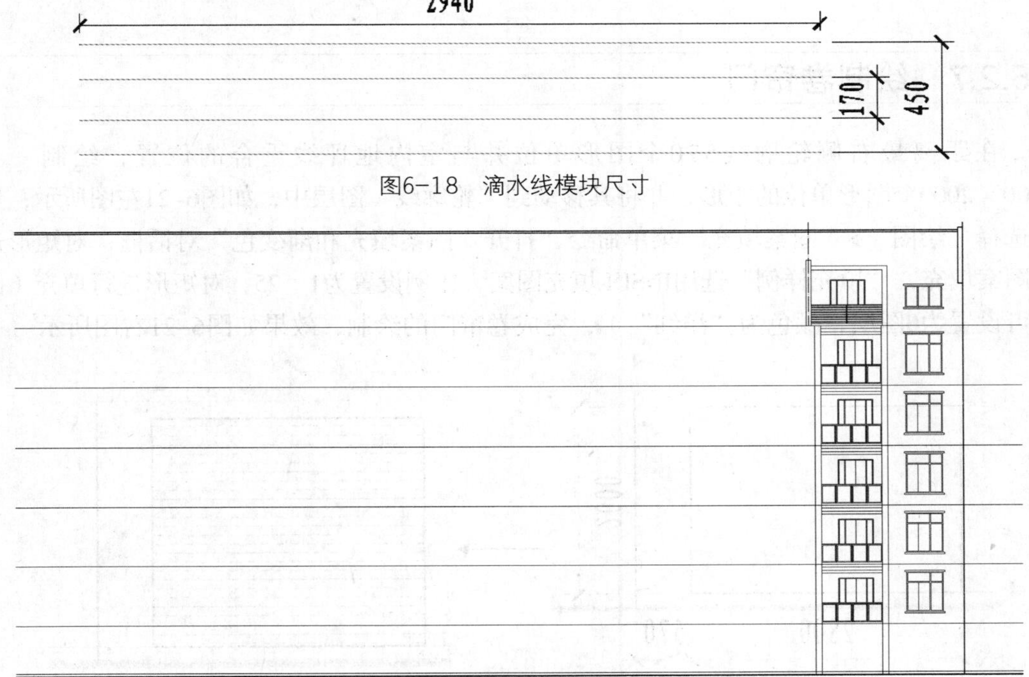

图6-19　将滴水线添加到图形中的效果

6.2.6 绘制线脚

房屋的檐口一般都有一段向外伸出的部分，这个伸出的部分在建筑上即被称为线脚。线脚的绘制，如图6-20所示，对一层顶部层间线和阁楼底部层间线进行偏移，并偏移右侧轮廓线到“墙面分割线”图层，再进行适当的剪裁处理即可。

线脚绘制完成后，需新建“线脚”图层，并将此图层的颜色定义为“绿”，线宽使用默认宽度，然后将所有线脚移动到此图层中即可。

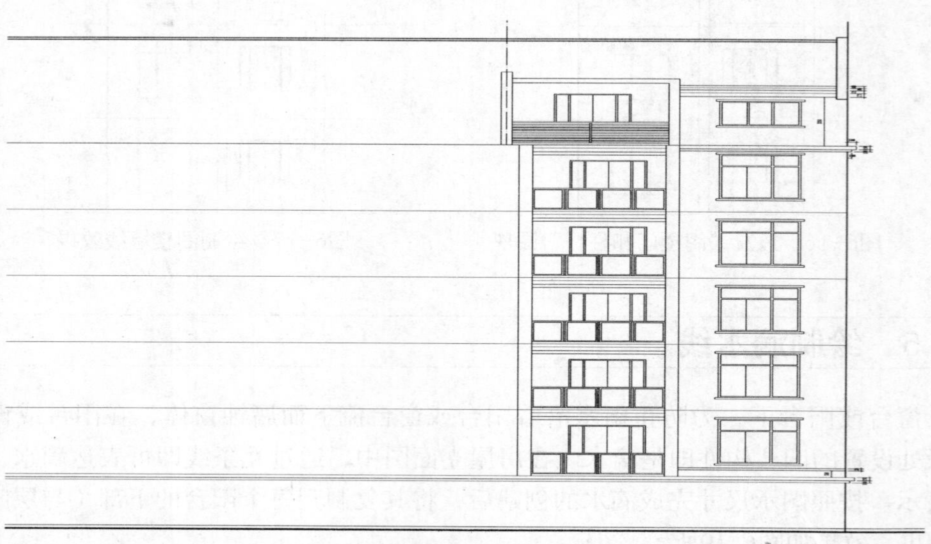

图6-20 “线脚”尺寸和绘制效果

6.2.7 绘制卷帘门

在距离最右侧轮廓线570个图形单位并与室内地坪线重合的位置，绘制一个2800×2000个图形单位的矩形，并将其移动到“轮廓线”图层中，如图6-21左图所示；然后选择“绘图”>“图案填充”菜单命令，打开“图案填充和渐变色”对话框，对矩形进行图案填充，“填充样例”选用INSUL填充图案，比例设置为1∶25，对矩形进行填充（图层可设置为0图层，颜色为“洋红”），完成卷帘门的绘制，效果如图6-21右图所示。

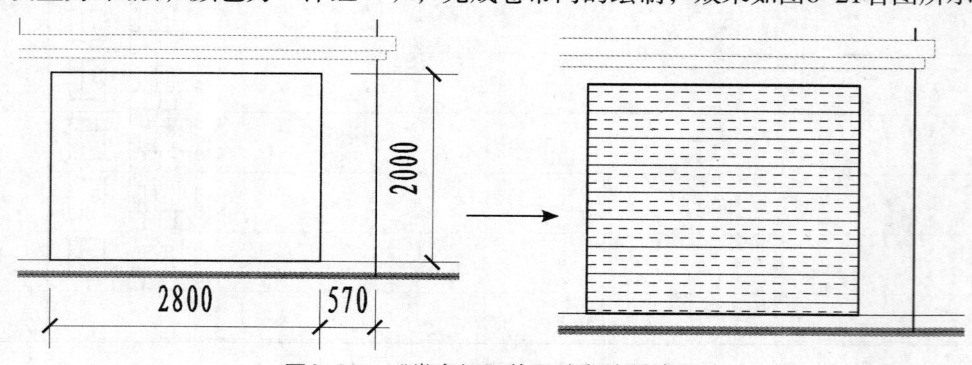

图6-21 “卷帘门”的尺寸和绘制效果

6.2.8 镜像其余图形

由于本建筑的对称结构非常明显，所以在正立面图中只需绘制上面的这些图形，其余图形通过镜像操作即可得到，下面看一下操作。

01 **第一次镜像操作** 选中前面操作中绘制的门窗图块、滴水和线脚（不包含轮廓线和线脚右侧的竖线），如图6-22左图所示，以前面延伸的轴线为中心线，执行镜像操作，效果如图6-22右图所示。

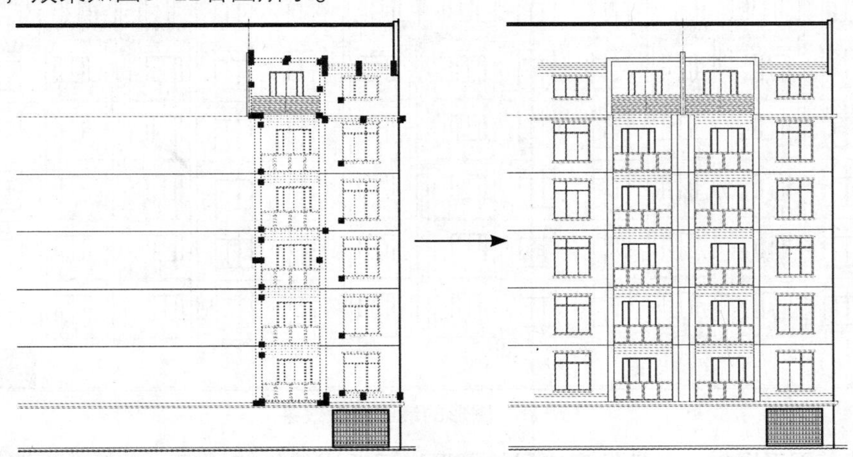

图6-22 图形镜像操作和效果

02 **添加滴水线** 重新创建长度为560个图形单位的滴水线图块（线型和颜色与前面创建的滴水线图块相同），或对前面操作创建的滴水线图块进行编辑，将其定义为动态块，创建两个阳台间的滴水线（顶部的滴水线可分别创建图块后进行修剪），如图6-23所示。

03 **延伸轴线** 延伸标准层平面图中如图6-24所示的轴线（共需延伸两条轴线，将分别用于镜像操作）到底部的线脚。

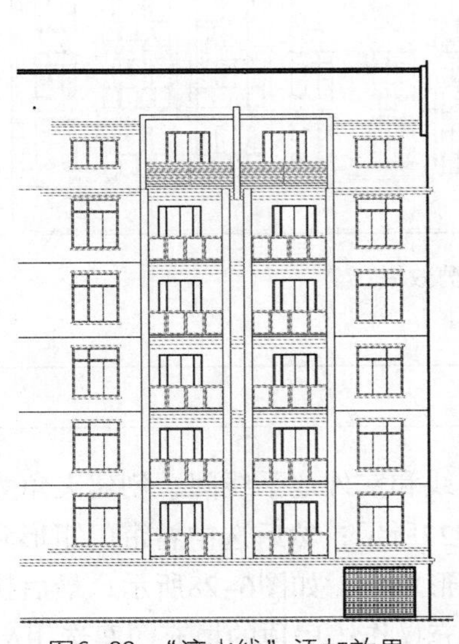

图6-23 “滴水线”添加效果

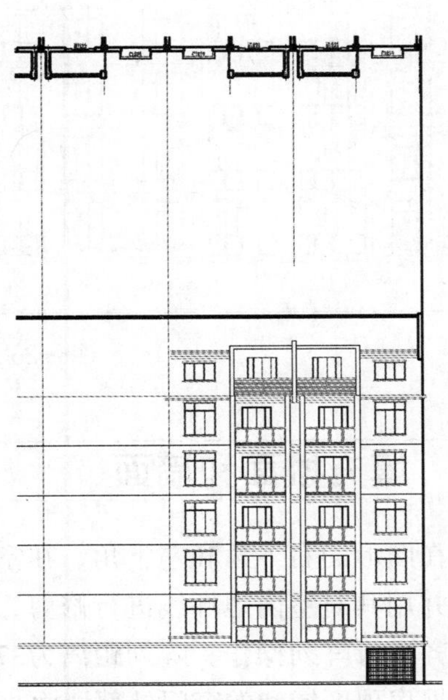

图6-24 延伸轴线效果

04 **修剪图形**　使用延伸的右侧轴线，对绿色的线脚线进行延伸或剪裁处理，令其与右侧轴线对齐。

05 **其余镜像操作**　使用步骤3中延伸的两条轴线，对图形执行两次镜像操作。第一镜像操作选中步骤1镜像过来的图形进行镜像，第二次镜像操作选中右侧所有图形（包含轮廓线）进行镜像操作即可，效果如图6-25所示。

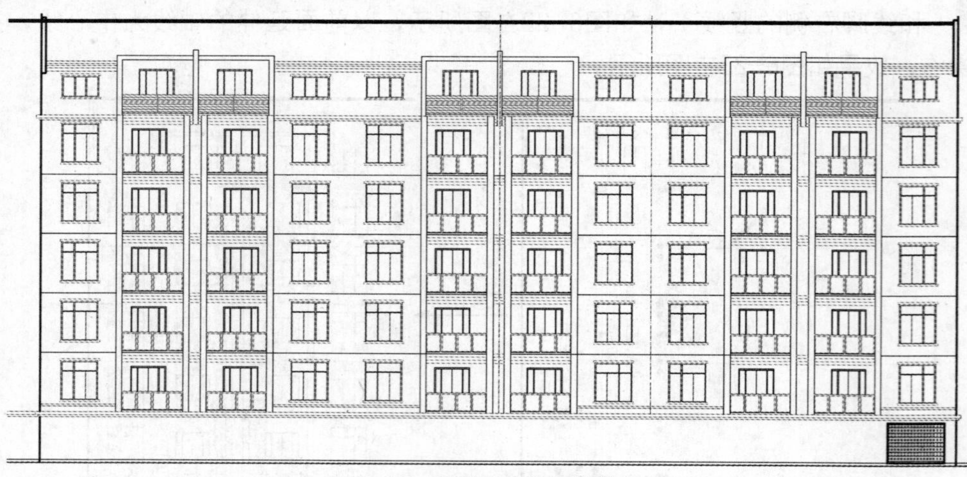

图6-25　图形的最终镜像效果

06 **修剪图形操作**　对镜像完成后的图形进行适当的修剪处理，查看有无漏掉或重复镜像的图形并进行适当的处理，最后删除镜像轴线，完成镜像操作，如图6-26所示。

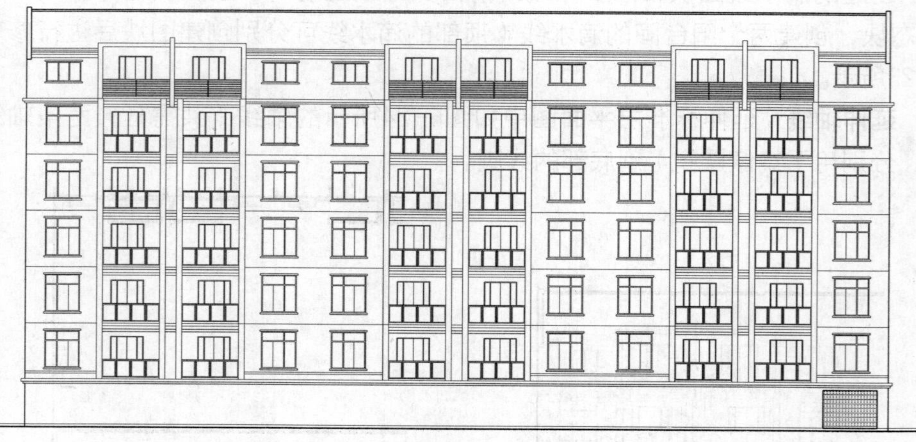

图6-26　图形修剪效果

6.2.9　填充楼面和墙面

首先在图形的右下角和左下角、在室内地坪线和室外地平线间，创建夹角为25°的倾斜线，并用其对室内地坪线进行修剪，如图6-27所示；然后选中卷帘门矩形和其填充图形，对齐进行阵列操作，阵列距离为3700个图形单位，如图6-28所示；最后执行填充操作，捕捉房顶区域和卷帘门外部墙面，执行填充操作（房顶的填充图案选用ANSI32图形，倾斜角度为45°，墙面的填充图案选用BRICK图形，比例都为1：25），效果如图6-29所示。

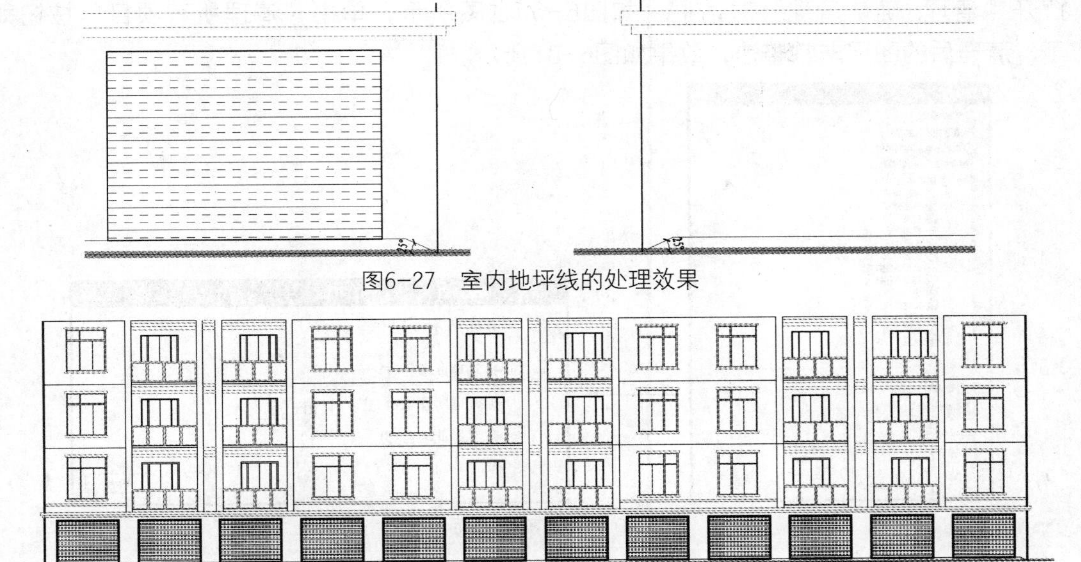

图6-27　室内地坪线的处理效果

图6-28　卷帘门的阵列效果

图6-29　图形的最终填充效果

提示　此处需要新建一个“屋顶”图层，颜色设置为“红”，然后将屋顶填充线转移到此图层中，墙面填充线令其位于“墙面分割线”图层即可。

6.2.10　整理绘图环境

由于此处的正立面图是在标准层平面图的基础上绘制的图形，图层较为混乱，所以在完成上述图形的绘制后、执行其他的操作前，可先对绘图环境进行适当的整理，下面看一下操作。

01 **清理不使用的项目** 将标准层平面图中的所有图形删除。执行PU命令，打开“清理”对话框，如图6-30左图所示，选中图中的选项，单击“全部清理”按钮，打开“清理-确认清理”对话框，如图6-30右图所示，单击“清理所有项目”按钮即可，清理后的图层非常整洁，效果如图6-31所示。

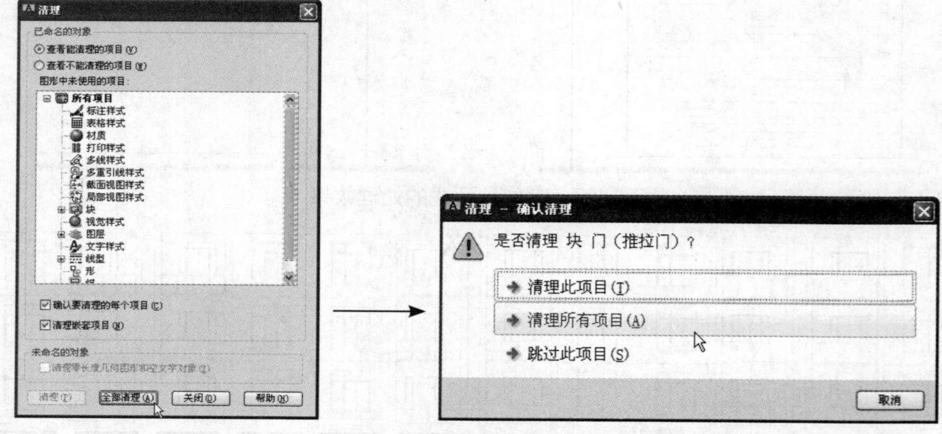

图6-30 清理不使用项目操作

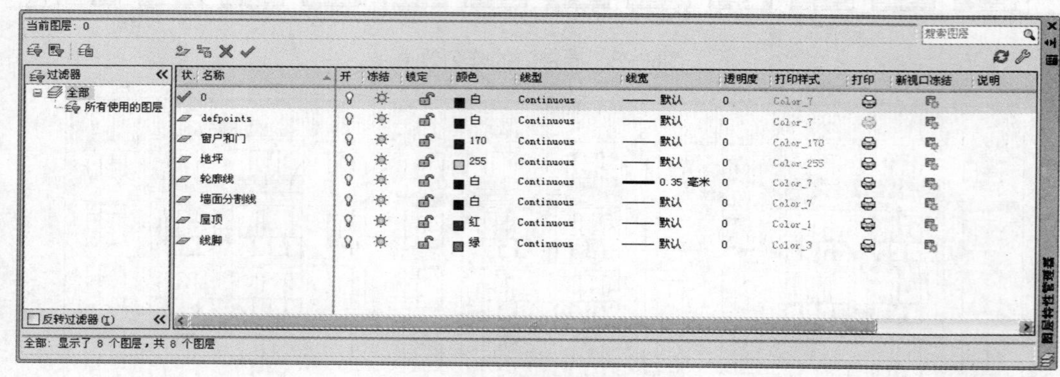

图6-31 整理后的图层效果

02 **重命名图块** 执行“格式”>“重命名”菜单命令，打开“重命名”对话框，如图6-32所示，选择“块”命名对象，在“项数”栏中，选中要进行重命名的图块，在下面第2个文本框中，输入块的新名称，单击“重命名为”按钮，并重复此操作，将需要重命名的图块都命名易记的名称，最后单击“确定”按钮即可。

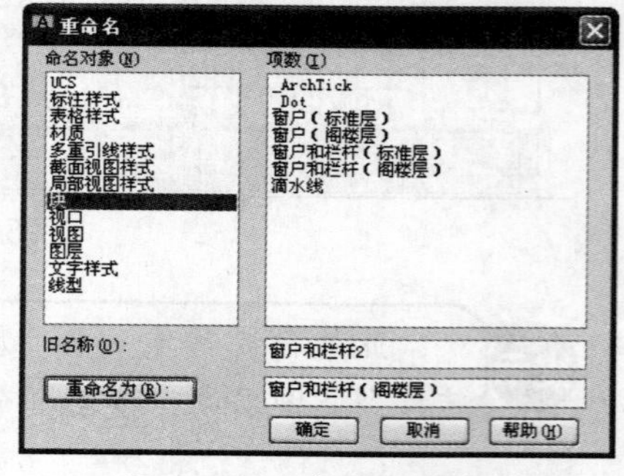

图6-32 重命名图块效果

6.2.11 标注尺寸和标高

01 **创建图层** 执行LA命令，打开“图层特性管理器”选项板，创建“标高”、“标注”和“图框”图层（其设置同标准层平面图），如图6-33所示。

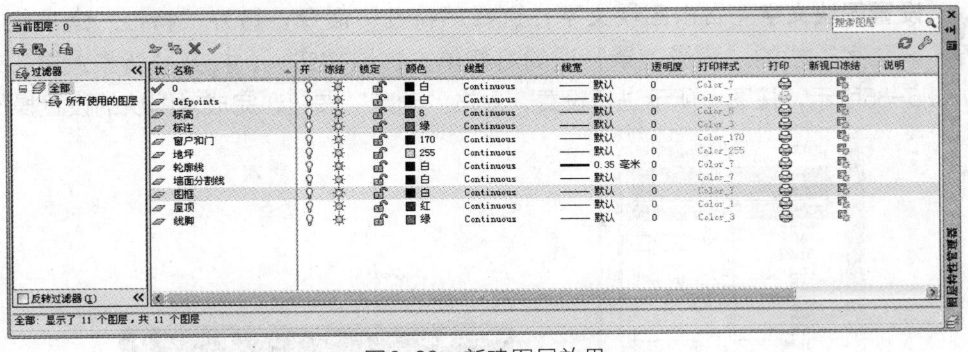

图6-33　新建图层效果

02 **添加尺寸标注**　设置“标注”图层为当前图层，在立面图的右侧为图形添加标注，如图6-34所示（所添加的标注同样为三道，最外侧的一道用于标注房间的总高度；中间一道尺寸用于标注每一层的层高；最内侧的一道尺寸用于标注窗体位于墙体的位置和窗户的高度）。

图6-34　添加的尺寸标注效果

03 **修改标高图块**　复制标准层平面图中的标高图块，然后进入其编辑模式，对标高图块三角形的内部进行颜色填充操作，将其填充为白色，如图6-35所示（此处填充的目的是为了在房顶标注标高时，能够自动遮盖底部的填充线）。

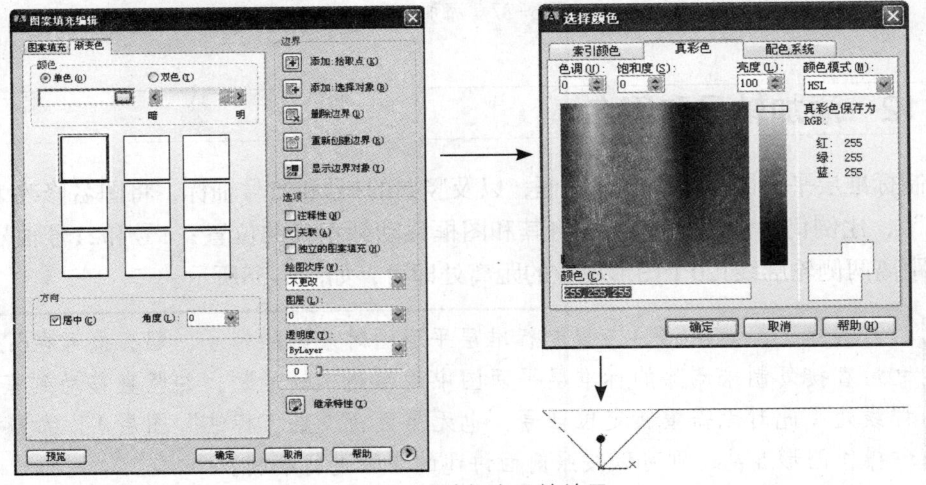

图6-35　修改标高图块效果

04 **设置图块文字** 右击图块文字，选择“特性”命令，打开“特性”选项板，在“文字”栏的“背景遮罩”项的右侧单击扩展按钮...，打开“背景遮罩”对话框，如图6-36所示，按图中所示进行设置，单击“确定”按钮，完成对图块的设置操作。

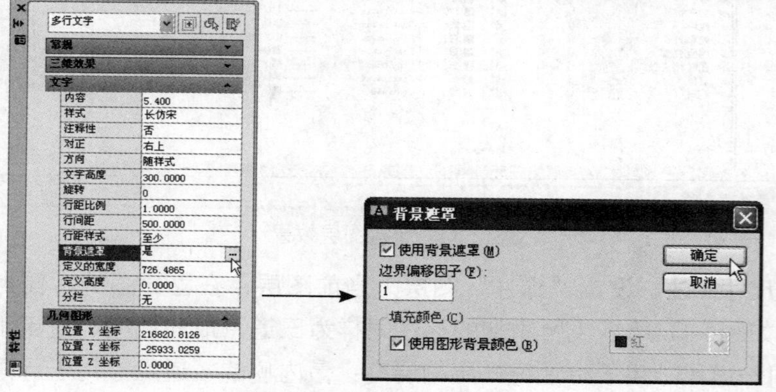

图6-36　对标高文字的修改

05 **添加标高** 复制多个标高图块，对立面图各处的高度进行标注，如图6-37所示（在标注层高时，在与第二道标注水平的位置右侧先绘制位于0图层的水平直线，然后顺序标注标高即可）。

图6-37　添加标高

6.2.12　添加轴号和图名

复制标准层平面图中的图名、图框，以及竖向的1号和21号轴标，将图名修改为“正立面图”，比例仍然选用1:100，并将其和图框移动到正确的位置；1号和21号轴号分别移动到距离两侧轮廓线120个图形单位的距离处即可，如图6-38所示。

提示

实际上，如在6.2.1节复制标准层平面图时未删除轴号，那么也可在6.2.8节之后直接复制未删除的标准层平面图中的两侧“轴号”，并竖直移动到室外地坪线处（此时无需重新定位轴号，也无需重新设置“标注”图层）。如感觉这种操作图形混乱，则可以按照前面讲述的步骤进行绘制。

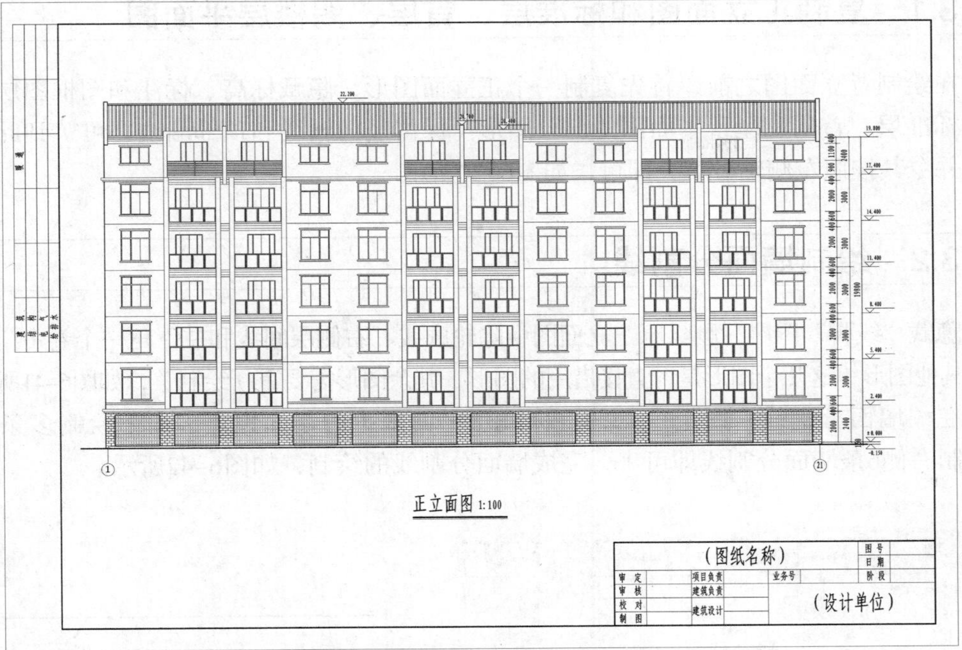

图6-38 添加轴号和图名的正立面图

6.3 背立面图

背立面图即房屋背面（对于南北朝向的居民楼来说，多为房屋的北侧阴面）的立面图形。由于前面已经绘制了房屋的正立面图形和众多平面图，此处充分利用房屋图形间的对应关系，即可轻松完成背立面图的绘制，如图6-39所示。

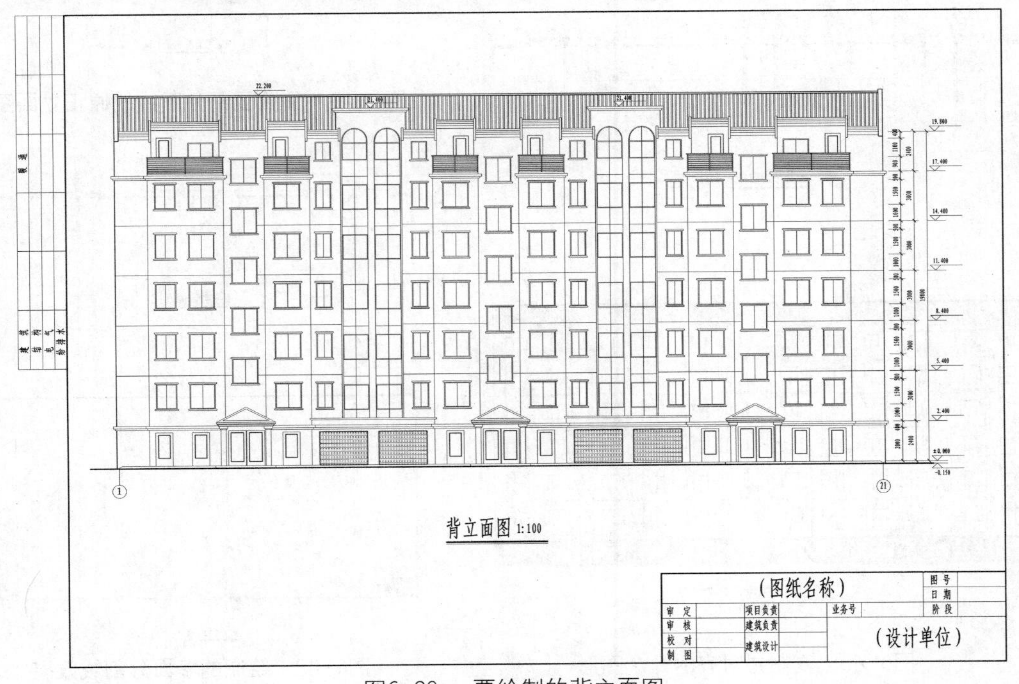

图6-39 要绘制的背立面图

6.3.1　复制正立面图和标准层、首层、阁楼层平面图

在绘制背立面图之前，首先复制一个正立面图形，隐藏标高、标注和图框图层，再复制标准层、首层和屋顶平面图的部分图形（保留竖向轴线和顶部墙线即可）到此图形中，并令其按照左侧轴号对齐即可，如图6-40所示。

6.3.2　绘制墙面分割线

隐藏“线脚”图层，删除原正立面图中除轮廓线、右侧层间线和左下角一个卷帘门外的所有其他图形（这几个图形是可直接借用的图形，其余图形需要重新绘制），如图6-41所示。

在“墙面分割线”图层中，捕捉标准层平面图中的墙面顶点，向下绘制多条直线（绘制右侧6条墙面分割线即可），完成墙面分割线的绘制，如图6-42所示。

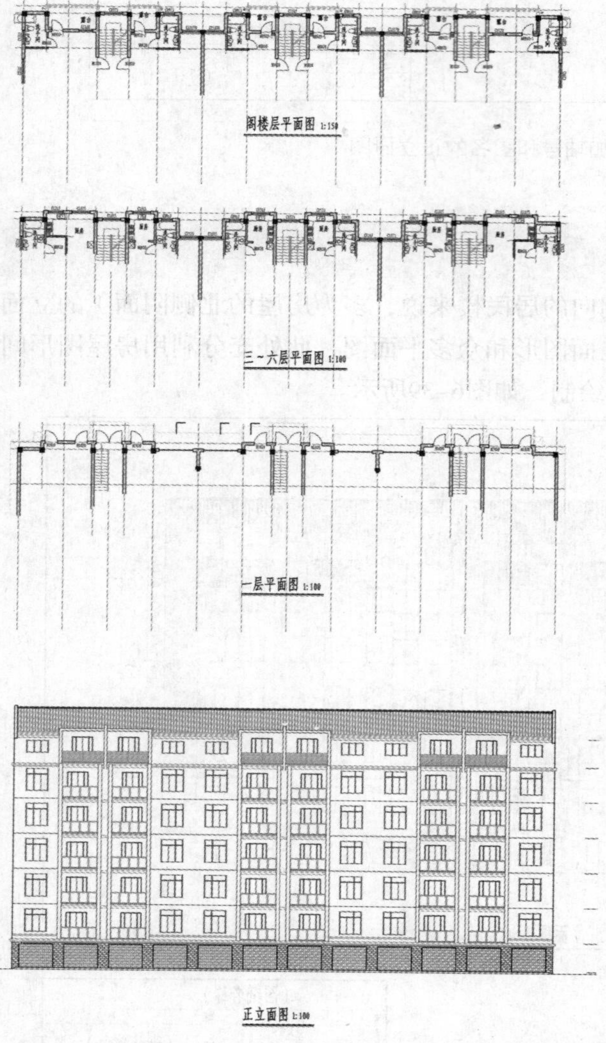

图6-40　复制并对齐的几个图形

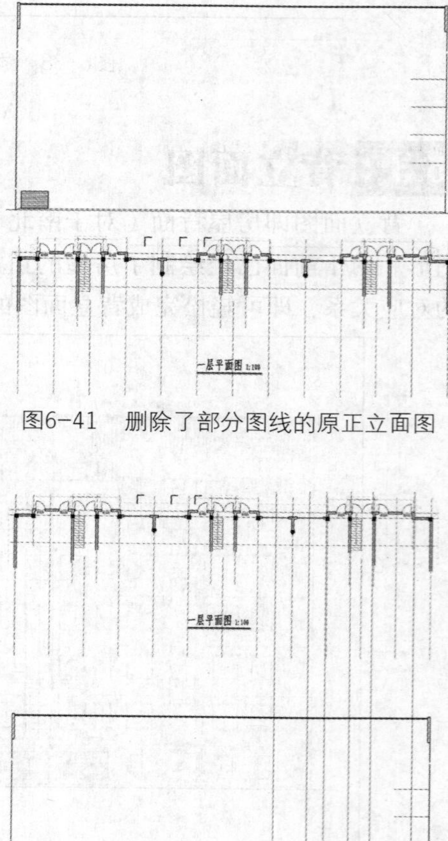

图6-41　删除了部分图线的原正立面图

图6-42　绘制的墙面分割线效果

6.3.3 绘制门窗图块

01 **绘制两个窗户图块** 在0图层中绘制如图6-43和图6-44所示的两个窗户图块，完成后将其移动到“窗户和门”图层中。

02 **定位窗户图块** 首先通过捕捉标准层平面图中的窗户边线绘制辅助线，并向上阵列一条距离第一条层间线1000个图形单位的辅助线，然后通过捕捉角点，将两个窗户图块移动到正确的位置，如图6-44所示。

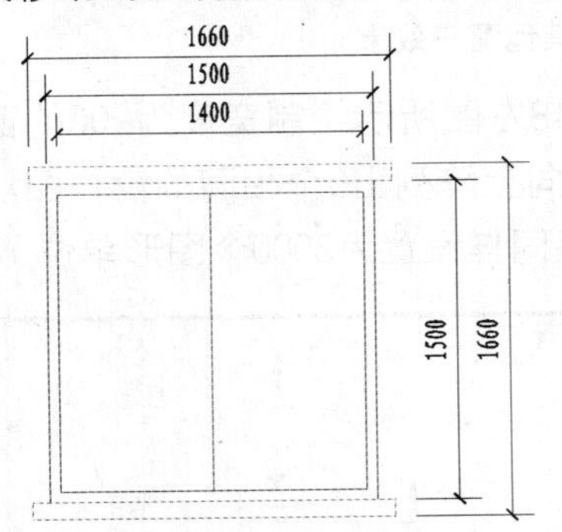

图6-43 宽度为1500的窗户图形

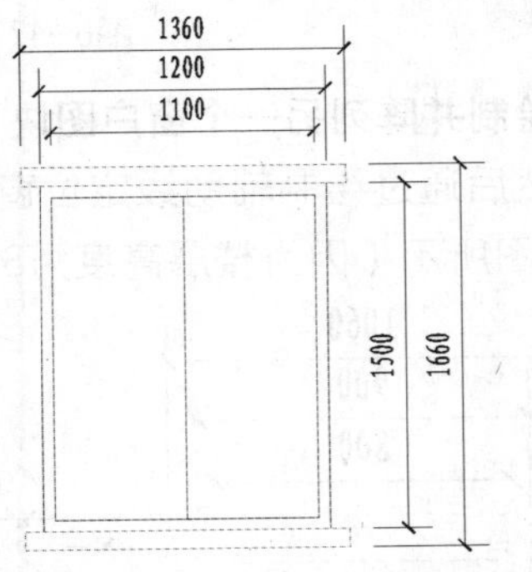

图6-44 宽度为1200的窗户图形

03 **阵列窗户图块** 选中两个窗户图块，并执行向上阵列操作，阵列个数设置为5个，阵列间隔设置为3000，效果如图6-45所示。

04 **复制并阵列多个窗户** 利用相同操作，通过绘制辅助线和阵列的方式，再次添加多个宽度为1500的窗户图块，如图6-46所示和图6-47所示。

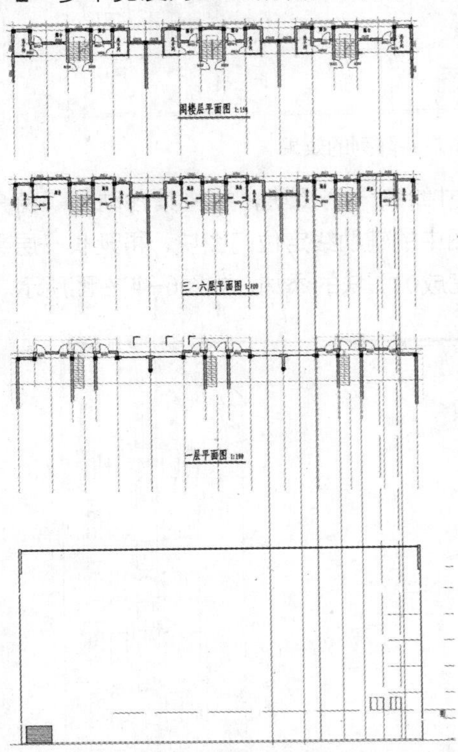
图6-45 将窗户图块移动到正确的位置

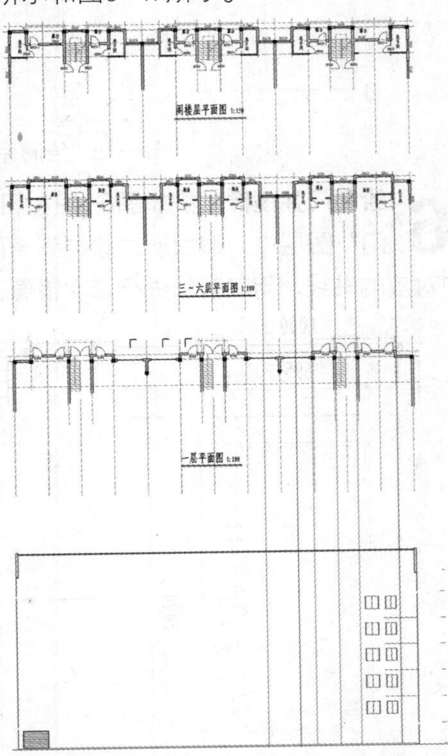
图6-46 阵列窗户图块效果

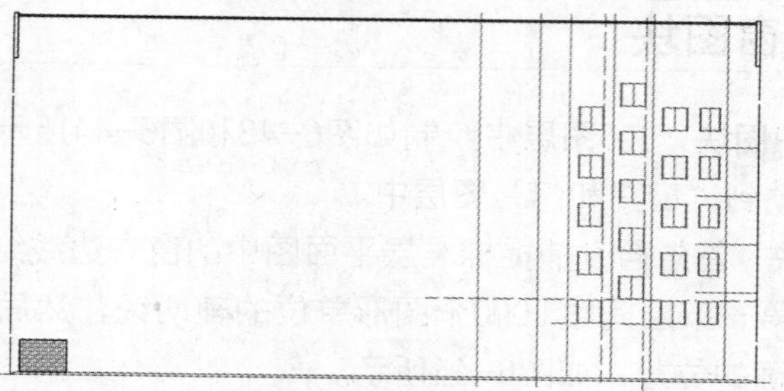

图6-47　定位和阵列其他窗户效果

05 **绘制并阵列另一个窗户图块**　按如图6-48左图所示绘制宽度为900的窗户图块，然后通过绘制辅助线定位窗户图块，并向上阵列出5个相同的窗户图块即可，如图6-48右图所示（因为楼层高度为3m，阵列间隔同样设置为3000个图形单位）。

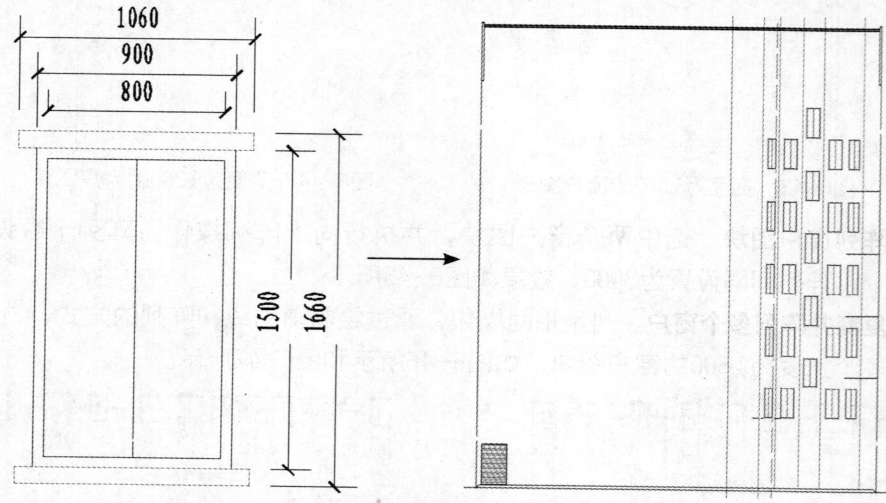

图6-48　绘制另外一个窗户并阵列的效果

06 **绘制门并镜像**　按如图6-49左图所示尺寸绘制一门图块，并将其移动到“窗户和门”图层中，然后通过绘制到一层平面图中的辅助线定位门图块，再延长一层平面图中对应的轴线，用其对门进行二次镜像，即可完成门图块的添加，如图6-49右图所示。

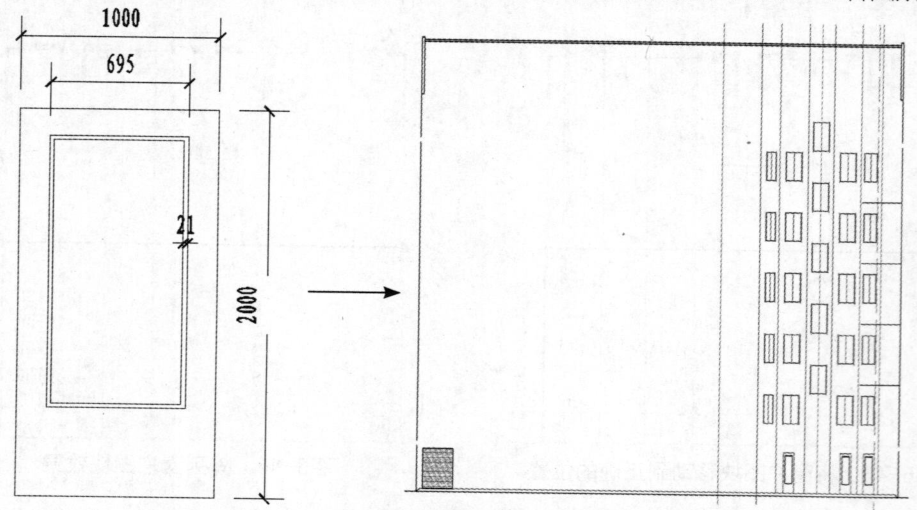

图6-49　所绘制门的尺寸和镜像效果

6.3.4 插入雨蓬图块

由于雨蓬图块稍复杂，且没有新的知识点，所以此处不再单独讲述其绘制方法，只需复制本书提供的“雨蓬图块”素材，然后通过绘制辅助线的方式，对雨蓬图块进行定位即可，如图6-50所示。

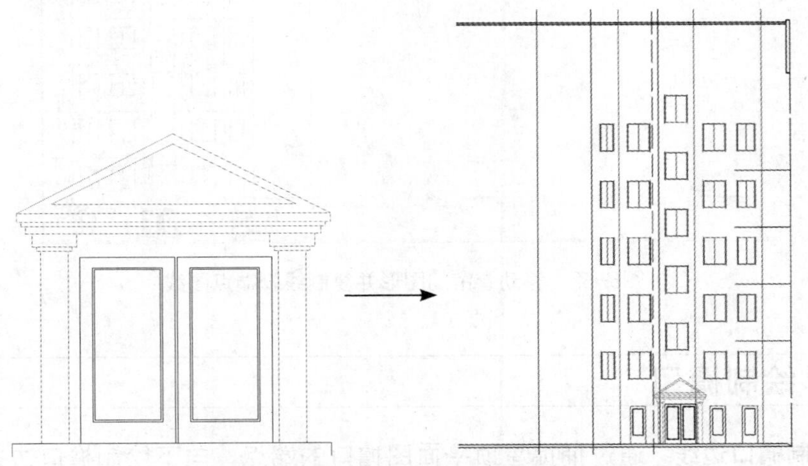

图6-50 复制雨蓬图块并使用辅助线定位其位置的效果

6.3.5 绘制线脚和卷帘门

01 **显示“线脚”图层并进行适当的修剪** 将隐藏的“线脚”图层显示出来，然后使用窗户图块和雨蓬图块，对显示出来的线脚图线进行适当的修剪，如图6-51所示。

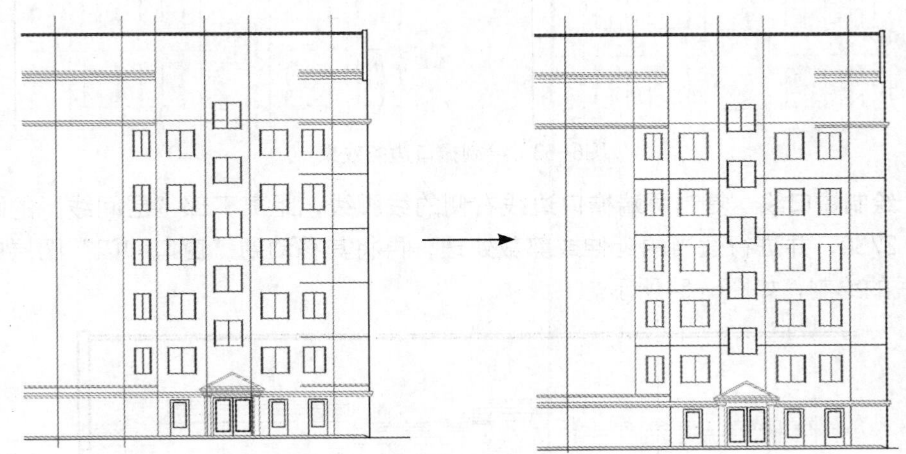

图6-51 显示线脚图线并进行修剪

要使用图块边线对别的图线进行修剪，可使用图块的“在位编辑块”功能（右击图块，选择“在位编辑块”选项），并在编辑的过程中将要修剪的线添加到当前工作集，完成后从工作集中删除即可（完成操作后，需单击“参照编辑”工具栏中的“保存参照编辑”按钮，对操作结果进行保存）。

02 **移动卷帘门图形** 将上面操作未删除的卷帘门图形移动到如图6-52所示位置，然后复制底部线脚端点的图线，令其位于合适的位置，制作线脚的拐角图线效果。

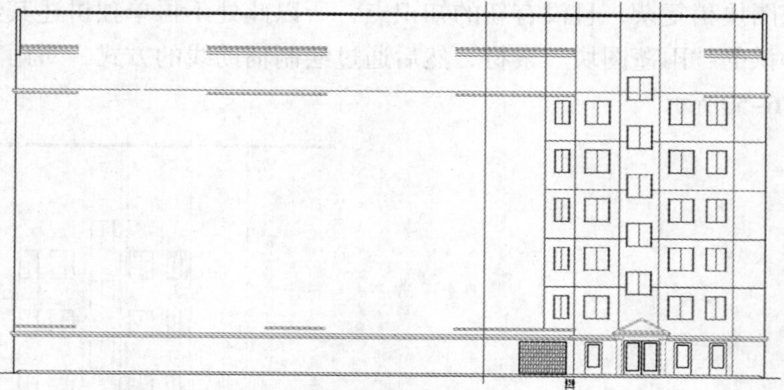

图6-52 移动卷帘门图形并复制线脚端点图线

6.3.6 绘制檐口

01 **绘制檐口边线** 通过捕捉屋顶平面图檐口的端点，向下绘制檐口边条线，并新建“檐口”图层，定义图层颜色为“颜色255”，将新绘制的线条移动到此图层中，再通过偏移线脚线等操作对檐口边线进行剪裁，完成绘制效果如图6-53所示。

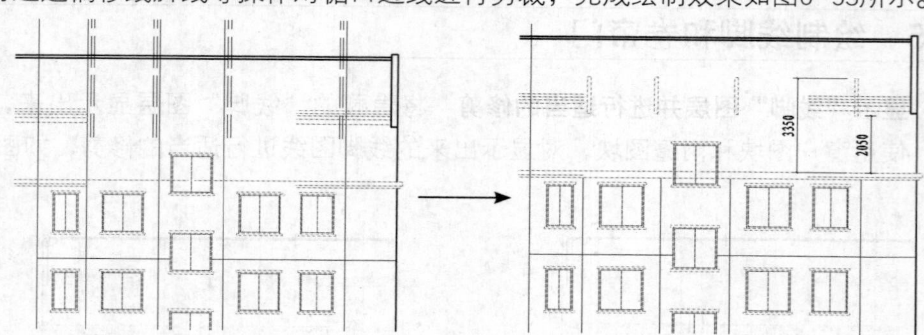

图6-53 绘制檐口边条效果

02 **绘制檐口线** 复制两端檐口边线右侧的线脚线，距离下部“层间线”的距离为2750，并进行适当的延伸或剪裁处理，再将其移动到“窗口和门”图层中，完成檐口线的绘制，如图6-54所示。

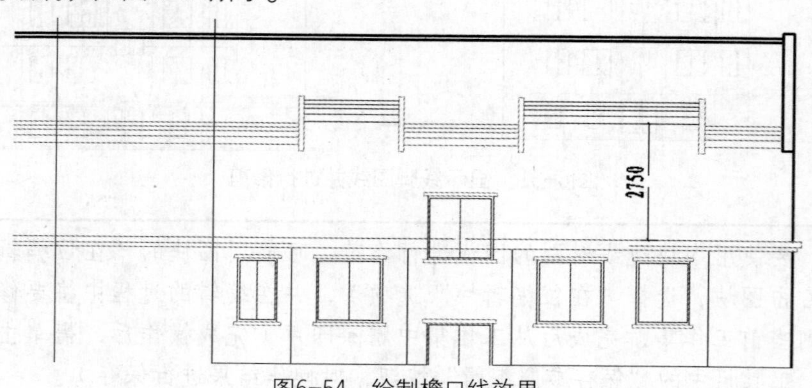

图6-54 绘制檐口线效果

03 **绘制门窗和栏杆图块** 按照如图6-55所示尺寸绘制两个图块（图块颜色设置同正立面图），再将其移动合适的位置即可，如图6-56所示。

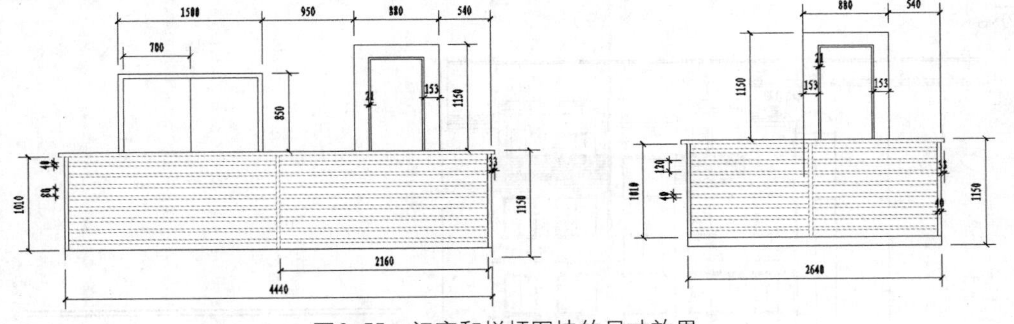

图6-55 门窗和栏杆图块的尺寸效果

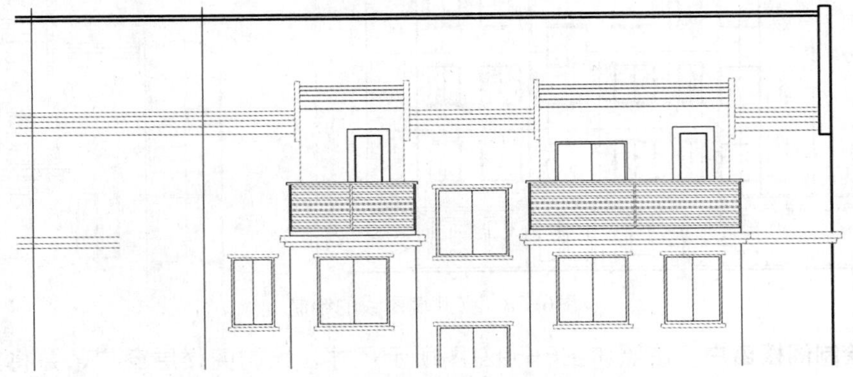

图6-56 添加了门窗和栏杆图块的图形效果

04 **绘制C15170窗户图块** 按照如图6-57左图所示尺寸，在0图层中绘制图形，并将其定义为“C15170窗户”图块，然后通过绘制辅助线的方式，定位窗户图块，将其移动到如图6-57右图所示的位置处即可。

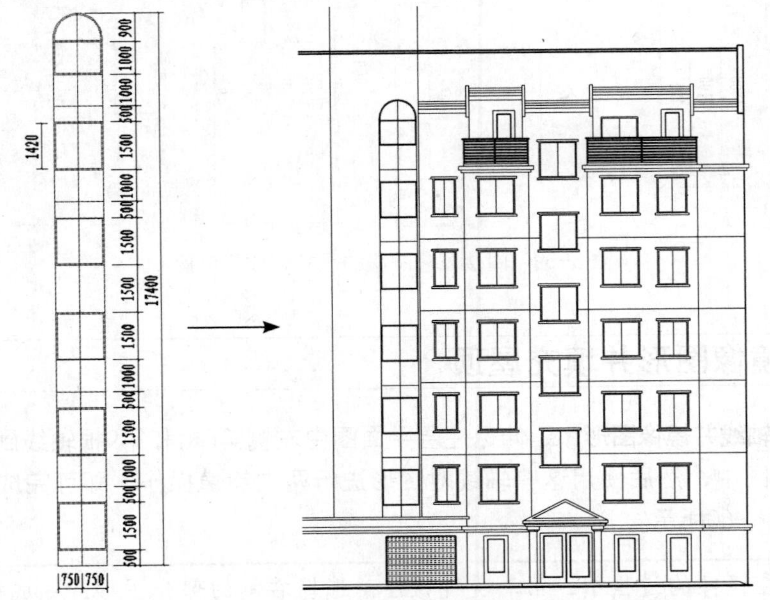

图6-57 “C15170窗户”图块尺寸和在图形中的放置位置

05 绘制女儿墙 通过捕捉屋顶平面图女儿墙处的角点，向下延伸图线，并通过偏移室内地平线的方式（并进行适当修剪），完成女儿墙轮廓线的绘制，如图6-58所示。

图6-58 女儿墙图线的绘制

06 绘制阁楼窗户 按照如图6-59左图所示尺寸，绘制阁楼层窗户，并将其定义为块，然后将其移动到如图6-59右图所示位置处即可。

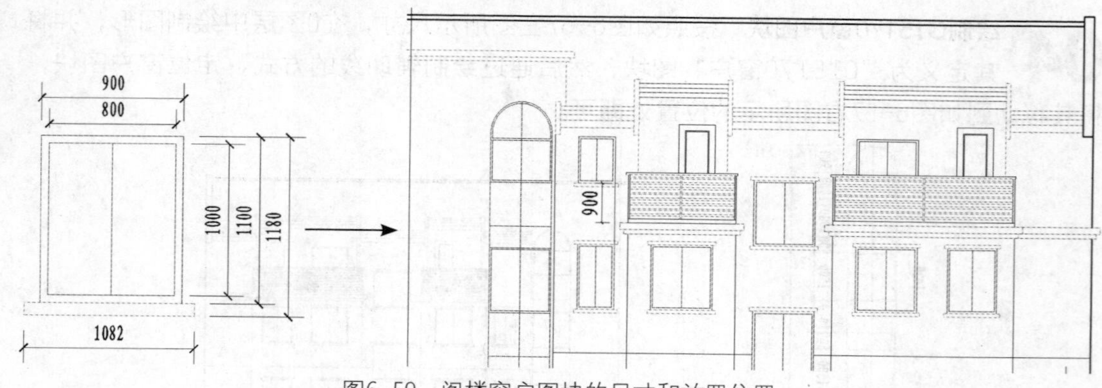

图6-59 阁楼窗户图块的尺寸和放置位置

6.3.7 镜像图形并填充屋顶

01 延伸轴线并镜像图形 延伸标注层平面图中左侧第6根和第9根轴线到新绘制的背立面图中，然后使用这些轴线对图形进行两次镜像操作，即可完成大部分图形的绘制，效果6-60所示。

提示 在镜像的过程中，第一次镜像注意选择右侧的部分图形，完成操作后，再使用正中的那条轴线对右侧的所有图形进行镜像，即可轻松完成镜像操作。

图6-60 图形的镜像效果

02 **填充屋顶** 捕捉屋顶空白处，为可以看到的屋顶部分填充图案，选择ANSI32图案，角度设置为45°，比例为25，完成屋面填充操作，效果如图6-61所示。

图6-61 屋顶填充效果

提示

在填充屋面时，如果由于图线复杂，无法自动选出填充边界，可沿要填充区域的边线绘制闭合的多段线，然后再进行选择边界的填充操作即可。

6.3.8 整理绘图环境

首先将除“图框”之外的所有图层显示出来，删除无用图形，然后同正立面图的创建，执行PU命令清理不使用的图层、图块和标注格式，清理后的图层效果如图6-62所示；再执行REN命令，整理图块的名称即可，效果如图6-63所示。

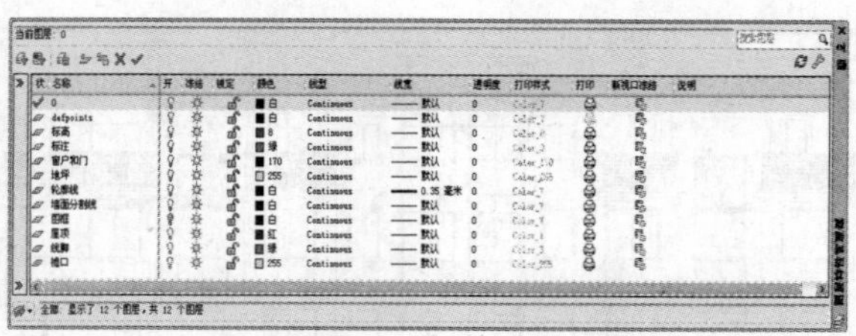

图6-62　整理后的图层效果

图6-63　块的重命名效果

6.3.9　添加标高和图名

由于背立面图是在原正立面图的基础上绘制，且未删除原正立面图中的尺寸线以及标高和轴号等，所以此处无需重新创建，直接对其进行修改即可。其中，外侧两道尺寸线无须修改，只需修改内测的尺寸线到合适的门窗位置处即可；轴号无需改动；右侧标高保存原标高值和位置，上部标高进行适当调整即可；最后更改图名完成背立面图的创建，效果如图6-64所示。

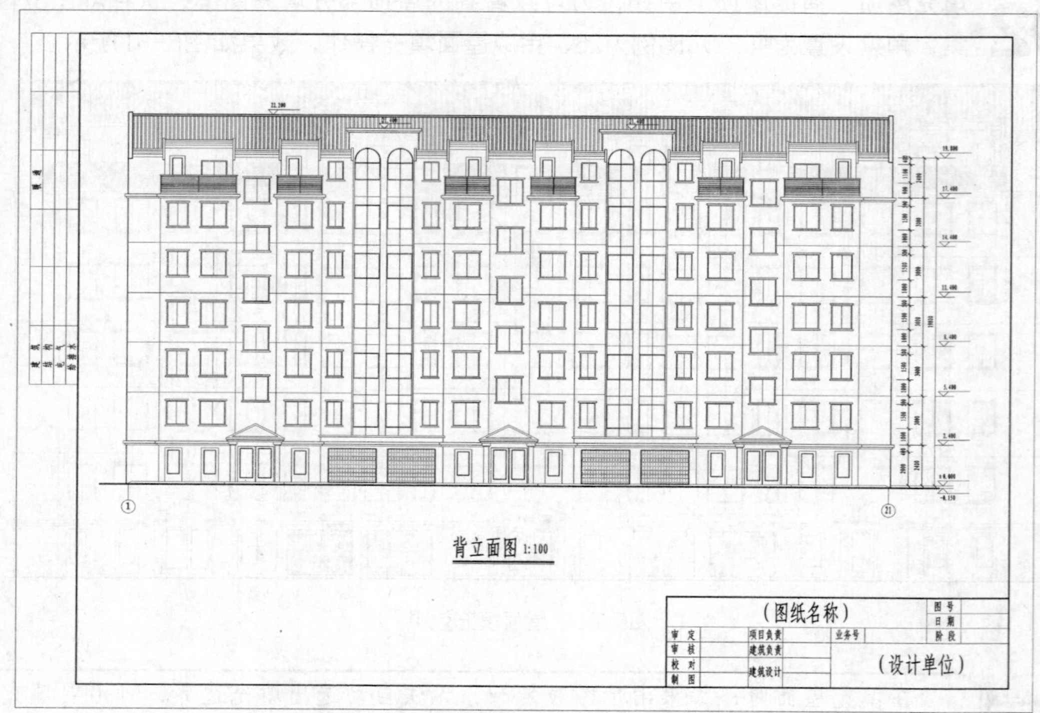

图6-64　添加标高和修改图名后的背立面图

6.4　侧立面图

侧立面图即房屋侧面（通常有两个侧面，其图形可能对称，也可能不同）的立面图形。这里同样可以使用前面绘制的图形，利用其对应关系来绘制此处的侧立面图。立面图的最终绘制效果如图6-65所示。

图6-65 要绘制的侧立面图

6.4.1 复制背立面、标准层、首层和屋顶层平面图

同背立面图的绘制，在绘制侧立面图之前，首先复制一个背立面图形，并隐藏“标高”、“标注”和“图框”图层，再复制标准层、首层和屋顶平面图的部分图形，然后顺时针旋转90°，保留旋转后的图形底部部分墙线和门窗图块，同时按照轴线令复制的图形对齐，如图6-66所示。

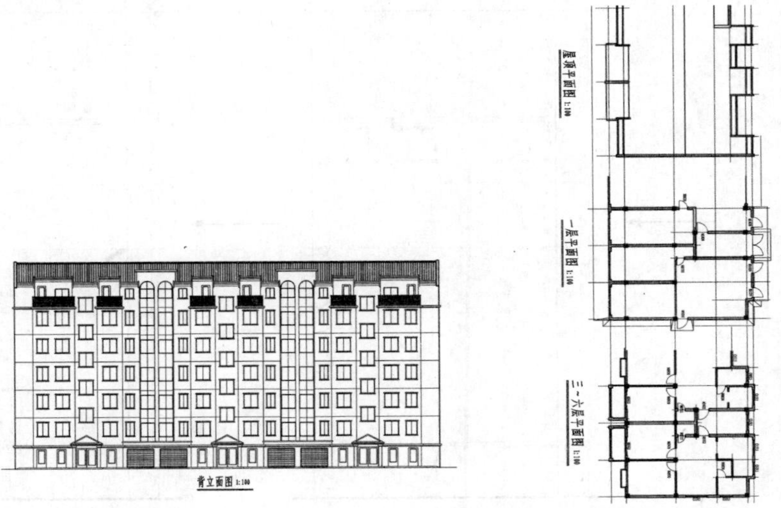

图6-66 复制背立面、标准层、首层和屋顶层平面图效果

6.4.2 绘制地坪、层间、轮廓和脚线

通过捕捉标准层的墙线端点绘制轮廓线（注意对应关系），延伸背立面图中的地坪线、层间线和脚线（延伸到轮廓线即可）并进行适当的修剪操作，效果如图6-67所示。

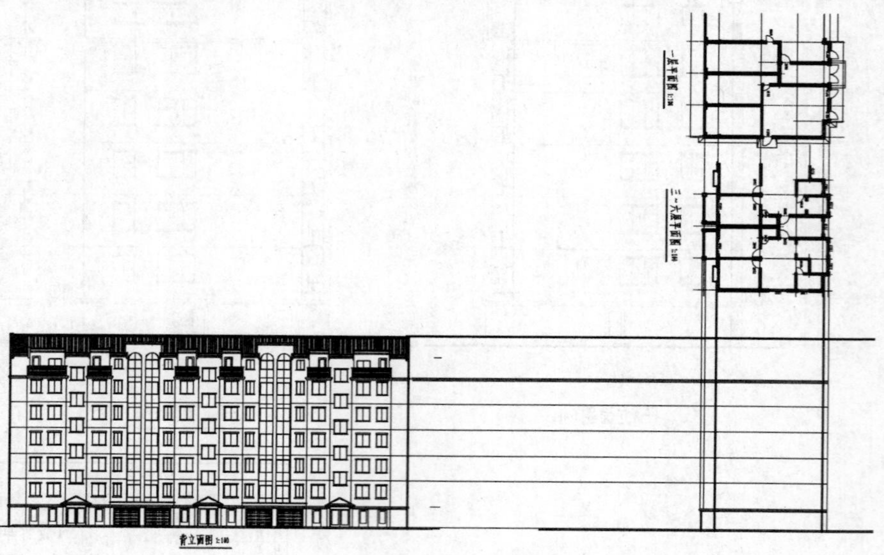

图6-67 绘制地坪、层间、轮廓和脚线效果

6.4.3 绘制门窗图块

按照如图6-68左图所示尺寸，绘制标准层和底层中的窗户和门图块，并通过绘制辅助线的方式定位门和窗户的位置，如图6-68中图所示；然后对标准层中的窗户进行阵列，阵列间隔设置为3000个图形单位，效果如图6-68右图所示。

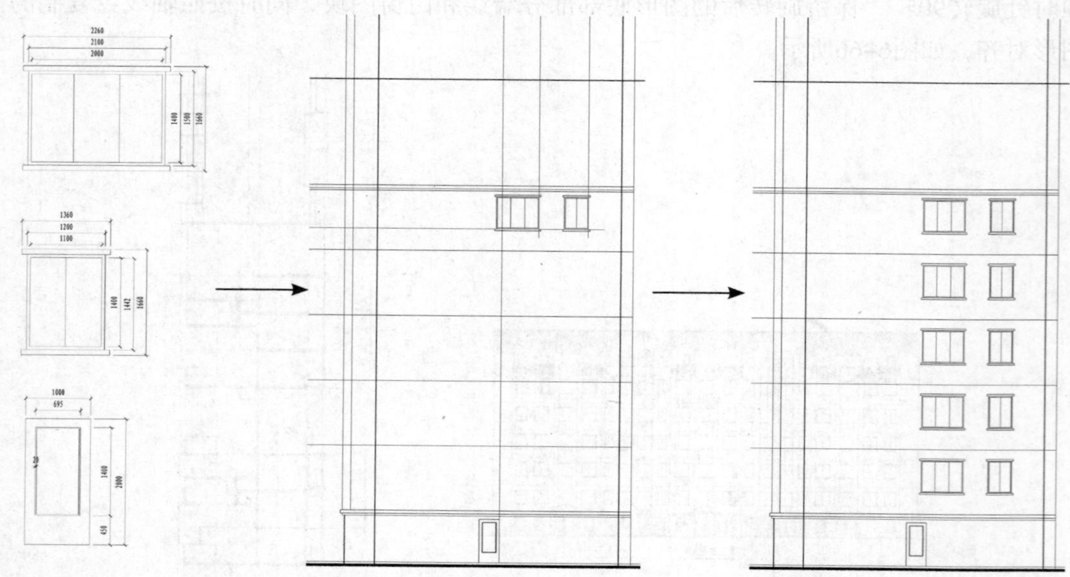

图6-68 绘制标准层门窗图块效果

同样再绘制阁楼层中的窗户图块，并通过绘制辅助线的方式对齐并定位即可，效果如图6-69所示。

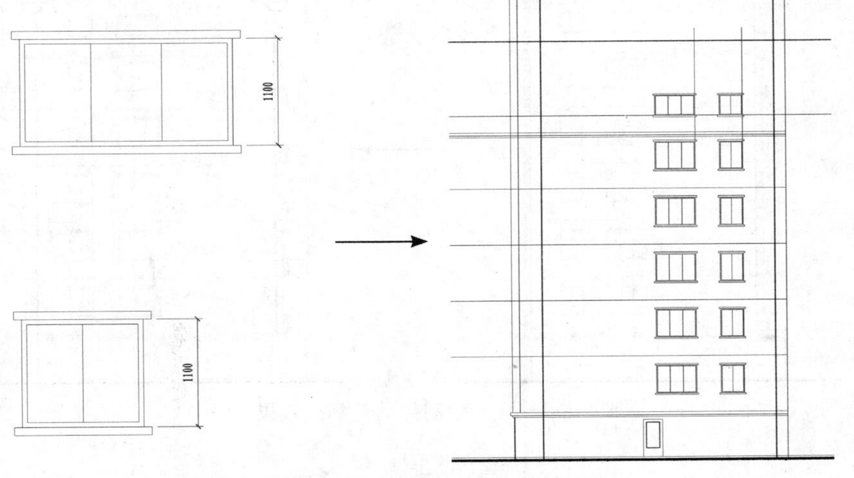

图6-69　绘制阁楼层门窗图块效果

6.4.4　绘制栏杆和飘窗图块

按照如图6-70左图所示尺寸绘制栏杆和飘窗图块，并将其移动到标准层的正确位置再进行阵列，效果如图6-70右图所示。

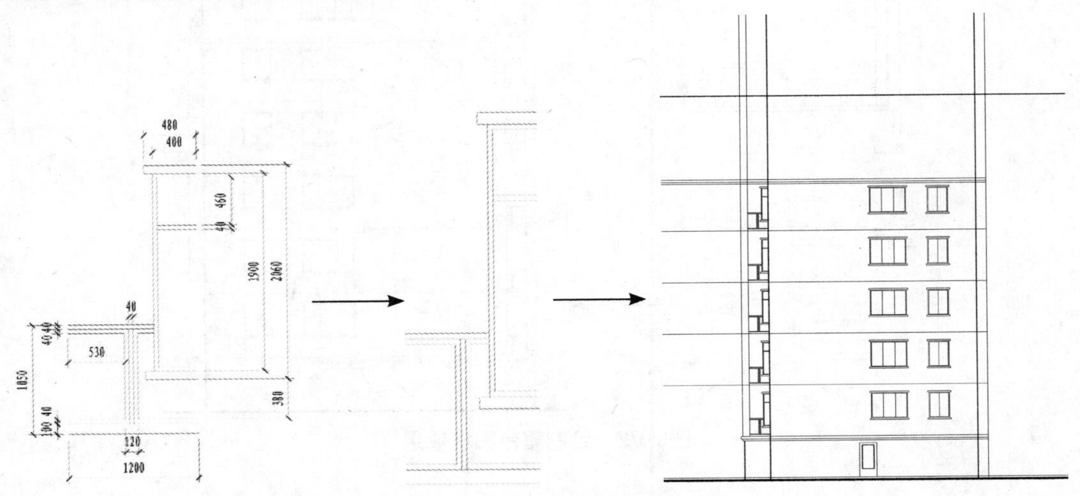

图6-70　绘制栏杆和飘窗图块效果

6.4.5　绘制楼顶轮廓线

通过绘制辅助线并进行修剪的方式，绘制屋顶轮廓线，如图6-71所示（屋顶的坡度为1:2.5，其他部分的图形与背立面图和平面图对应即可）。

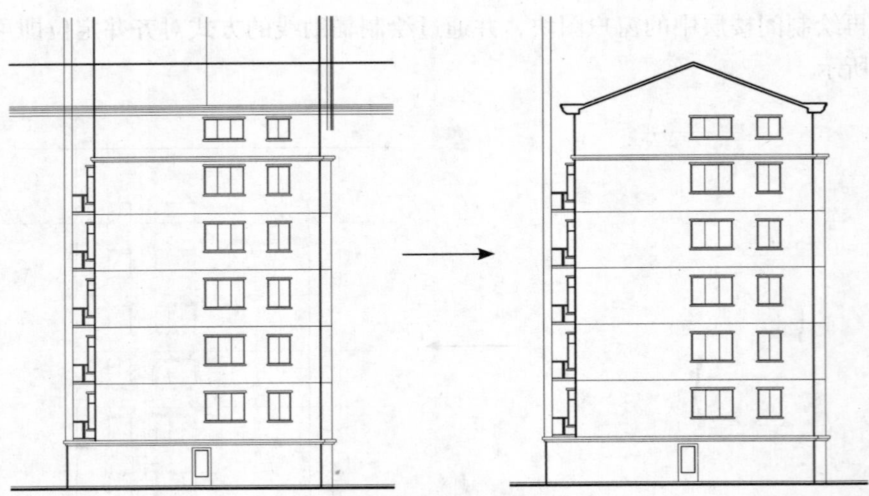

图6-71　绘制楼顶轮廓线效果

6.4.6　绘制露台图块

按照如图6-72左图所示尺寸绘制两个露台图块，并通过绘制辅助线将其移动到正确的位置，再通过“在位编辑块”操作对图块进行修剪即可，效果如图6-72右图所示。

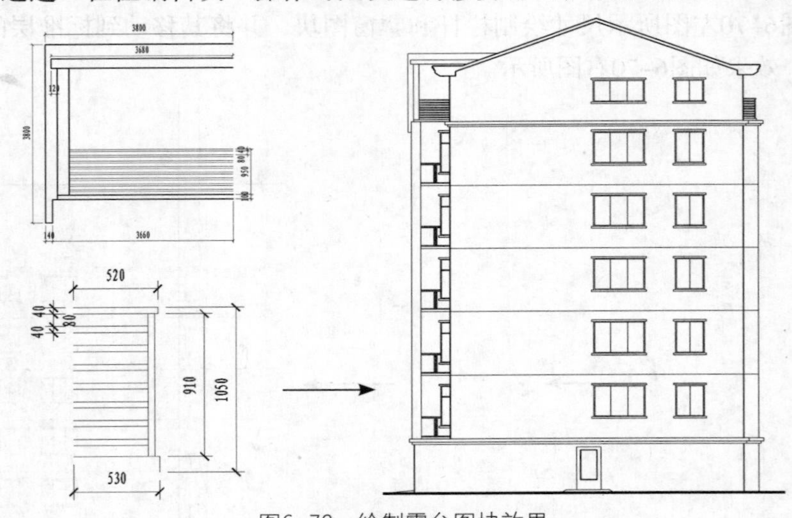

图6-72　绘制露台图块效果

6.4.7　绘制女儿墙图块

按照如图6-73左图所示尺寸绘制两个女儿墙图块，并通过绘制辅助线将其移动到正确的位置，再通过“在位编辑块”操作对其进行修剪即可，效果如图6-73右图所示。

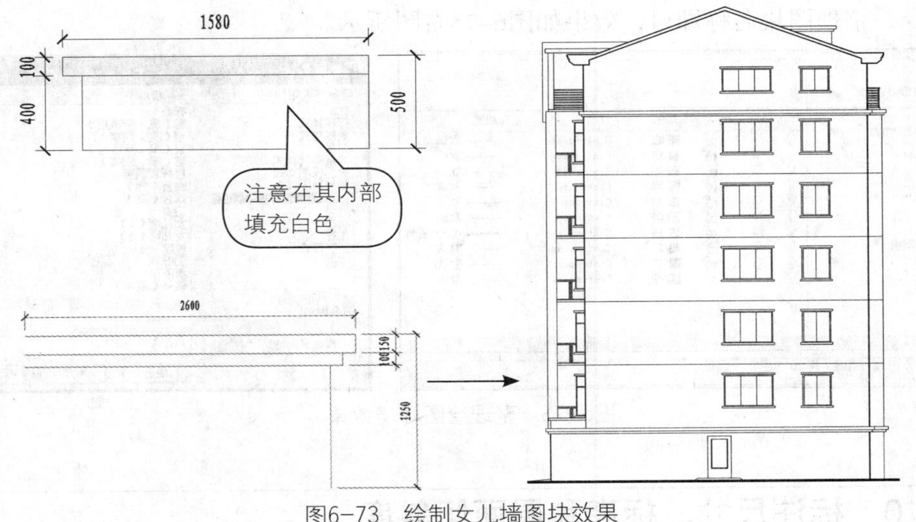

图6-73 绘制女儿墙图块效果

6.4.8 绘制雨蓬图块

按照如图6-74左图所示尺寸绘制雨蓬图块，并将其移动到正确的位置，再通过“在位编辑块”操作对其进行修剪，完成雨蓬的添加，效果如图6-74右图所示。

提示 雨蓬图块坡顶的填充样例可选用ANSI32，设置旋转角度为45°，填充比例为25，其他选项保持系统默认设置即可。

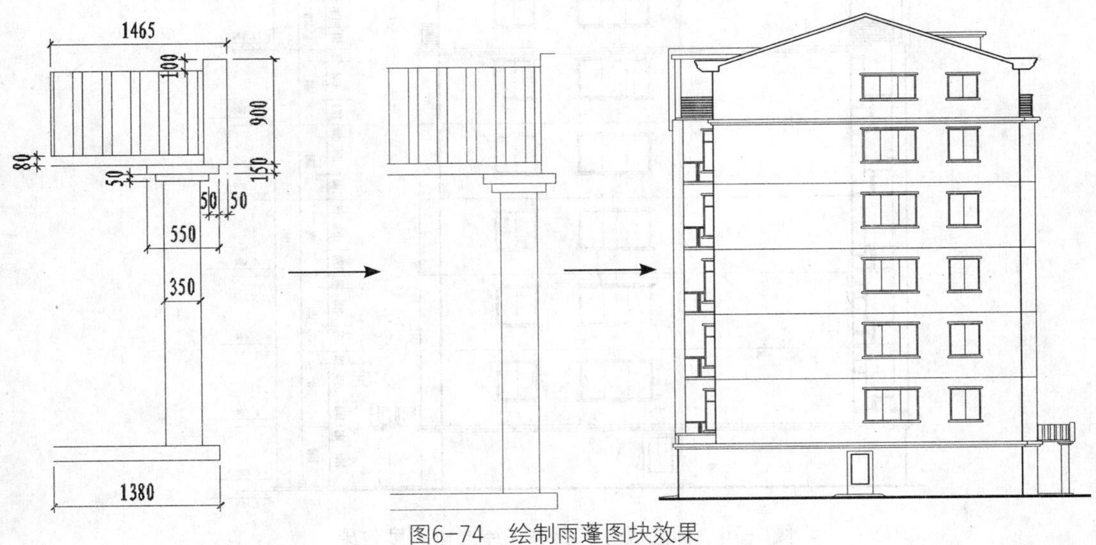

图6-74 绘制雨蓬图块效果

6.4.9 整理绘图环境

首先删除无用图形，再将所有图层显示出来，然后同正立面图的创建，执行PU命令清理不使用的图层、图块和标注格式，清理后的图层效果如图6-75左图所示；再执行

REN命令，整理图块名称即可，效果如图6-75右图所示。

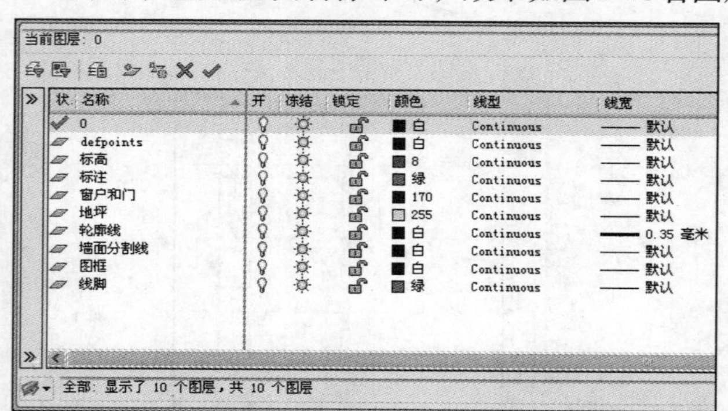

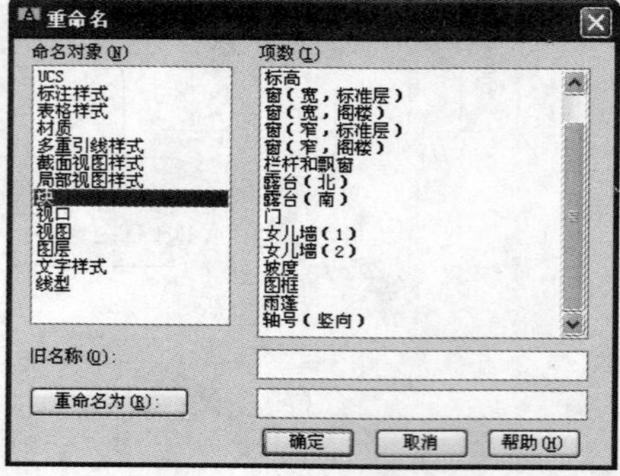

图6-75　整理绘图环境效果

6.4.10　标注尺寸、标高和屋面倾斜度

此处，侧立面图中的尺寸和标高直接借用背立面图中的尺寸和标高，其中尺寸无需更改，对应好位置即可；右侧标高（层高）无需更改，顶部标高只保留一项即可，如图6-76所示。

屋顶倾斜度，可复制屋顶平面图中的图块，并进行适当调整，修改为正确的值即可，此处不再详叙。

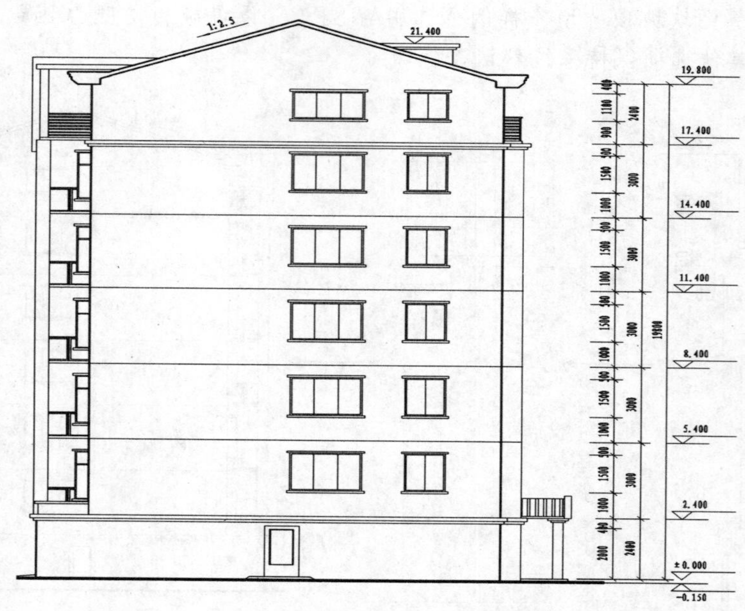

图6-76　标注尺寸、标高和屋面倾斜度效果

6.4.11　添加轴号和图名

最后对轴号和图名进行添加和更改，并直接镜像出另外一个侧面的侧视图即可，效果如图6-77所示。

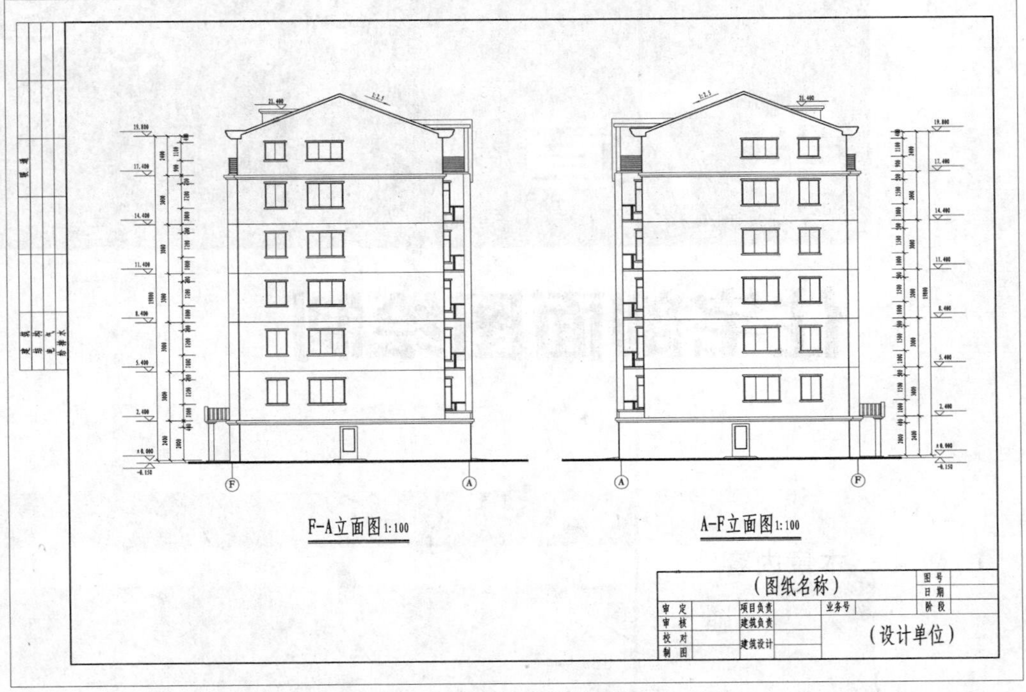

图6-77　添加轴号和图名效果

6.5 其他立面图

在建筑施工图中，也可能有其他立面图形需要绘制，如某个部分的立面详图等。本实例中根据需要可绘制南入口的几个立面图形和其剖面图，以及南阳台的立面图形等，具体如图6-78所示，其绘制方法较为简单，此处不再详叙。

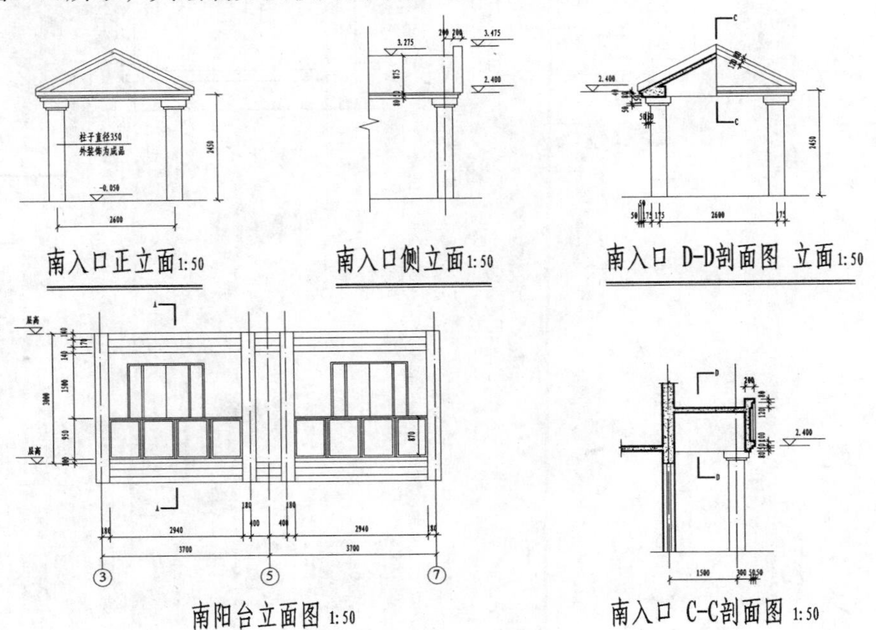

图6-78　其他立面图形绘制效果

第7章

住宅剖面图绘制

本章内容

- 剖面图概述
- 住宅1-1剖面图的绘制
- 楼梯剖面图的绘制
- 其他剖面图的绘制

7.1 剖面图概述

假想用一铅垂剖切面将房屋剖切开，移去靠近观察者的部分，做出的剩下部分的投影图即为剖面图。本章讲述建筑剖面图的绘制，包括主要剖面图的绘制、楼梯剖面图的绘制和其他剖面图的绘制等内容。下面先来看一下关于剖面图的基础知识。

7.1.1 剖面图的作用

剖面图也是建筑施工图的重要组成部分，与平面图和立面图相配合，可以用于表示房屋内部的结构或构造形式，如屋面（楼、地面）形式、分层情况、高度尺寸，或材料做法等，以及用于计算工程量，指导楼板和屋面施工、门窗安装和内部装修等。

剖面图的数量没有具体规定，通常房屋的构造越复杂，需要的剖面图数量就会越多，总之是由施工实际需要决定的。

7.1.2 剖切位置和方向的选择

剖面图的剖切方向通常为横向（即垂直于楼房正面），所得的剖面图为横剖面图，必要时也可纵向（即平行于正面），所得的剖面图为正剖面图。

按照绘图标准的规定，通常在底层平面图中标注剖面图的剖切位置、剖切位置应选择房屋内部构造比较复杂、有代表性的部位，如门、窗、洞口和楼梯间等位置，并应通过门窗洞口。

在平面图中的剖切符号的剖视方向通常向左、向前，所以无论绘制剖面图，还是观看剖面图，都应对照平面图才行。此外，剖面图的图名应与平面图上所标注的剖切符号的编号一致，如1-1剖面图、2-2剖面图等。

7.1.3 剖面图的画法特点和绘制要求

按照制图规范，建筑剖面图有如下画法特点和绘制要求。

- 绘图比例：建筑剖面图的绘图比例通常与建筑平、立面图一致（或更大一些），如选用1:50、1:100、1:200等，多用1:100。
- 轴号：为了与平面图对应，剖面图中被剖到的承重墙或柱等，应画出定位轴线，并标注与平面图相同的编号。
- 图线：被剖到的墙、楼面、屋面、梁的轮廓线，通常用粗实线画出，并且梁、楼板、屋面和柱的钢筋混凝土断面通常涂黑表示；未被剖到的（但可见）轮廓线，如门窗洞等可用中实线绘制；其他线（除了轴线外）和尺寸标注等，多用细实线。

提示

地面以下（或地下层以下）的部分为房屋基础，是属于结构施工图的内容，所以在剖面图中通常不予绘制，而只需绘制一条地平线即可。

- 尺寸：标注高度方向的尺寸。外部标注三道，最外一道标注建筑物的楼层总高度；中间一道为层高；内侧一道为门窗和墙裙等的高度。横向标注一道，标注剖到的墙、柱及轴线编号的间距。
- 标高：用标高符号标出室内外地坪、各层楼面和女儿墙压顶等处的标高。

7.2 住宅1–1剖面图的绘制

本节讲述1–1剖面图的绘制（如图7–1所示），剖切位置可查看第5章绘制的一层平面图中的剖切符号。此外，在绘制剖面图的过程中，由于很多轮廓线与立面图相同，所以会以立面图为基础进行绘制。

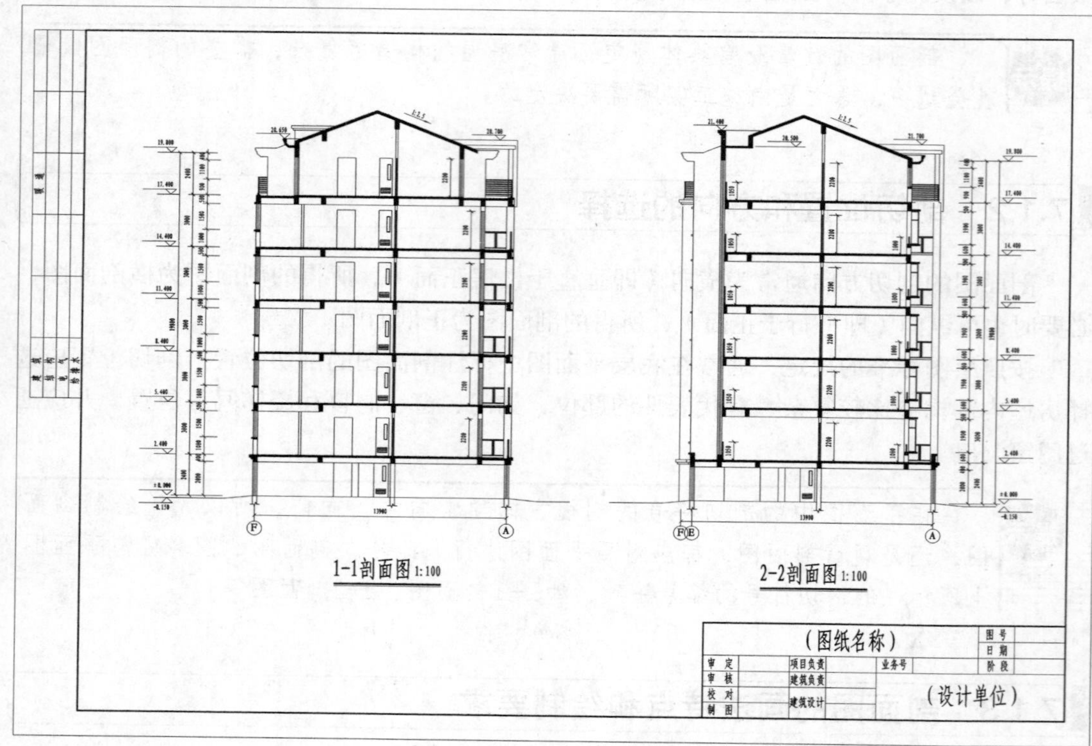

图7–1　要绘制的1–1剖面图

7.2.1 复制立面图

由于F–A立面图与剖面图的视图方向一致，所以首先复制一个F–A立面图到一新建的DWG文件中，如图7–2左图所示，然后删除所有窗户、门和雨蓬图块，再利用F–A立面图原有的图线绘制出剖面图的室内地坪线和室外地坪线，如图7–2右图所示（将图纸名称更改为“1–1剖面图”）。

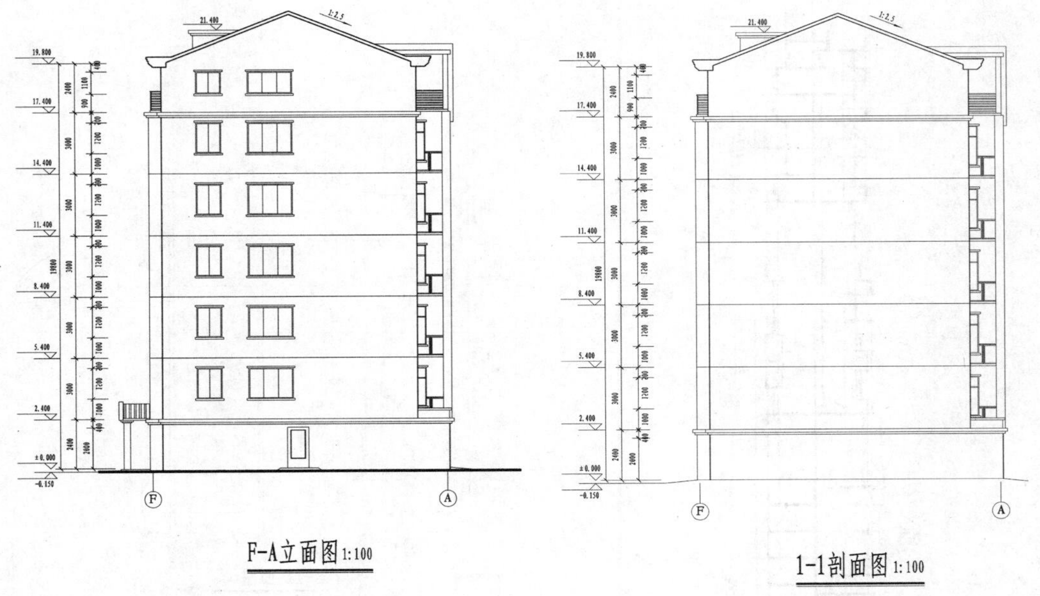

图7-2　复制立面图并对其进行整理

7.2.2　复制平面图

剖面图中的柱子、梁和其余图线等，很多与平面图对应，为了更快、更准确地绘制剖面图形，在正式绘制之前，可以首先复制多个平面图到当前图纸中（只需保留部分平面图的墙线和轴线即可，并以最左侧的轴线为基准竖直对齐），如图7–3所示。

7.2.3　绘制梁线和楼板

01 **绘制辅助线**　通过捕捉标准层的墙线或轴线，向下竖直绘制多条辅助线（位于“墙面分割线”图层），如图7–4上图所示（并删除原立面图中首层中的线脚线）。

02 **绘制梁和楼板轮廓线等**　偏移二层原楼面分割线，向下偏移400个图形单位（因为首层梁的高度暂定为40cm），再向下偏移100个图形单位（因为楼板的厚度暂定为10cm），如图7–4下图所示。

03 **绘制二层阳台梁和楼板**　通过绘制辅助线或参照如图7–5所示尺寸，绘制二层阳台处的楼板线和梁线（阳台楼板比室内楼板低5cm）。

04 **填充二层楼板和梁**　完成上述操作后，检查有无未修剪到的图线，执行BH命令，将二层楼板和梁填充为SOLID图案样式即可，如图7–6所示。

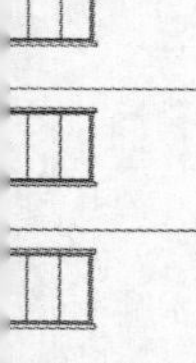

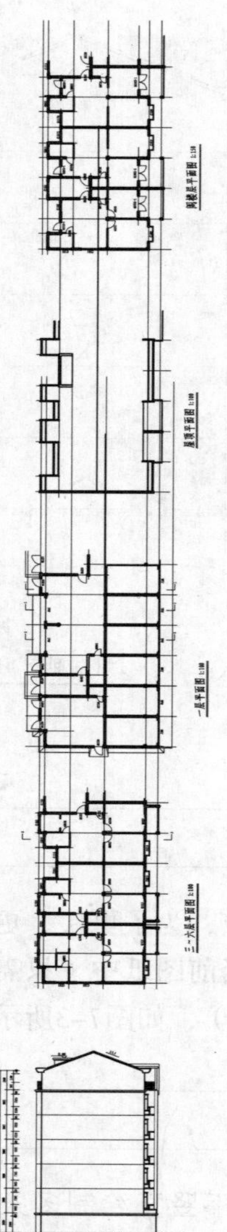

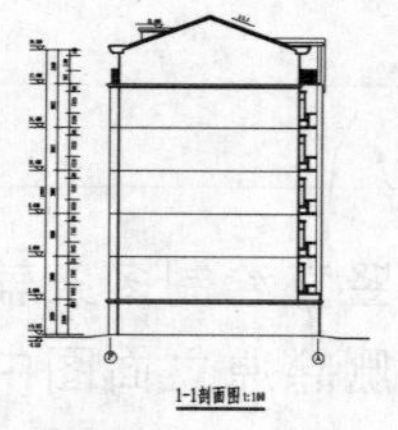

图7-3　复制多个平面图

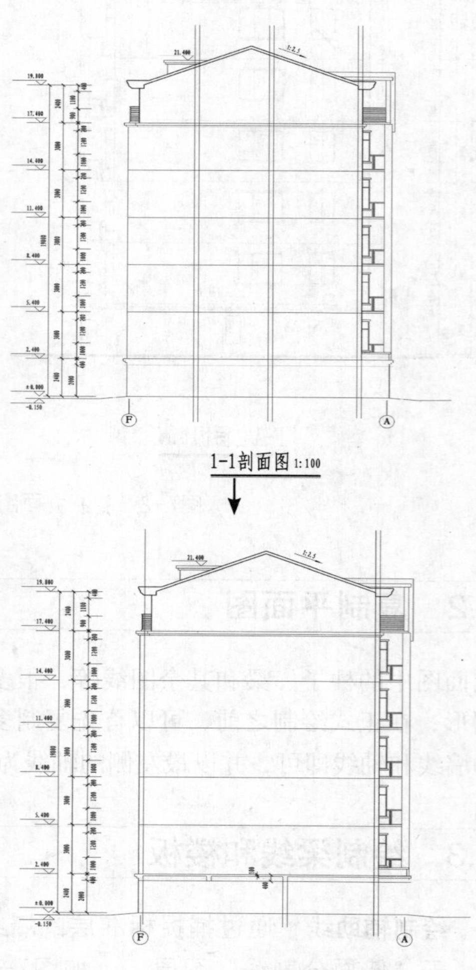

图7-4　通过绘制辅助线创建二层地板轮廓线

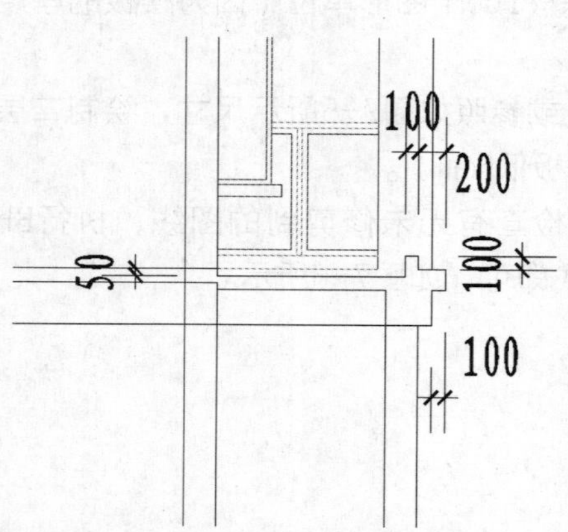

图7-5　绘制二层阳台梁和楼板

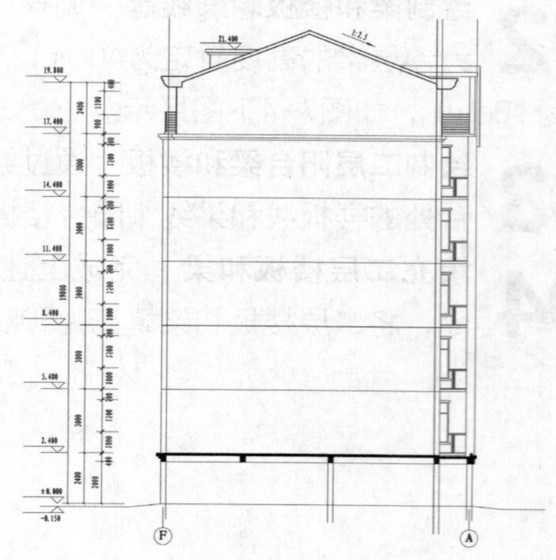

图7-6　填充二层楼板和梁

05 **绘制三层楼板和梁的截面** 与前面操作相同，通过绘制辅助线等方式，绘制三层楼板和梁的轮廓线，如图7-7所示（阳台上部挡水为8cm厚、10cm长），并对楼板和梁进行SOLID图案填充，如图7-8所示，完成此层梁和楼板截面的绘制。

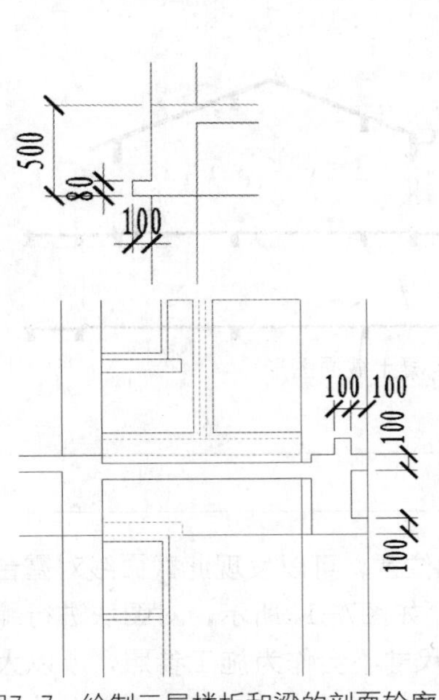

图7-7 绘制三层楼板和梁的剖面轮廓

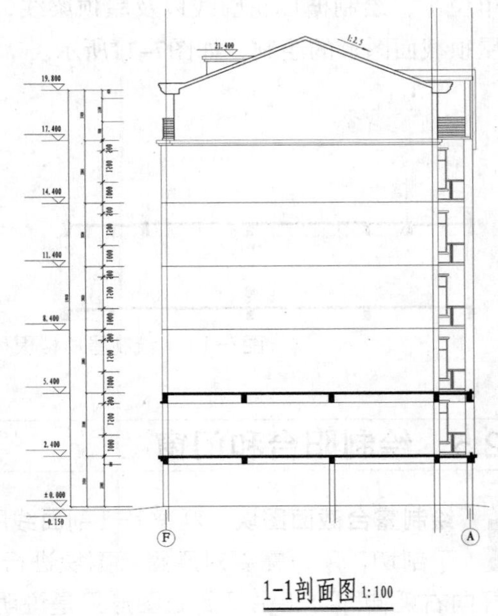

图7-8 填充三层楼板

06 **阵列梁和楼板效果** 由于三、四、五、六层的楼板和梁均相同，所以可直接阵列三层楼板，如图7-9所示，将三层楼板的填充图形向上阵列4个（间距为3000个图形单位）即可。

07 **绘制阁楼层楼板** 首先向上阵列三层楼板线和梁线（间距为12000个图形单位，个数为2个），再通过绘制辅助线，对阵列的图线进行修剪，如图7-10所示（主要需修改的位置是阁楼层露台的楼板），再进行填充即可。

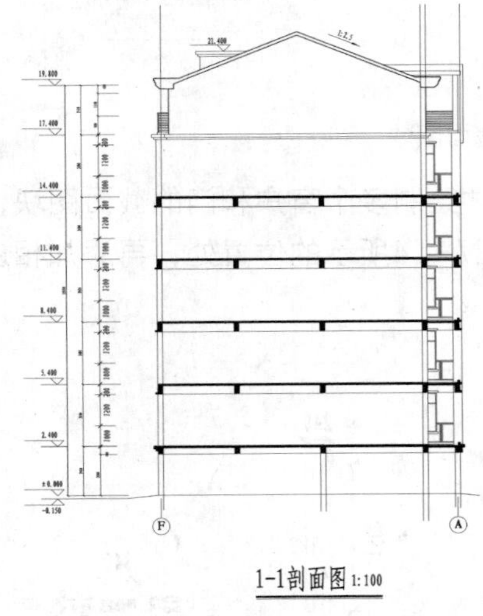

图7-9 阵列三层楼板

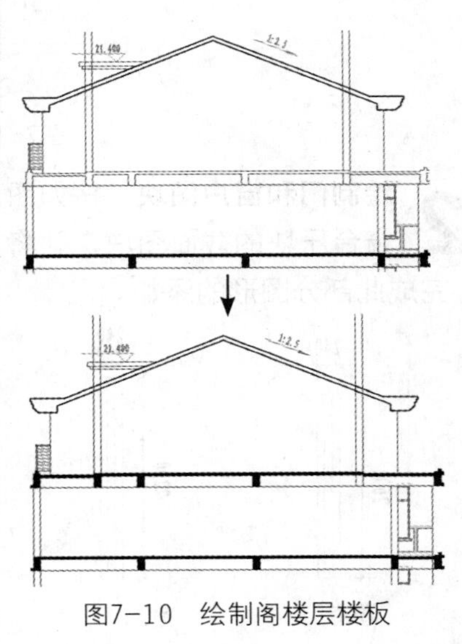
图7-10 绘制阁楼层楼板

7.2.4 绘制屋顶

通过捕捉阁楼层平面图中的相关墙线绘制辅助线，并向上阵列地平线（阵列20650个图形单位），绘制檐口轮廓线以及屋顶梁线，然后对得到的屋顶混凝土截面进行填充，完成屋顶截面图形的绘制，如图7-11所示。

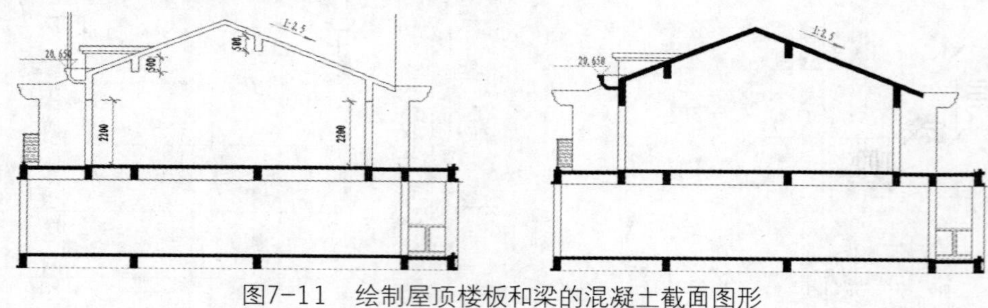

图7-11 绘制屋顶楼板和梁的混凝土截面图形

7.2.5 绘制阳台和门窗

01 **绘制露台截面图块** 观察1-1剖面线所在的位置，可以发现此截面线对露台进行了剖切，所以需要对原露台图块进行修改。如图7-12所示，对图块进行编辑，将栏杆向右延伸即可（由于此处图形只是说明，其尺寸不会作为施工参照，所以大致相似即可）。

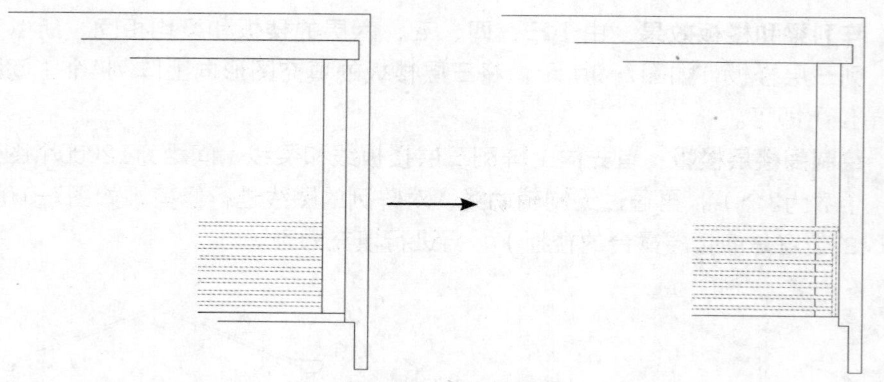

图7-12 绘制露台截面图块

02 **绘制门和窗户图块** 按如图7-13所示尺寸绘制多个窗户和门的截面图块，以及窗台压块的截面图块，并将其复制到如图7-14所示的位置处，再添加相应的墙线，完成此部分图形的添加。

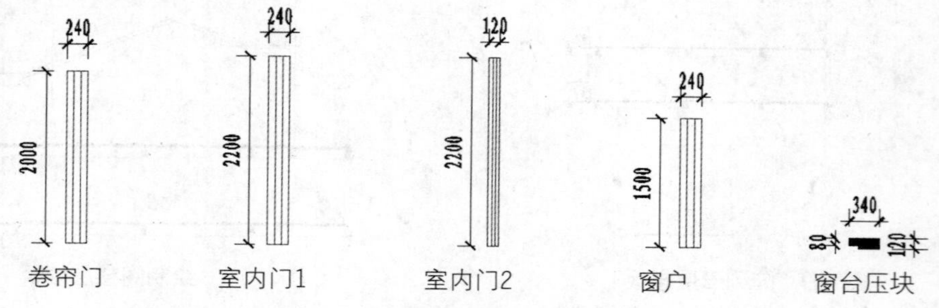

图7-13 绘制多个门和窗户图块

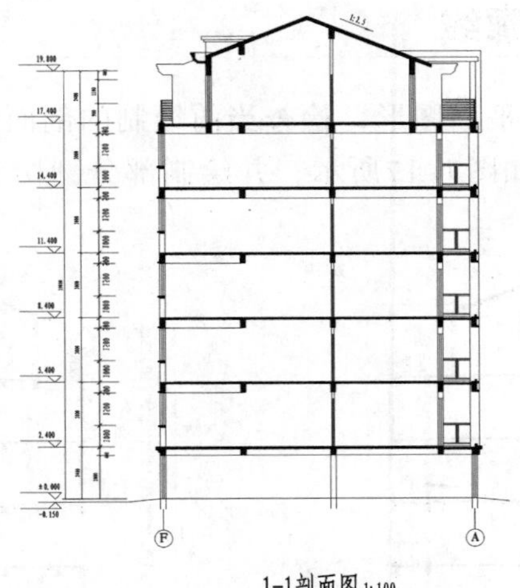

图7-14　添加了某些门窗图块的剖面图

03 绘制其余门窗图块　按如图7-15所示尺寸，绘制多个门的正立面图块（门内图形大致相似即可），以及栏杆的侧面图块，然后将其复制到如图7-16所示位置处即可（为节省时间，也可对相同的图块执行阵列操作）。

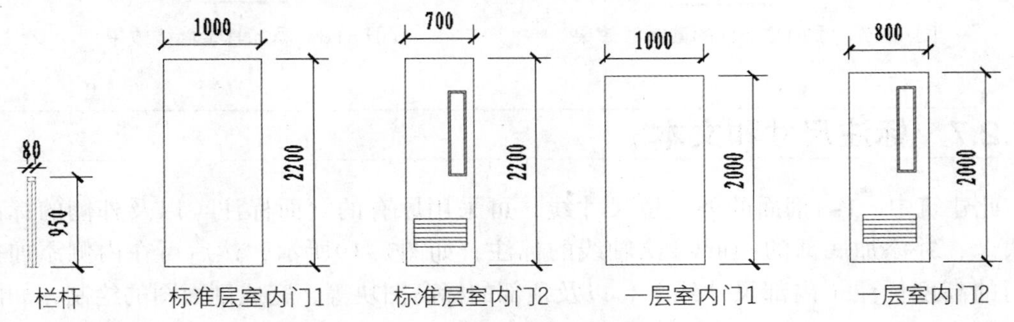

图7-15　绘制其余门窗图块

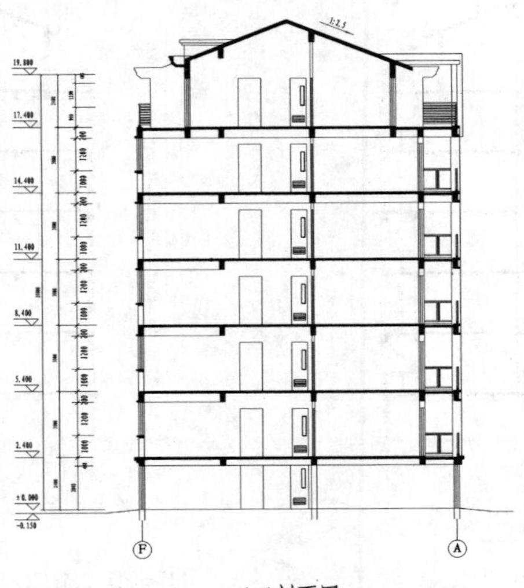

图7-16　添加其余门窗图块的剖面图

7.2.6 绘制其余轮廓线

对照1-1剖面线和多个平面图形，检查当前绘制的剖面图形，查看有无漏掉的图线。再添加底部截断线，如图7-17所示；并绘制部分剖切到的隔断墙线，如图7-18所示。

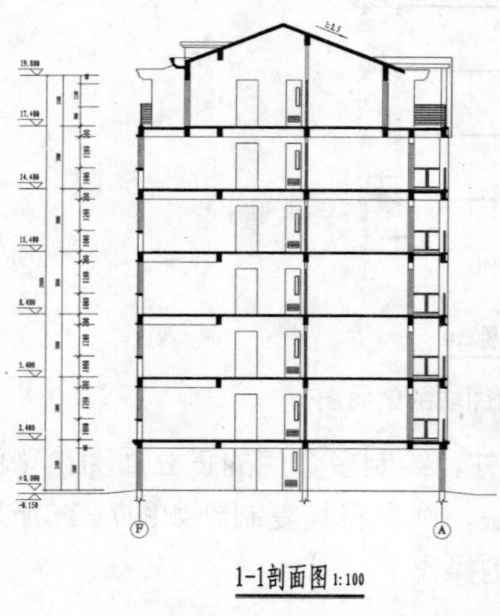

图7-17 添加底部柱的截断线效果

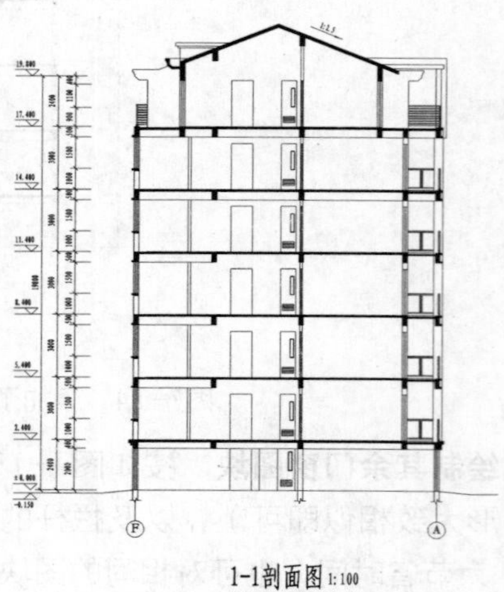

图7-18 添加其余墙线效果

7.2.7 标注尺寸和文本

此建筑中，1-1剖面的外三道尺寸线，可采用原有的立面标注（以及外侧的标高图块），并添加底部的F轴线到A轴线的标注，如图7-19所示，然后可在内侧添加推拉门的高度标注（内部尺寸线），以及顶部的标高图块等，完成剖面图的绘制，如图7-20所示。

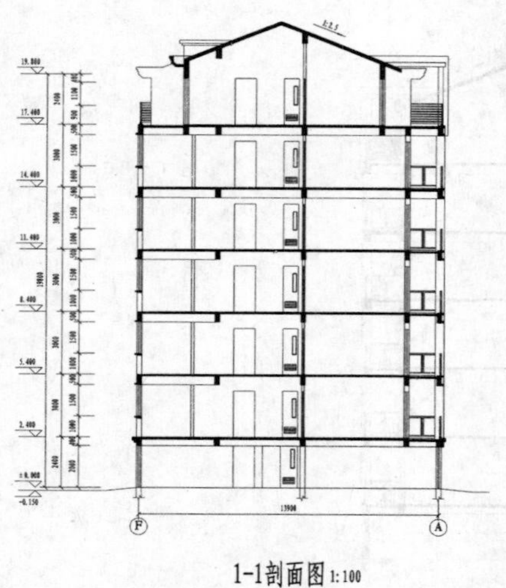

图7-19 标注外部尺寸效果

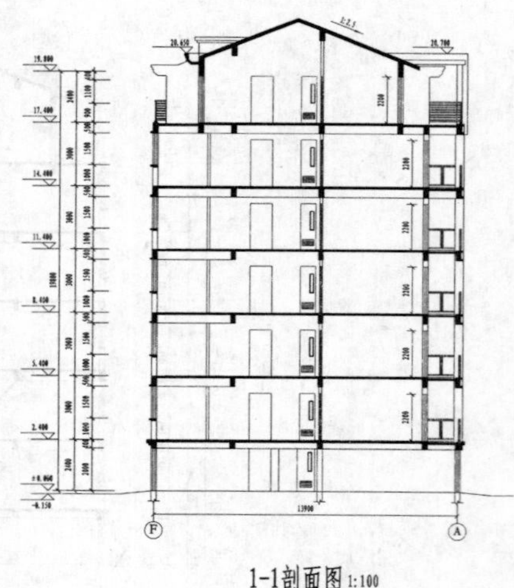

图7-20 添加内部尺寸和标高效果

7.2.8 后期处理

完成上述操作后，删除辅助图形，并执行PU命令，清除不使用的图块和标注等。然后执行LA命令，根据需要重命名图层的名称（并显示“图框”图层），效果如图7-21所示。再执行REN命令，打开“重命名”对话框，对所有图块按照需要重新命名，以方便调整和记忆，如图7-22所示，完成所有操作。

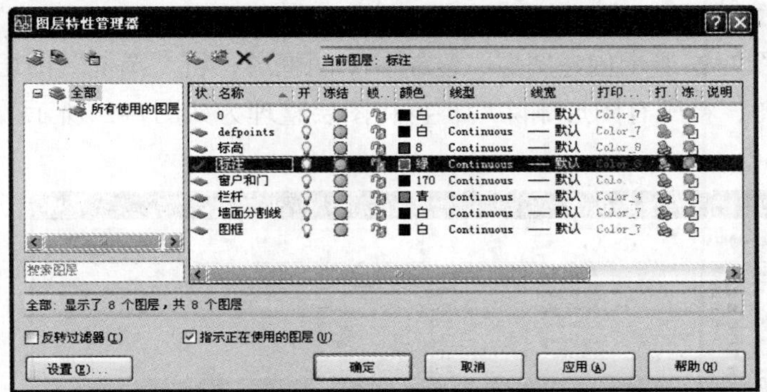

图7-21 整理后的“图层特性管理器”对话框

图7-22 “重命名”对话框

提示：通过相同操作，可绘制2-2剖面图（如图7-1所示），以及3-3剖面图（如图7-23所示）。在绘制3-3剖面图时，应注意在两侧添加尺寸标注。

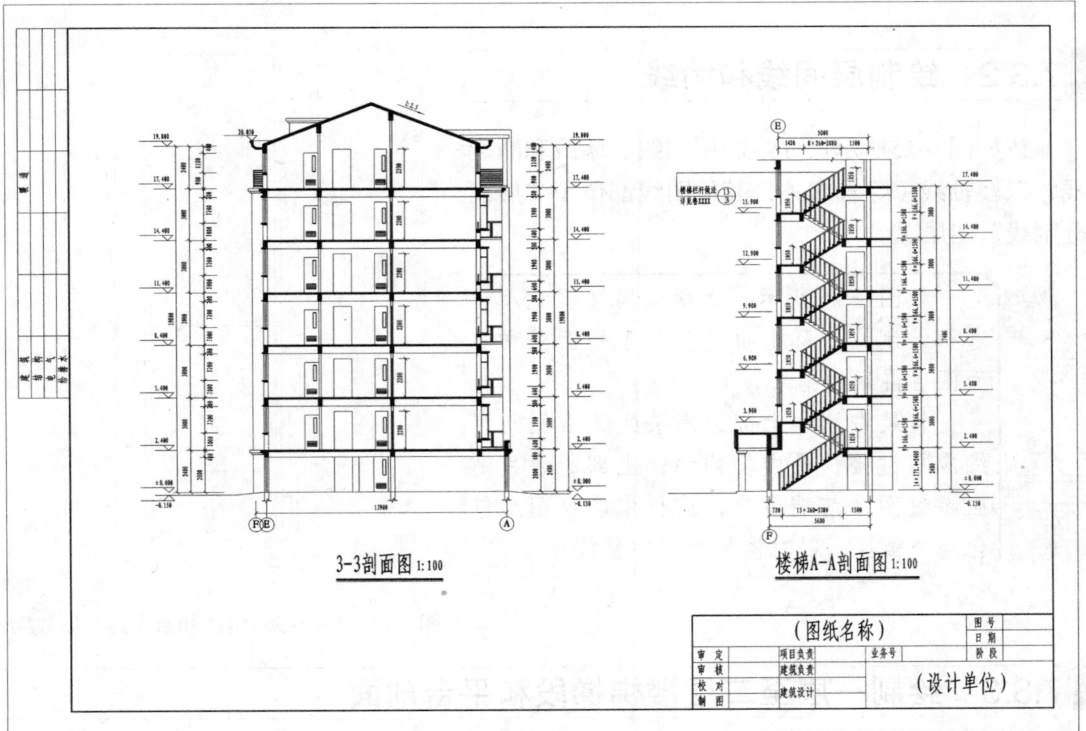

图7-23 需绘制的楼梯剖面图

7.3 楼梯剖面图的绘制

楼梯剖面图较为简单，如图7-23所示，这里不再借助其他图形，而是直接进行绘制。在绘制的过程中，应注意楼梯梯段的绘制。

7.3.1 整理图层

新建一个DWG文件，按如图7-24所示创建图层，复制一个图框后，将“图框”图层隐藏。或复制一个标准层平面图，将所有图形删除后，再将图层整理为如图7-24所示效果即可。

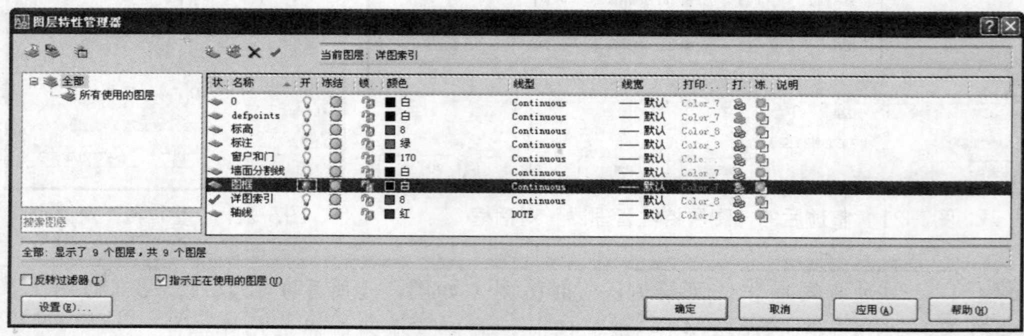

图7-24　创建图层后的“图层特性管理器”选项板

7.3.2 绘制层间线和墙线

按如图7-25所示尺寸绘制层间线、墙线和断裂线，以及轴线（除轴线外，其他图线都位于“墙面分割线”图层）。

如图7-25所示，之所以要按照此尺寸进行绘制，实际上也是参考了平面图和立面图后得到的结果。

其最右侧和上部为断裂线，右侧断裂线应超过楼梯最内侧的墙，上部断裂线则应超过阁楼前端窗户，这样才能令图形包含整个楼梯，以对楼梯进行完整描述。

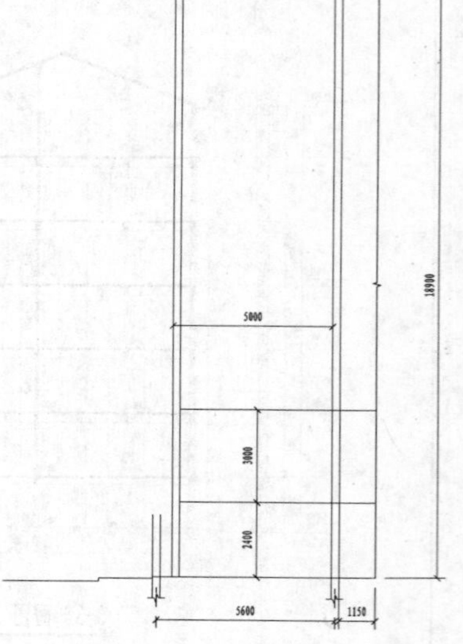

图7-25　层间线、墙线和断裂线绘制效果

7.3.3 绘制一层至二层楼梯梯段和平台剖面

按如图7-26所示尺寸绘制楼梯梯段的轮廓线，并执行BH命令进行填充操作（填充图案选择SOLID）。

提示

此处，楼梯平台和楼梯的梁较容易绘制，需要注意的是梯段的绘制。梯段的高度为171.4mm，宽度为260mm，如进行阵列，方向较难控制，可通过连续复制（捕捉底部端点）的方式，完成梯段轮廓线的绘制（梯段的厚度为100mm）。

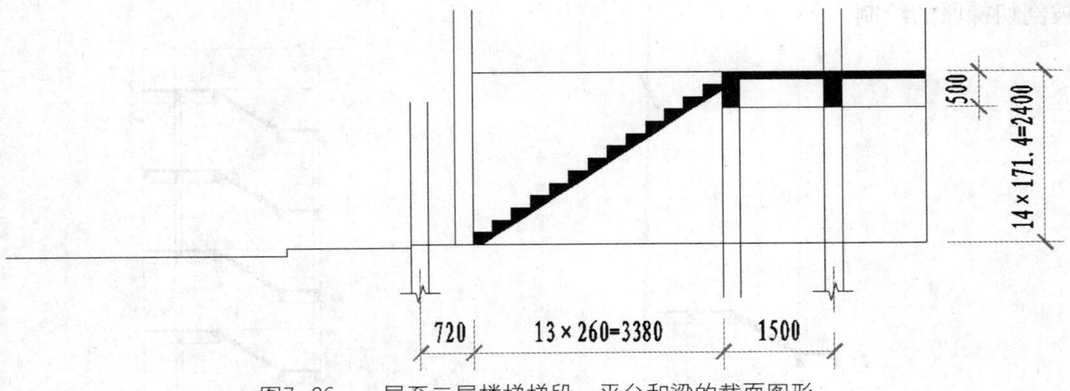

图7-26　一层至二层楼梯梯段、平台和梁的截面图形

7.3.4　绘制雨蓬和二层至三层楼梯梯段及平台剖面

复制前面绘制的雨蓬截面图形，如图7-27左图所示，删除不需要的标注和图线；然后按照如图7-27右图所示尺寸绘制二层至三层梯段和平台剖面。

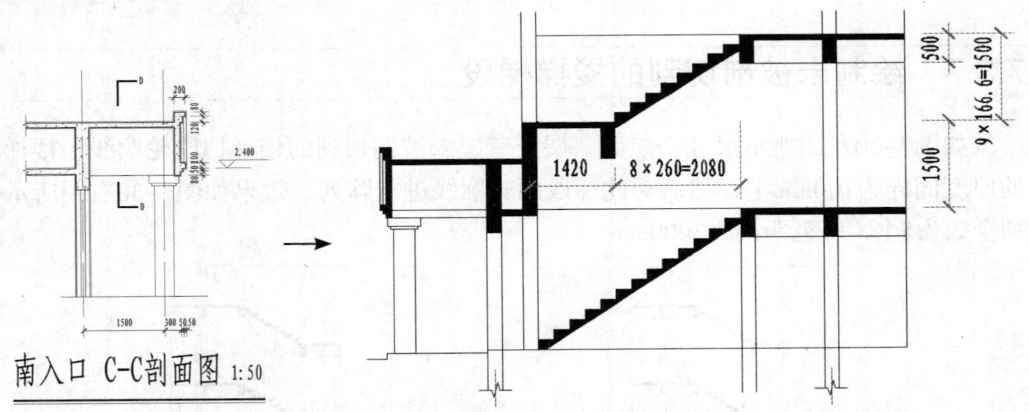

图7-27　原雨蓬剖面图和绘制后的二层至三层楼梯梯段及平台截面图

7.3.5　绘制三层至四层楼梯梯段和平台剖面

通过相同操作，绘制三层至四层楼梯梯段和平台的截面图形，如图7-28所示（需注意绘制窗台的上部挡水时，尺寸窗台挡水与梁是一体的）。

提示

三至四层楼梯剖面与二至三层剖面有相似之处（只是梁的高度不同），所以在实际绘制时，可直接复制二至三层的楼梯轮廓线，然后进行适当的处理即可。

7.3.6 阵列其他被剖切到的梯段和平台

选中前面绘制的三层至四层楼梯梯段和平台轮廓线及填充图形，执行AR命令，对其进行阵列操作，阵列个数为4个，阵列间距为3000个图形单位，效果如图7-29所示，完成被剖切梯段的绘制。

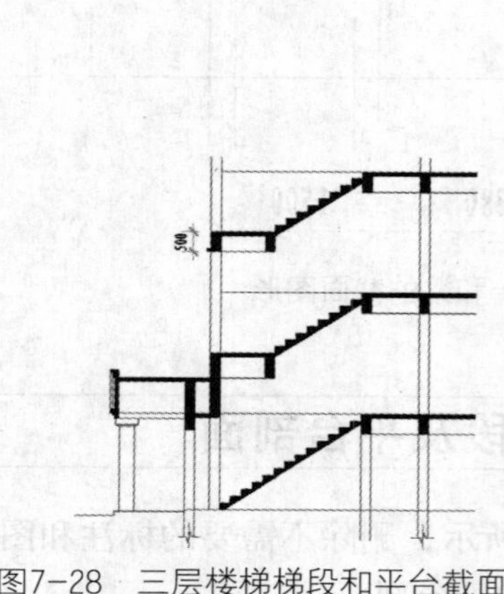

图7-28 三层楼梯梯段和平台截面图

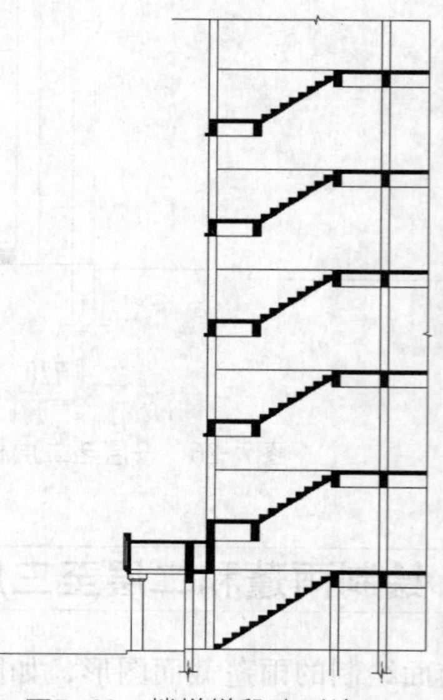

图7-29 楼梯梯段阵列效果

7.3.7 绘制未被剖切到的楼梯梯段

按如图7-30左图所示尺寸，绘制二层至三层未被剖切到的楼梯梯段轮廓线（楼梯梯段的厚度同样为100mm），然后对此梯段的轮廓线进行阵列，效果如图7-30右图所示，阵列个数为5个，阵列距离为3000mm。

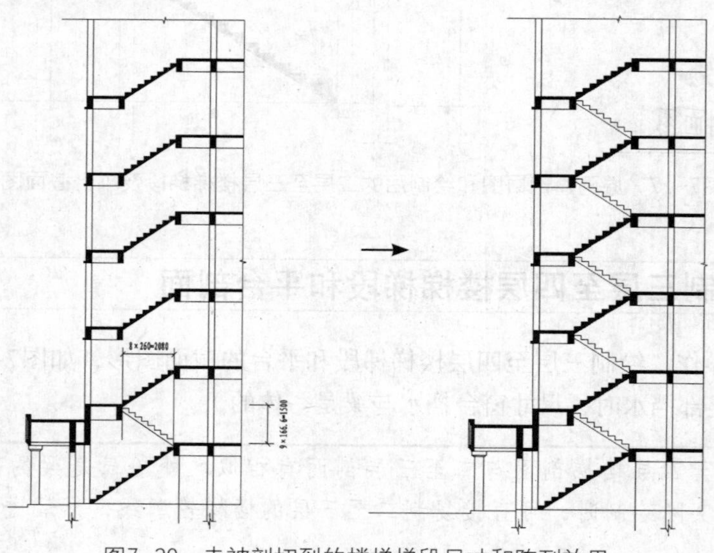

图7-30 未被剖切到的楼梯梯段尺寸和阵列效果

7.3.8 绘制栏杆

按如图7-31左图所示尺寸绘制一层至二层楼梯栏杆，栏杆的高度为1050mm；再按照如图7-31右图所示尺寸绘制其余栏杆，注意栏杆的上下位置，以正确判断出栏杆下被修剪的楼梯图形。

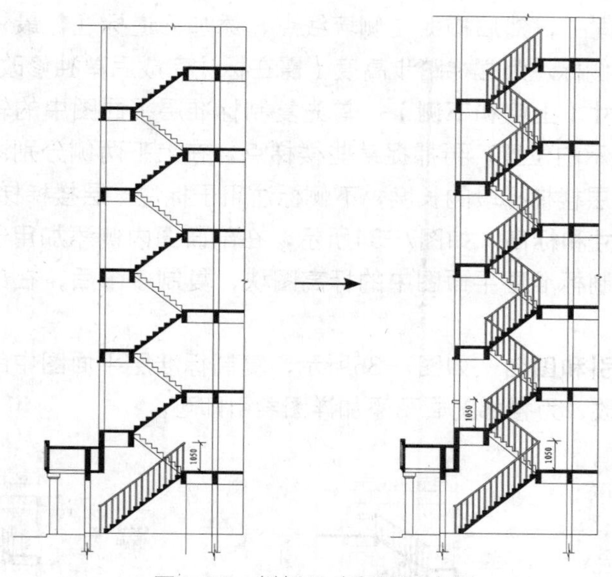

图7-31　栏杆尺寸和绘制效果

7.3.9 绘制门和窗户

按如图7-32左图所示尺寸绘制门和窗户图块，以及窗台压块图块，并将其复制到楼梯剖面图中，效果如图7-32右图所示（顶部门和窗的上部梁使用图线直接绘制即可），其中门窗应位于“窗户和门”图层，其余图形位于“墙面分割线”图层）。

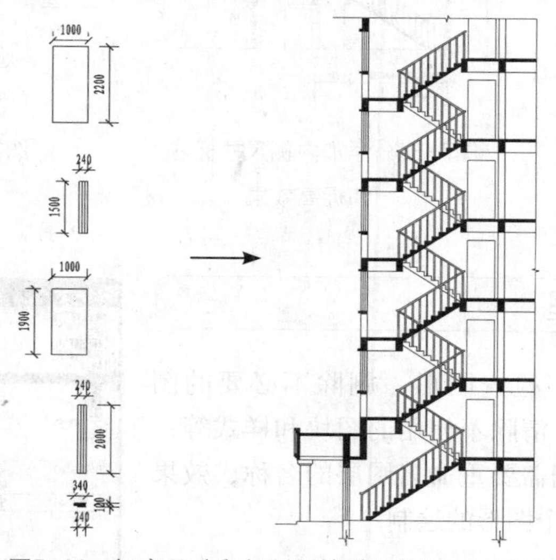

图7-32　门窗尺寸和复制到楼梯剖面图后的效果

7.3.10 标注详图索引、尺寸和文本

楼梯剖面图的标注项目较多，因为在此图形中，要清晰表达出楼层踏步的详细尺寸、楼梯位置和楼梯梁的高度，以及楼梯平台的长度等信息，下面看一下具体操作。

01 **添加外侧尺寸（右侧）** 如图7-33所示，切换到“标注”图层（标注样式要求与平面图相同），然后捕捉左侧墙线点，添加三道标注，最外两道标注分别为楼高和楼层高度，内侧标注为楼梯踏步高度（需在标注完成后单独修改标注数据）。

02 **添加外侧尺寸（上侧和下侧）** 首先复制标准层平面图中的轴号，然后放置到如图7-33所示的位置，再捕捉某些楼梯点，在上下两侧分别添加两道标注，上侧标注用于标注标准层楼梯梯段的长度，下侧标注用于标注一层楼梯梯段长度。

03 **添加内侧尺寸和标高** 如图7-34所示，在剖面图内侧添加用于标识栏杆高度的标注，再复制标准层平面图中的标高图块，复制多个后，在剖面图中标注层高和楼梯平台的高度。

04 **添加详图索引和图名** 如图7-35所示，复制标准层平面图中的详图索引符号并对其进行修改，为楼梯剖面图添加详图索引即可。

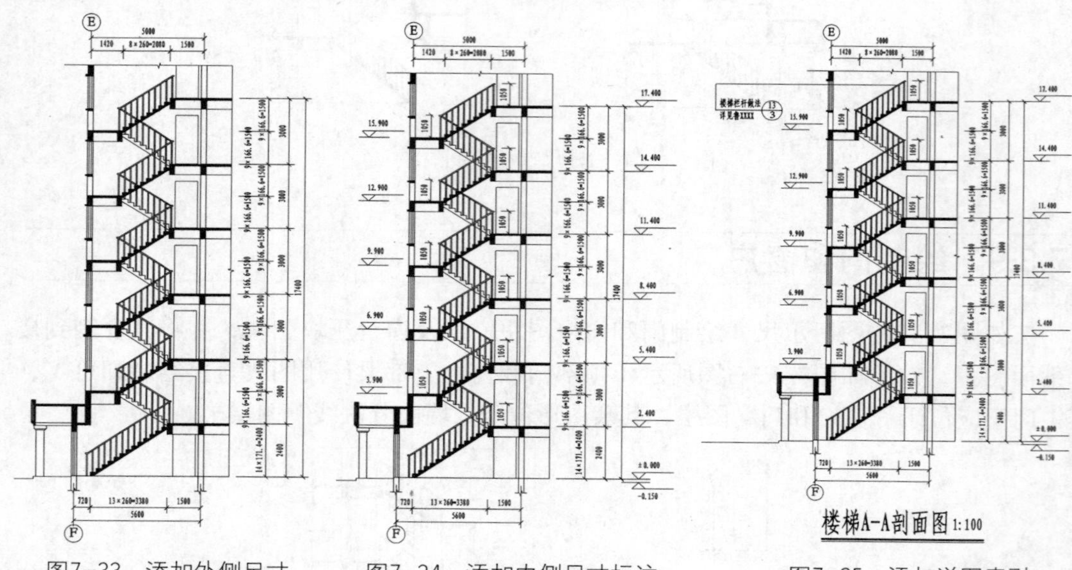

图7-33 添加外侧尺寸标注效果

图7-34 添加内侧尺寸标注和标高效果

图7-35 添加详图索引和图块效果

7.3.11 后期处理

完成上述操作后，检查图形，删除不必要的图线，然后执行PU命令，清除不使用的图块和样式等；最后执行LA命令，根据需要重命名图层的名称，效果如图7-36所示，完成整个图形的绘制。

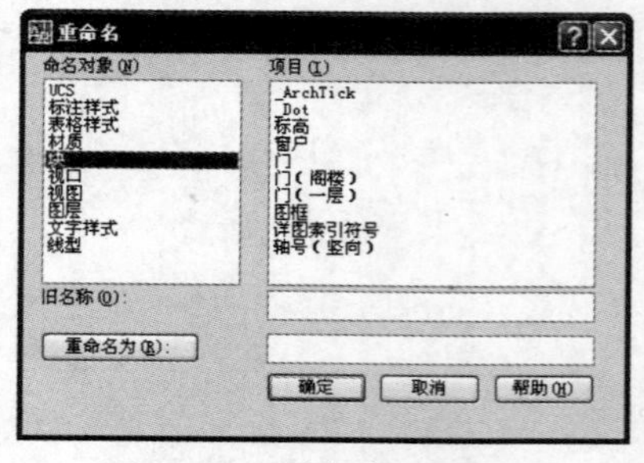

图7-36 “重命名”对话框

7.4 其他剖面图的绘制

此外，在建筑施工图中，还可以根据实际需要添加很多剖面图形，如单独的外墙施工剖面详图、阳台剖面图等，由于其绘制方法大同小异，此处不再单独叙述。如图7-37所示为绘制的阳台剖面详图效果，在此剖面图中详细表达了阳台的施工尺寸、用料和做法。

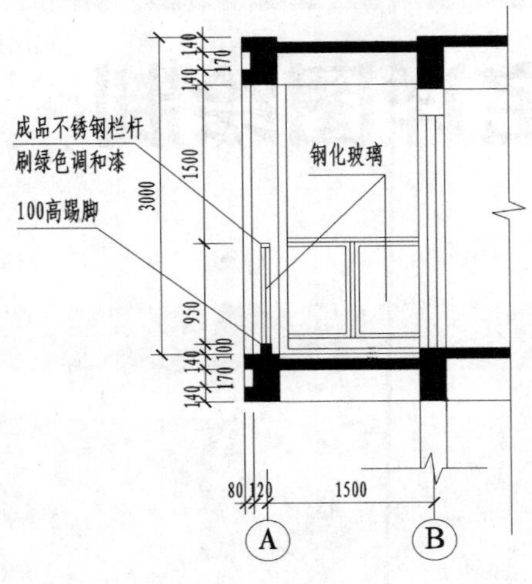

图7-37　阳台剖面详图效果

第8章

住宅详图绘制

本章内容

- 建筑详图概述
- 绘制檐口详图
- 绘制女儿墙详图
- 绘制楼梯平面详图
- 绘制卫生间详图
- 绘制其他详图

8.1 建筑详图概述

建筑的平、立、剖面图只是从总体上表达了房屋的整体构造，在具体施工时，对于房屋的细部，如墙面装饰、地面做法和门窗用料等，都无从参考，所以需要绘制建筑详图（简称详图，也可称为大样图或节点图）。本章讲述建筑详图的绘制。

8.1.1 详图的特点和作用

建筑详图是建筑平面图、立面图和剖面图的必要补充和深化，可详细地表达建筑细部的形状、层次、尺寸、材料和做法等，是建筑工程细部施工、建筑构配件制作及预算编制的依据。详图主要具有如下特点：

- 比例较大：如1:1、1:2、1:10、1:20等。
- 说明详尽：形状、尺寸、用料、做法等都有详细规定。
- 尺寸齐全：细部尺寸标注齐全。

8.1.2 详图的画法要求

下面看一下详图的画法要求。

- 比例：常用比例有1:1、1:2、1:5、1:10、1:15、1:20、1:25、1:30、1:50等。
- 图线：被剖切到的抹灰层和楼面接触的面层线通常用中实线绘制，其他图线使用细线即可。
- 索引符号：要引出详图的平面、立面或剖面图等，需要绘制索引符号，而详图图名则通常以详图符号引出。
- 多层构造引出说明：房屋的地面、楼面、散水、檐口等构造是由多种材料分层构成的，在详图中同样要用多层文字加以引出说明。
- 标高：通常在平、立或剖面图中标注建筑标高，而在详图中标注结构标高，即"毛面标高"。

8.2 绘制檐口详图

常见的详图有外墙节点、檐口、女儿墙、楼梯、卫生间和门窗等。本图纸由于打算在制图说明中对外墙的处理方式进行总体介绍，所以不再单独绘制外墙节点详图，而只对其他详图的绘制方法做一下介绍。先来看一下檐口详图的绘制（效果如图8-1所示）。

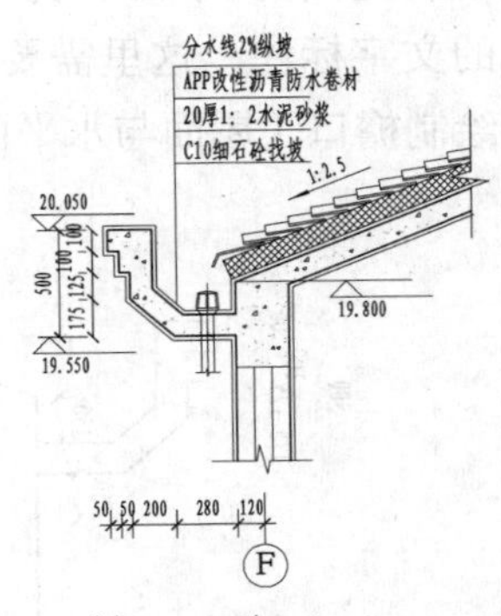

图8-1 "檐口1"详图

8.2.1 设置绘图参数

01 设置图层 执行LA命令，打开“图层特性管理器”选项板，按如图8-2所示创建多个图层（除“内墙线”图层为0.35mm外，其余图层中的线均使用默认宽度）。

02 设置文字样式 执行ST命令，打开“文字样式”对话框，按如图8-3所示，新建一“长仿宋”文字样式。

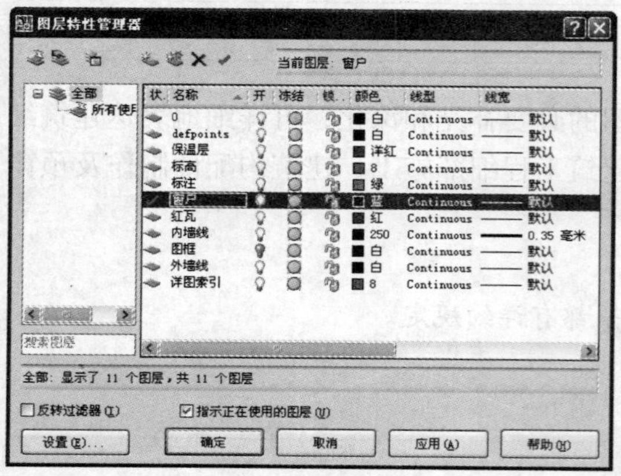

图8-2 “图层特性管理器”选项板

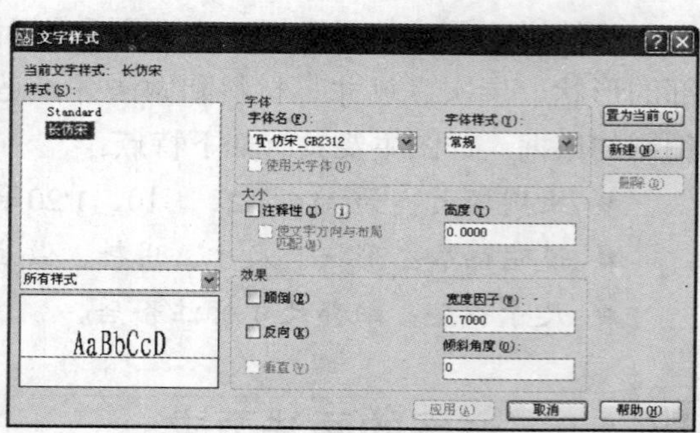

图8-3 “文字样式”对话框

03 设置标注样式 执行DST命令，打开“修改标注样式”对话框，与标准层平面图相同，创建一名称为“标注”的文字样式（唯一不同是，标注的比例因子为0.25，与檐口的绘图比例一致），如图8-4所示。

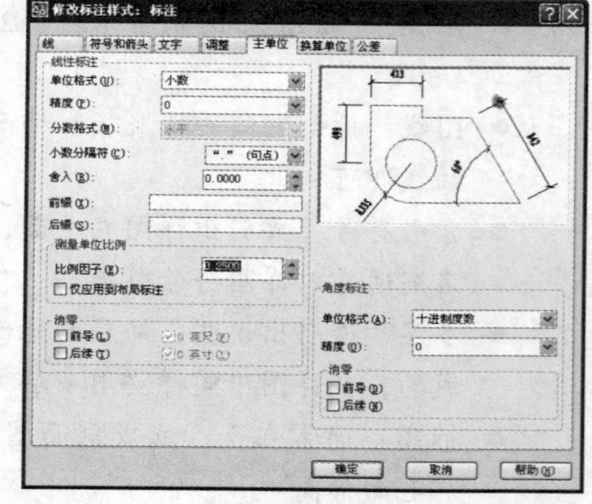

图8-4 “修改标注样式”对话框

8.2.2 绘制内部结构线

在前面绘制立面图时，实际上已多次绘制过檐口，其尺寸如图8-5所示，由于此次所绘制檐口的比例为1∶25，为了保证能够输出相同大小的文字标注，这里需要按照图8-6所标注的尺寸绘制檐口（屋面与水平面的角度为22°，内部结构线位于“内墙线”图层）。

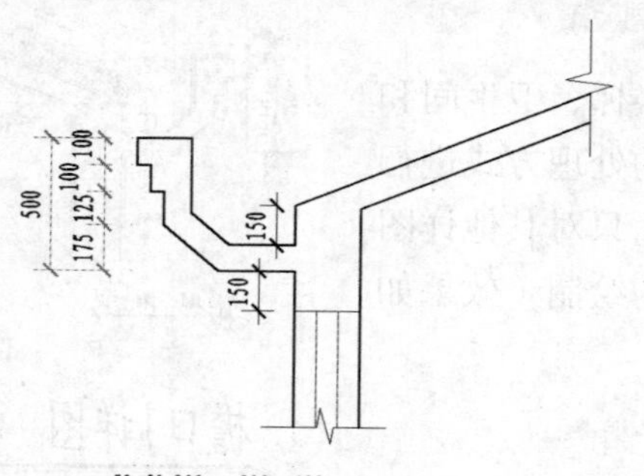

图8-5 檐口的内部结构线标注尺寸

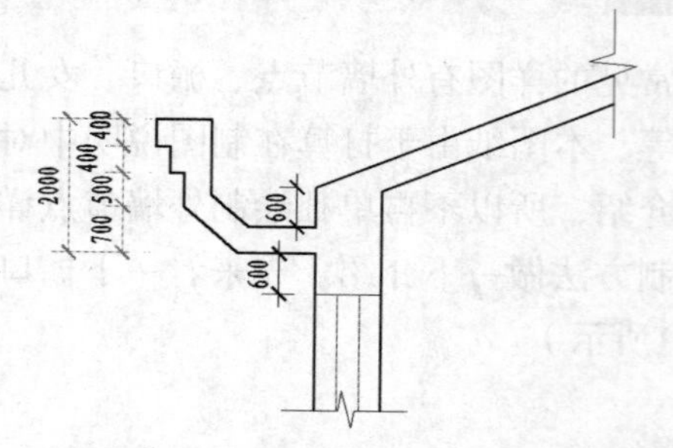

图8-6 檐口的内部结构线真实尺寸

8.2.3 绘制墙体轮廓

以内部结构线为参照，按如图8-7所示尺寸，向外偏移墙体轮廓线，并对偏移的图线进行处理，令其各处相互连接即可（墙体轮廓线位于“外墙线”图层）。

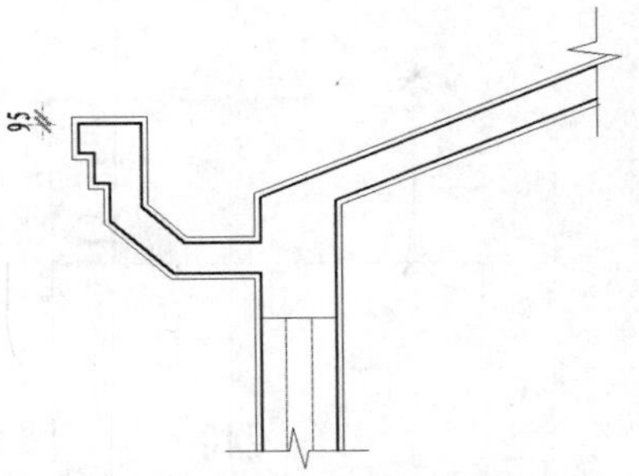

图8-7 绘制的墙体轮廓效果

8.2.4 绘制彩瓦和保温板

01 **绘制保温板** 按如图8-8所示尺寸，通过偏移墙体轮廓线操作，绘制屋顶的保温板轮廓线。

02 **绘制彩瓦图块** 按如图8-9所示尺寸，绘制彩瓦的轮廓，彩瓦的默认旋转角度同样为22°（并定义为图块）。

03 **阵列彩瓦图块** 执行AR命令，对旋转后的彩瓦执行阵列操作（注意阵列时令彩瓦相连）。完成操作后，将最右侧的彩瓦图块分解，并使用分割线等对其进行剪裁，然后绘制屋檐处的彩瓦即可，效果如图8-10所示。

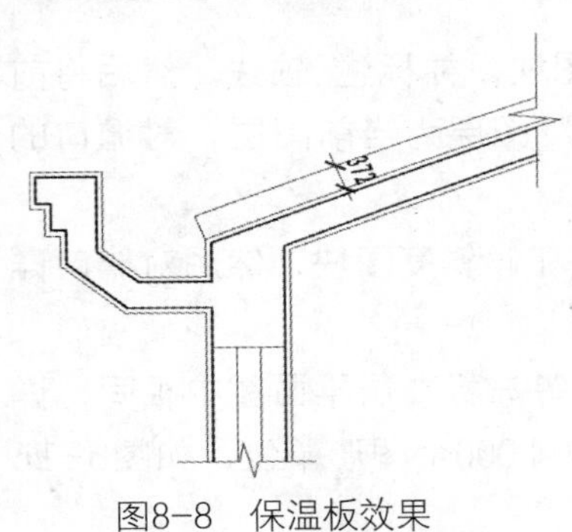

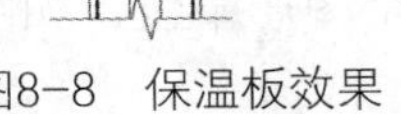

图8-8 保温板效果

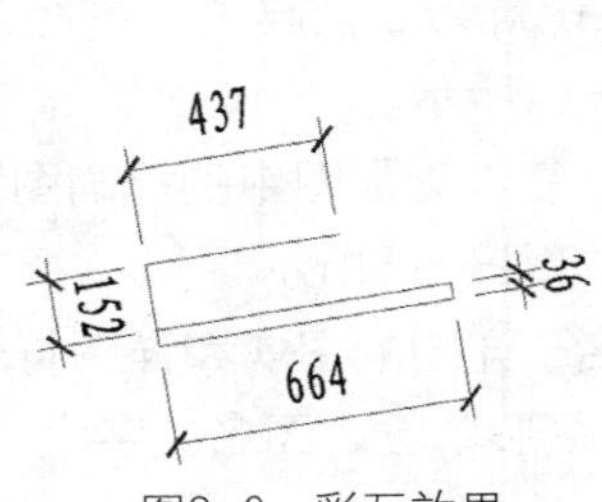

图8-9 彩瓦效果

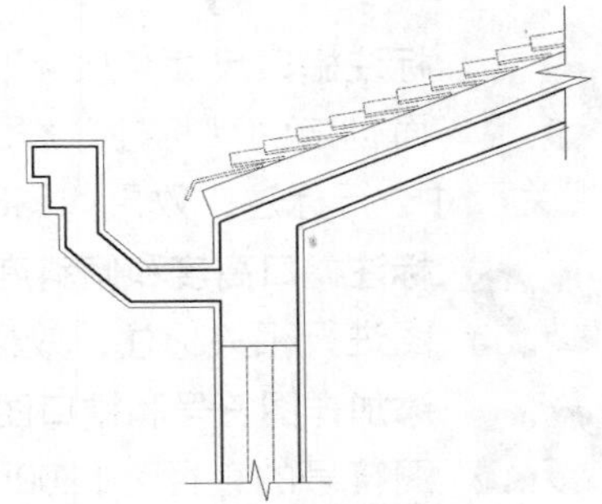

图8-10 阵列彩瓦效果

8.2.5 填充图案

执行BH命令，捕捉保温板轮廓，选择NET填充图案，角度设置为45°，比例设置为32，图层设置为“保温层”，对保温板进行填充。

然后再次执行BH命令，打开“图案填充和渐变色”对话框，选择AR-CONC填充图案，填充比例设置为4，对檐口和与檐口相连的屋面执行填充操作，效果如图8-11所示。

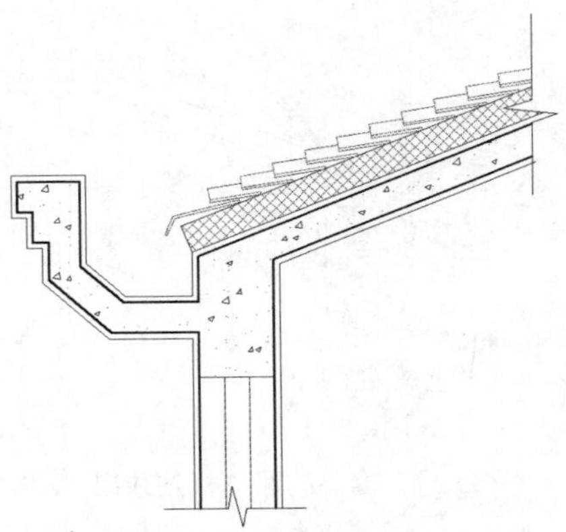

图8-11 檐口和彩瓦填充效果

8.2.6 绘制并添加下水管图块

按照如图8-12所示尺寸，绘制“下水管”图块，图块的图线颜色设置为“洋红”（大概相似即可），然后将其放置于如图8-13所示檐口的底部位置即可。

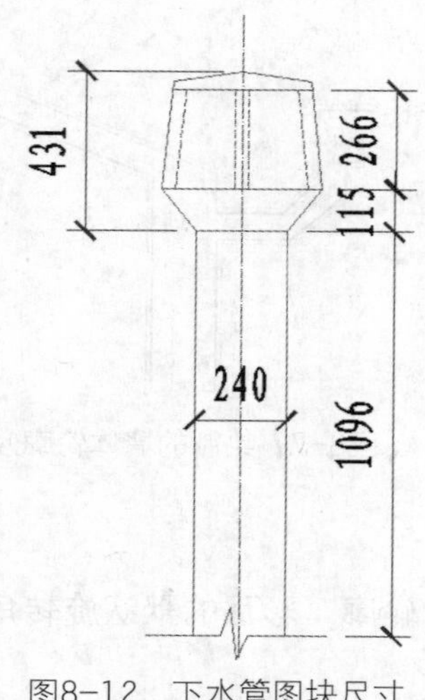

图8-12　下水管图块尺寸

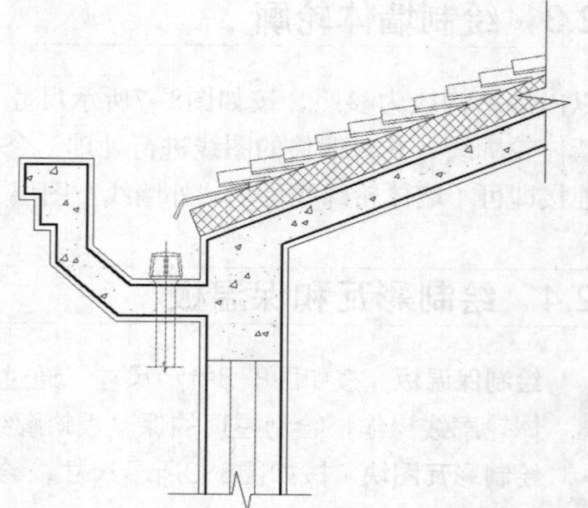

图8-13　添加了下水管图块的檐口效果

8.2.7　标注尺寸和图名

01 **标注檐口尺寸**　从标准层平面图中复制“轴号”图块，并标注F轴线，然后将前面创建的“标注”样式设置为当前样式，“标注”图层为当前图层，对檐口的相关尺寸进行标注，效果如图8-14所示。

02 **标注檐口高度和倾斜度**　复制立面图中的标高图块和倾斜度图块，然后对檐口详图进行相关标注，效果如图8-15所示。

03 **添加详图符号和檐口图名**　详图的图块和详图符号等与标准层平面图中相同，详图符号的直径为1200个图形单位，图名文字大小为1000个图形单位，如图8-16所示，完成图名的添加。

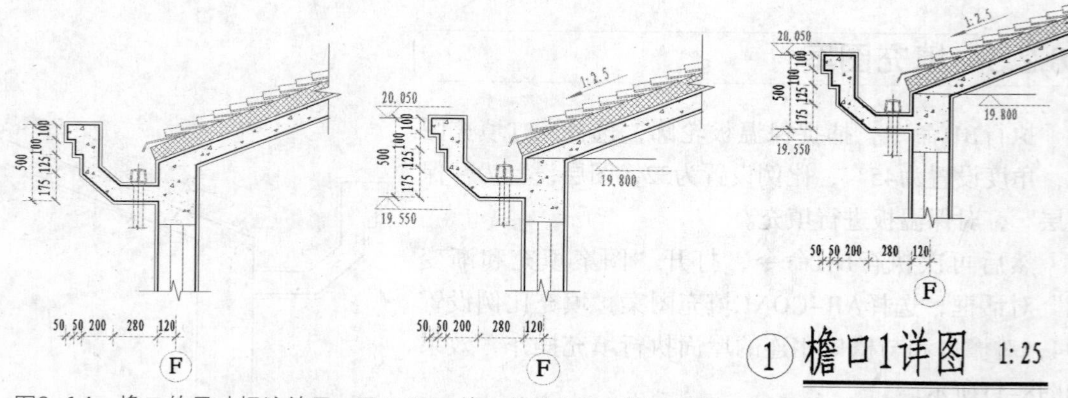

图8-14　檐口的尺寸标注效果　图8-15　檐口的标高和倾斜度效果　图8-16　添加图名后的檐口效果

8.2.8　标注说明文字

切换到“详图索引”图层，首先使用直线绘制檐口说明信息的分层线（分层线间的间距为600个图形单位，竖线延伸到外墙线），然后添加高度为350的“长仿宋”说明文字，如图8-17所示，完成檐口1详图的绘制（使用1：100的比例打印输出即可）。

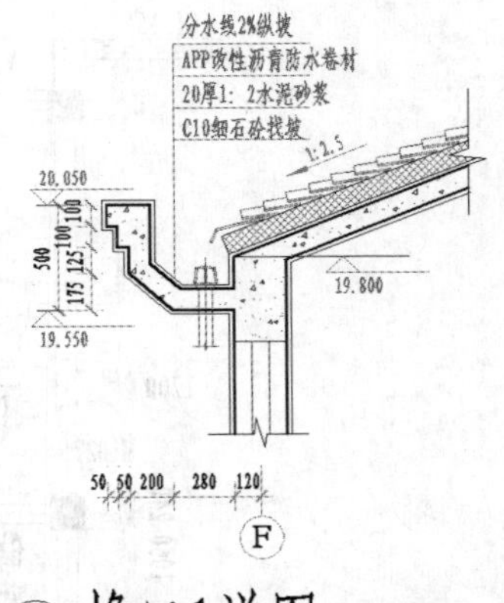

图8-17 添加说明文字的檐口效果

8.3 绘制女儿墙详图

女儿墙详图的绘制与檐口详图基本相同，此处不再详细叙述。如图8-18所示，需要按照左图尺寸绘制墙线（内部结构线与外墙线间的距离与檐口详图相同），并按照右图所示标注女儿墙详图尺寸即可（正确的打印输出比例同样为1:100）。

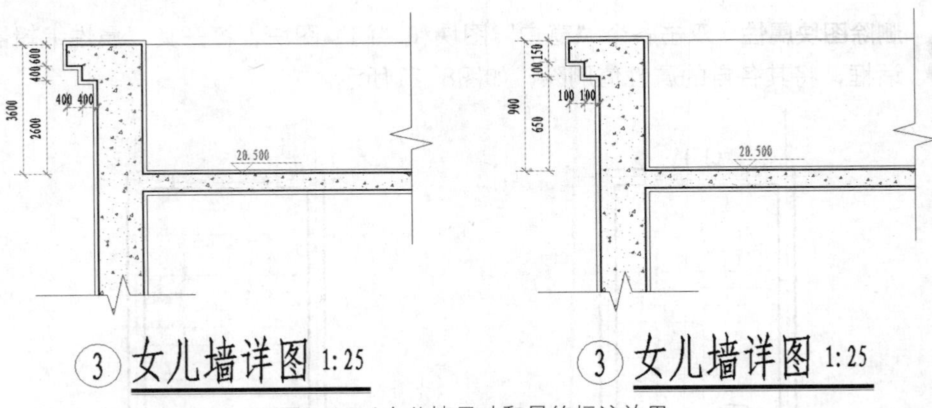

图8-18 女儿墙尺寸和最终标注效果

8.4 绘制楼梯平面详图

本节讲述楼梯间平面详图的绘制。由于楼梯间平面详图与各平面图的差异不大，只是比例不同，所以可直接复制平面图中的楼梯图形，然后对其进行修改，并添加标注等实现。下面看一下操作。

8.4.1 复制平面图中的楼梯间

01 **复制楼梯间** 打开标准层平面图，通过框选的方式，复制楼梯间区域的部分图形，如图8-19左图所示，并对复制过来的图形图线进行简单整理，删除柱、图块和外侧的墙线等，如图8-19右图所示。

02 **整理图线** 继续对图线进行处理，将不必要的图线删除，并在某些位置延伸缺少的图线，基本上得到楼梯图的墙线，如图8-20所示。

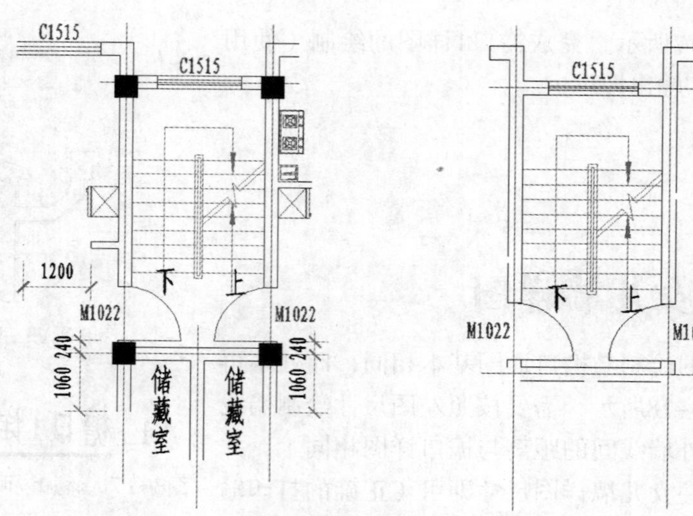

图8-19 复制楼梯间和图线初步整理效果

03 **删除图块属性** 双击各个“窗户”图块和“门”图块，打开其“属性编辑器”对话框，将其各自的属性值删除，如图8-21所示。

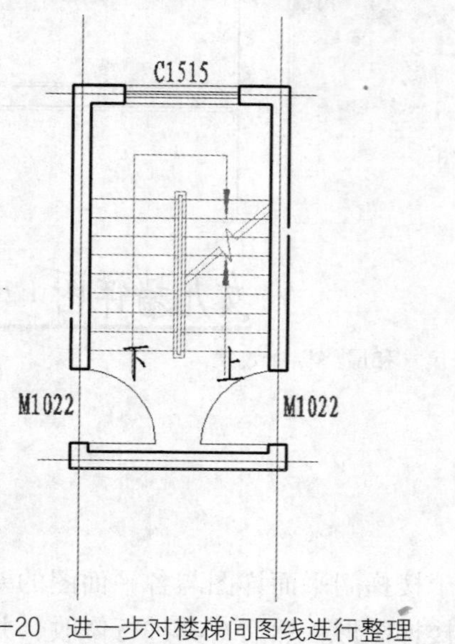

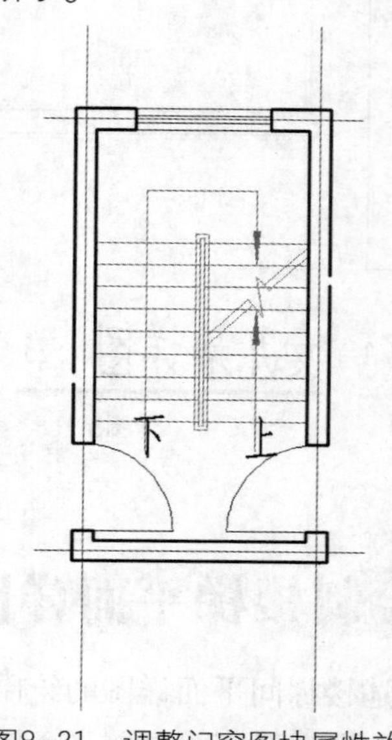

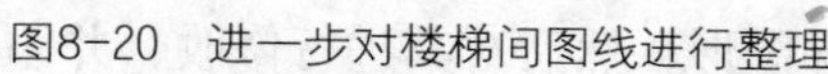

图8-20 进一步对楼梯间图线进行整理

图8-21 调整门窗图块属性效果

8.4.2 比例缩放

执行SC命令，选择当前文件中的所有图形，指定任意一点为基点，对楼梯平面图进行缩放，缩放比例设置为2。

8.4.3 设置标注样式

执行DST命令，打开“标注样式管理器”对话框，单击“修改”按钮，在打开的“修改标注样式”对话框中，对默认的标注样式进行修改：切换到“主单位”选项卡，设置“比例因子”为0.5，其他选项保持原来默认设置即可。

8.4.4 标注尺寸、图名和高度

01 **标注尺寸** 首先复制标准层平面图中的“轴号”在楼梯间的四角添加轴号，如图8-22所示。然后用上一小节中设置的标注样式，按照图示尺寸，对楼梯间进行标注（楼梯踏步处的尺寸需要对其文字进行单独设置）。

02 **标注高度** 复制标准层平面图中的标高图块，在当前楼梯间平面图中添加两个平台的高度即可，如图8-23所示。

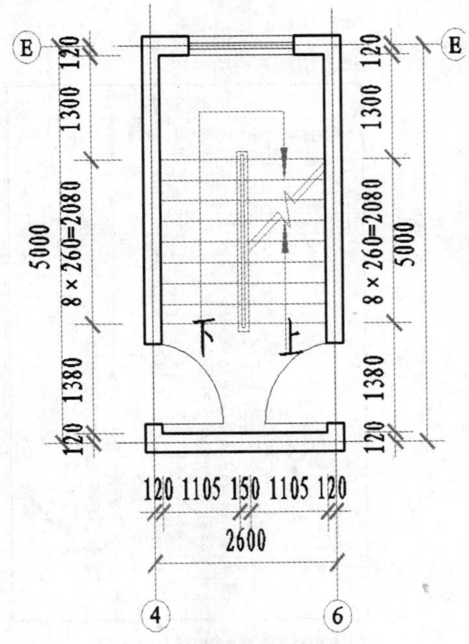

图8-22 楼梯间标注效果

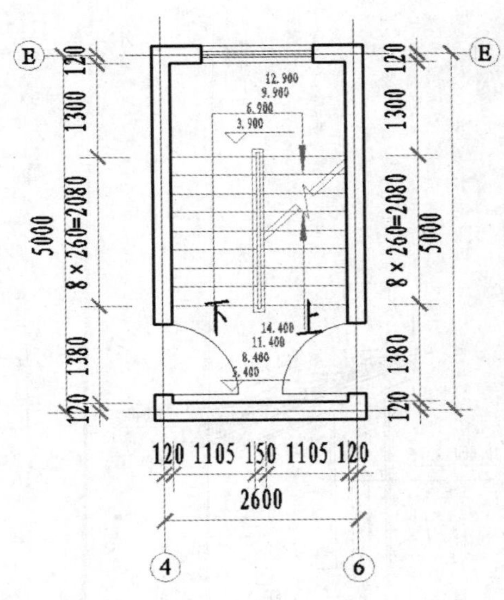

楼梯3～6层平面图详图 1:50

图8-23 楼梯平面图最终效果

03 **标注图名** 按如图8-23所示文字，为楼梯间平面详图添加图名，图名文字大小为1000个图形单位，下划线等与标准层平面图相同，完成楼梯间详图的绘制。

8.5 绘制卫生间详图

卫生间详图同样较为简单，其绘制方法与楼梯平面详图相似。同样复制标准层平面图中的卫生间周围的墙线和轴线，对其进行修改，得到楼梯间的墙线，然后标注轴号、楼梯间中各洁具的位置、楼梯间的高度、下水口的位置，以及卫生间泛水的坡度等即可，如图8-24所示。

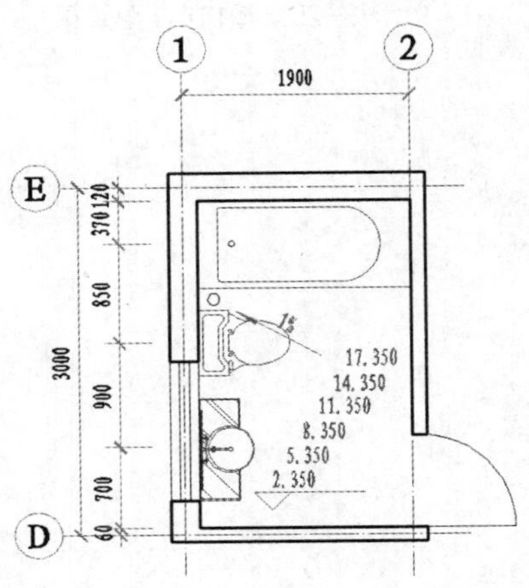

卫生间详图 1:50

图8-24 卫生间详图效果

8.6 绘制其他详图

此外，房屋的其他檐口和其他卫生间的不同之处，以及门窗的细处等，都需要绘制详图，并需要制作门窗表。由于其绘制方法较为简单，此处不再详细叙述。

如图8-25所示为需要绘制的另外一个檐口的详图；图8-26为门窗详图和门窗表，读者在实际绘制建筑图形时不妨参考绘制。

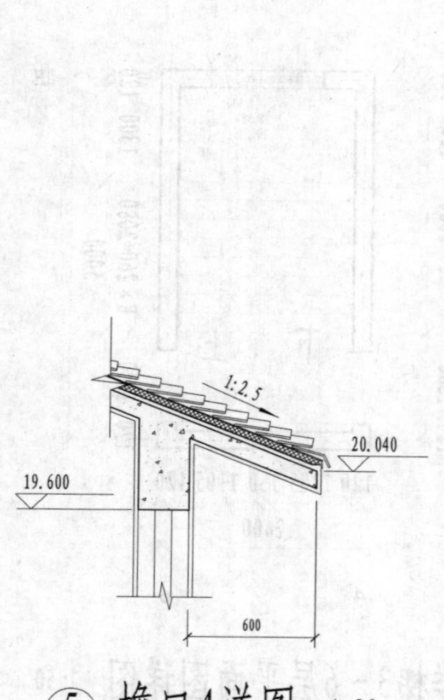

图8-25　檐口4详图效果

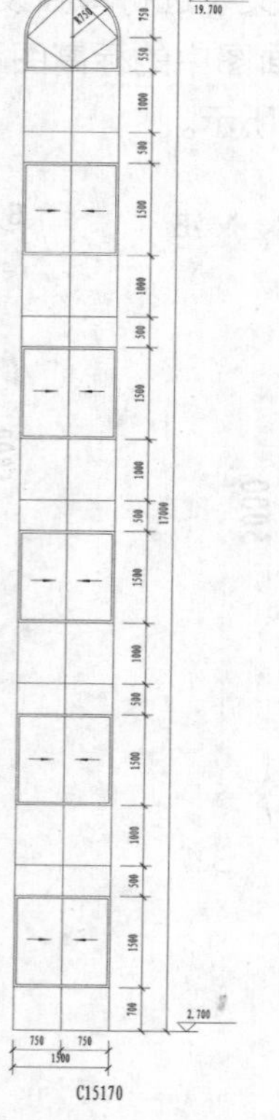

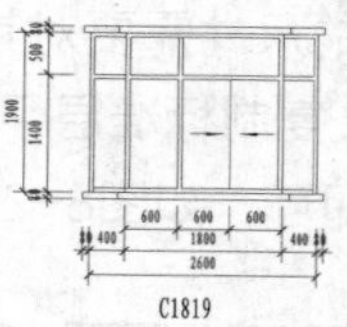

门窗表

序号	门窗编号	洞口尺寸(宽×高)	数量	备注
1	JLM1	2800×2000	16	卷帘门
2	M2120	2100×2000	3	电子防盗门
3	M1020	1000×2000	16	防盗门
4	M1022	1000×2200	36	成品防盗门
5	M0922	900×2200	72	三夹板木门
6	M0820	800×2000	36	塑钢门
7	M0720	700×2000	36	三夹板木门
8	M1822	1800×2200	30	木质移门
9	M1822-1	1800×2200	6	塑钢门
10	M0922-1	900×2200	6	塑钢门
11	C1819	1800×1900	30	铝合金窗
12	C2115	2100×1500	10	铝合金窗
13	C15170	1500×17000	4	铝合金通窗
14	C1515	1500×1500	50	铝合金窗
15	C1215	1200×1500	20	铝合金窗
16	C0915	900×1500	20	铝合金窗
17	C1811	1800×1100	6	铝合金窗
18	C2111	2100×1100	2	铝合金窗
19	C1511	1500×1100	2	铝合金窗
20	C1211	1200×1100	2	铝合金窗
21	C0911	900×1100	4	铝合金窗
22				
23				

注:所有塑钢玻璃门、落地窗及通窗均为安全玻璃

图8-26　窗户详图和门窗表效果

第9章 结构设计基础知识

本章内容

- 结构施工图概述
- 钢筋的名称和分类
- 结构施工图画法规定
- 结构施工图设计说明

9.1 结构施工图概述

前文讲述了建筑施工图的绘制。建筑施工图规定了建筑物的内外部尺寸，规划了建筑物的基本结构，但是对于建筑物的内部构造却无从知晓，例如柱内钢筋的布置、梁内钢筋的布置等，而在建造房屋时，这些信息同样必不可少。

为了清晰表达建筑物的内部构造，以指导施工，在实际工作中，会由结构工程师根据建筑工程师设计的建筑施工图来绘制结构施工图。自本章开始，将讲述结构施工图的绘制，下面首先了解一些需要了解的基础知识。

9.1.1 房屋的结构和常见结构形式

房屋，通俗地讲，其实就是一些“框框”，主要由柱、梁、楼板、承重墙和基础等互相支撑（如图9-1所示），然后得到我们需要使用的理想空间，这种支撑房屋的、受力与传力的结构系统，即被称为房屋的“建筑结构”，简称“结构”。

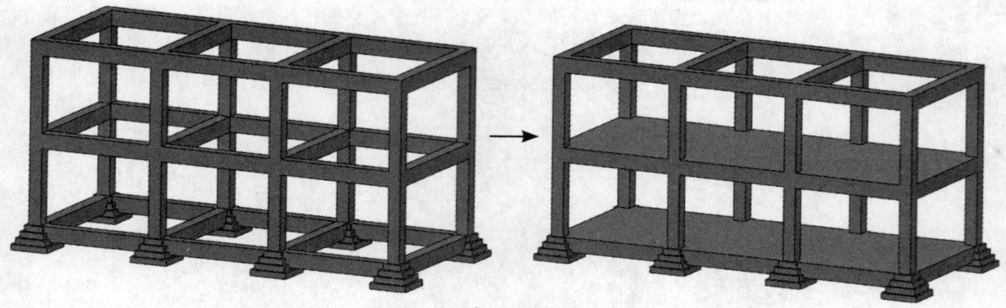

图9-1 房屋的基本框架

根据房屋主要承重件所采用的材料不同，目前房屋的主要结构形式可分为如下类型。

- 钢结构：主要支撑件为钢材（各种型钢）的建筑物。如柱梁等都为型钢，施工时直接使用螺栓连在一起即可。钢结构建筑具有施工快、抗震好和可循环利用等优点，缺点是成本较高，且钢材易绣蚀，使用年限受限制，且作为居房时，用户不可对房型进行大的变动，因此钢结构建筑多用于大型厂房和桥梁等工程中。
- 木结构：中国的木结构多为砖墙、木架结构（农村地区较常见），也有全木结构的房屋。木结构具有节能环保、自然美观等优点，缺点是易燃、抗腐蚀性差。现阶段，在我国除一些度假屋外，木结构商品房较为少见。
- 砖混结构：以砖墙（承重墙）为主要支撑件的结构，为砖混结构。砖混结构中，也存在混凝土柱、梁和楼板。与钢筋混凝土结构不同的是。砖混结构中的柱（构造柱）和梁不起支撑作用，而是起到横向链接、抗剪、防振作用的。砖混结构的优点是成本低、施工速度快、得房率高，在低层（一般不超过6层）居民楼中较常见；缺点是抗震性能较差，墙体多为承重墙，不允许自由分割。
- 框架结构：以钢筋混凝土柱、梁为主要支撑件的结构，被称为框架结构（或钢筋混凝土框架结构）。框架结构的优点是整体性好，可对房间随意改动，抗震性好，缺点是自重大、造价高。框架结构和砖混结构是目前主要的建筑结构形式。

9.1.2 房屋的地基形式

正所谓“不怕房子高，就怕根不牢”，在讲述建筑物的结构之前，不能不涉及建筑物的基础形式。下面做一下简要介绍。

建筑物的基础形式，按照基础深入地坪以下的深度，通常可分为深基础和浅基础（分界深度为5m）。其中深基础包含桩基础、墩基础、地下连续墙、沉井和沉箱等类型；而浅基础则包含独立基础、条形基础、筏形基础、箱形基础和壳体基础等类型。

下面先看一下深基础。

- 桩基础：在地基下打桩（桩可以理解为一根很长的棍子），桩深入地下很长，多个桩上面再浇注承台，承台上是柱子，如图9-2所示，这就是桩基础。桩有很多种类型，如方桩、圆桩、预制桩、灌注桩，木桩、钢桩和钢筋混凝土桩等。预制桩可通过各种沉桩设备打入或压入土中，灌注桩需提前挖孔再浇注。桩基础可直达坚固的持力层，令基础具有很高的承载力，因此在高中层建筑中应用广泛。
- 墩基础：顾名思义，就是一个“墩”，如图9-3所示。墩基础与桩基础类似，只是直径更大，而深度较浅（通常不会超过6m），其性质介于深基础和浅基础之间。墩基础的优点是易于施工、承载力高，在桥梁和民用建筑中都有使用。
- 地下连续墙：就是在地下挖一面很深的墙（有的甚至超过50m），在挖墙的过程中，为防止槽壁坍塌，会在槽内灌注泥浆，槽挖好后会在槽内安装预制钢筋笼，并灌注钢筋混凝土。地下连续墙通常在地下作为建筑物的防渗墙使用，也可作为基础的一部分或全部。地下连续墙具有施工振动小、占地小和可贴近施工等优点，在各种地下工程和水库大坝中应用较多。
- 沉井：沉井就是一个上下两端开口的“筒”，人们在“筒”内施工，不断取走泥土，令“筒”下沉，达到预定深度后，在筒内灌注钢筋混凝土，即可作为承台，支撑上面的建筑物，如图9-4所示。沉井的井壁有钢壳，也有钢筋混凝土结构。沉井是桥梁墩的一种主要结构形式。
- 沉箱：沉箱的构造与沉井有相似之处，区别是沉箱有盖无底，实际上就是一个倒扣的箱子，工作人员在箱子内作业，将土运出箱体外，令箱体下沉，箱体上部有气闸，利于工作人员、材料和泥土等进出。沉箱利于深水作业，是构筑深水基础的一种重要的结构形式，如图9-5所示。

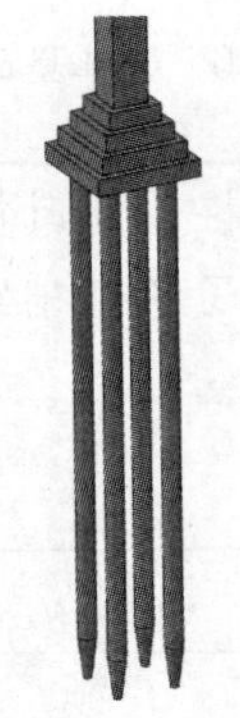
图9-2　桩基础

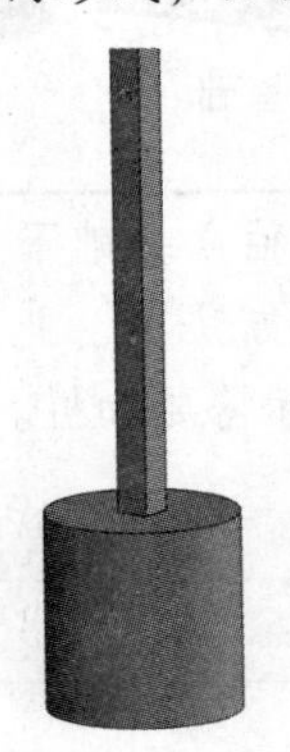
图9-3　墩基础

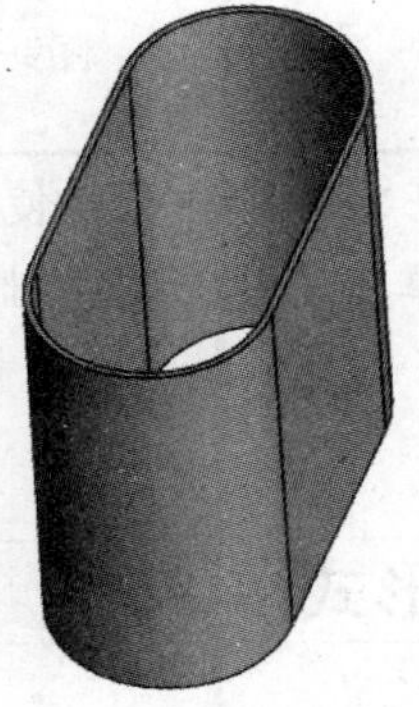
图9-4　沉井基础

图9-5　沉箱基础

再来看一下浅基础：

- 独立基础：就是在柱下一个面积较大的承台，如图9-6所示，通常一个柱子一个承台，有时也可将多个柱子放到一个承台上。独立基础的好处是成本小、易施工，缺点是易产生不均匀沉降，所以多用于持力层比较好的区域。
- 条形基础：条状或网格状分布的基础即为条形基础，当地基比较软弱、地基压缩性分布不均匀，以至于如使用柱下独立基础可能产生较大不均匀沉降时，可将同一方向或同一轴线上若干个独立基础连成一体，而成为条形基础，如图9-7所示。

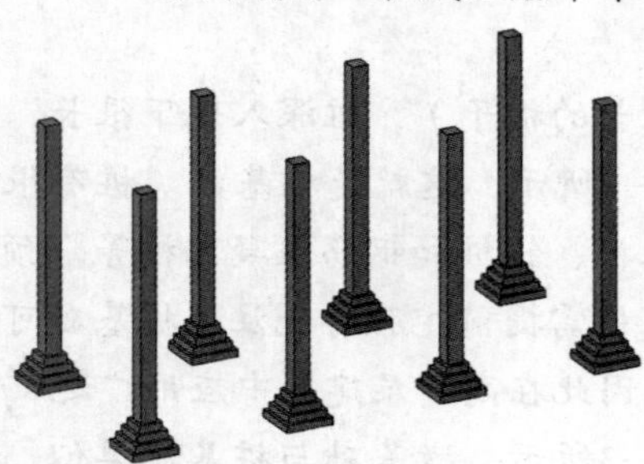

图9-6 独立基础

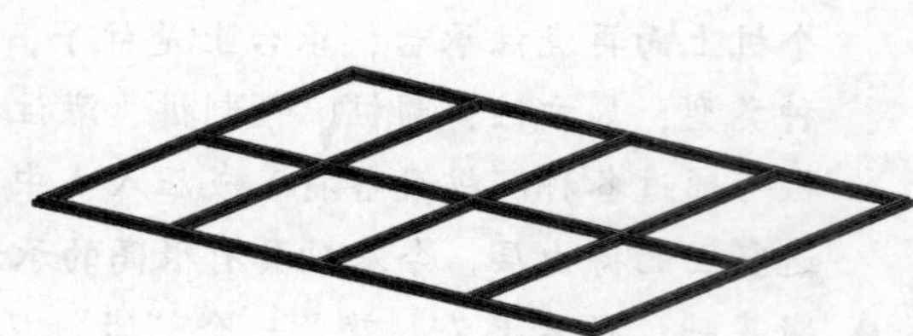

图9-7 条形基础

- 筏形基础：将条形基础的空隙使用钢筋混凝土连成一片，即为筏形基础，如图9-8所示。当建筑物上部载荷较大而地基又较弱，以至于使用条形基础亦有可能产生不均匀沉降时，有时会考虑使用这种满堂式的筏形基础。
- 箱形基础：箱形基础为两层结构，两层间由很多墙支撑，上下两层包括中间的支撑墙都为钢筋混凝土，如图9-9所示。当两层间距离较大时，箱形基础可作为地下室使用。箱形基础在高层建筑中较为常见。
- 壳体基础：即喇叭口形状的基础形式，多用于烟囱、水塔、高炉等单体高度较高，而底面却较小的建筑。为节约材料，并使基础结构有较好的受力特性，可将基础做成壳体形式，如图9-10所示。

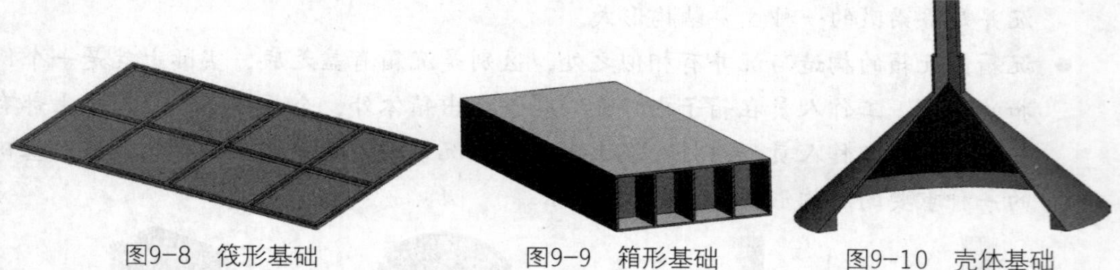

图9-8 筏形基础　　图9-9 箱形基础　　图9-10 壳体基础

提示

实际上，各种基础有时会联合使用，如独立基础下可以加桩，此时被称为独立桩基础（第10章将讲述此种基础的绘制方法），此外，为了令基础牢固，在条形基础、箱形基础下等，也都可根据实际需要加桩。

9.1.3 房屋的楼板形式

楼板按施工方法，可分为预制和现浇两种形式。

- 预制板：这是在工厂加工成型的、以300mm为模数的楼板。在楼房建设的过程中，预制板被运到施工现场，使用吊车或塔吊等将其吊装到框架梁上即可。预制板包括实心、槽形和空心板等类型。使用预制板可改善劳动条件、提高生产效率、加快施工速度，并利于推广建筑的工业化，缺点是整体性差、抗震性能差（5级），所以在有抗震烈度要求的地区已经很少使用。
- 现浇板：将楼板和梁、柱等同时浇注在一起，成为一个整体。现浇板具有抗震性好、耐久、刚度大等优点，且楼板留洞或设置预埋件等都比较方便，缺点是模板消耗量大，施工周期长。现浇混凝土楼板是目前我国建筑中最常见的楼板形式。

现浇板分为普通现浇板和肋型现浇板。整个楼板厚度相同时，普通现浇板直接搭接在梁上；肋型现浇板包含次梁，次梁比主梁薄，可对楼板提供更多支撑，令楼板更牢固。

9.1.4 结构施工图的内容与作用

结构施工图是现场施工的依据，在放灰线、挖土方、支模板、绑钢筋、浇灌混凝土或安装各类承重构件时，都需要按照结构施工图进行施工。此外，结构施工图也是编制预算的依据，是进行施工组织计划的基础材料。

最终装订成册的结构施工图一般包括结构设计说明书、结构平面布置图和构件详图3部分，下面进行详细介绍。

- 结构设计说明书：同建筑施工图中的建筑制图说明，结构设计说明书是结构施工图的重要组成部分，用于对建筑物建筑要求、建筑物所处位置的地基和自然条件、建筑物的总体施工要求，如材料类型、规格、强度等级等进行总体说明（通常为分条款的文字，带有部分细节处理的说明性详图）。
- 结构平面布置图：在现浇混凝土结构图中，用来表明柱、梁和板的配筋情况，以及基础的布置情况，具体包括基础平面图、柱定位结构平面图、楼层梁配筋平面图、楼层板配筋平面图、屋面结构平面图等。
- 构件详图：表明各个承重构件的形状、内部构造和材料等，如楼梯结构详图、檐口配筋详图、屋顶配筋详图，以及各种支撑、预埋件、连接件等的详图。

9.1.5 结构施工图的计算

设计建筑图时，对于建筑师来说，应该更多考虑的是所设计的房屋是否能够更好地满足人们的居住需要，如房间布局是否合理，楼层高度是否合理，与周围环境的搭配是否合理，是否符合当地人文等。

设计结构施工图时，对于结构设计师，考虑的则是在最大限度保证建筑师设计意图能够实现的前提下，令房屋更加牢固。如考虑选用多粗的柱子，所用的水泥标号，梁的大小，钢筋的粗细、密度等。总之，即是在满足抗震、防风等各种要求的前提下，尽量节约制造成本。

有上面分析可见，作为房屋结构的设计者，所需要考虑的绝对不仅仅是图纸的绘制，而是需要涉及多种计算操作。实际上，结构施工图的设计步骤通常是这样的：首先根据建筑施工图绘制结构简图（或直接在计算软件中绘制简图），然后导入软件进行计算（或手算，需根据需要计算风载荷、地震载荷、恒活载荷、轴压比、剪重比、周期比等多种参数），初步判断建筑的合理性，确定柱子的粗细等，然后计算配筋，再根据计算结果绘制结构施工图。

提示 目前在我国应用最广的建筑结构计算软件为PKPM。此外，比较常见的还有ETABS、SAP 2000、天正和理正等。

9.2 钢筋的名称和作用

建筑施工图的很大一部分工作量，除了计算外，实际上是钢筋的配置，所以本节着重介绍一些结构图中关于钢筋的知识。

9.2.1 钢筋的分类

按生产工艺的不同，钢筋通常可分为热轧、冷拉、热处理和冷拔钢筋，建筑用的配筋多采用热轧钢筋，热处理钢筋多应用在预制板中；冷拉和冷拔钢筋由于脆性太大，对建筑不安全，所以通常只有一些很细的绑扎用的钢丝才使用。

建筑用热轧钢筋，按钢筋强度及表面特征，被分为4个等级。

- Ⅰ级钢筋：屈服强度在235～370之间，其应用范围很广，是中、小型钢筋混凝土结构的主要受力钢筋，如Q235光圆钢筋。图纸中的表示符号为A。
- Ⅱ级钢筋：屈服强度在335～510之间，其强度较高，用Ⅱ级钢筋作为钢筋混凝土结构的受力钢筋，比使用Ⅰ级钢筋节约钢材40%以上，因此被广泛用于大、中型钢筋混凝土结构中，如16锰人字纹钢筋。图纸中的表示符号为B。
- Ⅲ级钢筋：屈服强度在370～570之间，比Ⅱ级钢筋强度更大，不过其应用范围基本相同，如25锰硅人字纹钢筋。图纸中的表示符号为C。
- Ⅳ级钢筋：屈服强度在540～835之间。Ⅳ级钢筋多应用于预应力构件中，如44锰2硅光圆钢或螺纹钢。图纸中的表示符号为D。

9.2.2 柱、梁和板中的主要钢筋构成

大多数建筑物的柱、梁和板中，钢筋的排列形式基本相同，不同之处通常只是钢筋的粗细和多少。下面看一下在这3个主要构件中钢筋的构成。

- 柱中的钢筋构成：如图9-11所示，柱中的钢筋主要由纵筋和箍筋构成（拉筋在较细小的柱中，可以不布置），其中纵筋主要是起支撑作用，以增加柱的承载力；而箍筋则用于约束钢筋混凝土的变形，防止纵筋在混凝土压碎之前先屈服。

- 梁中的钢筋构成：如图9-12所示，梁中的钢筋主要由箍筋、受力筋和架立筋构成，其中底部受力筋是主要起支撑作用的钢筋，承接梁上墙和两侧楼板的压力；箍筋在梁中主要起抗剪和受扭作用，并用其固定纵筋和架立筋；梁顶部的架立筋不是主要受力筋，实际上是为了绑扎箍筋起固定作用的钢筋。
- 板中的钢筋构成：如图9-13所示，板中的钢筋主要由分布筋和受力筋构成。板中的受力筋两端跨接在梁上，是承接整个板面受力的主要钢筋，分布筋与受力筋垂直，用于将板上的载荷分散到受力筋上。

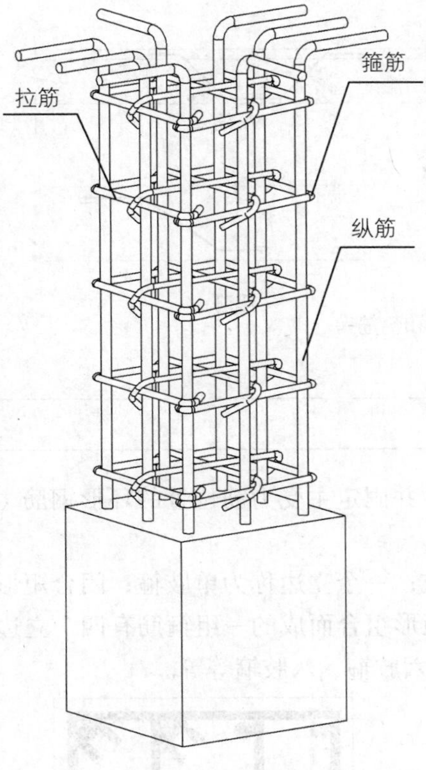

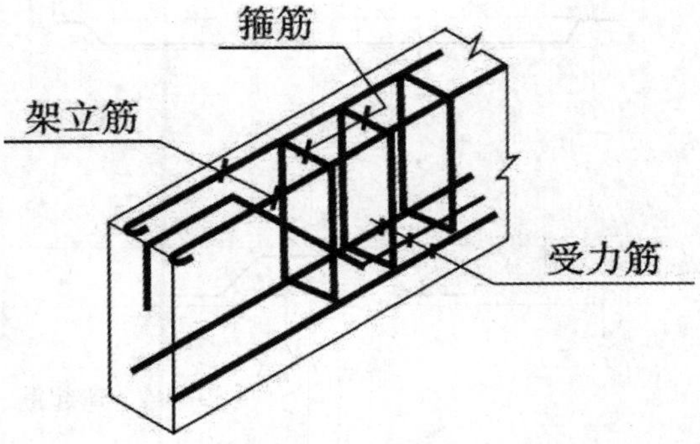

图9-12　梁中的钢筋

图9-11　柱中的钢筋

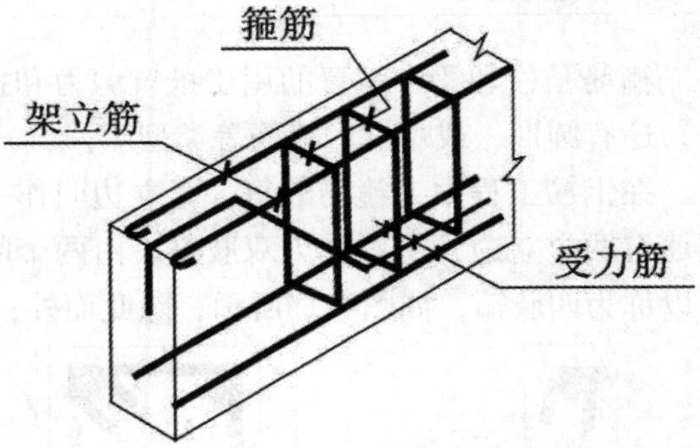

图9-13　板中的钢筋

9.2.3　受力筋

受力筋，以名称释意，就是在柱、梁或板中，承受主要拉力或压力的钢筋。受力筋在柱中为纵筋，主要承受压力；在梁中为底部的通长筋（就是在所标的区段内通长设置的钢筋，直径可以不同，但是应连接在一起），主要承受拉力；在板中为底部交叉分布的的通长筋，也承受拉力。

总之，从广义上讲，在建筑物中起主要受力作用的钢筋，都可以被称为受力筋。

如图9-12所示，梁底部中间的钢筋向上翘起，这个钢筋即是受力筋，也可被称为弯起筋，其在支座处向上弯起的部分处于梁的上部，在梁中间则处于梁的下部，弯起筋用于将梁底部的力传递至顶部。

提示

此外，与弯起筋形状相同、同属受力筋的，还有吊筋（或称元宝筋），吊筋多设置在主次梁的交叉处，用于增加主梁与次梁的连接强度。吊筋向下弯曲则被称鸭筋，鸭筋多用于有悬挑的位置，只有一端弯起的鸭筋则被称为浮筋，如图9-14所示。

弯起筋、吊筋和鸭筋等，由于施工时加工难度较大，操作繁琐，目前已很少使用，而多采用加密箍筋的方式来解决梁中剪力较大部位的抗剪性能。

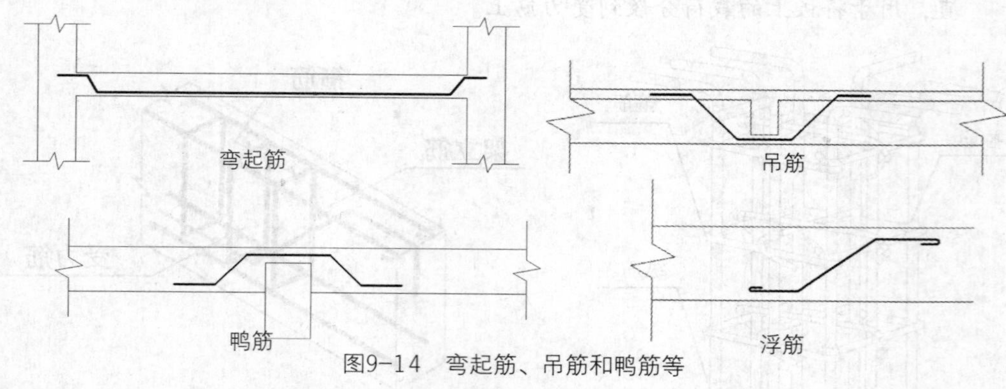

图9-14　弯起筋、吊筋和鸭筋等

9.2.4　箍筋

箍筋是柱和梁中配置的用于抵抗剪力和扭力，并固定主受力筋位置的环形钢筋（此外，还有圆形，或螺旋形箍筋等类型）。

在钢筋工程中，箍筋的每一个立边叫作一个肢；一个立边称为单肢箍；闭合矩形的箍筋有两个立边，所以称为双肢箍；由两个闭合矩形组合而成的一组箍筋有四个立边，所以称为四肢箍，如图9-15所示；除此而外，还有六肢箍、八肢箍等等。

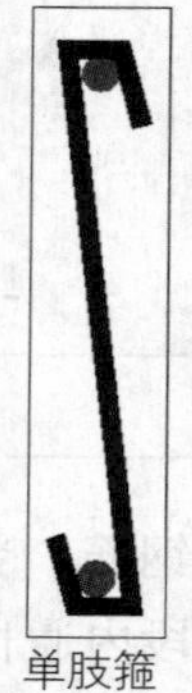

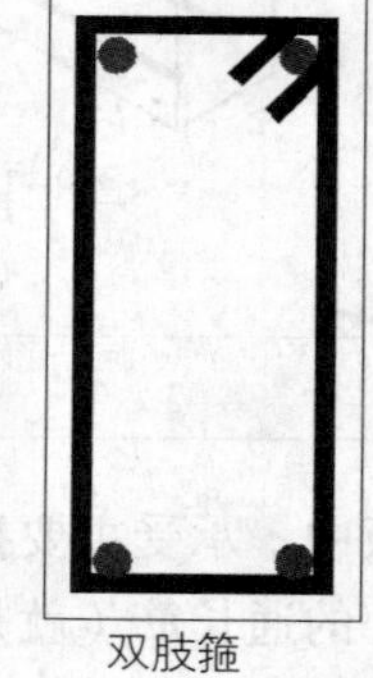

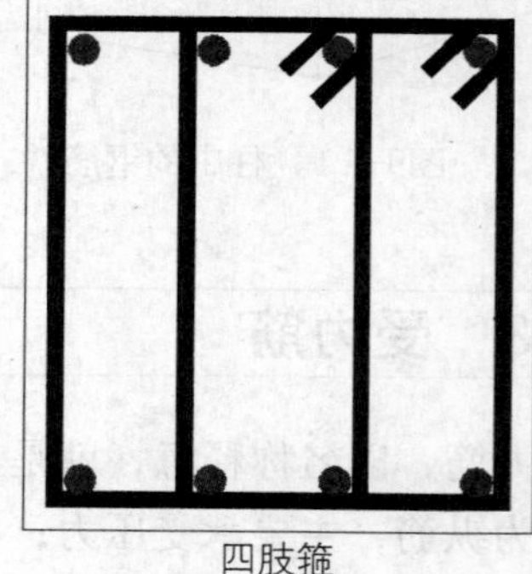

图9-15　箍筋的肢数

通常，单肢箍只在农房的桁条、公园的园廊架空构件等小工程中使用。此外，在梁中，肢箍的个数通常会被设置为偶数，柱中则有多种形式。

提示

此外，箍筋肢数的多少，也与纵筋的个数有关，通常遵循“隔一布一”的原则设置箍筋，即不应出现连续两跟纵筋没有箍筋的情况，如在某个柱的某个边上有纵筋6根，那么至少应配置4肢股。

9.2.5 架立筋

首先说明一下，梁上部的钢筋，很多并不是架立筋（如梁上部的通长筋），而是属于受力筋。那么什么时候会在梁中出现架立筋呢？因为梁中的箍筋总是竖向放置的（即支箍肯定是垂直于地面的），如梁的上部按设计规定已经在两个角部配置了2条纵筋（即受力筋），而箍筋按照设计规定是使用4支箍，那么中间的两个支箍在布筋时就没有支撑了，所以需要配置架立筋。由此可以看出，单纯起架立作用的钢筋，即为架立筋。

实际操作时，梁的上部除了受力的通长筋外，在靠近支座处多数配有负筋。由于在靠近梁中间1/3处，理论上梁不受力或受很小的力，这样负筋可以不必通长，而为了节省钢筋，可以将架立筋直接搭接在负筋上，这样就可以为梁中间箍筋的布置提供支撑了，如图9-16所示。

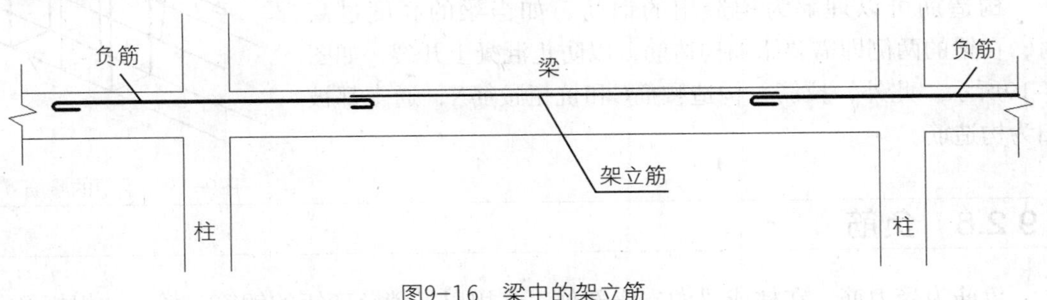

图9-16 梁中的架立筋

在实际操作时，对于跨度较小的布线空间，由于对成本影响不大，有时为了节省施工时间，也会将负筋做成通长，这样负筋就可以充当架立筋使用，而无须再配置架立筋了。架立筋由于不参与受力，所以可以使用相对细一些的钢筋（国家有相应的标准），从而节省建筑费用。

另外，还要注意钢筋的连接方式。目前钢筋的连接方式包括绑扎（即搭接）、套筒挤压链接、螺纹连接和焊接等几种工艺，其中架立筋与负筋之间通常使用绑扎连接（具体施工情况，可能有所不同），其他连接工艺多使用在钢筋的延长上（如受力筋的连接），其中机械套筒连接为最常使用的连接方式。

9.2.6 分布筋

分布筋多在楼板上出现，其与受力筋呈90°，用于固定受力筋，并将板上的载荷分散到受力筋上。

实际上，大多数钢筋混凝土楼板的钢筋有两层，如图9-17所示，顶部是负筋，底下是呈十字形的板筋（也是受力筋），当负筋的长度不是通长时，顶层负筋没有“勾住”任何横筋，这样难以平均分布楼板受到的作用力，所以需要在上部负筋之内配置分布筋，如图9-18所示（负筋之外即无须配置了）。当负筋设计为通长时，则可省略分布筋。

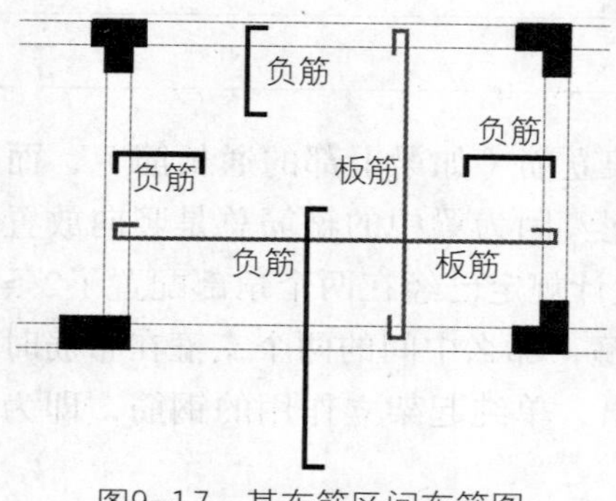

图9-17 某布筋区间布筋图

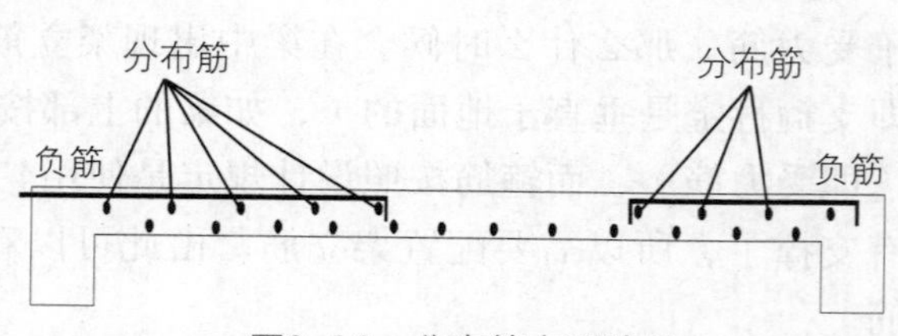

图9-18 分布筋布置效果

9.2.7 构造筋

构造筋可以理解为构造用的钢筋，如当梁的高度过高时，在梁的两侧即需要添加构造筋，以防止混凝土开裂，如图9-19所示。此外，拉筋、构造腰筋G和抗扭腰筋N，通常都被归为构造筋。

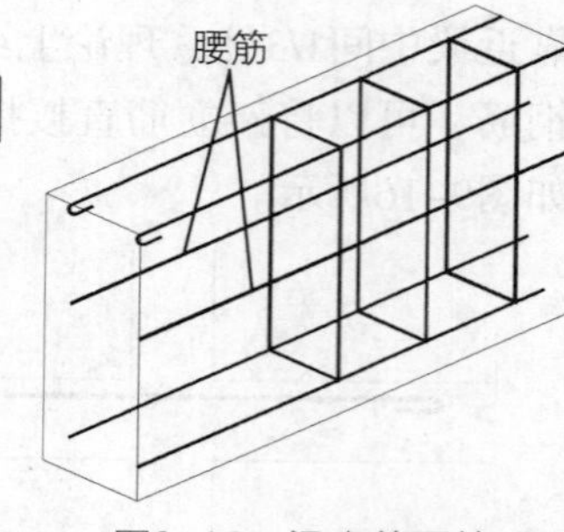

图9-19 梁中的腰筋

9.2.8 负筋

负筋为受力筋，在柱或梁的支座部位，是用以抵消负弯矩的钢筋，俗称“担担筋”（一般是指板或梁的上部钢筋），如图9-20所示。

图9-20 梁两侧的负筋

9.3 结构施工图画法规定

在绘制结构施工图时，有一些约定俗成的规矩需要遵守，如常用的构建代号、钢筋图例的绘制方法、钢筋的标注方法等。此外，除了本文讲述的施工图画法规定和绘制经验外，有实际需要的用户，不妨仔细研读一下《混凝土结构施工图平面整体表示方法制图规则和构造详图》（GJBT-518 00G101）国家标准。

9.3.1 结构施工图的绘制方法

目前，我国主要采用“平法”（平面整体设计法）绘制结构施工图，即将结构构件的截面型式、尺寸及所配钢筋规格在构件的平面位置用数字和符号直接表示出来，再与结构设计说明中的构造详图配合，对房屋的结构进行描述的方法。

早期我国采用详图法绘制结构施工图，即直接绘制梁、柱、墙等的剖面结构，通过剖面形式反映构件的截面形式和配筋情况。详图法表达逼真、详尽，但是有很多信息重复，绘图工作量大，目前已很少使用（或者只在某个局部使用，作为平法的补充）。

后来我国还使用过梁柱表法。即针对很多的柱和梁专门设置梁表或柱表，然后将构件的信息都填在上面，以表达整个建筑构造。梁柱表法虽然不会出现很多重复信息，但是不直观，且数据扎堆，填写时很容易出现错误，所以现在也基本被淘汰。

现在我国与国际接轨，统一使用“平法”绘制结构施工图。

9.3.2 常用构件代号

在平法标注时，为了将构件表达清楚，在平法绘图标准中对构件的代号做了规定，具体如表9-1所示。

表9-1 常用构件代号

序号	梁柱类型	代号	序号	梁柱类型	代号	序号	梁柱类型	代号
1	板	B	19	圈梁	QL	37	承台	CT
2	屋面板	WB	20	过梁	GL	38	设备基础	SJ
3	空心板	KB	21	过系梁	LL	39	桩	ZH
4	槽形板	CB	22	基础梁	JL	40	挡土墙	DQ
5	折板	ZB	23	楼梯梁	TL	41	地沟	DG
6	密肋板	MB	24	框架梁	KL	42	柱间支撑	ZC
7	楼梯板	TB	25	框支梁	KZL	43	垂直支撑	CC
8	盖板	GB	26	屋面框架梁	WKL	44	水平支撑	SC
9	挡雨板	YB	27	檩条	LT	45	梯	T
10	吊车安全走道板	DB	28	屋架	WJ	46	雨篷	YP
11	墙板	QB	29	托架	TJ	47	阳台	YT
12	天沟板	TGB	30	天窗架	CJ	48	梁垫	LD
13	梁	L	31	框架	KJ	49	预埋件	M

14	屋面梁	WL	32	刚架	GJ	50	天窗端壁	TD
15	吊车梁	DL	33	支架	ZJ	51	钢筋网	W
16	单轨吊车梁	DDL	34	柱	Z	52	钢筋骨架	G
17	轨道连接	DGL	35	框架柱	KZ	53	基础	J
18	车挡	CD	36	构造柱	GZ	54	暗柱	AZ

9.3.3 一般钢筋图例

在结构施工图中，钢筋用单根粗实线表示，钢筋断面用小黑点表示。此外，还有其他一些钢筋表示方法，详见表9-2。

表9-2 一般钢筋图例

序号	名称	图例	序号	名称	图例
1	钢筋横断面		7	无弯钩的钢筋搭接	
2	端部无弯钩的钢筋		8	带半圆弯钩的钢筋搭接	
3	带半圆形弯钩的钢筋端部		9	带直钩的钢筋搭接	
4	带直钩的钢筋端部		10	花兰螺丝钢筋接头	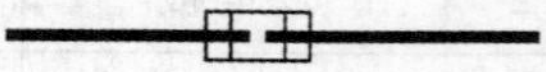
5	带丝扣的钢筋端部		11	机械连接的钢筋接头	
6	长、短钢筋投影重叠时，短钢筋端部用45°斜划线表示		12	在平面图中配置双向钢筋时，底层钢筋弯钩应向上或向左，顶层钢筋则向下或向右	底层：  顶层： 

为了防止钢筋在受力时滑动，光圆受力筋的端部通常都设置有弯钩，以增强钢筋与混凝土的粘结力。弯钩的形式有半圆和直钩两种，实际上，为了在某些位置增加抗震能力，也会做一些135° 的弯钩，此时绘制为此形状即可。

9.3.4 钢筋的标注

平法绘图时，有两种标注方法：集中标注和原位标注（需要同时使用）。其中集中标注用于表达梁的通用数值，原位标注用于表达梁的特殊数值，如图9-21所示。

梁集中标注包含4项必注值和1项选注值。

- 梁编号：必注值，编号方法为“梁代号+梁编号+（梁的跨数+悬挑）”，如图9-21所示的KL15（12B），KL表示楼层框架梁，15表示梁的编号为15（第15根梁，用户可根据需要自行编排），12表12跨，B表示梁两端悬挑，如此处为A则表示一端悬挑（无悬挑则无需标注A或B）。
- 梁截面尺寸:必注值，用“宽×高（b×h）”表示，如图9-21所示的240×400。当有悬挑梁且根部与端部高度不相同时，则用“b×h1/h2”表示。
- 梁箍筋：必注值，包括箍筋级别、直径、加密区与非加密区间距及支数，如图9-21所示的“A8@100/200（2）”，表示箍筋是直径为8的1级钢，加密区箍筋密度为100mm，非加密区箍筋密度为200mm，且为2支箍。
- 梁上部贯通筋（架立筋）的根数：必标值，如图9-21所示的“2A16；2A18”，表示上部贯通筋为2根16mm的一级钢，下部通长筋为2根18mm的一级钢（通常在集中标注中不标下部通长筋，如此处集中标注了下部通长筋，那么在原位标注中的某些位置可不标注下部通长筋，此外，也可在此处标注以N开头的腰筋和以G开头的抗扭筋）。
- 梁顶面标高高差：选注值，指相对于结构层楼面，梁顶的高度与楼面高度的差值，如标注为“（-0.100）”，这表示梁顶的高度低于楼面高度0.1m；此处正值则表示梁顶高度高于楼面；相同高度时，则不标注。

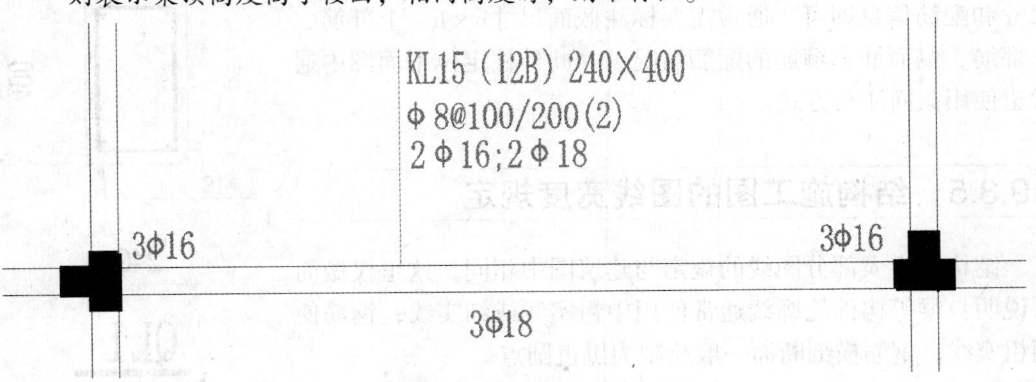

图9-21　集中标注和原位标注

下面再来看一下梁的原位标注，梁的原位标注通常标注3部分内容。

- 梁支座上部纵筋：即梁支座（柱的两侧或一侧）处的负筋（默认长度为深入梁内1/3处），标注在结构平面图、横向梁的上部、竖向梁的左侧。当上部纵筋多于一排时，用斜线“/”将各排纵筋自上而下分开（第二排负筋深入梁内1/4处）；当同排纵筋有两种直径时，可用加号“+”将两种直径相连（角部纵筋在前）；原位标注的筋个数包含集中标注的筋个数。如图9-21所示，“3A16”表示这两个支座处有3条纵筋，2条是贯通筋，1条为负筋。
- 梁下部纵筋：标注在结构平面图、横向梁的下部、竖向梁的右侧、一个配筋区间的中间位置，即标注梁的下部纵筋的个数。如图9-21所示，“3A8”表示此跨中梁下部纵筋为3根18mm的一级钢筋。当梁下部纵筋不全部伸入支座时，应将梁支座下部纵筋减少的数量写在括号内。

- 附加箍筋和吊筋：可直接画在平面图中的主梁上，用线引注总配筋值即可。如图9–22所示，左侧表示2根18mm粗的二级钢吊筋；右侧表示2组、一组3个10mm粗的一级钢箍筋（2支箍），箍筋的密度为50mm。

当已按规定注写了梁下部为通长纵筋时，可不在梁下部重复做原位标注。此外，对于某跨中不同的值，如梁宽和梁高，也可使用原位标注单独标出。

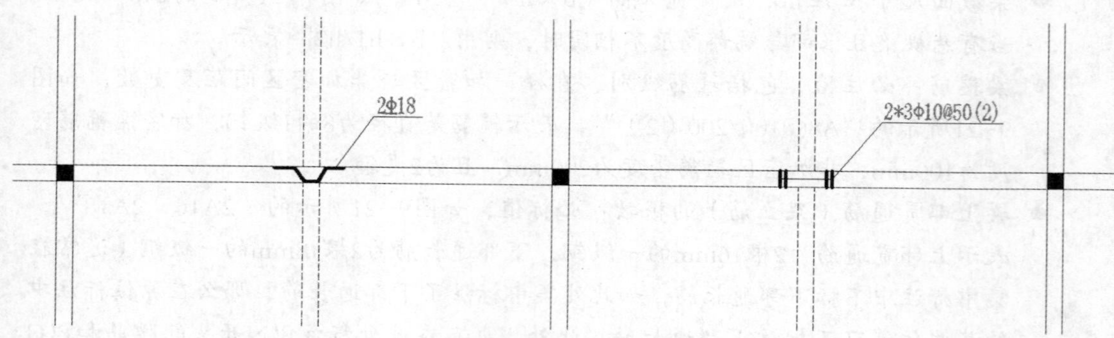

图9–22　附加箍筋和吊筋的原位标注

此外，可用截面注写方式对平法标注进行补充说明。截面注写方式是在梁平面布置图中使用梁编号引出的梁剖面配筋图。如图9–23所示，使用图线引出的方式，分别标注梁的截面尺寸和配筋信息即可（通常需要标注截面尺寸b×h、上部筋、下部筋、侧面筋和箍筋的配筋情况），此外柱定位平面图中通常也使用截面注写方式。

9.3.5　结构施工图的图线宽度规定

结构图中大部分图线的规定与建筑图中相同，这里仅做简要说明：梁等构件轮廓线通常使用中粗实线或细实线；钢筋使用粗实线；钢筋横剖断面一般绘制为黑色圆点。

Φ8@100
2Φ18
400
2Φ18
240
QL1

图9–23　梁的截面注写方式

9.4　结构施工图设计说明

只通过图纸难以将整个建筑的结构状况表达清楚，因此大多数结构施工图都需要编制结构施工图设计说明，以补充图纸的不足，或对一些总体的要求进行说明。下面就来看一下结构施工图设计说明中的一些常见内容。

1. 总则

（1）本工程为七层框架结构。

（2）本工程抗震设防烈度为七度，场地类别为2类。设计基本地震加速度值为0.125g。框架抗震等级为三级，建筑结构安全等级为二级，抗震设防类别为丙类。

（3）本施工图采用“平面整体表示法”绘制。

（4）本结施图中，除标高单位为米外，其余所注尺寸的单位均为毫米。

（5）本工程结构设计使用年限为50年。

2. 设计依据

（1）《建筑结构荷载规范》GB50009-2001

（2）《混凝土结构设计规范》GB50010-2002

（3）《建筑抗震设计规范》GB50011-2001

（4）《建筑地基基础设计规范》GB50007-2002

（5）《建筑桩基技术规范》JGJ94-94

（6）《混凝土结构施工图平面整体表示方法制图规则和构造详图》11G101-1

3. 荷载取值

（1）客厅、卧室　2.0 kN/m^2

（2）楼梯、卫生间、厨房　2.0 kN/m^2

（3）阳台　2.5 kN/m^2

（4）储藏间　5.0 kN/m^2

（5）露台　3.0 kN/m^2

（6）上人屋面　2.0 kN/m^2

（7）不上人屋面　0.5 kN/m^2

（8）外砖墙　4.1 kN/m^2

（9）内砖墙（分户墙）　4.0 kN/m^2

（10）内砖墙（120墙）　3.0 kN/m^2

（11）基本风压值　Wo=0.80

4. 主要结构材料

（1）一级钢筋使用HPB235（符号A表示）；二级变形钢使用HRB335（符号B表示）。

（2）对于二级框架结构，钢筋的抗拉强度实测值与屈服强度的比值不应小于1.25。

（3）型钢、钢板、螺栓、吊钩等当未注明时均采用Q235钢。

（4）电弧焊所采用的焊条，其性能应符合现行国家标准《碳钢焊条》GB5117或《低合金钢焊条》GB5118的规定。

（5）钢筋帮焊或搭接焊，采用E4303。

（6）未在本条中说明的均按照《钢筋焊接及验收规程》JGJ18-96执行。

（7）施工中任何钢筋替换，均应经设计单位同意后方可替换。

（8）填充砖墙采用MU10的烧结多孔砖，用M7.5的混合砂浆砌筑。

5. 钢筋混凝土构造及施工要求

（1）采用机械开挖基坑时，在设计坑底标高以上保留300厚的土层由人工挖除，以免破坏坑底土的原状结构。

（2）基坑开挖验收后应立即进行基础施工。

（3）混凝土保护层厚度：±0.000以下，梁，C30，柱，C30，板，C20；±0.000以

上，梁，C25，柱，C30，板C15。

（4）基础中纵向受力钢筋的混凝土保护层厚度不应小于50mm。

（5）框架柱纵筋及直径>22的梁纵筋，采用机械连接或焊接，其他采用搭接。

（6）纵向受压钢筋，当采用搭接连接时，其受压搭接长度不应小于纵向受拉钢筋搭接长度的0.70倍，且在任何情况下不应小于200mm。

（7）在梁、柱纵向受力钢筋搭接长度范围的箍筋，间距不应大于搭接钢筋较小直径的5倍，且不应大于100mm。

（8）楼板上的孔洞应预留，当孔洞尺寸小于300mm时，板钢筋沿洞边绕过，不得截断；当洞孔尺寸大于300mm时，除图中特别注，应在洞口四周板底设置附加钢筋。

（9）楼板上小于250mm的洞均未在结构图上表示，施工时应与相关专业图纸配合预留。

（10）跨度大于4m的板要求板跨中起拱不小于L/400。

（11）楼板中的线管必须布置于钢筋网片上（双层双向时布置在二层钢筋中间），交叉布线处可采用线盒，线管不宜立体交叉穿越，预埋管线处应采取增设钢筋网加强措施。

6. 砌体构造和施工要求

（1）砌体在-0.080处设一道防潮层，防潮层做法为：20厚，1：5水泥砂浆掺5%防水剂。

（2）卫生间四周墙体部位混凝土上翻150mm高，宽度同墙厚。

（3）应先砌墙，留马牙槎，后浇构造柱。

（4）当女儿墙或窗台长度超过3.6m时，应每隔3.6m设一个构造柱。

（5）当建筑图中未注明压顶时，压顶采用60mm厚，且必须设置。

（6）过梁在每边墙中的支承长度不小于240mm。

（7）门窗洞口一边为混凝土柱或洞边距柱边小于240mm时，过梁纵筋应在柱上预留。

7. 其他

（1）除特别注明外，结构平面图中梁中线同轴线或梁边同柱边平。

（2）所有梁集中力处均设附加箍筋3根，间距50mm，附加箍筋直径、肢数同梁箍筋。

（3）跨度＞4m的支承梁及悬臂长度＞2m的悬挑梁应按施工规范的要求起拱。

（4）上、下水管道，各专业要求的预埋及设备孔洞、过水洞均按要求位置及大小预留、预埋。

（5）框架柱应根据电施防雷接地要求，部分纵筋上下焊结。

（6）施工时应密切与总图、建筑、给排水、暖通及电气等各工种配合，以防错、漏。

（7）沉降观测：每施工完一层观测一次，直至封顶，以后第一年观测4次，第二年2次，再以后每年1次，直至沉降稳定为止。观测点见柱平面布置图。

（8）施工时，除按本说明要求施工外，发现问题应及时通知设计人员。

（9）凡未尽事宜均按现行国家有关规范、规程、规定执行，特别是现行工程建设标准强制性条文，不得违反。

第10章 结构布置图绘制

本章内容

- 平面布置图概述
- 桩定位平面图
- 标准层梁配筋平面图
- 标准层板配筋平面图
- 其他层配筋平面图

10.1 平面布置图概述

结构施工图中的平面布置图，对于框架结构来说，着重需要通过此图纸说清楚3方面的内容：结构构件的位置和尺寸，结构构件的配筋情况，基础情况。

- 结构构件的位置和尺寸：首先应将支撑楼体的“骨骼”勾画清楚，如柱的位置和大小、梁的位置和大小、承台和桩的位置和大小，并标注其与地坪的相对高度（标高），总之先将这个轮廓定下来才能进行后续的工作（对于框架结构的楼体，由于框架梁多与墙同厚，所以在绘制时很多内容可从建施图中借鉴）。
- 结构构件的配筋情况：由于构件尺寸表达的很多内容可以借鉴建施图，所以实际上配筋也是平面布置图的主要绘制内容，即绘制结构图的主要工作（或者说大部分工作）就是描述梁、柱、板等的配筋情况。
- 基础情况：为了充分保证楼体稳定、安全，如满足抗震要求、不发生不规则沉降等，大多数建筑物的基础部分，需要大费周折、做足文章才行。而建施图，主要描述的是建筑物的地上部分，所以在结施图中，对基础的描述就需要更多的图纸对其进行勾画和说明了，如承台布置图、桩位图、基础梁配筋图等。

在图纸中未勾画到的部分或通过图纸无法表达清楚的部分，需要在图册的施工图设计说明中进行补充叙述。如沉降观测要求的描述和测试，桩进入持力层的深度，桩基检测要求，如何进行压桩试验等，都需要进行详细描述。

本章主讲桩定位平面图的绘制、标准层梁配筋平面图的绘制和标准层板配筋平面图的绘制。其中桩定位图是基础的重要图纸，很有代表性；通过标准层梁配筋平面图的绘制，可以学到梁配筋的基本操作和绘制要求；通过标准层板配筋平面图的绘制，可以学到板配筋的基本操作和绘制要求。

10.2 桩定位平面图

对于桩基础来说，桩是整个建筑物最底层的部分，所以在施工时，除了场地平整前期准备工作外，首先要做的就是打桩或挖桩了。而打桩或挖桩时，其重要的参考依据就是桩定位平面图。下面就来看一下此图纸的绘制方法（其效果如图10-1所示）。

10.2.1 复制标准层建施平面图

承台和桩是建筑物的基础支撑，决定其位置的也是建筑物的轴线，所以在图纸绘制之前，可以将建施图中的轴线和其他部分图形直接复制过来，以节省绘图时间，具体操作如下。

01 新建DWG绘图文件 选择“文件”>“新建”菜单命令，选择默认图形样板，新建“桩定位平面图”DWG文件。

02 复制建施平面图部分图形 打开本书第5章绘制的“标准层建筑平面图.dwg”文件，将除“图框”、“标注”和“轴线”之外的图层全部隐藏，将剩余显示的部分复制到新创建的DWG文件中，如图10-2所示。

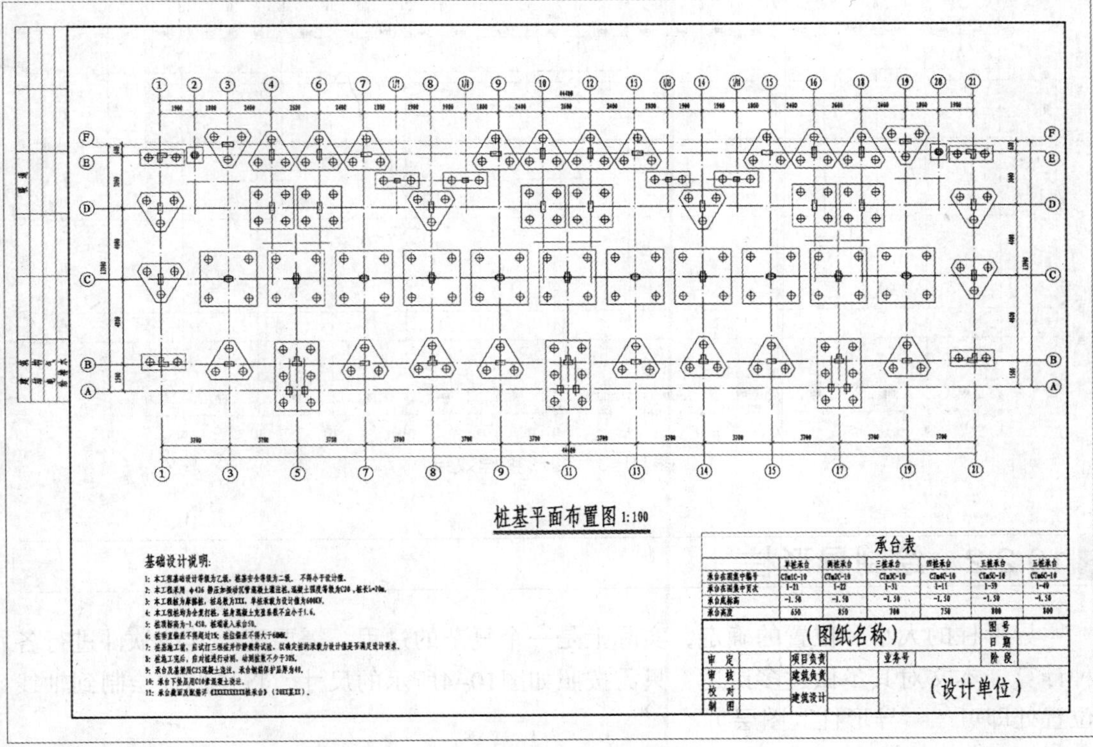

图10-1 绘制好的桩定位平面图

03 **整理图形** 将“图框”图层隐藏并显示其余全部图层，将图形中部除“轴线”之外的图形逐个删除（也可先隐藏“轴线”图层，然后通过框选删除中间的标注和窗户），再删除外层第一道标注，效果如图10-3所示。

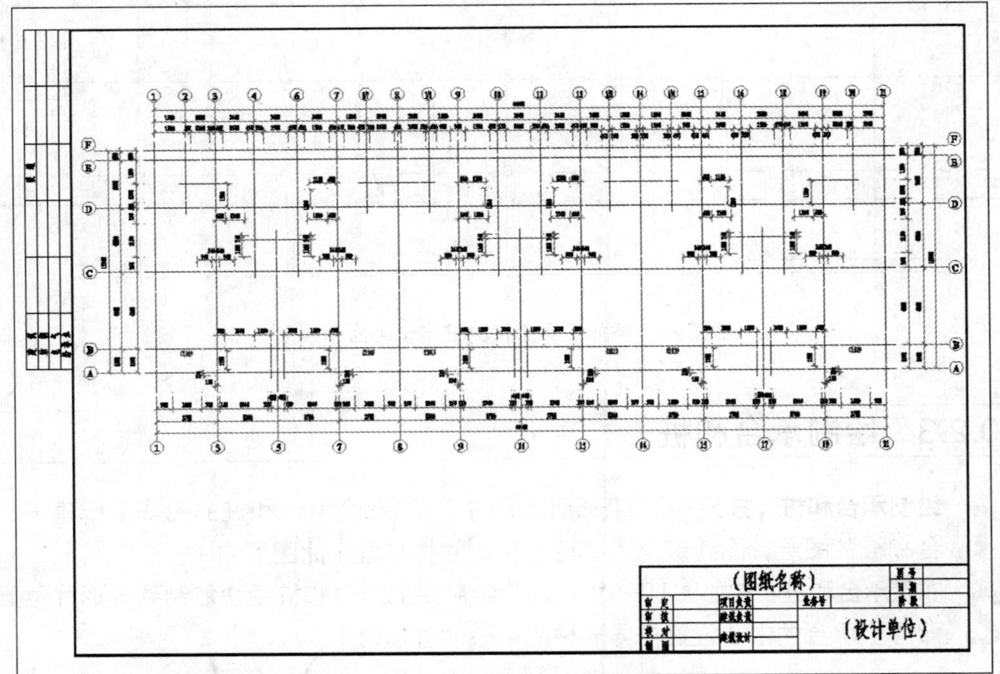

图10-2 复制标准层平面图部分图线效果

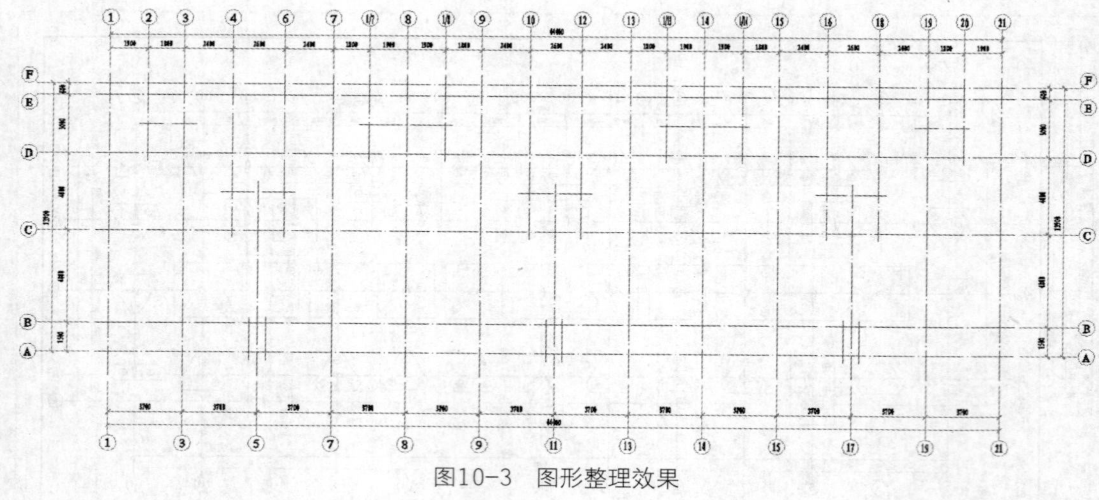

图10-3 图形整理效果

10.2.2 绘制异形柱

异形柱的大小和位置的确定，实际上是一个复杂的过程，需要配合其他软件进行各种计算，本文对其不做过多讲述，只需按照如图10-4所示的尺寸，将异形柱绘制到轴线位置处即可（“异形柱”图层）。

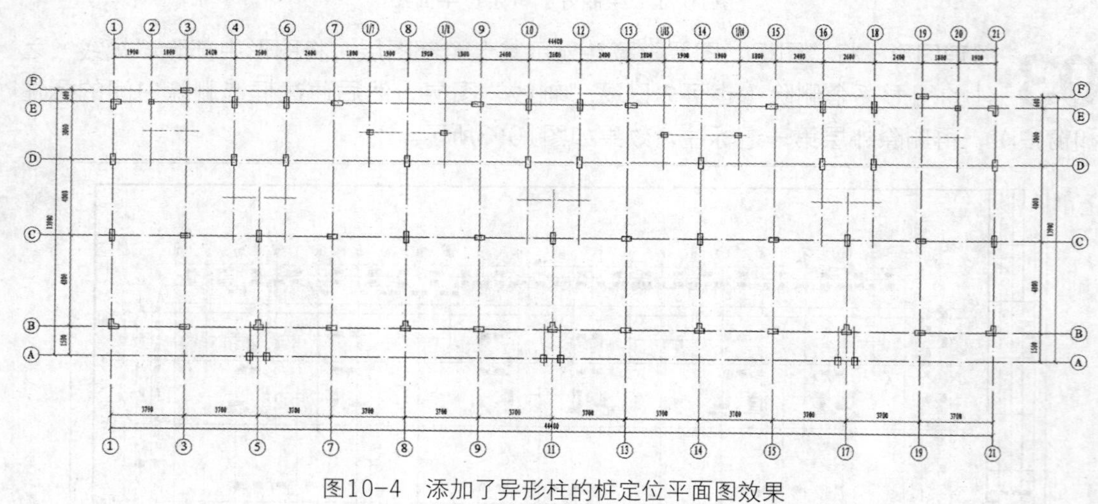

图10-4 添加了异形柱的桩定位平面图效果

10.2.3 绘制承台和桩

01 **绘制承台和桩** 按照如图10-5所示尺寸，绘制6个承台和桩的图块（新建一“承台和桩”图层，图线颜色为“蓝”色，并将其置于此图层中）。

02 **布置承台和桩** 按如图10-6所示，将绘制好的承台和桩图块复制到异形柱位置处即可（承台的中心位置与异形柱的中心位置重合）。

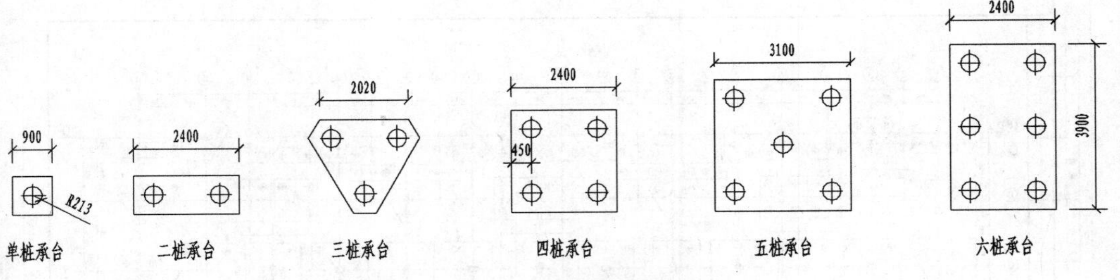

图10-5　承台和桩图块的尺寸

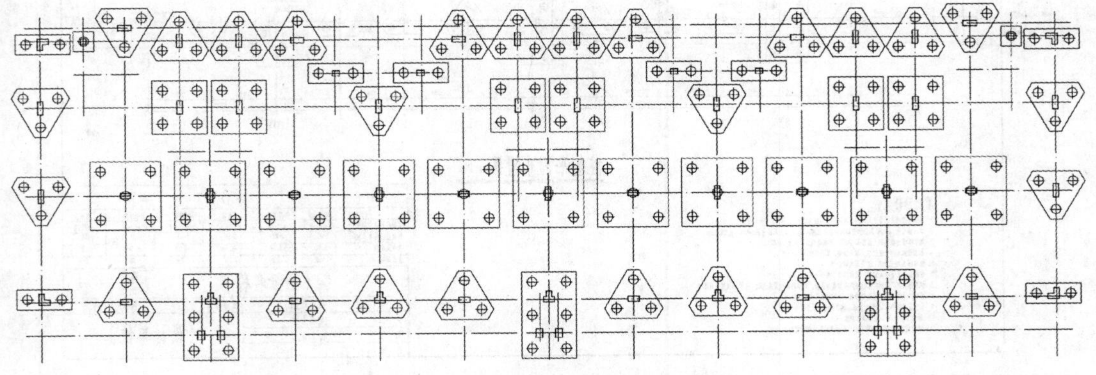

图10-6　承台和桩布置效果

10.2.4　绘制承台表

按照如图10-7所示样式，绘制“承台表”，说明承台高度和承台底标高等。由于本书中的承台使用某地方标准中的标准承台尺寸，所以此处需要创建承台表，以与图集中的承台相对应，方便施工人员从中得到承台截面和详细的配筋信息。

承台表						
	单桩承台	两桩承台	三桩承台	四桩承台	五桩承台	五桩承台
承台在图集中编号	CTm1C-10	CTm2C-10	CTm3C-10	CTm4C-10	CTm5C-10	CTm6C-10
承台在图集中页次	1-21	1-22	1-31	1-11	1-39	1-40
承台底标高	-1.50	-1.50	-1.50	-1.50	-1.50	-1.50
承台高度	650	850	700	750	800	800

图10-7　承台表样式

10.2.5　标注和添加设计说明

按照如图10-8所示，在图纸左下角空白位置为图纸添加基础设计说明（此部分也可放在总设计说明中），并添加图名，完成整个图纸的绘制。

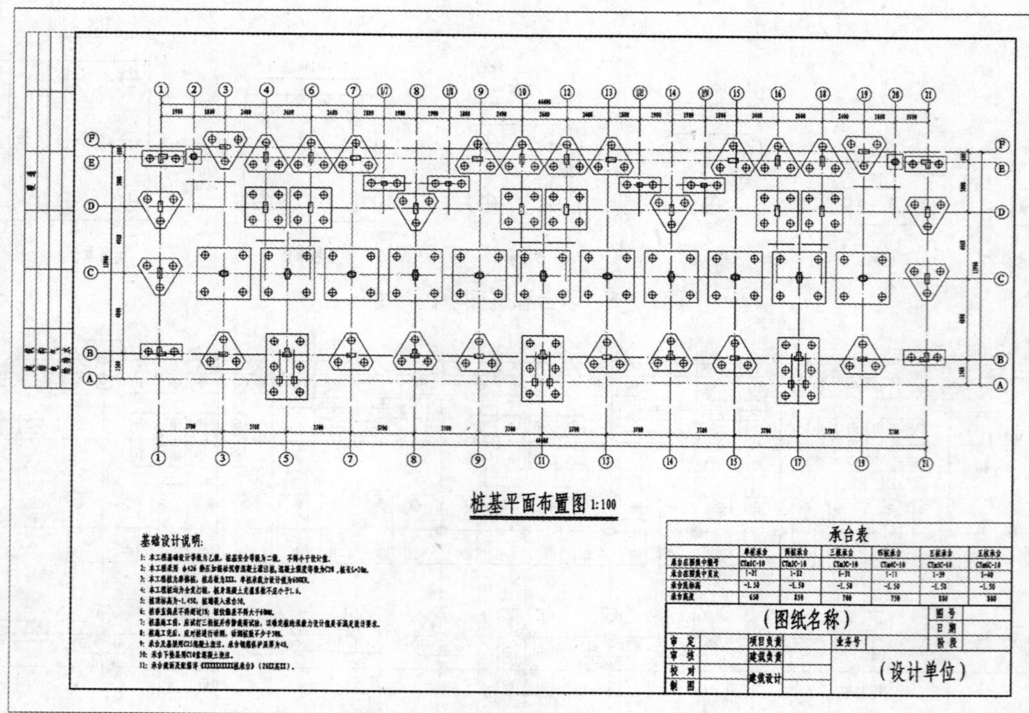

图10-8 添加了标注的桩定位平面图

10.3 标准层梁配筋平面图

标准层梁配筋平面图的绘制效果如图10-9所示，其重点是梁线的确定和梁的标注。

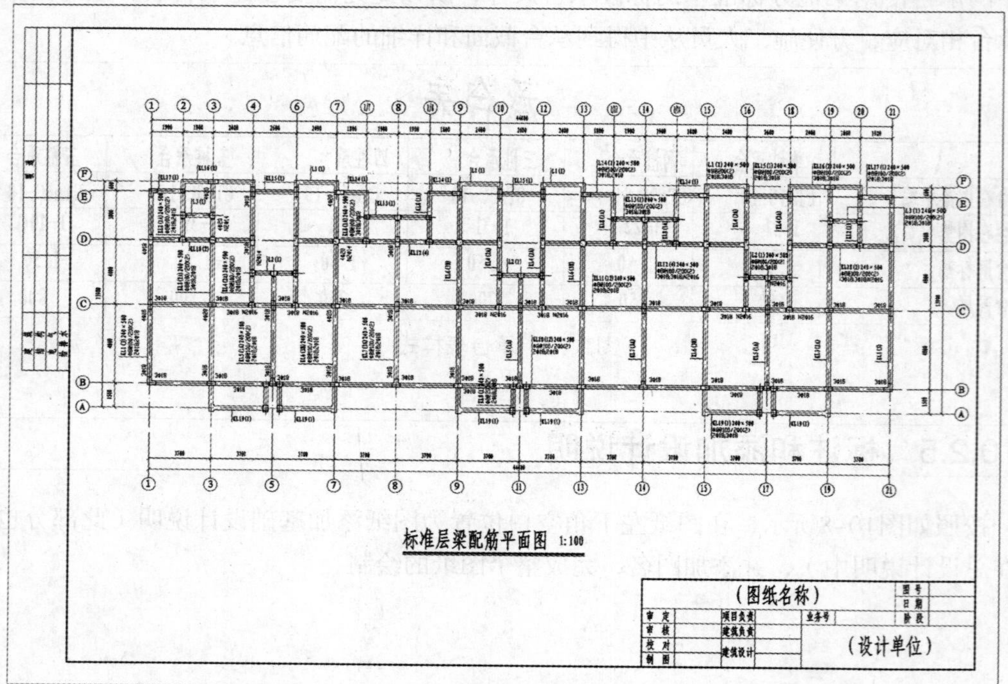

图10-9 标准层梁配筋平面图

10.3.1 复制标准层平面图并绘制标准层梁

01 **复制建施平面图部分图形** 打开本书第5章绘制的“标准层建筑平面图.dwg”文件，将除“图框”、“标注”、“轴线”和“墙线”之外的图层全部隐藏，并将剩余显示的部分复制到一新创建的DWG文件中，如图10-10所示。

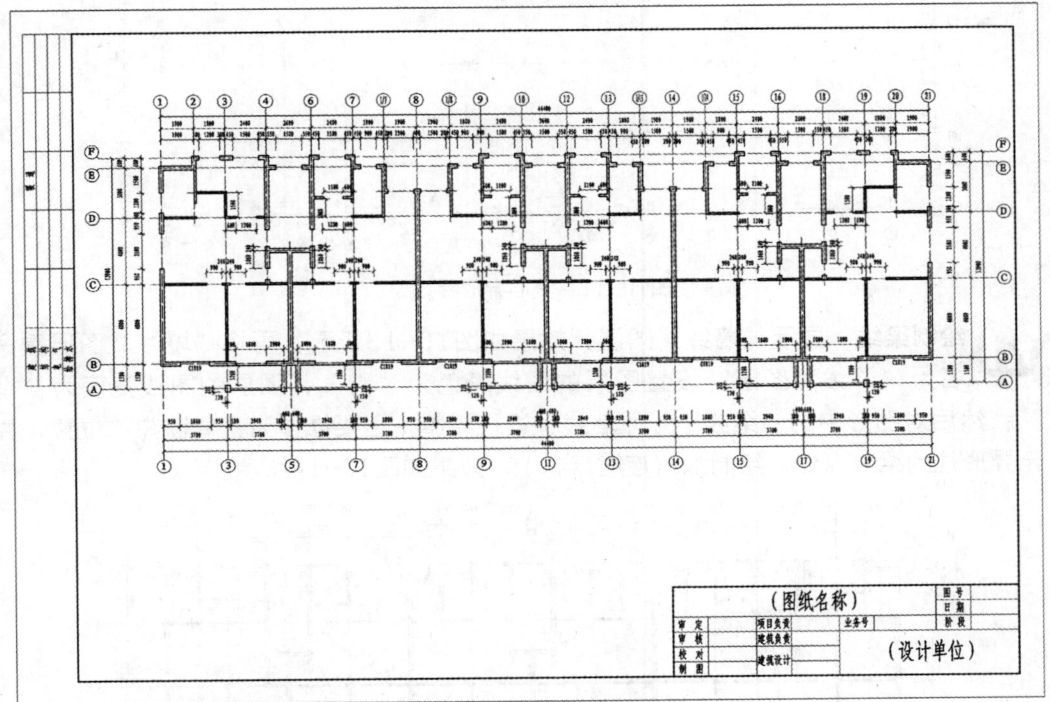

图10-10 复制的建施标准层平面图部分图形效果

02 **整理图形** 同桩定位平面图中的操作，将“图框”和“墙线”图层隐藏并显示其余全部图层，将图形中部除“轴线”之外的图形（主要包括内部标注和部分窗图块）逐个删除，再删除外部第一道标注，效果如图10-11所示。

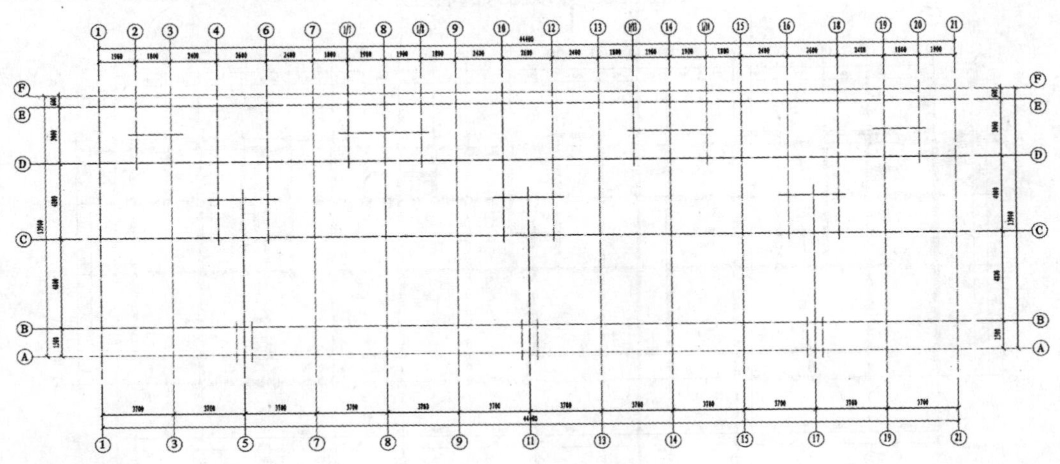

图10-11 图形整理效果

03 **复制异形柱** 打开桩定位平面图，将除“异形柱”之外的图层全部隐藏，然后复制异形柱到梁配筋平面图中，并将其移动到正确的位置，效果如图10-12所示。

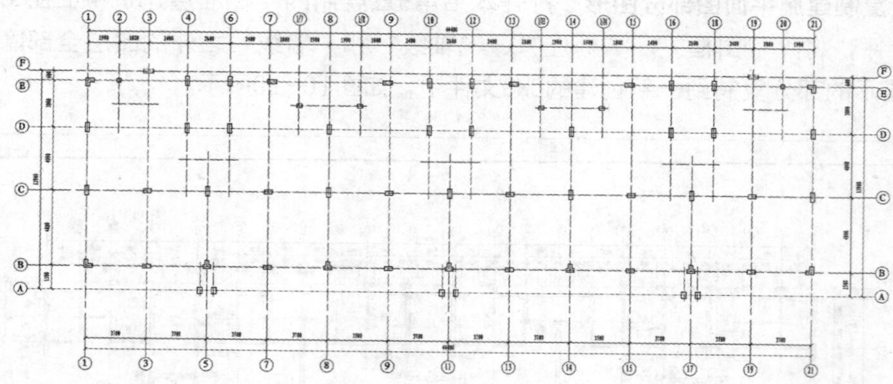

图10-12 复制异形柱效果

04 **绘制梁线** 显示“墙线”图层，效果如图10-13所示，再将“墙线”图层重命名为“梁线”图层，设置图层的图线颜色为“青”，图层的图线宽度为“默认”；然后对图形中的“梁线”（原墙线）进行调整（主要操作为去掉窗户的位置，并在无异形柱的梁节点处，绘制加密箍筋标志），效果如图10-14所示。

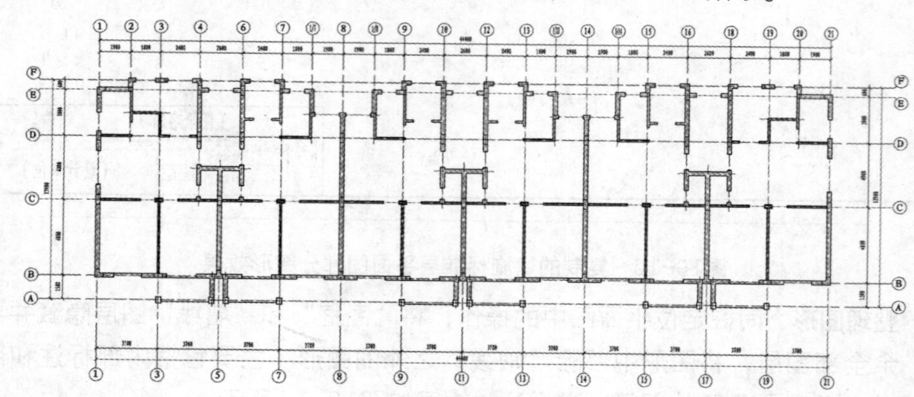

图10-13 显示出来的墙线效果

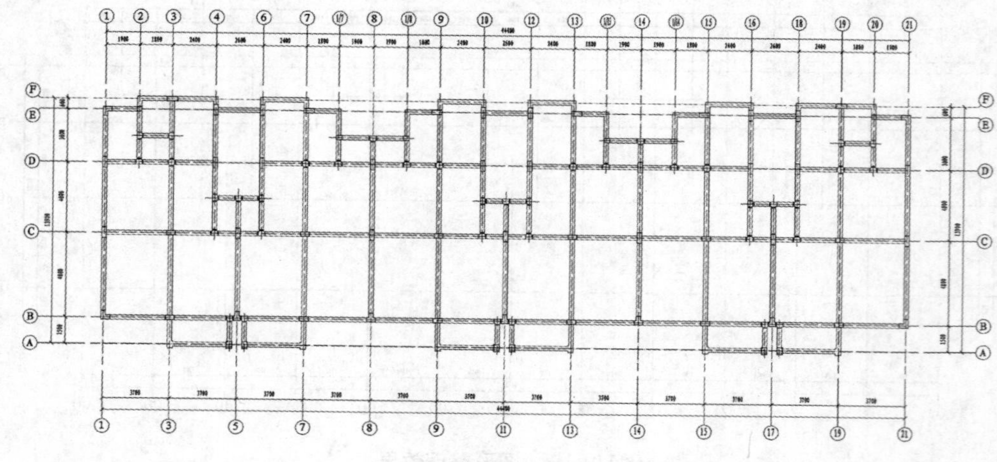

图10-14 梁线绘制效果

10.3.2 添加梁配筋集中标注

新建“梁筋标注”图层并置为当前，图层颜色设置为“绿”，执行DT命令，绘制单行文本，文字内容如图10-15所示（横向线段直接使用“直线”命令绘制），然后将其移动到如图10-16所示的纵向柱位置处即可。

KL1(3)240×500
Φ8@100/200(2)
2Φ18;2Φ18

图10-15 集中标注效果

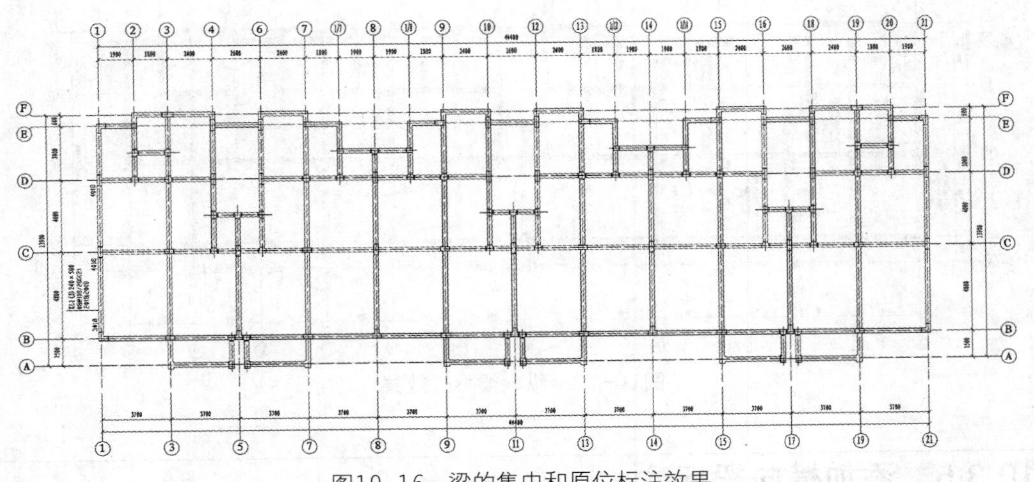

图10-16 梁的集中和原位标注效果

提示

需要注意的是，此处必须使用单行文本，不能使用多行文本，且需要自网上下载包含1、2级钢筋符号的字体。然后在输入一级钢筋符号时，输入“%%130”；输入二级钢筋符号时，输入“%%131”即可。

此处标注的含义：KL表示框架梁，1是梁的编号（即KL1梁），3表示三跨，梁的宽高为240×500，箍筋直径为8mm，两支箍，加密区箍筋密度为100mm，非加密区密度为200mm，梁上部和下部纵筋都为2根18mm的二级钢筋。

10.3.3 添加梁配筋原位标注

绘制三个单行文本，如图10-17所示，并将其移动到如图10-16所示位置处。

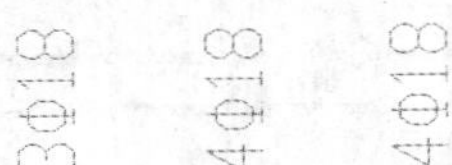

图10-17 原位标注效果

此处原位标注的含义为：下面梁与柱连接处的顶部纵筋为3根18mm的二级钢筋，其中两根是通长筋（集中标注的上面两根纵筋），一根为负筋；中间两个柱子处，顶部纵筋都为4根18mm的二级钢筋，其中两根为通长筋，两根为负筋；最上面柱子处，由于房间较短，所以未配置负筋（具体需根据计算结果进行调整）。

10.3.4 添加纵向梁标注

为不重复的所有纵向梁添加集中标注和原位标注，由于此建筑左右对称，所以此处只需对不重复的纵向筋进行详细标注即可，如图10-18所示。其中KL4梁中，2A表示为两跨梁，梁的一端悬挑（如是B则为两端悬挑），N2Φ14表示此梁配有两根14mm的腰筋。

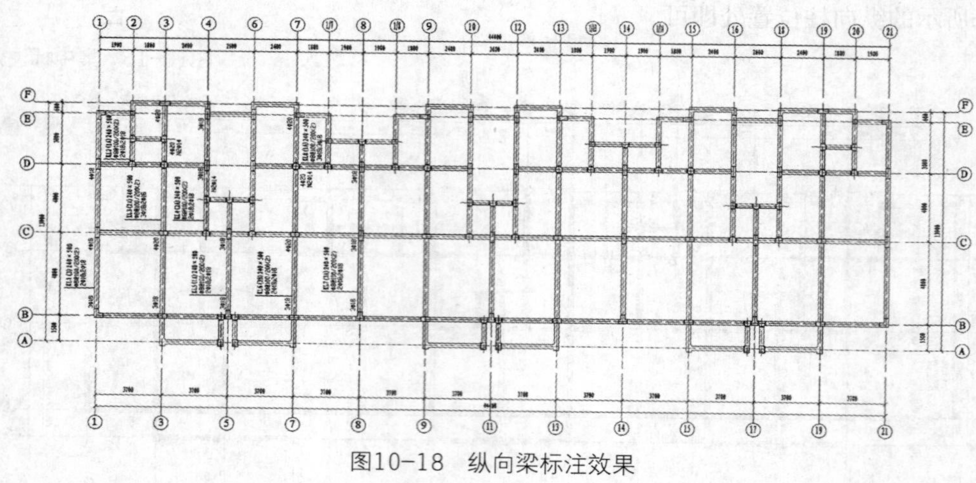

图10-18 纵向梁标注效果

10.3.5 添加横向梁标注

通过绘制单行文本，在右侧图形中，为横向梁添加集中标注和原位标注，如图10-19所示（标注范围为结构不同的横梁）。横梁标注的意义和标注方法与纵向梁相同（此处L即代表“梁”）。

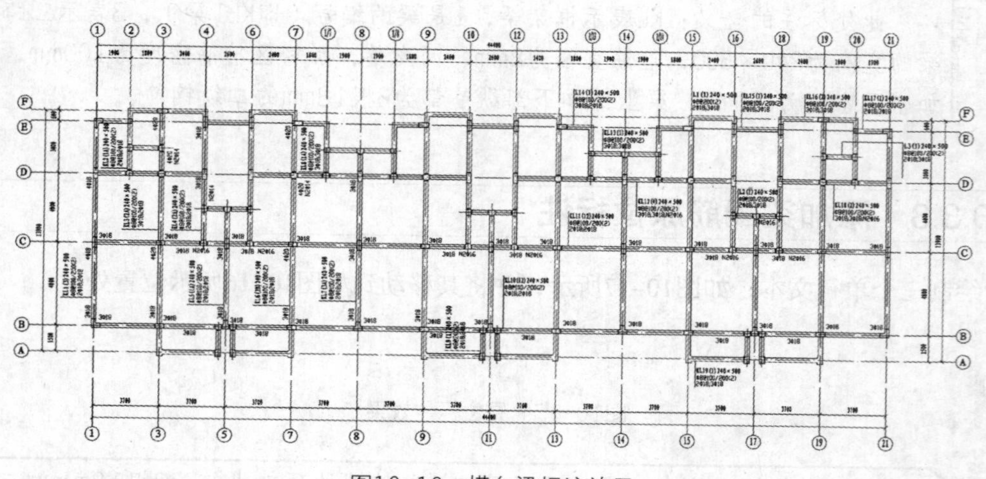

图10-19 横向梁标注效果

10.3.6 添加所有梁号

复制上面步骤绘制的梁标注，并进行删减，只需保留梁号和跨度标记即可，为上面步骤中未标注到的梁添加梁号标注，如图10-20所示（相同结构的梁使用相同的梁号），然后添加图名等，完成梁配筋平面图的绘制。

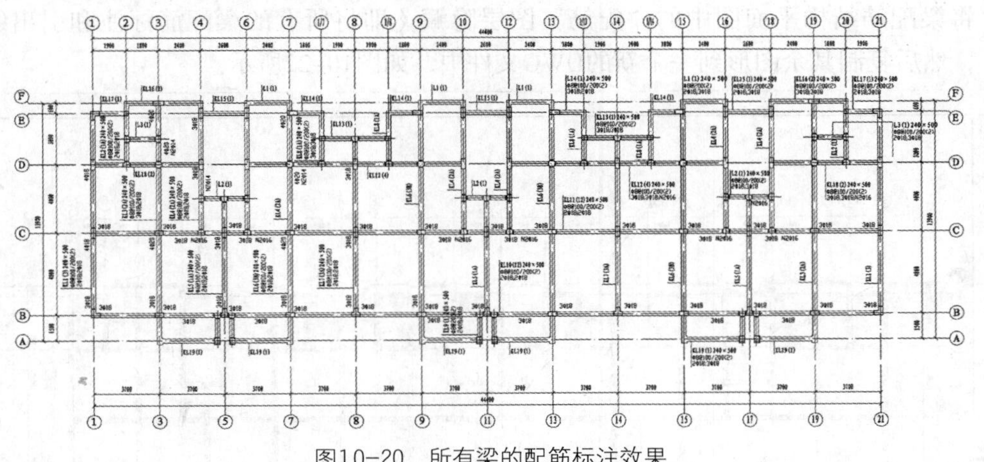

图10-20　所有梁的配筋标注效果

10.4 标准层板配筋平面图

板中的配筋实际上比较简单，通常都是下面横、竖向交叉两根受力筋，上面则是从梁延伸出来的负筋（对于架立筋和分布筋，通常此平面图中无须绘制，施工时按总设计说明中的要求或标准中的要求进行施工即可），如图10-21所示。下面看一下绘制操作。

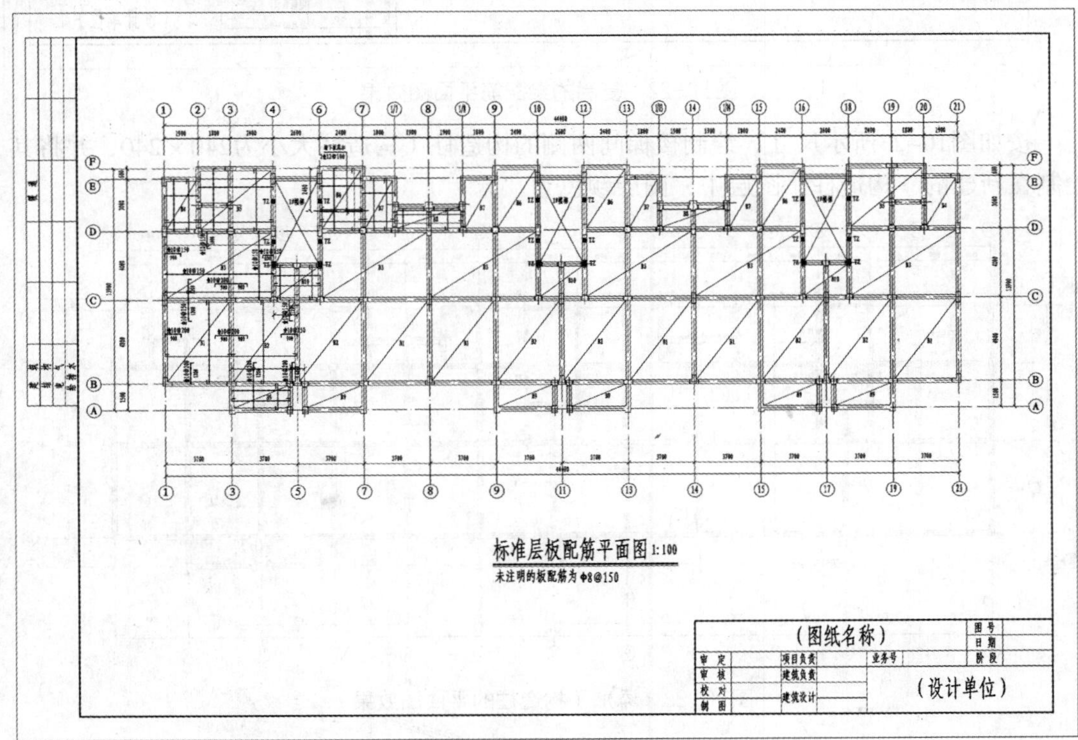

图10-21　标准层板配筋平面图

10.4.1 复制梁配筋结构平面图

将梁配筋结构平面图中的“配筋”图层隐藏（即将所有的梁配筋标注和引出线隐藏），然后复制其余图形到一个新的DWG文件中，如图10–22所示。

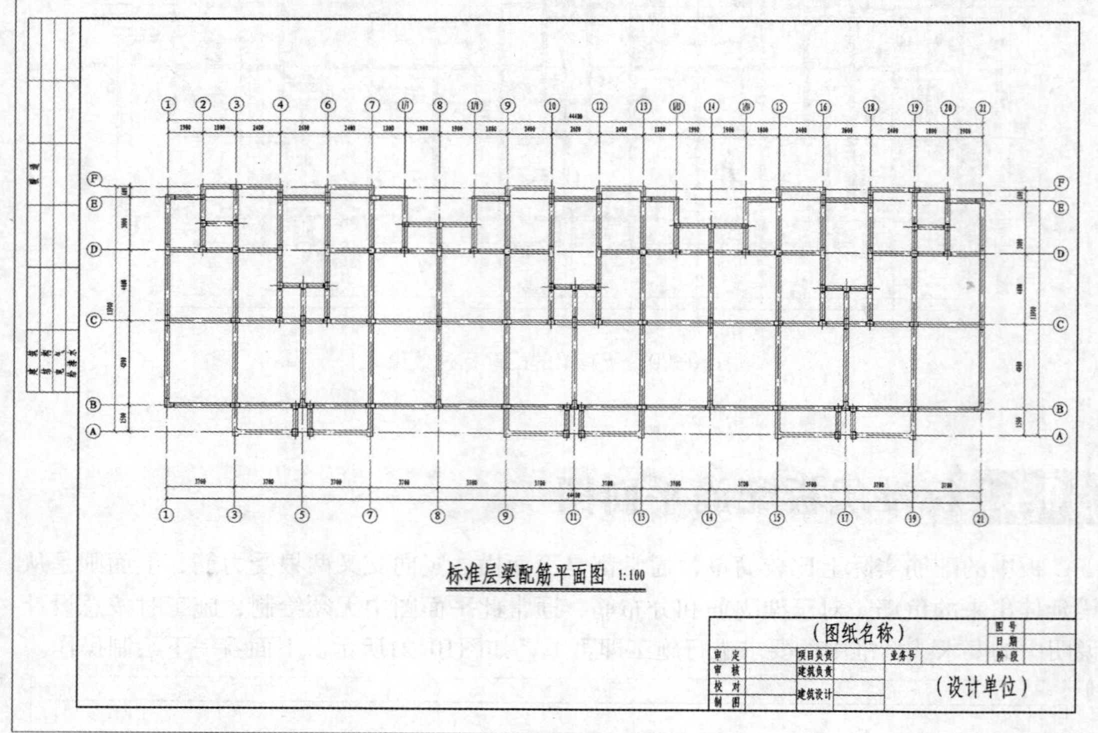

图10–22 复制的梁配筋平面图效果

按如图10–23所示尺寸，绘制楼梯间两侧的构造柱（构造柱大小为240×240，并将其绘制在新建的“构造柱”图层中，图层颜色为“蓝”）。

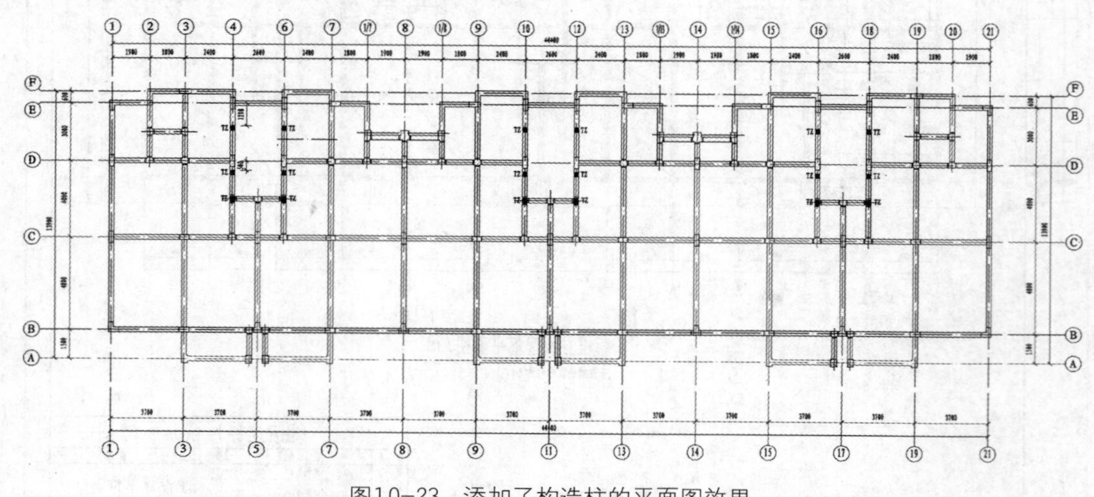

图10–23 添加了构造柱的平面图效果

10.4.2 绘制负筋并标注

按如图10-24所示尺寸，绘制负筋（需新建“负筋”图层，图层颜色为“黑”色），负筋多段线的图线宽度为45mm，负筋弯折长度为200mm，负筋横向长度如图中标注。然后添加与图中标注相同的标注信息，字体为“长仿宋”，高度为300mm（一级和二级钢筋符号可使用画线工具绘制）。

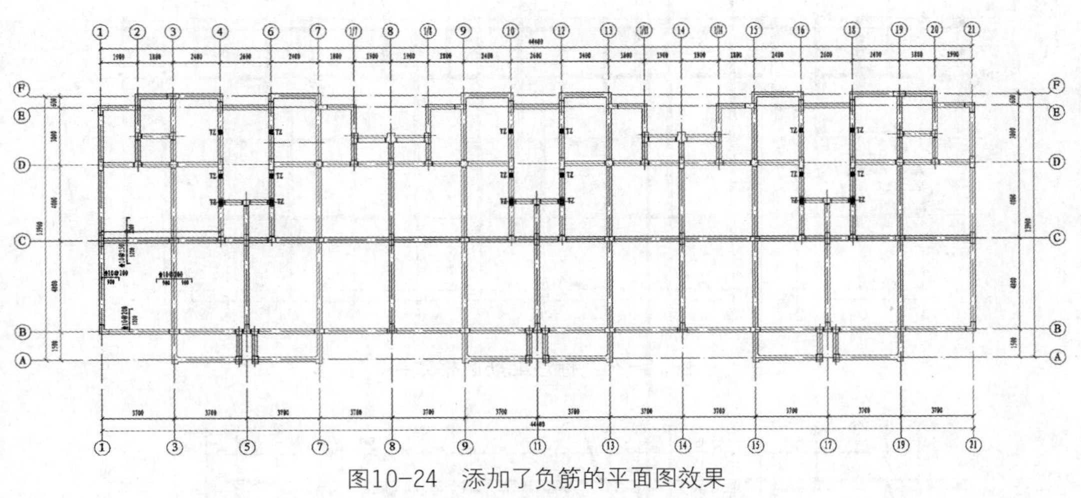

图10-24 添加了负筋的平面图效果

提示 负筋下部文字用于标注负筋伸出梁的长度，负筋上部文字用于标注负筋的粗细和布筋间距。其中有0的位置，用于说明布筋区间（无时则配筋到柱）。

10.4.3 绘制受力筋

新建“受力筋”图层，图层颜色为“洋红”，然后按如图10-25所示尺寸绘制受力筋，受力筋多段线的宽度为45mm。受力筋一般通长，所以无需标注长度（钢筋规格通常统一说明）。

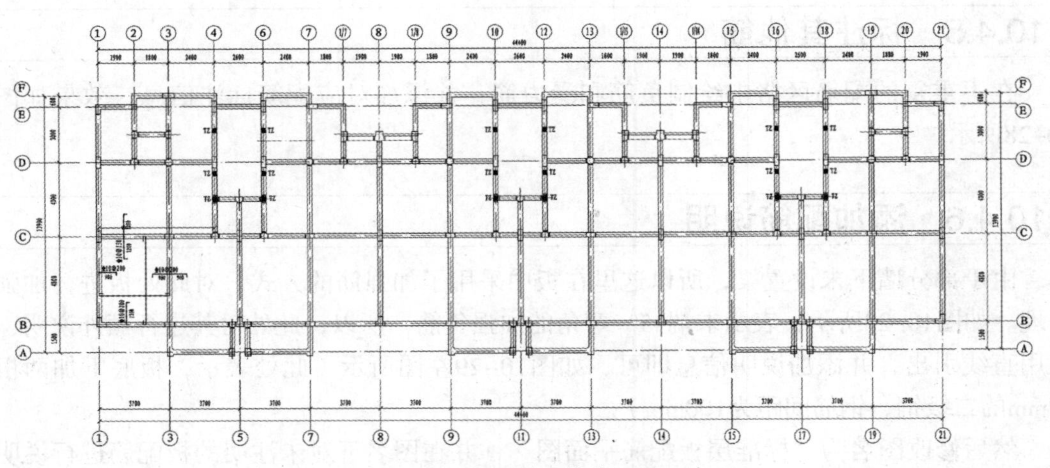

图10-25 添加了受力筋的平面图效果

10.4.4 标注配筋区格

在一个横竖跨间、两个倾斜柱子之间绘制倾斜线，并标注配筋区格编号，如图10-26所示（如B1即表示为B1配筋区格）；然后通过相同操作，为相同的配筋区格配置相同的编号，如图10-27所示。

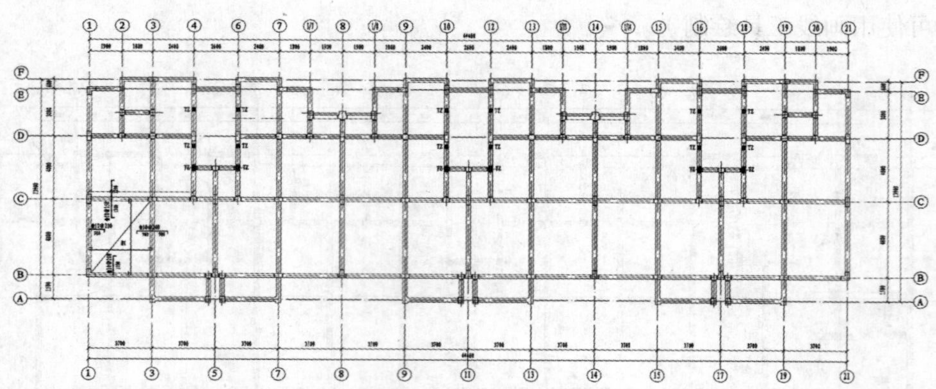

图10-26 标注配筋区格效果

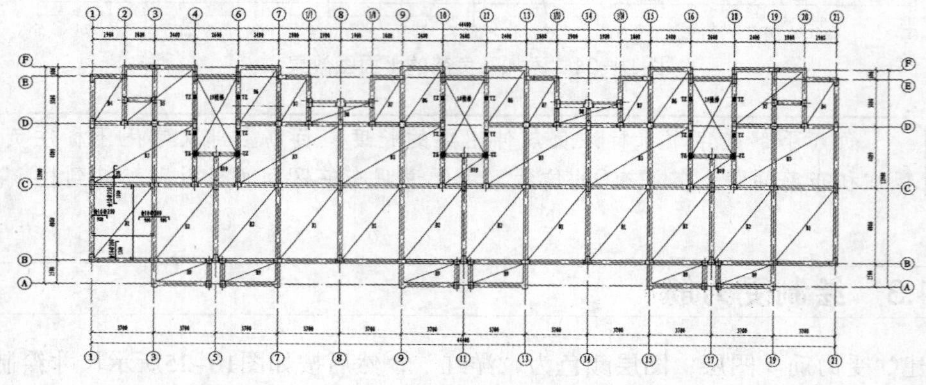

图10-27 标注所有配筋区格效果

10.4.5 标注其他筋

在不重复的配筋区格中绘制负筋和受力筋，并添加对应配筋标注信息，效果如图10-28所示。

10.4.6 添加配筋说明

由于部分墙下未设置梁，所以这里在板中采用了加强筋的方式，对此处板进行加强处理。如图10-28所示，表示末端45° 弯角的加强负筋。所以，此处对其进行额外说明，使用直线引出，并添加说明信息即可，如图10-29左图所示（此处表示，板底下加两根12mm的二级钢，钢筋间距为100mm）。

然后修改图名为“标准层板配筋平面图”，并在图名下对未注明的板配筋进行说明即可，如图10-29右图所示，完成板配筋平面图的绘制。

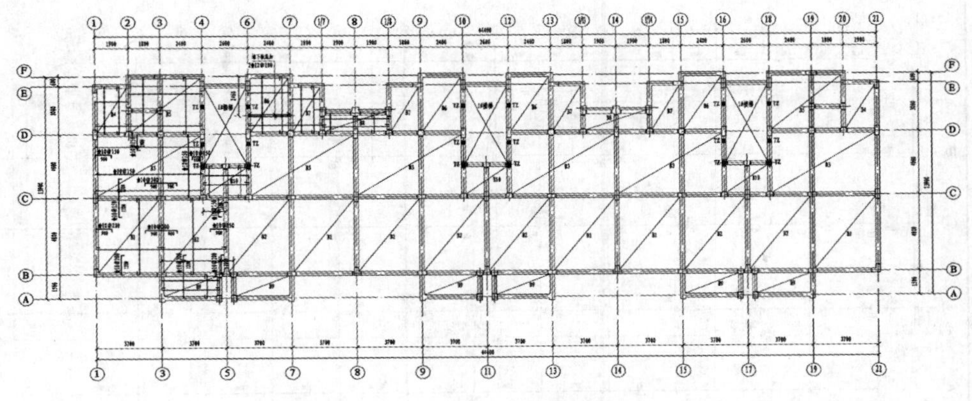

图10-28　所有梁的配筋标注效果

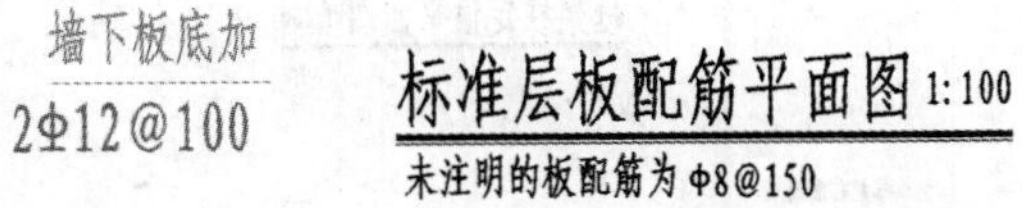

墙下板底加

2Φ12@100

标准层板配筋平面图 1:100

未注明的板配筋为 Φ8@150

图10-29　加筋标注和图名中的配筋说明信息

10.5 其他层配筋平面图

绘制基础梁配筋平面图和框架柱定位结构平面图等结构图，如图10-30和图10-31所示。关于其绘制方法，此处不再一一叙述。

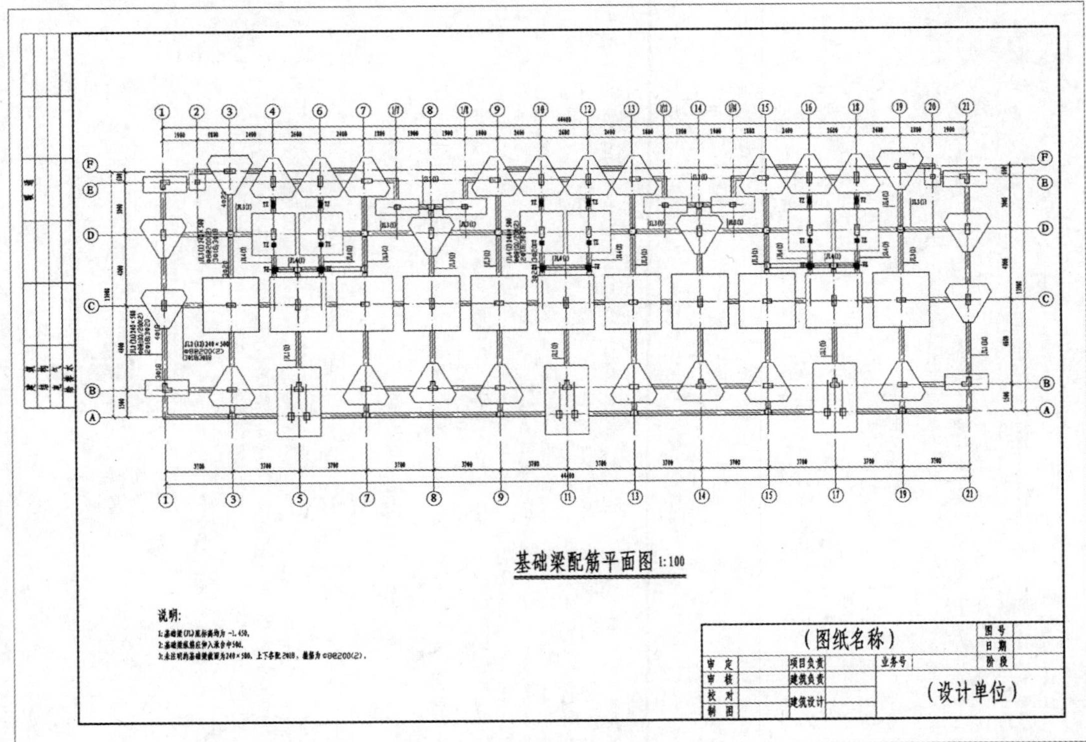

图10-30　基础梁配筋平面图

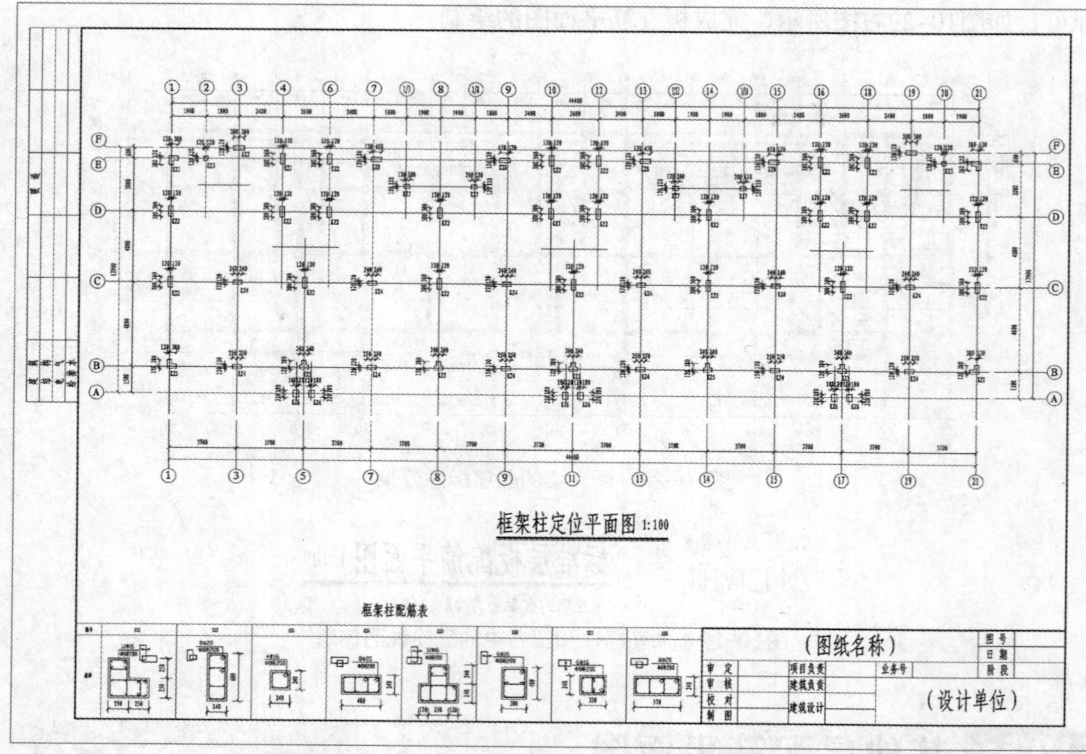

图10-31 框架柱定位结构平面图

第11章 结构详图绘制

本章内容

- 详图概述
- 楼梯配筋详图
- 雨蓬配筋详图
- 檐口配筋详图
- 梁节点配筋详图
- 其他详图

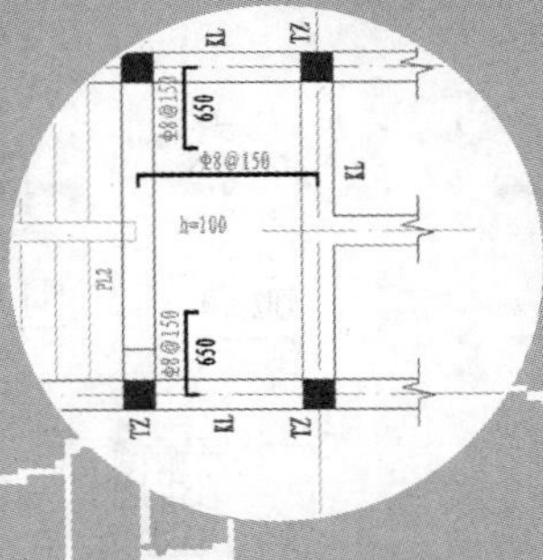

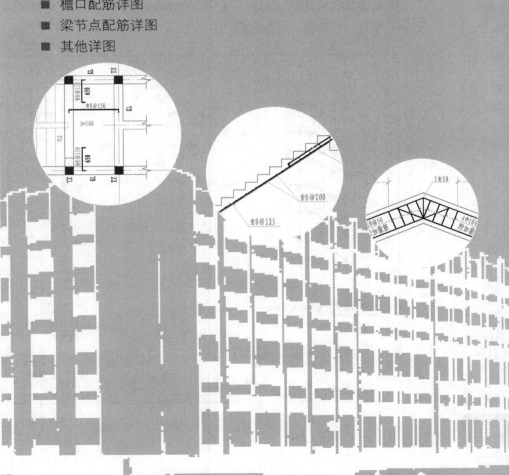

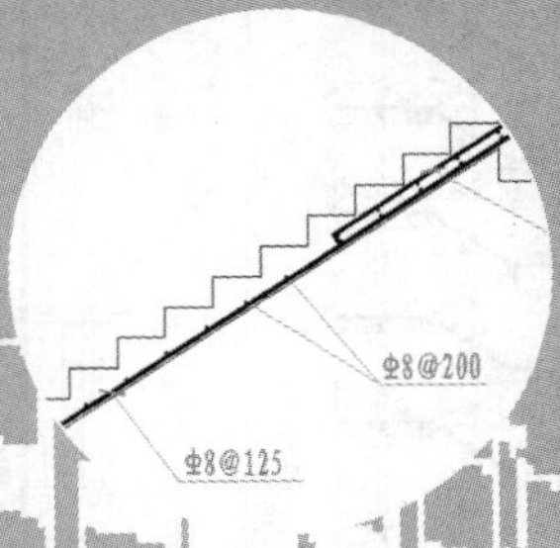

11.1 详图概述

实际上，通过平面布置图无法表达清楚的构件的细节部分，都需要绘制结构详图，以对平面布置图进行补充说明。根据绘图经验，通常需要绘制如下结构详图。

- 基础详图：如桩构造详图、桩与承台的连接构造详图、承台梁剖面详图、复合地基详图、放坡详图等。
- 钢筋混凝土构件详图：梁、板、柱或墙等的纵横剖面配筋详图（如平面图已表达清楚的，也可不绘制），对受力有影响的预留洞、预埋件等，都应绘制构件详图。
- 节点构造详图：梁、柱相交处，梁、梁相交处，若通过平面图无法表达清楚，则需要绘制节点详图。
- 其余详图：楼梯不单独处在任何一层，所以其构造详图，通常都会单独绘制，其他如檐口、雨蓬、水池、水箱、烟管道等，都可能根据实际需要绘制详图。

本章主讲楼梯配筋详图的绘制，其余详图与此详图的绘制基本相同（实际上，详图也主要介绍配筋信息），本章后面将做简单叙述。

11.2 楼梯配筋详图

楼梯具有单独的柱、梁和平台（如图11-1所示），为了说明其构造，通常都需要单独绘制详图。下面看一下相关操作。

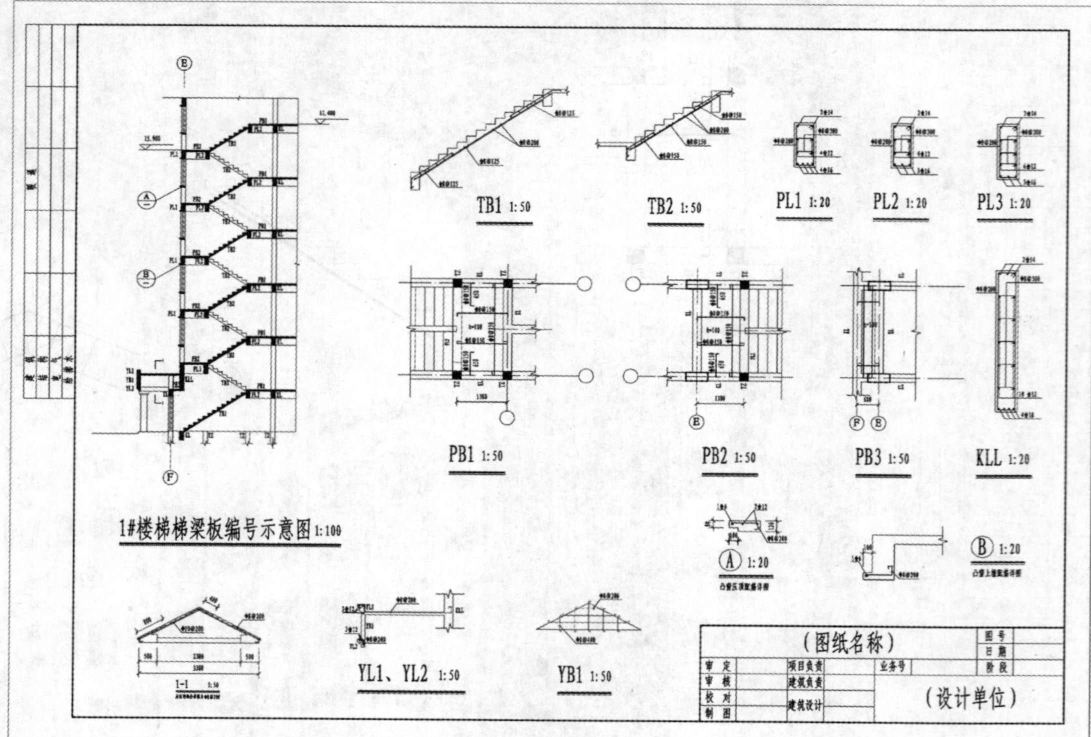

图11-1　绘制好的楼梯配筋详图

11.2.1 复制楼梯剖面图

首先复制楼梯剖面图到一新建的DWG文件中，如图11-2所示，然后删除楼梯剖面图中的所有标注和扶手图线，并将详图索引和标高修改如图11-3所示的效果，再在底部添加两个构造柱的截面图形（并修改图名）。

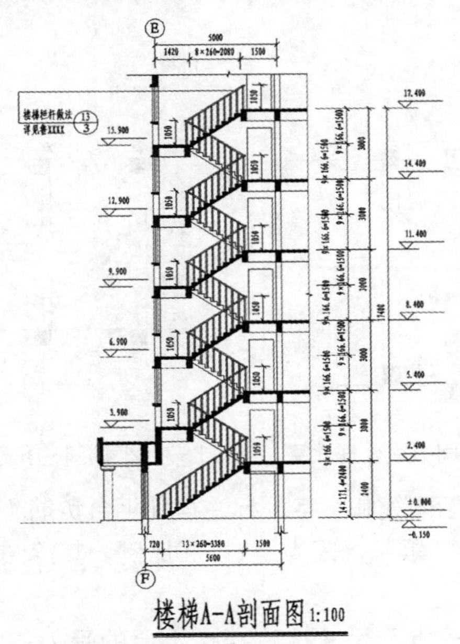

图11-2 楼梯剖面图效果

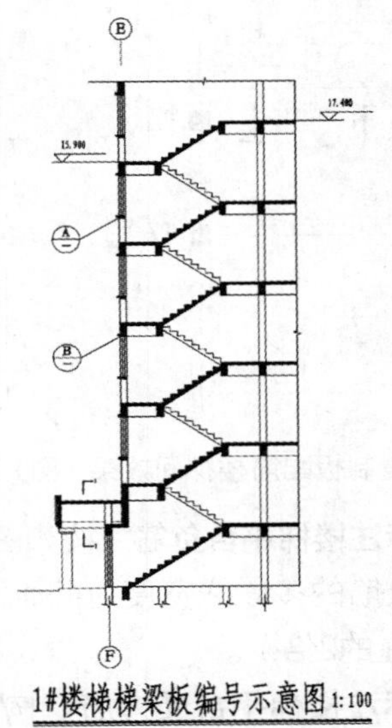

图11-3 楼梯剖面图处理效果

11.2.2 标注楼梯板编号

按如图11-4所示文字，为楼梯添加梁、柱和板的标号（标号文字的高度为300mm），完成楼梯梁板标号图形的绘制。此处，KL是框架梁，PL是楼梯梁，PB是楼梯平台，KLL是连梁。

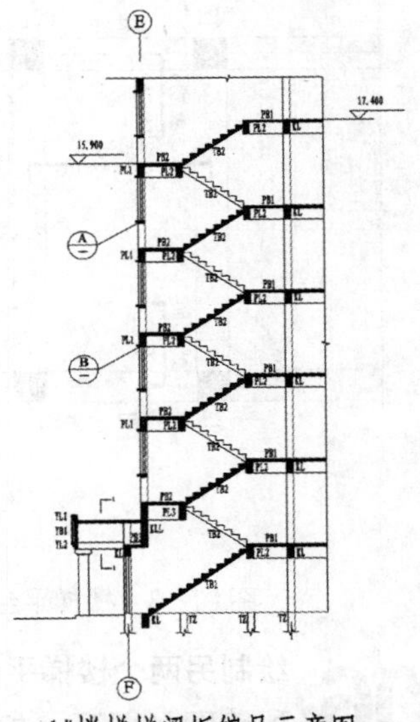

图11-4 标注楼梯板编号效果

11.2.3 楼梯平台配筋详图

01 复制板配筋楼梯间 复制板配筋平面图的楼梯间墙线（包含构造柱），再复制标准层平面图中的楼梯踏步图块，效果如图11-5所示。

02 整理楼梯间图线 执行SC命令，将复制的楼梯间图形放大两倍。再向左旋转90°，绘制一条梁线，并分解楼梯踏步图块，然后通过修剪等操作，得到楼梯踏步平台（PB1）处的墙线图形，如图11-6所示。

03 **标注楼梯平台梁柱** 按照如图11-7所示文字，标注楼梯间的梁和柱（文字高度为300mm，PL2为楼梯梁）。

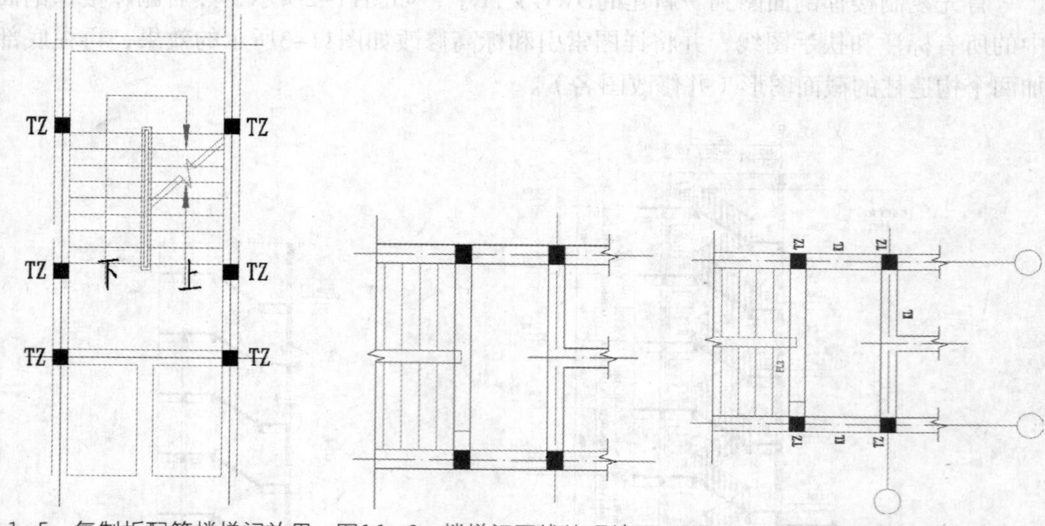

图11-5 复制板配筋楼梯间效果 图11-6 楼梯间图线处理效果 图11-7 楼梯间柱和梁标注效果

04 **标注楼梯平台负筋** 按如图11-8所示图线和文字，标注楼梯平台负筋（代表楼梯负筋的多段线宽度为45mm，颜色为“黑”，因为是1：50比例，其绘图长度为图中文字标注的2倍）。

05 **标注楼梯平台受力筋** 按如图11-9所示尺寸标注楼梯平台的受力筋情况（受力筋图线规定同平面布置图），并标注平台宽度及楼梯平台厚度（图中h=100mm）。

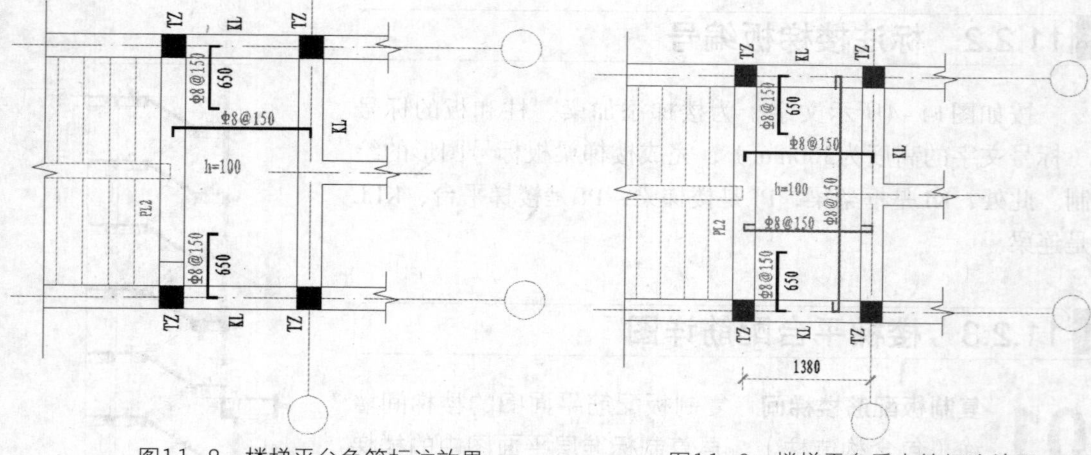

图11-8 楼梯平台负筋标注效果 图11-9 楼梯平台受力筋标注效果

06 **绘制另两个楼梯平台** 为楼梯平台配筋图添加图号，再绘制其他两个楼梯平台的配筋图形即可，如图11-10所示。

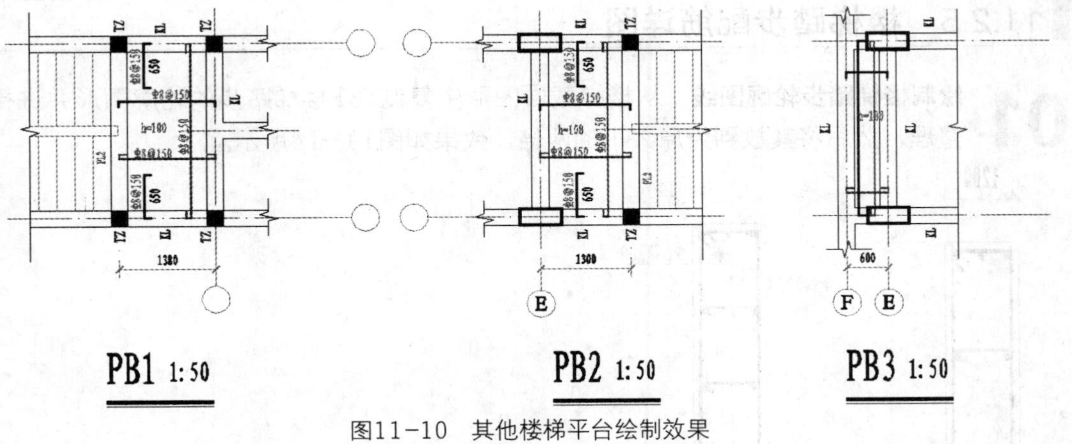

图11-10　其他楼梯平台绘制效果

11.2.4　楼梯梁配筋详图

01 **绘制梁线和配筋**　按照如图11-11所示图线尺寸绘制梁的截面图形（筋多段线的宽度，同样为45mm）。

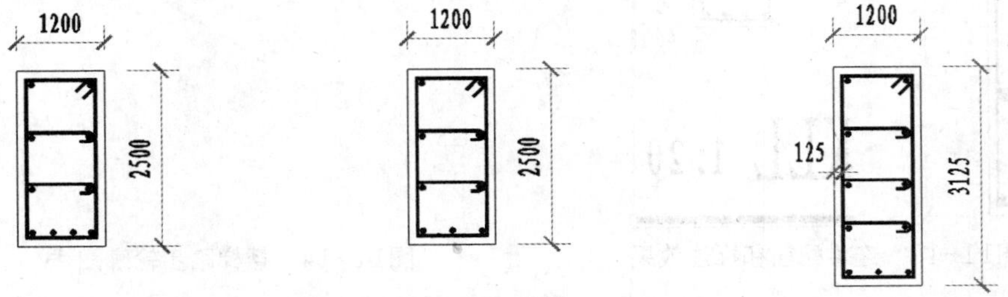

图11-11　楼梯梁图线

02 **标注钢筋规格**　按照如图11-12所示文字，标注楼梯梁截面配筋情况，标注文字的高度为300mm，图层为“标注”图层，一二级钢筋符号可以通过画线工具绘制得到，也可将部分标注创建为属性块，最后添加图名。

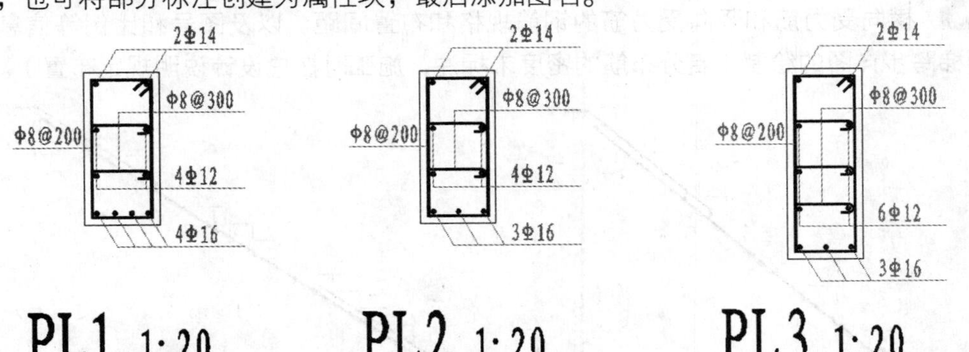

图11-12　楼梯梁标注效果

03 **绘制连梁**　按照如图11-13所示尺寸绘制KLL连梁截面图形，并标注配筋情况。

11.2.5 楼梯踏步配筋详图

01 **绘制楼梯踏步轮廓图线** 从楼梯截面图形中复制TB1楼梯踏步的轮廓图形并进行整理，然后将其放到为原大小的两倍，效果如图11-14所示。

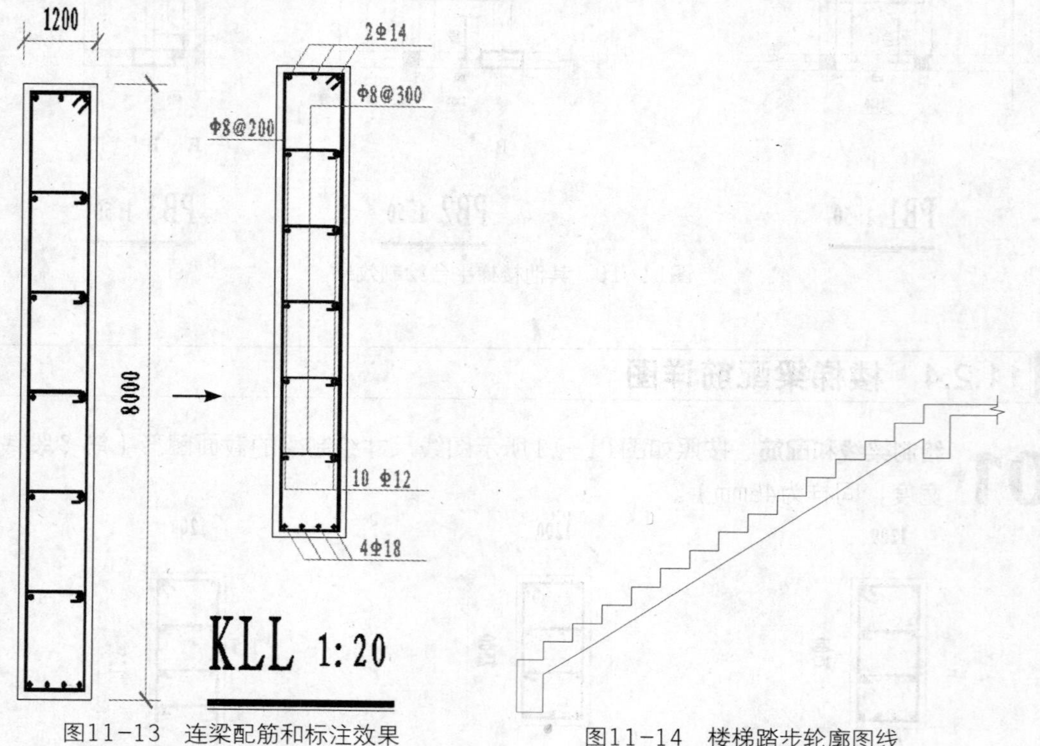

图11-13 连梁配筋和标注效果

图11-14 楼梯踏步轮廓图线

02 **绘制楼梯踏步配筋图线** 按照如图11-15所示尺寸绘制楼梯踏步的配筋图线，配筋图线距离踏步轮廓线的最短距离为50mm（代表钢筋混凝土保护层的厚度为25mm），其他图线大致相似即可。

03 **标注楼梯踏步** 按如图11-16所示文字，标注楼梯踏步配筋中上部和下部负筋、横向受力筋和竖向受力筋的钢筋规格和布置间距，以及图号和比例等信息，完成楼梯踏步详图的绘制（若分布筋的密度未标注，施工时按总设计说明规定布置）。

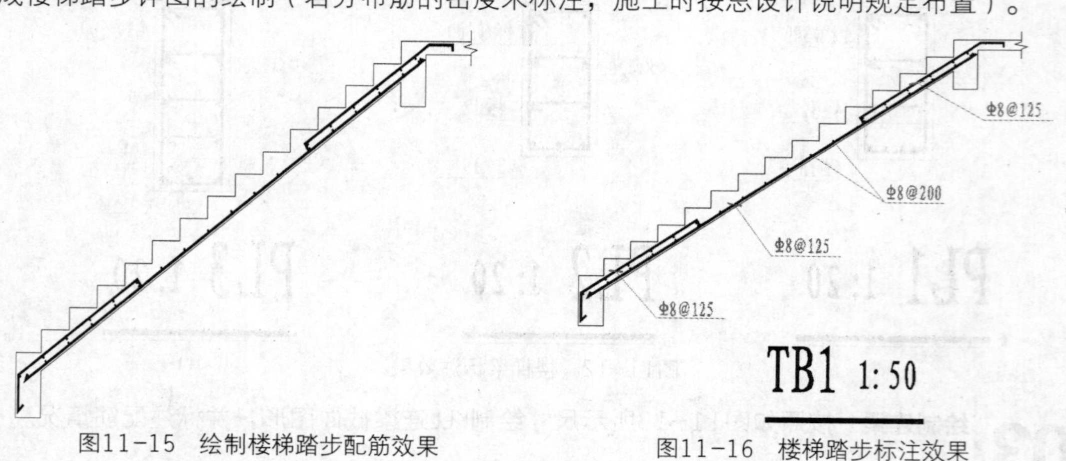

图11-15 绘制楼梯踏步配筋效果

图11-16 楼梯踏步标注效果

11.3 雨蓬配筋详图

雨蓬配筋详图如图11-17所示，较为简单，且部分图线可直接复制自雨蓬立面或截面图形，然后在其中绘制受力筋和负筋等，再添加标注信息即可（由于此处使用1：50的出图比例，所以此处对于负筋长度等的标注，应使用0.5比例因子）。

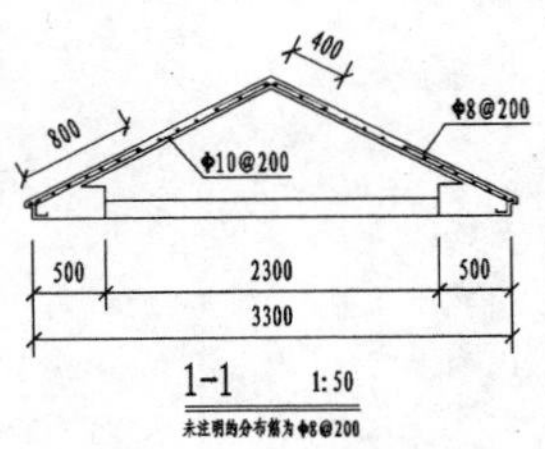

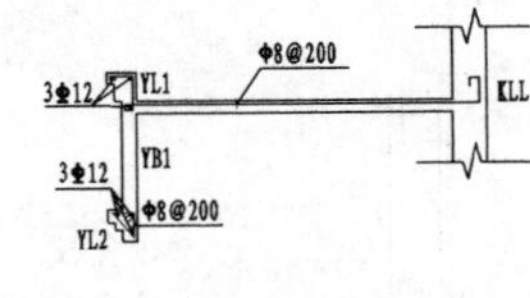

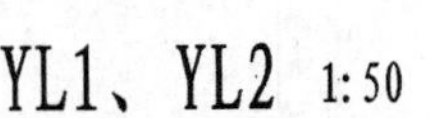

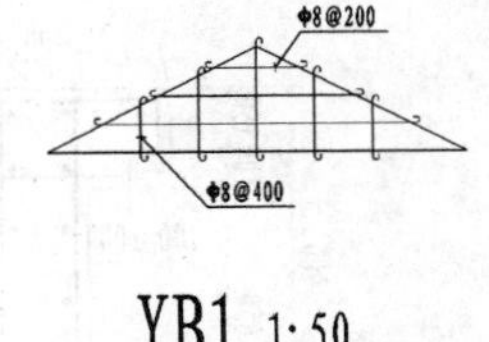

图11-17　雨蓬配筋详图效果

11.4 檐口配筋详图

复制檐口截面图形，删除多余的图形，并将其放大为原图形的4倍，然后绘制配筋图线，并标注配筋信息文字和部分尺寸信息即可（部分标注使用0.25比例因子），如图11-18所示。

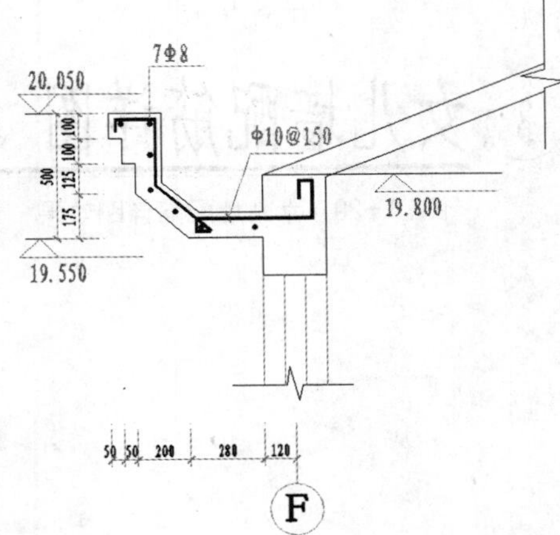

檐口1配筋详图 1:25

图11-18　檐口配筋详图效果

11.5 梁节点配筋图

楼体顶部横向相交梁的顶点，需要进行加强处理，如图11-19所示，复制建施图某个截面图形屋顶中心处墙线，放大10倍，再在其内绘制配筋图线，并添加标注文字即可。

此处，d表示所用钢筋的直径，40d就是表示此处受力筋的搭接长度为钢筋直径的40倍（如搭接钢筋的直径不同，以较细钢筋直径计算）。

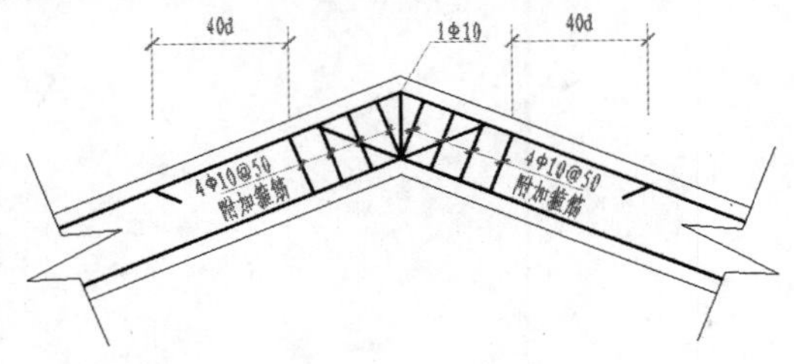

折梁折角大样 1:50

图11-19　梁节点配筋详图效果

11.6 其他详图

绘制其余详图，如女儿墙配筋详图、凸窗压顶配筋详图和凸窗上檐配筋详图等，如图11-20和图11-21所示。其操作、绘制方法和意义等，都也与前面详图相同，此处不再重复叙述。

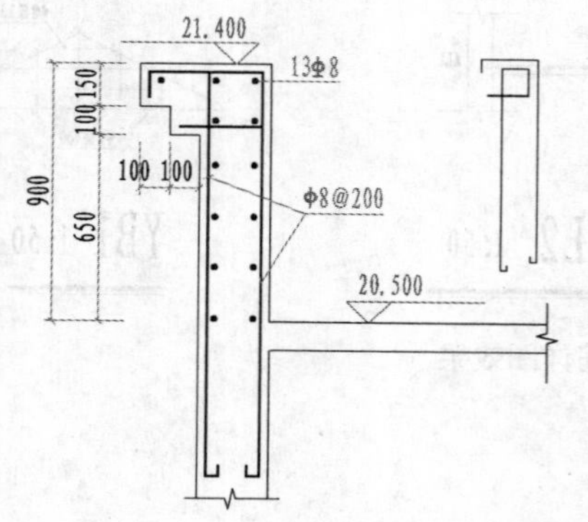

③ 女儿墙配筋详图 1:25

图11-20 女儿墙配筋详图效果

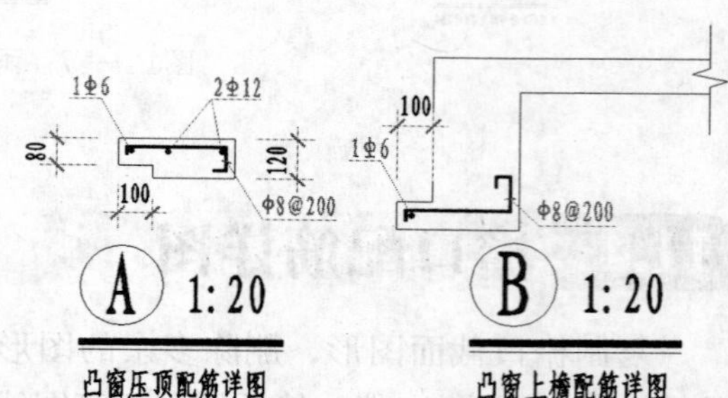

图11-21 凸窗压顶和承台配筋效果

第12章 给排水设计基础知识

本章内容

- 给排水概述
- 建筑给水的主要方式
- 建筑排水的主要方式
- 建筑给水系统的组成
- 建筑排水系统的组成
- 给排水施工图的表示方法和一般规定
- 给排水施工图绘制的基本原则
- 给排水施工图说明

12.1 给排水概述

人们的生活离不开水，饮用、洗涤和消防等都需要使用水，因此大多数建筑物都不能没有“上下水”，即需要配置给水和排水系统。由于水的液态特点，给排水都是典型的管道系统。本章讲述关于给排水的基础知识，了解如何通过管道将水提供给住户，以及如何通过管道将水顺利排出。

12.1.1 给排水施工图的作用

建筑施工图和结构施工图是房屋建筑的参照，同样，给排水施工图是给排水工程施工的参照。此外，给排水施工图也是提前编制给排水工程预算、以方便材料采购等相关事宜的重要技术文件。

给排水施工图必须由正式的设计单位（通常也是设计院）绘制并签章。在施工时，需要严格按照给排水施工图的要求进行施工。对于钢筋混凝土内需要管道暗装的工程，在混凝土浇筑之前，安装施工员需要及时组织相关施工班组（如水电班组）进行多工种配合施工，提前敷设管道，对于无须暗装的工程，需要在相关位置预留洞口。

提示

在实际施工的过程中，施工现场通常由施工员负责，而施工员通常又分土建施工员与安装施工员。土建施工员保证建筑物按照建筑和结构施工图的要求进行施工；结构施工员则保证给排水、电气、采暖和通风等能够按照给排水等相关图纸的要求进行施工。与施工员直接打交道的是施工队，施工员为施工队提供技术支持，并管理和监督其保证建筑质量；对上面，施工员需要对项目经理负责。

12.1.2 给排水施工图的分类

给排水施工图图，通常包括城市给排水施工图和建筑给排水施工图2类。城市给排水施工图属于市政建设工程，从水源地的一级泵房起，至建筑小区的水表井，都属于城市给水的范围（排水则从小区最后一个排水检查井之后即属于城市排水范围了），本文对城市给排水不多做讲述。

建筑给排水施工图又分为室外给排水和室内给排水。室外给水是从城市给水工程的水表井至建筑物室外的阀门井或水表井；室内给水是从室外阀门井或水表井至室内每个用水点（设备）止。本文主讲室内给水施工图的绘制。

室外排水范围，是指从建筑物室外的第一个检查井，至最后一个检查井（或碰头井）；室内排水范围，则是指从室内各污水收集点（设备）起，至建筑物室外第一个检查井止，本文主讲室内排水施工图的绘制。

12.1.3 给排水施工图的主要内容

给排水施工图主要包括如下内容。

- 给排水平面图：相当于在建筑平面图内（部分内容简化）表明给排水管道的布置情况，以及卫生器具、管道附件等的安装位置，管道的管径和安装坡度等。
- 给排水系统图：抽离房屋，只保留给排水管道，以立体图（一般为轴测图）的形式表明室内给排水管网和用水设备的空间关系等。
- 节点详图：表明配件的具体安装方法（如洗手间给排水大样、水表井安装详图等）。比较简单的室内给排水施工图，也可能不给出节点详图。
- 说明：对管道布置和施工要求等进行总体说明。

12.2 建筑给水的主要方式

从地坪（低处）将水供到楼上（高处），并保证所有住户能够持续不间断的供应，是需要一定压力和必要的供水措施的，本节简单讲述一下目前主要的几种供水方式。

12.2.1 直接给水方式

这是最简单的供水方式，它将室内管网与室外管网直接相连，利用室外管网的水压直接供水。适合楼层不高、室外管线供水稳定、压力较大时使用。

12.2.2 水箱给水方式

即在楼顶加设水箱的供水方式。它先通过室外管网向水箱供水，平时仍然通过室外管网供水，只在用水高峰期由水箱向外辅助供水的供水方式。适合室外管网在用水高峰期不能满足建筑物上层用水需要的场合。

水箱供水是以往城市供水能力较差、经常出现供水不足时采用的一种行之有效的方式。但是当城市管网供水较足时，水箱内存水时间较长，容易变质，造成自来水口感变差；且水箱质量较大，增加了建筑物的荷载，所以目前楼顶水箱已很少使用，或仅作为消防水箱辅助配置。

12.2.3 水泵给水方式

虽然室外管网水量能够保证，只是压力有限，无法将水供到更高的楼层，此时即需要在室外管网和室内管网之间加装水泵。此种给水方式的缺点是水泵需要随时启动（只要有居户用水，水泵即需即时启动），能耗较大。

12.2.4 水泵、水池、水箱给水方式

当外管网的水压和水量都经常不足时，可以采用水泵、水池加水箱的供水方式，如图12-1所示。此种方式除存在水箱供水方式的缺点外，还存在造价较高等缺点，优点是

适应性好，能在大多数条件下保证居民的正常用水，且较为节能。

12.2.5 气压给水方式

在水泵之后增加空气压力罐，首先通过连续供水将部分自来水压到空气压力罐中，当居民用水较少时，由压力罐直接供水；当用水较大时，由水泵直接供水。水泵之前可设置水池，如外管网水量较足，也可不设水池，如图12-2所示。

气压供水兼顾了减少建设成本和节能等效果，且施工安装方便，便于扩建和拆迁，是一种不错的供水方式，目前正得到较为广泛的应用。气压供水方式的不足是压力罐不能做得太大，因此当用户用水量较大时，显不出其供水优势。

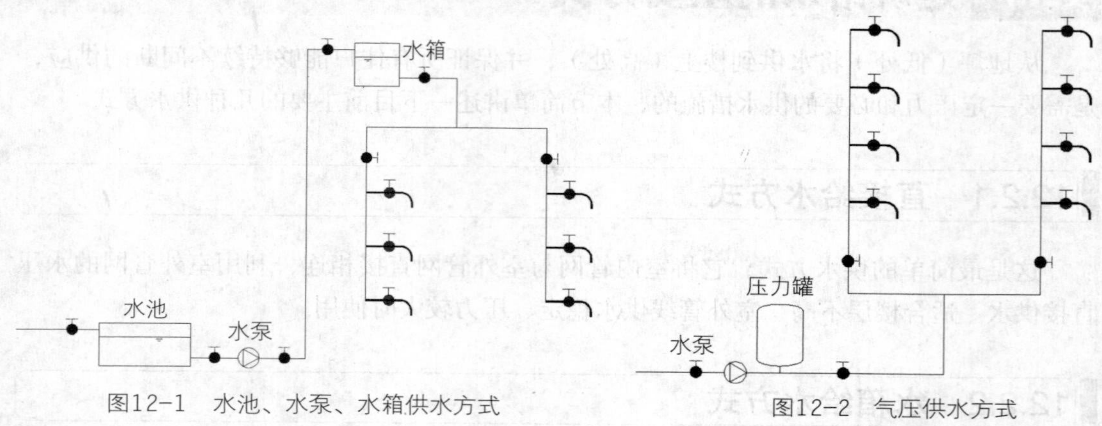

图12-1 水池、水泵、水箱供水方式　　图12-2 气压供水方式

> 提示　有时为了充分利用各种给水方式的优点，可能同时使用多种供水方式。如可在1、2、3层使用市政管压直接供水，而在高层中使用变频泵给水。此时的给水方式被称为分区给水方式。

12.3 建筑排水的主要方式

目前大多数建筑物的主要排水方式，都是利用水的自重，通过排水管道，自行排到市政污水管道中。需要注意的是，以前我国大多数楼层都将排水管道敷设在下层房间的上部，即上一层的排水管位于其下层居户房间的顶部，如管道出现问题，容易产生邻里纠纷。

为此，现代居民楼中，有些房屋采用了同层沉箱排水方式或同层后排水方式。沉箱排水方式是将上一层的排水房间的结构板下沉350mm以上，然后在沉箱间敷设排水管道；同层后排水方式同样将排水房间结构板下沉一定距离，多为50~100mm，此时坐便器采用后排水式，排水水平支管沿墙角敷设至排水立管。同层后排水方式地面下沉小，敷设和检修方便，因此得到越来越广泛的应用。

12.4 建筑给水系统的组成

为了能够在绘制给排水工程图时游刃有余，下面再来认识一下给水管道系统的组成。

12.4.1 引入管

由建筑物外第一个给水阀门井引至室内给水总阀门之间的管段为引入管，是市政给水管网与小区供水管网之间的联络管段，也称“进户干管”。给水管多埋设于地面以下。

对于住宅小区，给水引入管的粗细，与居户的多少、市政水压、所采用的供水方式等都有关系，在具体选用时，需要给排水工程师进行详细计算得到。如可选用DN70（直径7 cm）的进户干管，室外埋地管多用PE管或PPR管（PPR管较贵）。

12.4.2 水表节点

水表位置处的阀门、旁通管和泄水装置等，被称为水表节点。水表节点的各种设备，会被集中装配到水表井中（或室内泵房中）。对于只有一条引入管的供水管线，为利于水表检修、更换，以及消防需求等，多设置有旁通管（即不经过水表的水管）。泄水装置安装在水表后，用于检测水表精度、测量进户点压力等。

按照测量方式的不同，可将水表分为速度式水表和容积式水表两类。速度式水表就是传统的机械螺旋式水表，容积式水表是指通过一个容室不断充满和排空来计算水量。容积式水表可以有效防止滴漏，但是对水质要求较高；速度式水表结构简单、灵敏、造价较低，目前仍然被广泛使用。

按照水表的职能程度，水表又分为多种类型，如直读水表、IC卡水表、远传水表等，如图12-3~图12-5所示，其中IC卡水表在某些地区应用较广（这些水表的运行原理，此处不多做讲述）。

图12-3 直读水表

图12-4 IC卡水表

图12-5 远传水表

12.4.3 给水管道系统

水表总阀门之后，一直到住户水龙头或其他用水装置的管道，统称为管道系统，包括供水干管、供水立管和供水横管等。干管是指水平或竖直方向的供水总管道，立管就是竖向的供水管道，横管是同层内的配水管道。

目前主要使用PPR管来布置室内的给水管道系统。也有部分使用PVC管（或U-PVC管），但PVC管具有轻微的毒性，所以通常使用在排水管道中。铸铁供水管目前已经停用，铝塑、钢塑复合管等只用在部分给水压力过高的场合。消防管不能使用塑料管（易燃），通常使用镀锌钢管（按管径来分，进户后的进户管多为DN25管）。

家装中也是PPR管应用较多，也有部分用户采用铜管或不锈钢管，不过因为价格昂贵，应用范围不大。

12.4.4 给水附件

给水管道系统上的阀门、止回阀、消火栓及各式水龙头等都可归类为给水附件。给水附件主要用于控制管道中的水流。

给水管道中的阀门，最常见的是截止阀（普通阀门，如图12-6所示）和止回阀，截止阀用于打开或关闭水流，止回阀是令水只能一个方向流动的阀门。此外，还可能有减压阀，减压阀是令阀门两侧水压不同的阀门，可在底层住户中使用。

图12-6 截止阀

12.4.5 升压和贮水设备

当管路系统较复杂时，室内给水系统还可能包括水池、水泵、水箱和压力罐等装置，如图12-7所示。其中水泵多是增压时使用；水池和水箱等都是储水装置，应注意保持清洁卫生；压力罐应注意防锈。

图12-7 水泵和压力罐等

12.5 建筑排水系统的组成

下面再来看一下建筑排水系统的组成，包括污水收集设备、排水管道系统、通气设备、清通设备等。

12.5.1 污水收集设备

常见的污水收集设备主要为卫生器具，如马桶、浴盆、地漏、洗手盆、洗菜盆等。污水收集设备应保证不渗漏、可防臭，其中马桶、洗手盆、浴盆等多为瓷器，洗菜盆和地漏等多为不锈钢。

污水收集设备的多少决定了入户给排水管道的粗细，在实际计算管道的管径时，需要进行当量折算。

12.5.2 排水管道系统

排水管道系统主要由排水干管、排水横管、排水支管等组成。为了防止堵塞，排水管要比供水管粗很多。排水支管是污水收集设备到排水横贯的管线，通常安装有存水弯管，管径多为40mm（或与排水横管相同）；排水横管是排水支管到排水干管间的管线，安装时需要令其具有一定的倾斜角度（2%以上），排水横管的最小管径为50mm；排水干管是居户排水管到市政排水管道之间的管线，其直径不能小于100mm。

12.5.3 通气装置

为使排水系统内压力稳定、空气流通，防止发生水封而阻碍了污水的顺利排出，排水干管通常都敞口直通屋顶，并在屋顶处安装通气帽。通气帽主要为了防止杂物落入。

12.5.4 清通设备

当横管较长时，为方便清淤，通常在管道的中间设置清扫口，如图12–8所示，清扫口斜插入横管，然后通到楼板上，平时使用盖子密闭，使用时开启，再使用专用清扫设备清淤。当横管较短时，可以使用末端地漏口作为清扫口（此时无须再单独设置清扫口）。

此外，在排水干管中，还可设置检查口和检查井。检查口是带有可开启盖的配件，如图12–9所示，通常安装在排水立管上，用于检查管段或进行双向清通。检查井是设置在小区内的横向干管上的检查洞口，多设置于排水管道交汇处、转弯处等，主要为了清洁和疏通管道，目前多为塑料一体注塑检查井，如图12–10所示。

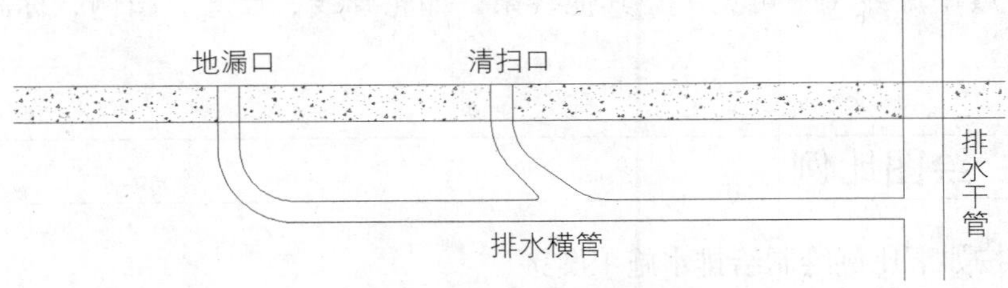

图12–8　排水横管上的清扫口

图12–9　排水干管上的检查口

图12–10　检查井

12.5.5 排水管附件

排水管附件主要有排水栓、存水弯等。排水栓一般设在盥洗槽、污水盆的下水口处，如图12-11所示的“万向落水头”即为一种排水栓，用于短暂存水，或防止大颗粒的污染物堵塞管道等。

存水弯一般位于排水支立管，卫生器具下水口下面，用于形成水封，以防止管道内的污浊空气进入室内，如图12-12所示。

图12-11 万向落水头

图12-12 存水弯

12.6 给排水施工图的表示方法和一般规定

虽然给排水工程图与建筑施工图很多地方要求相同，但是也有一些独特的地方，如管道使用何种线性、常用的图例等，本节就来介绍一下这方面的知识。

12.6.1 线型

给水排水施工图的管线应采用粗线；给水排水设备、构件的轮廓线等应采用中实线（可见）或中虚线（不可见）；其他线条，如轮廓线、尺寸、图例、标高等应采用细实线。

12.6.2 绘图比例

通常可按如下比例绘制给排水施工图：

- 小区平面图：1:2000、1:1000、1:500、1:200。
- 室内给水排水平面图：1:300、1:200、1:100、1:50。
- 给水排水系统图：1:200、1:100、1:50。
- 剖面图：1:100、1:60、1:50、1:40、1:30、1:10。
- 详图：1:50、1:40、1:30、1:20、1:10、1:5、1:3、1:1、2:1。

给排水系统图也可不设置绘图比例，表达清楚即可。

12.6.3 常用图例

给排水施工图中的卫生器具与建筑施工图中的基本相同。其他图形，如存水弯、检查口等，为了令给排水施工图清楚而不杂乱，都做了简化处理，并规定了专用图例，在绘制施工图中，需要使用这些图例，来表示管路的走向和设备安排，具体如表12-1所示。

表12-1 给排水常用图例

序号	名称	图例	序号	名称	图例
1	生活给水管	J	14	减压阀	
2	热水给水管	RJ	15	止回阀	
3	排水管	F	16	水龙头	
4	管道立管	XL-1 平面 XL-1 系统	17	淋浴器	
5	管道交叉连接		18	水表井	
6	三通连接		19	水泵	平面 系统
7	四通连接		20	检查井	
8	存水弯		21	压力表	
9	检查口		22	水表	
10	通气帽	成品 铅丝球	23	化粪池	HC
11	地漏		24	室外消火栓	
12	截止阀	DN≥500 DN<500	25	室内消火栓	平面 系统
13	闸阀		26	水泵接合器	

12.6.4 标高

给排水施工图中的标高与建筑施工图中的标高，其形式和绘制要求等没有区别，单位都为m，通常也都标注到小数点后3位（在总图中可标注到小数点后2位）。

通常应在管道的起始位置、转角点、连接点、变坡点和交叉点处标注标高。其中，给水管道所标注的标高应为管中心的高度，排水管道所标注的标高应为管道底部的标高。

12.6.5 管径

管径的单位为mm，通常用如下符号和方法来表示。

- DN：最常见的管径标注符号，通常聚乙烯（PVC）管、铸铁管、钢塑复合管和镀锌钢管等使用此符号标注，表示所用管材的公称直径（如DN50，表示此管的公称直径为50mm）。

公称直径，既不是管的外径，也不是管的内径，而是外径与内径的平均值，也称为平均直径。查询相应的规格对照表，可通过公称直径得到内径和外径。

- De：表示PPR、PE管、聚丙烯管等的外径，标注时一般标注为“外径×壁厚”的形式，如De50×2.5。
- d：表示混凝土管、陶土管等的内径，如d230等。
- D：表示无缝钢管、焊接钢管（直缝或螺旋缝）、铜管、不锈钢管等管材的外径，标注时通常也标注为“外径×壁厚”的形式，如D108×4。

以前，无缝钢管使用ϕ表示其公称直径，现在统一为使用D开头的表述方式。

12.6.6 编号

当建筑物的给水排水进、出口数量多于一个时，当建筑物内穿过一层或多层楼层的立管数量多于一个时，都应用阿拉伯数字编号，如图12-13和图12-14所示（P表示排水，PL表示排水立管，3是编号）。

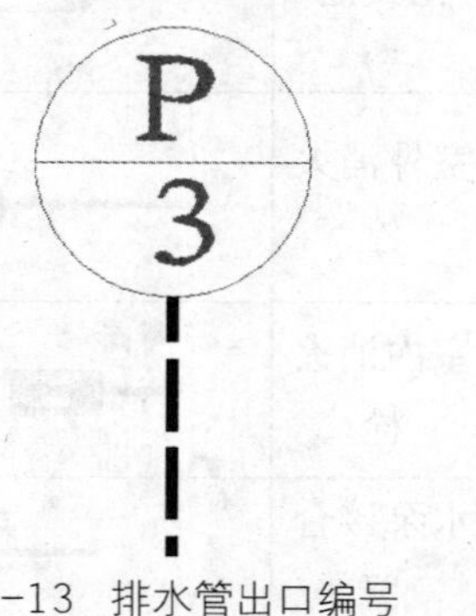

图12-13 排水管出口编号

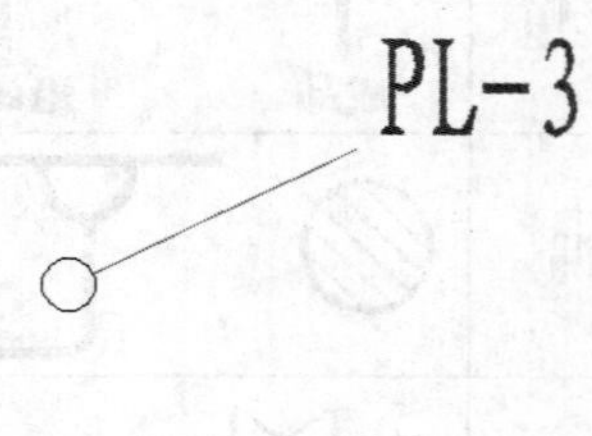

图12-14 排水立管编号

排水管出口编号的大小，同详图符号，打印出图的直径应为10mm。此外，阀门井、检查井、水表井、化粪池等，多于一个时也应编号。给水阀门井的编号顺序，应从水源到用户，从干管到支管再到用户。而排水检查井的编号顺序，则应从上游到下游，先支管后干管。

12.6.7 标注规定

给排水管道的规格用线旁加文字标注的形式表示。给排水工程图纸中，只标注管径而不标注管长，也不标注管道到墙壁的距离（暗装管道可与明装管道一样画在墙外，但是需要标注哪些部分要求暗装）。管道坡度无须画出（画成水平即可），但是需要在管道旁边用数字注明坡度。

管道材质、联接方式、防腐要求，以及设备的规格型号、安装要求等，也不会在图纸中标注，而通常会在设计说明加以说明。有特殊施工要求的，需绘制详图。

12.7 给排水施工图绘制的基本原则

在绘制给排水施工图时，通常有如下原则需要遵守。

- 当在同一平面位置布置几根不同高度的管道时，若严格按投影绘制，平面图会重叠在一起，此时可画成平行排列。
- 有关管道的连接配件均属规格统一的定型工业产品，在图中均不用画出。
- 管道应尽量布置在道路外侧的人行道或草地下，并沿道路和建筑物周边平行敷设。此外，应尽量减少相互间和与其他管线的交叉。
- 当管道“碰头”时，可按如下原则对管道进行调整：电线管让水管道，水管道让风管道，小管道让大管道，冷水管让热水管，低压管让高压管，压力管（给水）让重力管（排水）。
- 当各种管路必须交叉布置时，可遵循如下原则：气体管路排列在上，液体管路排列在下；热介质管路排列在上，冷介质管路排列在下；保温管路排列在上，不保温管路排列在下；金属管路排列在上，非金属管路排列在下。
- 电缆和输送液体的管线应分开设置。
- 给水管道不能配置在配电室、配电设备、仪器仪表的上方。
- 给水管道不可穿越基础、风道、烟道、橱窗、壁柜、木装修等。如必须穿越，应预留钢套管。
- 立管布置要便于安装和检修，并应尽量靠近污物、杂质最多的卫生设备，如马桶。
- 排出管应选最短途径与室外管道连接，连接处应设置检查井。

12.8 给排水施工图说明

给排水施工图的图纸部分，实际上比较简单，相比较其施工图，说明显得较为重要，会包含很多施工方面的要求等，下面进行简单介绍。

12.8.1 设计依据

（1）建设单位的设计委托任务书及建筑专业的资料蓝图。
（2）建筑设计防火规范（GB50016-2006）。
（3）建筑给水排水设计规范（GB50015-2003）。
（4）室外给水设计规范（GB50014-2006）。
（5）室外排水设计规范（GB50016-2006）。
（6）住宅建筑规范（GB50368-2005）。
（7）住宅设计规范（GB50096-2011）。
（8）建筑灭火器配置设计规范（GBJ140-2005）。

12.8.2 设计范围

（1）生活给水系统。
（2）生活排水系统。
（3）室外给排水由甲方另行委托设计单位设计。

12.8.3 系统概况

（1）给水系统：利用市政水压直接供水，市政给水管一般供水压力为0.34mPa；该工程最大日用水量为50m²/d，最大小时用水量5.5m³/h，设计秒流量3.1L/S。

（2）排水系统：室内、室外均采用雨、污分流的系统。生活污水经化粪池处理，处理后排入市政污水管道。

（3）灭火器：火灾危险类别为A类，危险等级为轻危险级。住宅楼梯间设2kg装的手提式干粉磷酸铵盐灭火器，灭火器的配置位置及数量详见各层平面图。

12.8.4 管道材料

（1）室内给水管均采用PP-R给水管，公称压力为1.00mPa，热熔连接。
（2）室外给水管采用钢塑复合给水管，公称压力为1.00mPa，丝扣连接。
（3）污水管采用硬聚氯乙烯塑料排水管（UPVC），颜色为白色，承插粘接。
（4）屋面雨水管采用硬聚氯乙烯塑料排水管（UPVC），粘接。
（5）自流排水立管应在每层穿楼板处的下方安装阻火圈。
（6）雨水斗采用87型铸铁雨水斗DN100，详见国标01S302。
（7）所有以上管道上的配件应按国家规范、规程及企业标准执行，并必须与相应管道材质相匹配。

12.8.5 管道附件

（1）水表前给水支管上的阀门采用WSQ11F-16T型过滤球阀；除此之外，给水管上的阀门，当管径 DN≤40mm时，采用JIIW-16T型铜截止阀；当管径DN>40mm时，采用PQ40F-16Q型不锈钢阀。

（2）压力表采用Y-150型，测压范围为0～1.6Mpa。

（3）给水入户管道上的止回阀均采用HC41X-16C型止回阀。

（4）排气阀采用AVAX-0025型全铜自动排气阀。

（5）厕所的排水地漏采用ABS型防反溢地漏，地漏盖为不锈钢材质。

（6）水表采用LXSL型旋翼式水表，水表口径同接管管径。

12.8.6 管道的安装坡度

（1）卫生间内给水支管应尽量嵌墙暗装，遇到剪力墙时可考虑明装。

（2）在嵌墙和找平层内敷设的给水管道，应有指示管道安装位置的、不被灰砂或混凝土砂浆掩埋的标志。

（3）管道安装应注意平直美观，尽量靠墙贴柱贴梁安装。

（4）给水管在穿楼面时均设钢套管。

（5）污水管和雨水管在穿楼面时设钢制套管；穿屋面设钢制防水套管。

（6）管道过沉降缝、伸缩缝及生活给水时，应加金属波纹软管，工作压力为1.60mPa，型号为16JRHDNF（B）-1000。

（7）污水管道上的三通或四通，均为45° 三通或四通、90° 斜三通或斜四通。

（8）污水立管和雨水立管上的检查口中心距离地面1.00m。

（9）各种管道的配件采用与管道相应的材料。所有设备器材阀门仪表和五金配件均采用国家定型并经过鉴定检测合格的优质产品。

（10）建筑物进出户管道与室外管道连接，以及建筑物沉降缝两边管道的连接，应在主体建筑沉降稳定后方可施工安装。

（11）所有预埋、预留套管和管道及孔洞，应紧密配合土建施工进行，避免事后敲打。

12.8.7 管道井施工要求

（1）排水管检查井埋深小于1.0m时，均采用塑料一体式注塑检查井；当埋深大于1.0m时，采用ϕ1250mm砖砌收口式检查井。

（2）给水阀门井采用砖砌收口式阀门井。各种砖砌阀门井、检查井均按有防地下水型进行施工。

（3）在车行道上的所有检查井、阀门井、井盖、井座均采用重型球墨铸铁双层井座、井盖。人行道下和绿化带的井盖、井座采用轻型球墨铸铁单层井盖、井座。

（4）在路面上的井盖，上表面应同路面相平；无路面井盖应高出室外室外设计标高50mm，并应在井口周围以0.02的坡度向外做护坡。

12.8.8 管道防腐和保温

（1）水管立管及井道内的给排水管，外壁均用聚乙烯树脂软管（厚10mm）外包，并加玻璃丝布一道。

（2）镀锌钢管在丝接处刷环氧防腐漆二道防腐。

（3）焊接钢管外表经除锈后，刷红丹二道，再刷面银粉漆二道，埋地管再刷沥青两道。

12.8.9 管道冲洗

（1）给水管应以1.5倍的工作压力，并以不小于0.9mPa的试验水压进行试验。其他验收标准参照《给水排水管道工程施工及验收规范》（GB50268-97）的规定执行。

（2）污水管试验注水高度以一层楼高度为准，在20min内无渗漏为合格，其他验收标准参照《给水排水管道工程施工及验收规范》（GB50268-97）的规定执行。

12.8.10 未尽事宜

（1）在本图中如发现土建部分图与土建专业图不符时，应以土建专业图为准，如与管道有关请及时通知设计院。

（2）本图应送有关审批部门审批，且应在建设方、监理、施工单位仔细阅读，均认为无误后方可施工。

（3）施工中应与土建专业及其他专业密切配合，合理安排施工进度，及时预留孔洞及套管，以防碰撞和返工。

（4）本说明未提及者，按有关施工验收规范执行。

第13章

给排水平面图绘制

本章内容

- 给排水平面图基础
- 一层给排水平面图的绘制
- 标准层给排水平面图的绘制
- 其他层给排水平面图的绘制

13.1 给排水平面图基础

给排水平面图是在建筑平面图的基础上根据给排水绘图规定绘制的，用于反映房间给排水情况的设备施工图。

在给排水平面图中，通常需要绘制如下内容。

- 给排水横管。
- 给排水立管。
- 用水设备。
- 卫生器具。
- 水表、阀门、水龙头等用水附件。
- 管道名称、规格、倾斜度等标注。

在绘图时，给水管通常使用实线表示，排水管则使用虚线。给排水管道的线宽和颜色在规范中没有明确规定，可自定义。通常线宽都取中实线（0.35d）或35mm粗的多段线；给水管的颜色一般用绿色、蓝色，排水管的颜色一般用黄色。

此外，在给排水平面图中通常不标注给排水管道与墙间、管道与管道间的距离，管道在图纸中与墙的绘图距离也不代表管道的真实位置，实际上只需标注明敷或暗敷即可。具体施工时，可根据《建筑给水排水及采暖工程施工质量验收规范》中的要求执行。

通常现场施工时，管道与管道、管道与墙的距离以能伸进管钳操作为准，其中DN50的管道距离墙的距离通常不小于50mm（管中心线距离墙的距离），DN50以上的管道中心线离墙面距离通常等于管道的公称直径。嵌墙安装的管道表面砂浆（包括粉刷）的厚度通常不小于30mm。

13.2 一层给排水平面图的绘制

本节讲述一层给排水平面图的绘制方法。一层给排水平面图通常不同于其他给排水平面图，需要绘制给排水进出口，并标注埋深等。

13.2.1 整理一层建筑平面图

01 **复制一层建筑平面图** 首先复制“一层建筑平面图”中的所有图形，如图13-1所示，然后删除所有内侧标注，以及外侧标注的第一道标注，删除剖切符号、标高和倾斜度等标志，并修改图块，效果如图13-2所示。

02 **隐藏图块属性文字** 执行BATTMAN命令，打开“块属性管理器”对话框，如图13-3所示，选择要隐藏块属性的图块，并单击“编辑”按钮，然后在打开的“编辑属性”对话框中选中“不可见”复选框即可，如图13-4所示。重复操作，将所有图块的属性文字都隐藏，效果如图13-5所示。

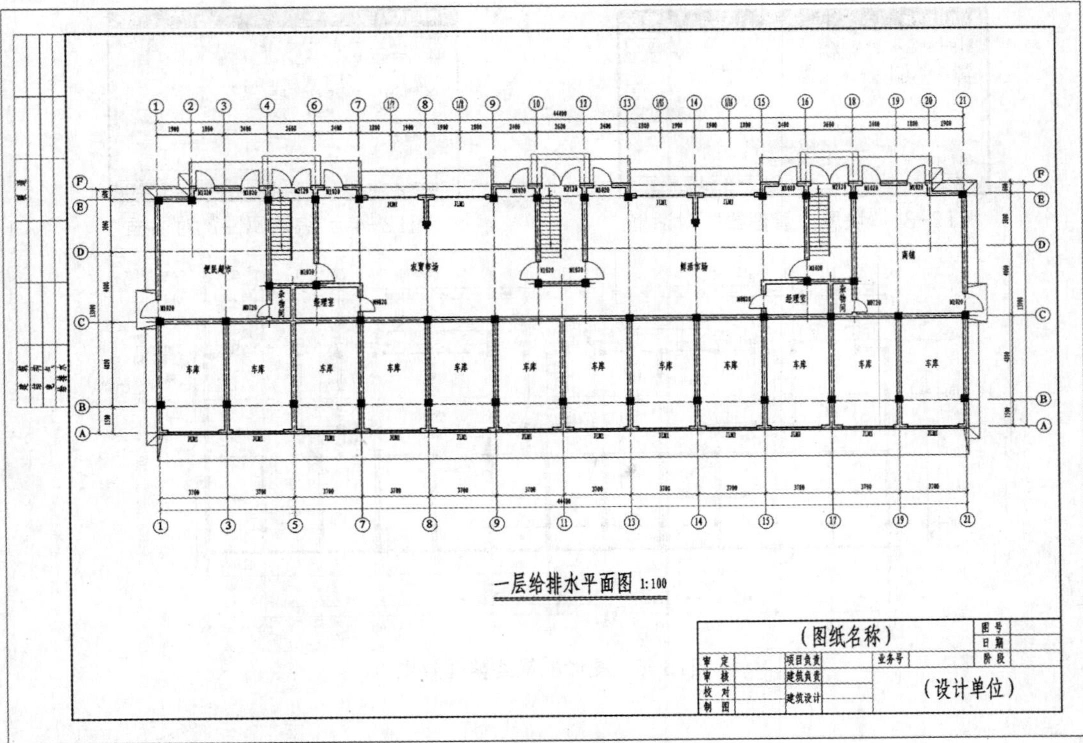

图13-1　复制的一层建筑平面图

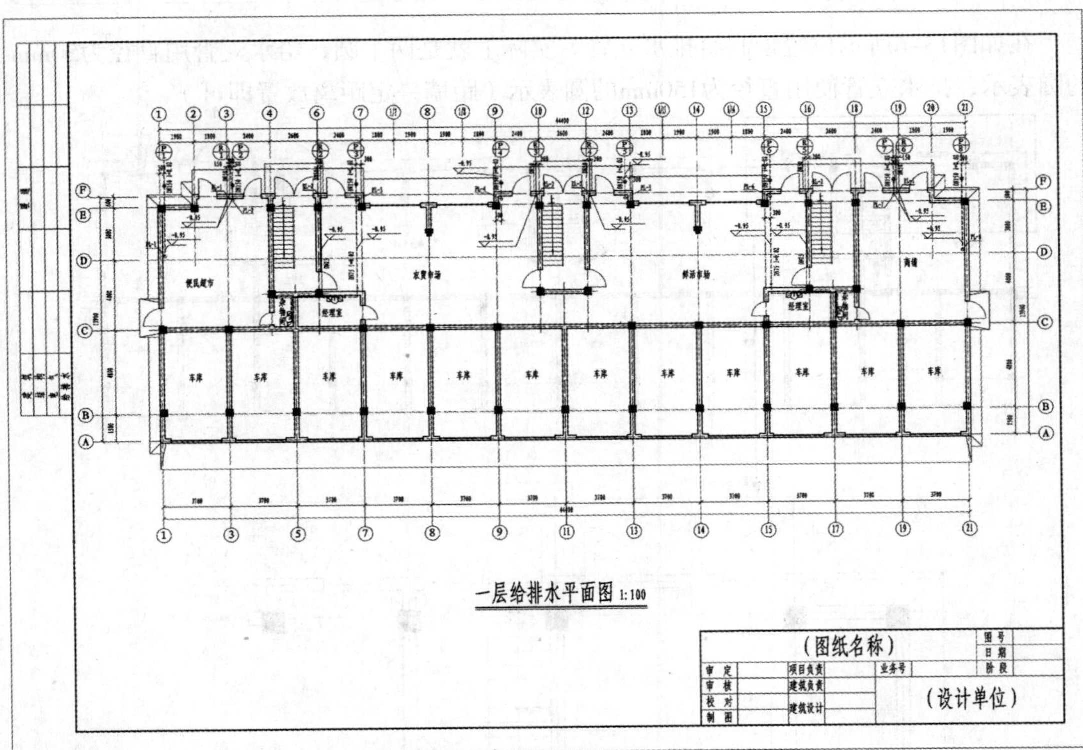

图13-2　绘制好的一层给排水平面图

图13-3 “块属性管理器”对话框

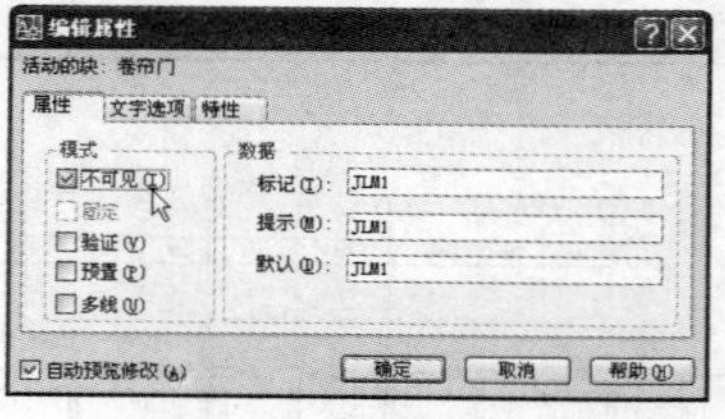

图13-4 “编辑属性”对话框

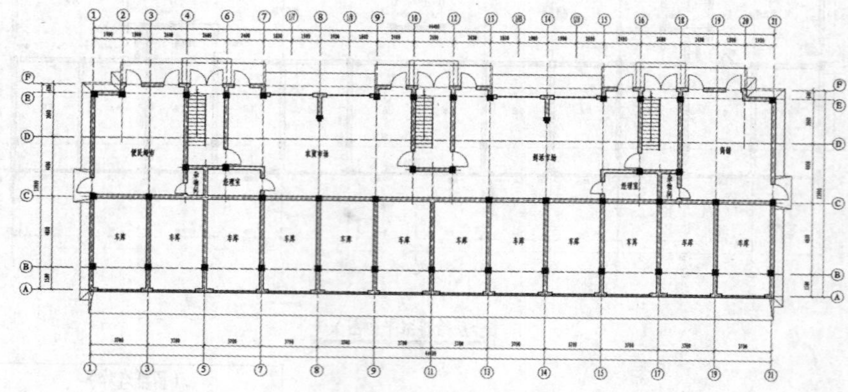

图13-5 图形的最终整理效果

13.2.2 绘制给排水立管

在如图13-6所示位置绘制给排水立管。实际上就是两个圆，给水立管用直径为50mm的圆表示，排水立管使用直径为150mm的圆表示（距墙一定距离放置即可）。

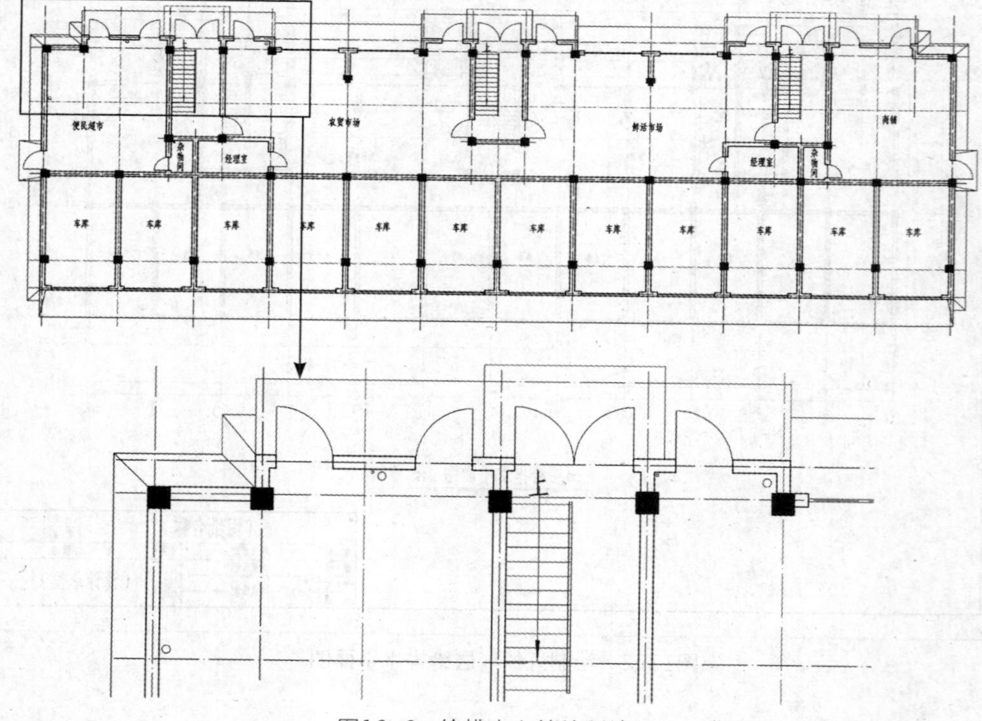

图13-6 给排水立管绘制效果

13.2.3 绘制给排水横管

参照图13-7，使用多段线绘制给排水横管，线宽35mm，给水管用实线，排水管用虚线。

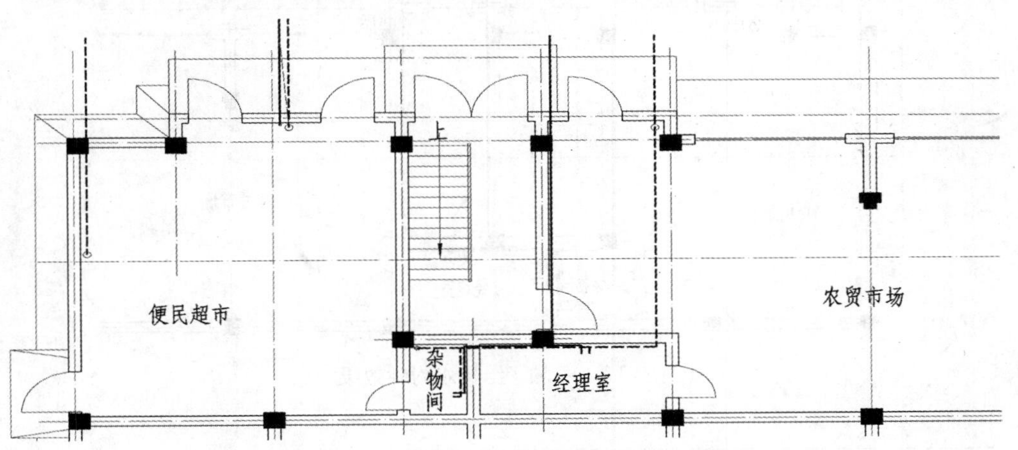

图13-7 给排水横管绘制效果

13.2.4 绘制给排水进出口编号

使用建施工图中的详图索引符号绘制给排水进出口编号，置于户外给排水管顶端（其中给水分别为R1、R2，排水则为P1、P2），如图13-8所示。

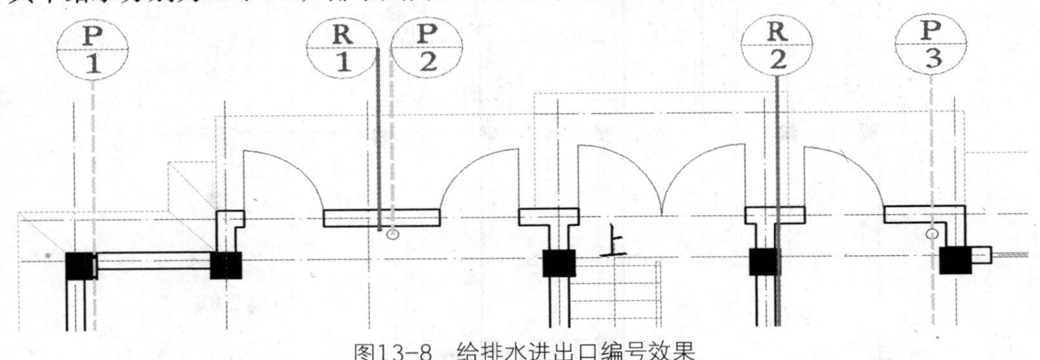

图13-8 给排水进出口编号效果

13.2.5 添加给排水附件

参照图13-9，绘制给排水附件，自左到右分别为检查口、地漏、阀门和水表图例，其直径分别为200mm、100mm、80mm和130mm，并定义为块，然后将其拖动到给排水管道需要使用此设备的位置处即可，如图13-10所示。

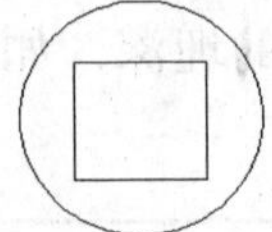   

图13-9 给排水附件符号效果

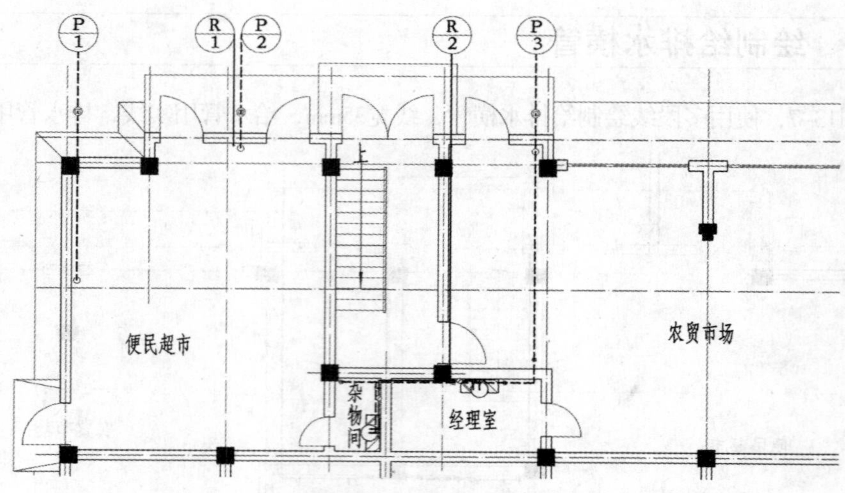

图13-10　添加了给排水附件效果

13.2.6　标注给排水管道位置、立管编号和管道粗细

参照图13-11，使用标注、直线、多行文字（或单行文字）等工具，为给排水管道添加相应标注。其中，PL-1、RL-1等为立管编号，DN50表示进水管的管径为50mm，DN150 i=0.02表示排水主管的管径为150mm，排水倾斜度为0.02（排水支管为DN75）。

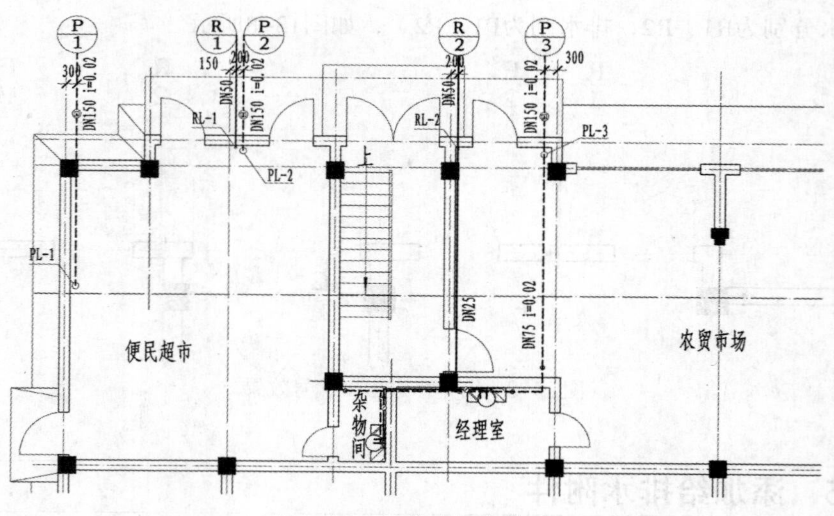

图13-11　给排水标注效果

13.2.7　标注给排水管道埋深

复制建施图中的标高图块，并使用直线绘制引出线，标注进排水管道的埋深，如图13-12所示（此处都标注为0.95，即表示所有管道的埋深都为0.95米）。

提示　建筑物内埋地敷设的生活给水管和排水管之间最小净距，平行埋设时通常应不小于0.5m，交叉埋设时应不小于0.15m。

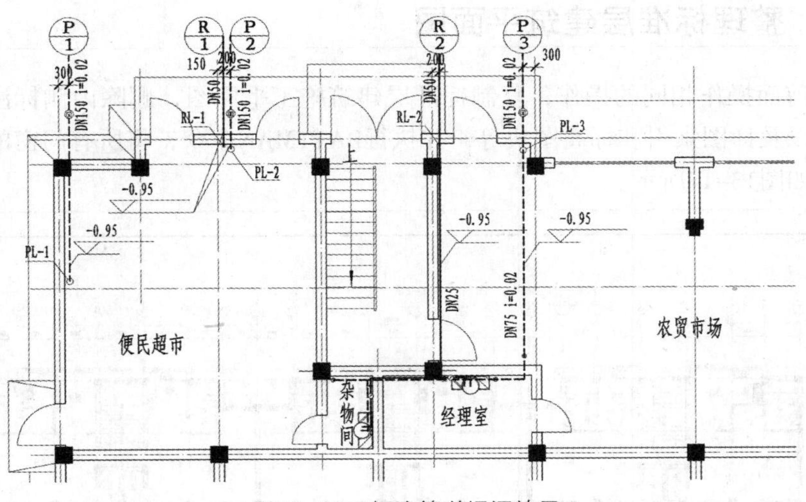

图13-12 标注管道埋深效果

13.2.8 整理图形打印输出

绘制其余空间中的给排水管道（基本上左右对称，只是编号有所不同），效果如图13-1所示。然后对图层和图块等进行整理，并执行PU命令，删除不使用的标注和文字样式等，最后将图形打印输出即可。

13.3 标准层给排水平面图的绘制

标准层给排水平面图，与一层给排水平面图相比，要简单一些，只需绘制给排水管道、立管和各种阀门附件即可，如图13-13所示，下面看一下绘制操作。

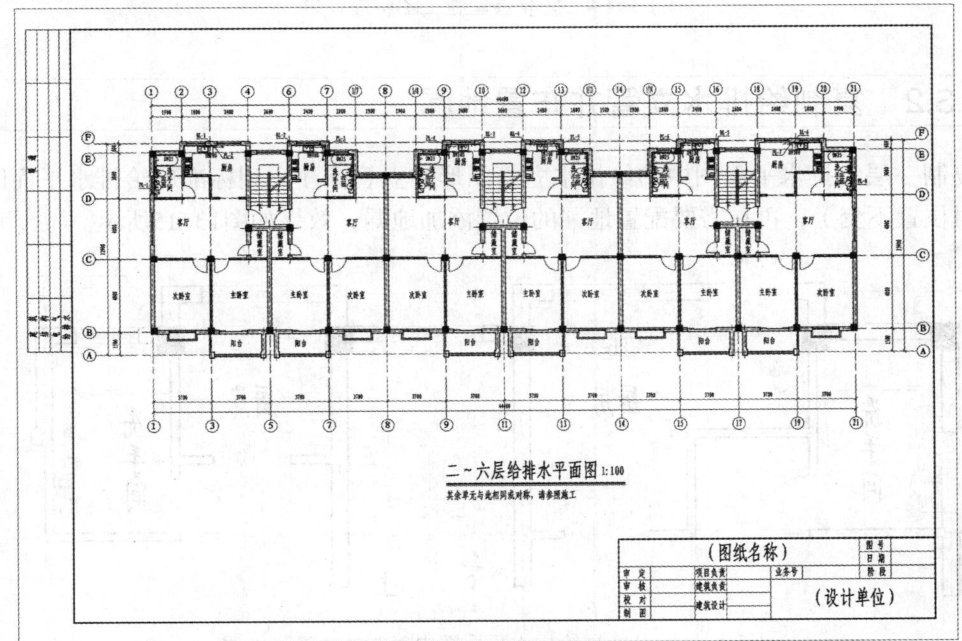

图13-13 绘制好的标准层给排水平面图

13.3.1　整理标准层建筑平面图

通过与前面操作相同的操作，复制标准层建筑施工平面图，删除内侧标注和外侧第一道标注，以及详图索引和标高图块等，并执行BATTMAN命令，将所有门窗的文字属性隐藏，效果如图13-14所示。

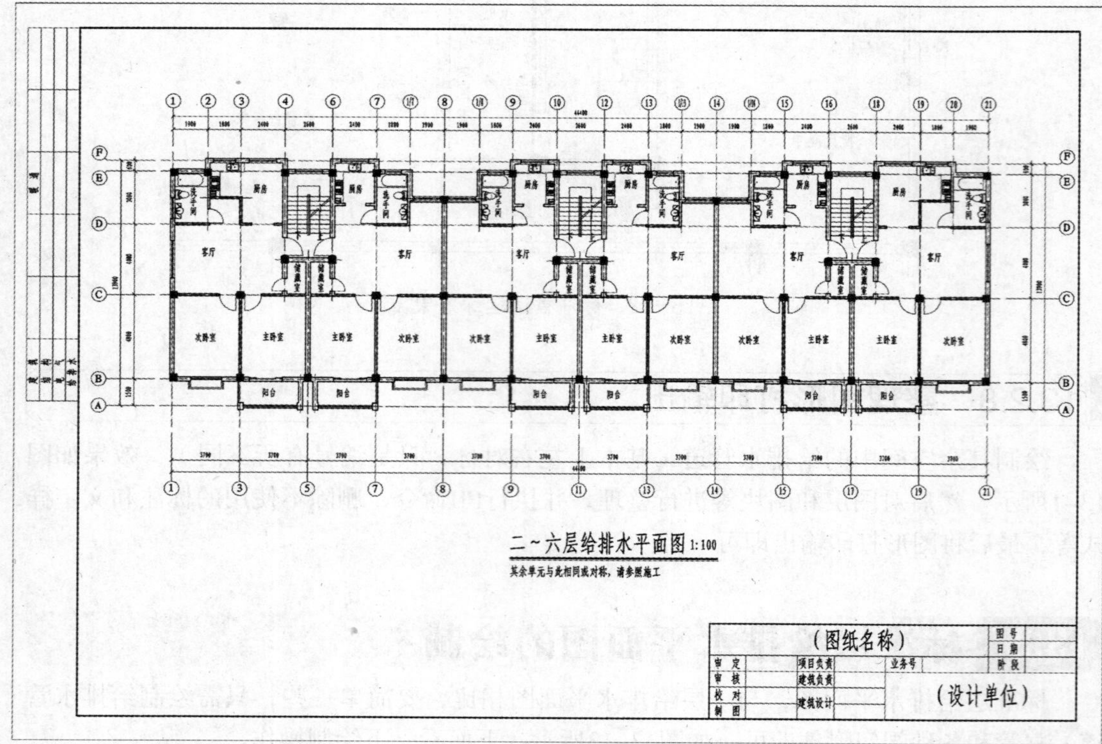

图13-14　标准层建施工图整理效果

13.3.2　复制给排水立管并布置地漏

复制一层给排水平面图中的给排水立管图形和立管标注，到标准层给排水平面图中（相对位置不变），再在需要配置地漏的位置添加地漏，效果如图13-15所示。

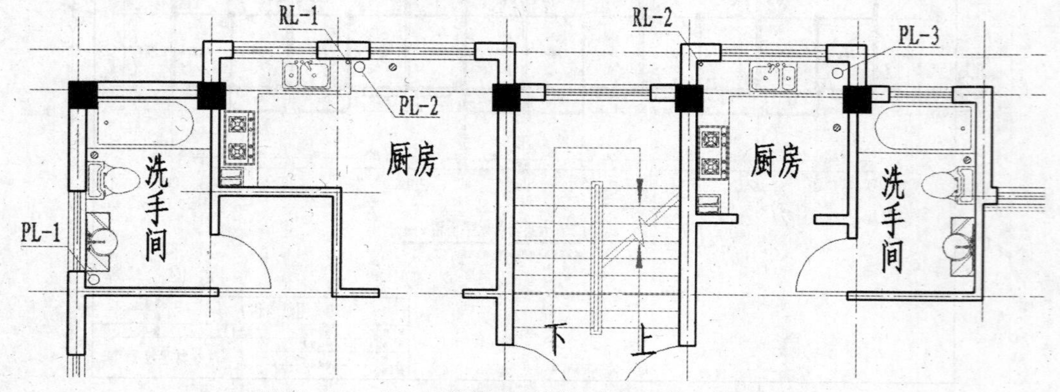

图13-15　从一层给排水平面图中复制的立管和地漏

13.3.3 绘制给排水横管并添加附件

根据需要绘制给排水横管，并在适当位置配置给排水附件（如阀门和水表），然后标注横管直径（排水横管为DN75，给水管为DN25），效果如图13-16所示。

然后将绘制的图形镜像到其他房间，并标注立管编号即可。

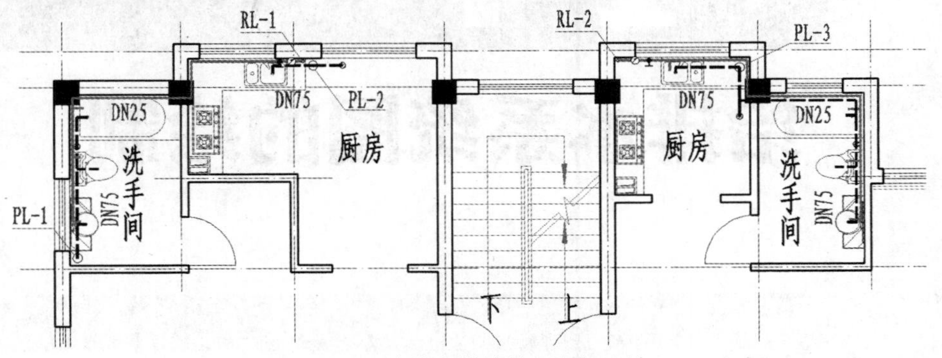

图13-16 给排水横管绘制和标注效果

13.4 其他层给排水平面图的绘制

通过相同操作，可以绘制其他图层的给排水平面图（如图13-17所示）或者雨水管平面图等，此处不再一一叙述。

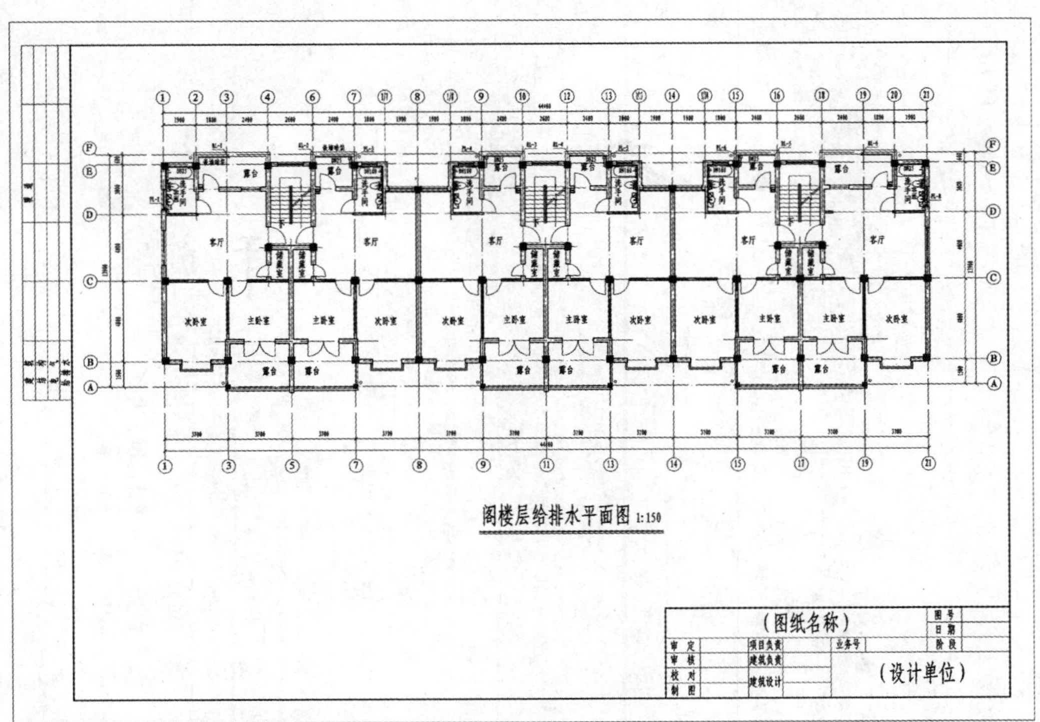

图13-17 阁楼层给排水平面图

第14章

给排水系统图的绘制

本章内容

- 给排水系统图概述
- 住宅楼给水系统图
- 住宅楼排水系统图
- 其他给排水系统图

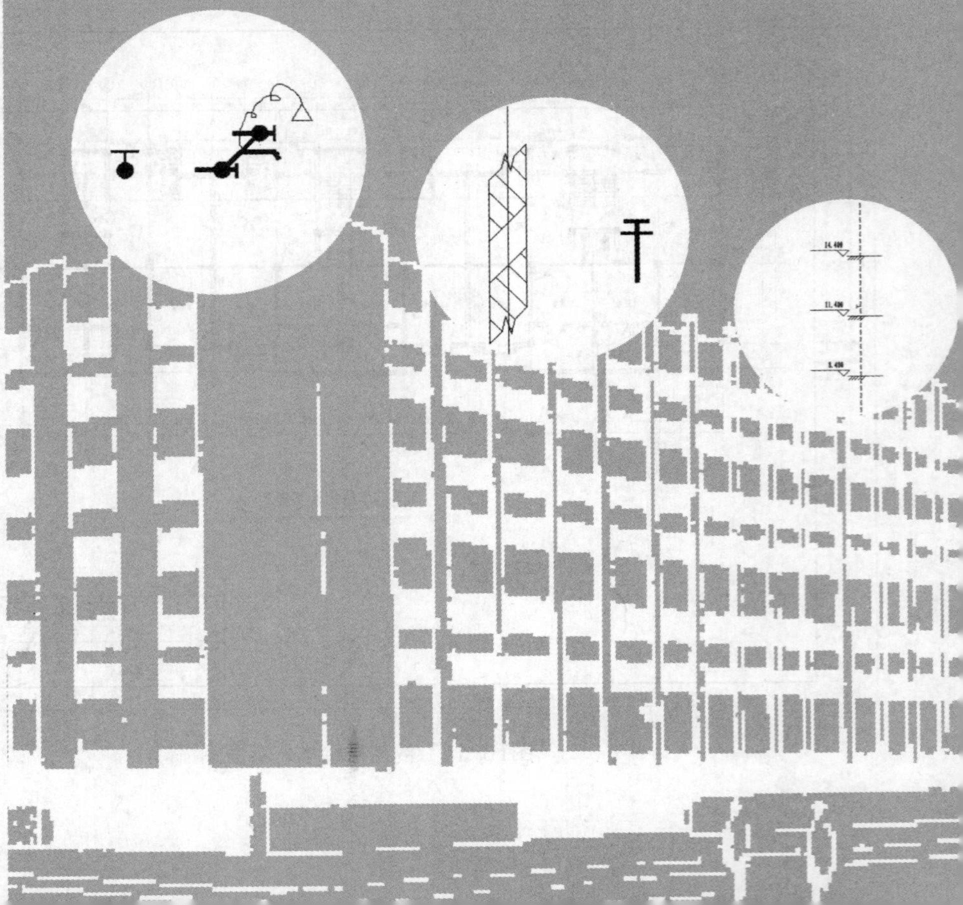

14.1 给排水系统图概述

通过给排水系统图，可以自上而下、全方位地了解管道之间的关系。给排水系统图的主要绘制内容如下（如图14–1所示）。

- 楼层（通常使用带毛边的线表示）。
- 给排水管道。
- 卫生器具。
- 水表、阀门、水龙头等用水附件（立面符号）。
- 管道规格、倾斜度等标注。

在给排水系统图中，通常使用竖线表示立管，水平管不变（原给排水平面图中的水平横管在系统图中仍然绘制为水平）；平面图中与水平管垂直的管，在系统图中采用倾斜45° 的斜线表示。该排水管线的粗细等不变。

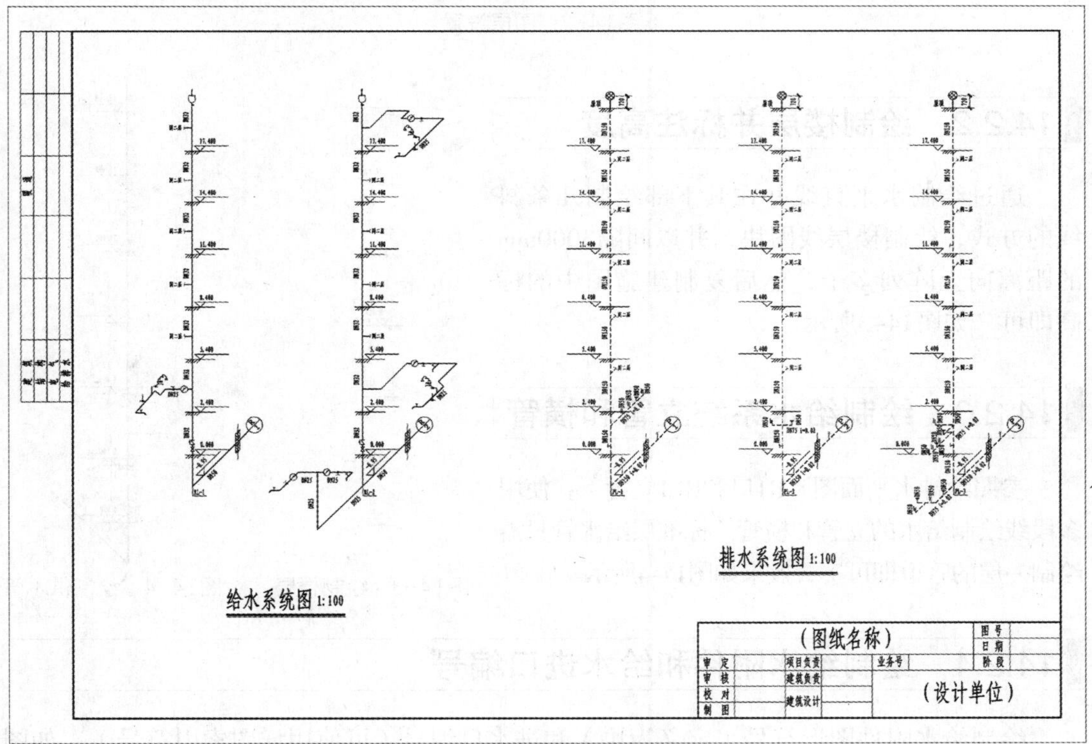

图14–1 要绘制的给排水系统图

14.2 住宅楼给水系统图

通常一个给水口即对应一个给水系统图，且给水排水系统图都是相互独立的。下面先来看一下R1给水口对应系统图的绘制。

实际上，系统图就是平面图的立体化，所以在绘制的过程，应注意参考给排水平面图中给水管道的走向和水龙头等设备的布置情况。

14.2.1 图层的设置

给水和排水系统图通常会被绘制到同一张图纸上。在开始绘制之前，用户不妨按如图14–2所示选项板，设置给排水图纸的图层（排水图层用虚线）。

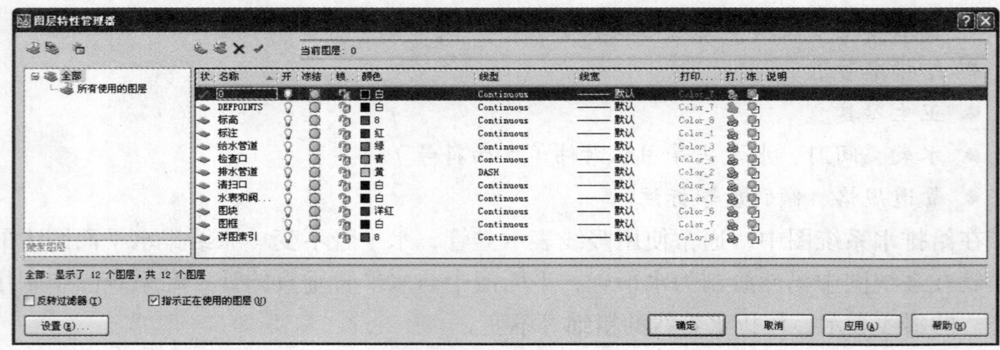

图14–2 图层设置

14.2.2 绘制楼层并标注高度

通过绘制水平直线并在其下部绘制几条斜线的方式，绘制楼层线图块，并以间隔3000mm的距离向上阵列多个，然后复制建施图中的标高即可，如图14–3所示。

14.2.3 绘制给水系统立管和横管

参照给排水平面图（R1口和RL1立管），使用多段线绘制给水的立管和横管（标准层给水管只需绘制一层的管道即可），效果如图14–4所示。

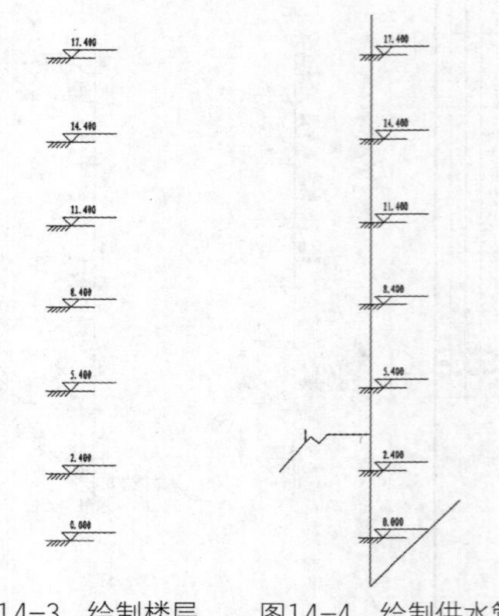

图14–3 绘制楼层　　图14–4 绘制供水管

14.2.4 绘制给水附件和给水进口编号

绘制给水附件图形符号（定义为块）和进水口编号（可使用详图索引符号），如图14–5所示（自左向右，分别为墙截面、进水口编号、止回阀、闸阀、水表、截止阀、淋浴器、角式截止阀、水龙头和排气阀，大小以上一章绘制的水表为准，大概相似即可），然后将其移动到给水系统图的合适位置即可，效果如图14–6所示。

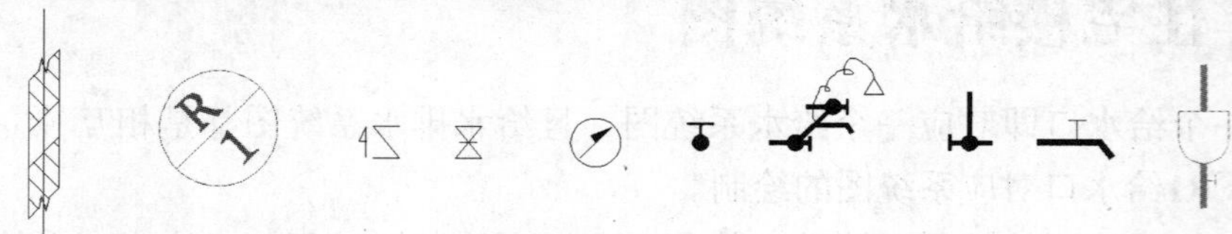

图14–5 给水附件图形符号

14.2.5 标注管道粗细等

使用300mm高度的单行或多行文字标注，标注管道的粗细（进水主管为DN50，立管为DN32，支管为DN25），并标注进水横管的埋地深度即可，效果如图14–7所示。

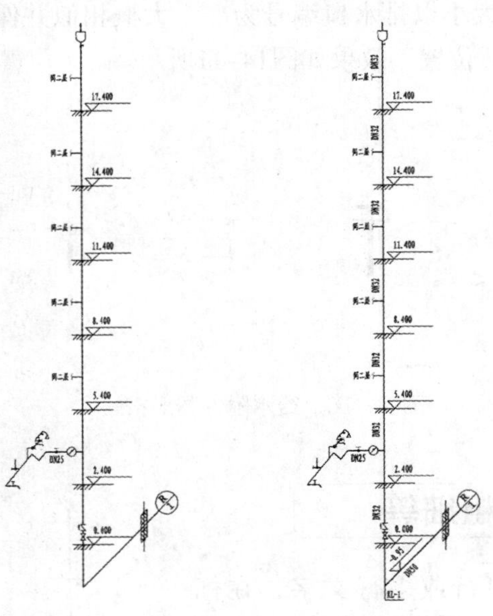

图14–6　绘制给水附件　　　图14–7　标注系统图

14.3 住宅楼排水系统图

下面再来看一下住宅楼排水系统图的绘制。排水系统图通常也是一个排水口对应一个系统图，这里绘制P1排水系统图。

14.3.1 复制楼层和楼层标高

将供水系统图中绘制的楼层和楼层标高复制过来，并稍加整理，即可用在排水系统图中，如图14–8所示。

14.3.2 绘制排水系统立管和横管

参照给排水平面图（P1口和PL1立管），使用多段线工具绘制排水系统图的立管和横管（标准层排水管同样只绘制一层），效果如图14–9所示。

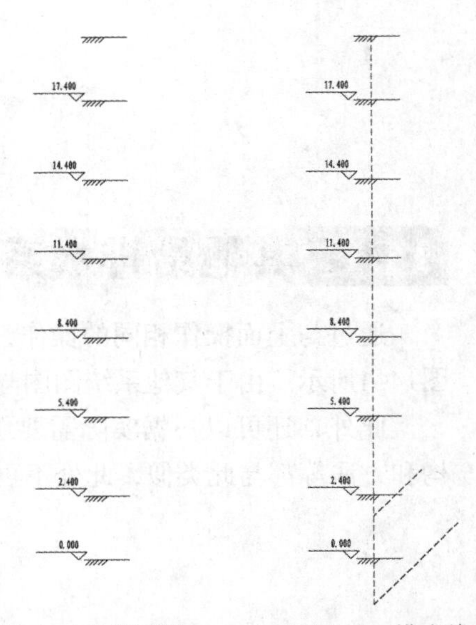

图14–8　复制的楼层　　　图14–9　排水线

14.3.3 绘制排水附件和排水口编号

绘制排水附件图形符号（并定义为块）和进水口编号（可使用详图索引符号，并旋转45°），如图14-10所示（自左向右，分别为排水口编号、墙截面、清扫口、检查口、地漏、存水弯和通气帽，大小以排水口编号为准，大概相似并保持一致即可），然后将其移动到排水系统图的合适位置，效果如图14-11所示。

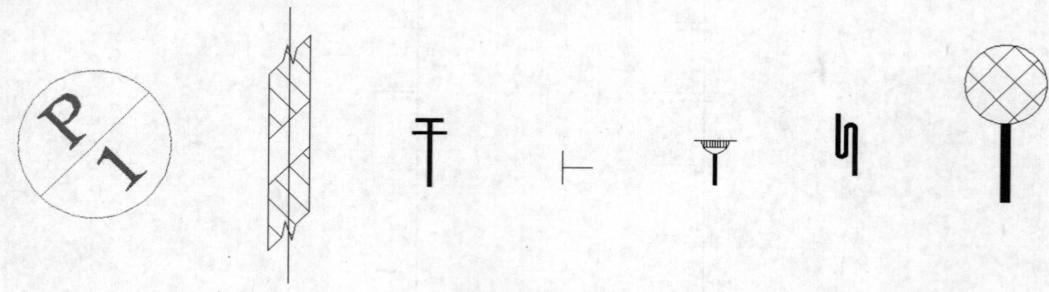

图14-10　给水附件图形符号

14.3.4 标注管道粗细等

使用300mm高度的单行或多行文字，在标注图层中标注排水管道的粗细（排水主管为DN150，立管为DN150，支管为DN75），并标注排水横管的埋地深度，以及排水口编号和图名，效果如图14-12所示。

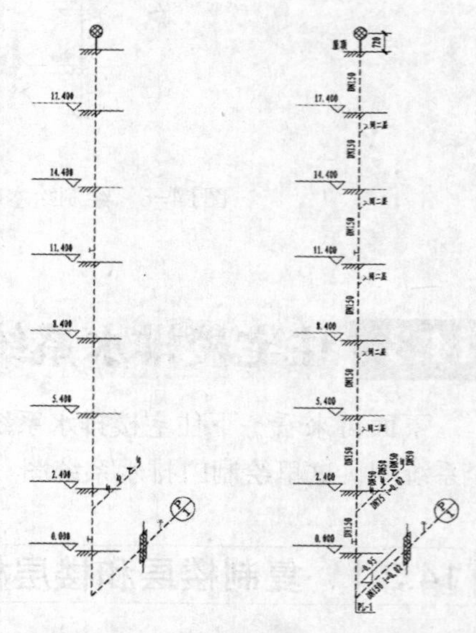

图14-11　排水附件　图14-12　标注效果

14.4 其他给排水系统图

通过与上面操作相同的操作，可以绘制R2给水系统图，以及P2、P3排水系统图，如图14-1所示。由于其他系统图图与此相同或对称，所以无须重复绘制。

此外，还可以根据实际需要绘制室外雨水管排水系统图、消防给水系统图等，其结构和方法等都与此类似，此处不再一一讲述。

第15章 电气设计基础知识

本章内容

- 电气照明常识
- 电气施工图入门
- 电气施工图的一般规定
- 照明灯具及配电线路的标注形式
- 电气施工图设计说明
- 绘制电气施工图的常见问题

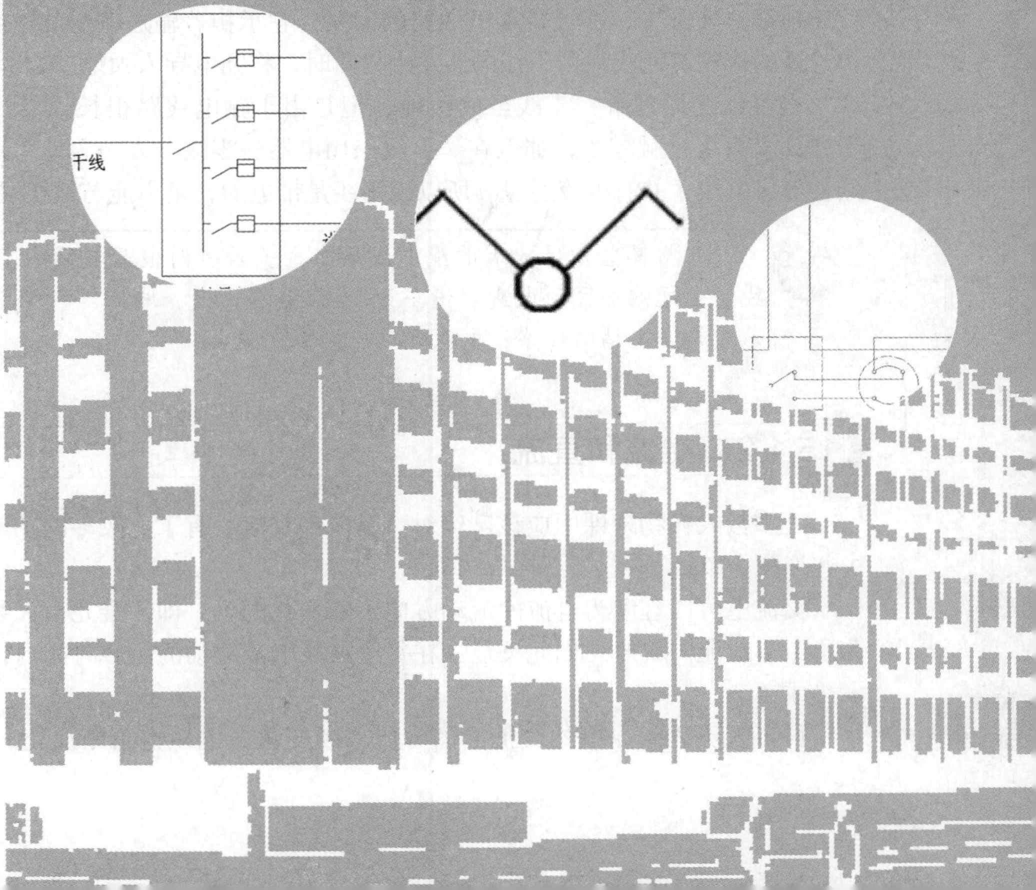

15.1 电气照明常识

在绘制电气施工图、布置线路之前，我们应该了解一些电气方面的基础知识，以令线路的配置更加合理。

15.1.1 认识零线、火线和地线

常见的供电线路由两根线构成，一根为零线（多为黑色或蓝色），一根为火线（多为红色线）。零线和火线碰头于用电装置处（如灯泡），即可以完成供电过程（如令灯泡发光等），如图15-1所示。

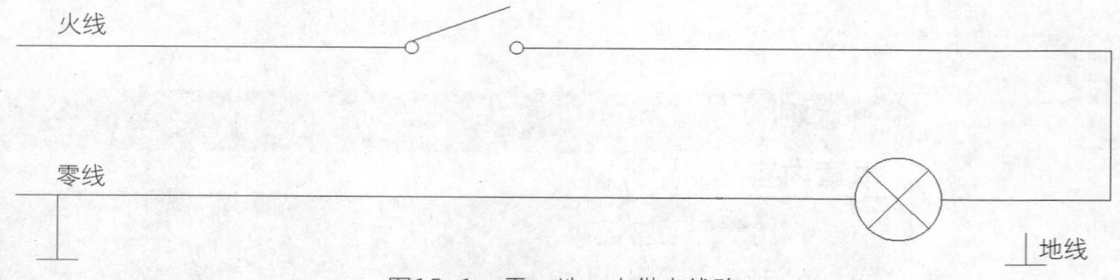

图15-1 零、地、火供电线路

实际上，在发电端，如果不对零线和火线进行处置，发电机输出的两根线是无法区分零线与火线的。之所以具有零线的概念，是因为在发电端将零线接地的缘故，未接地的那根线就成为了火线。

那么什么又是“地线”呢？很多人不理解，既然零线是接地的，那么为什么还需要使用地线？实际上，零线是输电线路的回路，它承担着输送电流的作用，而地线却不承担这样的作用，地线只用于在电器发生故障时，将漏电导入大地。

也可以这样理解：零线虽然接地，但是由于输电线路很长，零线也存在一定的内阻，如人直接接触零线，那么在“火线→用电器→零线→人→大地”这样的路线上，仍然会形成电压，并有电流通过。所以说零线是带电的，是不能与地线混用的。

农村某些地区或老的配电线路中，多只有两根输电线路，即只有零线和火线。正规的居民用电进户线多为3根，即零、火、地，其中零、火是工作线路，地线是安全辅助线路，电源开关应接在火线上。

15.1.2 交流和直流

大多数人在物理课中应该已经对“交流和直流”有了比较多的了解，所以这里只做一些形象介绍。

交流电可以理解为电流的流动方向不断变化的电，即一会儿由火线流向零线，一会儿再由零线流向火线，如此反复。在每个波段电流流动的短暂时间内，电流驱动用电器发热或转动。

很多人不理解，既然交流电的方向不断变化，电压也不断变化，那么为什么我们

平时使用的灯泡不闪烁呢？实际上，市电用的交流电，其正负电压的转变速度非常快（50Hz，即大约0.2秒变化一次），在这么短的时间内，钨丝的温度不会立即降下来，或者只有很微小的变化，所以我们不会发觉电灯有闪烁的现象。

直流电是电流只朝一个方向流动的电，如只是从“正极”流向“负极”；可通过“变压整流”设备将交流电转变为直流电。直流电多用于为小电器供电，或者用于电器内部运行的一些低压电。

日常照明电路用的电为交流电，手机等用的电为直流电。

15.1.3 三相五线制供电线路

目前，我国多数地区使用的是三相五线制供电系统，即TN-S系统。此系统下，由配电室的“高压到低压”变压器处引出5根线到小区的总配电箱。这5根线中，有3根线是火线（A、B、C线，颜色通常为黄、绿、红），一根零线（也称中性线，N线，颜色通常为蓝色），一根地线（PE线，颜色通常为黄绿双色）。

三相五线制供电线路可以提供两种供电电压，其中相和相线间可提供380V的电压（即三相供电电压），其中任一绕组（任一相线和中性线间）的电压为220V（即两相供电）。由于普通用户多使用两相的220V电压，所以实际上在总配电箱中会将3根相线分别与中性线组成供电回路，然后接到各用户家中来进行供电。

此外，还有三相四线、三相三线制供电线路，其中三相四线制供电线路没有接地线；三相三线制供电线路既没有接地线也没有中性线。三相四线虽然没有接地线，也可以令用电器运行，并也可以接出单独的一相电路来提供220V的供电电压。

三相三线制供电线路稍难理解，因为只有3根相线，没有供电回路，此时电流是如何运行的呢？实际上，三线供电线路主要用到了3根相电路间的电压差。如果在三相四线制电路中，三相回路中的每个负债的阻抗和性质都相同，那么流过中性线的电流为零，所以此时即可将中性线去掉，就成为了三相三线制供电线路。

三相三线制用电器的负债多需要接成Y型，Y的中点，即为中性点，在此点处，电流不断从相线流向中性点，或从中性点流向相线，但是中性点处的电量始终为零，即此处的电子数不会增加也不会减少。三相三线制供电线路中，当三个负债的阻抗不同时，电压会变的不均衡，容易烧毁用电器，所以它不能接出两相电，其应用范围受到一定的限制。

15.1.4 强电和弱电

大学里的电子专业，通常都分为“强电”方向（专业）或“弱电”方向（专业），那么什么是“强电”？什么是“弱电”呢？

实际上，强电是一种供电线路，是作为供给用电器能源的“渠道”使用的；而弱电则主要是传递信号用的，如电话线、网线等。

此外，强电通常电压较高、频率较低、电流较大，弱电则通常电压较低、频率较高、电流较小，弱电通常不会对人身安全造成威胁。当然，这只是表面现象，不能用此

区分“强电”和“弱电”（上一段落的区分方式是比较准确的），如剃须刀，仍然属于强电的范畴。

15.1.5 灯和开关的连接方式

如何使用开关来控制灯泡的亮、灭，如何使用一个开关控制两盏灯，如何使用多个开关控制一盏灯，电路是如何连接的，可参见如图15-2~图15-5所示的电路连接示意图（因为三相电通常不会用于照明电路，所以此处都为两相电路）。

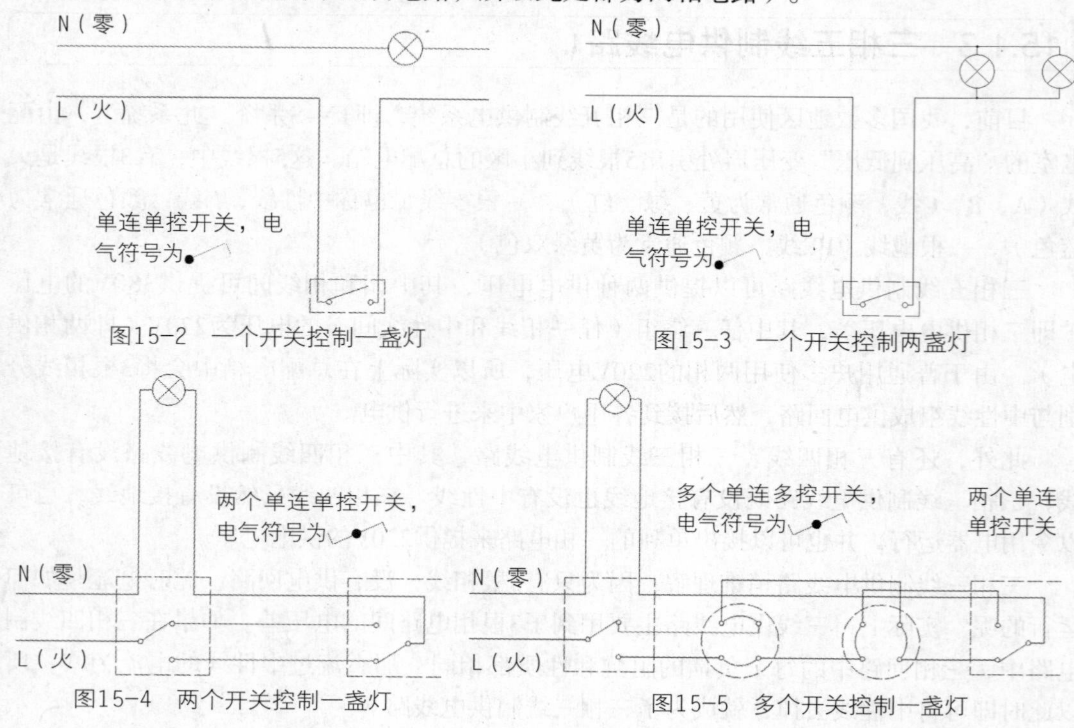

图15-2 一个开关控制一盏灯

图15-3 一个开关控制两盏灯

图15-4 两个开关控制一盏灯

图15-5 多个开关控制一盏灯

15.1.6 插座的连接方式

下面再来看一下插座的连接方式，如图15-6所示。

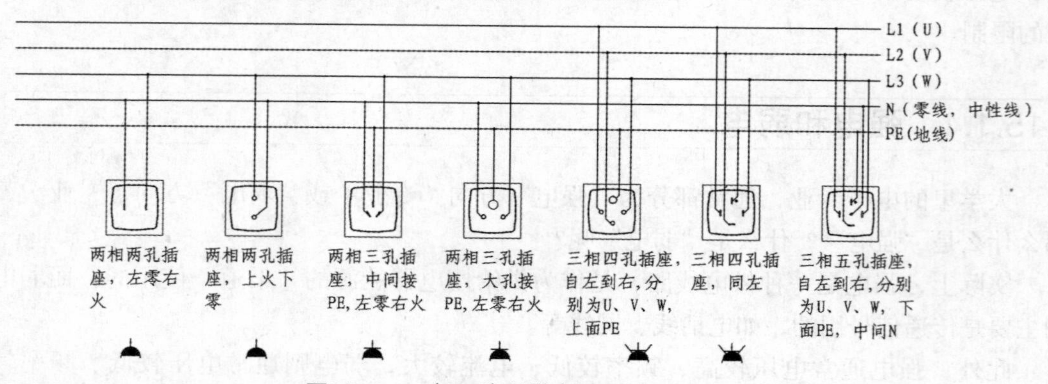

图15-6 三相五线制供电插座的连接方式

在建筑施工图中，电气符号通常不填色为明装，填色为暗装。如 为暗装单连单控开关， 为明装单连单控开关。

15.1.7 建筑电气设计的分类

建筑电气设计可分为供电设计和配电设计两部分，具体如下。

- 供电设计：在我国，高压输电线路（城市主输电线路）多为110kV，供电公司的降压变电站首先将110kV的高压电降压到10kV，并接入小区自建的变电所，在小区变电所内，通过小区变压器再将10kV的高压电转变为三相五线的380/220V民用电，然后接到每个楼道（或配电中心）的配电箱中。这一阶段的电路设计，即属于小区供电设计的范围，具体包括高低压变换设备、事故应急电源等设备施工图，配电所建设图纸（平、立、剖、基础等）和总平面图的绘制等。
- 配电设计：将380/220V民用电，安全接入每个用户家中，保证照明控制、方便的电源输出接口、家用电器的用电需求和用电安全等，被称为配电设计。具体包括照明插座平面图、配电系统图等，本篇主要介绍配电设计（实际上，大多数弱电也属于配电设计的范畴）。

目前小区的供、配电设计和施工（包括电线和各种电路设备）都是由房地产开发企业投资，并委托相关单位建设，建设完成后，其管理权通常会被移交给物业公司（即小区内的供、配电线路的产权归全体业主共有），其维护和使用由供电公司负责（也有些物业公司会将部分产权转给供电公司）。

供电公司与用户的产权分界线通常为分界室（有可能是设置于室外的环网隔离开关），开关之前的部分归供电公司所有，之后的部分归业主所有。分界室由开发商投资建设。

15.1.8 室内供电系统的组成

室内供电系统（也即配电设计部分需要设计的电路）通常由接户线、进户线、配电箱、干线和支线组成，具体可参考图15-7。

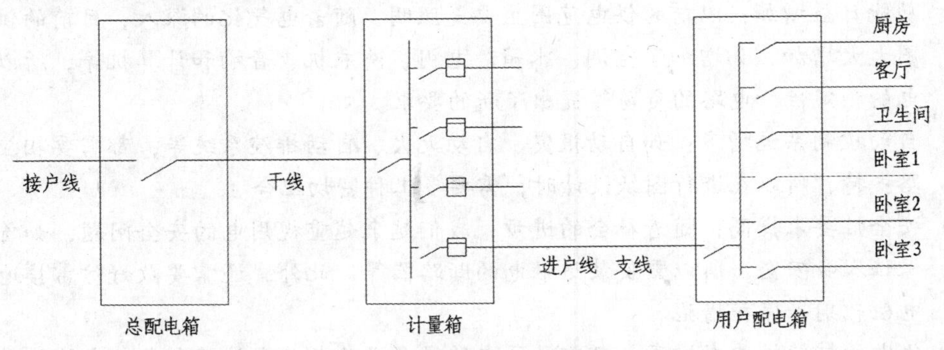

图15-7 室内供电系统的主要组成部分

- 接户线和进户线：从低压线路用户室外第一支持点到接户配电箱的一段线路被称为接户线；从接户线到用户室内第一个支持点的一段导线被称为进户线。
- 配电箱：分配电能并进行开关控制的装置（金属柜），即为配电箱。配电箱运行时可手动或自动开关电路，此外配电箱中通常还安装有熔断器等保护电路的设备。配电箱通常为一个封闭或半封闭的金属柜（其他设备安装在金属柜中）。
- 干线和支线：干线是电能输送的主通道，干线一般较粗，可能承载着一个小区或一栋大楼的用电量；支线则是电能输送的次要通道，通常较细，输电量较小（单相支线的电流一般不宜超过15A）。在室内供电系统中，计量箱之前的部分为干线，之后的部分为支线。

15.1.9 供电线路的敷设

室内照明线路的敷设，通常有明线敷设与暗线敷设两种，下面进行简单介绍。

- 明线敷设：就是将导线沿建筑物的墙面或顶棚表面等外表面敷设，在明敷电线的外部通常需要安装保护和装饰等配件。明线敷设方式还可分为瓷夹板敷设、瓷柱敷设、槽板敷设、铝皮卡钉敷设和穿管明敷设等。明敷施工简便、容易维修，但是不够美观，且导线易于氧化，影响使用寿命。
- 暗线敷设：将穿线管预埋在墙、楼板或地板内，再将导线穿入管中。使用的管有金属钢管、硬塑料管等。暗敷配线看不见导线，因此不会影响屋面的整洁美观，但费用较高，且检修和维护较为麻烦。

15.2 电气施工图入门

下面介绍一些电气施工图方面的基础知识，如电气施工图的构成、电气施工图的特点等内容。

15.2.1 我国电气设计发展的沿革和现状

跟过去相比，我国目前的电气设计面临如下状况。

- 功能日益增加：以前的供电范围主要是照明，随着电气化的深入，目前的供电范围大大增加，如增加了空调、冰箱、电视、洗衣机、音响和计算机等，所以对供电的稳定性、电路的负荷等提出了新的要求。
- 自动控制系统增多：如自动报灾、自动灭火、自动排演系统等，都需要相应的电路支持，所以在进行图纸设计时，需要多工种密切配合。
- 安全性要求提高：随着社会的进步，我们越来越重视用电的安全问题，如首先要保证人身安全，所以需安装防触电的断路器等，此外，还需要做好防雷接地、防电磁辐射等保护措施。
- 供电的持续性要求增高：目前社区内的很多设施都不允许停电或只允许短时间内

停电，所以在布线时需要考虑使用保安电源（如应急启动的柴油发电机和蓄电池等）或不间断停电装置。

我国根据建筑的重要性和对其中断供电所造成影响的大小，将建筑的供电负荷分为3级。其中一级负荷是指中断供电会造成人身伤亡或重大政治、经济影响的负荷，如医院、重要职能部门、大型体育场等；二级负荷是指中断供电将造成较大的政治、经济影响的用电负荷，如需要连续生产的工厂、电影院、大型商场、学校等；其他负荷则为三级负荷。其中居民用电多为三级负荷。

15.2.2 电气施工图的构成

电气施工图主要由平面布置图、系统图和安装大样图构成，具体如下。

- 平面布置图：是在楼层平面方向上表示电气设备（如灯具、开关等）的编号、名称、型号及安装位置、线路的起始点、敷设方式及所用导线型号的图纸。如照明平面图、防雷接地平面图、配电所电气设备安装平面图等。
- 系统图：以轴测图的形式反映系统的基本组成、主要电气设备、元件之间的连接情况以及它们的规格等的图纸。如照明系统图、变配电工程的供配电系统图、电缆电视、网络系统图等。
- 安装大样图（详图）：详细表示电气设备安装方法，对安装部件的各部位注有具体图形和详细尺寸的图纸，是进行安装施工和编制工程材料计划的重要参考。

除了以上这3种重要图纸外，一个完整的电气施工图册通常还会包括控制原理图、安装接线图、图纸目录、设计说明和主要材料设备表等，此处不再一一叙述。

15.2.3 建筑电气施工图的特点

相比建筑施工图，建筑电气施工图主要具有如下特点。

- 线路中的各种设备、元件都是通过导线连接成为一个整体的。
- 同一方向的多根导线只用一根线表示。
- 电气线路都必须构成闭合回路。
- 使用统一的图形符号来表示各种电气元件。

15.2.4 照明灯具的分类

在建筑电气施工图中，按安装方式的不同，常见的照明灯具主要分为吸顶式、悬吊式和嵌入式，具体如下。

- 吸顶式：照明灯具吸附在顶棚上，如图15-8所示。
- 悬吊式:照明灯具挂吊在顶棚上，如图15-9所示。根据挂吊的材料不同，可分为线吊式、链吊式和管吊式等类型。
- 嵌入式：照明灯具的大部分或全部嵌入顶棚内，只露出发光面，如图15-10所示。

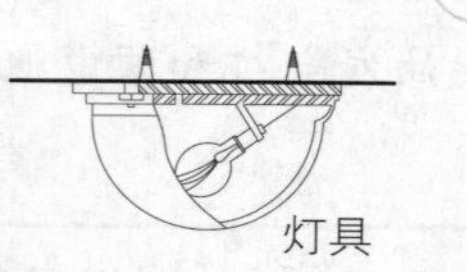

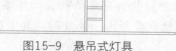

图15-8　吸顶式灯具

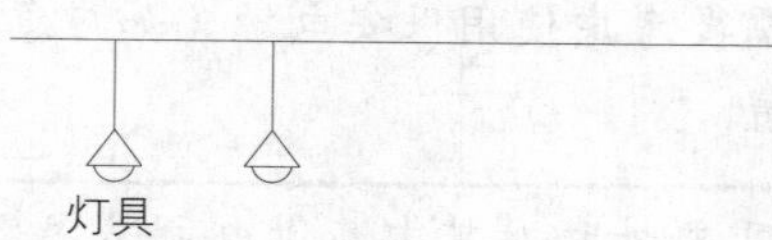

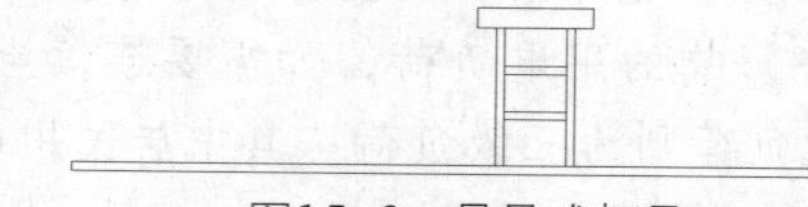

图15-9　悬吊式灯具

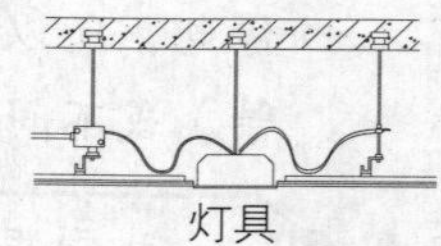

图15-10　嵌入式灯具

此外，还有壁式、台式和庭院式等灯具，主要用于局部照明，此处不再一一叙述。

15.3 电气施工图的一般规定

15.3.1 图线

- 实线：用于导线和其他主要电路线。
- 点划线：控制及信号线。
- 虚线：事故照明线。
- 双点划线：50V及以下电力或照明线路。

其他同建筑施工图中的规定。

15.3.2 比例

- 总平面图：1:500、1:1000、1:1500。
- 平面图和系统图：1:20、1:50、1:100。
- 详图：1:1、1:5、1:10、1:20。

15.3.3 常用图形符号

常用图形符号如表15-1所示。

表15-1　电气施工图常用图形符号

序号	名称	图例	序号	名称	图例
1	明装单极开关		13	防水圆球灯	
2	暗装单极开关		14	花灯	

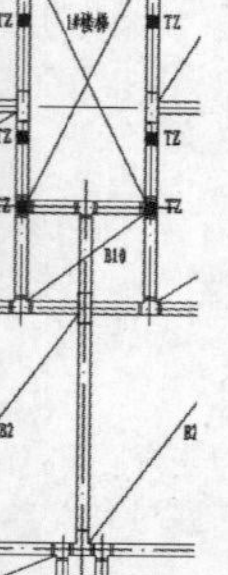

3	防水单极开关		15	荧光灯	
4	防爆单极开关		16	向上配线	
5	明装双极开关		17	向下配线	
6	明装三极开关		18	明装单相插座	
7	双控开关		19	暗装单相插座	
8	单极拉线开关		20	带接地插孔两单相插座	
9	多拉开关		21	带接地插孔的三相插座	
10	普通灯		22	普通配电箱	
11	楼梯用声光控制灯	S	23	事故照明配电箱	
12	吸顶节能灯		24	变电所	

15.3.4 常用文字符号

在建筑电气施工图中，会使用一些文字符号来表示电气设备等，这里列举一些常用的文字符号（更多文字符号可参考相应制图规范）。

- A——装置、设备。
- F——避雷器。
- R——电阻。
- S——启辉器（或表示电力系统）。
- Q——电力开关。
- G——发电机；电源。
- L——电感；电感线圈。
- K——继电器；接触器。
- T——变压器。

- W——母线；导线。
- U——整流器。
- SA——开关。
- SB——按钮。
- PJ——电表。
- RD——红。
- YE——黄。
- GN——绿。

15.4 照明灯具及配电线路的标注形式

在电气施工图中，照明灯具、配电线路、配电箱和开关等的标注，稍显复杂，这里着重介绍一下。

15.4.1 照明灯具的标注

照明灯具的标注格式为：

b-(c×d×L)/e f

其中，

a：灯具数量　　b：灯具类型

c：灯泡数量　　d：灯泡容量（W）

e：灯具安装高度　f：灯具安装方式

L：光源种类

灯具类型，常见的有如下种类：普通吊灯（P）、壁灯（B）、花灯（H）、吸顶灯（D）、柱灯（Z）、投光灯（T）、荧光灯灯具（Y）、水晶底罩灯（J）、防水防尘灯（F）等。

光源种类，常见的有如下类型：氖灯（Ne）、氙灯（Xe）、钠灯（Na）、汞灯（Hg）、碘钨灯（I）、白炽灯（IN）、电发光灯（EL）、弧光灯（ARC）、荧光灯（FL）、红外线灯（IR）、紫外线灯（UV）和发光二极管（LED）等。光源种类有时可省略。

灯具安装方式，常见的有如下类型：吸顶（—）、壁安（Y）、吊线式（WP）、吊管式（P）、吊链式（C）、嵌入式（R）等。吸顶灯无需标注高度。

例如：10-YZ40(2×40×FL)2.5 C，表示10盏YZ40荧光灯，每盏灯具中装设2只功率为40W的灯管，灯具的安装高度为2.5m，灯具采用吊链式安装。

在同一房间内，多盏型号、安装方式和安装高度相同的灯具，可以标注在一处。

15.4.2 配电线路的标注

配电线路的标注格式为：

a–b(c × d)e–f

其中，

a：线路编号　　b：导线型号

c：导线根数　　d：导线截面

e：线路敷设方式　f：线路敷设部位

导线型号，常使用如下符号表示：B表示电线，X表示橡皮，V表示聚氯乙烯，F表示氯丁橡皮，L表示铝芯，T表示铜芯（可省略）、R表示软铜，P表示屏蔽，B表示平行（非开头时），S表示绞型。如BX为铜芯橡皮绝缘电线，BLV为铝芯聚氯乙烯绝缘线，RVS表示铜芯聚氯乙烯绝缘绞型软线。

线路敷设方式常见的有如下类型：暗敷（C）、明敷（E）、金属软管（F）、瓷绝缘子（K）、钢索（M）、金属线槽（MR）、塑料管（P）、塑料线槽（PR）、钢管（S、SC）等。

线路敷设部位，常用的表示方法如下：梁（B）、顶棚（CE、T）、柱（C）、地面（F、B）、构架（R）、吊顶（SC）、墙（W）。

例如：WP1 BV–3 × 5 SC20 –FC，表示WP1号电力线，3根5mm^{2}的铜芯聚氯乙烯塑料绝缘线，穿20cm直径的焊接钢管，沿地板暗敷设。

15.4.3 照明配电箱的标注

照明配电箱的标注格式为：

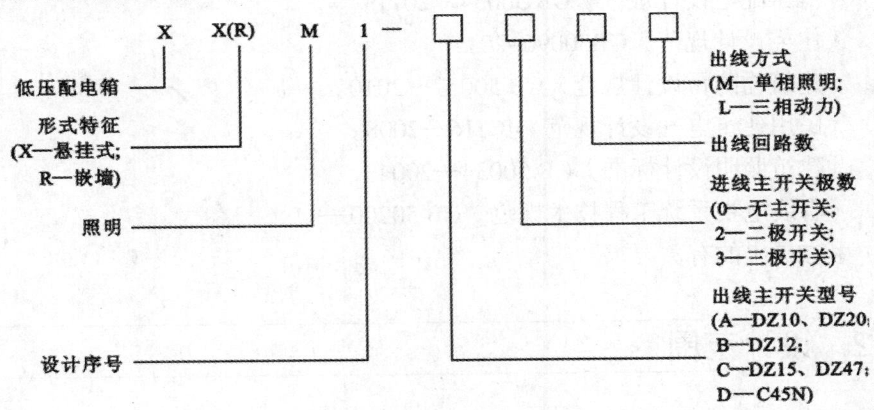

例如：XRM1—B230M，表示该照明配电箱为嵌墙安装，箱内装有一个型号为DZ12的二极进线主开关，单相照明出线开关30个。

15.4.4 开关及熔断器的标注

开关及熔断器的表示也为图形符号加文字标注，其一般标注方法为：

$a\frac{b}{c/i}$或a-b-c/i

当需要标注引入线规格时，可标注为如下格式：

$a\frac{b-c/i}{d(e\times f)-g}$

其中，

a：设备编号　　　b：设备型号

c：额定电流（A）i：整定电流（A）

d：导线型号　　　e：导线跟数

f：导线面积 (mm2) g：导线敷设方式

例如：$Q3\frac{HH2-200/3}{200/180}$，表示3号负荷开关，其型号为HH2-200/3，额定工作电流为200A，整定电流为180A。

又如：$Q3\frac{HH2-200/3-200/180}{BX(3\times 30)-G50FC}$，表示3号负荷开关，其型号为HH2-200/3，额定工作电流为200A，整定电流为180A；导线型号为铜芯橡皮绝缘导线，共3根，导线的面积为30mm^2，穿50mm的钢管，沿地板暗敷。

15.5 电气施工图设计说明

下面列举一下电气施工图设计说明中的一些常见条款。

15.5.1 设计依据

（1）《低压配电设计规范》GB 50054—2011。

（2）《住宅设计规范》GB50096-2011。

（3）《建筑物防雷设计规范》GB 50057—2010。

（4）《民用建筑电气设计规范》JGJ16—2008。

（5）《建筑照明设计标准》GB 50034—2004。

（6）《有线电视系统工程技术规范》GB 50200—94。

（7）甲方提出的有关要求。

15.5.2 设计范围

（1）380V/220V供配电系统。

（2）照明系统。

（3）建筑物防雷、接地系统。

（4）电视、电话及网络系统。

15.5.3　供配电系统

（1）本工程拟由变电所埋地（–0.8m）引入380v/220v电源，电缆在进户处穿焊接钢管保护，并伸出散水坡100mm。

（2）导线进户处做重复接地，接地电阻不大于4Ω，自重复接地后，PE线与N线应严格分开。

（3）低压配电接地系统采用TN–C–S系统，电表箱由电业部门提供。

（4）未注处插座分支线路均采用BV–3×2.5mm^2 PC20导线。

（5）未注处照明分支线路均采用BV–2.5mm^{2}导线。其保护管有2根穿PC16，3根穿PC20，4~6根穿PC25。

15.5.4　设备敷设和安装（照明部分）

（1）各层配电箱，除一层配电间明装外，其他均为暗装；安装高度为底边距地1.5m。

（2）本工程按普通住宅设计照明系统，所有荧光灯均配电子镇流器。

（3）照明开关、插座均为暗设，除注明者外，均为250V、10A，各插座和照明器具的安装高度详见主要设备材料表。

（4）低压配电干线选用铜芯交联聚乙烯绝缘电缆（YJV）穿钢管埋地或沿墙敷设；支干线、支线选用铜芯电线（BV）穿钢管沿建筑物墙、地面、顶板暗敷设。

15.5.5　避雷系统

（1）本工程按民用三类建筑防雷要求设置防雷措施，屋顶设避雷带，所有突出建筑物的金属结构与避雷网做好电气联结，进出建筑物的金属管道需与接地线做好电气联结。

（2）引下线利用柱内2根主筋，上端与避雷网焊接，下端与接地系统焊接。引下线在距室外地坪1.8m处做接地电阻测试点，综合接地电阻不大于1Ω。

（3）避雷、接地系统需形成可靠电气通路，所有金属件必须镀锌，所有接点必须电焊，焊点处做防锈处理。

（4）所有强、弱电进户箱均应设浪涌限制器，弱电浪涌限制器由弱电厂商及有线电视安装部门等制定。

（5）所有带洗浴设备的卫生间均做等电位联接。

15.5.6　电话系统

（1）电话电缆埋地引入，只在首层设电话分线箱，再引至各个用户点。

（2）自电话分线箱引出的电话线为RVB–2×0.5mmΦ2Φ铜芯软线，穿PC管保护，沿墙、地、板暗敷设。

（3）每户按一对电话线考虑，电话插座均为双孔电话插座，所有电话插座均距地0.3m暗装。

15.5.7 有限电视系统

（1）自室外人孔井埋地引进SKYV-75-9同轴电缆至小棚层综合弱电箱，在一层设前端放大器，再引出SKYV-75-9同轴电缆至各层弱电分线箱的分支器。

（2）电视系统的管线、出线盒均为暗设，管线规格型号见系统图。

（3）分支电视电缆选用SKYV-75-5型，穿PC保护暗敷至户，电视插座均距地0.3m暗装。

15.5.8 网络系统

（1）自室外人孔井引进六芯多模光纤穿GG40至一层配线架，并预埋SC40钢管1根。

（2）自配线架引出的网络线为超五类四对双绞线穿PC管保护暗敷设。

（3）每户预留一根网线，信息插座为RJ45型单孔插座，距地0.3m暗装。

15.5.9 门铃系统

（1）每单元设一套可视对讲系统，对讲主机及电控锁设于单元大门上，对讲分机设于各户，距地1.4m安装。

（2）可视对讲系统电源引自单元总箱，电源线型号为BV-3×2.5Φ2Φ-PC16。

（3）楼层隔离器均设于各层弱电分线箱内。

15.5.10 其他

（1）电气线路与煤气管的水平净距不得小于0.10m，交叉时的垂直净距不得小于0.05m。

（2）电气开关、接线盒与煤气管的水平净距不得小于0.10m。

（3）强、弱电线路交叉时，其间距不应小于0.05m，平行时不应小于0.15m。

（4）强弱电插座与暖气片有冲突时，需避让暖气片。

（5）电气专业施工应与土建密切配合，做好预留、预埋工作，并严格按照国家有关规范、标准施工。

（6）未尽事宜在图纸会审及施工期间另行解决，变更应经设计单位认可。

（7）按电业部门要求，本设计图纸由建设单位报送电业部门审查通过后方可施工。

15.6 绘制电气施工图的常见问题

- 从室外引入的电源线路在建筑物引入处未设置隔离电器。
- 配电系统中，正常电源与应急电源在设计图纸上未注明防止并列运行措施。
- 住宅类建筑的配电系统未在电源引入总开关处设置漏电保护装置。

- 照明与插座回路未分开设计。
- 以多个单相回路为一个大房间供电，彼此相连，易短路。
- 大的负荷回路，如空调机组，未直接从配电箱引出。
- 插座回路断路器未设漏电保护装置。
- 住宅的进线截面小于10mm^2，室内配电线路截面小于2.5mm^2。
- 公共建筑、居住建筑中的电梯，一般使用专用回路供电。
- 消防负荷未使用专用回路供电,消防控制室、防烟排烟风机等重要设备未在配电箱处设置自动切换装置。
- 配电箱数量过多，未集中放置。
- 火灾事故照明和疏散指示标志未设计备用电源。
- 强电、弱电共用一个管道井，造成井内管线太多时，设计未给出综合考虑各专业的平、断面布置图。
- 10kV以下的箱式变电站与建筑物的防火间距小于3m。
- 箱式变电站布置在临近卧室和办公室的场所（应远离）。
- 未在强弱电井、楼梯间等部位设置火灾探测器。
- 防雷网格过密（二类防雷仅要求20mm×20mm的网格，无需过密）。
- 对于特殊的地质条件，如风化石，在接地电阻值达不到要求时，未给出切实可行的处理办法。

第16章 电气平面图绘制

本章内容

- 电气照明平面图概述
- 标准层照明插座平面图的绘制
- 一层照明插座平面图的绘制
- 其他电气平面图的绘制

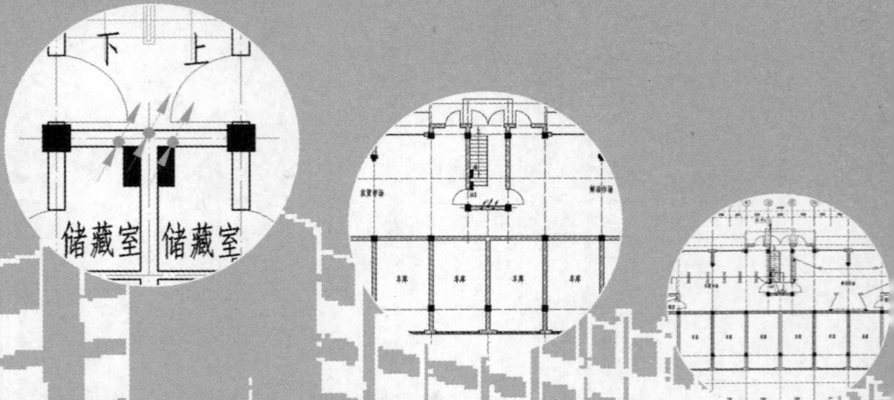

16.1 电气照明平面图概述

电气照明平面图是在建筑施工平面图的基础上根据电气制图规定绘制的，用于反映室内照明电路布置情况的设备施工图。

在电气照明平面图中，通常需要绘制如下内容。

- 房屋平面图（可借助建施平面图）。
- 进户线、配电箱等电力设备。
- 灯具、开关和其连接电路。
- 插座和其连接电路。
- 文字标注、说明或设备明细表（用于说明灯具和插座的型号和安装位置等）。

在电气施工平面图中，使用简化的图形符号（配合标注文字）来描述电气线路的各项内容。简化的图形符号并不表示设备本身的尺寸和形状，只是用于表示其在房间中敷设和安装的位置。

16.2 标准层照明插座平面图的绘制

本节将讲述标准层照明插座平面图的绘制，如图16-1所示。为了保证用电安全，通常照明线路和插座线路都会分开布线。由于本房型左右对称，所以本平面图将在左、右两侧分别绘制照明布线平面图和插座布线平面图。下面看一下操作。

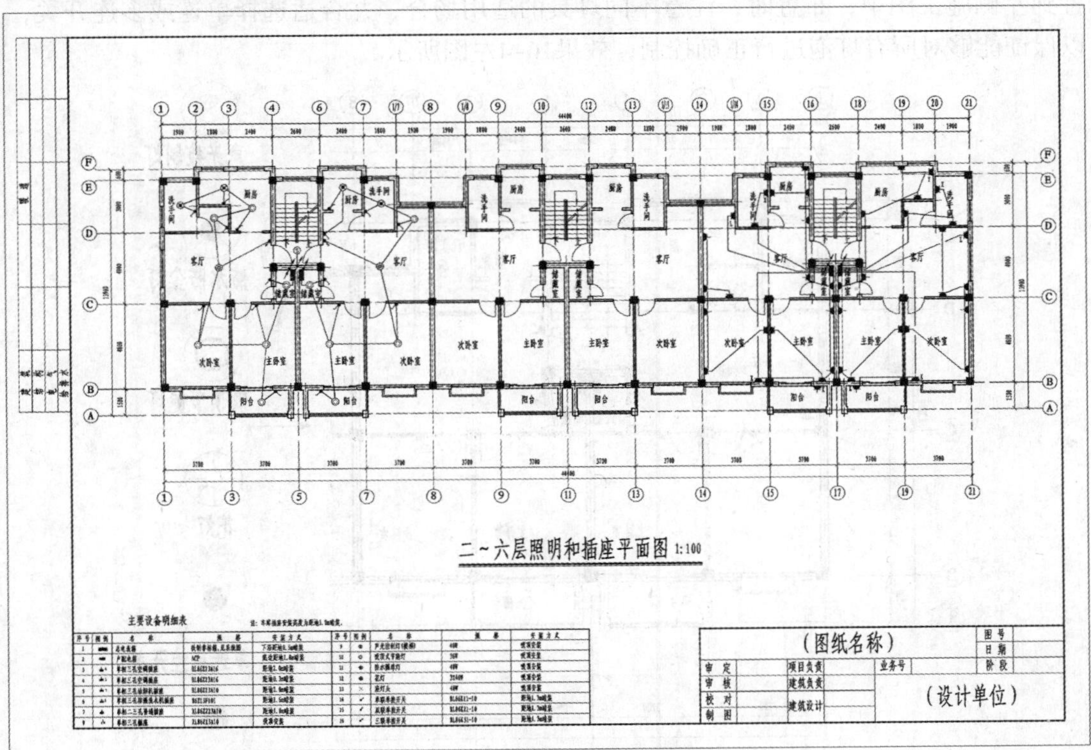

图16-1 要绘制的一层照明插座平面图

16.2.1 整理标准层建施平面图

复制标准层建筑施工平面图，删除所有内侧标注，及外侧标注的第一道标注，以及详图索引和标高图块等，并执行BATTMAN命令，将所有门窗的文字属性隐藏。

16.2.2 布置配线符号和分户配电箱

如图16-2所示，绘制配线符号和分户配电箱图块（配电箱的大小为600mm×230mm），然后将其复制到如图16-3所示的图纸位置处（图纸左侧）。

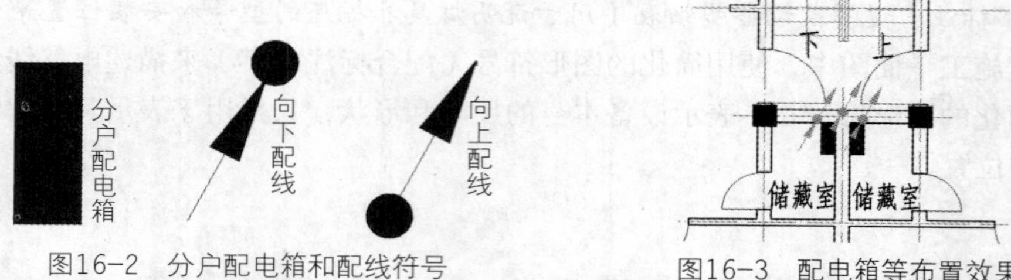

图16-2　分户配电箱和配线符号　　　图16-3　配电箱等布置效果

16.2.3 布置灯具和开关

如图16-4右图所示，绘制灯具和开关图块（灯具外圈直径为400mm），然后将其布置到左侧施工图中，布置时，注意不同灯具的适用场合，并合适选择单连或多连开关，以保证能够对所有灯泡进行正确控制，效果16-4左图所示。

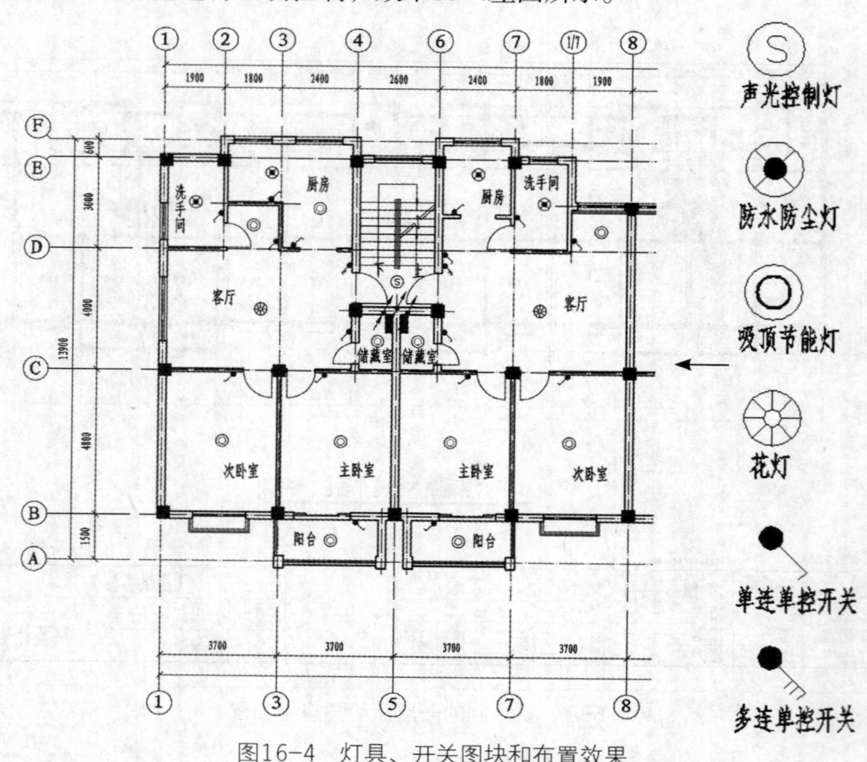

图16-4　灯具、开关图块和布置效果

16.2.4 布置照明线

新建"导线"图层，颜色设置为"青"色，并在此图层中使用35mm宽的多段线，绘制照明线，将前面布置的灯具和插座相连。效果如图16-5所示。在配线时，可先从配电箱开始连接灯具，然后再连开关。

16.2.5 布置插座和插座线

通过同前面相同的操作，在右侧施工图中，配置配电箱和配线符号（将左侧的复制过来即可），然后配置插座，插座符号统一使用此样子——▲（旁边标注文字，其中K、L代表空调插座，Y代表油烟机插座，X代表洗衣机插座），最后使用同照明线路中相同的多段线将插座相连即可，效果如图16-6所示。

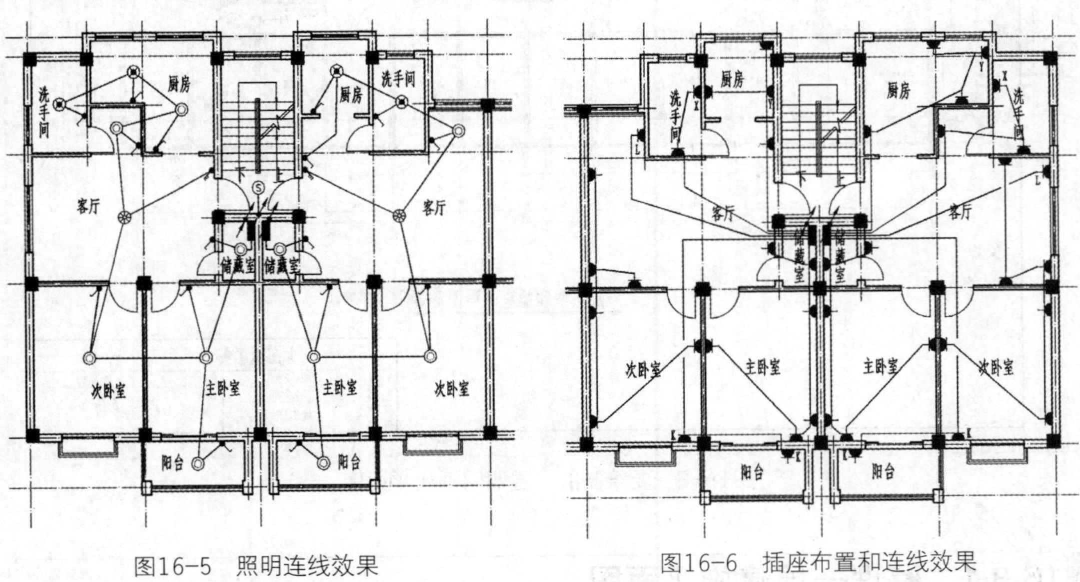

图16-5　照明连线效果　　图16-6　插座布置和连线效果

16.2.6 绘制主要设备明细表

最后，编制电气设备明细表，如图16-7所示。在明细表中应注明电气设备的规格和竖向的安装位置。

主要设备明细表　　注：车库插座安装高度为距地1.0m暗装。

序号	图例	名称	规格	安装方式	序号	图例	名称	规格	安装方式
1	▬	总电表箱	铁制非标箱,见系统图	下沿距地0.5m暗装	9	Ⓢ	声光控制灯(楼梯)	40W	吸顶安装
2	▬	户配电箱	ACP	底边距地1.8m暗装	10	◎	吸顶式节能灯	36W	吸顶安装
3	▲K	单相三孔空调插座	RL86Z13A16	距地2.0m暗装	11	⊗	防水圆球灯	40W	吸顶安装
4	▲L	单相三孔空调插座	RL86Z13A16	距地0.3m暗装	12	⊕	花灯	3X40W	吸顶安装
5	▲Y	单相三孔油烟机插座	RL86Z13A10	距地2.0m暗装	13	×	座灯头	40W	吸顶安装
6	▲X	单相三孔防溅洗衣机插座	86Z13F10I	距地1.6m暗装	14	↗	单联单控开关	RL86K11-10	距地1.3m暗装
7	▲	单相二三孔普通插座	RL86Z223A10	距地1.0m暗装	15	↗	双联单控开关	RL86K21-10	距地1.3m暗装
8	△	单相三孔插座	RL86Z13A10	吸顶安装	16	↗	三联单控开关	RL86K31-10	距地1.3m暗装

图16-7　主要设备明细表

16.3 一层照明插座平面图的绘制

一层照明插座平面图与标准层照明插座平面图略有不同，需要绘制接户线和总配电箱等，并需要说明接户线的引入方式，如图16-8所示。在绘制一层照明插座平面图时，应注意总配电箱与一层配电箱间的连接关系，下面就来看一下其绘制方法。

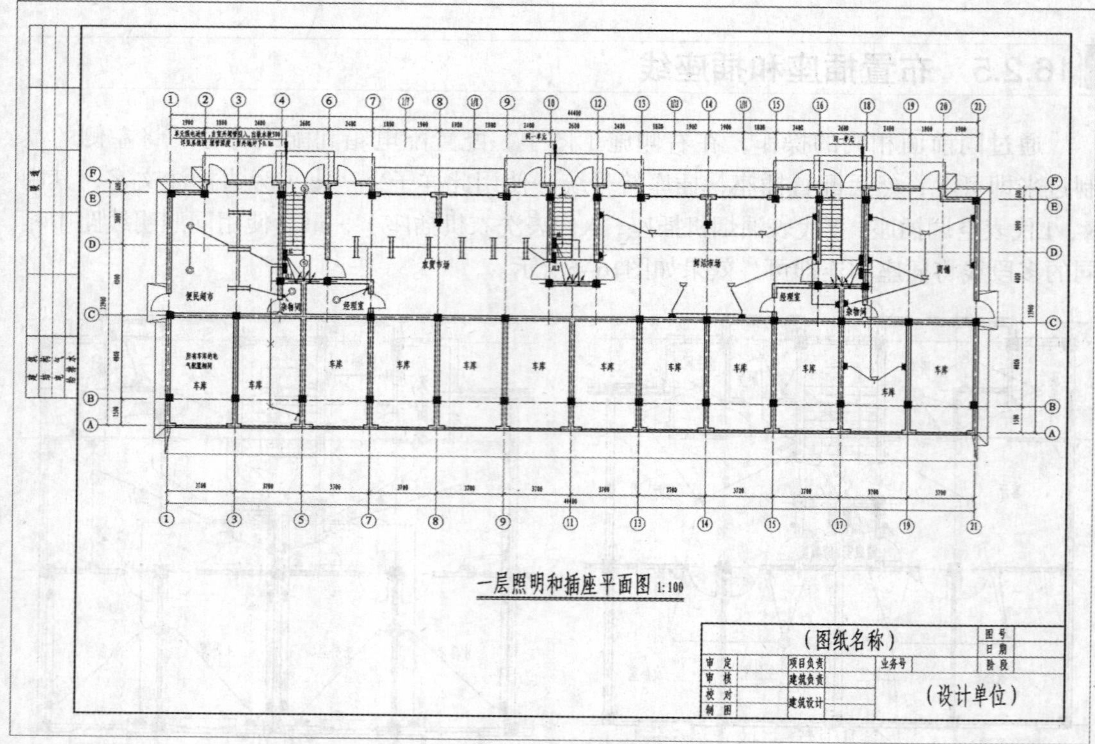

图16-8　要绘制的一层照明插座平面图

16.3.1　整理一层建施平面图

同前面操作，复制一层建筑施工平面图，删除所有内侧标注，及外侧标注的第一道标注，以及剖面符号、详图索引和标高图块等，并执行BATTMAN命令，将所有门窗的文字属性隐藏。

16.3.2　布置配电箱、总配电箱和配线符号

绘制配电箱和配电符号（或复制16.2节中绘制的这两个符号），然后将其布置到施工图中，效果如图16-9所示。3个单元都需要配置总配电箱和分户配电箱，其中AL为总配电箱，AL1为一层用户配电箱。

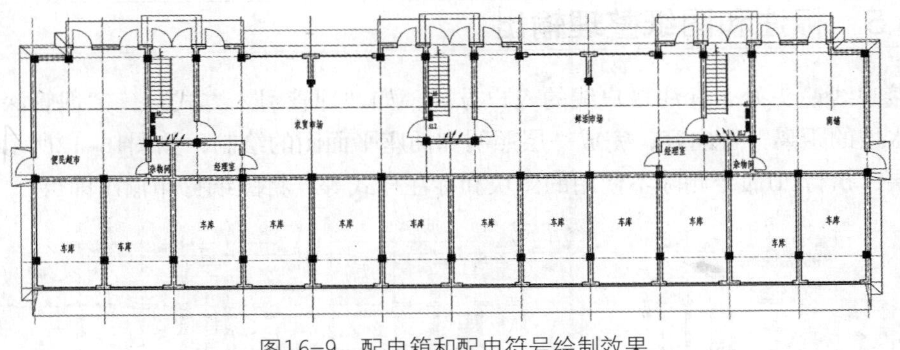

图16-9　配电箱和配电符号绘制效果

16.3.3　布置灯具、开关和插座

绘制灯具和插座图块（或复制16.2节中绘制的图块），将其布置到施工图中，其中左侧布置灯具和开关，右侧布置插座，如图16-10所示。此处需新绘制3个图块：（双管荧光灯）、（天棚吸顶灯）和密闭接地单相插座。

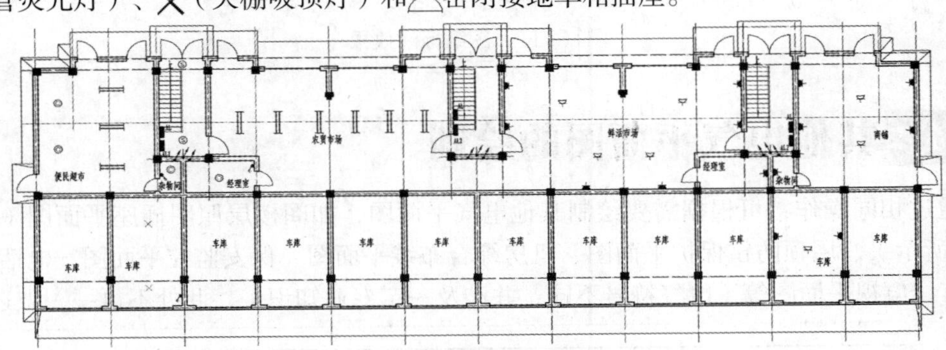

图16-10　灯具、开关和插座布置效果

16.3.4　布置照明和插座线

使用多段线连接前面布置的照明灯具和插座，并绘制接户线到总配电箱，引入标志为一向下的箭头，如图16-11所示。

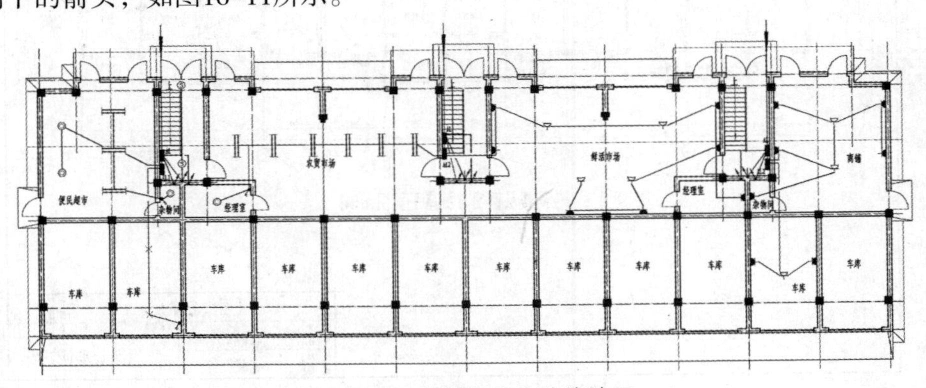

图16-11　灯具和插座连线效果

16.3.5 标注和图纸整理输出

在接户线箭头处，标注接户线的入户方式，如“埋管引入方式”，“埋管深度”和“出散水坡的距离”等内容，完成一层照明和插座平面图的绘制，如图16-12所示。然后整理图层，执行PU命令删除不使用的图块和标注样式等，将图纸打印输出即可。

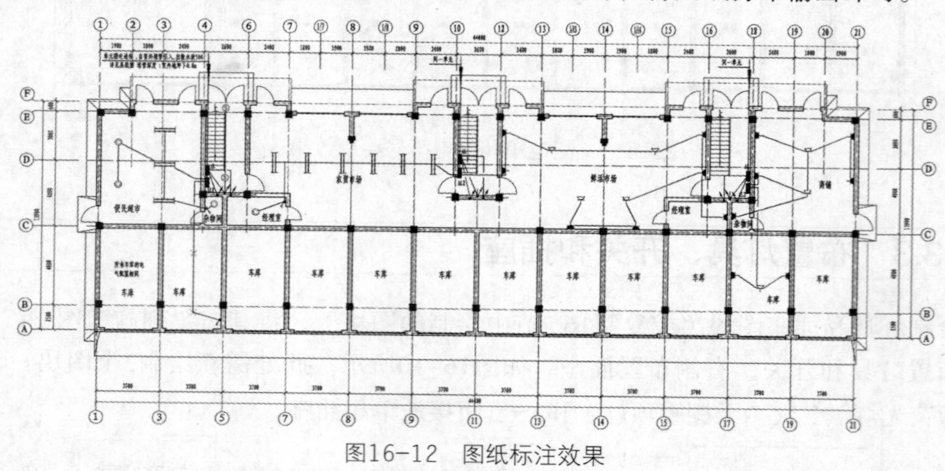

图16-12　图纸标注效果

16.4 其他电气平面图的绘制

通过相同操作，可根据需要绘制其他电气平面图，如阁楼层照明插座平面图（如图16-13所示）、屋顶防雷保护平面图、机房综合布线平面图、保安监控平面图、电话平面图、有线电视平面图等（电气符号不同，并涉及一定专业知识），此处不再一一叙述。

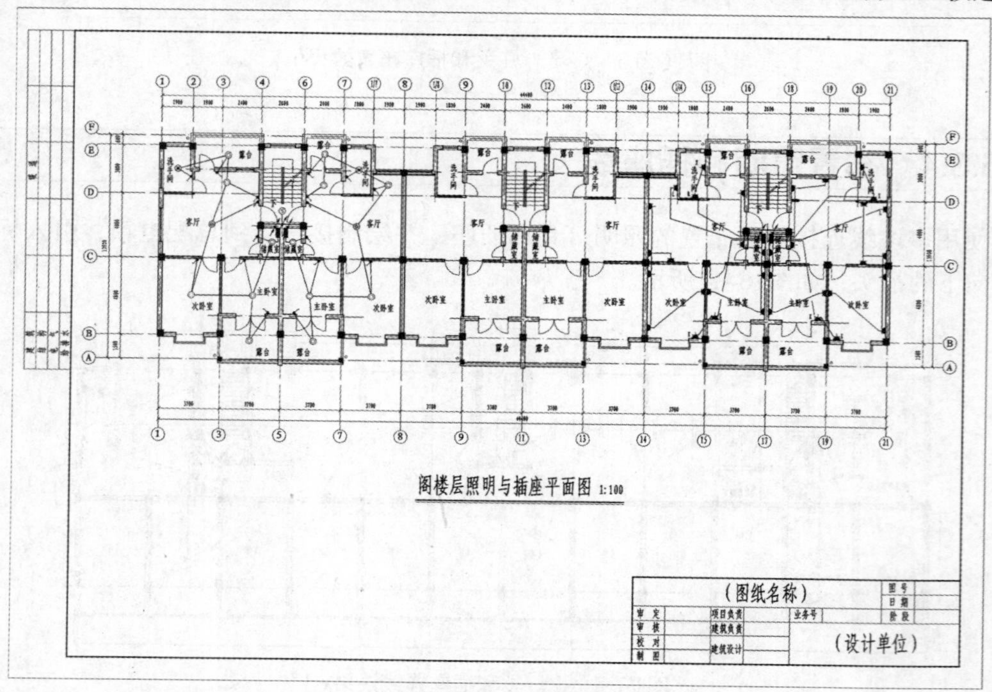

图16-13　阁楼层照明插座平面图

第17章 电气系统图的绘制

本章内容

- 电气系统图基础
- 单元强电配电系统图的绘制
- 家庭配电箱系统图的绘制
- 其他电气系统图的绘制

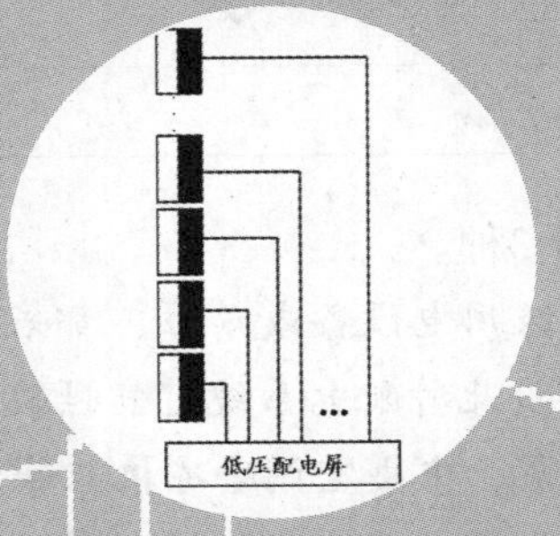

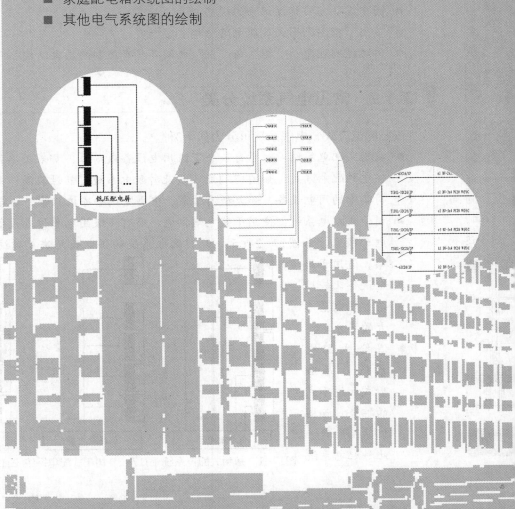

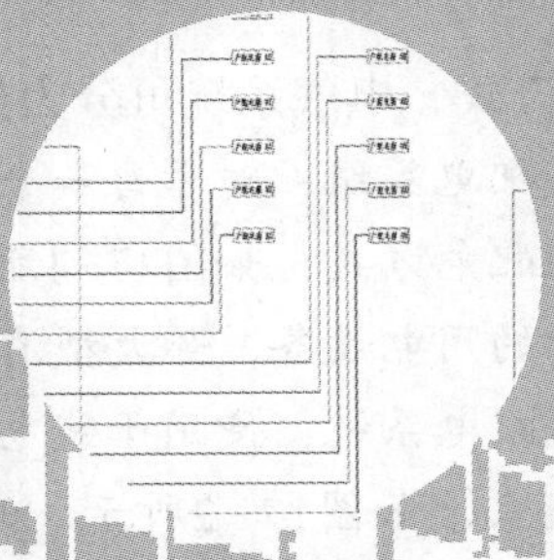

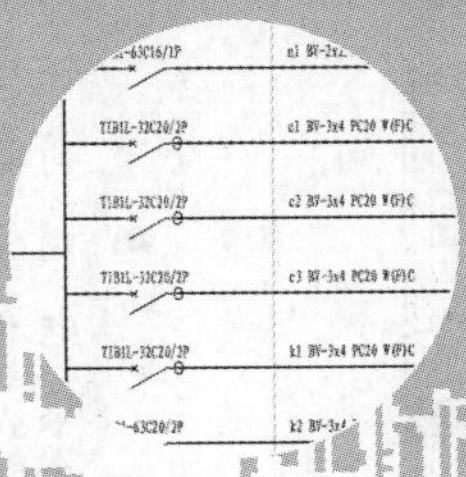

17.1 电气系统图基础

有用Protel绘制过电路图的用户，在初接触系统图时，会发现系统图的绘制理念和图形结构与电路图有些类似。实际上，电气系统图的主要内容就是符号化的各种电气设备（如开关、电阻、电表等）和将其连接起来的电路，而不包含房屋结构的内容。

狭义的电气系统图，反映地是照明平面图之外的部分，如从接户线到用户配电箱之间，总配电箱、计量箱等的电路控制结构和电路走向，以及用户配电箱的配电结构等。广义的电气系统图，可用于更多场合，如变电所系统图、车间动力系统图等，此时用户不妨将系统图理解为一种电路图。

下面看一下电气系统图的特点、分类和主要内容。

17.1.1 电气系统图特点

电气系统图作为一种特殊的设备施工图，主要具有如下特点。

- 虽是系统图，但不是轴测图，而是仍然与楼层相关的竖向平面结构的图纸。
- 是一种简图。
- 通常使用单线法绘制。使用单线表示一束导线或一个供电回路。
- 图中设备需要标注详细的规格型号。
- 多用“框图”形式展现电路结构。
- 体现控制理念，“框”与“框”之间多具有控制的层次结构。

17.1.2 常见电气系统分类

按照配电方式，电气系统可分为如下3种。

- 放射式配电系统：对于每一个下级用电设备或单位，都采用单独的供电回路进行供电的配电方式，如图17-1所示。此种配电系统可靠性较高，多用于容量大、负荷集中的用电设备，如大型消防泵、中央空调冷冻机组等。缺点是投资大。
- 树干式配电系统：使用干线电路供电，所有下级用电单位或设备都直接挂接在供电干线上，如图17-2所示。此种配电系统的供电箱无法单独统一每一个供电回路，适用于用电设备比较均匀、用电量不大的场合。
- 混合式配电系统：是放射式和树干式的综合，如图17-3所示。此种配电系统

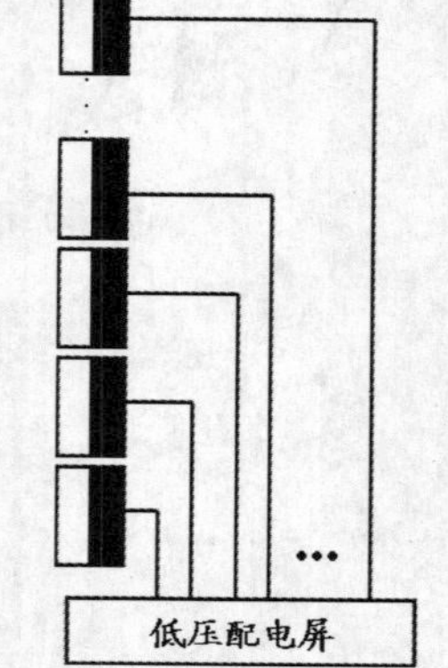

图17-1 放射式配电系统

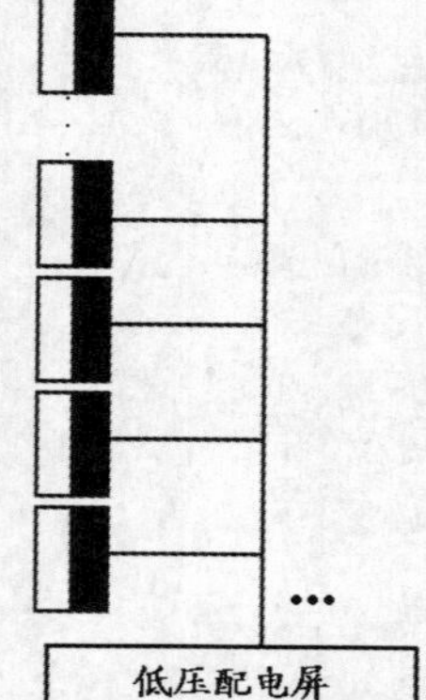

图17-2 树干式配电系统

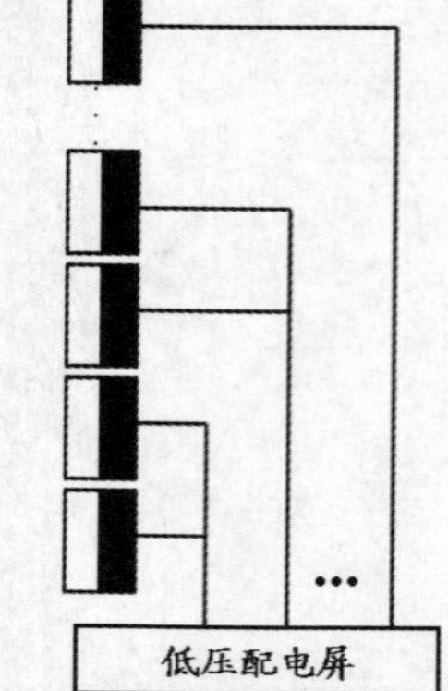

图17-3 混合式配电系统

可根据实际需要灵活布置线路，即节省开支，又保证重要设备的用电，是一种不错的配电系统，具有较多的应用领域。

17.1.3　电气系统图的主要内容

在电气系统图中，通常需要绘制如下内容。

- 总配电箱和其内部控制电路。
- 干线分布。
- 分配电箱和其内部控制电路。
- 计量表和控制开关等。

17.1.4　电气系统图的图线

电气系统图中的图线多使用细实线绘制，包括图形符号轮廓线、框线和电路连接线等。必要时，可将电源干线电路使用粗实现表示。

17.2　单元强电配电系统图的绘制

下面看一下单元强电配电系统图的绘制，如图17-4所示。在绘制的过程中，应注意合理安排设备的疏密，令图纸路线清晰、框架分明、标准清楚，以利于后期施工人员能够根据系统图纸正确施工。

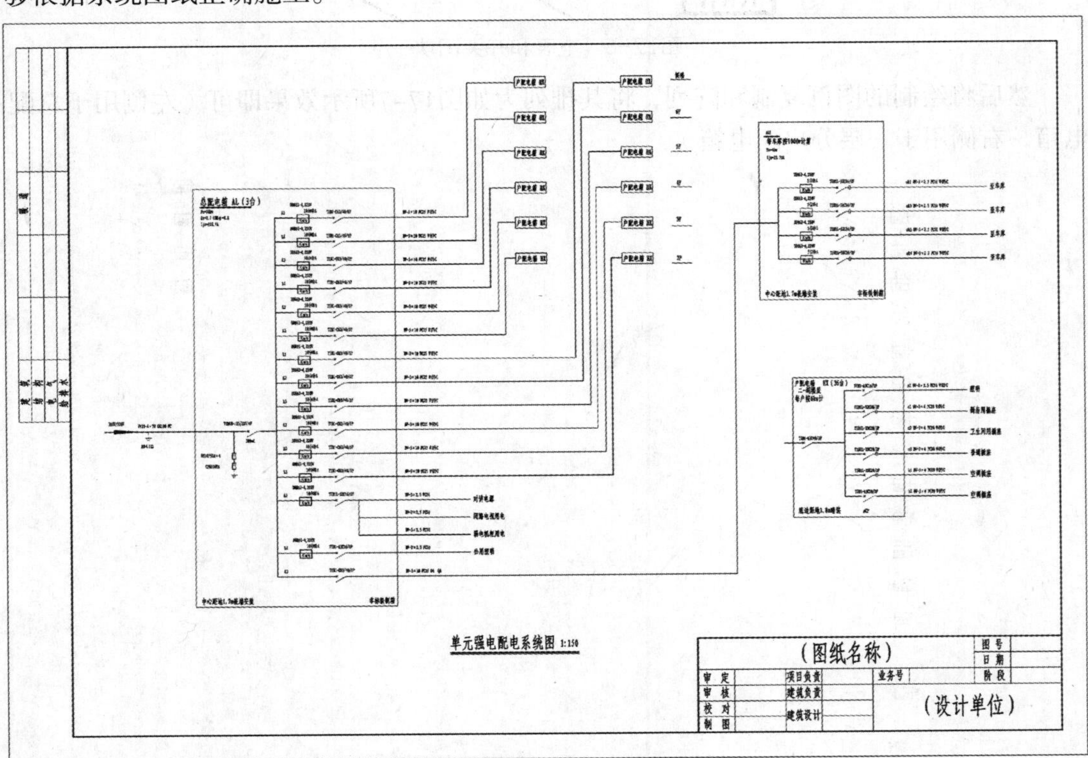

图17-4　要绘制的单元强电电气系统图

17.2.1 设置绘图环境

新建DWG文件后，首先执行LA命令，打开“图层特性管理器”选项板，如图17-5所示，新建3个图层：标注、导线和图框（线宽都为默认，颜色按图中设置即可）。其中默认的0图层用于绘制图块，“标注”图层用于绘制设备标注，“导线”图层绘制导线，“图框”图层绘制代表配电箱的图框。

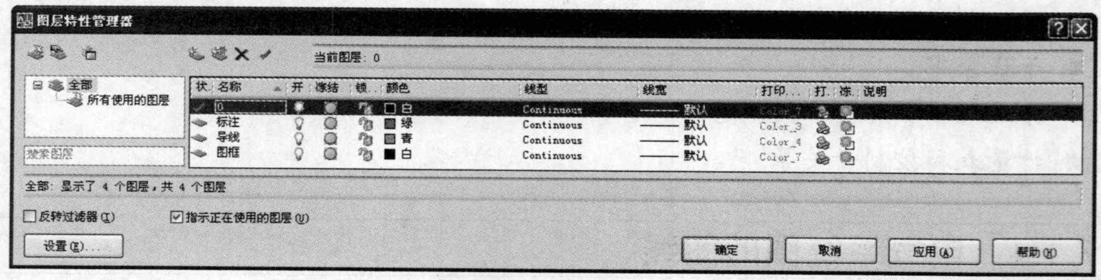

图17-5 “图层特性管理器”选项板

17.2.2 绘制电表和开关

参照如图17-6所示图形绘制电表和开关图块。本系统图中，所有电表都是用左图所示的图例，中间图例代表普通开关，右侧图例代表漏电保护开关（电表图例的宽度为700mm，其他图线大体相似即可）。

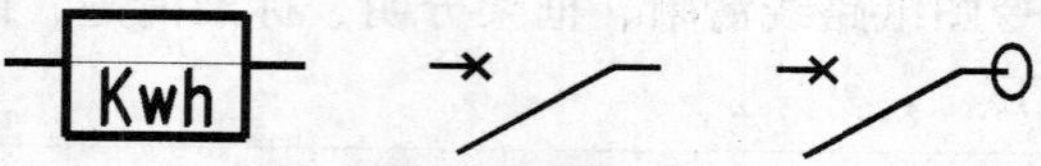

图17-6 电表和开关图块

然后将绘制的图例复制和阵列，将其排列为如图17-7所示效果即可（左侧用于总配电箱，右侧用于一层分户配电箱）。

图17-7 电表和开关图块的排列

17.2.3 绘制导线和线框

参照图17-8使用导线将上面步骤中绘制的电表和开关相连（进线处绘制箭头标志）。然后绘制图框，以界定总配电箱和分户配电箱区域，并绘制户配电箱连接标志，及对讲电源、闭路电视用电的位置等。

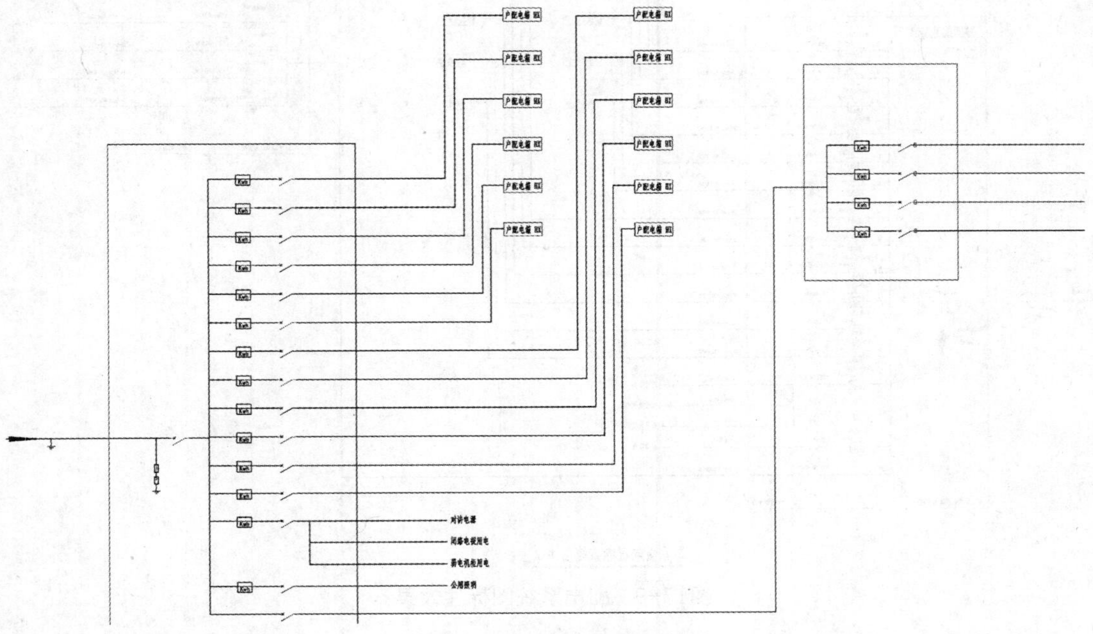

图17-8 配电系统图连接情况

17.2.4 绘制接地、熔断器和电涌保护器标志

参照图17-8，在系统进线处绘制接地标志，在总配电箱内绘制熔断器和电涌保护器标志（熔断器是用于保护电涌保护器的），基本完成系统图的绘制。

17.2.5 标注设备型号

参照图17-9，在绘制好图例的图纸中，标注设备型号，主要应标注配电箱参数、电表型号、电缆型号和敷设方式、层标记和连接方向等。

下面解释一下图17-9中所加设备型号的意义。

- 380V/220V：进线提供380V三相线电压和220V两相相电压。
- RD≤1Ω：接地电阻（不能大于≤1Ω）。
- VV22−4×70 GG100 FC：电缆型号。VV是铜芯聚氯乙烯绝缘聚氯乙烯护套电力电缆；22是指带钢带铠甲；4×70是指4根70平米毫米的电缆；GG100表示外面套厚壁钢管，钢管的公称直径为100mm；FC表示沿地坪敷设。
- BV−3×10 PC25 W(F)C：电缆型号。BV是铜芯聚氯乙烯绝缘无护套电力电缆（BV比VV少一层保护，多用于室内，VV多用于室外）；3×10是指3根10平米毫米的电缆；PC25是指外面套25mm的塑料保护管；W(F)C表示有一部分是地面敷设，一部分是墙面敷设。

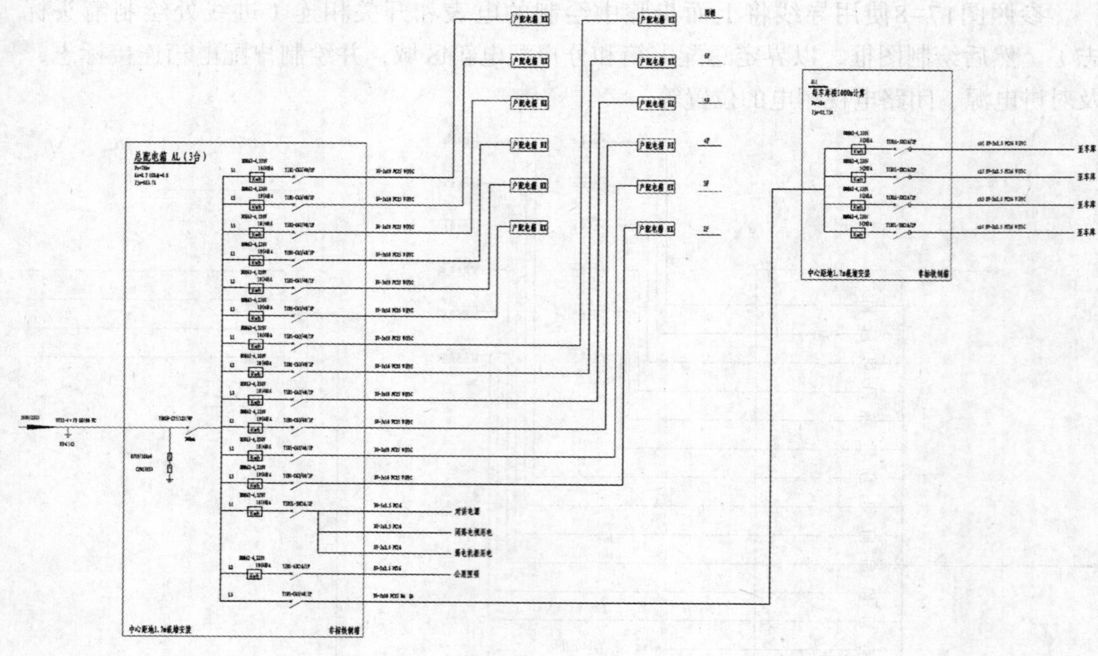

图17-9　配电系统图标注效果

- BV-3×10 PC25 DA QA：电缆型号。前面参数与上一个相同，这里DA表示暗设在地面或地板内；QA表示暗设在墙内。
- RT18/50A×4：熔断器型号。RT是熔断器类型（代表有填料管式熔断器），18是熔断器型号，此外还有RT14、RT19等；50A是熔断器的额定电流（即正常工作电流，熔断电流通常是其两倍）；4表示4个这样的熔断器。
- CPM100TA：电涌保护器。CPM为品牌（商标），100TA为最大通流电流。
- TIM1N-125/125/4P　300MA：断路器型号。TIM1N为厂家定义的一个系列名（此处表示TCL塑壳类）；第一个125是壳架电流，即断路器框架所能承受的最大电流为125A（超过此电流外壳会漏电的）；第二个125为断路器额定电流（正常工作电流不超过125A）；4P是分断能力，表示该断路器有4个接线端子，可分断相线、零线和火线等；300MA代表剩余动作电流（漏电接近300MA时，自动跳闸），剩余动作电流用于防止触电和漏电，当相零不均衡时，说明有漏电，会自动跳闸。
- TIB1-C63/40/1P：断路器型号。TIB为厂家定义的一个系列名（此处表示TCL微型断路器）；C表示C型断路器，主要用于配电照明，另外还有D型，主要用于动力电源（如电机）；63是框架电流；40是额定电流；1是分断能力（单线）。
- DD862-4，220V 10(40)A：电度表型号。第一个D表示电度表；第二个D表示单相；862是厂商代号；-4是产品派生号；220V是电度表的工作电压；10为电度表基准电流；40为电度表额定最大电流（可在接近此电流状态工作）。

- 配电箱参数：Pe表示额定功率；Kx为同时系数；COSφ=0.8为功率因数；Ijs为计算电流。其中Ijs=Pe*Kx*1.52/COSφ，计算电流可用于选择导线截面大小（用多粗线）。ACP是系列名，表示ABB品牌中的ACP系列终端配电箱。

图中，2F、3F……和CK1、CK2……等是自定义的代号，其中2F、3F等表示楼层，CK1、CK2表示“车库1”、“车库2”。而c1、c2、c3等为插座线编号。

17.3 家庭配电箱系统图的绘制

通过与上面相同的操作，可以绘制家庭配电箱系统图，如图17-10所示。家庭配电箱较为简单（实际上是上面绘制的单元强电配电系统的一部分），且基本结构和绘制思路与前面相同，绘制时只需注意所标注的配电箱符号与总配电线路对应即可。

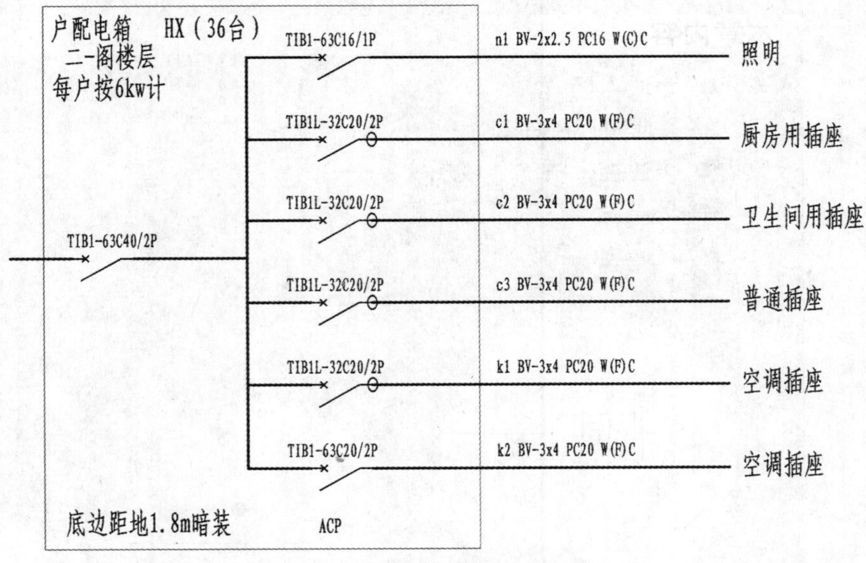

图17-10 家庭配电箱系统图绘制效果

17.4 其他电气系统图的绘制

通过相同操作，可根据设计需要绘制其他电气平面图，如可视对讲系统图、居民抄表系统图、有线电视系统图、电话布线系统图、网络综合布线系统图、保安监控系统图等（弱电的一些系统图），此处不再一一叙述。

第18章

暖通设计基础知识

本章内容

- 暖通入门
- 采暖施工图基础
- 暖通施工图的一般规定
- 暖通设计中的常见问题
- 暖通施工图设计说明

18.1 暖通入门

暖通工程也是建筑的一个重要组成部分，需要提前设计和策划，并在交房之前完成配置。暖通工程的好坏，直接关乎住房的舒适度，因此也是决定房屋价值的重要工程。暖通工程实际上包括供暖、通风和空气调节3个方面，下面对其进行简单介绍。

18.1.1 采暖的方式和组成

我们比不上"狗熊"，没有冬眠的功能，所以冬季仍然需要进行正常的生产或生活活动。为了在寒冷的室外温度下，创造舒适的室内工作和生活环境，保持较为温暖的温度，需要建筑物有持续的供给热能。这种供热的工程设备，即被称为采暖系统。

目前建筑物的采暖方式，主要分为"集中采暖"、"分散采暖"和"区域采暖"三种，下面简要介绍一下。

- 集中采暖：或称"集中供暖"，是指以热水或蒸汽作为热媒，由一个或多个热源通过热网向城市、镇或其中某些区域供应热能的方式，即常见的"暖气系统"。我国大致以长江为界，长江以北多供暖，长江以南多无须供暖。
- 分散采暖：分散采暖可以理解为一定空间内的独立采暖系统，如居民家中使用的"炉火"取暖，或者是煤气取暖系统、电取暖，以及单独的空调取暖等。分散采暖存在耗能大、不卫生和温度低等缺点，是比较原始的采暖方式。
- 区域采暖：为某栋建筑物（或某几个建筑物）统一供暖的采暖方式，如中央空调采暖方式、小锅炉供暖方式等。区域采暖同样存在能耗大和粉尘污染等问题，因此正逐渐被集中采暖方式取代。

无论何种采暖方式，通常都由热源、热媒输送设备和散热设备3部分组成。

- 热源：生产热能的工程部分，如热电厂、锅炉房、工业余热、地热、太阳能、原子能等。
- 热媒输送设备：把热量从热源输送到散热设备的媒介物被称为"热媒"，如常用的水热媒，以及蒸汽和空气热媒。热媒的通道和附属设备等，则被称为热媒输送设备，用于由热源向采暖空间输送热量，如暖气管道等。
- 散热设备：把热媒的热量传给室内空气的放热装置，如暖气片。

18.1.2 通风的方式和组成

如果室内外空气不流通，室内空气将很快变得污浊；此外，生产车间内会产生很多有毒物质，或灰尘、烟雾等，这些都需要及时排出屋外，以免影响生产。为此，大多数房屋都需要通风系统，以及时满足我们的生产和生活需要。

通风方式按所用动力的不同，可分为自然通风和机械通风两种。

- 自然通风：没有任何驱动设备，也没有任何的通风系统，被称为自然通风。如居民楼的南北通透结构，利用了南北向的季风，容易形成"穿堂风"；别墅屋顶处的天窗等，利用了热能进行自然通风，都是典型的通风结构。

- 机械通风：机械通风是一个独立的通风系统，通常包含动力设备或通风管道。简单的机械通风系统，有车间墙壁上的排风扇和排风口；复杂一些的，有大商场、办公楼的管道通风系统等。

通风系统（这里主要指机械通风系统）通常由风机、风道和室内送、排风口，以及风道阀门等组成。由于其原理并不复杂，这里不再一一介绍。

此外，通风系统中有时也会包含除尘部分，在风道的某处会安装除尘器，以对室内外空气进行净化，通常有湿法除尘（喷水雾）和机械除尘（利用粉尘重力或离心力除尘）两种除尘方式。

18.1.3 空气调节的方式和组成

空气调节简称空调，实际上包含了采暖和通风，是指对室内温度、湿度、洁净度、气流速度等进行调节，并使之保持相对稳定的调整系统。

空调系统可分为集中空调系统和局部空调系统。

- 集中空调系统：指将各种冷凝、散热和空气处理设备等集中放置，集中制冷或制热，然后通过风管，将处理好的空气输送到各空调房间中，如中央空调系统。集中式空调系统具有投资少、处理空气量大、检修和维护方便等优点，缺点是需要专用的空调机房，并需搭建风道。
- 局部空调系统：指安装在各个房间的、独立的空调机器。局部空调系统具有安装方便、灵活性较大、无需搭建风道等优点，缺点是初期投资较高、检修麻烦、具有噪音等。

空调系统通常包括空气处理（调温、调湿、净化）、空气输送（风机、风管）和空气分配（风口）3部分，此处不再做详细介绍。

由于本文主要讲解关于“住宅”的建设工程，所以对主要用于商业领域的通风和空调系统，将不做主要介绍，而着重介绍一下“集中供暖”管道系统的架设。

18.2 采暖施工图基础

下面看一下关于采暖施工图的基础知识。

18.2.1 采暖施工图的表达特点

采暖施工图与建筑施工图有所不同，主要具有如下表达特点。

- 采暖工程图着重表达采暖设施在房间内的布置，房屋建筑的表达处于次要地位，即在工程图中只需表达出采暖和建筑的相对位置关系即可。
- 采暖工程中，管道系统错综复杂，只使用平面图不能完整表达管道的走向、粗细和布置情况，因此还需要绘制系统轴测图。

18.2.2 采暖施工图的组成

采暖施工图主要由采暖平面图、采暖系统图和采暖详图构成。

- 采暖平面图：主要用于表示建筑物各层的采暖设备和管道的平面布置情况。此外，还应表达清楚热媒入口和相关设备的配置等（如各种阀门的布置情况）。
- 采暖系统图：以轴测图的形式，对采暖设备管径、编号，各种附件和干、立、支管在空间上的布置情况进行说明。
- 采暖详图：用于描述采暖管道和设备间的局部接点情况，以及在墙壁中的布置情况等，如立、干管的连接情况，散热器与支管的连接等（简单的采暖施工工程可不绘制采暖详图，在原图直接引出局部详图即可）。

此外，与建筑施工图相同，装订成册的采暖施工图通常还包括图纸目录、设计施工说明和设备材料明细表等内容，此处不再一一叙述。

18.3 暖通施工图的一般规定

采暖施工图对线型、比例以及常用图例等，都有不同于其他施工图的常用规定，本节对其进行简单叙述。

18.3.1 线型

- 粗实线(b)：用于采暖供水、供汽干管、立管。
- 粗虚线(b)：用于采暖回水管、凝结水管等。
- 中实线(0.5b)：散热器及散热器连接支管线，采暖设备轮廓线等。
- 细实线 (0.25b)：平、剖面图中土建构造轮廓线，尺寸线、图例、标高、引出线等。

其他同建筑施工图中的规定。

18.3.2 比例

- 总平面图：1:500、1:1000、1:1500。
- 平面图和系统图：1:20、1:50、1:100。
- 详图：1:1、1:2、1:5、1:10、1:20。

18.3.3 图样的排列

- 成册的暖通施工图，其编排顺序应为图纸目录、设计施工说明、设备及主要材料表，然后是平面图、系统图和详图等。

- 当一张图纸内绘制有几种图样时，应平面图在下，剖面图在上，系统图和安装详图在右，如无剖面图，可将系统图绘在平面图的上方。
- 文字说明应放在图纸右侧，并以阿拉伯数字编号。
- 图样的命名应能表达图样内容。

18.3.4 标注

- 需要限定高度的管道或散热器，应标注相对标高。其中管道应标注管中心标高，散热器宜标注底标高。
- 管道管径的标注：使用“DN+数字”标注焊接钢管的直径，如DN40；使用“D+外径×内径”标注无缝钢管的直径，如D114×5。
- 管道管径标注，通常应标注在管道的上方或左侧。

18.3.5 图例

暖通空调常用图例如表18-1所示。

表18-1 暖通空调常用图例

序号	名称	图例	序号	名称	图例
1	热水管		13	疏水器	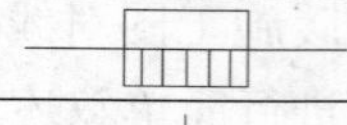
2	回水管		14	自动排气阀	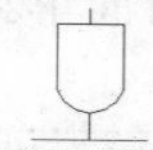
3	绝热管		15	变径管	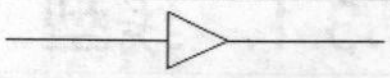
4	套管补偿器	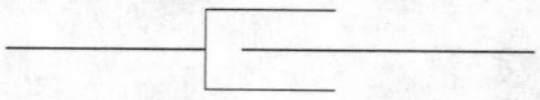	16	单管固定支架	
5	方形补偿器	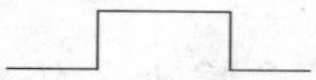	17	多管固定支架	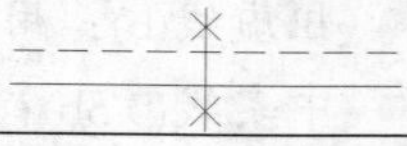
6	波纹管补偿器	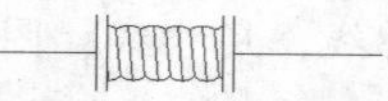	18	坡度	 i=0.003
7	浮球阀	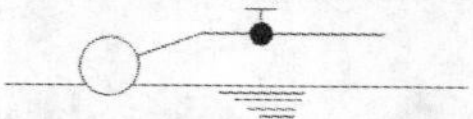	19	温度计	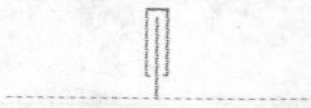
8	止回阀		20	压力表	
9	截止阀	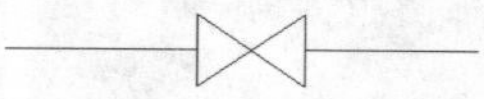	21	水泵	
10	闸阀	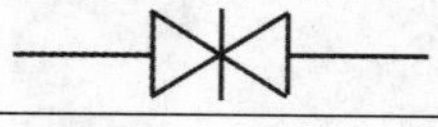	22	活接头	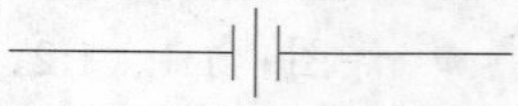
11	散热器及手动放气阀	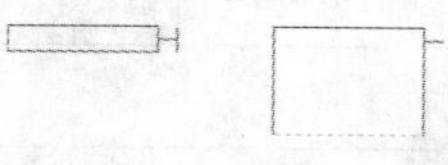	23	可曲绕接头	
12	Y型水过滤器	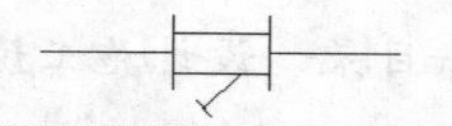	24	电子除垢仪	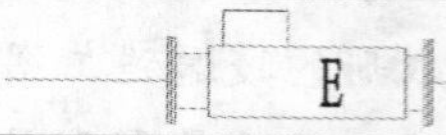 E

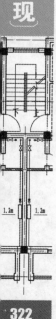

18.4 暖通设计中的常见问题

暖通工程虽然涉及的只是建筑物的附加设备，但是其性能的好坏仍然关乎住宅的舒适度，以及防火、防灾性能等，所以很多问题不容忽视。

18.4.1 执行设计规范、标准方面的问题

- 设计选用已作废或旧的国家标准图集，未采用有效版本的规范。
- 通风系统送、排风量不平衡，支风管上也未设调节装置。
- 室外进、排风口百叶间距不满足规范要求，易短路。
- 设在外墙或竖井上的进、排风百叶，风速偏高、易产生较大噪声，不符合城市环境噪声标准。
- 膨胀水箱最低水位与系统最高点之间高差小于0.5m。

18.4.2 工程设计中的问题

- 室内温度不达标。我国规定，冬季室内供暖，普通房间不应低于18℃，厕所不应低于12℃，浴室不应低于25℃。很多设计人员在厕所内不设散热器、在浴室内按普通房间考虑设置，造成交房后室温不达标。
- 散热器的散热量计算不正确。散热器的散热量是在明装条件下测试的，应考虑加装饰罩后对散热器散热量的影响，并对其散热量进行修正（应尽量在加罩后，令散热量保持不变或变化很小）。
- 散热器选择失误。相对湿度较大的房间宜采用铸铁散热器。所以，在卫生间中最好不要采用不加防腐措施的钢制散热器（卫生间宜采用铸铁或铝制散热器）。
- 应合理选择供暖方式。目前采暖方式趋于多元化，有热水采暖、燃气采暖、燃油采暖、电采暖，以及热水地板辐射采暖和热水吊顶辐射板采暖等，种类、档次繁多，居民的要求也不尽相同。所以，在设计时应综合考虑各种因素，选择合理的供暖方式，以最大化满足客户的要求，并取得较好的经济效益。
- 无窗卫生间应设置有防回流构造的排气通风道。
- 高层建筑的保温材料和保温材料的外表面保护层都应采用不燃烧材料。
- 无外窗的变电所等重要房间，未设通风管道，也未配备机械通风设施。
- 走廊排烟口与安全出口边沿间的最小水平距离应大于1.50m。
- 配备中央空调的办公楼，除了送风（暖风或凉风）之外，应考虑回风通道的设置，如在大型会议室、展厅等功能区中如不设排风，会影响使用效果。

18.4.3 图纸方面的问题

- 平面图深度不够。采暖平面图，有的未标注水平干管管径及定位尺寸；有的立管未编号；通风平面图，有的未注明各种设备编号及定位尺寸。

- 系统图深度不够。采暖系统图，有的立管未编号；有的管道标注了坡度、坡向，但未注明标高（或在管道变化转向处漏注标高）。
- 计算书内容不全。一部分工程设计没有暖通设计计算书，或有计算书，但内容残缺不全。如仅有耗热量计算，而无水力平衡计算和散热器选择计算；有的高层建筑设计有防排烟，却无防排烟计算书。
- 平面图、系统图不一致。如供、回水干管管径，平面图与系统图不一致。有的通风设计和风管尺寸，平面图与系统图不一致。或设备编号、数量，图纸与设备表不一致等。
- 工种间配合不够各画各图。如对结构梁标高了解不够，造成风管与梁矛盾，或与水电管位置矛盾，造成施工困难。
- 风口位置问题。地下车库通风兼排烟系统设计中风管、风口位置设置不当，如该设排风口地方不设，造成通风死角。
- 防雨问题。电梯机房通风只有排风而无进风措施，排风口无防雨措施。出屋面风管水管无具体防雨防渗措施等。

18.4.4 问题原因及克服方法

- 对现行设计规范学习不够。应加强对现行设计规范、规定、标准的学习，提高贯彻执行的自觉性。
- 图纸审查不严格甚至流于形式。应坚持执行三审制——自审、审核、审定，确保图纸和计算书的设计质量。
- 设计思路窄，没有全方位的眼光，选用方案和设施陈旧，不能满足用户的多种需要。应密切关注行业动向，接受新生事物，多向同行业者学习，比较优劣，判定最优方案。
- 建立勘察设计监理制度。对勘察、设计的过程进行跟踪、监督，制定内部标注，规范设计思路，考核设计质量，从而保证各专业图纸的协调一致，满足施工要求。

18.5 暖通施工图设计说明

下面列举一下暖通施工图设计说明中的常见条框。

1. 概述

（1）本设计是室内供暖工程设计。热源为小区热交换站，供回水温度为95℃/70℃。系统定压由热源处考虑。

（2）本工程采暖系统均采用分户计量系统，住宅每户设采暖分户计量箱。住宅室内采暖立管为双管异程式系统，立管及各户计量控制装置均设在楼梯间的综合管井内。

（3）本建筑按《×××省居住建筑节能设计标准》设计，房间的外维护结构采用外保温，外窗选用中空玻璃塑钢窗，围护结构传热系数见建施。

（4）本建筑供暖热负荷指标为：55W/m。

2. 设计依据

（1）《民用建筑采暖通风与空气调节设计规范》GB 50019-2011。

（2）《建筑给水排水及采暖工程施工质量验收规范》GB50242-2002。

（3）《××省居住建筑节能设计标准》DBJ14-037-2012。

（4）《全国民用建筑工程设计技术措施》2009版。

（5）建筑设备专业设计技术措施及甲方委托设计书。

3. 设计参数

（1）采暖室外计算温度为：tw=-15℃。

（2）冬季最多风向平均风速：7.5m/s。

（3）冬季室外最大冻土深度：920mm。

（4）冬季主导风向：北。

（5）冬季室外平均风速：6.2m/s。

（6）采暖室内设计计算温度：居室、客厅和餐厅，18~20℃；厨房，16℃；卫生间，25℃。

4. 管道材质

（1）管材除采暖总干管和采暖立管采用无缝钢管外，其余均为采暖用PPR热水压力管。

（2）PPR管采用热熔连接，配件均严格选用厂家配套产品。

（3）无缝钢管，DN≤32mm的采用丝接，DN>32mm的采用焊接。

（4）采暖热力入口处阀门，DN≤40mm的采用全铜闸阀，DN>40mm的采用蝶阀。

（5）阀门工作压力为1.6Mpa。

（6）采暖热力入口选用铜质或钢质过滤器，过滤孔径为3mm。

（7）入户热力装置选用铜质或钢质过滤器，滤网≥20目。

5. 施工说明

（1）采暖入口位于地下室的北侧外墙，入口装置设于室外地沟内，暖井采暖主立管为镀锌管，采用40mm铝箔玻璃棉保温。

（2）钢管管道穿墙或楼板时，设置比管道大2号的钢制套管，安装在墙内的套管其两端与饰面相平，安装在楼板内的套管其上部高出板面20mm，底部与天棚面相平。

（3）PPR管穿楼板时，穿越部位应设固定支撑；穿越厨房、卫生间楼板时，应考虑防水措施；穿墙、楼板、梁时，还应设金属套管。

（4）钢管管道滑动支架应按规定的间距进行敷设，不得利用穿墙套管做支撑点代替支架。

（5）PPR直线管道的固定支撑不大于3.0m。

（6）管道系统的最低点应设DN15泄水管并安装同口径的球阀。管道最高点设自动排气阀，排气管径为DN15，排气阀的泄水及放气管应引到水池或地漏处。

6. 管道调试

（1）系统管道安装至居室前，须对已安装完毕的管道进行水压试验。

（2）试压时，升压时间必须大于15min（缓慢加压），试验压力为 0.9mPa。

（3）升压至试验压力后，停止加压，稳压1小时，观察无渗漏后，补压至试验压力，15min内压力降不超过0.05mPa，无渗漏为合格。

（4）系统安装完毕，需对整个系统进行水压试验。试验压力为0.9mPa，10min内压力降不超过0.02mPa为试压合格。

（5）冬季进行水压试验时，应采取可靠的防冻措施。

（6）系统试压合格后，应对系统进行反复冲洗，直至水流不含泥沙，铁锈等杂质，且水质不浑浊为合格。

（7）最后需要对过滤器、除污器进行清洗。冲洗合格后，安装计量表、恒温阀等设施；并向系统注水，经检查无渗漏为合格。

（8）系统经试压和冲洗后，方可进行试运行和调试。

（9）调试的目的是使各环路的流量分配符合设计要求，以各房间的室内温度与设计温度相一致或保持一定差值为合格。

7. 其他

（1）标高以米计，其余均以毫米计；水管标高均以管中心计。

（2）土建施工时，设备专业现场施工人员应配合土建专业预留管道穿墙板孔洞。

（3）在施工时，如果发现实际情况与设计图纸有出入，应与设计院及时协商，经设计院同意后方可修改设计。

（4）其他未尽事宜均严格按《建筑给水排水及采暖工程施工质量验收规范》GB50242-2002规定执行。

第19章

暖通平面图绘制

本章内容

- 暖通平面图概述
- 标准层采暖平面图绘制
- 首层采暖平面图绘制
- 其他暖通平面图绘制

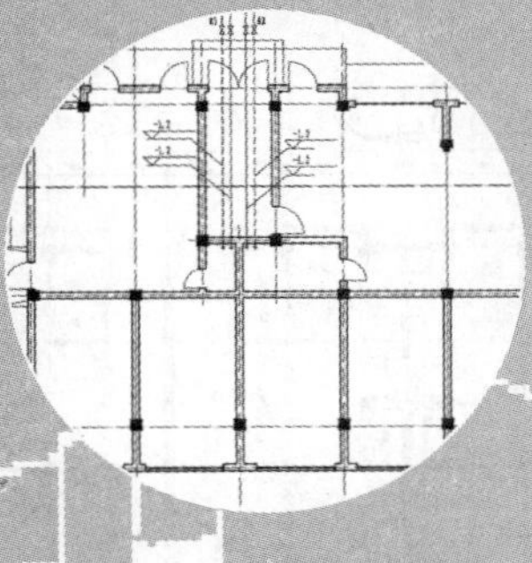

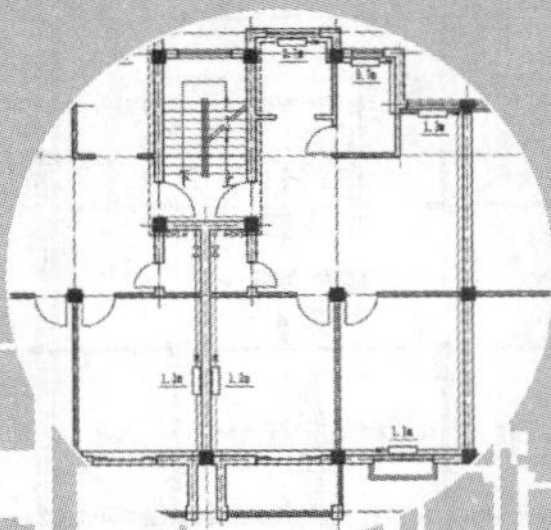

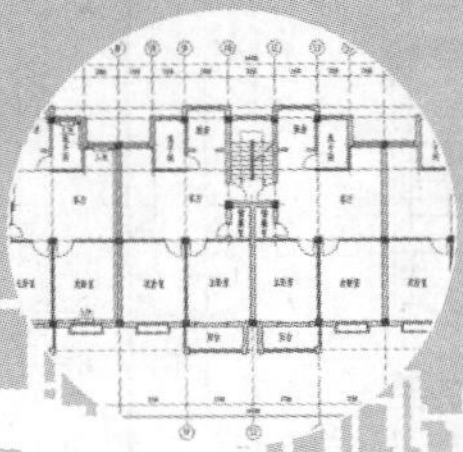

19.1 暖通平面图概述

暖通平面图是在建筑平面图的基础上根据暖通绘图规定绘制的，用于反映房间供暖和通风情况的设备施工图（也是一种简图）。

在暖通平面图中，通常需要绘制如下内容。

- 房屋平面图（可借助建施平面图）。
- 热水和回水立管。
- 热水和回水横管。
- 暖气片和阀门等附件。
- 管道规格、暖气片大小等标注。

暖通平面图（特别是其中的暖气平面图）与给排水平面图很相似，因为都是管道系统，所以在绘制时可以互相参考。

此外，暖气的热水给水管通常使用红色、实线（0.35mm多段线或粗实线）表示，冷水回水管多使用蓝色、虚线（0.35mm的多段线或粗实线）表示。

19.2 标准层采暖平面图绘制

下面看一下标准层采暖平面图的绘制，效果如图19-1所示。在绘制采暖平面图时，应注意暖气片的位置和暖气管道的布置。

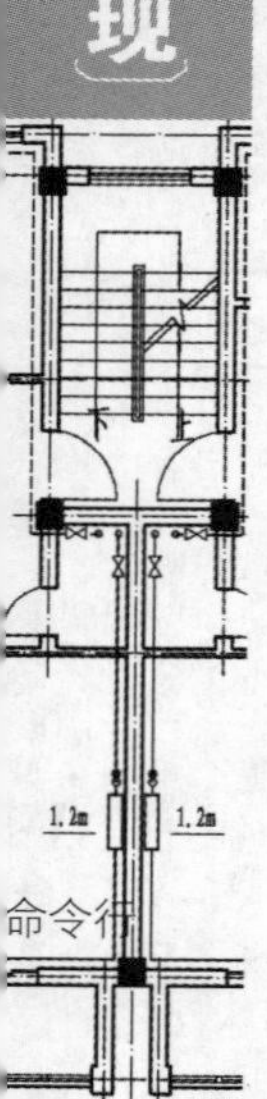

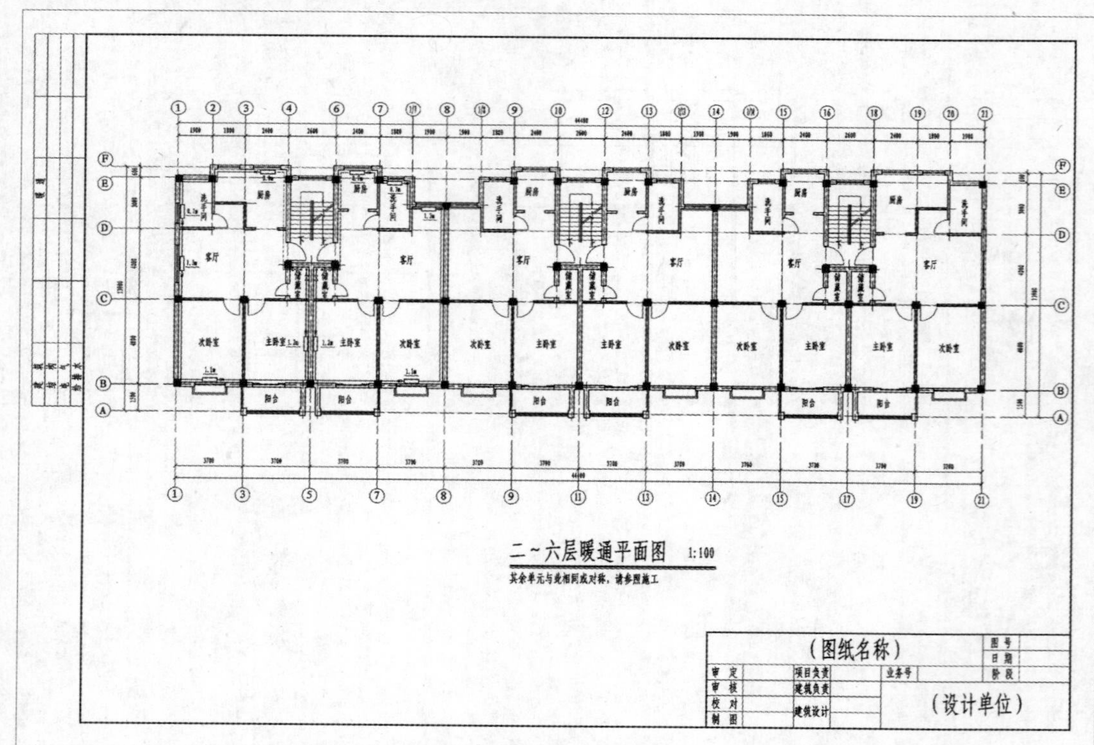

图19-1　标准层采暖平面图

19.2.1 整理标准层建筑施工平面图

复制标准层建筑施工平面图，删除所有内侧标注和外侧标注的第一道标注，以及详图索引和标高图块等，并执行BATTMAN命令，将所有门窗的文字属性隐藏。

19.2.2 绘制暖气竖管、暖气片和阀门

绘制两个圆，直径都为100mm，一个设置为红色，一个设置为蓝色，红色作为供暖热水立管，蓝色作为供暖回水立管，并布置到储藏室内，如图19-2所示。

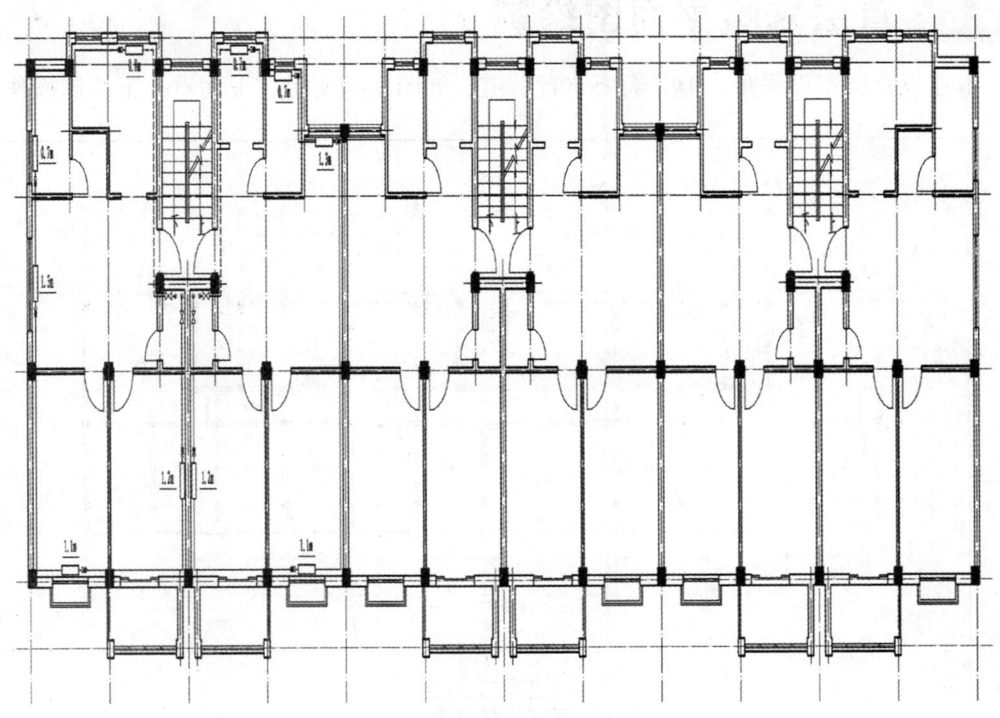

图19-2 采暖管线的布置和标注效果

再参照图19-3，绘制暖气片（左）和暖气阀门（右），暖气片的宽度为200mm，然后将其布置到施工平面图中（暖气片通常应布置到靠窗的位置，阀门通常应布置到暖气竖管附近的横管上）。

图19-3 绘制的暖气片图块和阀门图块

19.2.3 绘制冷热水管线

使用多段线（线宽35mm）绘制冷热水管线，将暖气片和阀门等相连，如图19-3所示。热水管设置为红色实线，冷水管设置为蓝色虚线。

19.2.4 添加标注

使用单行或多行文字，为暖气片添加标注，以说明暖气片的大小，如图19-3所示。通常房间越大，要求暖气片越大，具体采用多大的暖气片，需要根据供暖要求、当地的气候条件和房屋的保温情况等，通过计算得到。

最后，添加图名和“其余单元与此相同或对称，请参照施工”文字，完成标准层采暖平面图的绘制。

19.3 首层采暖平面图绘制

本建筑首层不设采暖，但是需要布置管道，如图19-4所示，下面看一下绘制操作。

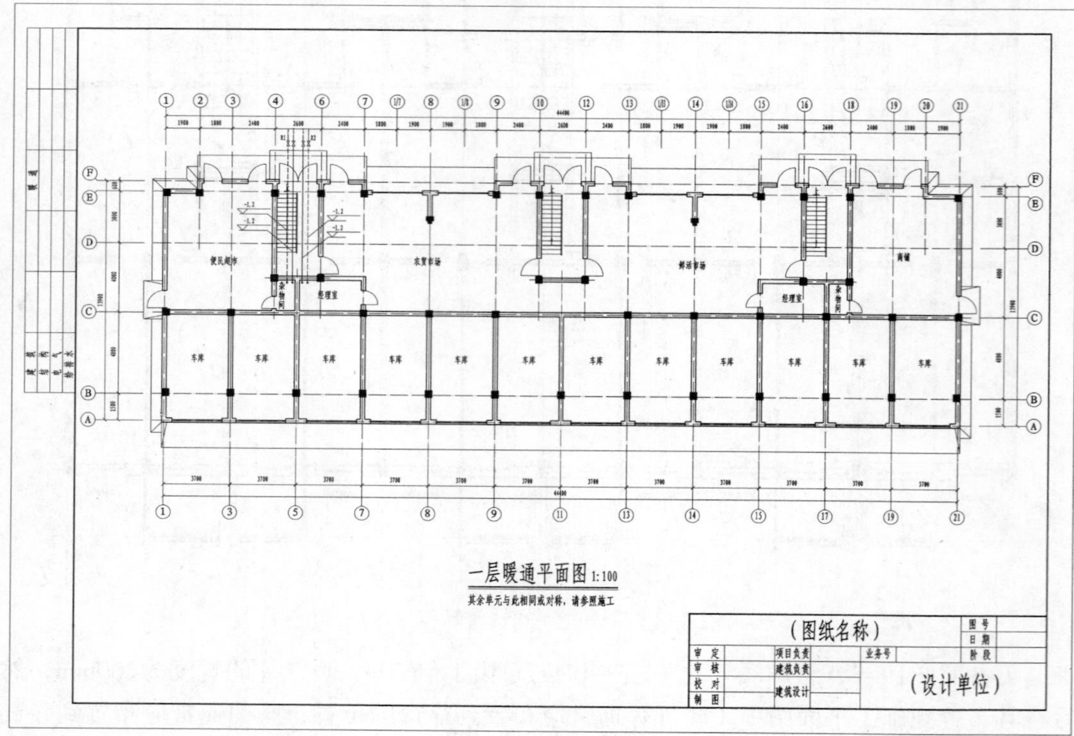

图19-4　首层采暖平面图

19.3.1 整理首层建施平面图

同前面操作，复制一层建筑施工平面图。

19.3.2 绘制采暖立管

同标准层采暖图中的操作，绘制圆作为采暖的立管，并置于储藏室中（与标准层相同的位置），如图19-5所示。

19.3.3 绘制冷热水管线和阀门

使用多段线绘制冷热水管（要求同标准层），并自室外引入，然后复制标准层中的暖通阀门，再绘制代表冷热水走向的箭头即可，如图19-5所示。

19.3.4 添加标注

最后为供暖管线添加标注，标明管道序号和管道的埋深（标高图块可复制自建施图），完成首层采暖平面图的绘制，如图19-5所示。

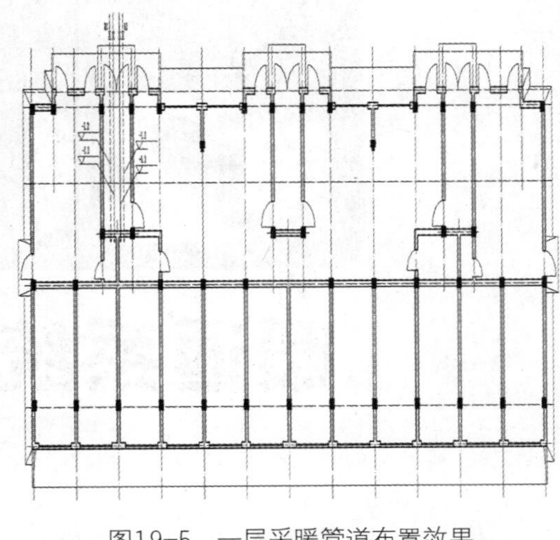

图19-5 一层采暖管道布置效果

19.4 其他暖通平面图绘制

通过相同操作，可绘制其他层采暖平面图，如阁楼层采暖平面图（如图19-6所示）；或暖通平面图，如空调通风平面图、地暖施工图等。其中通风平面图的绘制稍显复杂，需要绘制清楚通风管道的大小、风道走向等，但由于其多用于商业建筑，本文不多做涉及。

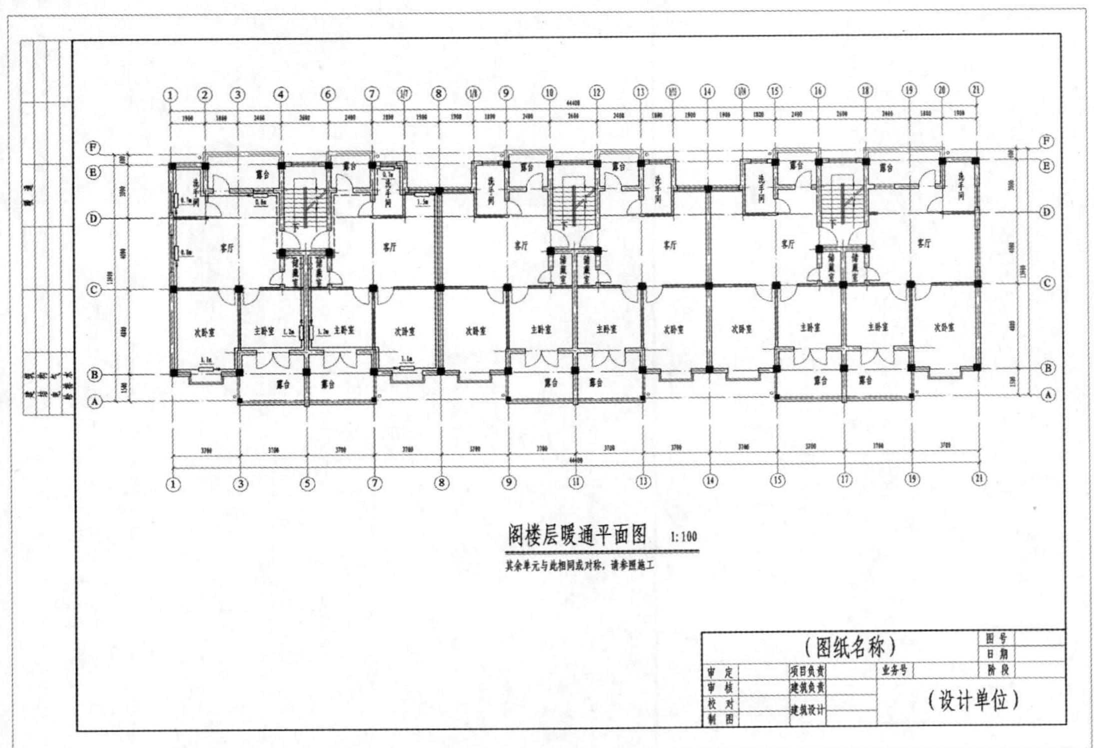

图19-6 阁楼层暖通平面图

第20章

暖通系统图绘制

本章内容

- 暖通系统图概述
- 采暖系统图绘制
- 采暖详图的绘制
- 其他暖通图纸的绘制

20.1 暖通系统图概述

暖通系统图是通过轴测图的形式，全面反映暖气管道（或其他暖通管道）楼层间立体结构和相互连接情况的一种设备图纸。

暖通系统图的主要绘制包括如下内容。

- 楼层（通常使用带毛边的线表示）。
- 冷热水管道。
- 热量表、阀门、自动放气阀等附件。
- 各层采暖详图。
- 管道规格、暖气片大小等标注。

暖通系统图与给排水系统图，有很多相似之处，如使用竖线表示立管，水平管仍然水平，垂直的管在系统图中采用倾斜45° 的斜线表示，系统图中的图线与暖通平面图中的规定相同。

此外，暖通系统图需要绘制每层的采暖详图，这是它与其他设备施工图的不同之处。

20.2 采暖系统图绘制

采暖系统图（如图20-1所示）通常也有多个，有几个入口就有几个系统图，本节讲述R1入口处系统图的绘制，下面看一下操作。

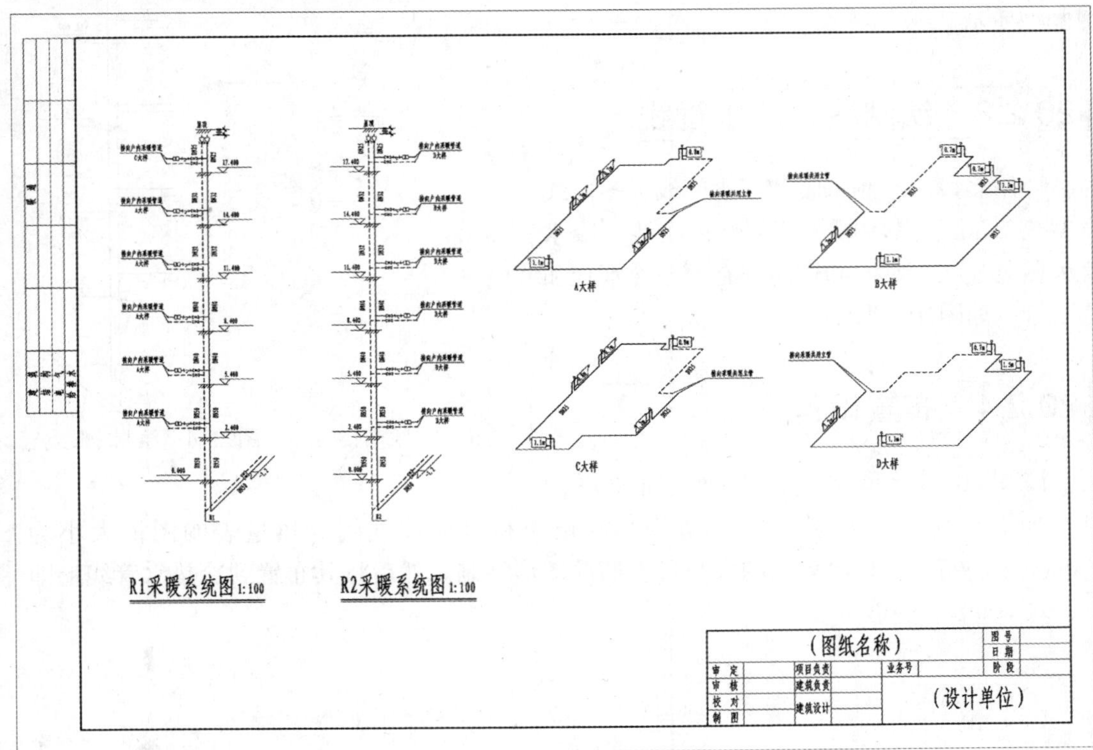

图20-1 采暖系统图

20.2.1 设置绘图环境

执行LA命令，打开“图层特性管理器”选项板，如图20-2所示，按图中颜色和线型新建多个图层。并同建筑施工图中的操作，创建“长仿宋”文字样式和文字高度为300的默认标注样式。

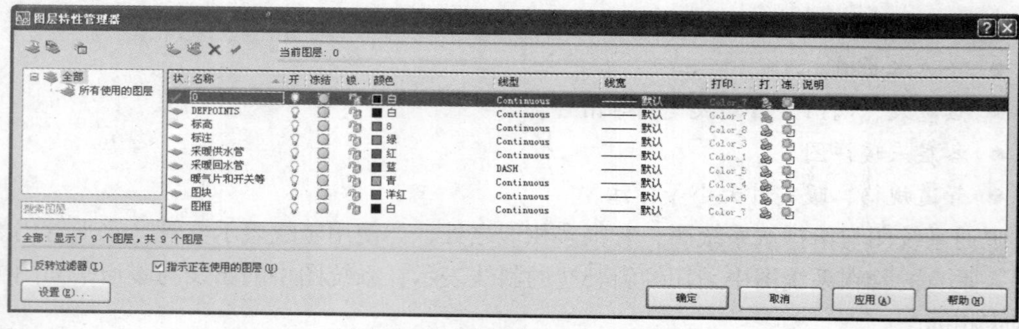

图20-2 “图层特性管理器”选项板

20.2.2 绘制楼层符号

采用水平线下加斜线的方式绘制楼层符号，并以3000mm为间距向上整理，然后复制建筑施工图中的标高图块，标注楼层高度，如图20-3所示。

20.2.3 绘制冷、热水管线

使用多段线绘制采暖和回水管线，多段线宽度为35mm，其中暖水管为红色实线、冷水管为蓝色虚线。竖向和横向都有两条冷水管和热水管，如图20-4所示。

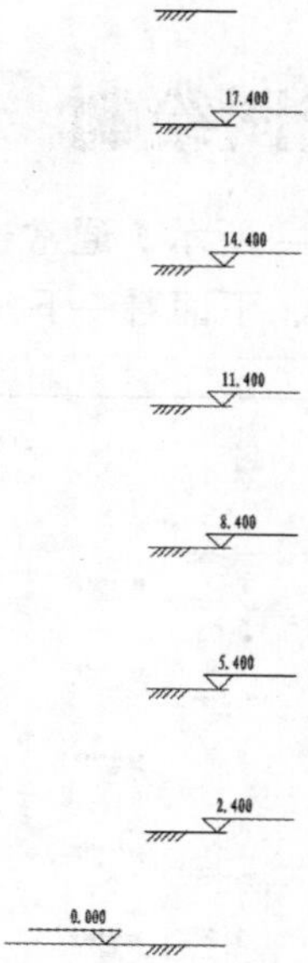

图20-3 绘制楼层 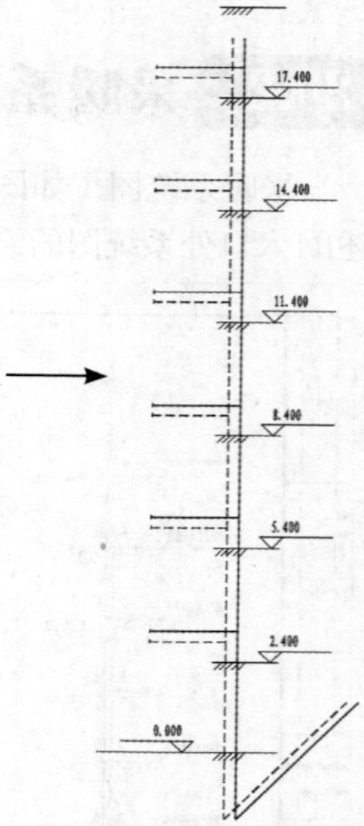　　图20-4 绘制冷暖水管

20.2.4 布置设备

按图20-5所示样式，绘制暖通图块，自左而右分别为：热量表、过滤器、截止阀和自动放气阀。热量表的图框大小为200mm×300mm，其他图块的大小可参照此图形绘制。然后将其布置到冷热水管线上即可，效果如图20-6所示。

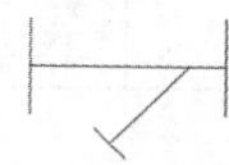
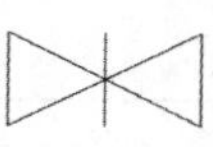
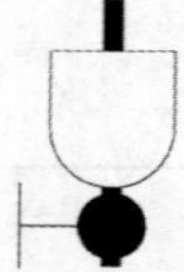

图20-5 暖通设备

20.2.5 管道标注

使用单行或多行文字，添加表明管道粗细的标注，如DN50、DN32等，越向上越细，如图20-7所示，并标注接向详图的文字说明，以及埋管深度、自动放气阀到屋顶的高度等，完成R1采暖系统图的绘制。

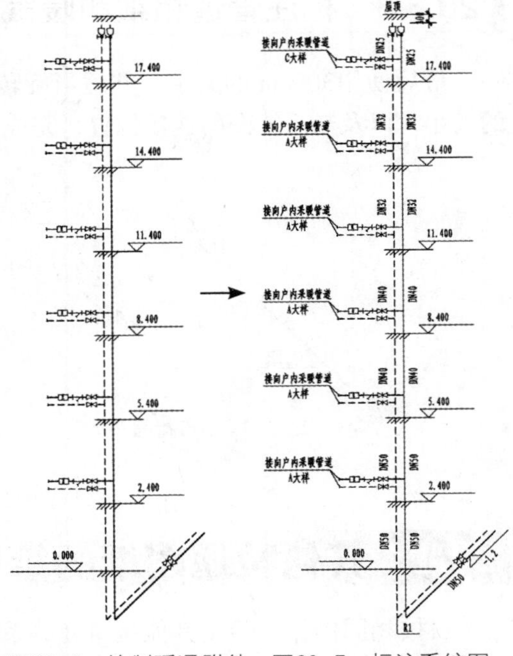

图20-6　绘制暖通附件　图20-7　标注系统图

20.3 采暖详图的绘制

下面看一下系统图中各户型采暖详图的绘制，效果如图20-1所示（本节绘制A大样）。

20.3.1 绘制冷、热水管线

使用多段线（要求同20.2节）绘制A户型的冷、热水管线（可参照采暖平面图进行绘制，并遵循20.1节中叙述的绘图原则），效果如图20-8所示。

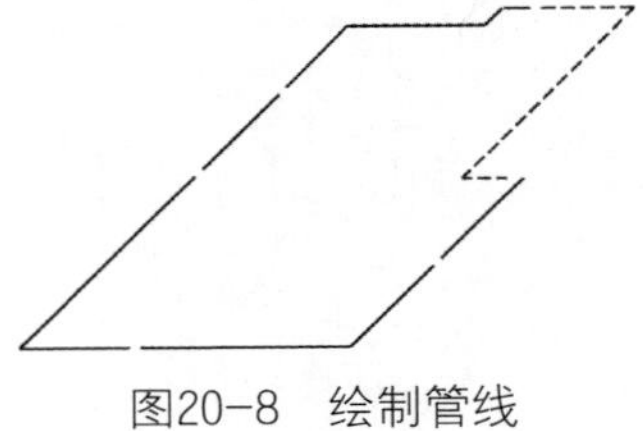

图20-8　绘制管线

20.3.2 添加暖气片

如图20-9所示，绘制两个立面暖气片和一个正视图暖气片（其中正视图暖气片图框的大小为560mm×800mm，另两个立面图形可参照此大小绘制），并将其定义为块，插入到绘制好的A户型管道详图中，效果如图20-10所示（注意方向，热水管应连接暖气片上部管线）。

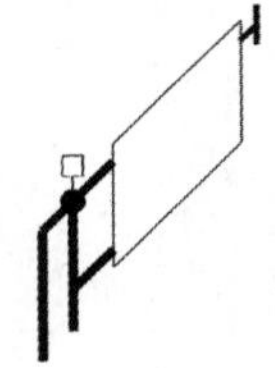

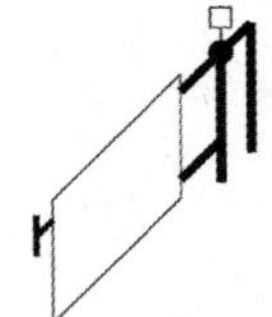

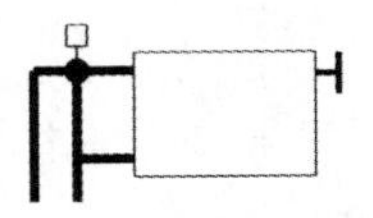

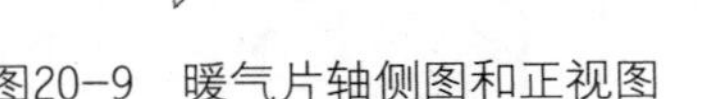

图20-9　暖气片轴侧图和正视图

20.3.3 标注管道粗细和暖气片大小

最后使用300mm的文字，并适当旋转文字方向，标注室内暖气管道的粗细和暖气片的大小，以及与系统图的连接位置，完成A户型采暖详图绘制，效果如图20-11所示。

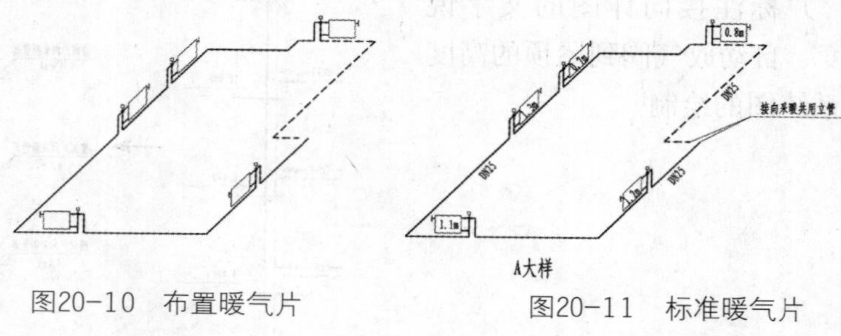

图20-10 布置暖气片

图20-11 标准暖气片

20.4 其他暖通图纸的绘制

可按相同操作，绘制其他接口处的系统图和详图（如图20-1所示），或绘制中央空调系统图、通风系统图等，此处不再详细叙述。

附录1

AutoCAD绘图常见疑难解答

1. 问：打开其他公司的CAD图纸，显示乱码怎么办？

答：出现乱码的地方通常为中文文字，可以使用STYLE命令为文字所在图层设置正确的中文字体。此外，也可将显示乱码的CAD图纸作为块插入到新文件中，乱码将会消失（只是此时无法对图形进行更改，而且字体会与原图有差异）。

2. 问：DWG文件破坏了怎么办？

答：选择“文件” > “绘图实用程序” > “修复”菜单命令，选中要修复的文件，进行修复即可。

3. 问：图形太多时，如何快速选择对象？

答：可执行QSELECT命令或FI命令，通过设置“选择过滤器”来快速选择对象。

4. 问：突然无法连续选择多个对象了怎么办？

答：AutoCAD默认可以连续选择多个对象，但有时候此命令会失效，选择第二个对象后第一个对象将取消选择。此时执行OPTIONS命令，取消“选择集”选项卡中“用SHIFT键添加到选择集”复选框的选中状态即可（或设置PICKADD的值为1）。

5. 问：系统变量被改了怎么办

答：执行OPTIONS命令，切换到“配置”选项卡，单击“重置”按钮，将所有变量值重置即可。

6. 问：鼠标中键不好用了怎么办？

答：通常滚轮用于实现放大、缩小或平移等功能，但有时按住滚轮时，会出现“下一个”菜单，解决方法为将系统变量MBUTTONPAN的值设置为1即可。

7. 问：如何消除鼠标单击时出现的交叉点标记？

答：执行BLIPMODE命令，并在提示行下输入OFF即可。

8．问：按【Ctrl+O】组合键时，不出现对话框怎么办？

答：按【Ctrl+O】组合键或【Ctrl+S】组合键打开或保存文件时，有时会不出现对话框，而在命令行中要求输入保存路径和文件名，解决方法为将FILEDIA的值设为1即可。

9．问：如何“炸开”汉字？

答：首先在Word中输入汉字，设置好字体，并在“字体”对话框中设置文字样式为“空心”，然后复制文字，再在AutoCAD中执行PASTESPEC命令（“选择性粘贴”命令），在弹出的对话框中选择“AutoCAD图元”选项，并单击“确定”按钮即可。

10．问：如何删除无用图层？

答：可以使用PURGE（即PU）命令。

11．问：如何删除顽固图层？

答：执行LAYTRANS命令，将需删除的图层影射为0层即可。

12．问：虚线显示为实线是怎么回事？

答：线型比例设置不合适，可用LINETYPE命令重新设置此线型的线性缩放比例。

13．问：如何将直线转为多段线？

答：使用PEDIT命令。

14．问：如何绘制箭头？

答：可以执行LE命令绘制（缺点是箭头大小不可调），也可使用PL（多段线）命令绘制箭头。

15．问：所有箭头都是空心的怎么办？

答：执行FILL命令，并输入ON即可（也可通过设置“标注样式”或“多重引线样式”来对箭头的样式进行更改）。

16．问：为什么有时UNDO命令无效？

答：UNDO操作对某些命令和系统变量无效，如SAVE、OPEN、NEW等涉及CAD文件操作和数据读写的命令都无法取消。

17．问：为什么输入多行文字时，“堆叠”按钮不可用？

答：选中含有堆叠符号（#、^、/）的文字后，才可使用堆叠按钮设置文字堆叠。

18．问：某些快捷命令太长，如何自定义？

答：可以自定义“命令别名”（即命令的缩写）。执行ALIASEDIT命令，在打开的对话框中进行设置即可。对于2004以前的版本，可以直接对acad.pgp文件进行编辑。

19. 问：块定义命令BLOCK和WBLOCK有何区别？

答：BLOCK命令定义的块只能在当前文件中使用，而WBLOCK命令定义的块是一个独立存在的图形文件，可以被其他文件调用。

20. 问：如何测量带弧线的多线段与多义线的长度？

答：使用LIST命令。

21. 问：填充时很久找不到范围怎么办？

答：图线较多时，系统自动查找填充范围的时间会很长，此时提前使用LAYISO命令让欲填充的范围线所在的图层孤立不失为一种好办法。

22. 问：画矩形或圆时没有跟随框了怎么办？

答：设置系统变量DRAGMODE的值为ON即可。

23. 问：镜像字体不镜像怎么办？

答：设置系统变量MIRRTEXT的值为1即可。

24. 问：缩放或移动已到极限怎么办？

答：有的时候将图形界限设置得很大，仍然无法显示图形。实际上这是实时平移和实时缩放的局限，与图形界限无关，此时只需双击鼠标中键，或执行“重生成”命令即可。

25. 问：什么是“哑图”？

答：指只有图线和尺寸线、没有尺寸值的图纸。这是以前生产中的偷懒做法，现在用计算机制图很少出现“哑图”。

26. 问：炸开块后，多段线变成线怎么办？

答：执行EXPLODE命令炸开块后，多段线会变成线。为了避免此种情况，可使用块编辑器来对块进行编辑。如一定要在绘图区使用块中的图形，可在块编辑器中将图形复制。

27. 问：如何隐藏视口边线？

答：将边线所在图层隐藏即可。

28. 问：如何令AutoCAD打印时不生成PLOT文件？

答：选择“工具”>“选项”菜单命令，在“打印和发布”选项卡中取消“自动保存

打印并发布日志”复选框的选中状态，再单击“打印戳记设置”按钮，单击“高级”按钮，取消“创建日记文件”复选框的选中状态即可。

29. 问：为什么有些图形能显示，却打印不出来？

答：如果图形绘制在AutoCAD自动产生的图层（DEFPOINTS、ASHADE等）上，将出现这种情况，所以应尽量避免在这些层上绘制图形。

30. 问：打印出来的字体是空心的怎么办？

答：设置TEXTFILL变量的值为1即可。

31. 问：如何将AutoCAD图导入到Photoshop中？

答：可使用Illustrator打开AutoCAD文件，然后在Illustrator中复制选中的图线，再在Photoshop执行“粘贴”命令，并在弹出的对话框中选择“路径”单选按钮即可。

32. 问：错误保存了文件怎么办？

答：如果仅保存了一次，及时将后缀为BAK的同名文件改为后缀DWG，再在AutoCAD中打开就可以了。如果保存了多次，原图就很难恢复了。

33. 问：如何将自动保存的图形复原？

答：选择“开始”>“运行”菜单命令，输入“%temp%”后按【Enter】键，可打开AutoCAD自动保存的文件所在的文件夹，找到AUTO.SV$或AUTO?.SV$文件，将其改名为图形文件即可在AutoCAD中打开。

34. 问：如何减少文件体积？

答：除了可以使用PURGE命令对图形进行清理以减少文件体积外，还可以执行WBLOCK命令，将文件做成块来传送。

35. 问：如何批量打印图纸？

答：老版本（2004之前）可以执行系统目录下的batchplt.exe文件来进行批量打印，新版本可执行PUBLISH命令进行批量打印。

36. 问：如何打印PLT文件？

答：通常可以执行“copy filename lpt1”命令（filename为PLT文件名）打印PLT文件。如打印机为USB接口打印机，可以尝试打开打印机的打印机池功能。如仍然无法正确打印，最佳方法是从网上下载专用的PLT打印软件来打印PLT文件。使用PLT专用打印软件，不只可以将PLT文件打印出来，而且可以实现批量打印。

附录2

AutoCAD快捷命令一览表

1. 常用快捷键			
F1	获取帮助	F2	文本窗口
F8	正交模式	Ctrl+1	“特性”选项板
Ctrl+2	资源管理器	Ctrl+B	栅格捕捉（F9）
Ctrl+C	复制	Ctrl+F	自动捕捉（F3）
Ctrl+G	栅格显示（F7）	Ctrl+J	重复上步操作
Ctrl+K	超级链接	Ctrl+M	“选项”对话框
Ctrl+N	新建	Ctrl+O	打开
Ctrl+P	打印	Ctrl+S	保存
Ctrl+U	极轴模式（F10）	Ctrl+V	粘贴
Ctrl+W	对象追踪（F11）	Ctrl+X	剪切
Ctrl+Y	重做	Ctrl+Z	取消前步操作
2. 常用单字符命令			
A	绘制圆弧	B	定义块
C	画圆	D	标注样式管理
E	删除	F	倒圆角
G	组合	H	填充
I	插入块	S	拉伸
T	多行文本	L	直线
M	移动	X	炸开
U	恢复上一次操做	O	偏移
P	移动	Z	缩放

3. 常用绘图命令

PO	点	L	直线
PL	多段线	SPL	样条曲线
POL	正多边形	REC	矩形
C	圆	A	圆弧
EL	椭圆	T	多行文本（MT）
B	块定义	I	插入块
H	填充		

4. 常用修改命令

CO	复制	MI	镜像
AR	阵列	AL	对齐
O	偏移	RO	旋转
M	移动	E	删除
X	分解	TR	修剪
EX	延伸	S	拉伸
CHA	倒角	F	倒圆角

5. 尺寸标注和其他命令

DLI	直线标注	DAL	对齐标注
DRA	半径标注	DDI	直径标注
DAN	角度标注	LE	快速引出标注
AA	测量	LA	图层操作
LT	线形	LW	线宽
REN	重命名	Z + E	显示全图

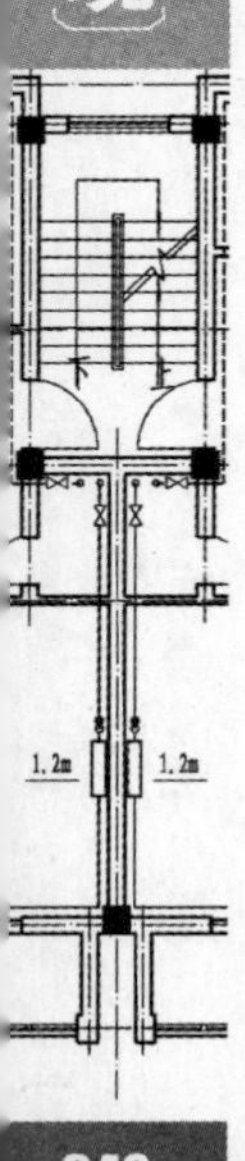